Fernsehen

Vorträge über neuere Probleme der Fernsehtechnik

Veranstaltet vom Außeninstitut der Technischen Universität Berlin-Charlottenburg
in Verbindung mit dem Elektrotechnischen Verein Berlin e. V.
und der Deutschen Kinotechnischen Gesellschaft Berlin e. V.

Unter Mitarbeit von

Dipl.-Ing. Dr. W. Berndt, Professor Dr.-Ing. W. Heimann, Dr. O. Hilke, Professor Dr.-Ing. F. Kirschstein, Professor Dr. W. Kleen, Dr. H. Körner, C. G. Mayer, Dipl.-Ing. F. Rudert, Professor Dr. W. T. Runge, Professor Dr. F. Schröter, Dr.-Ing. J. Schunack, Dr.-Ing. W. Stöhr, Dr.-Ing. M. Ulner, Dr.-Ing. R. Urtel, Dr.-Ing. H. Werrmann, Dr.-Ing. F. Winckel, Dipl.-Ing. H. Zschau

herausgegeben von

Dr. G. Leithäuser und **Dr.-Ing. F. Winckel**

o. Professor an der Techn. Universität
Berlin-Charlottenburg

Privatdozent an der Techn. Universität
Berlin-Charlottenburg

Mit 346 Abbildungen

Springer-Verlag

Berlin / Göttingen / Heidelberg

1953

ISBN-13:978-3-642-92592-4   e-ISBN-13:978-3-642-92591-7
DOI: 10.1007/978-3-642-92591-7

Vorwort.

Die Herausgeber haben im Rahmen des Außeninstituts der Technischen Universität Berlin-Charlottenburg während des Wintersemesters 1951/52 gemeinsam mit dem Elektrotechnischen Verein Berlin und der Deutschen Kinotechnischen Gesellschaft eine Vortragsreihe über Fernsehen mit einer abschließenden Tagung veranstaltet. Sie gingen dabei von dem Gedanken aus, eine Neuorientierung auf dem Gebiet der Fernsehtechnik herbeizuführen und die einer Lösung harrenden Probleme aufzuzeigen; denn in den ersten Nachkriegsjahren war die Kontinuität der deutschen Fernsehentwicklung durch ein alliiertes Verbot unterbrochen, und für ihre Wiederaufnahme im Jahre 1949 standen nur teilweise die Fachkräfte der Vorkriegsentwicklung zur Verfügung. So war es auch ein dringendes Bedürfnis seitens der Industrie, eine Ausbildungsmöglichkeit für die der FS-Arbeit neu zugeführten Kräfte zu erhalten.

Eine solche Veranstaltung in Berlin abzuhalten, fand seine Rechtfertigung darin, daß in dieser Stadt vor dem Kriege die wesentlichsten Beiträge der deutschen Entwicklung geleistet wurden – von PAUL NIPKOW (1884) angefangen, dem Beginn der praktischen Versuche seit dem Jahre 1928 bis zur Aufnahme von aktuellen Programmsendungen im Olympiajahr 1936. Schließlich ist auch die große Aktivität in der Wiederaufnahme der Arbeiten nach dem Krieg sowohl von seiten der Industrie als auch in der Erstellung eines Fernsehsenders mit eigenem Programm durch Bundespost und NWDR-Berlin im Jahre 1951 zu erwähnen.

Dank der regen Beteiligung der führenden Spezialisten aus dem In- und Ausland an der Berliner Tagung konnten über die eigentliche Grundlagentechnik hinaus Probleme behandelt werden, die in der Fernsehliteratur bisher wenig berücksichtigt wurden, von denen aber der wirtschaftliche Erfolg des Fernsehens maßgebend abhängig ist. Dazu gehören die Weitverbindungen, die Technik der Netzversorgung, die Sendertechnik und die für diese Aufgaben besonders geschaffene Röhrentechnik. In der sehr gründlichen Behandlung dieser Gebiete mag dieses Buch über das Fernsehen hinaus auch von besonderem Nutzen für die Nachrichtentechnik sein. Das gleiche gilt von der Fernsehmeßtechnik, für die die Schilderung der modernen Messung der Impulsverfahren von prinzipieller Bedeutung ist.

Besonderer Wert wurde auch darauf gelegt, alle Normen und auch vorläufigen Abmachungen in vollständigen zahlenmäßigen Angaben zu bringen, damit das Werk als Handbuch für die Betriebspraxis dienen kann.

Einleitung und Schlußwort wurden Herrn Prof. Dr. SCHRÖTER zuerkannt, dem über seine eigentliche Forschungsarbeit hinaus das Verdienst zukommt, im Jahre 1936 in einer ähnlichen Veranstaltungsreihe die damals aktuellen Probleme der Fernsehtechnik durch Heranziehung der führenden Forscher aufgeworfen zu haben. Auch damals wurden die Vorträge in Buchform im Springer-Verlag herausgegeben.

Die einzelnen Beiträge wurden kurz vor der Drucklegung auf den neuesten Stand gebracht, stimmen also nicht vollständig mit dem Wortlaut der ursprünglichen Vorträge überein. Insbesondere wurden die Ergebnisse der Stockholmer Konferenz vom Juni 1952 berücksichtigt.

Den einzelnen Autoren sei deshalb für die Mühewaltung einer zwei- und mehrmaligen Durcharbeitung ihrer Beiträge gedankt. Dem Springer-Verlag sei besonderer Dank ausgesprochen, daß er den Wünschen der Herausgeber nach einer so umfassenden Berücksichtigung des Text- und Bildmaterials entgegengekommen ist und — in traditioneller Weise — die Drucklegung mit großer Sorgfalt durchgeführt hat.

Berlin-Charlottenburg, im Februar 1953.

G. Leithäuser. F. Winckel.

Inhaltsverzeichnis.

A. Wege und Werden des Fernsehens.

Von Professor Dr. **F. Schröter**, Madrid.

Mit 11 Abbildungen.

Über Wege und Werden des Fernsehens zu reden, setzt etwas „Gewordenes", also ein greifbares Ergebnis, voraus. In der Tat ist Fernsehen heute schon eine wichtige Industrie. In den USA sind etwa 13 Millionen Fernsehempfangsgeräte in Benutzung, und die Fernsehsendung hat tief in das öffentliche und private Leben eingegriffen. In Europa, wo Krieg und Kriegsfolgen stark verzögernd wirkten, ist das Fernsehen nach mehrjähriger Unterbrechung nun ebenfalls in stetigem Aufstieg befindlich. In Deutschland, wo die Entwicklung schon vor dem Kriegsausbruch beachtliche Ergebnisse gezeitigt hatte, können wir mit Freude feststellen, daß das Fernsehen einen neuen Anlauf nimmt und sich anschickt, den Vorsprung anderer Nationen einzuholen, der mehr auf industriellem und organisatorischem als auf technischem Gebiete liegt.

Viele werden sich der programmäßigen Darbietungen des Fernsehsenders „PAUL NIPKOW" entsinnen, die in den Jahren 1937 bis 1939 über dem Weichbild von Berlin ausgestrahlt wurden. Einrichtung und Betrieb der neuen Fernsehsender können von den Erfahrungen, die damals gesammelt worden sind, viel profitieren. Natürlich stehen heute empfindlichere neue Bildabtaströhren, beweglichere Kamerazüge, vervollkommnete Kontroll- und Meßmöglichkeiten, bessere Antennen usw. zur Verfügung, aber ebenso wichtig wie deren Verwendung ist straffe, technisch beherrschte Steuerung der Sendung durch ein gutgeschultes Personal mit Mannschaftsgeist. Von dieser Seite bekommt man besonders in England einen vorzüglichen Eindruck.

So klug wie die Normenpolitik der Engländer (405 Zeilen), so unzeitgemäß ist in der Frage eines allgemeinen europäischen Fernsehstandards das Verhalten der Franzosen, die mit der Festsetzung von 819 Zeilen über das Ziel hinausgeschossen sind. Freilich sind jetzt in den französischen Fernsehlaboratorien, z. B. bei der Compagnie des Compteurs und bei der Société Radio-Industrie, Bilder zu sehen, die an Schärfe, geometrischer Treue und Verzerrungsfreiheit der Gradation, kurzum an Schönheit, alles übertreffen, was man im Fernsehbetrieb der USA und Englands zu Gesicht bekommt. Aber die Schwierigkeiten des Schrittes vom Laboratorium in die Praxis und das Ausmaß der bei der Fernübertragung unvermeidbaren Qualitätseinbuße sind unterschätzt worden. Es ist anzunehmen, daß man diesen Schwierigkeiten schließlich, aber doch erst nach Jahren, Rechnung tragen wird, und ohne Zweifel heilsam, daß man in Frankreich nunmehr mit Energie an das Ausbreitungsproblem des Fernsehsignals über die Weite des europäischen Mutterlandes sowie an die Aufgabe seiner Verbindung mit den nordafrikanischen Besitzungen herangeht. Die Lösung wird die Mikrowellentechnik bringen. Algier und Marokko erleben einen großen industriellen Aufschwung. Hand in Hand damit geht die Zivilisation und als ein heute nicht mehr wegzudenkender Bestandteil derselben das Fernsehen.

Es ist also etwas „Gewordenes" trotz aller düsteren Prophezeiungen, die darin nur einen vergänglichen technischen Sport ohne wirtschaftliche Grundlage erblicken konnten und vorhersagten, daß im Gegensatz zum Hörrundfunk der Fernsehempfänger Bedingungen stelle (wie z. B. Raumverdunklung), die Dissonanzen im häuslichen Zusammenleben der Familien herbeiführen müßten. Die Wege zum Fernsehen sind eben nicht allein gekennzeichnet durch Erfinden und technische Entwicklungsarbeit, sondern auch durch das Ringen gegen die Engigkeit des Blickfeldes mancher Menschen.

Wie aber in derartigen menschlichen Widerständen oftmals doch ein Körnchen Berechtigung steckt, so liegt es auch beim Fernsehen so, daß dieses bisher nicht *alle* Erwartungen erfüllt — aber auch nicht erfüllen *will* —, die man bei Verkennung seiner Aufgabe an die Güte der Wiedergabe fernen optischen Geschehens knüpfen könnte. Als Verf. 1947 seinen Kollegen Dr. V. K. Zworykin von der RCA fragte, welche Ziele er augenblicklich im Fernsehen verfolge, erwiderte er, diese Technik sei einschließlich der farbigen und plastischen Übertragung vollkommen fertig. Das war vielleicht eine diplomatische Antwort; denn hernach sind noch beachtliche Neuerungen auf dem Fernsehgebiet aus dem Zworykinschen Laboratorium hervorgegangen. Man denke an das *Vidicon*, das *Image-Isocon*, neue Sekundäremissionsschichten, neue Methoden der *Farbfernseh*übertragung.

Die Tendenz der Antwort Zworykins war wohl die, das erreichte Stadium zu konservieren. Das hat seinen wirtschaftlichen Hintergrund. Enorme Investitionen für Serienfertigung der Fernsehempfangsgeräte müssen amortisiert werden. Man kann an der Übertragungsmethode nichts ändern, wenn viele Millionen Apparate dadurch unbrauchbar werden würden. Ein schlagendes Beispiel ist der Zwang zur „compatibility", unter dem die Entwicklung des Farbfernsehens in USA steht und auch in Europa stehen wird, d. h. zur Verträglichkeit der Sendemethode mit dem berechtigten Wunsch, die vorhandenen Schwarz-Weiß-Bildempfänger ungeschmälert weiterbenutzen zu können. Die Sendung muß also die zur Wiedergabe der Farbe bestimmten Komponenten in einer Form enthalten, die im monochromatischen Bilde unsichtbar bleibt, sie muß aber zugleich in diesem letzteren nach wie vor alle Einzelheiten bringen. Das ist eine starke Beschränkung für das Erfinden grundsätzlich neuer Verfahren. Trotzdem ist dieser Weg, wirtschaftlich gesehen, der einzig gangbare. Im übrigen kann man fortfahren, Einzelheiten zu korrigieren, falls die Übertragungsmethode davon nicht betroffen wird.

Abb. 1. 2000-Zeilen-Bild, übertragen durch Kathodenstrahlröhren, Telefunkenlaboratorium 1940 (M. KNOLL, G. WENDT, W. SCHRÖDER). Links Original.

Das aber ist heute mehr eine Aufgabe der Schaltungsingenieure und der Gerätebauer als der Physiker, weil die Empfindlichkeit der Bildabtaströhren und die Wiedergabeschärfe der Bildschreibröhren Werte erreicht haben, die auf lange Zeit allen zu erwartenden Steigerungen gerecht werden können (vgl. Abb. 1). Insoweit wäre die Antwort von Dr. ZWORYKIN, heute gegeben, richtig. Aber auch *nur* insoweit!

Damit sind wir bei dem Dilemma angelangt, zu wissen, daß die Fernsehtechnik einen hohen, wirtschaftlich auswertbaren Stand erreicht hat, aber nicht das Endstadium repräsentiert, das man sich, ohne den Boden wissenschaftlicher Objektivität zu verlassen, bei einiger Phantasiebegabung vorstellen kann. Das Dilemma ist um so größer, als die Gegenwart, besonders hier in Deutschland, kaum Investierungsmöglichkeiten für grundlegende Versuche bietet. Es fehlen das Kapital und die Neigung, ein Risiko einzugehen. Die Sorgen gelten näherliegenden Zielen. Trotzdem möchte der Verf. hier die Wege der Fernsehentwicklung nicht nur bis

zu dem Punkte zeigen, an dem wir heute stehen, sondern auch, soweit er
es vermag, die Fortsetzung dieser Wege, ohne Rücksicht darauf, ob und
wann es möglich sein wird, sie zu beschreiten. Im wesentlichen muß er
solche Zukunftsbetrachtungen seinem zusammenfassenden Referat am
Schluß dieser Vortragsreihe vorbehalten.

Abb. 2. Ansicht des deutschen Einheits-Fernsehempfängers 1939. (Werkphoto Telefunken.)

Abb. 3. Blick in das Innere des Chassis des deutschen Einheits-Fernsehempfängers 1939.
(Werkphoto Telefunken.)

Die historische Entwicklung des Fernsehens läßt sich mit einer
Treppe vergleichen, deren Stufen durch immer bessere technische, wirtschaftliche und zivilisatorische Resultate gekennzeichnet sind. Das erste,
mit der Schaffung einer industriellen Basis erreichte Stadium liegt bereits ein Dutzend Jahre zurück. Das zweite erleben wir heute: Fernsehen
als Großindustrie und Umgestalter der Welt. Weitere Stadien werden
sein: Farbfernsehen, weitverbreitetes Fernsehsprechen unter Ausnutzung

der dichten Mikrowellennetze, die im Entstehen sind, die Umgestaltung der Filmaufnahmetechnik durch das Fernsehen, Fernsehtheater als Ersatz der Kinotheater, neue Formen der Flugsicherung mittels Fernsehen, die Weltreise im Fernsehbild. Wie schnell dies alles sich verwirklicht, hängt davon ab, welche anderen Sorgen die Menschheit beschäftigen.

Das erwähnte erste Stadium fällt zusammen mit dem Abschluß der Vorgeschichte des deutschen Einheits-Fernsehempfängers von 1939. Er war eine Errungenschaft, die damals in anderen Ländern nicht ihresgleichen hatte. Im Jahre 1938 wurde unter Führung der Deutschen Reichspost eine Kommission von Fernsehspezialisten aus den verschiedenen Industrielagern gebildet mit dem Auftrag, ohne Rücksicht auf Einzelinteressen patentrechtlicher und sonstiger Art Schaltbild und Konstruktionsplan eines preismäßig weiten Volksschichten zugänglichen Fernsehempfängers nach den damals geltenden Normen (441 Zeilen, 25 Bilder in der Sekunde mit einfachem Zeilensprung, positive Modulation) zu entwerfen und das Gerät in die Serienfertigung überzuführen (Abb. 2 und 3).

Der Verkaufspreis dieses Einwellenempfängers, der bei einer Gesamtzahl von 15 Röhren, ausschließlich der Bildröhre, nur einen einzigen, neu zu entwickelnden, für die Zeilen- und die Bildablenkung benötigten Röhrentyp (ES 111) erforderte, sollte dank besonderer Kalkulations- und Vertriebsweise bei etwa 625,— RM liegen. Zum erstenmal tauchte hier die BRAUNsche Bildschreibröhre mit Viereckkolben auf, die heute in USA und England, allerdings in fortgeschrittener technischer Ausführung, bereits sehr verbreitet ist. Auf der Funkausstellung 1939 trat der deutsche Einheits-Fernsehempfänger in die Öffentlichkeit. Er war sicherlich keine absolute Lösung der Aufgabe, aber doch ein beachtlicher erster Versuch der Popularisierung des Fernsehens und der Begründung einer Fernsehindustrie.

Zur Zeit, als der Gedanke dieses Gerätes reifte, war der allerwichtigste Fortschritt, den die Geschichte der Fernsehentwicklung jemals wird verzeichnen können, bereits erreicht:

Der Übergang zu rein elektronischen Mitteln.

Vergegenwärtigen wir uns diesen Werdegang in großen Zügen: Bevor es elektronische Verstärker gab, mußte das Fernsehen ein Traum der Erfinder bleiben. In einer solchen Epoche des Grübelns und Tastens geschieht immer allerlei Unlogisches. Man stelle sich vor, daß in einer hochmodernen Fernsehanlage eine Image-Orthicon-Bildabtaströhre mit ihren Signalen den Kathodenstrahl eines Eidophor-Großprojektionsempfängers steuert. Auf das Wesen der beiden genannten Vorrichtungen werden spätere Vorträge dieser Reihe eingehen; hier genügt es, zu betonen, daß beide zur Klasse der Bildspeicher gehören. Geberseits wird die

Lichtwirkung im Zeitraum des Einzelbildes auf einem Nebeneinander von isolierten Flächenelementen aufgespeichert und im Signal ausgenutzt. Empfängerseits bildet der viskose Ölfilm der Schlierenoptik durch die örtlich veränderlich gesteuerte Wölbung seiner Oberfläche ein entsprechendes Nebeneinander, ein Mosaik von Speicherelementen, die die Lichtwirkung auf das Auge zeitlich strecken. Wir haben damit grundsätzlich das fernsehtechnisch ideale Modell der *synchron kommutierten* Zellenraster vor uns, das von A. DE PAIVA bereits 1878 angegeben und 1879 von SENLECQ aufgegriffen worden ist (Abb. 4). Zwischen Geber- und Empfängermosaik ist ein einziger elektrischer Übertragungskanal vonnöten, und die gleichlaufende Umschaltung sorgt dafür, daß jeweils die Bildelemente von beiderseits gleicher Lage miteinander verbunden werden.

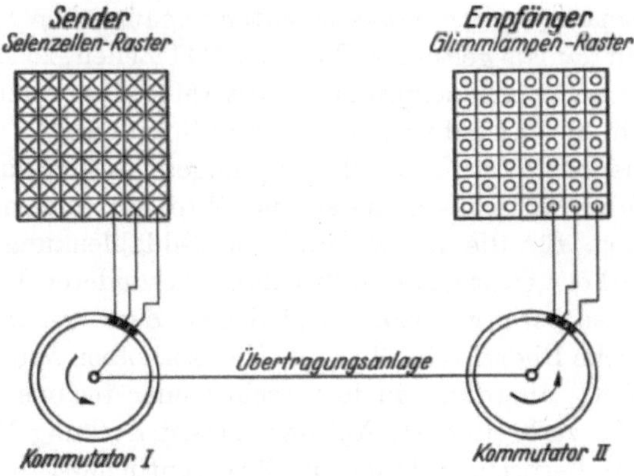

Abb. 4. Fernsehen mittels synchron kommutierter Speicherzellenraster, Vorschlag von DE PAIVA.

Die Schwierigkeiten der Herstellung und Abgleichung von Zellenmosaiken mit *makroskopischen* Bausteinen waren in jenem nicht-elektronischen Zeitalter so unüberwindlich, daß P. NIPKOW mit seinem bekannten Spirallochscheibenpatent von 1884 einen sehr glücklichen Griff zu tun schien, durch den er die von der Bildtelegraphie her bekannte Zeilenabtastung in eleganter Weise auf das Fernsehen übertrug. Das hat nicht verhindert, daß viel später, schon im jetzigen Jahrhundert, einzelne Erfinder, wie RIGNOUX und FOURNIER, LUX u. a., in Anlehnung an das Netzhautmodell des Auges auf das Zellenmosaik zurückgriffen, obwohl in weit weniger geschickter Form als DE PAIVA, nämlich unter technisch und wirtschaftlich untragbarem Aufwand einer hohen Vielzahl von Leitungen oder Frequenzbändern. Demgegenüber mußte sich das NIPKOWsche Zerlegungs- und Übertragungsprinzip siegreich behaupten, obgleich es, rein physikalisch bewertet, im Verhältnis zu dem Gedanken DE PAIVAs nach dem Stande unseres heutigen Könnens und Wünschens eher einen *Rückschritt* bedeutet hat, weil ihm die Speichermöglichkeit fehlte.

Es ist eben so, daß Techniken sich in einer *Spirale* emporschrauben. Im gleichen Azimut jeder Schraubenwindung kehrt ein und dasselbe Prinzip auf einer höheren Ebene seiner Entwicklung wieder. Unsere heutigen *Mikrozellenraster* im Ikonoskop, Superikonoskop, Orthicon usw. sowie empfangsseitig zuerst die Glimmlampen- und Glühlampentableaus, jüngsthin, in vollkommenerer Form, die *Eidophore* und die Bildspeicherschirme mit elektronisch induzierter Leitfähigkeit (Graphechoneffekt) oder mit mosaïkartigen *Ladungs*reliefs, alle diese Errungenschaften der Neuzeit bestätigen die periodische Wiederkehr grundlegender Lösungsgedanken, sobald sich die Schraube des Fortschrittes von Forschung und Technik genügend weitergedreht hat. Was am gleichen Winkelort der nächsten Schraubenwindung passieren wird, ist leider zumeist nicht ersichtlich.

Die NIPKOW-Scheibe hat, als nach dem ersten Weltkriege die gittergesteuerte Verstärkerröhre mit der systematischen Umwälzung der Fernmeldetechnik begann und damit auch das Fernsehen in den Bereich praktischer Realisierbarkeit gerückt war, in nahezu allen damit beschäftigten Laboratorien eine entscheidende Rolle gespielt (BAIRD, KAROLUS, JENKINS, BELL-Labor, ALEXANDERSON, Fernseh-A.-G., BARTHÉLÉMY u. a.). In dem Maße, wie bei wachsender Zahl der Bildzeilen der Lichtstrombedarf der Bildfeldzerleger zunahm, traten zunächst an ihre Stelle Vorrichtungen mit größerer optischer Apertur. Das Spiegelrad (WEILLER) und später die Spiegelschraube (v. OKOLICSANYI) entwickelten sich neben Mehrfachlochspiralen und anderen komplizierteren Zerlegern; Hand in Hand damit gingen die Verbesserungen der mit Fernsehfrequenzen modulierbaren Lichtquellen, Glimmlampen, Natriumdampflampen, die begonnen hatten, die praktisch trägheitsfreie, jedoch teure und hohe Steuerspannungen erfordernde *Kerrzellen*-Optik nach KAROLUS zu verdrängen. Aber dann trat eine kritische Wendung ein. Man war von 30 auf 48 und bald danach auf 60 Zeilen gekommen, und die Entwicklung steuerte bereits auf 90 Zeilen zu. Die Rechnung hatte nun aber schon gezeigt, daß alle bekannten optisch-mechanischen Zerleger *für die Empfangsseite* in der Gegend von 90 Zeilen am Ende ihrer Möglichkeiten sind, wenn billige Anforderungen an die Größe und die Helligkeit des Fernbildes gestellt werden und das Empfangsgerät vernünftige Abmessungen behalten soll. Ja, man sah, daß das zum Vorteil der Spiegelräder lautende und experimentell bestätigte Rechenergebnis bei den höheren Zeilenzahlen wieder zugunsten der NIPKOW-Scheibe umschlug. Was war in diesem Dilemma zu tun?

Verf. erinnerte sich damals eines im Sommer 1906 unternommenen Spazierganges mit Professor FERDINAND BRAUN auf dem Feldberg im

Schwarzwald, wobei das Gespräch u. a. auch die von Braun erfundene
Kathodenstrahl-Oszillographenröhre berührt hatte. Zu jener Zeit hatten
Dieckmann und Glage mit Versuchen begonnen, den Kathodenstrahl
auf dem Leuchtschirm Telegramme schreiben zu lassen. Ein besonderes
Verdienst um die Durchbildung der Röhre selber kam Brauns Assisten-
ten J. Zenneck zu. Prof. Braun hatte dem Verf. über die Geschichte
seiner Erfindung einiges erzählt. Dieser Unterhaltung entsann er sich nun.
Ohne zu wissen, daß mehr als 20 Jahre früher Rosing in Petersburg ein
Patent auf Fernsehen mit der Braunschen Röhre genommen und der
Engländer Campbell-Swinton wenig später in der Zeitschrift „Nature"
eine Vision des Fernsehens mit synchron abgelenkten Kathodenstrahlen
bei Geber und Empfänger veröffentlicht hatte, daß sich ferner die Pläne
anderer Erfinder, wie Sabbah in USA, Dauvillier in Frankreich und
Dieckmann in Deutschland, auf die Braunsche Röhre stützten und
— last not least — Zworykin bei *Westinghouse* am Kathodenstrahlempf-
änger arbeitete, ging Verf. mit dem gleichen Ziel bei Telefunken ans
Werk. Für seine Pläne mußte er schwer kämpfen; denn die Fachleute
waren pessimistisch. Als rühmliche Ausnahme erwies sich der bekannte
Lumineszenzstoffchemiker Prof. A. Schleede. Er übernahm es sofort,
die mit der Braunschen Röhre bei guter Auflösung erhältliche Bildhelligkeit und den Einfluß des Schirmnachleuchtens auf die Bildschärfe zu
untersuchen. Das waren damals entscheidende Fragen: Unsere mit Appa-
raten und auf Kosten von Telefunken durchgeführten Arbeiten begannen
1928 und zeitigten ihr erstes praktisches Resultat 1933, wo wir auf der
Großen Berliner Funkausstellung einen Fernsehempfänger mit Braunscher Röhre und 180 Bildzeilen vorführen konnten. Trotz Flimmern und
von der Gasfüllung herrührendem verzerrenden „Ionenkreuz" waren die
Bilder überzeugend im Verhältnis zu dem, was damals unter gleichen
Bedingungen mit Nipkow-Scheibe, Spiegel*rad* oder Spiegel*schraube* als
Empfänger dargeboten werden konnte.

Die Braunsche Röhre vereinigt in einem einzigen, geräuschlos arbeitenden Organ ohne bewegte Massen die Bildfeldzerlegung und die Helligkeitssteuerung, beide praktisch frei von Trägheit und im Prinzip auch
von Leistungsaufwand. Da bei ihr Sitz der bewegten Lichtquelle und
Bildschirm räumlich zusammenfallen und die Konzentration der Strahl-
energie auf winzige Flächenelemente im Bereich des Möglichen lag,
schienen der Vergrößerung der Zeilenzahl weite Grenzen geöffnet zu sein,
ohne daß die Abmessungen des Bildfeldes und seine Leuchtintensität
dabei notwendigerweise abnehmen müßten, wie dies bei den mechanisch-
optischen Zerlegern infolge unerbittlicher Aperturgesetze der Lichtfüh-
rung durch Blenden, Linsen oder Spiegel der Fall war.

Drückt man unter Voraussetzung konstanter Bildgröße und Lichtleistung die Helligkeiten H_1, H_2, die den Zeilenzahlen K_1, K_2 zugeordnet

sind, als Funktion von K_2/K_1 aus, so läßt sich bei plausiblen technischen Nebenannahmen die allgemeine Beziehung aufstellen:

$$H_1/H_2 = (K_2/K_1)^{2b}.$$

Der Exponent b hat folgende Werte:

      1. für die NIPKOW-Scheibe $b = 1$
      2. für das WEILLER-Spiegelrad $b = 2{,}5$
      3. für die BRAUNsche Röhre $b = 0$ (!)

In dieser einfachen Übersicht springt die entscheidende Überlegenheit der BRAUNschen Röhre ins Auge, nämlich die Unabhängigkeit der Größe und Helligkeit ihrer Bilder vom Auflösungsgrad, der nach den heutigen Normen 525 und 625 Zeilen entspricht, an sich aber bei diesen Werten längst nicht seine mögliche Grenze erreicht hat, weil die gleiche Wattleistung sich ohne Einbuße noch auf wesentlich kleinere Flächenelemente konzentrieren läßt.

Die erwähnten quantitativen Verhältnisse waren 1928 im wesentlichen klar, bedurften aber der experimentellen Bestätigung. M. VON ARDENNE hat bald darauf das zunächst rein publizistische Eintreten des Verf. für die Umschaltung der deutschen Fernsehtechnik auf die BRAUNsche Röhre als zeitgemäß erkannt und sein Bestreben durch geschickte Vorführungen wirksam unterstützt. Von ihm stammt auch der Leuchtschirmfilmabtaster, heute als Fernkinogeber allgemein in Gebrauch. Eine besondere, spätere Entwicklungsform, die in verschiedenen Ländern eingeführt ist, zeigt Abb. 6.

Die BRAUNsche Röhre hat von 1933 ab alle anderen Empfangsorgane schlagartig verdrängt, nachdem man die junge Wissenschaft der *Geometrischen Elektronenoptik* in den Dienst ihrer Entwicklung gestellt hatte und dadurch zur entscheidend überlegenen Hochvakuumtype gelangt war.

Sehr bald ergab sich die Notwendigkeit, mit dieser immer größere und hellere Bilder herzustellen. Das Ziel wurde auf zwei Wegen erreicht: Erhöhung der Strahlleistung in den Grenzen der Kathodenergiebigkeit und Verbesserung der Leuchtökonomie des Schirmes. Dabei entwickelte sich eine ausgeprägte Tendenz zur Steigerung der Strahlspannung (U). Für diese Richtung waren folgende Umstände ausschlaggebend:

1. Die Durchschlagfestigkeit der Hochvakuumtype im Vergleich mit der gashaltigen Fadenstrahlröhre;

2. die Notwendigkeit, ergiebige Kathodenquerschnitte elektronenoptisch sehr klein, d. h. als möglichst scharfen Lichtfleck, abzubilden;

3. die Nachteiligkeit größerer Strahlstromstärken (i) und entsprechender Aperturen, insbesondere die Fleckverzerrung in den Randgebieten der Elektronenlinsen und der Ablenkfelder und die Strahlverdickung durch die gegenseitige Abstoßung der Elektronen, zunehmend mit $\sqrt{i}$, abnehmend mit $\sqrt[4]{U^{-3}}$;

4. der sehr beträchtliche Anstieg des Wirkungsgrades der Leuchtstoffe mit der Strahlspannung;

5. das Wachsen der Eindringtiefe mit der Strahlspannung, wodurch mehr Leuchtzentren in den inneren Gitterebenen der Leuchtstoffkristalle angeregt werden und der Wirkungsgrad, besonders bei den hohen Leistungsdichten der Fernsehprojektionsröhren, erst später den Sättigungspunkt erreicht, als im Falle geringerer Spannung, aber ständig gesteigerter Stromstärke des Strahls.

Für die Aufbringung der umzusetzenden Strahlleistung war damit der Weg gegeben. Von anfänglich 2000 bis 3000 V bei den Fadenstrahlröhren ging man bald zu 5000 bis 6000 V, später zu 8000 bis 12000 V bei den hochentlüfteten Röhren über. Die Auswirkung dieser Steigerung ersehen wir unmittelbar aus der verallgemeinerten LENARDschen Beziehung:

$$H = \text{const} \cdot j \cdot (U - U_0)^n.$$

Hierin bedeuten:

H Leuchtdichte,
j Stromdichte im Lichtfleck,
U Anodenspannung,
U_0 Schwellspannung des Luminophors.

Der Exponent n, den LENARD noch gleich 1 setzte, wurde bei späteren Messungen > 1 gefunden. Zum Beispiel gaben S. T. MARTIN und L. B. HEADRICK folgende, zwischen 0,5 kV und 10 kV gültigen Werte an:

Willemit (Zinksilikat) $n < 2$
Zinksulfid $n = 2$
Calciumwolframat $n > 2$.

Diese Resultate stimmten mit denen von anderer Seite überein. Messungen von SCHLEEDE, KORDATZKI und dem Verf. hatten an sehr reinem, kupferaktiviertem Zinksulfid bei Erregung mit 440-V-Elektronen 0,6 HK/W ergeben. Da nach der abgeänderten LENARDschen Gleichung für das Verhältnis der technischen Wirkungsgrade N (in HK/W) angenähert gelten muß:

$$N_2/N_1 = (U_2/U_1)^{n-1},$$

war im Falle des Zinksulfids ($n = 2$ von 0,5 kV bis 6 kV) die Verzehnfachung des bei 440 V erhaltenen Wertes, d. h. 6 HK/W, in der Gegend von 4,4 kV zu erwarten. Eine Reihe von Untersuchungen hat diesen Wert und die Annahme betr. n bestätigt. Die Leistungsausbeute wächst noch bedeutend, wenn der Leuchtstoff rückseitig metallisiert ist, was man bei den heutigen Kineskopröhren zur Verhinderung des schädlichen Ionenaufpralls und zur Vermeidung störender Aufladungen laufend tut.

Da dem dauernden Ansteigen der Leuchtökonomie mit der Strahlspannung schon durch das Erreichen des „mechanischen Lichtäquivalents" eine Grenze gezogen ist, muß der Exponent n in der LENARDschen

Gleichung bei höheren U gegen 1 konvergieren, abgesehen von eventueller früherer Sättigung des Präparates. Im Bereich mittlerer Anodenspannungen (6000 bis 7000 V) fand B. Bartels nach Dauerbetrieb der Röhren Werte von 3 HK/W bis 6 HK/W, letztere an silberaktivierten Zinkkadmiumsulfidschirmen. Dieses Ergebnis ist aber nicht allein der höheren Strahlspannung, sondern auch der erzielten Helligkeitssteigerung des Luminophors infolge verbesserter Präparation zuzuschreiben. Bei sehr hohen Spannungen wird der Wirkungsgrad zunächst konstant ($n = 1$), um schließlich wieder infolge Sättigung der Leuchtzentren zu fallen.

Abb. 5. Telefunkenfilmabtaster mit Nipkow-Scheibe (Gehäuse rechts), 1932 (O. Schriever, W. Federmann). (Werkphoto Telefunken.)

In neuerer Zeit haben Untersuchungen verschiedener Stellen (O. H. Schade, RCA; J. Haantjes und F. W. de Vrijer, Philips) den beträchtlichen Einfluß der Nachleuchtdauer von Leuchtpräparaten auf die flimmerfrei erzielbare maximale Flächenhelligkeit des Fernsehbildes nachgewiesen. Es ist dabei wichtig, daß die Messungen nicht mit unmoduliertem Zeilenraster, sondern mit einer natürlichen Objekten entsprechenden Hell-Dunkel-Verteilung gemacht werden, da das Flimmern mit dem Gesichtswinkel der leuchtenden Zonen zunimmt. Bei 50 Bildfeldern/sek ließ ein Willemitschirm (mit Zusatz eines schnell abklingenden, blau emittierenden Präparates), der 13 msek Nachleuchtzeit

besaß, 4- bis 5fache Grenzleuchtdichte eines Zinksulfidschirmes mit
0,1 msek Abklingdauer zu. Der Bildfeldwinkel, gegeben durch das Verhältnis von Bildhöhe zu Betrachtungsabstand, war in beiden Fällen der
gleiche. Die Nachleuchtträgheit (Fahnenbildung) scheint dabei noch
nicht störend gewesen zu sein.

Der Siegeszug der Braunschen Röhre darf uns jedoch nicht blind
machen gegen zweierlei:

1. Gegen ihren Nachteil, keine *geschlossene* Zerlegerbewegung zu
gestatten, wie die rotierenden Lochscheiben, Spielräder u. dgl. Hierauf
wird Verf. in seinem Referat am Ende dieser Vortragsreihe zurückkommen;

2. gegen die große Gesamtleistung derer, die als Schaltungsfachleute
im Verein mit Elektronenoptikern die Nutzbarmachung all der imma-
nenten Vorzüge der Kathodenstrahlröhre durch saubere technische
Lösungen für die lineare Zeilen- und Bildablenkung in weiten Winkeln,
ohne fühlbare Einbuße an Fleckschärfe und geometrischer Bildtreue,
überhaupt erst möglich gemacht haben. Es ist aus Raumgründen untun-
lich, hier alle Namen von gutem Klang zu nennen, die dies verdienten.
Die folgenden Einzelvorträge werden da vieles nachholen. Des Verf. lang-
jähriger Mitarbeiter bei Telefunken, Dr. Urtel, wird die Probleme der
Synchronisierung und Ablenktechnik behandeln, Gebiete, auf denen er
selber, zusammen mit R. Andrieu u. a., sich in erfolgreichster Weise, ja
mit weltweiter Auswirkung, betätigt hat.

Die Synchronisierung des Fernsehempfängers mit Hilfe des sog.
,,Schwarzpegels‘‘, von dem aus die Bildzeichen den Antennenstrom in
der einen, die Gleichlaufimpulse ihn in der anderen Richtung steuern
(,,schwärzer als schwarz‘‘), brachte die heute allgemein angewandte
Lösung des Ablenkgleichtaktes bei Geber und Empfänger.

Die geniale Vision von Campbell-Swinton, 1911 von ihm näher
beschrieben, sah auch auf der Seite des Bildgebers eine Kathodenstrahlröhre vor, die man in gewissem Sinne als Vorläufer des Zworykinschen
Ikonoskops auffassen kann. Insofern bedeutete die frühe Veröffentlichung
Campbell-Swintons einen der ganz grundlegenden Erkenntnisschritte
und nahm eigentlich das Wesen der modernen Fernsehtechnik, soweit es
sich um die synchronen reziproken Umwandlungen von Lichtwerten in
elektrische Signale und umgekehrt durch bewegte Elektronenstrahlen
handelt, vorweg. Wäre der Vorschlag nicht infolge Fehlens der nachma-
ligen Verstärkertechnik in Vergessenheit geraten, sondern zu einer Zeit
erfolgt, oder sofort wieder aufgelebt, als die gittergesteuerte Elektronen-
röhre für Senden, Empfangen und Gleichrichten genügend durchgebildet
zur Verfügung stand und somit auch schon die direkte Erzeugung der
Sägezahnablenkströme ermöglichte, so hätte die Fernsehentwicklung
wohl manchen Umweg über mechanische Bildfeldzerleger vermieden.

Es kam aber anders. Hand in Hand mit der BRAUNschen Röhre als Bildempfänger und unangefochten durch das Wachsen der Zeilenzahlen entwickelten sich auf der Sendeseite die mechanisch-optischen Zerleger-geräte zunächst noch jahrelang weiter, ein Vorgang, der im Aufkommen der Photozelle mit Sekundäremissionsverstärkung sowie durch die Steigerung der Leuchtdichte bei den Projektionslichtquellen seine Rechtfertigung fand. So mancher Fernsehmann entsinnt sich der Wunderwerke an

Abb. 6. Telefunkenfilmabtaster mit Mechauprojektor (Leuchtschirmabtaströhre, kombiniert mit kontinuierlich-asynchronem Filmvorschub). Das Zeilenfeld des Leuchtschirmes wird über die Optik des Projektors auf dem Film abgebildet, dessen Geschwindigkeit von der Bildfrequenz unabhängig bleibt und dadurch die schwierige Gleichlaufregelung erspart (M. KNOLL, H. ELSTERMANN). (Werkphoto Telefunken.)

technischer Präzision, die damals, einzig in der Welt dastehend, als Film- oder Personenabtaster von der Fernseh-A.-G. unter Leitung von Dr. R. MÖLLER und Dr. SCHUBERT sowie von des Verf. unvergeßlichem Mitarbeiter E. MECHAU geschaffen wurden, dessen Linsenkranzabtaster seine in der Kinotechnik bewährte Meisterschaft und Pionierbegabung bestätigte (Abb. 5, 6, 7 und 8).

Für das Studium der Bildeigenschaften war der Linsenkranz ein ideales Hilfsmittel, da er ein nach Form und Größe unveränderliches, konstant ausgeleuchtetes Blendenbild für die Abtastung zur Verfügung stellte. Verf. hatte 1930 die Anwendung des von BAIRD erfundenen Zeilensprungverfahrens auf die BRAUNsche Fernsehröhre in Verbindung mit der Ausnutzung des Schirmnachleuchtens zum Patent angemeldet

(DRP 574085). Es war ihm klar, daß nur der bewegte Kathodenstrahl für die saubere und einfache Verwirklichung des hinfort so wichtig gewordenen Zeilensprunges, zumindest beim Empfänger, in Frage käme. Für die durch Verdoppeln der Rasterfrequenz, ohne Verbreiterung des übertragenen Frequenzbandes, bezweckte Beseitigung des *Flimmerns*, des stärksten Arguments gegen die Einführung des Fernsehens, mußte

Abb. 7. Fernsehgeber mit Mehrfachspirallochscheibe der Fernseh-GmbH 1935.
(Aus SCHRÖTER: Fernsehen 1937.)

schnellstens ein schlüssiger Beweis geliefert werden. Die Rolle des Nachleuchtens durfte bei den damaligen Bildhelligkeiten außer Betracht bleiben; seine Wichtigkeit ist erst beim Übergang zu den Lichtstärken des Schirmes offenbar geworden, die man heutzutage in beleuchteten Räumen fordert. MECHAU hat es damals bei Telefunken fertiggebracht, den 180-Zeilen-Linsenkranz in denkbar kürzester Zeit auf Zeilensprungabtastung umzustellen, und dank seinem Einsatz und dem seiner Mitarbeiter konnten wir gelegentlich der Funkausstellung 1935 auf dem Schirm der BRAUNschen Röhre erstmals das flimmerfreie Fernsehbild mit durchschlagender Wirkung vorführen.

Jedoch, hier hatten die Amerikaner wieder einmal parallel mit uns gearbeitet. Und sie besaßen sogar die bessere Lösung für die Zeilensprungsteuerung. Das war aber nur möglich gewesen, weil sie bereits über einen *Kathodenstrahlgeber* verfügten, das *Ikonoskop*. Es sicherte ihnen eine vielfache Überlegenheit; denn zum erstenmal war damit die Speicherung des vom Sendebild ausgelösten lichtelektrischen Effektes über einen erheblichen Bruchteil der Bildperiode verwirklicht und eine Lichtempfindlichkeit erzielt, die gegenüber den bisherigen Abtastern, einschließlich

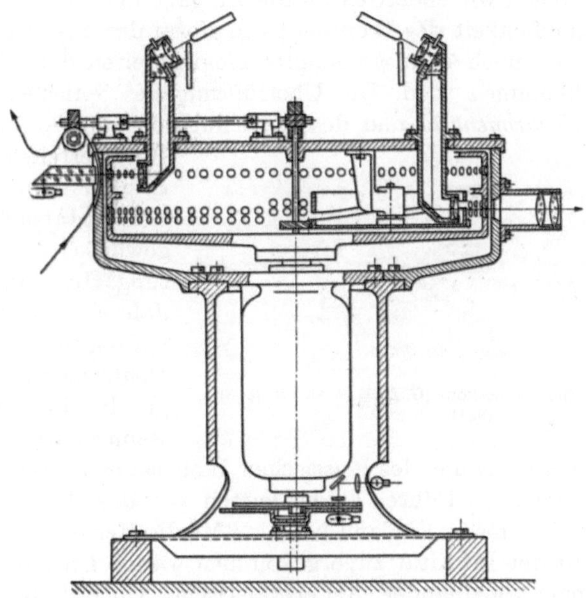

Abb. 8. Telefunkenlinsenkranzabtaster, entwickelt von E. Mechau, 1933.
(Aus Schröter: Fernsehen 1937.)

der Dissektorröhre von Farnsworth, um mehrere Größenordnungen höher lag. Die Dissektorröhre, obwohl ihrer Natur nach rein elektronisch und als Filmzerleger recht geeignet, hatte mangels Speicherfähigkeit dem Ikonoskop gegenüber keine Aussicht auf Revolutionierung der Fernsehtechnik. Dieses letztere hat daher auch allein die leichtbewegliche Fernsehkamera, die Möglichkeit der Fernseh-*Bildreportage* gebracht.

Die Durchführung der Speicherung auf der Sendeseite ist eine Großtat Zworykins *und seiner Mitarbeiter gewesen,* die sich würdig den fundamentalen Fortschritten der Fernsehtechnik einreiht. Als Verf. Anfang 1935 in Begleitung von Dr. Urtel die Laboratorien der RCA in USA besuchte, hat uns die Übertragung mittels Ikonoskop außerordentlich

beeindruckt. Sollte die deutsche Technik nicht hoffnungslos zurückbleiben, so mußten wir schnellstens Gleichwertiges schaffen. General SAR
NOFF, seinerzeit Präsident der RCA, war so entgegenkommend, uns ein
Ikonoskop herüberzuschicken, im Austausch gegen unsere Leuchtstoffe
und deren bessere Präparationsmethoden. Dr. URTELS Labor brachte die
Röhre bald in Betrieb; Dr. KNOBLAUCH lernte sie nachzubauen, und
schon im Sommer 1935 konnten wir der Reichspost mit dem Ikonoskop
übertragene Bilder vorführen.

Trotzdem, — wir hatten eine Niederlage hinnehmen müssen. Um sie
auszuwetzen, gingen wir energisch an die Aufgabe der Verzehnfachung
der Lichtempfindlichkeit des Ikonoskops in Form des *Superikonoskops*
heran, auf dessen noch unausgeschöpfte Möglichkeiten der Abschlußvortrag zurückkommen wird. Die Überführung des optischen Sendebildes in ein *Elektronenbild* und dessen Benutzung zum Aufbau eines
Speicherreliefs durch Sekundäremission erbrachte tatsächlich die gewünschte Steigerung. In den letzten Jahren vor dem Kriege vollzog sich bei uns in Deutschland und zugleich in England, wenn auch unter Rück

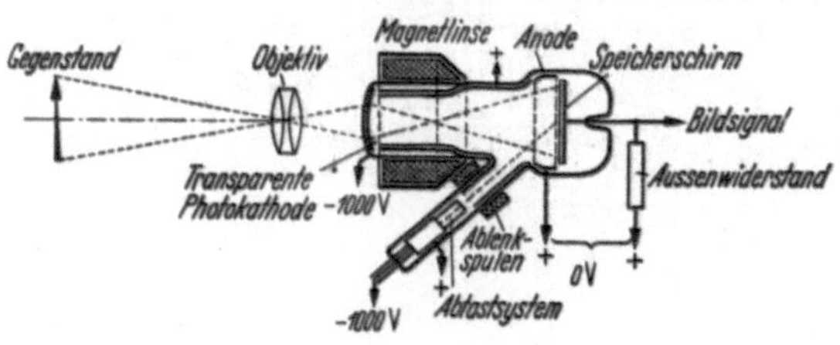

Abb. 9. Prinzip des Superikonoskops (G. LUBSZYNSKI, R. RODDA, 1934).

schlägen, die Verdrängung des klassischen Ikonoskops in der Fernsehkamera durch die neue Röhre. Leider hatten wir das Patent zu spät
angemeldet, so daß uns in England bei der EMI die Herren LUBSZYNSKI
und RODDA mit der Priorität zuvorgekommen waren. Unsere Arbeiten
liefen unabhängig voneinander. Als erfinderischer Überschuß blieb uns
nur die elektronenoptische *Vergrößerung* in der Röhre erhalten, ein für
die Praxis ziemlich wichtiger Kunstgriff, der in der Kamera die Verwendung normaler Kinoobjektive ermöglichte (Abb. 9).

. Der Werdegang von der NIPKOW-Scheibe bis zum Superikonoskop
und der dazugehörigen fortgeschrittenen Studiotechnik wäre nun zu
ergänzen durch einen Überblick über die zum Teil parallel laufende Entwicklung der *Ultrakurzwellen*übertragung und des Beherrschens *breiter
Frequenzbänder* in den Sendern, Verstärkern und Antennen. Prof. AIGNER
in Wien hatte 1925 die Notwendigkeit der UKW als Träger der Fernsehmodulation theoretisch begründet, und zahlreiche Forscher — in Deutschland vor allem Prof. ESAU — arbeiteten über Erzeugung und Ausbreitung
dieser Wellen, deren praktische Begrenzung durch den Horizont ihr
quasioptisches Verhalten erwies. Das Interesse des Verf. galt hauptsächlich den Problemen eines UKW-*Rundfunks* und· UKW-*Fernsehens* im

starkdämpfenden Häusermeer der großen Städte, und eine Reihe von diesbezüglichen Versuchen hat dann als Grundlage des Verteilungsplanes gedient, der ein Netz von rundum strahlenden UKW-Fernsehsendern mit durch Bündelung verstärkter Leistung bei geometrisch beschränkter Reichweite, daher mit mehrfachem Einsatz der gleichen Wellenlänge und mit *Mikrowellen*-Relais für die Zuleitung von der Kamera zum Sendeort vorsah.

Die Verwirklichung dieses Systems hatte die Deutsche Reichspost aufgenommen, als der Krieg ausbrach; sie stützte sich dabei jedoch auf ihr schon ziemlich verzweigtes *Breitbandkabelnetz*, weil die Technik der Mikrowellen nicht genügend fortgeschritten war. 1930 entstand bei Telefunken der erste quarzgesteuerte 6-m-Sender, aus dem sich durch die Pionierarbeit von W. BUSCHBECK die schaltungs-, röhren- und bautechnisch hochwertigen Fernsehsender großer Leistung entwickelten, die die Reichspost in Berlin-Witzleben, auf dem Brocken und auf dem Feldberg i. T. errichtete und für weitere Plätze in Aussicht genommen hatte.

Hier müssen wir einen Augenblick haltmachen. Im Durcheilen der ersten Entwicklungsepoche mußte manches Bedeutende und die in Summa ein Großes darstellende Kleinarbeit übergangen werden. Es kam hier hauptsächlich darauf an, die wesentlichsten Vorläufer und Keime einer Fernsehindustrie zu betrachten. Fassen wir kurz die Sprünge des Fortschritts zusammen, ehe wir in das zweite, bis zur Gegenwart reichende Stadium eintreten:

1. Die spekulative Aera (bis 1920).

Einkanal-Fernsehen.
Rotierende Spirallochscheibe (NIPKOW).
BRAUNsche Röhre als Bildschreiber.
Fernsehen mittels synchron abgelenkter Kathodenstrahlen.

2. Die mechanische Aera (1920 bis 1928).

(Grundlage: Gittergesteuerte Verstärker- und Senderöhren.)

in Verbindung mit mechanischen Zerlegern { Kerrzelle als Lichtsteuerorgan.
Steuerbare Entladungsröhren.
Zeilensprungverfahren mit Lochscheibe.
Ultrakurzwellenfernsehübertragung.

3. Die mechanisch-elektronische Aera (1928 bis 1935).

Ersatz der mechanischen Empfangsorgane durch die BRAUNsche Röhre.
Leuchtschirmfilmgeber.
Direkte Verstärkung von Photoströmen durch Sekundäremission.
Schwarzpegelsynchronisierung.

in Verbindung mit der BRAUNschen Röhre { Linsenkranzabtaster.
Mehrfachlochscheibenabtaster.
Breitbandkabel, Fernsehsprechen.

4. Die elektronische Aera (1935 bis 1939).

Verwirklichung des Zeilensprunges mittels Kathodenstrahlröhren.
Speichernde Bildgeberröhre, Ikonoskop.
Kameratechnik.
Große UKW-Fernsehsender.
Fernsehen über Mikrowellenrelaisstrecken.
Superikonoskop.
BRAUNsche Hochspannungsröhre für Projektionsbilder.
Deutscher Einheitsfernsehempfänger.

Während des 2. Weltkrieges mußte die Fernsehentwicklung auf solche Aufgaben beschränkt werden, die vom militärischen Gesichtspunkt aus interessant erschienen. Schon vorher hatten wir bei Telefunken ein System ausgearbeitet, das für Aufklärung und Artilleriebeobachtung die momentane Übertragung von Krokis, Skizzen, schriftlichen Mitteilungen, aber auch von körperlichen Gegenständen auf den Leuchtschirm eines Fernsehempfängers vom Flugzeug aus in Richtung Boden oder umgekehrt ermöglichte. Die Frequenzbandbreite betrug etwa $5 \cdot 10^5$ Hz, die Sendewelle etwa 80 cm. Als Geber diente eine Leuchtschirmabtaströhre mit Zinkoxydschirm (T in Abb. 10).

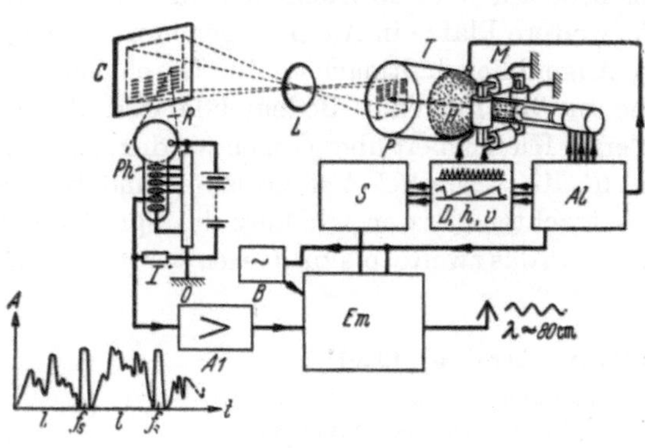

Abb. 10. Geberschaltung des Flugzeugbodenfernsehgerätes „Harz" (1939).

T Leuchtschirmabtaströhre — M Ablenkspuler — L Objektiv — C Abtastfeld — Ph Vervielfacherphotozelle — B Impulsgesteuerter Oszillator — S Synchronisiergerät — Em Sender — A_1 Bildverstärker — R Reflexionslichtkegel.

Der bewegte Lichtfleck wurde mittels Objektiv L auf den Übertragungsgegenstand C abgebildet und der von diesem reflektierte Lichtstrom R in der Vervielfacherphotozelle Ph in das Fernsehsignal umgesetzt. Um an Bandbreite zu sparen, war die Bildfrequenz auf $12\frac{1}{2}$ s^{-1} erniedrigt; das Flimmern wurde in Kauf genommen. Zum Synchronisieren des Empfängers dienten (ohne Schwarzpegel) Impulse f_s, die mit einer die höchste Modulationsperiode des Bildes genügend überschreitenden Frequenz ihrerseits moduliert und daher durch Filter leicht trennbar waren.

Diese Entwicklungsaufgabe erhielt im Kriege den Geheimhaltungsnamen „Harz" und wurde in der Richtung auf gedrängteste Konstruktion weitergeführt. Es konnten mit wenigen Watt Hochfrequenzleistung zwischen Flugzeug und Boden bis zu 200 km überbrückt werden. Ein militärischer Einsatz hat jedoch nicht stattgefunden.

Andere fernsehähnliche Aufgaben betrafen die Durchbildung eines kleinen Superikonoskops mit statischer Elektronenlinse zur Verwendung in Fernlenkgeschossen, eine 2000-Zeilen-Schnellbildtelegraphie mit Kathodenstrahlröhren als Geber und Empfänger, die höchste Feinheit der Auflösung mit exaktester Geometrie vereinigte, sowie die Fernübermittlung von Radar-Anzeigen und -Panoramen mittels speichernder „Blauschrift"-Oszillographenröhren (haltbare blaue Schreibspur des Kathodenstrahls auf einem weißen Schirm von Kaliumchlorid).

Seit dem Kriege sind nach Lage der Dinge bis vor kurzem fast allein die USA Träger der Entwicklung gewesen. Erst in den letzten Jahren konnten die europäischen Länder, voran England, nachkommen. Das heutige, zweite Stadium der Fernsehentwicklung ist daher geprägt durch die Anpassung an die Möglichkeiten und Bedürfnisse eines Landes mit hochentwickelter Industrie, großer Kaufkraft und stärkster Individualisierung des Menschen. Mehr als 100 Fernsehsender verbreiten in den USA ihre Programme, um die Millionen Empfänger zu versorgen. Kino, Theater, Varieté, Sportarena und Reklameschau sind in das Familienheim verlegt, dessen zentrales Möbel das Bildgerät geworden ist, weil es die Außenwelt heranträgt. Polizeistreifenwagen mit eingebautem Fernseher kontrollieren die Verkehrswege, in Industrieanlagen ersetzt und vervielfältigt der Fernseher das menschliche Auge, an Bord von Flugzeugen liefert er bei Nacht und Nebel ein hochwertiges Surrogat der klaren Tagessicht, und über seine militärischen Anwendungsmöglichkeiten werden Wunderdinge — vermutet. Sein Entwicklungstempo ist rasend geworden, trotz aller Beschränkungen durch das Rüstungsprogramm. MR. FOLSOM, der jetzige Präsident der RCA, erzählte dem Verf., die Lösung des „Trichrome-Kinescopes", der Dreistrahl-Bildempfangsröhre für Farbfernsehen, habe von der Aufgabenstellung, die von General SARNOFF persönlich gegeben worden sei, bis zur Fabrikationsreife 89 Tage erfordert: 90 Tage Frist seien dafür zugestanden gewesen.

Was hat sich nun im einzelnen an der Technik geändert und was kennzeichnet das heutige Entwicklungsstadium? Fassen wir es kurz zusammen:

1. In den *Bildabtastern* haben die *langsamen* Elektronen die schnellen verdrängt. Die Störungen durch Rückkehr von Sekundärelektronen (schwarzer Fleck des Ikonoskops) sind damit beseitigt; die Lichtempfindlichkeit der Röhren ist außerordentlich gesteigert, so daß sie bei beliebiger Beleuchtung arbeiten. Marksteine dieser Entwicklung sind das *Orthicon* mit Stabilisierung des Speicherpotentials (*CPS-Orthicon* der EMI, s. Abb. 50, S. 65), das *Image-Orthicon* der RCA mit elektronenleitender Speichermembran und Vervielfachersystem (s. Abb. 51, S. 66), jetzt Bestandteil der meisten Fernsehkameras, schließlich das *Vidicon* mit *innerem*

Photoeffekt in dünner Halbleiterschicht, das seines einfachen Aufbaus wegen als die kommende Bildgeberröhre gilt. Spirale des Fortschritts: Vor 15 Jahren stand das Halbleiterikonoskop auf unserem Programm bei Telefunken, wurde aber vom Superikonoskop und dieses wiederum von den Orthicontypen überholt. Nun ist es auf einer höheren Ebene des technischen Könnens betriebsfähig verwirklicht.

2. Bei den *Bildempfangsröhren* sehen wir den Übergang zum Metallkolben mit flachem, großem Schirm (Type 16 AP 4) und eingebauter Ionenfalle zur Ablenkung des zerstörenden Ionenaufpralls von der Leuchtstoffschicht, die zudem spiegelnd aluminisiert ist. Die Leuchtphosphore sind in USA nach Farbe und Abklingdauer normiert und unter Berücksichtigung des Zeilensprunges der Bildwechselfrequenz 60 Hz angepaßt. Kontrastverzerrendes Nebenlicht wird durch Vorsetzen von *Neutralfiltern* reduziert. Beachtlich wirkt die sorgfältige Gammakorrektur, die insbesondere durch die Linearität des Ausgangssignals vom Image-Orthicon erforderlich wird.

3. Die *Empfänger* haben die der amerikanischen Wellenverteilung entsprechenden Abstimmbereiche mit Bändern von 54 bis 88 und von 174 bis 216 MHz, die zusammen 12 Kanäle umfassen. Bei Geräten für das englische Fernsehen geht man im Augenblick nur bis zu 4 Kanälen, was den HF-Eingangsteil und die Empfangsantenne vereinfacht. Die Stabilisierung der Zeilensynchronisierung durch Schwungradkreis ist weitgehend im Gebrauch; automatische Verstärkungsregelung und Unterdrückung von Störspitzen sind selbstverständliche Bestandteile. Für den Tonkanal hat sich das *Intercarrier*system, das den zweiten ZF-Verstärker erspart, in der Praxis bewährt. Viel Arbeit verwendet man, da für das empfindliche Auge normale Filterung nicht ausreicht, auf spezielle Methoden für das Ausmerzen gegenseitiger Störungen von Fernsehsendern in Überschneidungszonen ihrer Reichweite, und für die Wolkenkratzerstädte mit ihren metallischen Reflexionen, die im Fernbilde durch Laufzeiteffekte „Geister" hervorrufen, haben sich richtungsselektive, auch gegen Störsender wirksame Kombinationsantennen mit mehreren Dipolen als Standardformen herausgebildet.

Raffinierte Serienfertigung hat die Gerätepreise im normalen Verkauf auf die Größenordnung hinuntergedrückt, die für den deutschen Einheits-Fernsehempfänger kalkuliert war. Zum Beispiel kostet der als Tischmodell gut durchgearbeitete Allstromempfänger der Firma Pye in England, einschließlich 66% Verkaufssteuer, 71 £, das gleiche Chassis in Schrankeinbau 85 £. Die amerikanischen Preise gehen von 165 $ an aufwärts bis über 1000 $, je nach Zutaten und Luxus.

4. Das *Verbreitungsproblem* der Fernsehsendung ist durch Mikrowellenstrecken und Breitbandkabel mit zahlreichen Zwischenverstärkern technisch gelöst, die Sendung von Ozean zu Ozean in den USA jetzt möglich. Auch hierin offenbart sich das unerhörte Tempo der Entwick-

lung. Hohlrohrwellenleiter finden nur als Zuführung zwischen HF-Teil und Strahler Verwendung; sie enden unmittelbar in den bekannten horn-artigen Ausweitungen oder in den vorzüglich bewährten metallischen Sammellinsen, die mittels wellenführender, phasenbestimmender Fach-werke die konzentrierende Wirkung optischer Linsen nachbilden. Von der „Stratovision", der Benutzung hochfliegender Flugzeuge mit weitem Horizont als Fernsehsender und -relais, scheint man abgekommen zu sein, mindestens für zivilen und binnenländischen Gebrauch.

5. Die *Großbildprojektion* mittels BRAUNscher Hochspannungsröhre, Hohlspiegel und korrigierender SCHMIDT-Optik ist bis zur Grenze ihrer Möglichkeiten vervollkommnet. Verf. hat das Gerät der Firma Cinema-Television auf der Londoner *Southbank-Exhibition* im August 1952 gesehen; Bilder mit 405 Zeilen erschienen auf einer Fläche von min-destens 4 m × 5 m ausgezeichnet hell und klar, und die Rasterung war bei etwa 10 m Betrachtungsabstand keineswegs störend. Die Zukunft wird aber doch, soweit man heute sieht, dem FISCHERschen *Eidophor-*verfahren (kathodenstrahlgesteuerte Ölschicht in Schlierenoptik) gehö-ren, das weitaus lichtstärkere Projektionen mit höheren Zeilenzahlen und unübertrefflicher Konturenschärfe verspricht. Heimprojektoren mit klei-ner Kathodenstrahlröhre und SCHMIDT-Optik scheinen mangels aus-reichender Leuchtdichte und genügenden Kontrastumfanges wenig Freunde zu finden.

6. Das *Farbfernsehen* ist in den USA auf dem Kampfplatz der Systeme erschienen, hat aber aus Preisgründen noch keine industrielle Basis gefunden. CBS und RCA liegen in harter Konkurrenz miteinander. Mit der von CBS entwickelten Methode der rotierenden Farbfilter liebäugeln einige europäische Firmen, in deren Laboratorien Verf. Varianten dieses Systems mit recht natürlicher Wiedergabe ruhender bunter Objekte gesehen hat. Bei rascher seitlicher Drehung des Kopfes oder bei schnellen Bewegungen im Bilde sind jedoch die auftretenden Farbsäume unerträg-lich. Das RCA-System, das sich mehrfach gemausert hat, bedeutete zu-nächst einen höheren Aufwand, der sich indessen bei der jüngsten Form des „Dot-Sequential"-Verfahrens schon reduziert hat, zumal die Meister-leistung des Dreifarbenkineskops in dieser Hinsicht weitere Fortschritte verheißt. Unbezweifelbar erscheint, daß eine Übertragungsmethode, die nicht die volle „*compatibility*" garantiert, von vornherein keine Aussicht hat; es sei denn, daß sie unerhörte Steigerungen der Bildgüte erbrächte. Ebenso zutreffend dürfte sein, daß das System rein *elektronischer* Natur sein muß, frei von Rotationsgeräuschen und Massenträgheiten. So ge-sehen, erscheint die Entwicklung bei der RCA sinnvoller als bei CBS. Doch ist sie keineswegs frei von Problematik, insbesondere was die physiolo-gische Seite des Bildaufbaues der „Dot-Interlaced"- Methode betrifft. Farbfernsehen als industrieller Zweig wird also wohl noch etwas auf

sich warten lassen und in seiner Vollendung einem *dritten* Entwicklungsstadium des Fernsehens zuzurechnen sein. *Wann* es gelungen sein wird, die Kosten nicht allein der Empfänger, sondern auch der Programme tragbar zu machen, läßt sich nicht vorhersagen. Vielleicht kann man sich anfangs auf die Übertragung fertiger Farb*filme* beschränken. Die Verbreitung *muß* auf der Grundlage der heutigen Frequenzbänder und der bestehenden Sendenetze gelöst werden. Dann aber wird im Fernsehen die natürliche Farbe ebenso selbstverständlich sein, wie heute beim Kinofilm.

Verf. behält sich vor, auf gewisse Einzelfragen der Technik des Farbfernsehens im abschließenden Vortrag zurückzukommen. Es bleibt daher nur übrig, einige kurze Bemerkungen über die logische Fortsetzung erfolgreich beschrittener Wege anzuschließen, von denen zu hoffen ist, daß sie in einem späteren Entwicklungsstadium ihr Ziel erreichen. Wenn diese Wege auch die Übertragung der Farbe mitumfassen, so gelten sie doch einer viel weitergehenden Problematik: der

Durchführung des Speicherprinzips beim Fernsehempfang.

Wir müssen darin eine der dringendsten Aufgaben für die kommende Epoche sehen. Das Eidophor-Verfahren ist nur ein erster Ansatz zur Lösung. Für den Heimempfänger wird es sich kaum eignen, aber vielleicht modifiziert zur Zwischenspeicherung am Ende der Zubringerlinie, die das modulierende Bildsignal dem Rundstrahlsender zuleitet. Ein solcher Zwischenspeicher würde es ermöglichen, von der Fernsehkamera bis zum Eingang des Rundstrahlsenders mit herabgesetzter Bildwechselzahl, etwa $16^2/_3$ statt 25, zu arbeiten. Die auf diese Weise erzielbare Einsparung an Frequenzbandbreite könnte noch vergrößert werden durch Ausnutzung der Lücken des normalen Abtastfrequenzspektrums, wie man dies heute schon beim Farbfernsehen tut. Mit der Verschmälerung des Bandes geht eine entsprechende Verbesserung des Verhältnisses Signal:Rauschen einher, besonders für diejenigen gespeicherten und später wieder abgetasteten Bildpunkte, die längere Zeit keine Veränderung ihrer Helligkeit erfahren haben. Dieses Ergebnis setzt freilich besondere elektronische Speichermittel voraus, die im Prinzip existieren, aber noch nicht die nötige Feinheit der Auflösung gewährleisten und vorläufig auch zu schwache Signale liefern.

Die endgültige Lösung des Zwischenspeichers im Sinne des soeben Gesagten wird vermutlich in Form eines Mosaiks von steuerfähigen Aufladungen der Oberfläche eines Isolators erfolgen. Sie liegt vielleicht in nicht allzu weiter Ferne. Anders ist es beim Heimempfänger. Dessen Speicher müßte logischerweise mit der Bildröhre konstruktiv vereinigt sein, und diese müßte einen Leuchtschirm besitzen, dessen sämtliche Flächenelemente *gleichzeitig* durch ein vergrößertes Elektronenbild angeregt werden. Das ergibt dann große Helligkeit, verringertes Rauschen und völlige Flimmerfreiheit bei nur $16^2/_3$ Bildwechseln in der Sekunde, die das Minimum für den kinematographischen Verschmelzungseffekt darstellen. Das lichterzeugende Elektronenbild wird durch das immer wieder korrigierte gespeicherte Ladungsmosaik gesteuert. Für dessen Aufbringung auf dem Isolator bietet die beim Eidophor-Projektor benutzte, der stetigen Kathodenstrahlablenkung überlagerte, oszillatorische Transversalsteuerung die besten Möglichkeiten.

Wer dieses Modell mit tragbarem Aufwand realisiert, wird dem Fernsehen der Zukunft einen ebenso großen Dienst leisten, wie seinerzeit Dr. ZWORYKIN mit seinem speichernden Ikonoskop als Bildgeber.

Des weiteren scheint es mir im Hinblick auf die kommende Aera der mit Zentimeterwellen arbeitenden Richtfunkstrecken interessant zu sein, das *Fernsehsprechen* von neuem aufzugreifen. Schon vor dem Kriege hatte Telefunken für diesen Zweck den mit NIPKOW-Scheibe versehenen Lichtstrahlabtaster durch den Kathodenstrahl-Leuchtschirmgeber ersetzt. Ein Gerät dieser Art wurde für die Vorführungen der Deutschen Reichspost in Südamerika benutzt, denen der Ausbruch der großen Katastrophe ein vorzeitiges Ende bereitete. Abb. 11 zeigt einen damals entstandenen Entwurf des Verf., verbessert durch die Einführung des *Vidicons*, dessen Einfachheit dem Industriefernseher (Fernüberwachung von Fertigungsvorgängen oder Anzeigen) wie auch dem Fernsehsprechgerät neue Möglichkeiten erschließt. Das Antlitz des Gesprächspartners erscheint auf dem Leuchtschirm des Kineskops K, während der Betrachter über einen unter 45° geneigten halbdurchlässigen Spiegel Sp auf die lichtempfindliche Schicht des Vidicons V abgebildet wird. Die Störwirkung der durch Zerstreuung auf den Schirm des Kineskops gelangenden, kontrastvermindernden Raumbeleuchtung wird durch ein Neutralfilter N reduziert, wie bei normalen Fernsehempfängern üblich. Andererseits muß zwecks Vermeidung optischer Rückkopplung über die Gegenstation das vom Kineskop kommende diffuse Licht dem Vidicon durch ein Absorptionsglas F ferngehalten werden, das im Ansprechbereich des Vidicons liegende Spektralbanden verschluckt.

Gegenüber den älteren Anordnungen, bei denen die optischen Achsen des Lichtstrahlabtasters und des Kineskops einen Winkel miteinander bildeten und sich die Partner daher beim Sprechen nicht „in die Augen

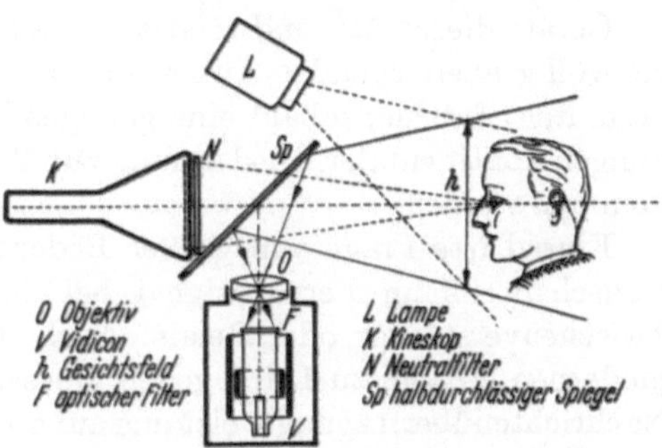

Abb. 11. Gradsichtige Anordnung für Fernsehsprechen
(F. SCHRÖTER, 1940).

sehen" konnten, ist gemäß Abb. 11 das Zusammenfallen beider Achsen erreicht und eine natürliche Benutzung der Einrichtung möglich geworden. Die starke Blendung, die man früher beim Blicken in Richtung des sehr hellen Feldes der Abtastleuchtzeilen in Kauf nehmen mußte, ist durch das nicht selbstleuchtende Vidicon dank seiner Lichtempfindlichkeit, die blendungsfreie allgemeine Beleuchtung der Sprechkoje gestattet, vermieden. Die spektrale Zusammensetzung dieser Beleuchtung muß so sein, daß ihre Strahlen das Filter F nur wenig geschwächt passieren können, während dieses die Emission des Kineskops K möglichst weitgehend verschlucken soll, soweit sie auf die photoelektrische Schicht des Vidicons einzuwirken vermöchte.

Geräte dieser Art sind relativ einfach; ihr Frequenzbandbedarf liegt bei völlig ausreichender Auflösung unter 1 MHz. Man darf mit Recht vermuten, daß sie, sobald eine genügende Zahl von Mikrowellenverbindungen kontinentaler Ausdehnung zur Verfügung steht, zur Anwendung kommen werden.

Eine dritte Frage von großer Bedeutung ist die Verminderung des Rauschanteils im Fernsehsignal bei der Zubringung über zahlreiche Zwischenverstärker oder Relais. Auch diesem Problem wird man mit modernen Mitteln zu Leibe gehen müssen. Die neuzeitliche Theorie der Nachrichtenübertragung weist uns auf die *Quantisierung* von Amplituden hin. Über diese Methode zur Unterdrückung des Rauschens hat Verf. im Sommer 1951 auf Einladung der Eidgenössischen Technischen Hochschule in Zürich referiert. Er wird in seinem Schlußvortrag darauf zurückkommen und insbesondere die elektronischen Filter besprechen, die man für den gedachten Zweck in Verbindung mit anderen Verfahren vorteilhaft anwenden könnte.

Wenn wir so hoffen dürfen, künftig farbige Fernsehbilder höchster Qualität mit tragbarem Frequenzbandaufwand übertragen und damit eine Reihe neuer Anwendungen dieser Technik in Industrie, Verkehr und Wirtschaft erschließen zu können, so dürfen wir doch, soweit es sich um das größte und wichtigste Gebiet, den Fernsehrundfunk, handelt, folgendes nicht außer acht lassen: Der Zweck dieser Anwendung ist nicht, das Auge bis an die Grenze seiner physiologischen Fähigkeiten zu befriedigen, sondern in geschickter Ergänzung des Hörempfangs durch den zweiten Sinn die Mitteilsamkeit der Sendung, ihre Eignung, seelisches Erleben auszulösen, zu fördern. Dazu bedarf es der optischen Komponente nur in dem Umfange und mit der Deutlichkeit — und damit auch mit dem Kostenaufwand —, die für die besagte Bestimmung ausreichen. Es hat keinen Zweck, in den Anforderungen an die Bildqualität des Fernsehrundfunks über dieses Maß hinauszugehen und damit das wirtschaftliche Fundament der neuen Technik, das eine Funktion der mittleren Kaufkraft der Massen ist, unnötig zu verschmälern.

B. Der Stand der internationalen Normung der Fernsehsendungen.

Von Professor Dr.-Ing. habil. **F. Kirschstein**, Darmstadt.

Mit 16 Abbildungen.

Für keinen Zweig der Fernmeldetechnik ist eine internationale Normung des Sendeverfahrens von solcher Bedeutung wie für das Fernsehen. Der Geltungsbereich einer Sendenorm bestimmt das Gebiet, in dem ein Empfänger benutzt und also auch verkauft werden kann. Je größer der Geltungsbereich der Norm ist, um so größer ist das Absatzgebiet. Nun ist der Fernsehempfänger — verglichen mit einem normalen Rundfunkempfänger — ein sehr umfangreiches Gebilde, dessen Preis nur durch eine Massenfabrikation großen Stiles so weit heruntergedrückt werden kann, daß er von breiten Schichten der Bevölkerung gekauft wird. Man braucht aber diese breiten Käuferschichten auch deshalb, weil sie als zahlende Teilnehmer an den Rundfunksendungen die außerordentlich teuren Programme finanzieren müssen. Infolgedessen ist ein großes Absatzgebiet und eine weitreichende Norm geradezu eine Existenzfrage für den Fernsehrundfunk überhaupt. Das Ideal wäre eine Weltnorm, die dem Lieferanten eines Empfängers oder anderen Fernsehgerätes — wenigstens theoretisch — die ganze Welt als Absatzgebiet öffnen würde.

Dies ist der Grund, weshalb sich die beratenden Komitees des Weltnachrichtenvereins seit dem Ende des zweiten Weltkrieges unaufhörlich bemühen, eine Empfehlung für eine internationale Sendenorm herauszubringen. Die letzten Tagungen, die in dieser Richtung stattgefunden haben, waren die Tagung der 11. Studienkommission des CCIR in Genf im Sommer 1951 und die Europäische Rundfunkkonferenz in Stockholm im Sommer 1952. Über die Ergebnisse dieser Tagungen wird nachstehend kurz berichtet und zu Teilfragen Stellung genommen.

Auf der CCIR-Tagung in Genf ist eine Empfehlung für eine wirkliche Weltnorm nicht gefunden worden. Man hat sich vielmehr auf englischen Vorschlag damit begnügt, 4 verschiedene Schwarz-Weiß-Systeme zu „registrieren". Außerdem wurde als fünftes System noch ein Farbsystem registriert, das hier jedoch nicht behandelt werden soll[1]. Die 4 Schwarz-Weiß-Systeme sind:

---

[1] Es handelt sich um das bekannte System der Columbia-Broadcasting-Gesellschaft, das in den USA genormt worden ist. Die amerikanischen Vertreter erklärten jedoch, daß diese Norm in Kürze durch eine andere Norm „ergänzt" werden würde.

Die englische Norm (405 Zeilen), die amerikanische Norm (525 Zeilen),
die Genfer Norm (625 Zeilen), die französische Norm (819 Zeilen).

Die Genfer Norm ist von folgenden Staaten angenommen: Italien,
Schweiz, Deutschland, Holland, Dänemark und Schweden. Auch Belgien gehört — mit gewissen Einschränkungen — zu dieser Gruppe.
Tab. 1 zeigt die wichtigsten Kenngrößen der verschiedenen Systeme. Die
Breite des „Videofrequenz-Bandes" wächst von 3 MHz beim englischen
System bis auf 10,4 MHz beim französischen, und demgemäß verlangt der
Hochfrequenzkanal für eine komplette Fernsehübertragung in England 5,
in Frankreich 14 MHz. Die Zahl der „Teilbilder", die übertragen werden,
ist überall 2, die Teilbildfrequenz beträgt in Übereinstimmung mit der
Frequenz der Starkstromnetze in Europa 50, in Amerika 60 Hz. Die
Zeilenfrequenz schwankt zwischen 10125 Hz und 20475 Hz, ist aber in
Amerika und den Staaten der Genfer Norm nahezu gleich. Das Bildformat ist bei allen Systemen identisch.

Tabelle 1. *Vom CCIR „registrierte" Fernsehsysteme.*

Kenngröße	405 Zeilen	525 Zeilen	625 Zeilen	819 Zeilen
Breite des Videofrequenz-Bandes	3 MHz	4 MHz	5 MHz	10,4 MHz
Breite des Rundfunkkanals	5 MHz	6 MzH	7 MHz	14 MHz
Zahl der Teilbilder	2	2	2	2
Teilbildfrequenz, unabhängig von der Netzfrequenz	50 Hz	60 Hz	50 Hz	50 Hz
Zeilenfrequenz	10125 Hz	15750 Hz	15625 Hz	20475 Hz
Bildformat	4:3	4:3	4:3	4:3
Modulation des Bildsenders	AM, pos.	AM, neg.	AM, neg.	AM, pos.
Schwarzpegel des Trägers, unabhängig vom Bildinhalt	30%	75%	75%	30%
Kleinste Trägeramplitude	0	15%	10%	3%
Unterdrücktes Seitenband	oberes	unteres	unteres	oberes
Breite des Restseitenbandes	1,25 MHz	1,25 MHz	1,25 MHz	2 MHz
Tonträger, bezogen auf Bildträger	—3,5 MHz	+4,5 MHz	+5,5 MHz	—11,15 MHz
Modulation des Tonträgers	AM	FM Hub: 25 kHz	FM Hub: 50 kHz	AM

Die Bildsender werden stets in der Amplitude moduliert, jedoch abwechselnd positiv und negativ. Der Schwarzpegel des Trägers ist unabhängig vom Bildinhalt, aber verschieden. (Bei positiver Modulation 30%, bei negativer 75%.) Die kleinste Trägeramplitude schwankt zwischen 0% in England und 15% in USA. Die Hochfrequenzübertragung erfolgt durchweg als Einseitenband-Übertragung, wobei jedoch abwechselnd das obere oder das untere Seitenband unterdrückt wird. Die Breite des Restseitenbandes ist in allen Staaten gleich — bis auf Frankreich, das wegen seines breiteren Nutzbandes ein breiteres Restseitenband zulassen muß. Die Lage des Tonträgers, bezogen auf den Bild-

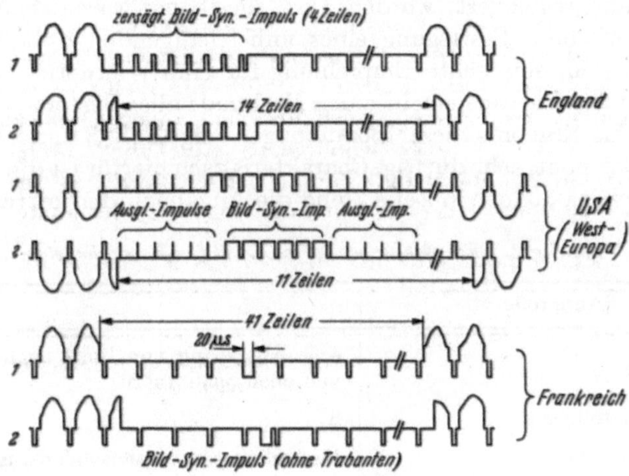

Abb. 12. Die Synchronisiersignale der verschiedenen Fernsehsysteme.

träger, ist abwechselnd oben oder unten. Die Modulation des Tonträgers ist in England und in Frankreich Amplitudenmodulation, bei den anderen Staaten Frequenzmodulation, aber mit dem Unterschied, daß in Amerika 25 kHz, in Europa 50 kHz Hub angewendet wird. Abb. 12 zeigt die zugehörigen verschiedenen Synchronisiernormen. Dargestellt ist jeweils der zeitliche Verlauf des Signalgemisches in der Umgebung der beiden Teilbildsynchronisierimpulse[1]. Abgesehen von dem Polaritätsunterschied der Impulse und kleineren Verschiedenheiten in den Breiten der Schwarzschultern der Zeilenimpulse unterscheiden sich die Normen wesentlich durch die Form des Bildimpulses. In England besteht der Bildimpuls aus einem langen, etwa 4 Zeilen andauernden Impuls, der durch Zeilenimpulse „eingesägt" ist.

---

[1] Vgl.: Comité consultatif international des radio-communications (CCIR). VIe assamblée plénière Genève 1951, Vol. I, S. 217—219, 224.

In den USA und den „Genfer" Staaten hat der Bildimpuls eine ähnliche Form, jedoch gehen dem eigentlichen Impuls eine Reihe schmaler „Halbzeilen"-Impulse vorher, und ebenso folgen auf ihn eine Reihe solcher Ausgleichsimpulse zu dem Zweck, das Paarigstehen der Zeilen infolge ungleicher Teilbildablenkströme zu vermeiden. In Frankreich verwendet man als Bildimpuls einen vergleichsweise kurzen Impuls von etwa $^1/_3$ Zeilendauer, ganz ähnlich wie bei der deutschen Vorkriegsnorm. Es fehlt aber der Trabant, der seinerzeit in der deutschen Norm enthalten war.

Die verschiedenen Systeme weichen, wie man sieht, stark voneinander ab und sind von dem internationalen Komitee auch nicht empfohlen, sondern nur „registriert" worden. Die Amerikaner waren ziemlich ungehalten über diese Festlegung eines unbefriedigenden Status quo und bemühten sich, eine echte Empfehlung für eine Weltnorm zustande zu bringen, indem sie die gemeinsamen Merkmale aller Systeme zusammenstellten. Das Ergebnis dieser Bemühungen zeigt Tab. 2 und ist, wie man unmittelbar sieht, sehr dürftig. Charakteristisch hierfür ist die Einfügung des Wörtchens „oder" in Zeile 7 und die Angabe in der letzten Zeile.

Tabelle 2. *„Empfehlungen" des CCIR für Fernsehsysteme.*

Kenngröße	
Bildformat	4 : 3, Abtastung von links nach rechts und von oben nach unten
Zahl der Teilbilder	2
Teilbildfrequenz	Unabhängig vom speisenden Netz
Modulation des Bildsenders	Amplidutenmodulation
Schwarzpegel des Trägers	Unabhängig vom Bildinhalt
Hochfrequenzübertragung	Restseitenbandverfahren (Empfänger mit „Nyquistflanke")
Begrenzung der Seitenbänder des Senders	Oberes *oder* unteres Seitenband (Träger ungeschwächt)
Lage der Trägerfrequenzen innerhalb des „Kanals"	Bildträger 1,25 MHz Tonträger 0,25 MHz } vom Rande entfernt
Dämpfung der Seitenbänder an der Kanalgrenze	Mindestens 20 db
Polarisation der Trägerwellennormung nicht erforderlich	

Es ist klar, daß man Tab. 2 nicht als die gesuchte Weltnorm ansehen kann, und es ist auch leicht einzusehen, weshalb eine solche Weltnorm heute grundsätzlich nicht mehr aufgestellt werden kann. Die Engländer haben im Jahre 1936 ihren Fernsehdienst mit 405 Zeilen aufgenommen und haben heute über eine Million Empfänger in Betrieb, die für ihre Sendenorm gebaut sind und nicht mehr geändert werden können. Ebenso haben die Amerikaner 1942 ihre Norm mit 525 Zeilen festgelegt, verfügen heute über 15 000 000 Empfänger und können ihre Norm auch nicht mehr ändern. Eine gewisse Bewegungsfreiheit besteht eigentlich nur noch auf dem europäischen Kontinent. Zwar ist auch hier im April 1948 in Frankreich durch eine gesetzliche Bestimmung festgelegt worden, daß man ein Fernsehsystem mit 819 Zeilen benutzen würde, und die „Genfer" Staaten in Westeuropa haben sich vor $1\frac{1}{2}$ Jahren auf 625 Zeilen festgelegt. Aber die Zahl der Empfänger, die in Benutzung sind, ist in beiden Fällen noch so klein, daß man bei ernsthafter Anstrengung noch in der Lage wäre, das Sendeverfahren zu ändern. Die beiden Fragen, mit denen wir uns beschäftigen müssen, sind daher:

1. Kann man die Systeme auf dem Festland nicht doch noch dem amerikanischen System oder dem englischen System angleichen?

2. Wenn das nicht möglich ist, kann man die beiden Systeme nicht wenigstens untereinander angleichen?

Wir haben vorher gesehen, daß das 625-Zeilen-System sich weitgehend an die amerikanische Norm anlehnt. Die Synchronisierzeichen sind dieselben, und die Zeilenfrequenzen sind praktisch gleich. Man muß daher zunächst die Frage stellen, warum die „Genfer" Staaten das amerikanische System nicht ganz annehmen und 60 Teilbilder bei 525 Zeilen statt 50 Teilbilder bei 625 Zeilen übertragen. Diese Frage ist berechtigt, obwohl die Netzfrequenzen in Europa von der in den USA verschieden ist. Denn nach Tab. 2 gehört zu den allgemein gültigen Normen die Vorschrift, daß die Teilbildfrequenz unabhängig vom speisenden Netz sein soll. Es ist daher nicht a priori einzusehen, warum man in Europa auf 50 Hz als Teilbildfrequenz beschränkt sein sollte. Die Amerikaner weisen auch immer wieder darauf hin, daß 50 Bildwechsel je sek im Hinblick auf die Flimmerwirkung der Bilder noch zu wenig sei und daß man bei 60 Teilbildern je sek eine wesentlich größere Flimmerfreiheit erhält. Trotzdem dürfte es heute kaum einen europäischen Sachverständigen geben, der ernstlich den Übergang auf 60 Teilbilder je sek empfehlen würde. Der Grund dafür ist einfach der, daß die Loslösung der Teilbildfrequenz von der Netzfrequenz zwar beschlossen, aber tatsächlich noch nirgends durchgeführt ist. In Deutschland scheitert diese Loslösung zur Zeit auf der Sendeseite daran, daß für die Synchronmotoren der Filmgeber außer dem Netz noch keine befriedigende Stromquelle gefunden wurde, und auf der Empfangsseite scheut man vor den Schwierigkeiten der „Entbrummung" zurück. Dabei dreht es sich nicht so sehr um die Störung, die das Netzbrummen unmittelbar im Bild hervorruft — die waagrechten schwarzen Balken, die durch das Blickfeld laufen —, sondern mehr um den sogenannten „Geometriebrumm", d. h. den Einfluß, den die Brummspannungen auf die räumliche Lage der einzelnen Bildzeilen haben. Abb. 13 zeigt beispielsweise die Bildstörung, die auftritt, wenn eine Brummspannung von 100 Hz, wie sie in 50-Hz-Netzen auftritt, die einzelnen Zeilen seitlich etwas gegeneinander verschiebt. Wie leicht einzusehen ist, erhält man bei einer Teilbildfrequenz von 50 Hz in aufeinanderfolgenden Teilbildern gleichartige Zeilenverschiebungen und daher eine zwar verbogene, aber doch wenigstens einigermaßen glatte Begrenzungslinie für den Zeilenanfang, die sich natürlich in einer entsprechenden Krümmung aller senkrechten Linien im Bild auswirkt. Dagegen würde man bei einer Teilbildfrequenz von 60 Hz in aufeinanderfolgenden Teilbildern gegensinnige seitliche Verlagerungen der Zeilen, und damit stark zerfranste Bildkanten und senkrechte Linien erhalten. Dies war die Überlegung, die die Amerikaner seinerzeit daran gehindert hat, ihrerseits auf 48 Teilbilder je sek überzugehen, was sie mit Rücksicht auf den Filmbetrieb (24 Bilder/sek) zeitweilig in Betracht gezogen haben. Die Genfer Staaten können

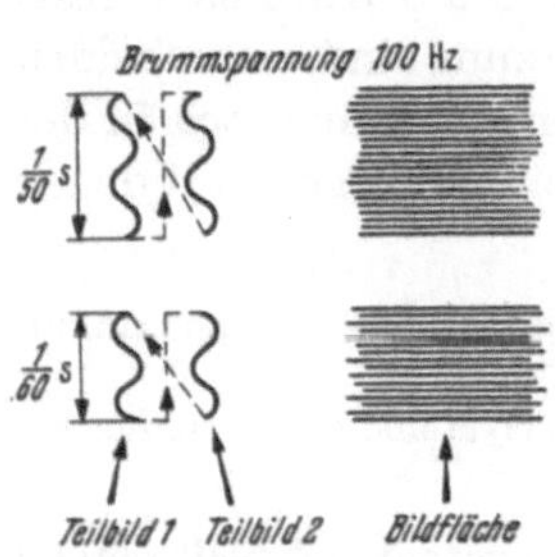

Abb. 13. Der „Geometriebrumm“.

daher nicht auf 60 Teilbilder je sek übergehen, solange die Teilbildfrequenz noch mit dem Starkstromnetz verkoppelt ist, und auch nach der (geplanten) Entkopplung wäre ein solcher Übergang gefährlich und würde die Anforderungen an die Brummfreiheit der Empfänger merklich vergrößern.

Dazu kommt, daß die Erhöhung der Teilbildfrequenz zwangsläufig zu einer Herabsetzung der Zeilenzahl führen würde. Der Unterschied zwischen 625 und 525 Zeilen ist zwar nicht groß und in der Bildqualität zur Zeit kaum merkbar, aber weil die Festlegung der Zeilenzahl in einer Norm für alle zukünftigen Zeiten gilt, so wählt man die Zeilenzahl gern so hoch wie nur irgend möglich.

Um dem Einwand zu begegnen, daß man mit Rücksicht auf das Bildflimmern eine höhere Teilbildfrequenz anwenden müsse, hat man in Europa versucht, die Flimmerwirkung der Bilder durch Bildschirme größerer Nachleuchtdauer herabzusetzen. Abb. 14 zeigt nach Angaben von LEVERENZ das Nachleuchten verschiedener Phosphore [1]. Abszisse ist die Zeit, gemessen von dem Moment an, in dem der erregende Elektronenstrahl ausgeschaltet

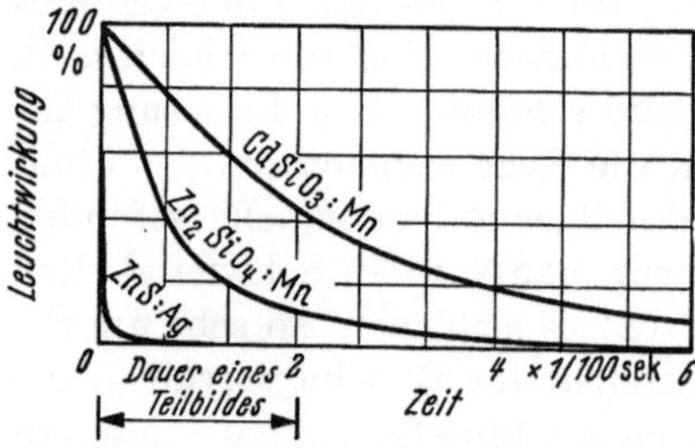

Abb. 14. Das Nachleuchten von Phosphoren.

wird, Ordinate ist die Leuchtwirkung in Prozenten des Erregungsleuchtens. Die unterste Kurve gilt für Zinksulfid, das heute in der Mehrzahl der Leuchtschirme von Fernsehröhren enthalten ist und dessen Leuchtwirkung in Bruchteilen einer Millisekunde auf wenige Prozent absinkt. Die zweite Kurve, die für das Material Willemit gilt, sinkt während der Dauer einer Teilbildabtastung (0—$^2/_{100}$ sek) auf etwa 10% ab, und schließlich hat eine dritte Kurve eine noch größere Nachleuchtdauer. Das Zinksulfid trägt wegen seiner geringen Nachleuchtdauer nur wenig zur Unterdrückung der Flimmerwirkung bei, und der Vorschlag einiger europäischer Staaten, insbesondere von Holland und von England, geht daher dahin, ein Material zu nehmen, das mehr der Kurve des Willemit entspricht. Eine noch größere Nachleuchtdauer würde dazu führen, daß Bewegungsvorgänge im Bilde starke „Fahnen" oder „Geister" erzeugen. Die praktische Schwierigkeit ist dabei, daß Willemit einfarbig leuchtet und daß man noch ein zweites Material finden muß, das komplementär leuchtet und eine ähnliche Zeitkonstante des Nachleuchtens hat, damit eine Mischung mit Willemit weiße Bilder erzeugt.

Abb. 15 zeigt diesbezügliche Versuchsergebnisse von HAANTJES und VRIJER [2]. Abszisse ist der Betrachtungsabstand, Ordinate ist die kritische Leuchtdichte, d. h. diejenige Leuchtdichte, oberhalb deren die Bilder bei der Teilbildfrequenz 50 Hz deutlich flimmern.

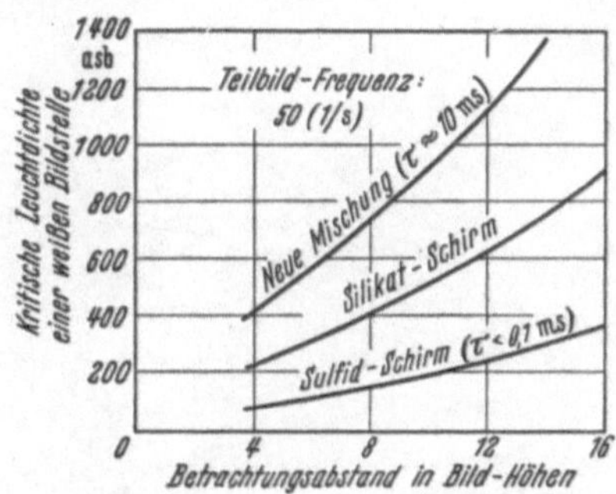

Abb. 15. Das Flimmern von Fernsehbildern.

Die unterste Kurve gilt für die normalen Sulfidschirme, die zweite Kurve für Silikatschirme und die dritte für die Mischung mit Willemit. Man sieht, daß bei einem konstanten Betrachtungsabstand die kritische Leuchtdichte der Schirme mit Willemit etwa um den Faktor 4 größer ist als bei den Sulfidschirmen. Sie beträgt hier für einen Betrachtungsabstand von 6 Bildhöhen, der beim Fernsehempfang üblich ist, absolut etwa 600 apS ($\approx$ 600 Lux) und liegt daher bereits wesentlich über dem, was in guten Kinotheatern zur Zeit üblich ist. Diese Versuchsergebnisse sprechen zweifellos dafür, die Teilbildfrequenz 50 beizubehalten.

Danach bleibt nun die zweite Frage: Können sich die Festlandseuropäer der englischen Norm anschließen? Dabei würden keine Schwierigkeiten mit der Teilbildfrequenz auftreten, es entsteht aber die Frage, ob 400 Zeilen zur Erzeugung eines guten Bildes auf die Dauer ausreichend sind.

Damit kommen wir zu der alten Streitfrage nach der Mindestzeilen-

Abb. 16. Original zu Abb. 17 bis 19.

Abb. 17. Bildtelegramm mit 400 Zeilen.

Abb. 18. Bildtelegramm mit 600 Zeilen.

Abb. 19. Bildtelegramm mit 800 Zeilen.

zahl beim Fernsehen, die hier nochmals behandelt werden soll. Sie zerfällt in 4 Teilfragen: eine geometrische, eine physiologische, eine elektrische und eine finanzielle. Die geometrische Frage lautet: Wie klein muß das Bildelement sein, aus dem ich eine Bildfläche aufbaue, damit die Schwarz-Weiß-Verteilung im Bilde mit genügender Genauigkeit wiedergegeben wird? Die physiologische Frage lautet: Wie klein muß dieses Bildelement sein, damit das Auge durch die Zeilenstruktur, die bei der Erzeugung des Bildes auftritt, nicht mehr gestört wird? Die elektrische Frage ist: Welches Frequenzband muß man übertragen, wenn man eine bestimmte Zeilenzahl gewählt hat, und das finanzielle Problem ist schließlich: Wie teuer ist eine solche Übertragung? Zum Studium der beiden ersten Fragen kann man sehr gut den Bildtelegraphenapparat benutzen. Der Abbildungsvorgang ist hier prinzipiell genau derselbe wie bei Fernsehübertragungen, nur daß für eine Bildübertragung 20 Minuten zur Verfügung stehen. Infolgedessen sind die Übertragungsschwierigkeiten sehr viel geringer, und man kann leicht das Ideal an Bildgüte erreichen, das zu einer bestimmten Zeilenzahl gehört. Um Bilder verschiedener Zeilenzahl zu erzeugen, braucht man nur ein bestimmtes Negativ optisch verschieden zu vergrößern und die verschiedenen Vergrößerungen über einen Bildtelegraphenapparat in Kurzschluß zu übertragen. Je größer man das Bild macht, um so größer wird die Zeilenzahl, und man hat auf diese Weise eine bequeme Möglichkeit, zu untersuchen, wie die Bildgüte mit der Zeilenzahl wächst. Die Abb. 16 bis 19 geben so gewonnene Bildtelegramme wieder[1]. Bei der Betrachtung der entsprechenden Diapositive ist folgendes zu beachten (vgl. Abb. 20): Die maximale Bildfläche, die ein Bildtelegraphenapparat übertragen kann, beträgt $13 \cdot 18$ cm. Dabei entfallen auf Grund internationaler Normung auf 1 mm Höhe $5^{1}/_{3}$ Zeilen. Um ein Telegramm von 400 Zeilen herzustellen, muß man also der zu übertragenden Vergrößerung eine Höhe von rund 7 cm geben. Ein Bild von 600 Zeilen muß eine Höhe von $11^{1}/_{2}$ cm Größe haben, und ein Bildtelegramm mit 800 Zeilen, das der französischen Norm entspricht, müßte theoretisch eine Höhe von 15 cm haben. Ein Bild von solcher Größe ist nicht übertragbar und, um einen Vergleich zu bekommen, wurde aus dem Bild nur ein entsprechender Ausschnitt in der Größe $13 \cdot 18$ cm übertragen. Der Fehler, der dadurch in die Untersuchung hineinkommt, ist, wie wir gleich sehen werden, unerheblich.

Die Zeilenzahl je mm beim Bildtelegraphengerät ist nämlich so gewählt, daß ein Beobachter mit bloßem Auge nicht in der Lage ist, die Zeilenstruktur zu erkennen, und zwar auch dann nicht, wenn er das Bildtelegramm aus der günstigsten Betrachtungsentfernung von 25 cm

---

[1] Die Telegramme wurden von der Firma Dr. R. Hell hergestellt und als Diapositive vorgeführt, ihre Wiedergabe im Druck ist durch das Druckraster beeinträchtigt.

betrachtet. Daraus folgt, daß der Winkel γ, unter dem 2 benachbarte Zeilen erscheinen, größer als $\dfrac{1}{5,33 \cdot 250} = 2,5'$ sein muß, wenn die Zeilen deutlich als solche erkennbar sein sollen. Diese Zahl ist wesentlich größer als die „Sehschärfe" des menschlichen Auges, die im allgemeinen mit $1'$ angegeben wird. Man muß hier aber die Frage aufwerfen, wie der Begriff Sehschärfe definiert ist. Versteht man darunter den in Abb. 20 dargestellten Winkel δ, unter dem die Mitten der getrennt wahrnehmbaren Zeilen gleicher Farbe erscheinen, so gilt nach Messungen von JESTY und

PHELP im Durchschnitt $\delta = 1,5'$ und nach Messungen von ENGSTRÖM sogar $\delta = 2'$ [3]. Außerdem muß man bedenken, daß zwei schwarze Zeilen, die durch eine weiße Zeile getrennt sind, natürlich leichter unterscheidbar sind als zwei benachbarte Zeilen eines Fernsehbildes, die praktisch völlig identisch sind. Tatsache ist, daß der Winkel $\gamma = 2,5'$ für die Bild-

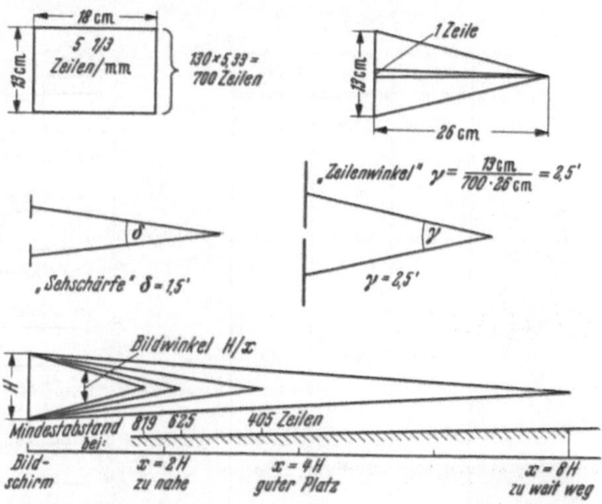

Abb. 20. Zeilenwinkel und Bildwinkel bei Bildtelegrammen und im Kino.

telegraphie international auf Grund sorgfältiger Versuche gewählt worden ist. Man kann daher diesen Zahlenwert benutzen, um zu berechnen, wie weit ein Betrachter eines Fernsehbildes von diesem entfernt sein muß, damit die Zeilenstruktur nicht mehr erkennbar ist. ($H/x = $ Zeilenzahl $\times 2,5'$.)

Nach Abb. 13 erhält man:

$$\text{für 819 Zeilen: } x = 1,7\ H$$
$$\text{für 625 Zeilen: } x = 2,2\ H$$
$$\text{für 405 Zeilen: } x = 3,5\ H.$$

Dies bedeutet, daß alle Betrachter der Diapositive, die weiter als 3,5 H von der Projektionsleinwand entfernt sitzen, keinen Unterschied der Bilder mit 400 bis 800 Zeilen erkennen können, und hat praktische Bedeutung für die Vorführung von Fernsehbildern in Kinos. Bekanntlich setzt sich das Publikum im Kino nicht gern zu nahe an die Leinwand. Ein Abstand vom Doppelten der Bildhöhe ist das Minimum, und als gut empfindet das Publikum erst einen Platz, dessen Abstand von der Leinwand 4 bis 8 Bildhöhen beträgt. Bei Vorführungen von Fernsehbildern in Kinos bewirkt daher eine Erhöhung der Zeilenzahl von 400 auf 800 eine merkbare Verbesserung der Bildgüte nur auf den „schlechten" Plätzen, für die $x = 1{,}7$ H bis 4 H ist. Es ist daher nicht berechtigt, wenn von französischer Seite immer wieder als Argument für die 800 Bildzeilen angeführt wird, daß diese mit Rücksicht auf die Projektion der Fernsehbilder in Kinotheatern notwendig sei. Der Bildwinkel, unter dem ein Bild im Kinotheater erscheint, ist im allgemeinen *kleiner* als der, unter dem ein Fernsehbild auf einem Heimempfänger betrachtet wird, und es ist

$$f_{Sch} = \frac{1}{2} \cdot z^2 \cdot \frac{B}{H} f_{Bw} \cdot \frac{1-v}{1-h}$$

f_{Sch}	$f_{\ddot{u}}$	$f_{\ddot{u}}/f_{Sch}$
3 MHz	3 MHz	1,0
6 MHz	4 MHz	0,67
7,2 MHz	5 MHz	0,7
11,9 MHz	10,4 MHz	0,88

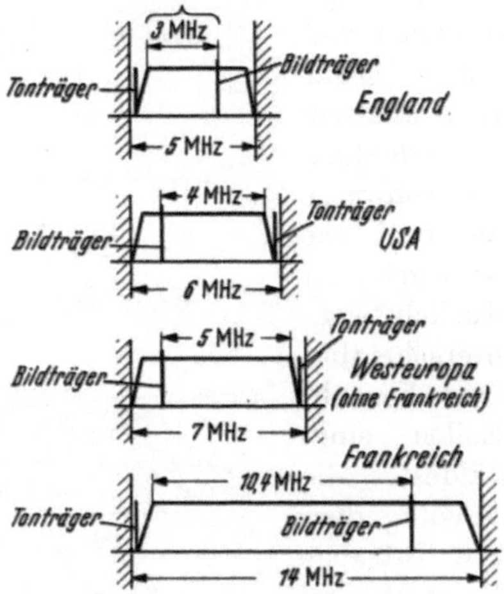

Abb. 21. Die Kellfaktoren der Fernsehsysteme.

daher auf keinen Fall notwendig, mit der Zeilenzahl des Fernsehbildes wesentlich über 600 hinauszugehen.

Bei der Wahl der Zeilenzahl muß weiter die erforderliche elektrische Kanalbreite berücksichtigt werden. Abb. 21 zeigt nebeneinander für die verschiedenen Fernsehsysteme:

1. die Schachbrettfrequenz (f_{sch}), d. h. die Frequenz der Grundwelle des Signalstroms, der bei der Übertragung eines Schachbrettmusters von Zeilenbreite auftritt, und

2. die höchste Übertragungsfrequenz ($f_{\ddot{u}}$), die tatsächlich übertragen werden soll.

In der Formel für f_{sch} bedeutet:

Z die Zeilenzahl,
B/H das Bildformat,
f_{BW} die Bildwechselfrequenz,
v die vertikale Rücklaufzeit in % der Teilbildperiode,
h die horizontale Rücklaufzeit in % der Zeilenperiode.

$f_{\ddot{u}}$ ergibt sich nach Abb. 10 unmittelbar aus dem Schema der Seitenband-
ausstrahlung, das für die verschiedenen Systeme aufgestellt worden ist.
Das Verhältnis $f_{\ddot{u}}/f_{sch}$ wird in Deutschland vielfach als Kellfaktor
bezeichnet und liegt, wie man sieht, zwischen 1 für England und 0,67 für
die USA.

Die Absolutwerte der höchsten Übertragungsfrequenzen liegen zwischen 3 MHz in England und 10,4 MHz in Frankreich, und es entsteht
die Frage, welches Band man ohne übermäßigen Kostenaufwand übertragen kann. Diese Frage ist naturgemäß nur sehr schwer zahlenmäßig
exakt zu beantworten. Die einzige einschlägige Literaturstelle findet sich
in einer Kampfschrift des Franzosen CORDONNIER gegen die französische
Norm von 819 Zeilen [4]. Abb. 22 gibt 2 graphische Darstellungen aus dieser

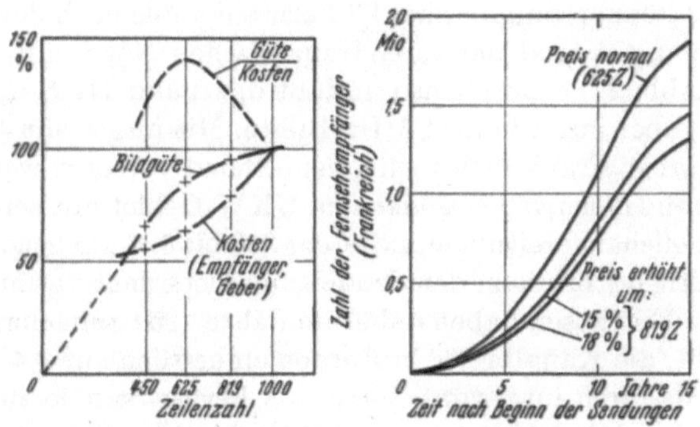

Abb. 22. Einfluß der Zeilenzahl auf Bildgüte und Kosten nach I. G. CORDONNIER.

Schrift wieder. Links ist geschätzt, wie Bildgüte und Übertragungskosten
mit der Zeilenzahl ansteigen, wobei der Quotient Güte/Kosten ein Maximum bei etwa 625 Zeilen ergibt. Rechts ist geschätzt, wie sich der Absatz
der Fernsehempfänger in Frankreich in den nächsten 15 Jahren entwickeln wird, wenn verschiedene Fernsehsysteme und daher verschiedene
Empfängerpreise angenommen werden. Bei 625 Zeilen steigt danach die
Zahl der Fernsehempfänger in 10 Jahren auf 1,2 Millionen, während bei
819 Zeilen nur 0,8 bis 0,9 Millionen verkauft werden. Da der Fernsehbetrieb sich erst bei einer gewissen Mindestzahl von Teilnehmern ren-
tiert, so wird der Zeitpunkt, wann dies eintritt, bei dem 819-Zeilen-
System 3 bis 5 Jahre später erreicht als mit dem 625-Zeilen-System, und
dies kann für die Existenz der Sendegesellschaft entscheidend sein.

Eine Gewähr für die Richtigkeit dieser Zahlenangaben kann COR-
DONNIER natürlich nicht geben. Seine Schätzungen stellen aber mindestens qualitativ die fraglichen Zusammenhänge richtig dar.

Die Breite des elektrisch zu übertragenden Frequenzbandes beeinflußt aber nicht nur die Kosten der Übertragungseinrichtungen, sondern auch die Zahl der Fernsehkanäle, die in einem bestimmten Wellenband untergebracht werden können, und damit die Zahl der Fernsehsender, die der Benutzer dieses Bandes betreiben kann.

Der Weltnachrichtenverein hat auf einer Konferenz in Atlantic City im Jahr 1947 für Rundfunkübertragungen im UKW-Bereich folgende Frequenzbänder vorgesehen:

$$\begin{array}{lll} \text{Band I:} & 41 & - \ 68\ \text{MHz,} \\ \text{Band II:} & 87{,}5 & -100\ \text{MHz,} \\ \text{Band III:} & 174 & -216\ \text{MHz.} \end{array}$$

Von diesen sind auf der „Europäischen Rundfunkkonferenz" von Stockholm im Sommer 1952 die Bänder I und III dem Fernsehen zugeteilt worden, während das Band II dem Hörrundfunk vorbehalten wurde. In dem Band I können nun maximal 3 Fernsehkanäle nach der „Gerbernorm", aber nur 1 Kanal nach der französischen Norm untergebracht werden (vgl. Abb. 21), und ebenso umfaßt das Band III 6 Kanäle von 7 MHz Breite, aber nur 3 von 14 MHz Breite. Mit insgesamt 4 Fernsehkanälen kann aber Frankreich nicht ausreichend versorgt werden, weil der Abstand von Gleichwellensendern im UKW-Gebiet mit seiner troposphärischen Wellenausbreitung mindestens 300 bis 500 km betragen muß, wenn gegenseitige Störungen der Sender mit Sicherheit vermieden werden sollen. Die Franzosen haben daher im Jahre 1951 zunächst den Vorschlag gemacht, die Kanalbreite in Europa einheitlich auf 8,4 MHz festzusetzen und dadurch insgesamt $3 + 5 = 8$ Fernsehkanäle zu schaffen. Der Gedanke war dabei der, unter Beibehaltung der 819 Zeilen die elektrische Grenzfrequenz der Übertragungen auf 6,4 MHz zu reduzieren, so daß 8,4 MHz als Kanalbreite ausreichte. Dieser Vorschlag wurde aber von den „Gerberstaaten" abgelehnt, weil er für diese den Verlust von 1 bis 2 Kanälen bedeutet hätte, ohne die eine auch nur annähernd befriedigende Zahl von Fernsehsendern nicht erreichbar schien, und auch die Franzosen hatten innere Vorbehalte gegenüber ihrem Vorschlag, weil sie von ihm eine merkliche Verschlechterung ihrer Bildgüte befürchteten.

Eine solche war auch in der Tat zu erwarten. Denn nach Abb. 23 und Tab. 1 bedeutet die Herabsetzung der Kanalbreite auf 8,4 MHz, daß der Kellfaktor ($f_{ü}/f_{sch}$) angenähert auf 0,5 sinkt. Dies führt bekanntlich dazu, daß die Übergangszone von schwarzen nach weißen Bildstellen bei waagrechten Grenzlinien schmaler wird als bei senkrechten. Abb. 23 zeigt im unteren Teil durch die beiden ausgezogenen Linien, wie die Leuchtdichte in den Übergangszonen mit den Koordinaten x und y auf dem Bildschirm ansteigt [5]. Der Längenmaßstab ist durch das quadratisch ausgezogene Bildelement gegeben. Im Einzelfall hängt der Übergang bei waagrechter Lage der Schwarz-Weiß-Kante stark von der

Relativlage zwischen der Kante und der Zeilenstruktur ab. Wenn man
aber eine Mittelwertbildung für sehr viele solcher Relativlagen durch-
führt, bekommt man die S-förmige mittlere Übergangskurve, die wesentlich steiler ansteigt als die bekannte Einschwingkurve für die senkrechte
Schwarz-Weiß-Kante. Nach dem orthodoxen Standpunkt der Fernsehtechnik bedeutet der Steilheitsunterschied der beiden Kurven eine

schlechte Ausnutzung
des Frequenzbandes.
Ideal wären Übergangs-
kurven gleicher Steilheit
mit dem gestrichelt an-
gedeuteten Verlauf, die
man erhalten würde,
wenn man mit der Zei-
lenzahl auf etwa 600 Zei-
len herunterginge. Aber
die Zeilenzahlen sind
hier schon so hoch und
die Zeilenbreite ist so
klein, daß die Unter-
schiede in den Über-

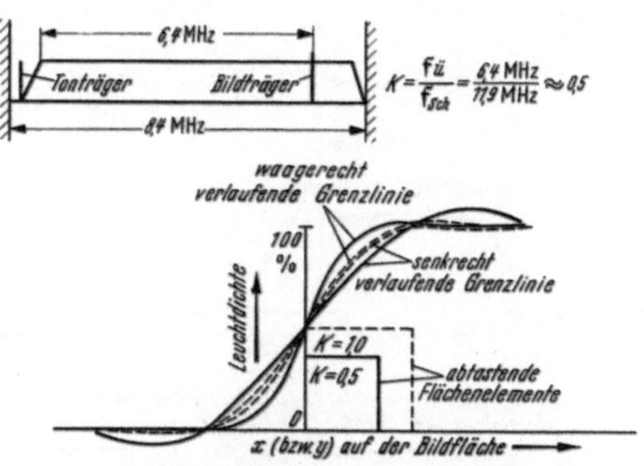

Abb. 23. Schwarz-Weiß-Übergänge bei übertriebener Begrenzung des Frequenzbandes.

gangskurven nicht sehr ins Gewicht fallen. Bei Versuchen der Bell-Gesell-
schaft [6] hat sich gezeigt, daß die Verschlechterung der Bildgüte durch
ungleiches Auflösungsvermögen in den beiden Koordinatenrichtungen
immer ungefährlicher wird, je höher absolut genommen die Zeilenzahl
ist. Man muß aber darauf hinweisen, daß die in Abb. 23 wiedergegebenen
Leuchtdichtenkurven unter der Annahme berechnet wurden, daß ein
idealer Übertragungskanal von 6,4 MHz Breite vorliegt. In der Praxis
liegt ein solcher idealer Kanal nicht vor. Insbesondere wirken die Einseitenbandübertragungen, die für Rundfunkzwecke durchgeführt werden, stark verschlechternd und verlängern den Übergang in Richtung
der Zeile noch stärker.

Dies geht aus einer Rechnung hervor, die im FTZ durchgeführt wurde
und deren Ergebnisse in Abb. 24 wiedergegeben sind [7]. Die Abbildung
zeigt oben die Amplitudencharakteristik eines normalen 4stufigen
Zwischenfrequenzverstärkers mit 4 gegeneinander verstimmten Einzel-
kreisen. Eine Flanke der Charakteristik dient als NYQUIST-Flanke. Darunter ist dargestellt, wie — bei genauer Berücksichtigung aller Amplitu-
denverhältnisse und Phasenwinkel — am Empfangsort die Helligkeits-
sprünge wiedergegeben werden, die in der Abbildung ganz unten dargestellt sind und von senkrechten, abwechselnd schwarzen und weißen
Streifen im übertragenen Bild herrühren (1 Streifenbreite = 8 Zeilenbreiten). Aufgetragen ist (in der Mitte) die Umhüllende der Träger-

schwingung, die zwischen 75% für Bild-Schwarz und 15% für Bild-Weiß schwanken soll und die — bei einer idealen Übertragung mit konstanter Laufzeit — den gestrichelt dargestellten Verlauf hätte. Tatsächlich ergeben sich infolge der endlichen Größe der Bildelemente und elektrischer Übertragungsfehler starke Verschleifungen der Übergänge, die noch wesentlich stärker sind als die nach Abb. 23. Man beachte besonders den Unterschied zwischen dem Übergang von Weiß auf Schwarz und von Schwarz auf Weiß. Der Längenmaßstab ist auch hier wieder das zugehörige Bildelement. Die Amerikaner haben zur Be-

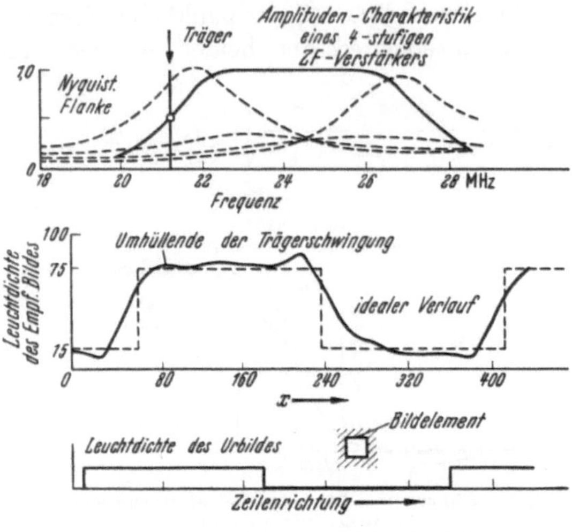

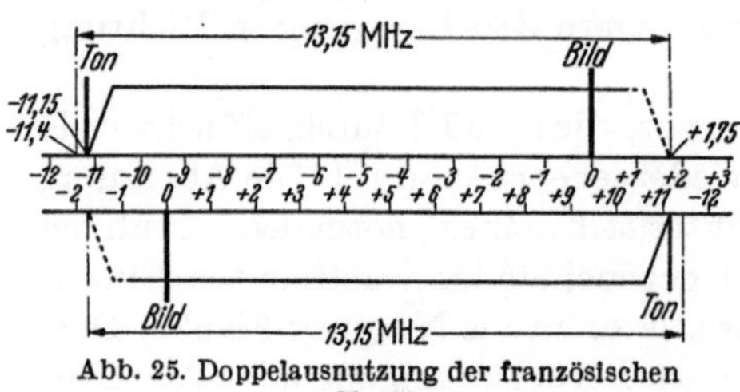

Abb. 24. Bildfehler infolge Restseitenbandübertragung.

kämpfung dieser Schwierigkeiten Phasenentzerrungen auf der Senderseite vorgeschlagen, und man kann wohl damit rechnen, daß im Lauf der Zeit die Übergangssteilheit etwas verbessert werden kann. Aber grundsätzlich werden Einseitenbandübertragungen immer verschlechternd wirken und den unerwünschten Steilheitsunterschied längs und quer zur Zeile noch verstärken, so daß die Beschränkung auf 8,4 MHz Kanalbreite bei 819 Bildzeilen zweifellos bedenklich wäre.

Die Franzosen haben daher während der Stockholmer Konferenz ihren diesbezüglichen Vorschlag zurückgezogen und statt dessen eine doppelte Ausnutzung von 13,15 MHz breiten Kanälen vorgesehen. Abb. 25 zeigt die auf M. Delvaux zurückgehende Anordnung der beiden Bild- und Tonwellen innerhalb *eines* Kanals, die als „tête-bêche"

Abb. 25. Doppelausnutzung der französischen Kanäle.

(Kopf — Spaten) bezeichnet wird. Nach französischen Versuchen ist bei dieser Anordnung der Trägerwellen störungsfreier Empfang des gewünschten Senders möglich, solange dessen Träger am Empfangsort zwei- bis dreimal so groß ist wie der Träger des nicht gewünschten Senders. Die

Einstellung des Empfängers auf den einen oder den anderen Sender erfolgt dadurch, daß die Frequenz des Empfängeroszillators in einem Falle über, im anderen Fall unter die gewünschte Trägerfrequenz gelegt wird.

Die Vertreter der anderen europäischen Länder, denen die Nachahmung dieses Übertragungsverfahrens zur Behebung ihrer Wellennot empfohlen wurde, lehnten das ab, weil noch keine wirklichen Betriebserfahrungen mit einer größeren Zahl von Sendern vorlagen. Sie befürchteten Schwierigkeiten durch die großen erforderlichen Verschiebungen der Oszillatorfrequenz (Ausstrahlung der Oszillatorschwingung und ihrer Oberwellen, Spiegelwellenempfang), durch Überlagerungen räumlich getrennter, in der Frequenz benachbarter Bild- und Tonsender und vor allem eine Erschwerung der späteren Einführung des farbigen Fernsehens, das nach Erfahrungen in den USA einen Hilfsträger an der oberen Grenze des Übertragungsbereiches erfordert.

Abb. 26 zeigt die in Stockholm von den verschiedenen beteiligten Ländern angemeldete Belegung der Wellenbänder I und III mit Fernsehsendungen[1]. Nach dem deutschen Plan, der im übrigen der Genfer Norm entspricht, ist der Kanal 1 am unteren Ende des Bandes I nur 6 MHz breit und wird vorerst nicht benutzt. Dagegen ist am oberen Ende des Bandes III ein Kanal 11 vorgesehen, der außerhalb des Bandes III liegt und daher nur mit ausdrücklicher Genehmigung unserer Nachbarn benutzt werden darf. Der französische Plan enthält 11 Kanäle von 13,15 MHz Breite nach der „tête-bêche“-Anordnung. Daneben gibt es im Band III noch 2 Sender (Paris, Lille), die einen 14 MHz breiten Kanal nach der Festlegung des CCIR in Genf von 1951 haben. Außerdem arbeitet im Band I noch ein älterer Pariser Sender mit 441 Bildzeilen in einem Kanal von etwa 6 MHz Breite. Dieser letztere ist offenbar der Grund dafür, daß im Band I der Kanal 1a parallel zu dem Kanal 1b fehlt. Die vergleichsweise große Zahl verfügbarer Kanäle erklärt sich aus der „Ausdehnung“ des Bandes III nach unten (bis nach 162 MHz), die sich Frankreich in Atlantic City vorbehalten hatte.

Der englische Plan sieht 12 Kanäle mit 5 MHz Breite und einen mit 7 MHz Breite vor. Der letztere liegt an der unteren Grenze von Band I und wird von dem Londoner Sender zu Zweiseitenbandsendungen benutzt. Der Plan der Ostblockstaaten, die den Stockholmer Wellenverteilungsplan nicht unterschrieben haben, wurde nur der Vollständigkeit halber angegeben. Er umfaßt in den Bändern I und III 7 Kanäle von 8 MHz Breite, jedoch sind unterhalb des Bandes III in dem Bereich bis 144 MHz noch weitere 4 Kanäle geplant. Andererseits sind im Band I außer den Kanälen 2^+ und 3^+ noch eine Reihe von Kanälen für den Hörfunk vorgesehen.

---

[1] Vgl. Techn. Hausmitteilungen des NWDR 1952, S. 199. Die Angaben für Italien sind nicht ganz richtig.

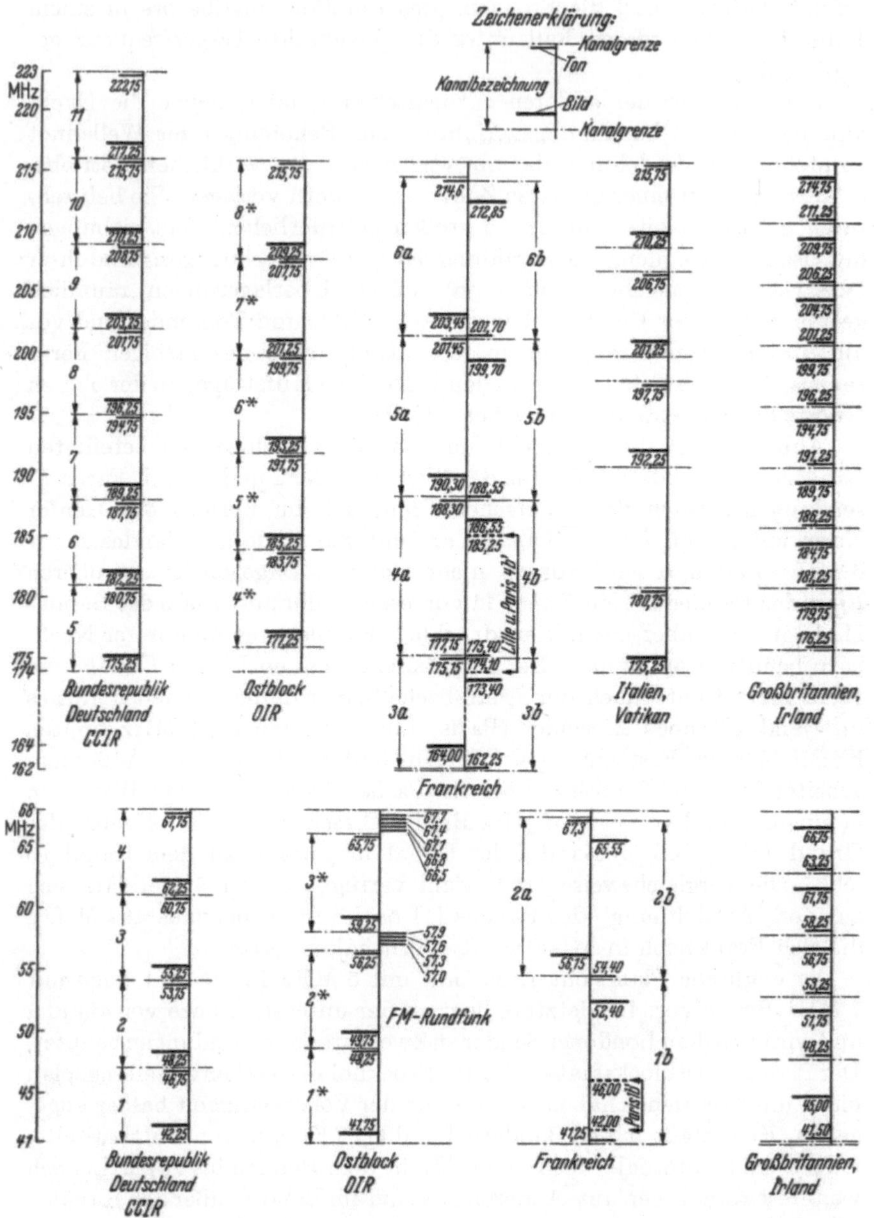

Abb. 26. Die Frequenzen der europäischen Fernsehsender.

Abb. 26 zeigt deutlich, wie unregelmäßig die Belegung des Äthers in Europa sein wird — im Vergleich mit Nordamerika, wo alle Kanäle die gleiche Breite haben und infolgedessen alle Trägerfrequenzen „auf gleicher Höhe" nebeneinanderliegen. Bei der Verteilung der europäischen Senderwellen waren daher die in Amerika üblichen Begriffe, wie Gleichkanalsender und Nachbarkanalsender, nur in seltenen Fällen (im Innern der einzelnen Staaten) verwendbar. In den zahlreichen Grenzgebieten, wo Sender mit „sich überlappenden" Seitenbändern aufeinanderstießen, mußte die Wellenverteilung nach ganz neuen, besonders zu diesem Zweck aufgestellten Regeln vorgenommen werden. Dabei handelte es sich grundsätzlich immer darum, die Mindestabstände zwischen 2 Sendern einzuhalten, durch die ein ungestörter Empfang des gewünschten Senders auch dann gewährleistet wurde, wenn der zweite Sender zeitweilig Überreichweiten entwickelt. Dazu mußte der Begriff „ungestörter Empfang" für alle denkbaren Störungsfälle definiert und eine Normalausbreitungskurve für die benutzten Wellenbereiche festgelegt werden.

Auf diese Festlegungen einzugehen, ist im Rahmen dieses Aufsatzes nicht möglich[1]. Hier soll nur noch das Ergebnis der Konferenzarbeit für Westdeutschland in Form einer Karte wiedergegeben werden (vgl. Abb. 27)[2]. Man sieht die für die Bundesrepublik und ihre Nachbarländer vorgesehenen Fernsehsender, wobei die Zahlenangaben dem Frequenzplan von Abb. 26 entsprechen und die Senderleistungen durch die Größe der Punkte gekennzeichnet ist.

Leider sind die für die Ostzone, Berlin, die Tschechoslowakei und Polen angegebenen Sender *nicht* mit den anderen Sendern verträglich, weil die Ostblockstaaten eine Abänderung ihrer Planung im Interesse eines störungsfreien Betriebes ablehnten. Dagegen sind die übrigen Sender sorgfältig „koordiniert" und können voraussichtlich ohne gegenseitige Störungen betrieben werden. Die „Koordinierung" war verhältnismäßig leicht zwischen den Staaten, die die gleiche Sendenorm benutzen. Zwischen Westdeutschland und Frankreich wurde sie nur dadurch möglich, daß die Bundesrepublik auf 1 und Frankreich auf 3 in der Nähe der Grenze geplante Sender verzichteten und ihren Ausbau für später im Dezimeterwellengebiet vorsahen.

Abschließend muß festgestellt werden, daß der Stand der Normung auf dem Gebiet des Fernsehens wenig erfreulich ist und die rasche Einführung des Fernsehrundfunks auf dem europäischen Festland zweifellos behindert. Einen entscheidenden Schritt vorwärts würde es bedeuten, wenn Frankreich sich der Mehrheit der europäischen Staaten anschließen

---

[1] Vgl. European Broadcasting Conference Stockholm 1952, Final Acts, International Telecommunications Union, Genf.

[2] Technische Hausmitteilungen des NWDR 1952, S. 197.

und die „Genfer Norm" annehmen würde. Dadurch würde es nicht nur seiner eigenen Industrie einen unbestreitbaren Impuls geben, sondern auch dem Gedanken der europäischen Zusammenarbeit dienen.

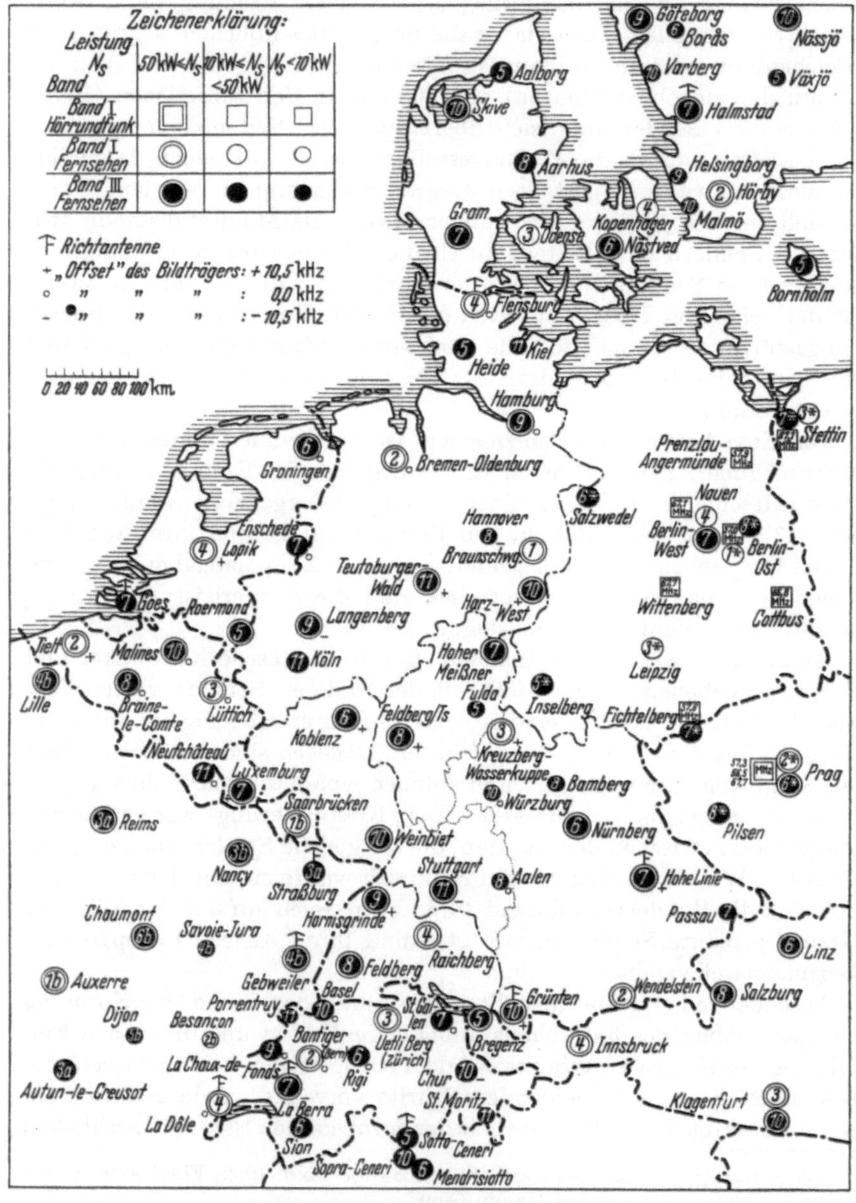

Abb. 27. Die mitteleuropäischen Fernsehsender.

Zur Zeit besteht jedoch wenig Hoffnung auf einen solchen Schritt, und die europäische Fernsehtechnik wird daher auf dem in Genf und Stockholm betretenen Weg fortschreiten müssen und nach Mitteln suchen, die ein Zusammenarbeiten der verschiedenartigen Fernsehsysteme in Europa ermöglichen. In dieser Richtung bemühen sich zur Zeit die beratenden Komitees des Weltnachrichtenvereins um die Vereinbarung von Vorschriften für die Verbindungsleitungen, über die der Programmaustausch zwischen den verschiedenen Ländern durchgeführt werden soll, um die Entwicklung von Geräten, die die Umwandlung von Fernsehsignalen einer Norm in eine andere Norm ermöglichen u. dgl.

Glücklicherweise ist der Stand der Fernsehtechnik heute so weit fortgeschritten, daß sie die schwierigen, hier zu lösenden Aufgaben im Bedarfsfall rasch lösen kann. So wurde vor einiger Zeit das Programm des Pariser Fernsehsenders über französische Richtfunkverbindungen nach Nordfrankreich übertragen, dort auf dem Bildschirm eines Empfängers wiedergegeben, mit einer englischen Fernsehkamera wieder aufgenommen, über englische Richtfunkverbindungen nach London übertragen und über den Londoner Fernsehsender ausgestrahlt. Die Qualität der Empfangsbilder in London soll dabei recht gut gewesen sein.

Literatur.

[1] Vgl. H. W. Leverenz: Cathodoluminescence as applied in television, RCA Review, October 1940. — [2] Vgl. J. Haantjes u. Vrijer: Flicker in television pictures. Wireless Engineer, Febr. 1951. — [3] Jesty, L. C., u. N. R. Phelp: The Evaluation of Picture Quality with Special Reference to Television Systems, Marconi Review Nr. 102; — E. W. Engström: A Study of Television Image Characteristics, Prc. IRE 1939, S. 1631. — [4] Problêmes Economiques de la Télévision Francaise I. G. Cordonnier, Paris 1950, Dunod. — [5] Vgl. F. Kirschstein: Welche höchste Übergangsfrequenz gehört zu einem Fernsehbild mit 625 Zeilen? FTZ 1949, S. 99. — [6] Vgl. D. G. Fink: Television Standards and Practice, S. 224. McGraw-Hill 1943. — [7] Kirschstein, F., u. H. Bödeker: Die Verformung der Modulation beim Fernsehempfang und die Möglichkeit ihrer Entzerrung; FTZ 1952, S. 357.

C. Ablenktechnik des Fernsehens (einschließlich Synchronisierung).

Von Dr. **R. Urtel**, Pforzheim.

Mit 20 Abbildungen.

1. Aufgaben im Empfänger.

Während Antenne, Hochfrequenzteil, der Tonempfänger bis zum Lautsprecher, der Zwischenfrequenzteil bis zur Bildröhre eines Fernsehempfängers nur den speziellen Anforderungen angepaßte Abwandlungen einer gewohnten Technik darstellen, beginnen mit und hinter der Bildendröhre die Baugruppen und Schaltungen, die den fernsehtechnischen Aufgaben im engeren Sinne dienen. Dabei stellt die Helligkeitssteuerung der BRAUNschen Röhre auch noch ein reines Verstärkerproblem dar mit der erschwerenden Bedingung, auch die Gleichstromkomponente an die Bildröhre heranzubringen, und es bleiben nun noch die Aufgaben zu lösen, den Kathodenstrahl der BRAUNschen Röhre abzulenken, und zwar so, daß aus dem Zusammenwirken von Helligkeitsteuerung und Ablenkung das Bild auf dem Schirm entsteht. Es handelt sich also um die Aufgaben:

a) Abtrennung der Synchronisiersignale aus den vom Sender her empfangenen Zeichen; — b) Aufspaltung in die Synchronisiersignale für die Horizontal- und Vertikalablenkung; — c) Ausbildung eines sowohl elektronenoptisch wie schaltungstechnisch brauchbaren Ablenkfeldes; — d) Erzeugung der sägezahnförmigen Stromverläufe für die Speisung des horizontalen und vertikalen Ablenkfeldes; — e) Die Hochspannungserzeugung für die BRAUNsche Röhre.

Wir werden diese Aufgaben in der angegebenen Reihenfolge nachstehend behandeln, wobei der zur Verfügung stehende Raum es nur gestatten wird, die grundsätzlichen Fragen so weit zu klären, daß der Zusammenhang der in den Fachveröffentlichungen zugänglichen Einzeldarstellungen ersichtlich ist.

2. Synchronisierung.

Von den verschiedenen Möglichkeiten, am Empfangsort zum richtigen Zeitpunkt den Beginn einer neuen Zeile oder den Beginn eines neuen Bildes zu veranlassen, ist im Laufe der Entwicklung das Verfahren allgemein zur Einführung gekommen, die dafür bestimmten Synchronisiersignale auf dem gleichen Kanal wie den Bildinhalt zu übermitteln. Die Unterscheidung erfolgt dadurch, daß man (s. Abb. 28) nur einen beschränkten Teil des Aussteuerbereichs des Senders für die Bildsignale zur Verfügung stellt und während der Pausen, die notwendig sind für das Zurückspringen des Kathodenstrahls an den Anfang einer neuen Zeile oder eines neuen Bildes, in einem weiteren Teil des Aussteuerbereichs die Synchronisiersignale übermittelt. Da während der Rückläufe die Bildröhre dunkel bleiben soll, so werden allgemein die beiden Amplitudenbereiche so aneinandergelegt, daß die Synchronisiersignale in der Richtung „schwärzer als schwarz" erfolgen. Es steht uns nun

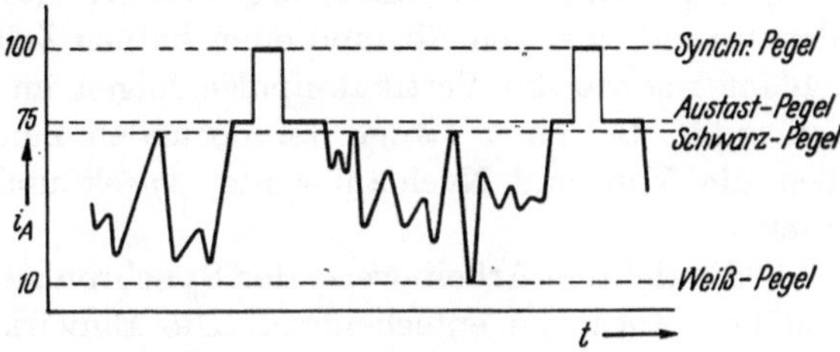

Abb. 28. Aussteuerung des Bildsenders.

noch frei, steigender Bildhelligkeit ein Ansteigen oder Abfallen des Antennenstromes am Sender zuzuordnen. Wir sprechen von „Positiv-" bzw. „Negativmodulation". Das in USA übliche und auch von den meisten westeuropäischen Ländern, einschließlich Deutschland, akzeptierte Verfahren ist die Negativmodulation, bei der also den Spitzen der Synchronisierimpulse der maximale Antennenstrom zugeordnet ist, den schwarzen Bildstellen 75% und den weißen Bildstellen 15 bzw. 10% der Amplitude. Daß man den weißen Bildstellen nicht den Wert Null zuordnet, hat seinen Grund in dem Differenzträgerverfahren für den Ton (sog. Intercarrier), das an anderer Stelle behandelt wird. In Abb. 28 ist noch ein Pegel bei 70% angedeutet, für den eine Normvorschrift nicht festliegt, der aber der üblichen Praxis entspricht, die schwarzen Bildstellen nicht bis auf den sog.

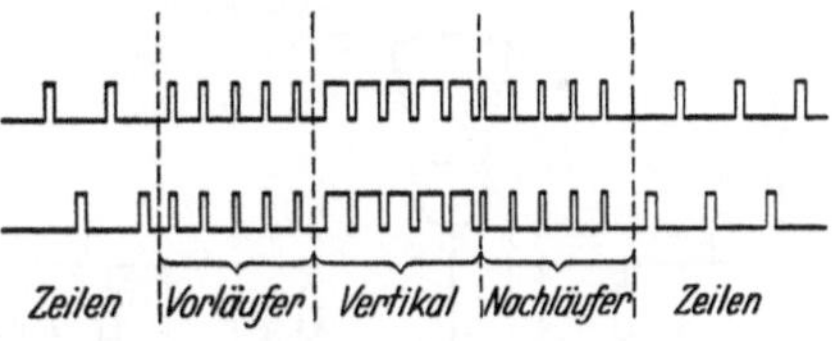

Abb. 29. Das Synchronisiergemisch nach CCIR.

Austastpegel zu modulieren, um sicherzustellen, daß bei Einstellung eines schwachen Vorlichts auf dem Bildschirm die während des vertikalen Rücklaufs geschriebenen Zeilen nicht sichtbar werden.

Da es eine erhebliche Komplikation darstellen würde, den Synchronisierzeichen für die horizontale und für die vertikale Ablenkung getrennte Amplitudenbereiche zuzuweisen, ist man genötigt, in dem einen zur Verfügung stehenden Bereich ein Gemisch von Signalen, das sog. Synchronisiergemisch, zu übermitteln, aus dem dann auf der Empfängerseite der Takt für die beiden Koordinaten abgeleitet werden muß. Dieses Signal kann nun sehr verschiedenartige Ausbildungen erfahren. Wir beschränken uns darauf, in Abb. 29 das vom CCIR festgelegte Synchronisier-

gemisch zu zeigen, und zwar nur einen Ausschnitt um die für die Vertikal-
synchronisierung benutzte Impulsgruppe herum. Eine Begründung der
Einzelheiten dieser Form des Synchronisiergemisches würde hier zu weit
führen. Wir unterscheiden drei verschiedene Arten von Impulsen, die
Zeilenimpulse, die Vor- bzw. Nachläufer und die Vertikalimpulse. Allen
Impulsen gemeinsam ist, daß ihre Vorderkante untereinander genau
Zeilenabstand bzw. den Abstand einer halben Zeile haben, die Vor- und
Nachläufer sowie die Vertikalimpulse folgen im halben Zeilenabstand
aufeinander. Bei einer Länge der normalen Zeilenimpulse von 6 μsek
haben die Vor- und Nachläufer nur 4 μsek und die Vertikalimpulse
24 μsek.

Für die richtige Arbeitsweise der Synchronisierung ist ihr Verhalten
gegenüber Störungen entscheidend. Die Einwirkungen von Rauschen,
Trägerstörungen und impulsartigen Störungen auf das Bild und die
Synchronisierung sind sehr unterschiedlich. Wir wollen hier nur darauf
hinweisen, daß Störungen im Mittel eine Erhöhung der Empfangsenergie
bedeuten und daß sie deshalb bei Negativmodulation wesentlich häufiger
das Bild in der Richtung Schwarz steuern als in der Richtung Weiß (wohl
der entscheidenste Grund für die Negativmodulation). Das bedeutet aber
gleichzeitig, daß stärkere Störungen bis in den Synchronisierpegel hinein-
reichen und dort Impulse zu falschen Zeiten vortäuschen können, während ganze oder teilweise Auslöschungen von Impulsen sehr unwahrscheinlich sind. Die Tatsache, daß falsche Impulse vorgetäuscht und der
Spitzenwert von Impulsen durch Störungen überhöht werden kann, muß
insbesondere bei den weiter
unten zu besprechenden Abschneidschaltungen berücksichtigt werden, um z. B. zu verhindern, daß eine solche Schaltung infolge Gitteraufladung
während eines starken Stör-
impulses sich „verschluckt".

Die Abtrennung des Syn-
chronisiergemisches vom Bildinhalt erfolgt durch Amplitudenselektion, d. h., man steuert
mit positiv gerichteten Impulsen

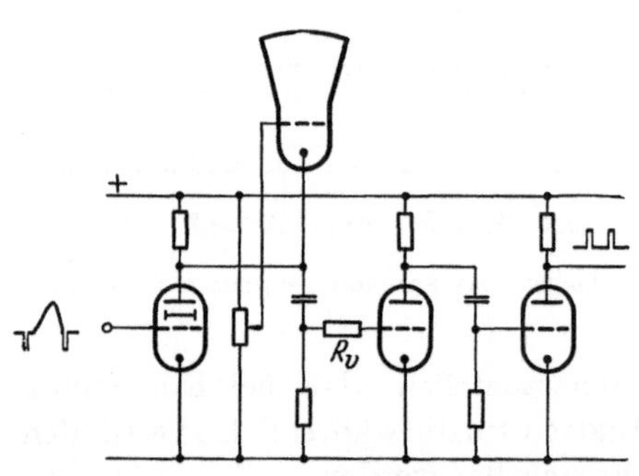

Abb. 30. Bildendstufe mit Steuerung der Bildröhre
an der Kathode und zweistufige Abschneidung.

in den Aussteuerbereich einer Röhre hinein, deren unterer Knick dem
Schwarzwert entspricht, so daß die Bildsignale unterdrückt werden. Um
saubere Impulse zu erhalten, wird in einer weiteren Stufe nochmals eine
Abscheidung vorgenommen, wie in Abb. 30 gezeigt.

Um die Möglichkeit zu haben, die Helligkeitssteuerung der BRAUN-
schen Röhre und die Steuerung der Impulsabschneidung mit einer

gemeinsamen Treiberröhre vorzunehmen, wendet man, wie in Abb. 30 gezeigt, eine Steuerung der Bildröhre an der Kathode an. Der vor dem Gitter der ersten Abschneidröhre liegende Widerstand R_v dient zur Erhöhung des Gitterinnenwiderstandes und zur Verhinderung der obenerwähnten Aufladung durch Störungen. Eine Variante der Abb. 30 stellt Abb. 31 dar, in der die beiden Abschneidröhren durch einen gemein-

samen Kathodenwiderstand gekoppelt sind und eine getrennte Diode für das Festhalten der Impulsspitzenspannung sorgt.

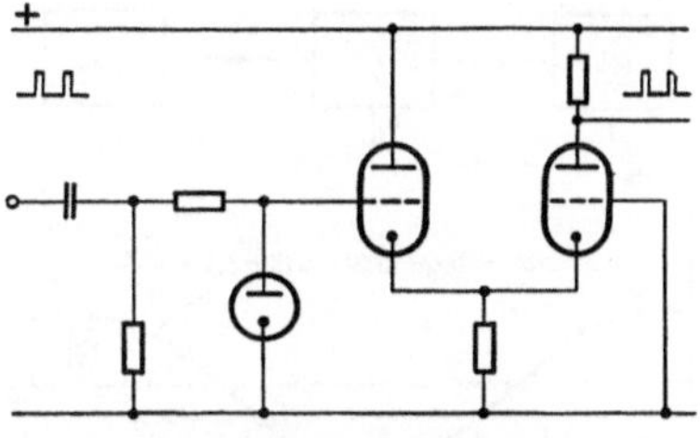

Abb. 31. Zweistufige Abschneidung mit Kathodenkopplung.

Die Synchronisierung der Horizontalablenkschaltung kann nun praktisch unmittelbar mit dem abgeschnittenen Impulsgemisch erfolgen, wobei man durch eine Differenzierung (Abb. 32) für die Hervorhebung der Impulsvorderkanten sorgt, um eine größere zeitliche Genauigkeit des Einsatzes einer neuen Zeile zu erzielen. Die Tatsache, daß dabei während der Vertikalgruppe Impulse mit der doppelten Zeilenfrequenz erscheinen, stört deshalb nicht, weil die durch sie synchronisierten Generatoren nicht in der Lage sind, plötzlich in die doppelte Frequenz umzuspringen. Sie suchen sich von selbst die der Lage der Zeilenimpulse in dem betreffenden Raster entsprechenden Impulse aus.

Diesem einfachsten Verfahren der Impulssynchronisierung stehen nun kompliziertere Schaltungen, die meist mit dem nicht ganz zutreffenden Namen „Schwungradschaltungen" bezeichnet werden, gegenüber. Es hat sich gezeigt, daß in größerem

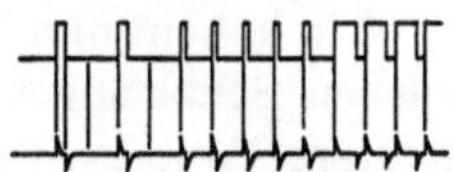

Abb. 32. Differenzierung des Synchronisiergemisches zur Synchronisierung der Horizontalablenkung.

Abstand vom Sender die Bildqualität durch den Einfluß des Empfängerrauschens auf die Synchronisierung stärker als durch den Einfluß auf die Helligkeitssteuerung herabgesetzt wird. Die Grundidee dieser Schaltungen besteht darin, daß man (vergleichbar mit der glättenden Wirkung eines Schwungrades) die Frequenz des Zeilengenerators nicht mit dem einzelnen Zeilenimpuls, sondern mit einer Mittelwertsbildung über eine größere Zahl von Impulsen steuert.

Das Grundschaltbild solcher Anordnungen zeigt Abb. 33a, in dem ω_0 den frequenzbestimmenden Generator, in unserem Falle also die vom Sender übermittelten Impulse darstellt, ω_g den örtlichen, in seiner Frequenz zu regelnden Generator und φ eine Phasenvergleichsschaltung. Dieser wird einer Gleichspannung entnommen, mit der dann die Frequenz des örtlichen Generators nachgeregelt wird. Machen wir die beiden stark vereinfachenden Annahmen, daß die geregelte Frequenz proportional der

Regelspannung und diese wiederum proportional dem $\cos \varphi$ sei, so ergibt sich

$$\omega_g = \omega_{g_0} + \Delta\omega \cos\varphi .$$

Andererseits bedeutet eine Frequenzabweichung von ω_g gegen ω_0 eine bestimmte Änderungsgeschwindigkeit der gegenseitigen Phase

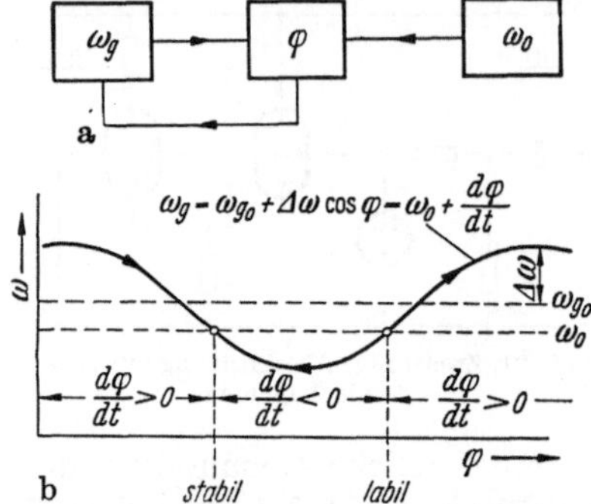

$$\omega_g = \omega_0 + \frac{d\varphi}{dt} .$$

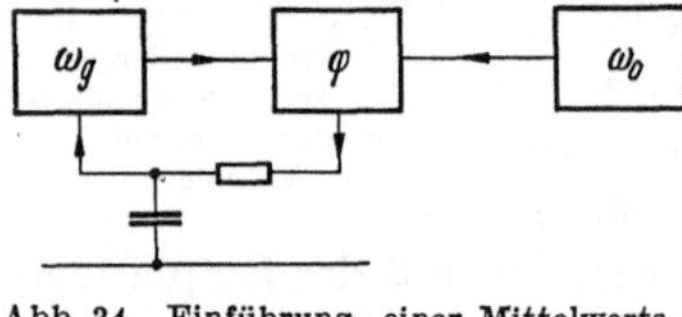

Abb. 33. Grundschaltung für „Schwungrad"-Synchronisierung. a Schaltung, b Diagramm.

Daraus ergibt sich das in Abb. 33b dargestellte Diagramm, aus dem wir folgendes entnehmen:

Bei einem beliebigen, im Regelbereich von ω_g liegenden ω_0 gibt es zwei Phasen, in denen die beiden Frequenzen gleich sind. Von diesen erweist sich nur eine als stabil, so daß die Anordnung also stets auf diese Lage einregelt. Man sieht, daß die Schaltung eine Änderung der Sollfrequenz gegenüber der freien Frequenz des geregelten Generators oder umgekehrt mit einer Änderung der stabilen Phase beantwortet.

Wir haben nun in Abb. 33a einen wesentlichen Bestandteil einer solchen Schaltung vergessen, nämlich das zur Mittelwertsbildung über mehrere Perioden notwendige Zeitkonstantenglied, das in die Regelleitung einzuschalten wäre (Abb. 34). Eine nähere Untersuchung dieser Schaltung führt zu einer nichtlinearen Differentialgleichung zweiter Ordnung, aus der sich zwei Eigenschaften der Schaltung ergeben:

Abb. 34. Einführung einer Mittelwertsbildung.

1. Die Einstellung auf die stabile Phase erfolgt mit einer gedämpften Schwingung, wobei die Dämpfung um so kleiner wird, je größer wir die Zeitkonstante, je besser wir also die Mittelwertsbildung machen.

2. Trotzdem ω_0 im Regelbereich von ω_g liegt, findet die Anordnung bei bestimmten Dimensionierungen und Einschaltbedingungen die stabile Phase nicht, sondern zeigt ein oszillatorisches Verhalten.

Wir unterscheiden zwischen Fang- und Regelbereichen, d. h., die Anordnung findet die stabile Phase beim Einschalten nur dann, wenn ω_0 und ω_g genügend benachbart sind (Fangbereich), während nach dem Einfangen die Anordnung stabil bleibt, wenn sich ω_0 in dem gegenüber dem Fangbereich größeren Regelbereich von ω_g bewegt.

Diese Erscheinungen können bis zu einem gewissen Grade bekämpft werden durch kompliziertere Netzwerke in der Regelleitung, auf der anderen Seite werden sie nun wieder dadurch ungünstiger, daß man statt der in Abb. 33b angenommenen sinusförmigen Abhängigkeit der Frequenz von der Phase Phasenmeßeinrichtungen mit einem flachen und einem steilen Ast baut und den stabilen Punkt auf den steilen Ast der Regelkennlinie verlegt. Dieses hat seinen Grund darin, daß im Falle des Fernsehens es ja nicht nur auf die Frequenzübereinstimmung, sondern auch auf die Phasenübereinstimmung ankommt und daß für letztere wegen der beschränkten Rücklaufzeit nur kleine Hübe zur Verfügung stehen.

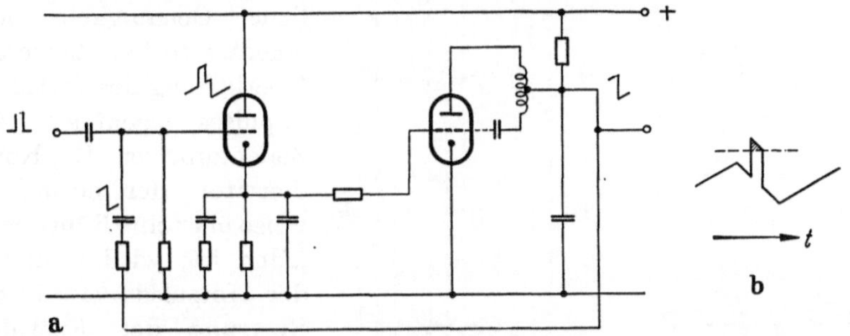

Abb. 35. Beispiel einer Mitnahmeschaltung. a Schaltung, b Spannungsverlauf.

Eine praktische Schaltung dieser Art zeigt Abb. 35a, in der die Phasenmessung dadurch erfolgt, daß eine aus dem örtlichen Ablenkgenerator abgeleitete Sägezahnspannung mit den Synchronisierimpulsen überlagert wird und die Höhe des Impulses über einer Amplitudenschwelle zur Phasenmessung dient, Abb. 35b. Die in der Kathode gewonnene Regelspannung beeinflußt die Frequenz eines Impulsgenerators, der seinerseits zur Steuerung der Zeilenendröhre dient (sog. Sperrschwinger, s. u.).

Bei der Synchronisierung der Vertikalablenkschaltung besteht zunächst die Aufgabe, aus dem Synchronisiergemisch das Vertikalsignal zu isolieren. Hier steht uns eine Reihe von Möglichkeiten offen, von der die charakteristischsten drei Fälle in Abb. 36 dargestellt sind, wobei wir uns wieder auf die Auswertung des CCIR-Synchrongemisches beschränken. Eine sehr elegante Methode, die sog. Rückfrontsynchronisierung (Abb. 36, Zeile a), besteht darin, daß das (in diesem Falle aus negativ gerichteten Impulsen zu denkende) Impulsgemisch durch ein RC-Glied so verzerrt wird, daß die Rückfront des ersten Vertikalimpulses gegenüber den Rückfronten der Zeilenimpulse und Trabanten überhöht wird. Eine daran anschließende Amplitudenselektion (z. B. durch positive Kathodenspannung vorgespannte Röhre) läßt nur die überhöhte Front durch, die dann zur Synchronisierung des Vertikalgenerators verwendet werden kann. Bei einer von dem Längenverhältnis der Impulse abhängigen günstigsten Dimensionierung kann die Überhöhung bis zu 40% der Impulsamplitude betragen. Die zeitliche Definition des Vertikalimpulses ist infolge der Ausnutzung der vollen Flankensteilheit sehr gut. In manchen Fällen stehen negativ gerichtete Impulse nicht zur Verfügung, so daß dann die notwendige Umkehrröhre einen erhöhten Aufwand bedeutet.

Die in Abb. 36b dargestellte Anordnung verbindet eine geringere zeitliche Genauigkeit mit einer wesentlich stärkeren Überhöhung des Vertikalimpulses gegenüber den Zeilenimpulsen. Ein Kondensator, der normalerweise über eine Röhre entladen ist, wird während der Impulsdauer durch Sperrung der Entladeröhre mit negativen Impulsen in positiver Richtung aufgeladen, so daß während des langen Vertikalimpulses eine wesentlich größere Sägezahnamplitude entsteht, die nun wieder mittels einer Amplitudenselektion isoliert wird.

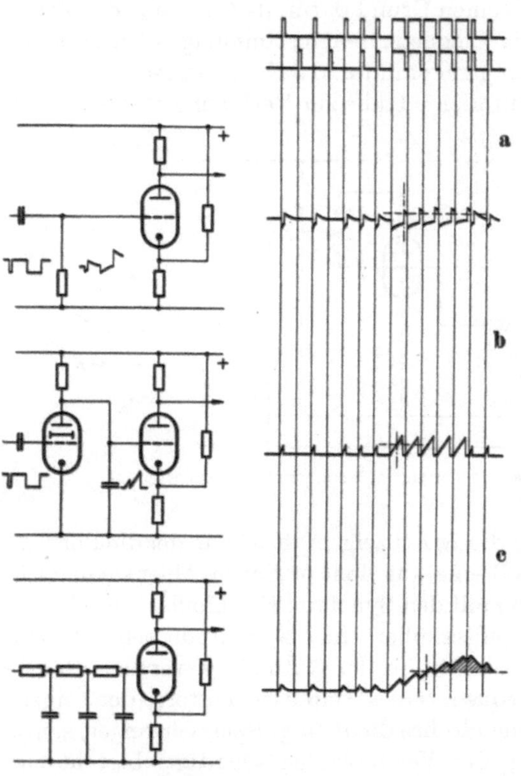

Abb. 36. Ableitung des Vertikalimpulses. a Rückfront, b kurze Integration, c lange Integration.

Haben wir in Abb. 36b eine Integration mit kleiner Zeitkonstante verwendet, so stellt Abb. 36c den Fall einer Integration mit großer Zeitkonstante dar. Hier wird nicht von dem einzelnen Vertikalimpuls, sondern von der ganzen Gruppe der Vertikalimpulse Gebrauch gemacht und durch eine mehrgliedrige RC-Kette ein langsamer Spannungsanstieg während der Gruppe der Vertikalimpulse hervorgerufen, die Zeilen- und Trabantenimpulse können die RC-Kette nur mit sehr kleiner Amplitude passieren. Die zeitliche Genauigkeit ist in diesem Falle am geringsten, andererseits ist der Einfluß von Störungen auf die Form des Vertikalimpulses sehr klein. Durch die Vorläufer ist dafür gesorgt, daß der abgeleiteteVertikalimpuls sich in beiden Rastern gleichartig ausbildet. Diese Methode hat die weiteste Verbreitung gefunden, allerdings nur in den mit Negativmodulation arbeitenden Systemen, bei denen eine Zerstörung der Vertikalimpulse durch Störungen unwahrscheinlich ist und über die Impulse hinausreichende Störspitzen in den Abschneidschaltungen unterdrückt werden.

Während grundsätzlich die Möglichkeit besteht, aus den nach den vorstehenden Methoden gewonnenen Impulsen durch reine Fremdsteuervorgänge zu den für die Ablenkung benötigten sägezahnförmigen Strömen zu kommen, hat sich ganz allgemein das Verfahren durchgesetzt, für beide Koordinaten selbständig schwingende Schaltungen vorzusehen und diese zu synchronisieren.

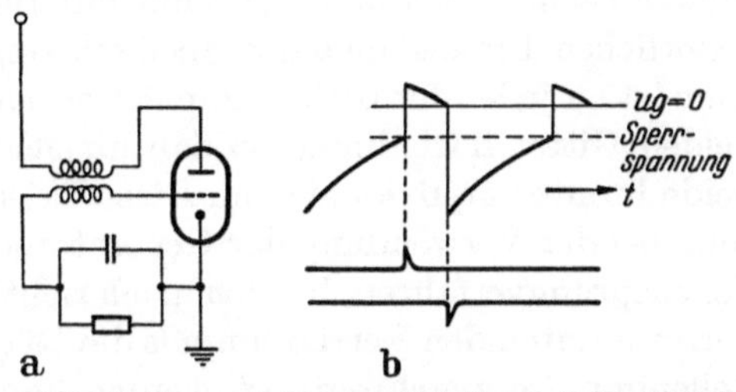

Abb. 37. Sperrschwinger. a Schaltung, b Spannungsablauf.

Dabei kann für jede Koordinate diese Schaltung in der Kombination eines freischwingenden Generators mit einer von ihm gesteuerten Endröhre oder aber einer selbstschwingenden Endstufe bestehen. Es ist hier nicht der Raum für die Behandlung der zahlreichen möglichen Generatortypen. Als Treiber für die Endstufe kommen praktisch nur zwei Kippschaltungen in Frage, der Sperrschwinger (Abb. 37a, b) und der Multivibrator (Abb. 38a, b). Beim Sperrschwinger handelt es sich um eine transformatorrückgekoppelte Röhre, die wegen ihrer Aussteuerung bis weit in den Gitterstrombereich hinein kräftige Anodenstromimpulse liefert. Dabei tritt an der im Gitterkreis liegenden RC-Kombination ein Spannungssägezahn auf, der zur Steuerung der Endröhre dienen kann, oder es werden die Anodenstromimpulse zur periodischen Entladung eines Kondensators benutzt, an dem dann die Steuerspannung abgegriffen wird. Beim Multivibrator handelt es sich um einen zweistufigen rückgekoppelten Widerstandsverstärker, der ebenfalls Im-

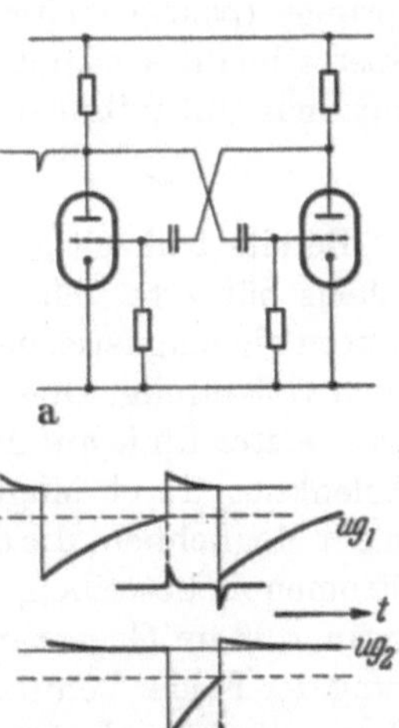

Abb. 38. Multivibrator. a Schaltung, b Spannungsablauf.

pulse bzw. Sägezähne an den verschiedenen Elektroden liefert.

Eine meist wenig beachtete Eigenschaft des Sperrschwingers verdient, besonders bemerkt zu werden. Zur Zeit der Synchronisierung der

Vorderkante ist die ganze Röhre stromlos, und die Gitterstrecke stellt für die Synchronisierstufe einen hohen Widerstand, also eine geringe Belastung dar. Umgekehrt erfolgt die Ablösung der Rückfront des Impulses in einem Betriebszustand der Röhre, in dem noch merklich Gitterstrom fließt, so daß die Synchronisierstufe auf einen kleinen Widerstand arbeiten muß.

Infolgedessen läßt sich die Rückfront eines Sperrschwingers nur schwer beeinflussen und meist nur mit Impulsen, die nur wenig von der natürlichen Impulslänge des Sperrschwingers abweichen. Im Gegensatz dazu ist an jeder der beiden Impulsfronten eines Multivibrators eines der beiden Gitter hochohmig, so daß hinsichtlich der Synchronisierbarkeit beide Fronten äquivalent sind. Diese Tatsache ist von besonderer Bedeutung bei der Verwendung der Generatoren für die Vertikalablenkung im Zeilensprungverfahren, bei dem nach richtiger Synchronisierung der Vorderfront durch den Vertikalimpuls die Rückfront durch vagabundierende Zeilenimpulse synchronisiert werden kann. Da in den beiden Rastern eines Zeilensprungbildes sich die Abstände des ersten Vertikalimpulses von den späteren Zeilenimpulsen um eine halbe Zeile unterscheiden, so kann bei Synchronisierung der Rückfront des Vertikalgenerators die Dauer des Impulses um eine halbe Zeile unterschiedlich sein, damit aber auch die Sägezahnamplitude, und dieses führt zur Zerstörung des Zeilensprungs (paarig stehende Zeilen). Gegen diese Erscheinung liefert der Sperrschwinger seiner Natur nach einen erheblichen Schutz, verglichen mit dem Multivibrator.

3. Ablenkschaltungen.

Bereits frühzeitig nach dem Beginn eines rein elektronischen Fernsehens bürgerte sich für die Ablenkung des Kathodenstrahls der Bildröhren die magnetische Ablenkung ein, und sie beherrscht das Feld heute noch vollständig. Diese auf den ersten Blick etwas erstaunliche Tatsache ist in erster Linie auf die besseren elektronenoptischen Eigenschaften der Ablenkung durch Magnetfelder zurückzuführen. Weitere Gründe liegen in der Möglichkeit, die dafür benötigten Schaltungen mit Spannungen und Strömen zu betreiben, wie sie normale Empfängernetzgeräte liefern, und darin, daß im Gegensatz zur elektrostatischen Ablenkung die zur Erzeugung der Felder benutzten Spulen nicht Bestandteile der Röhre, sondern Bestandteil des Gerätes sind. Außerdem eröffnet sich ein besonders billiger Weg zur Erzeugung der für die Bildröhre benötigten Hochspannung (s. u.).

Die Zeitkonstante der Ablenkspulen $\frac{L}{R}$ liegt in der Größenordnung von 1 msek, d. h., sie ist klein gegen die Periode der Vertikalablenkung und groß gegen die der Horizontalablenkung. Daraus ergibt sich, daß wir für die Erzeugung der Ströme in den Ablenkspulen in beiden Fällen sehr verschiedenartige Wege beschreiten. Aus einer Reihe von Gründen, unter denen die Freiheit von einer Gleichstromkomponente der wichtigste ist, pflegt man bei der Vertikalablenkung die Spulen über einen Transformator zu speisen. Die Ablenkspulen selbst verhalten sich vorwiegend wie ein ohmscher Widerstand, so daß wir aus der Endröhre dessen Verlustleistung decken müssen. Vom schaltungstechnischen Standpunkt ist hier die Induktivität, also das ja eigentlich nur gewünschte Magnetfeld, eine störende Beigabe. Es ergibt sich — der Transformator sei durch seine Querinduktivität ersetzt — eine Grundschaltung nach Abb. 39. Postulieren wir im Spulenzweig einen sägezahnförmigen Strom i_{sp}, so fällt über dem Widerstand eine sägezahnförmige Spannung U_R ab, während wegen $U_L = L \dfrac{d i_L}{d t}$ an der Induktivität eine Rechteckspannung steht. Die Summe beider Spannungen muß also über den Klemmen des Gesamtzweipols stehen. Fragen wir nun nach dem Strom in der Querinduktivität, so ruft die Rechteckspannung wiederum einen Sägezahnstrom hervor, während wegen $i = \dfrac{1}{L} \int u\, d t$ der Sägezahnanteil der Klemmenspannung einen parabelförmigen Strom durch die Querinduktivität schickt. Der in den Zweipol hineinfließende Strom setzt sich also aus einem Sägezahn und einem Parabelanteil zusammen. Abhängig von dem gewählten Generatorinnenwiderstand ergeben sich nun die beiden Fälle, daß wir entweder bei kleinem Generatorinnenwiderstand als Urspannung die Kombination Sägezahn-Rechteck aufbringen müssen oder bei großem Generatorinnenwiderstand den Urstrom Sägezahn + Parabel (Abb. 39b, c).

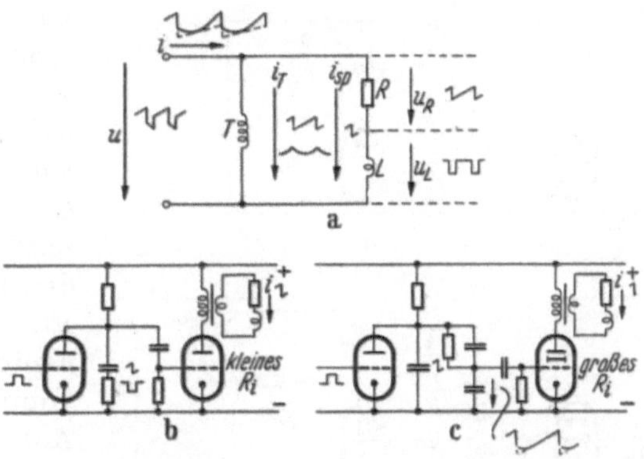

Abb. 39. Grundschaltungen für die Vertikalablenkung. a Ersatzschaltung, b kleiner Generatorinnenwiderstand, c großer Generatorinnenwiderstand.

In Abb. 39 b wird der Steuersägezahn erzeugt durch Aufladung eines Kondensators und periodische Entladung über eine Röhre und die Impulskomponente zum Sägezahn durch einen kleinen Reihenwiderstand addiert. In Abb. 39 c wird die Sägezahnspannung mittels eines nachgeschalteten Netzwerkes so vorverzerrt, daß die Röhre großen Innenwiderstandes den oben geforderten Strom Sägezahn + Parabel liefert.

Trotzdem es sich um einen (oberwellenreichen) 50-Perioden-Vorgang handelt, kommt man mit kleinen Transformatoren aus, da der benötigte Parabelstrom phasenmäßig so liegt, daß sogar eine Senkung des benötigten mittleren Anodenstromes eintreten kann.

Bei höheren Anforderungen an die Linearität der Ablenkströme wendet man, wie in der Verstärkertechnik, linearisierende Gegenkopplungen an. Die Spannungsgegenkopplung, Abb. 40a, führt zum Fall des kleinen Generatorinnenwiderstandes, die Stromgegenkopplung, Abb. 40b, zum großen Innenwiderstand. Während nun bei der Spannungsgegenkopplung nach wie vor die Impulskomponente der Gitterspannung notwendig ist, man sogar noch zusätzliche Maßnahmen trifft, um die unerwünschte Gegenkopplung dieser Impulskomponente zu unterdrücken, kann man bei der Stromgegenkopplung die Erzeugung der Parabelkomponente weitgehend der Gegenkopplung selbst überlassen. Auf die hier dargestellten Grundschaltungen wird man die Überzahl der veröffentlichten und benutzten Schaltungen zurückführen können.

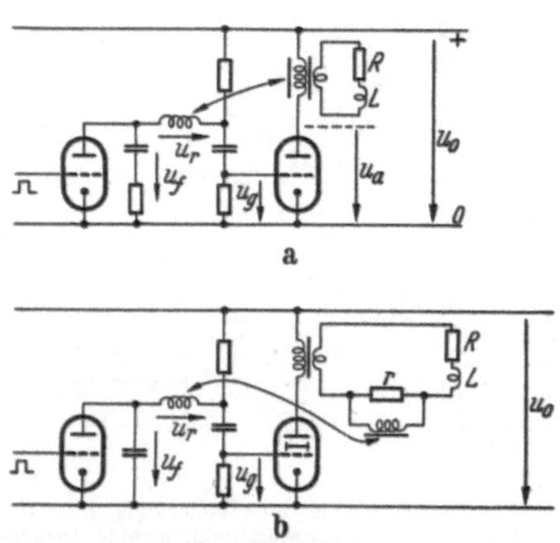

Abb. 40.   Vertikalablenkung mit Gegenkopplung und mitlaufender Ladespannung.

In den Schaltungen der Abb. 40 ist noch eine nicht auf den ersten Blick offensichtliche Maßnahme getroffen, die Interesse verdient. Bei den Gegenkopplungsschaltungen ist am Gitter der Endröhre nur die Differenz aus der Fremdsägezahnspannung und der Gegenkopplungsspannung wirksam. Die Erzeugung großer Sägezahnspannungen stößt aber auf Schwierigkeiten, da nur ein der Linearitätsforderung entsprechender Bruchteil der zur Verfügung stehenden Batteriespannung als Sägezahnspannung ausgenutzt werden kann. Durch Verlegung des den Ladestrom des Kondensators bestimmenden Widerstandes auf die Gitterseite der Gegenkopplungswicklung wird erreicht, daß trotz großer Sägezahnfremdspannungen nur kleine Spannungsänderungen am Ladewiderstand wirksam werden und wegen des so konstant gehaltenen Ladestroms eben große Sägezahnspannungen am Kondensator entstehen können.

Bei der Zeilenablenkung ist, wie bereits oben erwähnt, die Zeitkonstante der Ablenkspulen groß gegen die Zeilendauer, so daß hier die Ablenkspule als Induktivität in Erscheinung tritt. Außerdem können wir bei den in Frage kommenden schnellen Vorgängen für die steile Flanke (für den Rücklauf des Sägezahns stehen nur rund 10 μsek zur Verfügung) die Eigenkapazitäten und verteilten Kapazitäten nicht mehr vernachlässigen, so daß wir zweckmäßigerweise die Ablenkspulen für die Horizontalablenkung als Schwingungskreis behandeln. Das praktisch allen modernen Ablenkschaltungen zugrunde liegende Schema zeigt Abb. 41 a. Das Schließen des Schalters führt zu einem exponentiellen Anstieg des Spulenstroms gegen den Kurzschlußstrom $\dfrac{U_0}{R}$. Ist die Zeitkonstante groß gegen die zur Verfügung stehende Zeit des Anstiegs, so ist dieser als hinreichend linear zu betrachten. Wenn nach Erreichen des erforderlichen Maximalwertes des Spulenstroms der Schalter geöffnet wird, so ist der Kreis sich selbst überlassen und muß mit der in der Spule gespeicherten Energie $\tfrac{1}{2} L i^2$ freie Schwingungen ausführen. Nach einer Viertelperiode geht der Spulenstrom durch Null, die Energie des Kreises

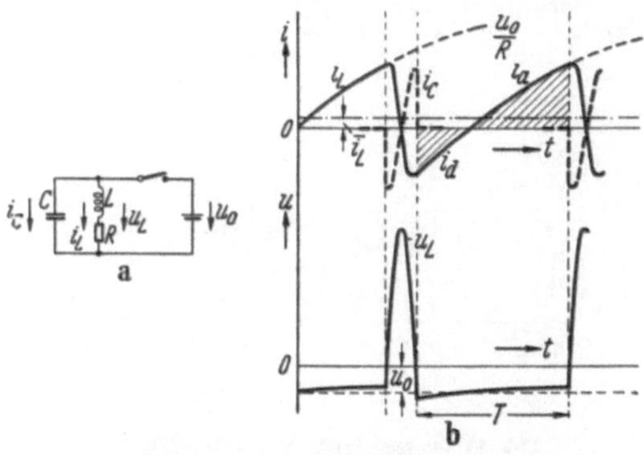

Abb. 41. Grundschaltung für die Horizontalablenkung.
a Schaltung, b Diagramme i (t), u (t).

findet sich als $\tfrac{1}{2} C u^2$ im Kondensator wieder und baut so bei hinreichend großem $\sqrt{\dfrac{L}{C}}$ eine hohe Spannungsspitze auf. Nach einer weiteren Viertelperiode findet sich die Energie, abgesehen von den während des Schwingungsvorganges aufgetretenen Verlusten, wieder in der Spule, wobei aber jetzt der Spulenstrom seine Richtung umgekehrt hat. Gelingt es uns nun, diesen Schwingungsvorgang durch erneutes Schließen des Schalters abzubrechen in dem Zeitpunkt, in dem der gegen Null ansteigende Spulenstrom die dem gewünschten Sägezahn entsprechende Tangente hat, dann beginnt der Sägezahn- bzw. Exponentialanstieg jetzt bereits bei einem negativen Spitzenstrom und wird über Null bis zum positiven Maximalwert fortgesetzt. Während der ersten Hälfte dieses Anstiegs ist der Spulenstrom so gerichtet, daß die Batterie wieder aufgeladen wird und infolgedessen nicht mehr Energie abgegeben hat, als in dem Kreis während des Schwingungsvorganges an Verlusten entstanden ist. Es handelt sich bei dieser Methode der Sägezahnstromerzeugung, die von A. D. BLUMLEIN herrührt, um einen regulären Blindsägezahnstrom. Man kann sagen, daß nur auf diesem Wege die

Entwicklung der Bildröhren zu immer höheren Anodenspannungen und Ablenkwinkeln möglich war, die sonst zu unerträglich hohen notwendigen Leistungen für die Ablenkendstufen geführt hätte.

Der Schalter der Abb. 41a muß, wie wir gesehen haben, leitfähig in beiden Stromrichtungen sein. Er wird praktisch realisiert durch die Parallelschaltung zweier Röhren in entgegengesetzter Durchlaßrichtung, wobei jedoch nur in einer Richtung eine gittergesteuerte Röhre angeordnet werden muß, während für die andere Durchlaßrichtung eine Diode genügt. Der Spulenstrom in der zweiten Hälfte des Sägezahns wird von der Pentode aufgebracht und dabei durch den Spannungsabfall an der Pentode die Diode gegen ihre Durchlaßrichtung vorgespannt. Das Abschalten des Stromes in der Endröhre führt zur freien Halbschwingung des Kreises, und erst wenn die Spannung am Kreis die Batteriespannung überschreitet, wird die Diode geöffnet und damit die erste Hälfte des Sägezahnvorgangs eingeleitet.

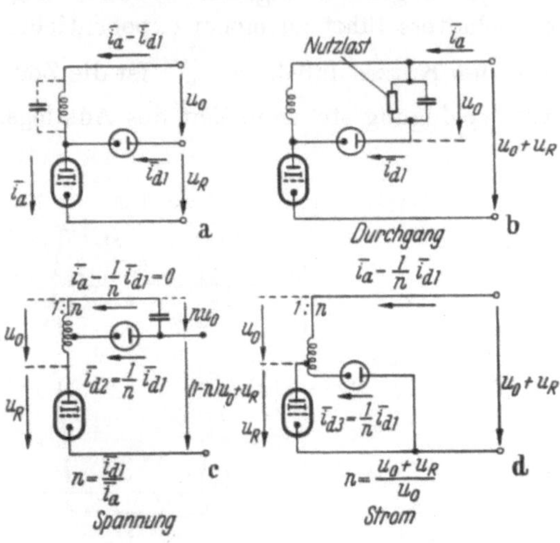

Abb. 42. Methoden der Stromversorgung.

Die stark vereinfachte Grundschaltung für die Zeilenablenkung nach der beschriebenen Methode ist in Abb. 42a dargestellt, in die die mittleren Gleichströme der verschiedenen Zweige eingetragen sind. Verbesserungen dieser Schaltung beziehen sich auf die Stromversorgung. Von besonderer Bedeutung ist dabei eine Anordnung nach Abb. 42c, bei der ein Teil der Spannung U_0 der Abb. 42a einem Kondensator entnommen wird, was natürlich nur möglich ist, wenn der mittlere Strom im Kondensatorzweig Null ist. Dies wird durch eine geeignete Transformation zwischen Röhre und Diode erreicht. Die Umzeichnung dieses Schemabildes in ein praktisches Schaltbild gibt Abb. 43.

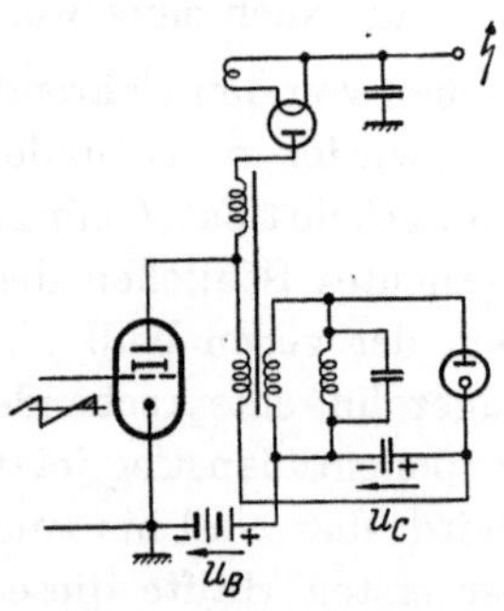

Abb. 43. Horizontalablenkschaltung mit Spannungsrückgewinnung und Hochspannungserzeugung.

Die Tatsache, daß während des Sägezahnrücklaufs eine hohe Spannungsspitze auftritt, ermöglicht nun eine einfache Methode der Hochspannungsgewinnung für die BRAUNsche Röhre. Die Spannungsspitze wird durch eine Zusatzwicklung auf dem Transformator herauftransformiert und mit einem kleinen Einweggleichrichter, dessen Heizwicklung ebenfalls auf dem Transformator untergebracht ist, gleichgerichtet. Dieses Verfahren ist möglich, weil die Leistung im Strahl nur von der Größenordnung 1 W ist; ihr besonderer Vorzug liegt darin, daß wegen der hohen Frequenz von 15 kHz nur sehr kleine Siebmittel erforderlich sind. Die Ansicht eines solchen Transformators zeigt Abb. 44. Es sei noch erwähnt, daß bei den hohen Frequenzen der Zeilenablenkung das Auftreten von Wirbelströmen in dem Ablenkfeld benachbarten Teilen nicht mehr zu vernachlässigen ist. Man kann aber von solchen auftretenden Wirbelströmen auch nützlichen Gebrauch für die Linearisierung des zeitlichen Feldverlaufes machen.

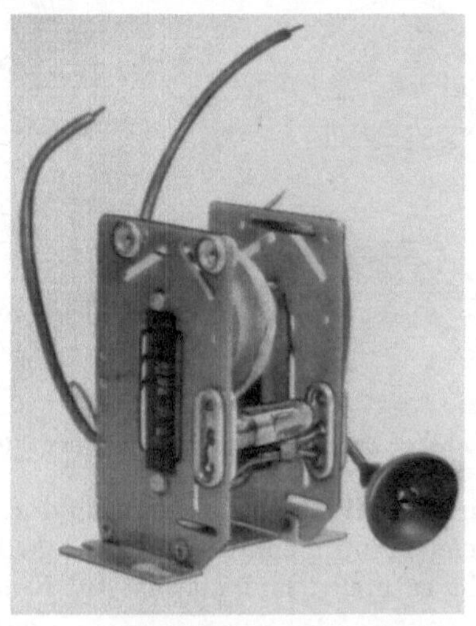

Abb. 44. Zeilentransformator.

4. Das Ablenkfeld.

Die mechanischen Abmessungen der Ablenksysteme werden weitgehend durch die Konstruktion der Bildröhre (z. B. Halsdurchmesser)

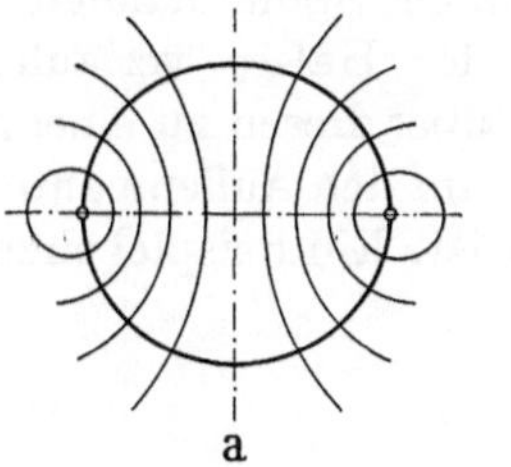

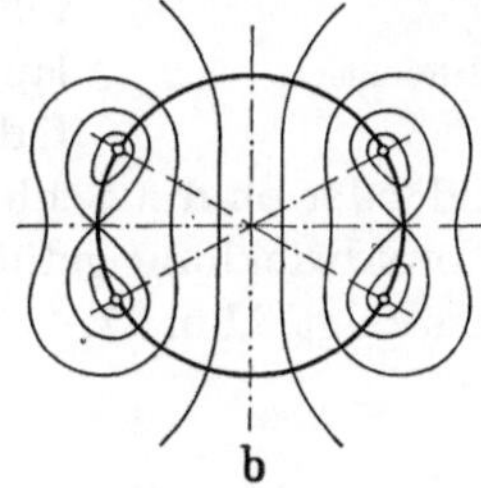

Abb. 45. Feldbilder a eines Elementarfeldes, b eines zusammengesetzten Feldes.

festgelegt. Die elektrischen Daten werden bestimmt durch die für die maximale Ablenkung benötigte Feldenergie, die von der Größenordnung

1 mWsek ist, ferner durch die durch die Rücklaufdauer bestimmte Eigenschwingung, durch die erforderliche Zeitkonstante und schließlich die während des Sägezahnhinlaufs zur Verfügung stehende Batteriespannung. Einige zusätzliche Bemerkungen sind erforderlich bezüglich der auftretenden Ablenkfelder, die einmal in einer Verschlechterung des Leuchtfleckes auf dem Bildschirm bei stärker werdender Auslenkung, zum anderen im Auftreten kissenförmiger Verzeichnung des Bildrasters bestehen, letztere hervorgerufen dadurch, daß Ablenkzentrum und Krümmungszentrum des Bildschirmes nicht zusammenfallen. Eine alle Forderungen befriedigende Feldform gibt es nicht, und man ist auf Kompromisse angewiesen. Abb. 45a u. b

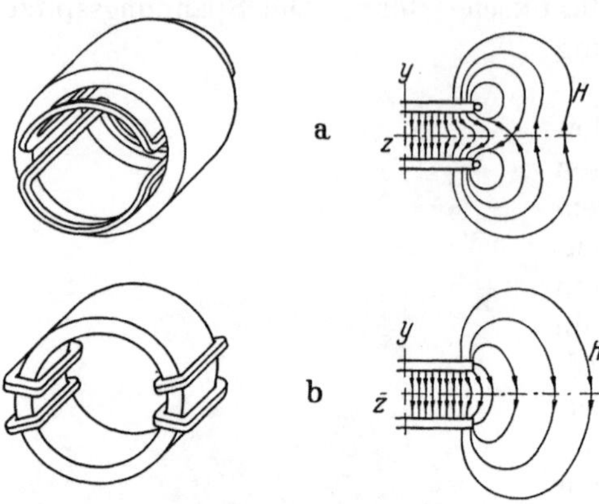

Abb. 46. Sattel- und Toroidspule und ihre Stirnfelder.

deuten an, wie (hier für den Fall des ebenen in der Achse unendlich ausgedehnten Feldes betrachtet) durch Kombination mehrerer Elementarfelder der Feldverlauf im Inneren des Ablenkraumes beeinflußt wird. Einen wesentlichen Anteil an der Qualität eines Ablenkfeldes haben die an den Stirnseiten austretenden Felder, die ein sehr unterschiedliches Verhalten zeigen (Abb. 46), je nachdem, ob es sich um die weitverbreitete sattelförmige Spule handelt, bei der die längs des Halses verlaufenden Stromfäden über diesen zu einer Stromschleife

Abb. 47. Toroidablenkjoch.

geschlossen sind, oder ob die Schleife um den Außenmantel eines Eisenschlusses als Toroidwicklung geführt ist. Ein Beispiel eines solchen Abbildungssystems zeigt Abb. 47.

D. Entwicklung der Fernseh-Aufnahmeröhren mit besonderer Berücksichtigung des Vidicons.

Von Professor Dr.-Ing. **W. Heimann**, Wiesbaden-Dotzheim.

Mit 9 Abbildungen.

Die seit etwa 2 Jahrzehnten in den Fernsehstudios verwendete elektronische Bildaufnahmeröhre hat als besonderes Kennzeichen das Prinzip der lichtelektrischen Speicherung: Der die Mosaikelektrode abtastende Elektronenstrahl kompensiert die während der Bildwechselzeit ($^1/_{25}$ sek) gespeicherte Ladung eines jeden Bildelementes, wobei der momentane Ausgleichsstrom, über die Signalplatte kapazitiv abgeleitet, erst an einem Ableitwiderstand die Bildsignalspannung erzeugt.

Die erste nach diesem Prinzip arbeitende Röhre (*Ikonoskop*) wurde von ZWORYKIN [1] bereits im Jahre 1933 praktisch durchgebildet. Ihr grundsätzlicher Aufbau ist in Abb. 48 schematisch wiedergegeben. In einem evakuierten Glasgefäß befindet sich eine hochisolierende dünne Platte z. B. aus Glimmer, die auf der einen Seite als sog. Signalplatte eine homogene Metallschicht mit leitender Verbindung nach außen und auf der anderen Seite eine Vielzahl kleinster Alkaliphotozellen trägt. Jede solche Mikrophotozelle bildet mit dem homogenen Metallbelag einen Kondensator. Das Photozellenmosaik M wird von dem Elektronenstrahl E zeilenweise abgetastet, und gleichzeitig wird auf ihm das zu übertragende Bild entworfen. Die Geschwindigkeit der Strahlelektronen beträgt etwa 1000 eV.

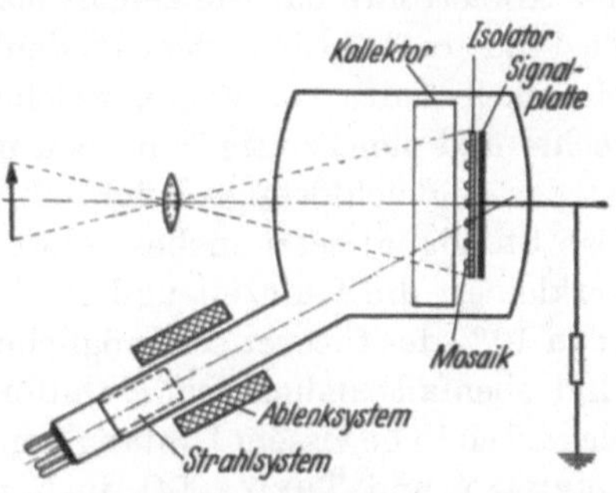

Abb. 48. Bildspeicherröhre mit schnellen Elektronen (Ikonoskop).

Die Arbeitsweise [2] des geschilderten Bildzerlegers wird leichter verständlich, wenn man zunächst die Wirkung des Abtaststrahls und erst dann den Einfluß des auf dem Mosaik entworfenen Lichtbildes betrachtet. Nach der bekannten Charakteristik für den Sekundäremissionsfaktor in Abhängigkeit von der Geschwindigkeit der auf einen bestimmten Körper auftreffenden Elektronen erreicht der SE-Faktor bei der angegebenen Strahlgeschwindigkeit seinen Maximalwert, der bei den hier zur Anwendung gelangenden Alkaliphotoschichten etwa 8 bis 10 beträgt. Unter diesen Umständen laden sich die hochisolierten Photozellen im Augenblick der Abtastung, infolge der wegstrebenden Elektronen auf einen positiven Wert von etwa 3 V gegenüber der Absaugelektrode auf. Sobald der Elektronenstrahl das jeweilige Mosaikelement verläßt, geht dieses Potential im Verlauf der Bildwechselzeit unter dem Einfluß der zurückkehrenden Überschußelektronen auf den Ausgangswert zurück. Dieser Vorgang wiederholt sich bei jedem Bildelement. Da im unbelichteten Zustand also kein Element vor dem anderen ausgezeichnet ist, ergeben die über die Signalplatte abgeführten kapazitiven Ströme nach entsprechender Verstärkung auf einer Bildwiedergaberöhre eine gleichmäßig helle Fläche. Wird aber gleichzeitig ein Lichtbild auf das Photozellenmosaik projiziert, so erfolgt nach dem Austritt von Photoelektronen an dem jeweils belichteten Element eine der Bildhelligkeit entsprechende positive Aufladung. Gegenüber dem unbelichteten Zustand findet also der Elektronenstrahl ein Mosaik verschieden hoher Potentiale vor, welches im Augenblick der Abtastung eine Steuerung der Aufladungsströme vornimmt, und diese in ihrer Intensität wechselnden Ströme ergeben das eigentliche Bildsignal. Leider ist aber den Nutzbildströmen noch ein Störsignal [3] überlagert. Infolge des sägezahnförmigen Verlaufs der Abtaströhre hat die zeilenweise Abtastung bereits im unbelichteten Zustand ein örtlich verschieden hohes Gleichgewichtspotential der Mosaikelemente zur Folge, welches sich kontinuierlich von links nach rechts und gleichzeitig von oben nach unten ändert. Der Grund hierfür ist der ungleichförmige Rückfluß der Sekundärelektronen zum Mosaik. Das Störsignal setzt insbesondere dem Strahlstrom eine obere Grenze, verkleinert die Ladezeit und ergibt damit einen Wirkungsgrad, der nur etwa 10% des theoretisch möglichen Wertes erreicht. Das über Zeile und Bild ebenfalls nahezu sägezahnförmig verlaufende Störsignal läßt sich elektrisch in gewissem Umfang kompensieren. Neuerdings konnten COPE, GERMANY und THEILE [4], insbesondere bei dem anschließend zu besprechenden Bildwandlerspeicherrohr, das Störsignal unmittelbar innerhalb der Röhre beseitigen. Von einer besonderen Photokathode ausgelöste langsame Elektronen werden zu den Stellen des Mosaiks gelenkt, die bei der Abtastung zu wenig Rückelektronen erhalten haben.

Eine bedeutende Verbesserung der beschriebenen Speicherröhre wurde erzielt durch Vorsetzen eines sog. *Elektronenbildwandlers* [5] vor die speichernde Mosaikplatte. Der Aufbau einer solchen Röhre ist in Abb. 49 gezeigt. Das zu sendende Bild wird auf einer homogenen durchsichtigen Photokathode K entworfen. Die hier ausgelösten Elektronen, die in Richtung Mosaik M beschleunigt sind, werden mittels einer langen, vom Strom durchflossenen Konzentrationsspule S in ihrer Bahn derart beeinflußt, daß in der Ebene des Mosaiks ein scharfes Bild

entsteht. Die Anwendung dieses Bildwandlers gestattet eine Vervielfachung der an K ausgelösten Photoelektronen auf dem Mosaik um den
Faktor 5 bis 10. Da die primäre Photokathode K im Gegensatz zur
Mosaikkathode des ein-
fachen Speicherrohrs zu-
sammenhängend ist, hat
sie ein höhere Ausbeute
und gestattet bei klei-
nerem Durchmesser die
Verwendung kurzbrenn-
weitiger, lichtstarker
Objektive. Der gedräng-
te Aufbau des ·Rohres

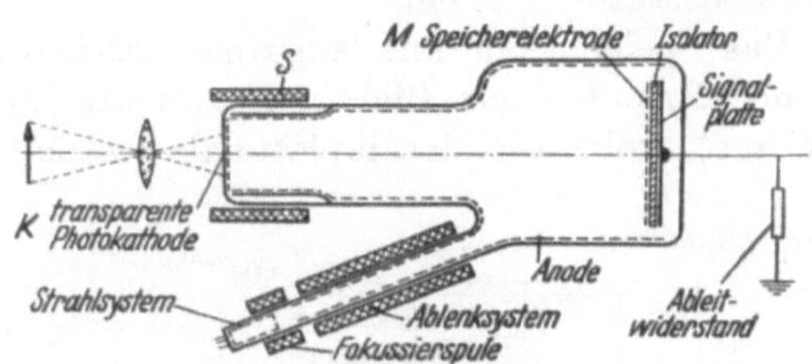

Abb. 49. Bildspeicherröhre mit Vorabbildung (Superikonoskop).

verringert außerdem das Störsignal nicht unbedeutend. Alles zusammen
bewirkt, daß die Empfindlichkeit gegenüber den früheren Röhren um
etwa eine Größenordnung höher liegt. Diese Zerlegerröhren sind auch
heute noch für Freilichtaufnahmen sowie im Fernsehstudio unter guten
Lichtverhältnissen im praktischen Betrieb. Die Ausbeute der beschriebenen Bildzerleger nimmt zwar mit wachsender Helligkeit ab, doch wird
dafür auch der Helligkeitsumfang infolge der gekrümmten Kennlinie
verhältnismäßig groß und paßt sich dem charakteristischen Verlauf des
menschlichen Auges an.

Im Jahre 1939 wurde erstmalig von ROSE und JAMS [6] eine Speicherröhre, das *Orthicon*, praktisch ausgeführt, welche in ihrem Aufbau (Abb. 50)
dem Ikonoskop von ZWORYKIN außer-
ordentlich nahesteht. Lediglich die
Geschwindigkeit des Abtaststrahls
wurde derart verringert, daß der Sekundäremissionsfaktor unter 1 kam.
Bei einer Strahlgeschwindigkeit von
etwa 20 eV erfolgt eine negative Aufladung der Mosaikelemente, und zwar,
im Gegensatz zum Ikonoskop, völlig
gleichmäßig über die gesamte Fläche.

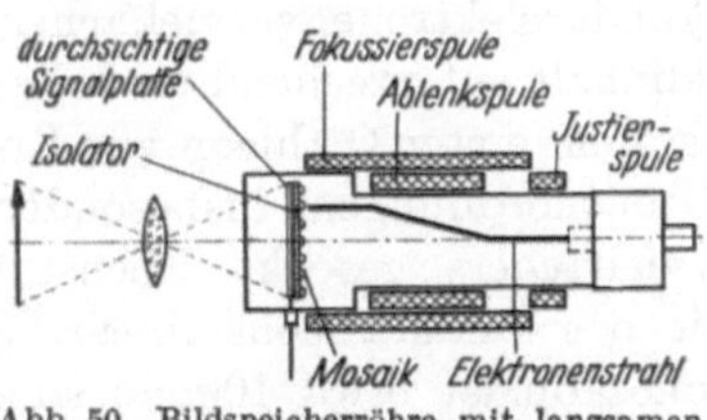

Abb. 50. Bildspeicherröhre mit langsamen
Elektronen (Orthicon).

Die Aufladung kann bei gutem Isolator höchstens bis zum Potential
der die Kathode verlassenden Elektronen stattfinden. Die bei der
Projektion des Lichtbildes auf das Mosaik wegstrebenden Photoelektronen erniedrigen, der Lichthelligkeit entsprechend, das (negative) Potential der Bildelemente; eine Speicherung erfolgt während der ganzen
Bildwechselzeit. Da das Störsignal wegfällt, ergibt sich bei gleichzeitig
höherer Absaugspannung für die Photoelektronen auch ein höherer Wirkungsgrad bei linearem Verlauf der Kennlinie. Allerdings sind die Anforderungen an die Strahlfokussierung wegen der geringen Strahlelektronen-

geschwindigkeiten größer, und die Einstellung der Strahlstromgröße ist im Betrieb sehr kritisch. Auch tritt bei hohen Lichtintensitäten leicht ein Überspringen in den Zustand des normalen Speichers (Sekundäremissionsfaktor > 1) ein.

Das Speicherrohr mit langsamen Elektronen kann ebenso wie das Ikonoskop mit einem Bildwandlervorsatz [7] versehen werden (*Image-Orthicon*), wobei die Mosaikplatte als zweiseitige Speicherelektrode aus-

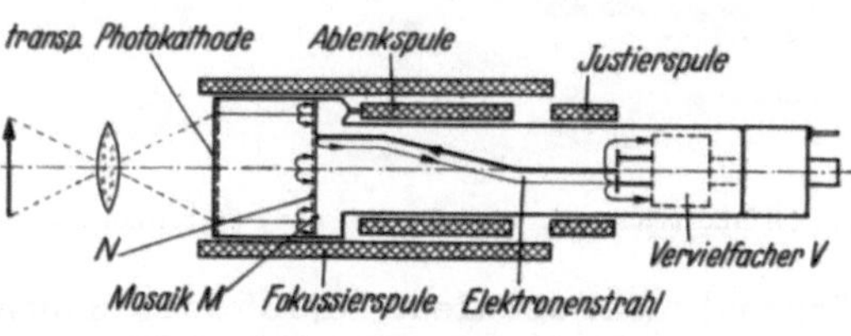

Abb. 51. Orthiconröhre mit Vorabbildung.

gebildet werden muß (Abb. 51). Diese Elektrode M besteht aus einer sehr dünnen Glasplatte von 2 bis $5\,\mu$ Stärke; die Leitfähigkeit des Glases ist so gewählt, daß Ladungen auf beiden Seiten der Glasplatte sich in der Bildwechselzeit, $^1/_{25}$ sek, ausgleichen. Eine gegenseitige Beeinflussung der Ladungen benachbarter Bildelemente erfolgt wegen der geringen Dicke der Glasplatte nicht. Die erforderliche Kapazität wird gebildet einerseits durch Ladungen auf der Glasoberfläche und andererseits durch ein im Abstand von $50\,\mu$ von der Glasplatte befindliches feines Drahtnetz N. Dieses Netz mit 20 bis 40 Maschen je Millimeter dient gleichzeitig zum Absaugen der Sekundärelektronen. Bei dieser Feinheit der Rasterung wird es bereits nicht mehr aufgelöst. Im Rohr befindet sich außerdem in der Nähe der Glühkathode ein Sekundärelektronenvervielfacher V, der die zurückkehrenden und dem Bildinhalt entsprechend modulierten Abtastströme vervielfacht. Gegenüber dem ersten Orthicon von Rose und Jams ist der Störpegel um etwa 2 Größenordnungen, insbesondere durch den Einsatz des Elektronenvervielfachers, gesenkt. Ebenso wie beim Orthicon verläuft die Kennlinie des Bildorthicons linear. Seine Empfindlichkeit gegenüber dem Ikonoskop ist etwa 100mal so groß. Gerade die Vorteile hinsichtlich Empfindlichkeit und Freiheit von Störsignal haben diesem Bildzerleger trotz seines sehr komplizierten Aufbaus besonders in den angelsächsischen Ländern die Verwendung in Verbindung mit der Studio- und Freilichtkamera gesichert. Bei der Übertragung farbiger Bilder scheint allerdings das dem Orthikon entsprechende und in England verwendete CPS-Emitron [7a] seiner bereichsweiten, linearverlaufenden Kennlinie wegen den übrigen elektronischen Zerlegern überlegen zu sein.

Während in den ersten Speicherröhren (Ikonoskop) fast ausschließlich die bekannten CsO-Photokathoden zur Verwendung gelangten, wurden bereits beim Bildwandlerspeicherrohr CsSb-Schichten eingeführt. Diese Photokathoden, die gerade als transparente Schichten eine hohe

Empfindlichkeit aufweisen, sind auch in ihrer spektralen Verteilung weitgehend der Empfindlichkeit des menschlichen Auges angepaßt.

Grundsätzlich enthalten die beschriebenen Zerlegerröhren Photokathoden mit äußerem lichtelektrischem Effekt, d.h., die vom Licht ausgelösten Elektronen können sich in der evakuierten Röhre frei bewegen. Die nunmehr zu beschreibenden Bildzerleger aber verwenden Photokathoden mit innerem Photoeffekt — *„Photowiderstände"* —, die bei Lichteinfall lediglich ihren Widerstand ändern.

Es ist erstaunlich, daß die praktische Ausführung elektronischer Bildzerleger zuerst mit den obengenannten Photoemissionskathoden geschah, obwohl die ersten Vorschläge, die noch aus den Jahren 1921 bis 1928 stammen, Bildschirme mit Photowiderständen angeben. Im damaligen Zeitpunkt kannte man lediglich Selen als Photowiderstand bzw. als Photozelle mit innerem Photoeffekt. Heute sind es vor allem die Sulfide und Selenide von verschiedenen Metallen, die ebenfalls diesen Effekt wesentlich verstärkt zeigen und die Nachteile des Selens vermeiden. Allerdings hat man auch in letzter Zeit eine Modifikation des Selens, die amorphe, rote Modifikation entdeckt, die sich gerade für Bildzerleger gebrauchen läßt. Diese Modifikation ist aber nur unterhalb 50° C beständig und als Bildschirm zwischen 10° und 30° verwendbar. Der Grund, daß Bildzerleger mit Photowiderständen erst so viele Jahre später in Angriff genommen wurden, ist wohl darin zu suchen, daß die Technik der Herstellung von Photoemissionskathoden bereits viel früher zu einer hohen Vollkommenheit gelangt war. Die Photowiderstände, besonders mit den für Bildzerleger erforderlichen Daten sind erst in den allerletzten Jahren beherrscht worden. Es muß aber darauf hingewiesen werden, daß bereits Knoll & Schröter [*9*] im Jahre 1936 versuchsweise einen Halbleiterbildzerleger unter Verwendung des bei Sperrschichtzellen bekannten Kupferoxyduls ausführten. Sehr eingehend mit diesem Zerleger befaßte sich ihr damaliger Mitarbeiter THEILE [*10*], der ebenfalls Kupferoxydul und CdS-Schichten mittels eines Elektronenstrahles abtastete. Hierbei erwies sich der Strahlwiderstand gegenüber dem Bildpunktwiderstand bei dem damals verwendeten Material als zu hoch; es trat praktisch keine Stromänderung ein, wenn sich der Widerstand der abgetasteten Fläche bei Lichteinstrahlung änderte. Nach THEILE bot auch eine Erhöhung dieses Bildpunktwiderstandes, d. h. eine bessere Anpassung an den Strahlwiderstand keine Aussichten, da erstens die Feldstärke im Halbleiter unzulänglich hoch wurde, zweitens die Potentialverteilung auf der Signalplatte stark inhomogen wurde, so daß eine Aufspaltung des ursprünglich feingebündelten Strahles eintrat. Drittens machte die mit der Parallelkapazität gebildete Zeitkonstante der Elementarzellen eine schnelle Abtastung unmöglich. Die Geschwindigkeit des Abtaststrahles bei diesen Bildzerlegern war die gleiche wie beim Ikonoskop zwischen 500 und

1000 eV, so daß der Sekundäremissionsfaktor stets größer als 1 blieb. Es trat wenigstens eine Erniedrigung des Widerstandes in der Sekundäremissionsstrecke ein, und diese ließ den Elektronenstrahl als trägheitslosen Schalter wirken. Durch Anstreben einer möglichst hohen Sekundäremission der lichtempfindlichen Schicht gelang es THEILE im Prinzip, Bilder mit Hilfe dieses Zerlegers zu übertragen.

Die Erfahrungen mit langsamen Elektronen bei der Bildzerlegung einerseits und die Erkenntnisse auf dem Gebiet der Photowiderstände andererseits gaben Veranlassung, sich erneut mit einem Photowiderstandsabtaster zu befassen. So wurde in USA in den letzten Jahren eine Zerlegerröhre, das sog. *Vidicon*, zu einer relativ hohen technischen Vollkommenheit [11] gebracht. Der Aufbau dieses Zerlegers geht aus der Abb. 52 hervor. Am einen Ende des Rohres befindet sich auf einer

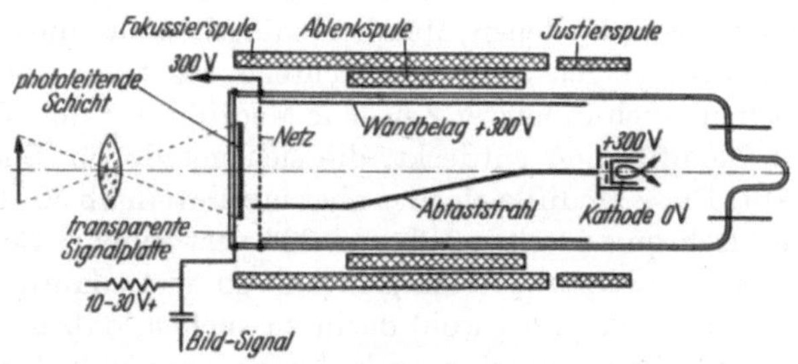

Abb. 52. Bildzerlegerröhre mit Photowiderstandsschichten (Vidicon).

ebenen Glaswand eine durchsichtige leitende Schicht, die nach außen eine Zuführung besitzt. Auf diese Schicht wird eine photoleitende Schicht aufgebracht, die von einem Elektronenstrahl zeilenweise abgetastet wird. Dieser Elektronenstrahl, mit einer anfänglichen Geschwindigkeit von 300 eV, wird erst in unmittelbarer Nähe der photoleitenden Schicht auf 10 bis 30 eV abgebremst. Ein Netz in der Nähe dieser Abtastfläche sorgt für ein möglichst gleichmäßiges elektrisches Feld. Die von dem Strahl abgetastete Schicht hat im Gegensatz zu den früher verwendeten Photowiderständen einen sehr hohen spezifischen Widerstand, der sich bei der Aufprojektion des Lichtbildes örtlich verkleinert. Die ersten näheren Angaben in der Literatur [12] weisen auf die besondere Modifikation des Selens, die rote amorphe Form, als zunächst brauchbar hin. Der spezifische Widerstand derartiger Schichten lag in der Größenordnung 10^{12} Ohm·cm. Die Wirkungsweise dieses Bildzerlegers soll an Hand der Abb. 53 folgendermaßen erklärt werden:

Die als Signalplatte dienende transparente leitende Schicht erhält ein gegenüber Kathode festes positives Potential von etwa 20 V. Beim Abtasten dieser Schicht erfolgt aus den oben angegebenen Gründen eine

Aufladung in Richtung Kathode, so daß sich gegenüber der transparenten leitenden Signalplatte oberflächlich ein Negativpotential von 10 bis 20 V einstellt. Der Schichtwiderstand ist so hoch gewählt, daß im Verlauf eines Bildwechsels der Abfluß der Elektronen zur Signalplatte eine Änderung dieses Oberflächenpotentials von nur einigen Volt bewirkt. Der Unterschied zum Potential der Signalplatte wird kleiner. Bei der erneuten Abtastung erfolgt dann wieder eine Aufladung in Richtung Kathodenpotential. Da kein Element vor dem anderen ausgezeichnet ist, wird auf dem Bildwiedergaberohr eine gleichmäßig helle Fläche entstehen. Erst beim Einfall von Licht auf die abgetastete Fläche ändert sich je nach Helligkeit des Bildelementes der örtliche Widerstand derart, daß bei starkem Licht ein größerer Strom von Elektronen nach der Signalplatte fließt und damit eine stärkere Erniedrigung des Potentials gegenüber der Signalplatte erfolgt. An den Stellen mit wenig Licht erfolgt der Ausgleich in der Bildwechselzeit in geringerem Umfange. Der

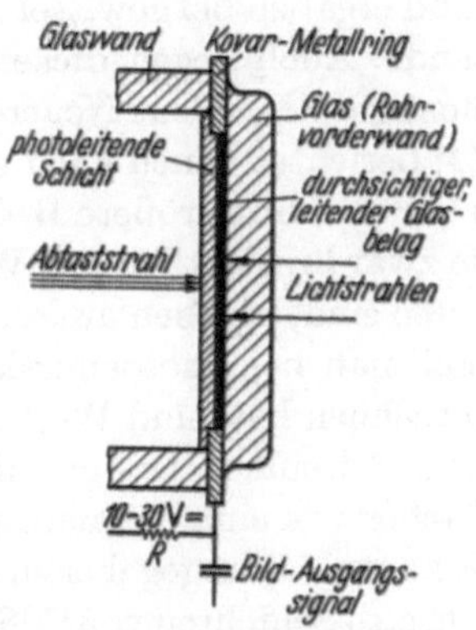

Abb. 53. Photowiderstandsschirm des Vidicons.

erneut die Schicht abtastende Strahl findet nunmehr Stellen verschieden hoher Potentiale vor, die er wieder auf das erwähnte negative Gleichgewichtspotential aufzuladen hat. Es ergeben sich über die Signalplatte abgeführte momentane kapazitive Ströme, und sie stellen an dem in diesem Kreis liegenden Widerstand R die Bildsignalspannung dar.

Um das Vidicon zu einem praktisch brauchbaren Bildzerleger zu gestalten, sind eine Reihe von Forderungen zu erfüllen. Die Schichtdicke und ihr spezifischer Widerstand sind an die gegebenen Abmessungen, insbesondere Größe der Schicht anzupassen, damit die Zeitkonstante der Bildpunktentladungsstrecke mit der Zeit eines Bildwechsels vergleichbar wird. Praktisch kommt dieser Widerstand bei einer Schichtdicke von einigen μ auf 10^{11} bis 10^{12} Ohm·cm. Die Lichtempfindlichkeit, d. h. die Widerstandsänderung bei Licht soll möglichst groß sein. Diese Forderung steht der Erreichung eines hohen spezifischen Widerstandes im allgemeinen entgegen. Der spektrale Empfindlichkeitsverlauf des Photowiderstandes soll möglichst der Empfindlichkeit des menschlichen Auges angepaßt sein. Die zunächst für die Abtastung benutzten Selenschichten entsprechen den Forderungen hinsichtlich des spezifischen Widerstandes und der Lichtempfindlichkeit. Das Maximum der Empfindlichkeit ist jedoch im wesentlichen nach dem Blauen verschoben, wie aus der Abb. 54, Kurve 5, hervorgeht. Ein Hauptnachteil dieser Schicht ist jedoch die starke Temperaturabhängigkeit. Bereits bei 50° C geht die rote amorphe Form in die graue kristalline über und wird für vorliegenden Zweck unbrauchbar. Der Bildzerleger erweist sich nur in dem Temperaturbereich 10 bis 30° C als brauchbar.

Weitere Untersuchungen [13] haben gezeigt, daß Antimontrisulfid, insbesondere nach Einbringung von SbO, ebenfalls als Abtastschicht verwendungsfähig ist. Kombinationsschichten aus Zinkselenid und Zinksulfid ergaben bei gewisser Lichtempfindlichkeit hinreichend hohe Widerstände. Auch liegen diese Schichten in der spektralen Empfindlichkeit günstiger als Selen. Neuerdings wird über Versuche mit CdS-Schichten [14] berichtet. Auch nach eigenen Erfahrungen scheinen diese Schichten in der Zukunft größere Bedeutung zu erlangen. Die bisherigen Versuche, die zwar hinsichtlich des Widerstandes noch nicht voll befriedigend verlaufen sind, ergaben außerordentlich hohe Lichtempfindlichkeiten. Während man bei Photoemissionskathoden mit etwa 50 μA/L im Maximum zu rechnen hat, sind Werte von einigen Tausend μA/L bei CdS-Schichten keine Seltenheit. Das gilt nicht nur für Kristalle, sondern auch für größere Flächen von einigen Quadratzentimeter. Ebenso gelingt es nach einem von GOERKE [15] angegebenen Aktivierungsverfahren Großflächenschichten, d. h. also Schichten von CdS-Mikrokristallen derart zu aktivieren, daß man für Widerstand und Photoempfindlichkeit günstige und reproduzierbare

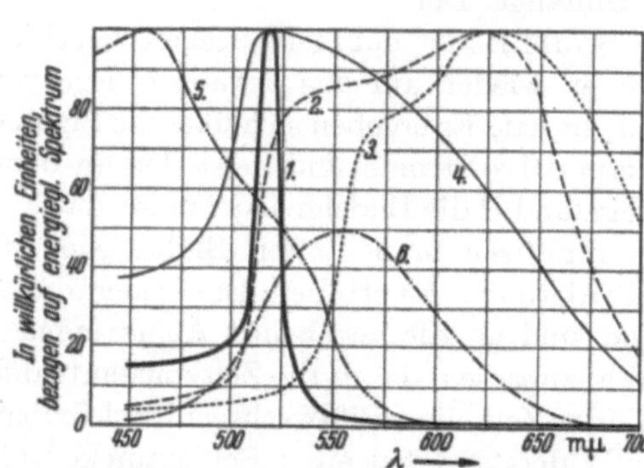

Abb. 54. Empfindlichkeitsverlauf (spektral) verschiedener Photowiderstände.

Werte erhält. Auch die spektrale Verteilung kann man in weitem Umfange beeinflussen. In Abb. 54 ist eine Zusammenstellung von Empfindlichkeitskurven einiger CdS-Schichten, die mit verschiedenen Aktivatoren behandelt waren, gezeigt. Vergleichsweise wird hier der spektrale Verlauf der Empfindlichkeit für einen CdS-Einkristall (Kurve 1) gezeigt. Durch Aktivierung kann man den ursprünglich schmalen Bereich der Empfindlichkeit sehr verbreitern und das Maximum weitgehend in seiner Lage beeinflussen. Wie Abb. 54, Kurve 4, zeigt, kann man eine besonders gute Anpassung an die Empfindlichkeit des Auges, Kurve 6, anstreben. Was die Festigkeit und Temperaturbeständigkeit dieser Schichten anbelangt, so dürften sie unübertroffen sein. Besonderes Augenmerk ist den Trägheitserscheinungen beim Abtasten des Photoleiters zuzuwenden. Bei den Untersuchungen am roten amorphen Selen [12] zeigte sich eine starke Abhängigkeit des

Photostromverlaufes vom Potential der Signalplatte. Mit geringerer Strahlgeschwindigkeit nehmen die Ermüdungserscheinungen zu, ebenso wie bei starker Beleuchtung. Dieser Ermüdungseffekt gibt Veranlassung zu einem Negativbild früher abgetasteter Szenen, welches sich dem momentan abgetasteten Bild überlagert. Durch Erhöhung des Signalplattenpotentials kann dieses Störbild praktisch unwirksam gemacht werden. Auch läßt sich dieser Effekt mehr oder weniger beseitigen, je nachdem er elektronischer oder ionischer Natur ist. Der Einbau von Störstellen in das Selen läßt den Effekt wiederum deutlicher werden. Bei Verwendung reinsten Selens ergaben Messungen mit kurzzeitigen Lichtimpulsen Zeitkonstanten von höchstens 50 μsek.

Es zeigten sich aber außerdem Trägheitserscheinungen bei der Abtastung mit zu geringem Strahlstrom. Es ist leicht verständlich, daß bei zu kleinem Strahlstrom eine vollständige Umladung des belichteten Bildelementes auf das Gleichgewichtspotential erst nach mehreren Abtastungen erfolgt. Frequenzuntersuchungen an CdS-Flächenzellen ergaben bei 10000 Hz einen Abfall auf 40% der bei 100 Hz gemessenen Amplitude. Diese Tatsache läßt erkennen, daß der Abtastvorgang durch Trägheitserscheinungen des eigentlichen Photoleiters nicht nachteilig beeinflußt wird.

Ein weiteres Problem dieses Bildzerlegers stellt die Konstruktion des Abtaststrahlsystems dar. Wenn schon ohnedies ein Strahl langsamer Elektronen in der Erzeugung mehr Schwierigkeiten macht, so kommt im vorliegenden Falle hinzu, daß der Strahl möglichst senkrecht auf die lichtempfindliche Fläche aufzutreffen hat, da der Sekundäremissionsfaktor sich in hohem Maße mit dem Auftreffwinkel ändert. Das ist auch der Grund dafür, daß man im Durchmesser des Abtastschirmes beschränkt ist. Im Sinne der Bildauflösung wäre eine möglichst große Photokathode anzustreben. Beschleunigungs- und Konzentrationssystem sind bei langsamen Elektronenstrahlen besonders gut aufeinander abzustimmen. Für die Strahlbündelung kommt nur ein homogenes Magnetfeld in Frage, welches sich von der Kathode bis über die abzutastende Fläche hinaus erstreckt. Die Ablenkung erfolgt ebenfalls in beiden Richtungen magnetisch. Die hierfür erforderlichen Spulen befinden sich innerhalb der Konzentrationsspule und sind so bemessen, daß der Verlauf der Elektronen in Kathodennähe und beim Auftreffen auf dem Bildschirm möglichst axial erfolgt. Der Spulenstrom ist so einzustellen, daß nicht das erste Bild bzw. der erste Kreuzungspunkt der Elektronen, sondern erst der dritte oder vierte in die Ebene der Abtastfläche zu liegen kommt. Mit einer solchen Anordnung war es bisher möglich, schon recht befriedigende Ergebnisse zu erzielen. Im Zuge der Entwicklung der Zentimeterwellengeneratoren wird eine Anordnung von PIERCE [16] angegeben, die eine weitgehend axiale Strahlführung ermöglicht. Durch

geeigneten Abstand der beiden Beschleunigungselektroden von der Glühkathode im Zusammenwirken mit einem Magnetfeld, welches dem Haupt-
magnetfeld für die Bündelung entgegenwirkt, gelingt die Erfüllung dieser
Forderung. Der prinzipielle Strahlverlauf ist in Abb. 55 dargestellt. Die

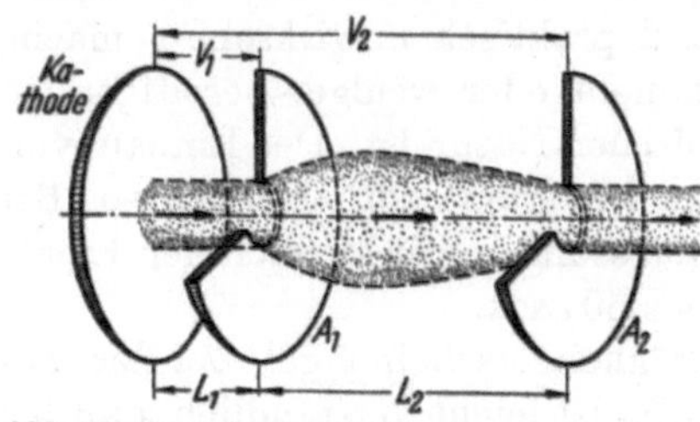

Abb. 55. Beschleunigungsfeld für parallele langsame Elektronen.

Radialgeschwindigkeitskomponen-
te, die im Feld der elektrostatischen Linse entsteht, wird durch
das zusätzliche Magnetfeld aufgehoben. Wichtig für den Betrieb
eines Bildzerlegers ist der funk-
tionelle Zusammenhang zwischen
Bildsignal und Helligkeit des zu
sendenden Bildes. Bekanntlich ist
der Verlauf des Bildsignals beim
Ikonoskop bei kleineren Helligkei-
ten linear mit der Beleuchtungsstärke. Erst bei größeren Bildhelligkeiten tritt eine Sättigung ein, die eine Verminderung der Bildkontraste

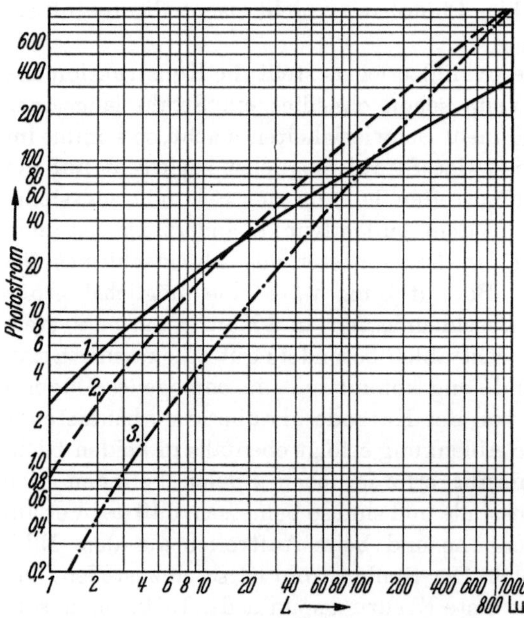

Abb. 56. Photostrom-Licht-Kennlinien für CdS.

zur Folge hat. Für die
Praxis ist dieser Verlauf
der   Gradationskurve
durchaus   wünschens-
wert. Die Abhängigkeit
des Bildsignals von der
Beleuchtungsstärke
beim Orthicon ist bis zu
größeren Beleuchtungs-
stärken linear. Das Vidi-
con mit Selenschicht
zeigt bei geringeren Be-
leuchtungsstärken einen
nahezu linearen Verlauf.
Erst bei größeren Be-
leuchtungsstärken wird
der Exponent der Be-
leuchtungsstärke kleiner
als 1, d. h., es tritt eine
Verflachung der Strom-
helligkeitskurve ein. Be-
dingt ist dieser Verlauf
hier durch die Eigen-
schaften des Halbleiters. Daß man auch diesen Verlauf beeinflussen
kann, zeigen Beispiele der Abb. 56. Aus den im logarithmischen Maßstab aufgetragenen Kurven kann man entnehmen, daß der Exponent

der Beleuchtung, vor allem bei geringer Beleuchtung, größer als 1 werden kann. Dies hat auch SMITH [*14*] gelegentlich beobachtet.

Zusammenfassend kann gesagt werden, daß das Vidicon in seiner Einfachheit und damit Betriebssicherheit nicht zu überbieten ist. Es ist spektral am besten anpassungsfähig und ergab bisher schon eine Empfindlichkeit, die mit der des Bildorthicons vergleichbar ist. Es haben heute schon eine ganz beachtliche Zahl von Vidiconkameras wegen ihrer wirtschaftlichen und technischen Vorzüge in der industriellen Überwachung Verwendung gefunden. Doch ist noch große Entwicklungsarbeit zu leisten, bis dieser elektronische Bildzerleger in seiner Bildqualität, insbesondere Auflösung und Trägheitslosigkeit, mit der bisherigen Bildspeicherröhre gleichwertig wird.

Literatur.

[*1*] ZWORYKIN, V. K.:J. Instn. electr. Engrs. Vol. 73 (1933), S. 437; Proc. Inst. Radio Engrs., N.Y. Vol. 22 (1934), S. 16. — [*2*] ZWORYKIN, V.K., G. A. MORTON u. L.E. FLORY: Proc. Inst. Radio Engrs., N.Y. Vol. 25 (1937), S. 1071; HEIMANN, W.: Postarchiv 68 (1940), S. 131; HEIMANN, W., u. K. WEMHEUER: Elektr. Nachr.-Techn. Bd. 15 (1938), S. 1.— [*3*] HEIMANN, W., u. K. WEMHEUER: Z. techn. Phys. Bd. 19 (1938), S. 451. — [*4*] COPE, I. E., L. W. GERMANY u. R. THEILE: J. Brit. Inst. Radio Engrs., Lond. Vol. XII (1952), S. 139. — [*5*] JAMS, H. A., G. A. MORTON u. V. K. ZWORYKIN: Proc. Inst. Radio Engrs., N. Y. Vol. 27 (1939), S. 541; SCHRÖTER, F.: DRP 1934 angem.; LUBSZYNSKI, H. G., u. S. RODDA: Brit. Pat. Nr. 442666 (1934). — [*6*] BLUMLEIN, A. D., u. I. D. McGee: Brit. Pat. Nr. 446661 (1934); ROSE, A., u. H. A. JAMS: RCA Review Vol. 4 (1939), S. 186. — [*7*] ROSE, A., P. K. WEIMER u. H. B. LAW: Proc. Inst. Radio Engrs., N. Y. Vol. 34 (1946), S. 424.— [*7a*] McGee, I. D.: Proc. Inst. Radio Engrs., N.Y. Vol. 38 (1950), S. 603.— [*8*] SCHOULTZ, FP. 539613 (1921); SÉGUIN, FP. 577530 (1924); SABBAH, EP. 252696 (1925). — [*9*] KNOLL, M., u. F. SCHRÖTER: Phys. Z. Bd. 38 (1937), S. 330. — [*10*] THEILE, R.: Telefunkenröhre Bd. 13 (1938), S. 90. — [*11*] WEIMER, P. K., S. V. FORGUE u. R. GOODRICH: Electronics N. Y. Vol. 23, No. 5 (1951), S. 70. — [*12*] WEIMER, P.K., u. A. D. COPE: RCA Review Vol. 12, No. 3, Teil 1 (1951), S. 314. — [*13*] FORGUE, S. V., R. R. GOODRICH u. A. D. COPE: RCA Review Vol. 12, No. 3, Teil 1 (1951), S. 335. — [*14*] SMITH, R. W.: RCA Review Vol. 12, No. 3, Teil 1 (1951), S. 350. — [*15*] GOERKE, P.: Ann. Téléc. Vol. 6, No. 11 (1951), S. 325ff. — [*16*] PIERCE, I. R.: Bell Syst. techn. J. Vol. 30 (1951), S. 825.

E. Studiotechnik.

Von Dipl.-Ing. **H. Zschau,** Darmstadt.

Mit 24 Abbildungen.

In diesem Abschnitt soll von der Fernsehtechnik innerhalb des Studios und von den dazugehörigen Reportageanlagen die Rede sein (Abb. 57). Die dem Studio und einer Reportageanlage entsprechenden

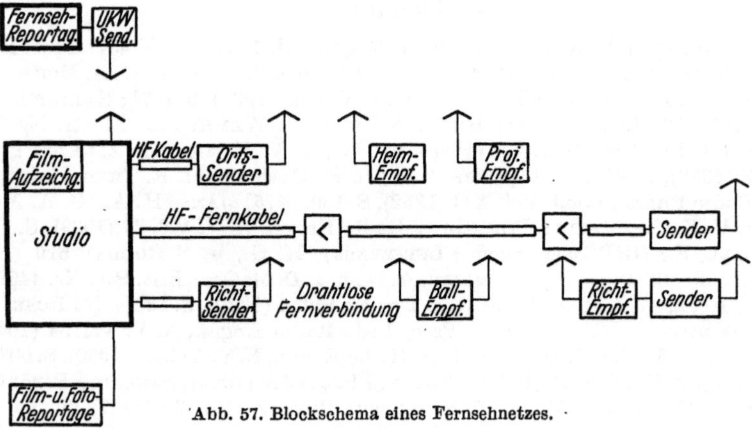

Abb. 57. Blockschema eines Fernsehnetzes.

Rechtecke sind durch starke Linien hervorgehoben, während die übrigen Teile eines Fernsehnetzes, deren Benennungen genügend genau aus der Abbildung hervorgehen, mit schwachen Linien dargestellt sind und hier nicht beschrieben werden.

I. Blockschema eines Studios.

Das vereinfachte Blockschema eines Studios ist in Abb. 58 gezeigt. Mit Hilfe dieser Abbildung wollen wir uns klarmachen, welche Gerätegruppen in ein Studio gehören und wie sie zusammenarbeiten. Der Taktgeber oder Impulsgeber erzeugt die der Norm entsprechenden Synchronisier- und Austastimpulse. Über die notwendige Anzahl von Verteilerstufen, die als kleine Rechtecke dargestellt sind, werden die Impulse den verschiedenen Bildsignalgebern zugeführt, die wir in der Horizontalen nebeneinander angeordnet sehen. Die Kamera muß beweglich sein, deshalb ist sie von den Speise- und Kontrolleinheiten getrennt und mit ihnen durch das Kamerakabel verbunden. Die Impulse werden in diesem Falle dem Kontrollgestell zugeleitet. Die übrigen Geber sind ortsfeste Geräte, weshalb sie meist mit den Netz- und Kontrollgeräten baulich vereinigt sind. Zu ihnen gehören Filmabtaster für 35-mm- und 16-mm-Film, Dia-

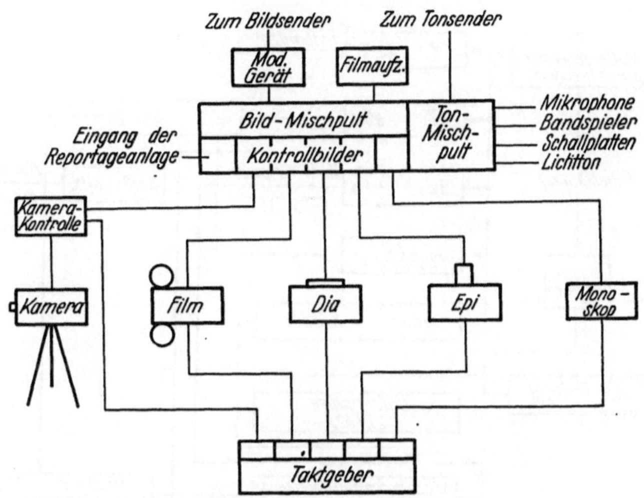

Abb. 58. Blockschema eines Studios.

positivabtaster für genormte Diaformate, Epiabtaster für Bücher, Drucksachen, Zeichnungen und Diagramme und schließlich Monoskope für das Senderkennzeichen, ein Pausenzeichen oder ein Testbild. Die Geber werden später im einzelnen besprochen. Die von den Gebern erzeugte Bildsignalspannung von etwa 3 Volt (bei deutschen Anlagen) gelangt nun zum Mischpult. Hier wird das jeweilige zur Sendung kommende Bildsignal ausgewählt und entweder niederfrequent oder über ein Modulationsgerät trägerfrequent dem Bildsender übermittelt. Dem Bildsender wird auch das Bildsignal der Reportageanlage zugeführt, wobei allerdings hinsichtlich des Taktgebers gewisse Schwierigkeiten bestehen, die später besprochen werden. Außer dem Sender kann das Bildsignal auch einem Filmaufzeichnungsgerät zugeleitet werden. Die Bildfolge wird photographisch festgehalten und kann nach der Entwicklung des Filmes zu beliebiger Zeit gesendet oder wiederholt werden.

Dem Bildmischpult ist rechts das Tonmischpult beigegeben, das sein Tonsignal von den verschiedenen Tonquellen, den Mikrophonen, Bandspielern, Plattenspielern oder Lichttongeräten erhält und nach entsprechender Mischung oder Auswahl dem Tonsender weiterleitet.

Nach dieser Übersicht wollen wir uns den einzelnen Geräten zuwenden und beginnen dem besprochenen Schema entsprechend beim Taktgeber.

1. Taktgeber.

Im Taktgeber oder Impulsgenerator, dessen Blockschema die Abb. 59
zeigt, werden die der CCIR-Norm entsprechenden Synchronisier- und
Austastimpulse erzeugt und je nach Größe des Studios und der Anzahl

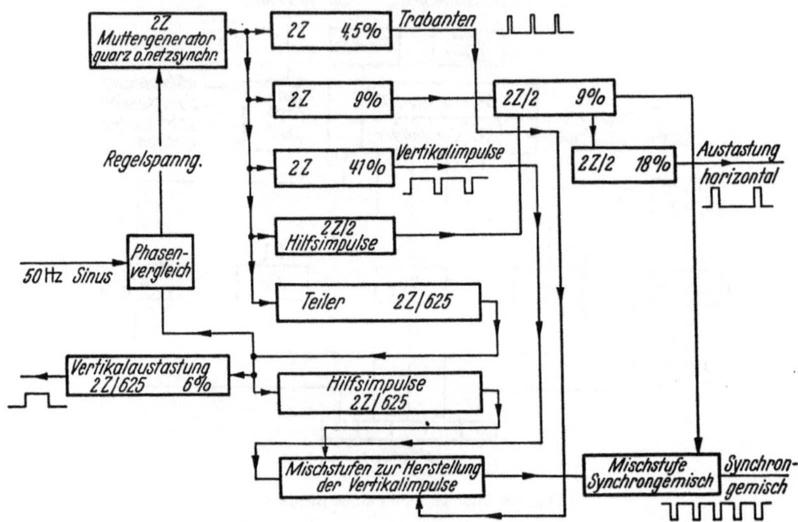

Abb. 59. Blockschema eines Taktgebers für europäische Norm.

der aufgestellten Geräte über eine große Zahl von Verteilerstufen den
Bildsignalgebern und Kontrolleinheiten zugeführt. Da bei einer Störung
im Taktgeber das gesamte Studio außer Betrieb gesetzt wird, ist dieses
Gerät meist doppelt vorhanden. Bei wichtigen Sendungen läuft das
Reservegerät dauernd mit, so daß bei einer Störung in kürzester Zeit
umgeschaltet werden kann.

Wie Abb. 59 zeigt, erzeugt ein Muttergenerator zunächst die doppelte
Zeilenfrequenz 2 Z = 31 250 Hz. Aus dieser Frequenz werden alle anderen
Zeichen abgeleitet. Das Blockschema veranschaulicht in einfacher Form,
in welcher Weise die Impulse miteinander verkoppelt sind. Im vorliegenden Beispiel werden als Teiler Multivibratoren benutzt, die eine Netz-
frequenzschwankung von 45 bis 55 Hz zulassen. Eine andere Möglichkeit
ist die Anwendung von Zählschaltungen, die frequenzunabhängig sind,
aber mehr Röhren benötigen. Der Muttergenerator kann quarzgesteuert
sein oder aber über einen Phasenvergleich mit dem Netz synchronisiert
werden. Diese Netzsynchronisierung bringt gerätebautechnisch erhebliche Erleichterungen, da die von der Netzfrequenz herrührenden restlichen Bildfehler wie Leuchtdichtemodulation und Resterverzerrungen

weniger auffallen, weil sie relativ zum Raster unbewegt sind. Im zwischenstädtischen oder gar zwischenstaatlichen Programmaustausch ist diese Netzsynchronisierung nachteilig, wenn die Wechselstromnetze untereinander nicht synchron sind. So, wie der Muttergenerator vom Netz synchronisiert werden kann, ist es auch möglich, ihn von einem fremden Taktgeber, z. B. einer außerhalb des Studios arbeitenden Reportageanlage, zu synchronisieren. Der Muttergenerator wird durch eine aus der Phasenlage der eigenen und fremden Horizontalsynchronisierimpulse (15625 Hz) abgeleitete Regelspannung auf gleicher Frequenz gehalten wie der fremde Taktgeber. Hierdurch ist eine einwandfreie Einblendung fremder Sendungen in die eigene Studiosendung möglich. Es sei noch darauf hingewiesen, daß infolge der verschiedenen Kabellängen zwischen den einzelnen Geräten innerhalb eines Studios Verschiebungen der Impulse eintreten, die durch entsprechende Laufzeitausgleichsglieder kompensiert werden müssen.

2. Bildsignalgeber.

Nachdem uns nunmehr vom Taktgeber die Impulse zur Verfügung stehen, um das gesamte Studio zu synchronisieren, wollen wir uns den Modulationsgebern zuwenden. Die wichtigste Rolle spielen hier die Kameras, weil mit ihrer Hilfe die Fernsehmodulation direkt vom lebenden Objekt gewonnen wird, wodurch eine unmittelbare Teilnahme am Ablauf der Handlung gewährleistet ist.

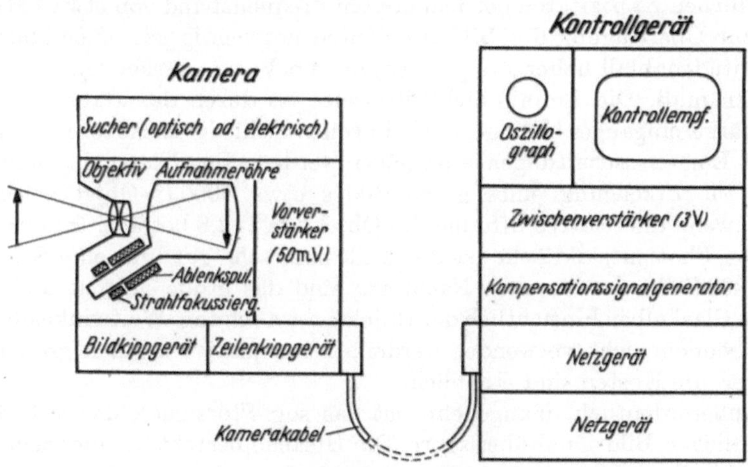

Abb. 60. Schema einer Ikonoskopkamera.

a) Kameras. Abb. 60 zeigt, was zu einer Kamera, einschließlich Kontrollgerät, gehört. Links ist eine Kamera, die durch das Kamerakabel mit dem Kontrollgerät verbunden ist. Sie enthält die Aufnahmeröhre, auf deren Photokathode mit Hilfe des Objektivs ein Bild des Gegenstandes entworfen wird. Außerdem beherbergt die Kamera einen Vorverstärker, das Bildkippgerät, das Zeilenkippgerät und einen Sucher, der als optisches oder elektrisches Gerät ausgebildet sein kann.

Das Kontrollgerät enthält einen Kontrollempfänger und einen Oszillographen zur Bild- und Aussteuerungskontrolle, einen Zwischenverstärker zur weiteren Verstärkung des Bildsignals auf 1 bis 3 V, einen Kompensationssignalgenerator und Netzgeräte. Dieses Schema ist eins von vielen möglichen. Grundsätzlich kann man sagen, daß die Kamera um so leichter, kleiner und handlicher wird, je mehr Teile man in das Kontrollgestell verlegt, daß aber andererseits die Zahl der Adern im Kabel zunimmt, wodurch es schwerer und steifer wird. Es ist Aufgabe der Ingenieure, die optimale Lösung für jede Kameratype zu finden.

Nachdem wir uns mit den wesentlichen Teilen einer Kamera vertraut gemacht haben, wollen wir in die Vielzahl der in Gebrauch befindlichen Kameras dadurch etwas Ordnung bringen, daß wir sie nach den in ihnen verwendeten Aufnahmeröhren einteilen, und beginnen beim Ikonoskop.

α) *Ikonoskop.* Abb. 48 zeigt schematisch ein Ikonoskop. (Über die physikalische Arbeitsweise s. S. 63.) Folgende Angaben charakterisieren seine Verwendbarkeit. Das am Arbeitswiderstand erzeugte Signal beträgt etwa 150 μV. Um ein günstiges Verhältnis zwischen dem Nutzsignal und dem störenden Schrot zu erhalten, muß man einen hohen Arbeitswiderstand verwenden. Das bewirkt zusammen mit den unvermeidlichen schädlichen Kapazitäten bei dem breiten Frequenzband von etwa 7 MHz, das zur Übertragung der Bildeinzelheiten notwendig ist, einen starken Amplitudenabfall hoher Frequenzen, der im Vorverstärker kompensiert werden muß. Die Empfindlichkeitsgrenze ist durch das Rauschen des Verstärkereinganges bedingt, weshalb von verschiedenen Autoren rauscharme Eingangsschaltungen angegeben werden. Bei Nitralicht braucht man zur Erzeugung eines guten Bildes etwa 5000 lx Objektbeleuchtung, wenn die relative Öffnung des Objektivs 1:2,8 beträgt. Infolge der großen Photomosaikfläche ist die Auflösung sehr gut und eine Schärfe von 800 Zeilen zu erzielen. Nachteilig sind das große Format und der große Glaskolben hinsichtlich der Objektivbestückung. Weitwinkelobjektive können nicht verwendet werden, Teleobjektive werden groß und schwer, die Kosten sind erheblich.

Außerordentlich unangenehm ist das sog. Störsignal, das sich dem eigentlichen Bildsignal überlagert. Die Ursache besteht in einer sich vor dem Mosaik ausbildenden unsymmetrischen Raumladung. Die Amplitude und die Form des Störsignals hängen von der Intensität des Abtaststrahles und von der zufälligen Leuchtdichteverteilung im Objekt und der Beleuchtung des Mosaiks ab. Durch künstlich erzeugte, in Form und Amplitude regelbare Kompensationssignale bekämpft man das Störsignal und hat damit gute Erfolge, wenn man genügend Zeit zum Einstellen hat. Bei schnellem Szenenwechsel sind die Schwierigkeiten größer. Versuche, das Störsignal im Ikonoskop selbst zu bekämpfen, indem man zusätzliche Elektroden (Rahmen) einbaute oder das Mosaik gleichmäßig mit Elektronen berieselte, wurden vielfach unternommen. Eine Wirkung dieser Maßnahmen ist deutlich zu sehen, doch ist sie begrenzt, da das Störsignal, wie schon erwähnt, nicht nur von den elektrischen Betriebsdaten abhängt, sondern auch von der Leuchtdichteverteilung im Objekt. — Eine weitere Tatsache darf nicht unerwähnt bleiben: Das Ikonoskop liefert keinen definierten Schwarzpegel, dieser muß vielmehr im Zwischenverstärker mit Hilfe besonderer Schaltungen aus dem Bildsignal gewonnen und dann als definierter Wert in einen Teil des Horizontalaustastimpulses eingefügt werden. Eine gewisse Willkür ist durch diese Methode gegeben, da beim Fehlen von Schwarz im Bild das jeweils dunkelste Grau zu Schwarz gemacht wird, wodurch sich der Bildcharakter ändert. Diese Betrachtungen führen uns zur Charakteristik des Ikonoskops, die in Abb. 61 dargestellt ist. Als Abszisse ist die Beleuchtung auf der Photokathode aufgetragen, während die Ordinate den Signalstrom darstellt. Die Kurve strebt einer Sättigung zu, d. h., bei sehr starker Beleuchtung wird das Bildsignal kleiner, es tritt aber kein instabiler Zustand auf. Praktisch arbeitet man im

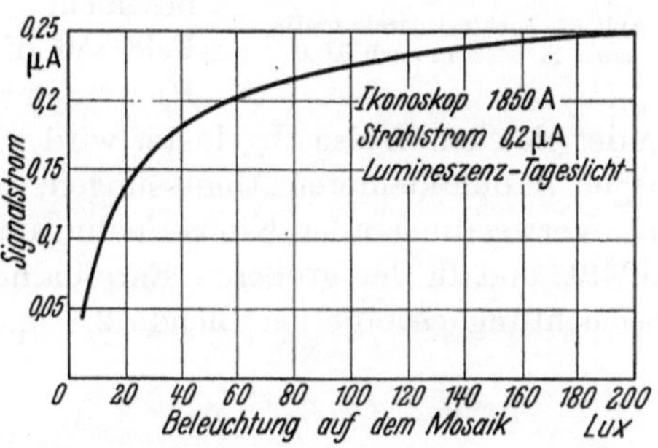

Abb. 61. Charakteristik eines Ikonoskops nach RCA.

mittleren und unteren Gebiet. Vielfach kann man der Fachliteratur entnehmen, daß das Ikonoskop durch $\gamma = 0{,}6$ charakterisiert, d. h.

$$i_s = K \cdot E\gamma.$$

i_s = Signalstrom,
K = Konstante,
E = Beleuchtung auf dem Mosaik,
γ = dimensionslose Zahl, die den Verlauf der Kurve charakterisiert und dem in der Photographie üblichen γ entspricht.

Im Mittel mag das zutreffen, doch ergibt eine Nachprüfung veröffentlichter Charakteristiken, daß das γ im oberen Teil der Kennlinie etwa den Wert 0,4 und im unteren den Wert 0,9 hat. Das bedeutet eine kontinuierliche Gradationsänderung des übertragenen Objektes. Im ganzen ist die Kombination von Ikonoskop als Aufnahmerohr und BRAUNschem Rohr mit $\gamma = 1{,}8$ bis 2 für die Wiedergabe recht gut. Das Produkt aus den beiden Werten ist nahezu 1.

Die Spektralempfindlichkeit eines Ikonoskops zeigt Abb. 62 nach den Angaben von RCA. Sie liegt recht günstig zum sichtbaren Teil des Spektrums, der von etwa 400 bis 760 mμ reicht. Das bewirkt eine ausreichend gute Wiedergabe aller Farben in entsprechenden Grautönen.

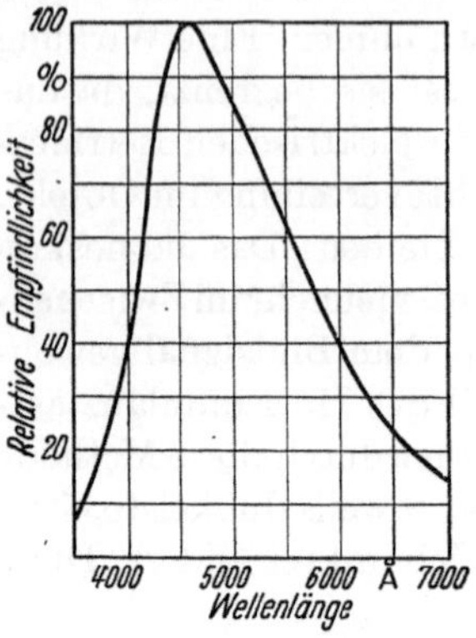

Obwohl es verschiedene modernere Aufnahmeröhren gibt, wird das Ikonoskop im praktischen Betrieb des Auslandes immer noch verwendet.

β) *Superikonoskop*. Eine Weiterentwicklung des Ikonoskops ist das Superikonoskop, das Abb. 49 in schematischer Darstellung zeigt. Das optische Bild fällt auf eine zusammenhängende Durchsichtsphotokathode. Die durch das Licht ausgelösten Elektronen werden durch ein statisches Feld beschleunigt und durch ein magnetisches Feld auf die Speicherelektrode abgebildet. Hier rufen sie ein Potentialrelief hervor, das in der gleichen Weise abgetastet wird wie beim Ikonoskop. Die Vorteile liegen in den kleineren Abmessungen, dem kleineren Kathodenbild, das die Verwendung aller Kinoaufnahmeobjektive und Kleinbildobjektive zuläßt, und in der größeren Empfindlichkeit. Die notwendige Objektbeleuchtung beträgt bei Blende 2,8 und Nitralicht etwa 2000 lx. Aber auch bei 400 lx lassen sich noch brauchbare Bilder erzielen. Störsignal und nicht definierter Schwarzpegel sind hier genauso vorhanden wie beim normalen Ikonoskop und werden in derselben Weise behandelt wie dort.

Das Superikonoskop wurde schon vor dem Kriege in Deutschland hergestellt und wird auch jetzt wieder fabriziert und in die deutschen Kameras eingebaut. Die Abb. 63 zeigt eine Ausführungsform, wie sie von der Fernseh-GmbH, Darmstadt, hergestellt wird.

Abb. 64 zeigt das Innere einer Superikonoskopkamera, deren äußere Form in Abb. 79 bei dem Fernsehübertragungswagen zu sehen ist.

γ) *Orthicon*. Das Orthicon, das zuerst in England gebaut wurde, unter-

Abb. 62. Spektralcharakteristik eines Ikonoskops nach RCA.

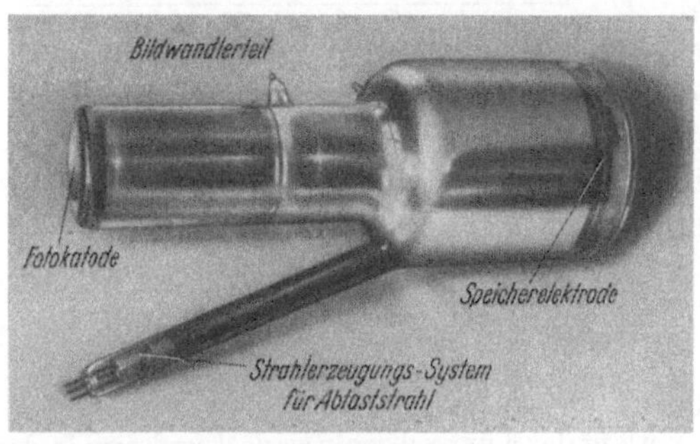

Abb. 63. Superikonoskop IS 9 mm/10, Fernseh-GmbH.

scheidet sich von den besprochenen Typen dadurch, daß die Abtastung der Speicherplatte mit so langsamen Elektronen erfolgt, daß keine Sekundärelektronen ausgelöst werden. Dadurch wird das Störsignal weit-

Abb. 64. Superikonoskopkamera. Oben in dem Zylinder das Superikonoskop, darunter die Kippgeräte, rechts der Vorverstärker, rechts oben der Einblick in den optischen Sucher. Fernseh-GmbH.

gehend vermieden. Einige Exemplare sind in England als CPS-Emitron (Firma EMI) in Betrieb. Diese Röhrentype wurde aber durch eine Weiterentwicklung, das Image-Orthicon, abgelöst.

δ) *Image-Orthicon.* Das Image-Orthicon, das heute in Amerika, in England und in Italien verwendet wird, ist ein recht kompliziertes Gebilde. Bisher wurde es nur von der RCA hergestellt. Abb. 51 zeigt einen schematischen Schnitt durch die Röhre. Das Objektiv bildet den Gegenstand auf eine durchsichtige Photokathode ab. Die ausgelösten Photoelektronen werden im Bildwandlerteil elektronenoptisch auf eine dünne halbleitende Glasmembran abgebildet, auf der ein Ladungsbild entsteht, das infolge der Halbleitereigenschaft der Glasmembran auch auf der Gegenseite erscheint. Die beim Auftreffen der Photoelektronen auf die Glasmembran ausgelösten Sekundärelektronen werden durch ein äußerst feinmaschiges Netz abgesaugt. — Der vom Strahlsystem kommende Elektronenstrahl läuft im homogenen Magnetfeld der Fokussierspule in sehr engen Wendeln um die Feldlinien. Durch die magnetischen Ablenkfelder wird er in horizontaler und vertikaler Richtung abgelenkt. Das Verzögerungsgitter setzt die Geschwindigkeit der Elektronen auf 0 Elektronenvolt herab, während sie im Ablenkfeld mit etwa 200 Elektronenvolt liefen. Die Spannungen an den einzelnen Elektroden werden so eingestellt, daß der Elektronenstrahl umkehrt, wenn die Glasmembran kein positives

Potential angenommen hat, d. h. wenn an schwarzen Bildstellen die
Photokathode kein Licht bekommen hat. Der rückkehrende Strahl läuft
auf demselben Weg zurück und trifft neben seiner Austrittsöffnung aus
dem Strahlsystem auf die erste Platte eines Sekundärverstärkers, in dem
er ungefähr 500mal weiter verstärkt wird. Zeigt die Glaselektrode ein
Ladungsbild, dann wird ein Teil der Elektronen des Strahles zur Neutra-
lisation der Ladung herangezogen, d. h., der rückkehrende Strahl ist moduliert, wie es dem Bildinhalt entspricht. Über die mögliche Durchmodulation schwanken die Angaben zwischen 30 und 50%. Die Verwendung
langsamer Elektronen zur Abtastung führt auch beim Image-Orthicon zur
weitgehenden Vermeidung des Störsignals.

Die gute Ausnutzung der Photokathode mit einem Bildformat von
24×32 mm, die erste Sekundärverstärkung an der Glasmembran und die
Verstärkung des modulierten rückkehrenden Strahles im Sekundärver-
stärker bedingen die hohe Empfindlichkeit dieser Röhrentype. Nachteilig ist, daß bei dunklen Bildteilen der zurückkehrende Strahlstrom
seinen größten Wert und damit auch den größten Schrot hat. Aber gerade
in den Schatten stört dieser Schrot erheblich. Der Bildcharakter ist ein
anderer als bei den Ikonoskop- und Superikonoskopbildern, wodurch ein
Vergleich der Bildqualität erschwert wird. Eine weitere Unbequemlich-
keit ist die, daß die Glasmembran nur in einem verhältnismäßig engen
Temperaturbereich, der durch die Glaszusammensetzung verschieden
gelegt werden kann, ihre optimale Wirkung hat. Deshalb wird außerhalb
der Röhre im Bildwandlerteil eine kleine Heizwicklung angebracht, womit die Röhre und die Glasmebran schneller auf die nötige Betriebstem-
peratur gebracht werden, die später durch die JOULEsche Wärme in der
Fokussierspule und in den Ablenkspulen gehalten wird.

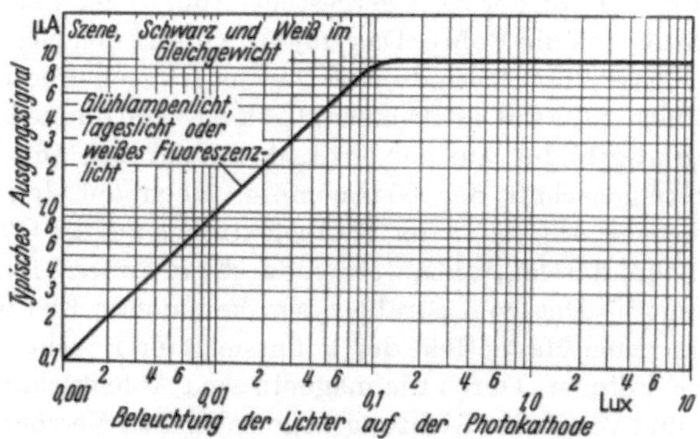

Abb. 65. Charakteristik eines Image-Orthicons nach RCA.

Der Zusammenhang zwischen dem Ausgangssignal und der Beleuchtung auf der Kathode ist in Abb. 65 dargestellt. Die Kurve steigt zu-

nächst linear an und hat in diesem Bereich $\gamma = 1$. Dann zeigt sie eine ausgesprochene Sättigung. Man sollte erwarten, daß oberhalb des Knicks liegende unterschiedliche Beleuchtungen (Lichter und Grautöne) keine unterschiedlichen Signale mehr ergeben und damit unangenehm kreidige Lichter entstehen. Praktisch ist das nicht der Fall. Die dargestellte Charakteristik gilt für die hellsten Stellen (high-lights = Lichter) des Bildes und besagt nur, daß der Signalstrom einen maximalen Wert beibehält, auch wenn die durch die Lichter hervorgerufene Beleuchtung weitersteigt. Kathodenbeleuchtungen, die unterhalb der Lichter liegen, ergeben einen geringeren Signalstrom. Hierdurch entsteht auch in dem rechts vom Knick liegenden Bereich noch eine der Leuchtdichteverteilung im Objekt entsprechende Fernsehmodulation. Dank dieser Eigenschaft kann das Image-Orthicon bei sehr unterschiedlichen Beleuchtungen arbeiten.

Die Angaben über die bei dieser Röhre, von der bisher vier verschiedene Typen erschienen sind, notwendige Objektbeleuchtung weichen voneinander ab. Man kann aber wohl annehmen, daß 1 lx für die Beleuchtung der Photokathode in den Lichtern ein praktisch benutzter Wert ist. Bei einem Leuchtdichteverhältnis von 1:30 im Objekt (RMA-Testtafel 1946) erzeugen die „schwarzen" Teile des Bildes auf der Kathode eine Beleuchtung von 0,03 lx. Man arbeitet also sowohl im ansteigenden als auch im horizontalen Teil der Kurve. Ausgehend von obigen Daten ergibt sich für die relative Öffnung 1:2,8 des Aufnahmeobjektivs und 70% Reflexionsvermögen für die hellsten Gegenstände im Objekt eine notwendige Objektbeleuchtung von 50 lx. Verglichen mit einem normalen Ikonoskop erhalten wir etwa die hundertfache Empfindlichkeit.

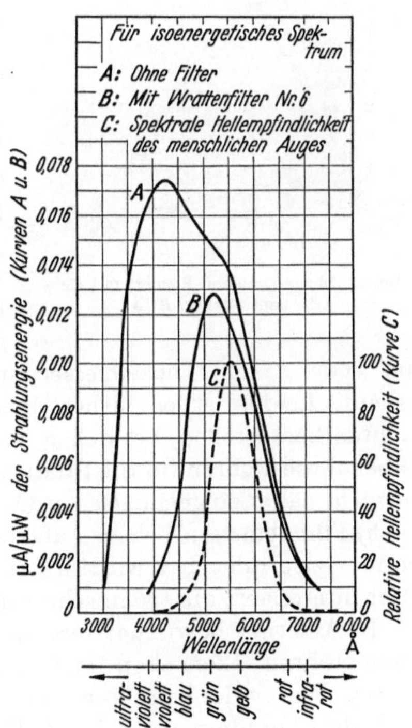

Abb. 66. Anpassung der Spektralempfindlichkeit an die Augenempfindlichkeit beim Image-Orthicon, nach RCA.

Wie aus Abb. 66 ersichtlich, erstreckt sich die Spektralempfindlichkeit der Photokathode nach beiden Seiten etwas über das sichtbare Spektrum hinaus (Kurve A) und läßt sich z. B. durch ein Wrattenfilter Nr. 6 ziemlich gut an die Augenempfindlichkeit (Kurve C) anpassen, wie es Kurve *B* zeigt. Hierdurch wird eine tonwertrichtige Wiedergabe farbiger Objekte gewährleistet.

Die praktische Ausführung einer Image-Orthicon-Kamera (RCA) gibt Abb. 67 wieder. Die vier Objektive im Revolverkopf sind mit Hilfe von Einstellfassungen einzeln einstellbar. Außerdem läßt sich das Image-Orthicon einschließlich Spulensatz durch den links sichtbaren Drehkopf verstellen. Auf die Kamera ist ein elektronischer Sucher aufgesetzt, dessen Bild von der Rückseite der Kamera her über zwei Spiegel in einem Winkeltubus oder durch einen längeren geraden Tubus betrachtet wird. Kamerakontrollgerät und Netzgerät sind in zwei kofferähnlichen Kästen untergebracht und können 100 m entfernt aufgestellt werden. Als Verbindung dient das im Bild sichtbare Kamerakabel. — Eine weitere Image-Orthicon-Kamera wird bei den Reportageanlagen gezeigt (Abb. 79).

Abb. 67. Image-Orthicon-Kamera mit elektrischem Sucher, RCA.

ε) *Vidicon*. Bei dieser Aufnahmeröhre wird die photoempfindliche Leitfähigkeitsänderung von Selen ausgenutzt (s. S. 68). Die Röhren haben nur etwa 25 mm Durchmesser und sind außerordentlich einfach aufgebaut. Leider ist es bisher noch nicht gelungen, hochempfindliche Röhren herzustellen, bei denen der Nachzieheffekt beseitigt ist. Bisher haben diese Röhren für die Studiotechnik wenig Bedeutung, weshalb auf sie nicht näher eingegangen werden soll.

b) Filmabtaster. Welche Aufgaben der Film innerhalb des Fernsehprogramms zu erfüllen hat, wird im Kapitel „Film und Fernsehen" besprochen. Hier interessiert die technische Durchführung der Filmabtastung.

In Amerika bevorzugt man die Anwendung von speichernden Aufnahmeröhren (Ikonoskop und selten auch Image-Orthicon) zu diesem Zweck. Wegen der amerikanischen Fernsehnorm mit 30 Bildwechseln/sek und der Tonfilmnorm mit 24 Bildwechseln/sek sind besondere Projektoren erforderlich, bei denen kürzere und längere Stillstandsperioden miteinander abwechseln, derart, daß jedes Filmbild zweimal oder dreimal abgetastet werden kann. Die Belichtung des Speicherrohres wird während des Bildrücklaufs und Filmstillstandes mit Lichtimpulsen von etwa 800 μsek Dauer vorgenommen. Die Lichtimpulse werden mit Glühlampen und umlaufenden Schlitzscheiben oder mit Hilfe impulsgesteuerter Gasentladungslampen erzeugt.

Seit einiger Zeit verwendet man auch sog. „super-speed"-Projektoren, d. h. Projektoren mit einer Schaltzeit von nur 2100 μsek (normal 10000 μsek) und einem Schaltverhältnis von 2:3, wie oben erwähnt. Die Belichtung erfolgt nicht mehr während der Bildrücklaufzeit, sondern während 75% einer Halbbilddauer (field). Das sind 13000 μsek. Der wegen der fehlenden 25% zu erwartende dunkle Streifen tritt infolge der Speicherwirkung der Röhre (hier Image-Orthicon) nicht auf, so daß diese Projektoren nicht einmal mit dem Taktgeber synchron zu laufen brauchen.

Es sei erwähnt, daß man in USA immer mehr zum 16-mm-Film übergeht, wobei Spulen bis zu 1200 m verwendet werden. Das entspricht einer Spieldauer von 1 Std. 49 Min.

In England hat man sich zur Filmzerlegung der Lichtfleckabtastung (flying spot) zugewandt. Dabei benutzt man nicht mehr, wie früher, optisch-mechanische Mittel, sondern die BRAUNsche Röhre. Der sehr schnell wandernde Lichtfleck, der das Raster auf dem kurz nachleuchtenden Schirm einer BRAUNschen Röhre schreibt, wird mit Hilfe einer geeigneten Optik auf den Film abgebildet. Entsprechend der Filmschwärzung geht mehr oder weniger Licht durch den Film hindurch und wird von einem Kondensor auf eine Photozelle gesammelt. In ihr wird der durch die jeweilige Filmschwärzung

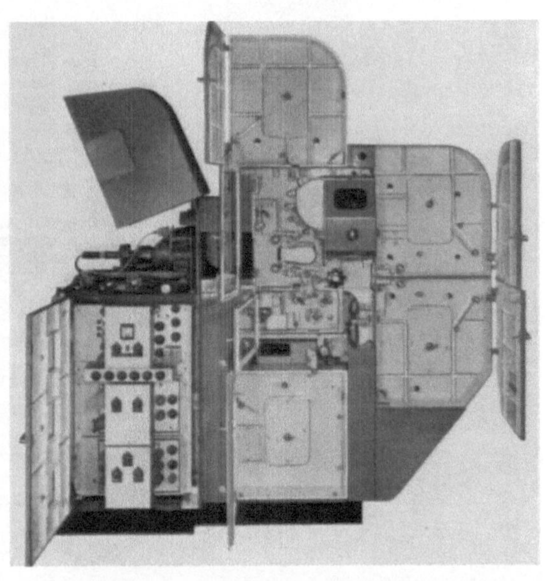

Abb. 68. Filmabtaster mit BRAUNscher Röhre. Geeignet zur Abtastung von Bildtonfilmen und getrennten Bild- und Tonbändern auf 35-mm-Film. Kontinuierlich laufender Film. Cintel.

modulierte Lichtstrom in einen proportionalen Photostrom verwandelt, der im eingebauten Sekundäremissionsverstärker so weit verstärkt wird, daß der anschließende Röhrenverstärker keinen zusätzlichen Schrot liefert.

Abb. 68 zeigt einen solchen englischen Filmabtaster (Cinema Television Ltd.) geöffnet. Außer für normale Bildtonfilme ist er auch für getrennte Bild- und Tonbänder vorgesehen. Links sieht man die BRAUNsche Röhre und in der Mitte das Filmlaufwerk. Zur vollständigen Anlage und pausenlosen Vorführung von 35-mm-Filmen gehören zwei derartige Abtaster, fünf Schränke mit Verstärkern, Taktgeber und Impulsverteiler sowie zwei Monitoren mit Kontrollbild, Oszillographen und Bedienungspult.

Eine nach dem Kriege gebaute deutsche Anlage (Fernseh-GmbH) ist in Abb. 69 dargestellt. Sie arbeitet nach dem gleichen Prinzip. Zur

Abb. 69. Filmabtaster für 35-mm-Film. Links Filmlaufwerk, kontinuierlich laufender Film, Abtastung mit BRAUNscher Röhre; rechts Verstärker, Kontrollbild und Oszillograph zur Aussteuerungskontrolle. Fernseh GmbH.

weiteren Erläuterung diene Abb. 70, die den Strahlengang schematisch zeigt. Der Film wird kontinuierlich durch das Filmfenster gezogen. Diese gleichförmige Bewegung liefert die halbe vertikale Abtastkomponente, so daß auf dem BRAUNschen Rohr nur ein Raster der halben normalen Höhe geschrieben zu werden braucht. Dieses Raster wird zunächst durch ein Objektiv (Componar II 4,5/165) nach Unendlich abgebildet. Da wegen des Zeilensprungverfahrens jedes Filmbild zweimal abgetastet werden muß, wird das im Unendlichen liegende Rasterbild durch zwei Objektive (abgeschliffene Xenone 2/50), deren optische Achsen den Abstand einer halben Filmbildhöhe voneinander haben, zweimal übereinander auf den Film abgebildet. Damit die Raster wechselweise zur Wirkung kommen, könnte man dicht vor dem Film eine rotierende Blende anordnen, die jeweils ein Rasterbild abdeckt. Wegen der dadurch notwendig werdenden Phaseneinstellung zwischen Blende und Taktgeber wurde der in der Abb. 70 dargestellte Weg beschritten. Zu jedem Rasterbild gehört je ein rechteckiger Doppelkondensor, der die Austrittspupille des zugehörigen Xenons über ein Prisma auf die Photozelle abbildet. Die Photozellen werden durch Impulse von 25 Hz wechselweise ausgetastet, wodurch die gleiche Wirkung wie durch die Blende entsteht, mit dem Vorteil, daß

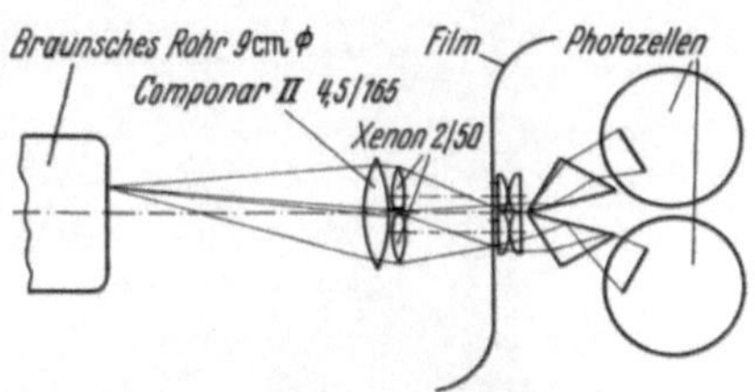

Abb. 70. Strahlengang im Filmabtaster, schematisch. Fernseh-GmbH.

diese Austastung automatisch vom Taktgeber synchronisiert ist und sich die Phaseneinstellung erübrigt. Zur Abtastung geschrumpfter Filme, die einen geringeren Rasterbildabstand erfordern, läßt sich der Abstand der optischen Achsen der Xenone verringern. Besonderer Wert wurde auf abschattungsfreien Strahlengang gelegt, um sog. Zwischenzeilenflimmern zu vermeiden. Zur Verkürzung der Baulänge wurde zwischen die BRAUNsche Röhre und das Componar II ein Umlenkspiegel gesetzt. In Abb. 70 erstreckt sich also das BRAUNsche Rohr senkrecht zur Papierebene nach hinten. Zur Ergänzung seien noch einige Daten genannt: Die Anodenspannung der BRAUNschen Röhre beträgt 15 kV, der Strahlstrom 75 μA, der entstehende Photokathodenstrom ist 10^{-7} A, wenn kein Film im Bildfenster liegt.

c) Diapositivabtaster. Ähnlich wie beim Filmabtaster benutzt man auch in USA meist eine Ikonoskopkamera als Abtasteinrichtung für Diapositive. Das Aufnahmeobjektiv wird herausgeschraubt und mit einem normalen Diapositivprojektor das Bild auf das Mosaik geworfen. Große Projektoren enthalten Strahlengänge für alle vorkommenden Diapositivformate sowie zur episkopischen Projektion graphischer Vorlagen und Überblendeinrichtungen. Image-Orthicon-Kameras können ebenfalls verwendet werden, sind aber in der Regel für diesen Zweck zu teuer.

In Deutschland wird wie beim Filmabtaster das Prinzip der Lichtfleckabtastung verwendet. Hierbei wird ein Raster von 33×44 mm auf das Diapositiv vom Nennformat 24×36 mm abgebildet. Ein hinter dem Diapositiv befindlicher Kondensor sammelt das Licht auf eine Photozelle mit Sekundäremissionsverstärker. Zu beachten ist, daß das Forma

24×36 nicht vollständig abgetastet wird, da es das Seitenverhältnis 2:3
hat, während die Fernsehnorm ein Seitenverhältnis von 3:4 vorschreibt.
Zum vollständigen Gerät gehört noch ein regelbarer Röhrenverstärker
sowie ein Kontrollempfänger mit Oszillograph zur richtigen Einstellung
des Bildsignalpegels. Abb. 71 zeigt den Schirm der BRAUNschen Röhre,

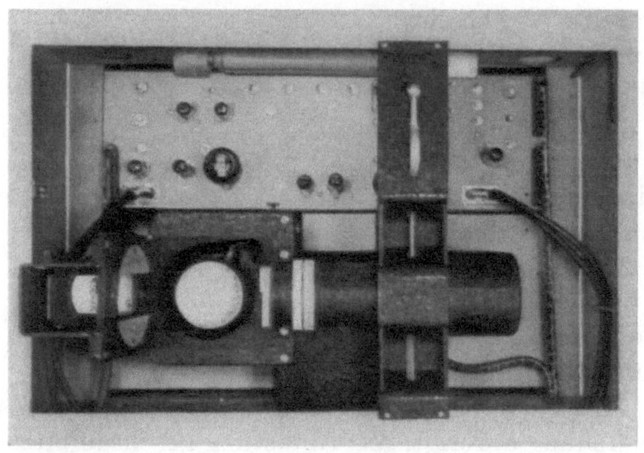

Abb. 71. Diapositivabtaster, Spiegelgehäuse aufgeklappt, damit die BRAUNsche Röhre sichtbar wird.
Fernseh-GmbH.

links das aufgeklappte Spiegelgehäuse, rechts von der Mitte den Diaposi-
tivschieber und ganz rechts das Photozellengehäuse. Die Diapositivabtaster sind auch zur Übertragung von Testbildern, Senderkennzeichen,
Pausenzeichen und Titeln geeignet.

d) Epiabtaster. Diese Einrichtungen dienen dazu, graphische Vorlagen verschiedener Formate und kleine Gegenstände übertragen zu
können. Schon bei den Diaabtastern wurde erwähnt, daß man Episkope
in Verbindung mit Ikonoskopkameras zu diesem Zwecke benutzt. Die
Geräte haben den Nachteil, daß das zu übertragende Format durch die
Konstruktion des Episkops festgelegt ist. Eine bessere Lösung ist zweifellos die, daß man eine Fernsehkamera an Stelle einer Filmkamera an einen
Tricktisch montiert. Die optische Achse verläuft normalerweise senkrecht, die Vorlagen lassen sich flach auf einem Tisch ausbreiten. Verschiedene Formate lassen sich dadurch übertragen, daß die Kamera in
vertikaler Richtung verschoben wird. Gewöhnlich ist die Scharfeinstel-
lung des Kameraobjektivs mit der Vertikalbewegung gekoppelt, so daß
der Abbildungsmaßstab bei konstanter Schärfe kontinuierlich geändert
werden kann. Die Vorlagen werden von seitlich angebrachten Lampen
beleuchtet.

e) Monoskope. Der Name erklärt sich daraus, daß die Geräte nur das Bildsignal des einen Bildes abgeben können, das auf eine plattenförmige Elektrode der evakuierten Monoskopröhre aufgedruckt ist. Die mit Druckerschwärze behafteten Teile der Platte haben einen anderen Sekundäremissionsfaktor als das Metall. Der abtastende Elektronenstrahl löst also, je nachdem ob er eine geschwärzte oder eine metallische Stelle trifft, eine verschiedene Anzahl von Sekundärelektronen aus, die von der Anode abgesaugt werden. Sowohl an der Platte als auch gegenphasig an der Anode kann die Modulation abgenommen werden. Wenn man Halbtöne erhalten will, so· müssen diese in Form eines Rasters, wie bei der Autotypie, gedruckt werden. Die Auflösung dieser Röhren ist meist außerordentlich gut, ihre Lebensdauer hoch. Abb. 72 zeigt eine solche Anlage der Firma Lorenz. Sie enthält außer dem Monoskop einen Taktgeber, einen Kontrollempfänger und einen Oszillographen.

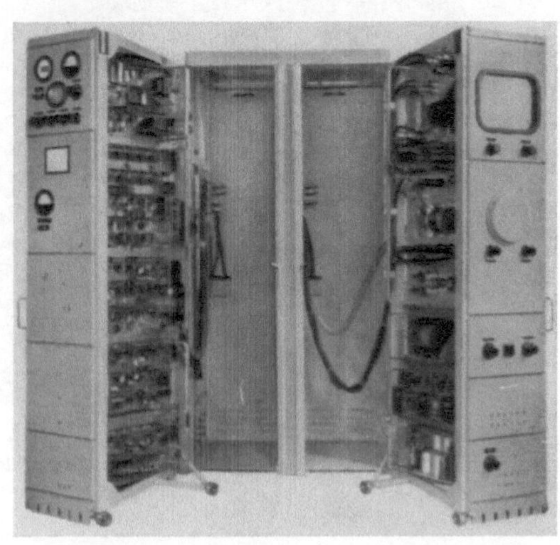

Abb. 72. Monoskop mit Taktgeber, Kontrollbild und Oszillograph, Lorenz.

3. Mischpulte.

Wie Abb. 58 zeigt, wird das Bildsignal aller Geber dem Bildmischpult zugeführt. Für dieses Gerät gibt es die verschiedensten Ausführungsformen, die sich hauptsächlich nach der Arbeitsorganisation in dem Studio richten, in dem sie angewandt werden. Bei der Konstruktion und Zusammenstellung der Mischpulte wird auf die Wünsche der Besteller weitgehend Rücksicht genommen, weshalb viele ausländische Firmen eine „Baukasten“-Konstruktion bevorzugen, die es erlaubt, beliebig kompendiöse Einrichtungen zusammenzustellen. Abb. 73 zeigt ein von General Electric in Turin aufgestelltes Mischpult. Die Pulte links zeigen die Kontrollbilder und dienen gleichzeitig der Kamerakontrolle. An den Pulten rechts sitzen erhöht der Regisseur, der Bildingenieur und der Toningenieur. Sie sehen auf die Kontrollbilder der unteren Pulte oder durch ein großes Fenster in das Studio.

Abb. 73. Regieraum in Turin. Unten Kamerakontrollpulte mit Bildern und Oszillographen, oben Regie- und Mischpulte, General Electric.

Abb. 74. Mischpult. Zwei Vorschaubilder, ein abgehendes Bild, Kreuzschienenkommutator für fünf Eingänge. Fernseh-GmbH.

Ein kleines deutsches Mischpult zeigt Abb. 74. Es wurde erstmalig für einen Reportagewagen gebaut, später aber auch in Studios verwendet. Über einen Kreuzschienenkommutator können mit Druckknöpfen aus fünf ankommenden Modulationen zwei ausgewählt werden, deren Bilder auf den beiden Vorschauempfängern links sichtbar sind. Der dritte Empfänger zeigt das zum Sender gehende Bild. Die Regelung und Überblendung erfolgt mit Flachreglern, die sich unter der aufklappbaren Tischplatte befinden. Im Fuß des Pultes sind die Netzgeräte untergebracht, die nach vorn herausgeklappt werden können, wodurch es möglich ist, das Pult an eine Wand oder an ein Studiofenster zu stellen. Es ist so niedrig, daß der Bildingenieur über die Empfänger hinweg ins Studio sehen kann.

4. Filmaufzeichnungsgeräte.

An das Mischpult eines Studios kann gleichzeitig mit dem Modulationsgerät oder auch einzeln ein Filmaufzeichnungsgerät angeschlossen werden. Es hat die Aufgabe, das auf einer Bildröhre erscheinende Fernsehbild kinematographisch auf einem 35-mm- oder einem 16-mm-Film festzuhalten. Das in USA bei der Filmabtastung als lästig empfundene Verhältnis zwischen der Bildfrequenz des Tonfilms (24 Bilder/sek) und des Fernsehens (30 Bilder/sek) wird bei der Aufzeichnung zum Vorteil. Dadurch, daß man die Zeit von fünf Fernsehhalbbildern ($5 \cdot \frac{1}{60}$ sek $= \frac{1}{12}$ sek) zur Aufzeichnung von zwei Filmbildern ($2 \cdot \frac{1}{24}$ sek $= \frac{1}{12}$ sek) zur Verfügung hat, kann man die Zeit für ein Fernsehhalbbild von $\frac{1}{60}$ sek als zweimalige Filmschaltzeit von $\frac{1}{120}$ sek verwenden, da man nur vier Fernsehhalbbilder für die Belichtung von zwei Filmbildern braucht. Die neuesten amerikanischen Geräte haben sogar elektrische Zähleinrichtungen, die genau 525 Zeilen (entsprechend der USA-Norm) für die Belichtung eines Filmbildes abzählen, wobei die Phasenlage des Belichtungsanfangs keine Rolle spielt. Man bevorzugt in Amerika 16-mm-Film, weil die Kosten wesentlich geringer sind als beim Normalfilm.

In England, wie überall in Europa, beträgt die Vertikalfrequenz 25. Tonfilme werden im Fernsehen mit 25 Bildern/sek wiedergegeben. Man kann also das in USA übliche Aufzeichnungsverfahren nicht anwenden und hat sich deshalb entschlossen, mit einem optischen Ausgleich zu arbeiten. Man benutzt den bekannten Mechauprojektor, der mit einem Kameralaufwerk zur lichtdichten Führung des Negativfilms kombiniert wurde. Der optische Ausgleich führt die Abbildung eines auf dem Leuchtschirm einer BRAUNschen Röhre geschriebenen Bildes mit dem kontinuierlich laufenden Film mit. Folgende Möglichkeiten der Filmaufnahme sind vorgesehen:

1. Positiv auf dem Bildrohr, Negativ auf dem Film. Bei Wiederholung des Programms wird dieses Negativ abgetastet.

2. Das nach 1. gewonnene Negativ wird kopiert, wobei das Ziel darin besteht, eine oder mehrere Kopien zu erhalten, die einer Theaterkopie möglichst ähnlich sind. Diese Kopien können in einem normalen Filmabtaster abgetastet oder in einem Kino projiziert werden.

3. Auf dem Bildrohr erscheint ein Negativ, das bei der Aufnahme ein Positiv ergibt. Es ist der billigste Prozeß, man erhält jedoch nur einen einzigen Positivstreifen. Die Einstellung der richtigen Gradation ist bei diesem Verfahren am schwierigsten.

Gewöhnlich wird der zweite Weg beschritten. Dabei sind für die Gradation folgende Daten maßgebend: Die Aufnahmeröhre hat ein $\gamma_1 = 0{,}5$, die Bildröhre $\gamma_2 = 2{,}0$. Das Negativ wird zu $\gamma_3 = 0{,}5$ entwickelt, während die Kopie zu $\gamma_3 = 2{,}3$ entwickelt wird. Hieraus ergibt sich ein Gesamtgamma (Gammaprodukt) von 1,15. Das bedeutet eine gute Wiedergabe des Originals. — Hochempfindlicher, panchromatischer Kodak-Plus-X-Film wird benutzt. Bilgröße auf der Röhre $8'' \times 6''$ (geplant $4'' \times 3''$), Anodenspannung 20 kV.

In Deutschland ist bei der Fernseh-GmbH eine Versuchsanlage fertiggestellt worden, bei der das gleiche Prinzip wie bei den Filmabtastern Abb. 70 verwendet wird. Auf dem Bildrohr wird ein Fernsehbild halber Höhe geschrieben, welches mit Hilfe der Objektive zweimal übereinander auf den kontinuierlich laufenden Film abgebildet wird. Vor dem Film rotiert in geringem Abstand eine Blendenscheibe, die abwechselnd eines der beiden Raster abdeckt, so daß infolge der vertikalen Filmbewegung nach unten einerseits und der vertikalen Lichtpunktablenkung nach oben andererseits während $^1/_{50}$ sek die Zeilen 1, 3, 5 usw. aufgezeichnet werden, während in der folgenden $^1/_{50}$ sek die Zeilen 2, 4, 6 usw. dazwischengeschrieben werden. Wegen der kontinuierlichen Filmbewegung und der gegenläufigen Bewegung des Lichtpunktes kommen für den Leuchtschirm nur kurz nachleuchtende Phosphore, z. B. Zinkoxyd, in Frage. Auf der Bildröhre wird ein positives Bild geschrieben, das auf hochempfindlichen Negativfilm von 35 mm Breite aufgezeichnet wird. Der Ton wird mit einer „Klangfilm-Magnetokordanlage" auf 17,5 mm breites, perforiertes Magnetband aufgezeichnt. Die Bild- und Tonaufnahmegeräte sind durch eine „elektrische Welle" (Klangfilm Rotosyn 500) gekoppelt, die dafür sorgt, daß beide Geräte synchron anlaufen und während des Betriebes synchron bleiben. Von dem Negativ können mehrere Kopien gezogen werden, dabei kann der Magnetton auf Lichtton umgespielt werden oder auch als Magnetton zur Wiedergabe gelangen.

5. Reportageanlagen.

Fernsehreportageanlagen werden als tragbare Einheiten wie auch als Reportagewagen gebaut.

Eine Anlage aus tragbaren Einheiten in Kofferform, die in jedem beliebigen Fahrzeug zum Aufnahmeort transportiert oder auch im Studio verwendet werden kann, zeigt beispielsweise Abb. 75. Sie umfaßt die Image-Orthicon-Kamera, Kontrollgerät und Netzgerät dazu, Taktgeber in zwei Koffern und Netzgerät dazu. Bei noch engerem Zusammenbau werden Ventilatoren zur Abführung der Wärme erforderlich. Ein Beispiel dafür ist eine Anlage, die von Pye in England und von General Precision Laboratory in USA hergestellt wird. Abb. 76 zeigt den geöffneten Taktgeber dieser Anlage mit zwei Ventilatoren. In Abb. 77 ist die Image-Orthicon-Kamera zu dieser Anlage gezeigt. Sie ist außerordentlich komfortabel ausgestattet.

Abb. 75. Transportable Reportageanlage von Marconi, BBC.

Die vier Objektive des Revolverkopfes können durch Druckknopfsteuerung an der Rückseite der Kamera gewählt werden. Die Entfernungseinstellung erfolgt an großen Drehknöpfen

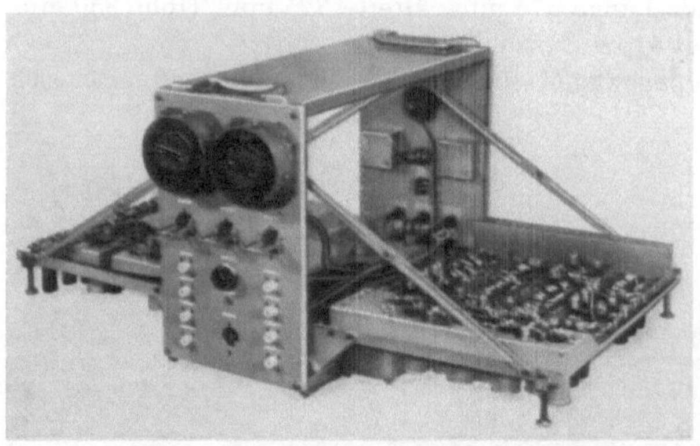

Abb. 76. Taktgeber einer Reportageanlage. Vorn Ventilatoren zur Kühlung, Pye.

rechts und links an der Kamera über Servomotor. Die Irisblenden werden ebenfalls durch Druckknöpfe rechts und links der Kamera betätigt, die Einstellung ist an einem Instrument an der Rückseite ablesbar. Alle diese Einstellungen können auch von der Kontrolleinheit aus über das Kamerakabel vorgenommen werden. Die einzelnen Baugruppen sind herausklappbar, damit man leicht heran kann. In Abb. 77 sieht man den nach oben geklappten elektronischen Sucher und das nach vorn herausgezogene Image-Orthicon in seinem Spulensatz. Die Abmessungen der

Abb. 77. Image-Orthicon-Kamera. Elektronischer Sucher nach oben geklappt. Image-Orthicon nach vorn herausgezogen, Pye.

Kamera sind: Länge 575 mm, Breite 325 mm, Höhe 350 mm; das Gewicht beträgt 47 kg.

Übertragungswagen sind je nach dem Verwendungszweck als mög-

Abb. 78. Fernsehübertragungswagen des NWDR. Fernseh-GmbH.

lichst kleine Einheiten oder auch als fahrbare Studios ausgeführt worden. Als Beispiel sei der Fernsehaufnahmewagen des NWDR, der von der Fern-

Abb. 79. Zwillingsabtaster im Fernsehübertragungswagen des NWDR. Fernseh-GmbH.

seh-GmbH eingerichtet wurde, angeführt (Abb. 78). Er enthält in einem Büssing-5A-Autobus:

1 Taktgeber,
3 Kameras mit Kontrollgeräten und je 100 m Kabel,
1 Zwillingsfilmabtaster,
1 Bildmischpult,
1 Tonmischpult.
1 Modulationsgerät,
1 Bildsender,
1 Tonsender,
1 12-m-Teleskopmast für die Sendeantenne.

Auf Abb. 79 ist der Zwillingsfilmabtaster mit dem gemeinsamen Verstärkerschrank in der Mitte zur pausenlosen Vorführung von 35-mm-Film zu sehen, während Abb. 80 einen

Abb. 80. Kameraverstärker und Kontrollempfänger im Fernseh-übertragungswagen des NWDR. Fernseh-GmbH.

Blick auf die Kamerakontrollschränke zeigt. Das Mischpult wurde schon in Abb. 74 dargestellt. Der Wagen kann selbständig einen Bezirk von etwa 15 km Durchmesser mit einem vollständigen Studio- oder Reportageprogramm versorgen und ist somit für Ausstellungen und Werbevorführungen in Städten ohne Fernsehsender geeignet. Er kann seine Bildsignale aber auch drahtlos oder über Kabel einem Studio zuleiten, wo es in das Studioprogramm eingefügt wird. Die eingebauten Geräte entsprechen den Studiogeräten. Die Stromversorgung erfolgt aus dem Stadtnetz 3·220 Volt oder von einem im Anhänger mitgeführten Aggregat aus.

II. Entwicklungstendenz.

Die Entwicklungsrichtung geht auch in Deutschland zur hochempfindlichen, aber teueren Image-Orthicon-Kamera, die neben weiter verbesserten Superikonoskopkameras benutzt werden wird. Bei den Filmabtastern und Filmaufzeichnungsgeräten neigt man aus Betriebskostengründen immer mehr zum 16-mm-Film, obwohl die derzeitige Bildqualität dabei nur schwer zu halten sein wird. Mischpulte mit Trickeinrichtungen werden entwickelt werden. Im allgemeinen bemüht man sich, die Leistungsaufnahme und das Gewicht der Geräte zu vermindern, die Bedienung zu vereinfachen und die Betriebssicherheit zu erhöhen.

Literatur.

Allgemein.

[1] DILLENBURGER, W.: Einführung in die neue deutsche Fernsehtechnik. Berlin: Fachbuchverlag Schiele & Schöne, 1950. — [2] KERKHOF, F., u. IR. W. WERNER: Fernsehen, Einführung in die physikalischen und technischen Grundlagen der Fernsehtechnik unter weitgehender Berücksichtigung der Schaltungen. N. V. Philips' Gloeilampenfabr. Eindhoven 1951. — [3] SMITH, N. F.: New Ideas in Television Studio Design. Electronics N.Y. Oct. 1950, S. 66 bis 70. — [4] Ein Fernsehstudio in Berlin. Radio mentor Dez. 1951 Titelblatt u. S. 581, 587.

Taktgeber.

[1] JANDT: Vorschlag zu einer Änderung der europäischen Fernsehnormen. Nachrichten-Technik. 1951, H. 2, S. 49. — [2] ROE, J. H.: The Genlock — A New Toil for Better TV Programming. J. SMPTE Vol. 56 (1951), S. 232 bis 233.

Kameras.

[1] ZWORYKIN u. MORTON: Television. — [2] COLBERG, R.: Aufladung von Sekundäremissionsoberflächen. FTZ 1952, H. 2, S. 56 bis 66. — [3] Mc.GEE, D.: A Review of some Television Pick-up-Tubes. Proc. Inst. electr. Engrs. Part III Vol. 97 (1950), S. 377 bis 392, 408 bis 413. — [4] WHITE, E. L. C., u. M. G. HARKER: The Design of a Television Camera Channel for Use with the CP.S. Emitron. Proc. Inst. electr. Engrs. Vol. 97, Part III (1950), S. 393 bis 413. — [5] BEDFORD, L. H.: Wireless Engr., Jan. 1951, S. 4 bis 16. — [6] JANES, R. B., u. A. A. ROTOW: Light-Transfer-Characteristics of Image-Orthicons. RCA Review, Sept. 1950, S. 364 bis 376. — [7] JANES, R. B., R. E. JOHNSON u. R. R. HANDEL: Producing the 5820 Image-

Orthicon. Electronics N.Y., Juni 1950, S. 93 bis 95. CLARK, R. W., u. H. G. GRON-
BERG: Technical Aspects of Television Studio Operation. RCA Review Vol. VIII
(1947), Nr. 4, S. 719 bis 736. E. FISCHER: Betrachtungen über „Gummi“-Linsen.
Kinotechnik Nr. 12, 1951, S. 248 bis 250.

Rauscharme Eingangsschaltungen.

GÜNTHER, J.: Neue Bildfängeranlage (mit Vorabbildungsspeicherröhre). Fernseh-
Hausmitteilungen Bd. 2 (1940), H. 1, S. 31 bis 36.

Filmabtaster.

[1] DUMONT: Prospekt über „Image-Orthicon Chain“, S. 10. — [2] FELGEL-
FARNHOLZ, R. v.: Filmübertragungsanlage für Fernsehsendungen. Hausmitteilun-
gen Jos. SCHNEIDER & Co., Optische Werke, Bd. 4 (1951), H. 1 bis 2, S. 10 bis 21. —
[3] GARMANN, R. L., u. R. W. LEE: Image Tubes and Techniques in Television
Film Camera Chains. J. SMPTE Vol. 56 (1951), S. 52 bis 64. — [4] BENSON, K. B.,
u. A. ETTLINGER: Praktical Use of Iconoscopes and Image Orthicons as Film
Pickup Devices. J. SMPTE, July 1951. — [5] BARACKET, A. J.: Signal-to-noise
Ratio in TV Flying Spot Scanners.

Diapositivabtaster.

BRÜCKERSTEINKUHL, K.: Lichtstrahlabtaster mit BRAUNscher Röhre für trägerfrequente Abtastung. Fernseh-Hausmitteilungen Bd. 2 (1942), S. 143 bis 150.

Monoskope.

Impulszentrale mit Monoskopanlage der C.-Lorenz-A.-G. Funktechnik Nr. 10
(1951), S. 261.

Filmaufzeichnung.

[1] GILETTE, F. M., G. W. KINZ u. R. A. WHITE: Video Program Recording.
Electronics N.Y, Oct. 1949, referiert in Funk und Ton, Bd. 5 (1951), S. 276 bis 278. —
[2] Referat. Filmkamera zur Aufnahme von Fernsehsendungen. Foto-Kino-Technik
Nr. 3 (1949), S. 66 bis 67. — [3] KEMP, W. D.: Video Recordings Improved by the
Use of Continously Moving Film. Tele-Tech Nov. 1950, S. 32 bis 35, 62, 63. —
[4] KEMP, W.: Television Image Kinematography. British Kinematography Vol. 19
(1951), Nr. 2, S. 36 bis 50.

Reportageanlagen.

RUDERT, F.: Der Fernsehübertragungswagen des NWDR. Technische Hausmitteilungen des NWDR (1951), H. 12.

F. Fernsehsendertechnik.

Von Professor Dr.-Ing. **W. T. Runge,** Berlin.

Mit 14 Abbildungen.

Das Fernsehen im landläufigen Sinne ist die Kunst, die flächenhafte Helligkeitsverteilung eines Bildes zu zerlegen in eine eindimensionale Zeitfunktion und diese auf der Empfangsseite wieder zu einem flächenhaften Bild zusammenzusetzen. Der Fernsehsender, wie wir ihn hier betrachten wollen, ist nur ein dienendes Glied dieser Kunst. Er soll den durch Zerlegung des zu übertragenden Bildes entstandenen Amplitudenverlauf hinreichend formgetreu und störungsfrei zum Empfangsort übertragen. Um eine Vorstellung davon zu geben, was hierfür von ihm verlangt wird, zeigt Abb. 81 die in verschiedenen Ländern eingeführten

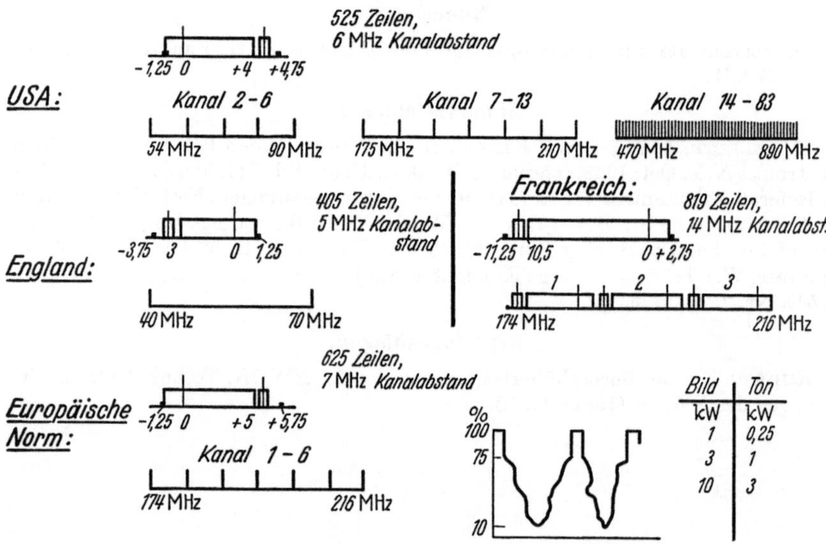

Bild kW	Ton kW
1	0,25
3	1
10	3

Abb. 81. Übersicht über Fernsehkanäle und Normen.

wesentlichen Fernsehnormen. Da das Frequenzband einer Fernsehnachricht stets mehrere MHz breit ist, führt man den Sender so aus, daß er nur ein Seitenband voll überträgt. Das andere wird im Sender zum größten Teil abgeschnitten, um Platz zu machen für einen benachbarten

Fernsehkanal. Immerhin nimmt dann noch der schmalste Fernsehkanal, wie ihn England benutzt, 5 MHz in Anspruch. Bedenkt man, daß der gesamte Mittelwellenfunkbereich nur etwa 1 MHz umfaßt, der ganze in Deutschland vorgesehene Ultrakurzwellenrundfunkbereich nur 12 MHz, so erkennt man die Größe dieses Frequenzanspruchs. Will man viele Fernsehsender gleichzeitig ohne gegenseitige Störungen betreiben, wie es zur Versorgung ganzer Länder mit mehreren Programmen erforderlich ist, so reichen die Frequenzbänder, die im Ultrakurzwellenbereich zur Verfügung gestellt werden können, keineswegs aus. Man braucht Ultrakurzwellen ja auch für andere Zwecke, vor allem für bewegliche Nachrichtendienste und für Flugnavigation. Das nächstniedrige Frequenzband, die Kurzwelle, ist für das Fernsehen ungeeignet wegen der Reflexion an der Ionosphäre, aber auch ganz unentbehrlich für den drahtlosen Weitverkehr. Der große Bedarf an Fernsehkanälen führt also nach Ausnutzung der Bänder 40 bis 90 MHz und 170 bis 220 MHz zu den Dezimeterwellen. Die Amerikaner haben in dem Band 470 bis 890 MHz 70 weitere Fernsehkanäle vorgesehen.

Europa benutzt außer dem englischen Band 40 bis 90 MHz nur das 174- bis 216-MHz-Band. Abb. 81 gibt eine Übersicht über die für die Einführung in Europa empfohlene Norm: 625 Zeilen, 7 MHz Kanalabstand, 5 MHz höchste Bildfrequenz; ferner eine Bildsteuerung, bei der Weiß bei 10% Modulation liegt, Schwarz bei 75%, und 100% für die Synchronisierimpulse benutzt werden. Die Leistungen bei 100% Modulation, also die Spitzenleistungen, nicht Trägerleistungen wie beim Rundfunksender, sind mit 1, 3 und 10 kW genormt, die zugehörigen Tonsender, die uns hier nicht weiter beschäftigen werden, mit 0,25, 1 und 3 kW.

Abb. 82 zeigt, was ein Fernsehsender nach der europäischen Norm können muß, um Bilder guter Qualität zu übertragen. Von der Modulationslinie, die die gesendete Amplitude abhängig von der modulierenden Spannung zeigt, wird eine gewisse bescheidene Geradlinigkeit verlangt. Die in der Umgebung der Mitte größte Steilheit dieser Abhängigkeit soll bei 10% der Amplitude noch über 60% der Maximalsteilheit betragen, bei 75% noch über 80%. Eine solche Modulationskurve besitzt einen für Rundfunksender völlig unerträglichen Klirrfaktor, ist aber für Fernsehen durchaus zulässig, weil hier solche Begriffe wie unharmonische Kombinationstöne nicht existieren. Eine von der geraden Linie abweichende Modulationslinie bedeutet nur eine gewisse Fälschung in der Abstufung der übertragenen Helligkeitswerte. Das Auge ist ganz außerordentlich empfindlich gegen geometrische Verzeichnungen. Es bemerkt geringe Unschärfen von Konturen, es entdeckt kleine Krümmungen von Linien, die gerade sein sollen, kleine elliptische Verformungen eines Kreises. Für Helligkeitsabstufungen ist es jedoch weniger empfindlich und nimmt kleinere Verfälschungen der Helligkeitsabstufung nicht wahr. Die zugelassenen Abweichungen der Modulationslinie von einer Geraden beein-flussen daher die Bildgüte nicht, erleichtern aber den Senderbau.

Anders liegt der Fall bei der vom Fernsehsender zu fordernden Fre-quenzdurchlaßkurve, die auf Abb. 82 ebenfalls dargestellt ist. Der Sender

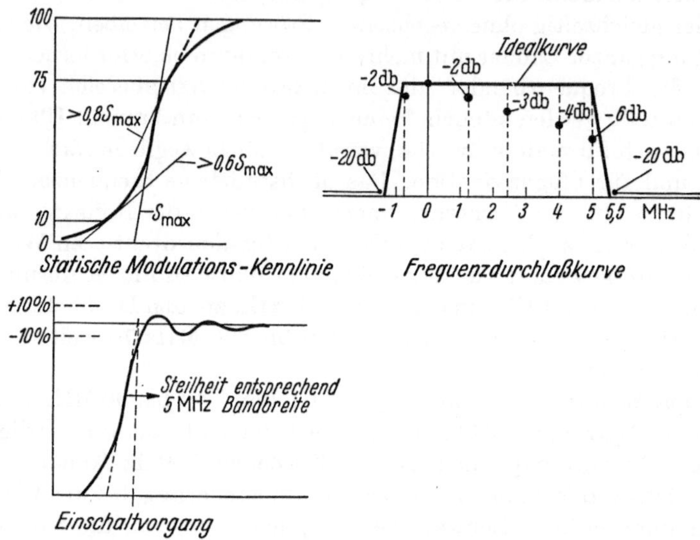

Abb. 82. Modulationsforderungen.

muß Modulationsfrequenzen bis 5 MHz auf dem oberen Seitenband voll übertragen, auf dem unteren einen Rest von 0,75 MHz. Bei 5,5 MHz über dem Bildträger liegt der Tonsender, dort muß deshalb die vom Bild-sender durchgelassene Amplitude bereits unterdrückt sein. Die in Abb. 82 eingezeichneten Punkte geben die zugelassenen Abweichungen von der idealen Durchlaßkurve an. Amplitudenabfall bei hohen Modulations-frequenzen bedeutet Unschärfe der Bildkonturen. Der zugestandene Abfall ist ein Kompromiß zugunsten des Tonsenders und des dicht da-neben anschließenden Nachbarkanals.

Zum Vergleich stelle man sich die Bandbreite eines Mittelwellenrund-funksenders mit ± 10 kHz vor. Sie entspricht etwa der Dicke des die Trägerfrequenz darstellenden Striches. Ein Ultrakurzwellenrundfunk-sender mit ± 100 kHz ist zehn solche Strichdicken breit. Die vom Fern-sehsender geforderte Durchlaßbandbreite ist diejenige Forderung, die in der Dimensionierung den Fernsehsender von anderen Sendertypen unter-scheidet.

Zur Übertragung einer scharfen Kontur muß nicht nur die Frequenz-durchlaßkurve die erforderliche Breite besitzen. Auch die Phasenkurve, die Abhängigkeit der beim Durchlaufen des Senders auftretenden Phasendrehung von der Frequenz, muß gradlinig sein. Diese läßt sich schwer messen. Zur Kontrolle der Bildschärfe wird daher der zeitliche Verlauf der Senderausgangsspannung betrachtet, wenn der Sender mit einem steilen Einschaltstoß moduliert wird, wie er auftritt, wenn eine scharfe Kontur, ein scharfer Helligkeitssprung des Bildes, abgetastet wird und übertragen werden soll. Abb. 82 zeigt die Forderungen an den zugehörigen Verlauf der Ausgangsamplitude des Senders. Die Steilheit des Amplitudenanstiegs soll der übertragenen Bandbreite von 5 MHz entsprechen, und Überschwingvorgänge sollen innerhalb $\pm$ 10% der Maximalamplitude bleiben. Diese Forderung bestimmt die eigentliche Übertragungsgüte des Senders und entspricht der Klirrfaktorforderung bei einem Rundfunksender.

Die übrigen an den Sender gestellten Forderungen, Frequenzkonstanz, Brummfreiheit, Phasenmodulationsfreiheit, bieten nichts Ungewöhnliches oder Problematisches.

Im folgenden soll nun betrachtet werden, wie die Dimensionierung des Fernsehsenders den in Abb. 82 dargestellten Forderungen zu genügen sucht. Die Hauptaufgabe ist die Erzielung großer Durchlaßbandbreiten. Das macht bei kleinen Verstärkern keine Mühe, hier aber soll die geforderte Bandbreite bei Leistungen von Kilowatts dargestellt werden. Abb. 83 zeigt die hierzu meistens verwendete Gitterbasisschaltung. Sie ist die kapazitätsärmste Schaltung einer Senderstufe, sie läßt sich ohne Aufwand von zusätzlicher Kapazität neutralisieren, und wir werden sehen, daß die Kapazitäten bei der Dimensionierung eine entscheidende Rolle spielen. Das Gitter der Röhre ist geerdet, und der Ausgangskreis liegt zwischen Anode und Gitter. An ihn ist die Nutzlast angekoppelt, die am Sender als ein konzentrisches Kabel von 60 Ohm Wellenwiderstand erscheint. Die Kopplung wird so gewählt, daß der an sich dämpfungsarme Kreis die geforderte Bandbreite erhält.

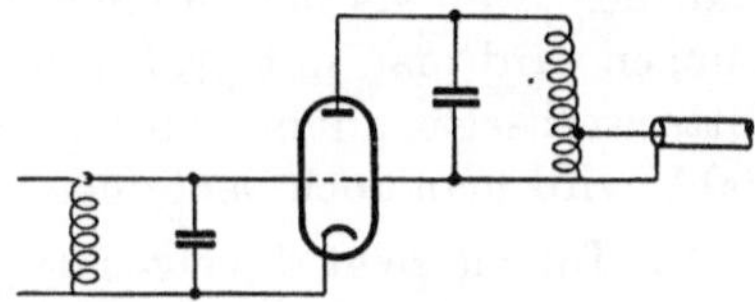

Abb. 83. Leistungsverstärkung großer Bandbreiten.

N	$u_{A\,Sch}$	$J_{A\,Sp}$	$u_{g\,Sch}$ $S = 20\,\text{mA/V}$
1 kW	94 kV	4,4 Amp.	211 V
3 kW	1,630 kV	7,32 Amp.	366 V
10 kW	2,980 kV	13,4 Amp.	679 V

$$R_a = \frac{1}{C \cdot B\,2\pi} \cong 450\,\Omega,$$

$$N_a = u_g^2 \frac{S^2}{8} \cdot \frac{1}{C\,B\,2\pi},$$

$$V_a = \frac{1}{2} \cdot \frac{S}{C} \cdot \frac{1}{B\,2\pi}.$$

Der Widerstand R_a, mit dem der Ausgangskreis bei Abstimmung im Anodenkreis der Röhre erscheint, ist unabhängig von der Trägerfrequenz völlig bestimmt, wenn Bandbreite und Kapazität gegeben sind, durch die auf Abb. 83 vermerkte Formel. Die Bandbreite ist uns mit 6 MHz vorgeschrieben. Die Gitteranodenkapazität einer 1-kW-Röhre und die unvermeidlichen Schaltkapazitäten machen zusammen etwa 60 pF aus. Dann kommt für den Resonanzwiderstand R_a des Kreises etwa 450 Ohm. Bei kleineren Sendern läßt sich die Kapazität vielleicht auf 15 pF, der Kreiswiderstand auf etwa 1000 Ohm bringen. Man sieht aber, daß auf jeden Fall der die Röhre belastende Außenwiderstand außerordentlich klein ist. Die Senderöhre arbeitet fast in Kurzschluß mit ihrer statischen Steilheit.

Mit der geforderten Leistung ist nun auch die Wechselspannung am Kreis, also die Anodenwechselspannung der Röhre festgelegt. Ebenso liegt der Grundwellenstrom fest. Wir werden die Röhre des Wirkungsgrades wegen von ihrem unteren Kennlinienknick aus betreiben, am B-Punkt, und da sie dann in jeder Periode nur eine Halbwelle liefert, muß ihr Spitzenstrom doppelt so hoch sein wie der Scheitelwert des für die Leistung erforderlichen Grundwellenstromes. Die Werte der Anodenwechselspannung U_{ASch} und des Spitzenstromes J_{ASp} sind in Abb. 83 für drei Leistungen in einer Tabelle zusammengestellt. Mit dem Spitzenstrom bei B-Betrieb und der Steilheit liegt auch die erforderliche Gitterwechselspannung fest, da die Röhre ja im Kurzschluß mit ihrer statischen Kennlinie arbeitet. Diese Gitterwechselspannung U_{GSch} ist für $S = 20$ mA/V in der 4. Spalte der Tabelle ebenfalls angegeben. Wir werden sie später brauchen, weil sie den Modulationsaufwand bestimmt. Für große Leistungen wird man mit größeren Steilheiten arbeiten, und die benötigte Gitterwechselspannung wird daher nicht ganz so hoch werden, aber 400 V wird man doch benötigen.

Die Tabelle zeigt die eigenartigen Verhältnisse, zu denen uns die Forderungen von Bandbreite und Leistung zwingen: Während die Anodenscheitelspannung unterhalb 3 kV liegt, beim 1-kW-Sender sogar unter 1 kV, müssen Spitzenströme von 5 bis 14 Amp. durchgesteuert werden. Das bedeutet Röhren, deren Spannungsfestigkeit gering sein darf, die aber eine reichlich dimensionierte Kathode brauchen.

Die abgegebene Leistung N_a läßt sich bei dieser im Kurzschluß arbeitenden Röhre mit der Gitterwechselspannung, der Steilheit, der Kapazität und der Bandbreite ausdrücken. Es ergibt sich die auf Abb. 83 mitgeteilte Formel. Die Gitterwechselspannung U_G bestimmt, wie wir sehen werden, den Modulationsaufwand. Liegen N_a, C und B fest, so hat man nur noch die Steilheit frei, mit deren Steigerung U_G proportional fällt. Wir werden also von der Senderöhre außer dem großen Emissionsstrom auch eine große Steilheit fordern, während unsere Forderungen an die Anodenspannungsfestigkeit bescheiden bleiben.

Im Gegensatz zur klassischen, leistungslos steuerbaren Kathodenbasisschaltung verbraucht die Gitterbasisschaltung auf der Gitterseite Steuerleistung, da der Anodenstrom auch den Gitterkathodenkreis durchfließt. Diese Leistung ergibt sich einfach als das Produkt von Gitterwechselspannung und Anodengrundwellenstrom, denn beide sind gleichphasig. Wir können für die Gitterbasisschaltung einen Leistungsverstärkungsfaktor V_n definieren, den Quotienten aus abgegebener Leistung und Steuerleistung. Er ist auf Abb. 83 angegeben. Neben dem Faktor 1/2, der daher rührt, daß die im B-Betrieb arbeitende Röhre nur während der halben Zeit wirksam ist, und der Bandbreite im Nenner steht die für die Bandbreiteneignung einer Röhre maßgebende Größe $\frac{S}{C}$, die charakteristische Größe für die Grenzbandbreite, bei der eine Röhre noch brauchbar ist. Große Steilheit, kleine Kapazität, das sind die Forderungen, die der Senderbau an die Röhre stellt.

Es ist nun auch klar, warum die Gitterbasisschaltung für Fernsehsenderendstufen vorgezogen wird. Außer mit der auf jeden Fall parallel zum Außenkreis liegenden statischen Gitteranodenkapazität erscheint die Röhre nicht mit zusätzlichen Kapazitäten. In der Kathodenbasisschaltung würde nicht nur die dynamische Erhöhung der Gitteranodenkapazität durch die Gitterwechselspannung noch hinzukommen, sondern auch die zusätzlich erforderliche Neutralisierungskapazität. Jede Vergrößerung der Kapazität verschlechtert aber die Eigenschaften unserer Stufe, wie wir gesehen haben. Die Gitterbasisschaltung, deren innere Rückkopplung an sich schon gering ist, läßt sich nun durch eine kleine zusätzliche Selbstinduktion in der Gitterleitung für die Umgebung der Betriebsfrequenz völlig befriedigend neutralisieren, ohne daß dazu weitere Kapazität erforderlich wäre.

Man sieht auch leicht ein, daß die Verwendung einer Tetrode keine besonderen Vorteile bietet. Zunächst ist die dann maßgebliche Kapazität zwischen Anode und Schirmgitter ceteris paribus bestimmt größer als die Gitteranodenkapazität der Triode. Zwar spart sie die Steuerleistung, dafür stellt sie andere Probleme, ohne deren Lösung die Steuerleistung nicht verschwindet. Die Impedanz zwischen Schirmgitter und Kathode muß sehr klein gehalten werden, weil sonst der über diese Impedanz fließende Anodenstrom unerwünschte Steuerspannungen hervorruft. Man findet daher die Tetrode nur bei kleinen Leistungen. Für größere und größte Leistungen wird ausschließlich die Triode in der Gitterbasisschaltung verwendet. Abgesehen von der Steuerleistungsbetrachtung gelten alle obigen Überlegungen für die Tetrode wie für die Triode.

Wie die Endstufe eines Fernsehsenders aussieht, zeigt Abb. 84, der Schnitt durch die Endstufe des 1-kW-Fernsehsenders auf 200 MHz von Telefunken. Um die Größe zu zeigen, ist links daneben eine Strecke von 10 cm Länge als Maßstab eingezeichnet. Der Aufbau ist völlig rotationssymmetrisch. Die Röhre sitzt in der Mitte mit der Anode nach unten, das Gitter ist scheibenförmig herausgeführt und über kleine Selbstinduktionen an die waagerechte Nullebene geerdet, die den Anodenraum und den Steuerraum trennt. Die kleinen, rings um die Röhre verteilten Drahtlocken sind der ganze Neutralisierungsaufwand. Das Gitter ist innerhalb der Röhre auf einen nach unten ragenden Blechkegel aufgebaut und ragt seinerseits in die Anode hinein. Der Anodenkreis besteht aus einem Topf, der durch einen verschiebbaren Ring, der an der inneren Außenwand mit Schleiffedern Kontakt macht, abgestimmt wird. Der Außendurchmesser des Innenzylinders ist größer als der Durchmesser der Anode selbst, um Platz zu lassen für die radialen Kühlrippen des Anodenkörpers, durch die von oben eintretende Luft hindurchgesaugt wird. Aus dem Anodentopf wird die Leistung durch eine an dem Innenzylinder anschließende Leitung ausgekoppelt, die zur Einstellung der Kopplung axial verschiebbar ist. Man sieht, daß fast die gesamte Kapazität des Anodenkreises durch die Anodegitterkapazität gebildet wird. Durch den Senderaufbau kommt nur ein Teil der Kapazität zwischen der Außenseite des Anodenkühlkörpers und der Innenwand des Anodentopfkreises hinzu. Der Senderbauer würde einen kleineren Durchmesser des Kühlkörpers vorziehen. Das läßt sich

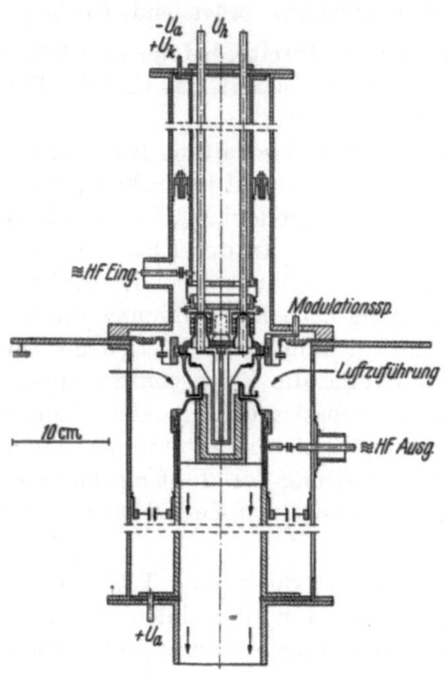

Abb. 84. Fernsehsender (Schnitt durch Endstufe).

nur beim Übergang zur Wasserkühlung verwirklichen, die aus Betriebsgesichtspunkten unerwünscht ist.

Der Kathodegitterraum ist durch die waagerechte Nullebene völlig vom Anodenraum getrennt, so daß eine unerwünschte Kopplung nur durch die Maschen des Gitters möglich ist, und diese ist durch die erwähnte Selbstinduktion in der Gitterzuleitung kompensiert. Der Kathodenraum ist wieder ein Topfkreis, der an seinem nach unten ragenden Innenteil in die Kathode übergeht, die ihrerseits in das Gitter taucht. Abstimmung und Einkopplung entsprechen dem Anodenkreis. Die ganze Bauweise der Stufe erinnert sehr an die Aufbauten von Dezimeterwellensendern für 20- bis 30-cm-Wellen, wie sie vor 10 Jahren entwickelt wurden, nur der Maßstab unterscheidet sich wie etwa 1:7.

Um die Stufe zu modulieren, wird die Modulationsspannung dem Gitter der Röhre zugeführt. Die Erdungsleitung des Gitters ist daher durch eine kleine Kapazität unterbrochen, die durch die in Serie liegende Neutralisierungsselbstinduktion wieder weggestimmt ist. Der Modulationsanschluß ist auf Abb. 84 rechts neben dem Eingangstopfkreis zu sehen.

Bisher ist die Trägerfrequenz — für deutsche Fernsehsender um 200 MHz — gar nicht erwähnt worden. Die Verwendung so hoher Frequenzen fordert für die Röhre außer kleinen Kapazitäten geringste Zuleitungsimpedanzen, Forderungen, die hier sowieso erfüllt sind, denn kleinere Zuleitungsimpedanzen als für eine scheibenförmige Gitterzuleitung und für eine Außenanode sind kaum denkbar. Erst für Dezimeterwellen müssen die Abmessungen der Röhre wesentlich verkleinert werden.

Nach dem Aufbau der Senderendstufe soll jetzt die Modulation dieser Stufe betrachtet werden. Die Frage, ob man besser die Endstufe oder eine Vorstufe moduliert, wird später diskutiert werden. In Abb. 85 links

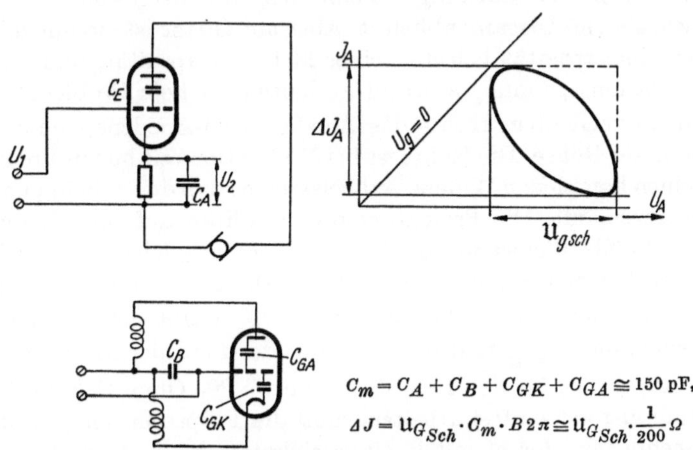

$$C_m = C_A + C_B + C_{GK} + C_{GA} \cong 150 \text{ pF},$$
$$\Delta J = \mathfrak{u}_{G_{Sch}} \cdot C_m \cdot B\, 2\pi \cong \mathfrak{u}_{G_{Sch}} \cdot \frac{1}{200}\, \Omega$$

Abb. 85. Gittermodulation eines Fernsehsenders.

unten ist noch einmal das Schaltbild der Endstufe in Gitterbasisschaltung gezeigt, das wir schon von Abb. 83 her kennen. Nur ist es hier umgezeichnet, um die für die Modulation wesentlichen Größen zu zeigen. Die Modulationsspannung wird zwischen Gitter und Kathode angelegt. Für Oberstrich entspricht sie dem unteren Knick der Röhrenkennlinie. Um die Röhre zu verriegeln, muß diese negative Vorspannung so weit gesteigert werden, daß die steuernde hochfrequente Gitterwechselspannung den unteren Knick nicht mehr erreicht. Die Modulationsspannung muß also einen Bereich durchlaufen, der der Gitterscheitelspannung $U_{G_{Sch}}$

entspricht; deren Größe haben wir in der Abb. 83 in der letzten Spalte der Tabelle aufgeführt.

Die Modulationsspannung liegt an der Parallelschaltung einer Reihe von Kapazitäten, sie sind die Last, mit der die Senderstufe den Modulator belastet. Es sind, wie das Schaltbild der Abb. 85 zeigt, die Gitterkathodenkapazität C_{GK}, die Gitteranodenkapazität C_{GA} und die in der Gitterleitung liegende Blockkapazität C_B. Dazu kommt noch die eigene Ausgangskapazität C_A der letzten Modulatorstufe, und das sind dann für einen 1-kW-Sender zusammen etwa 150 pF. Für die höchste Modulationsfrequenz von 5 MHz stellt diese Kapazität einen kapazitiven Widerstand von etwa 200 Ohm dar.

Da die Modulationsspannung frequenzunabhängig bis zu 5 MHz angelegt werden soll, braucht man eine Modulationsstufe, deren Innenwiderstand klein ist gegen 200 Ohm. Dazu wählt man die Anodenbasisschaltung, auch Kathodenfolgeschaltung genannt, deren Schaltung Abb. 85 oben links zeigt. Ihr Innenwiderstand ist gleich dem Kehrwert der Steilheit, also schon bei $S = 10$ mA/V klein genug, etwa 100 Ohm. Zwar hat die Stufe nur die Verstärkung 1, sie braucht am Gitter ebensoviel Spannung, wie sie am Ausgang abliefert. Aber am Gitter ist sie nur mit ihrer Gitteranodenkapazität belastet, einer kleinen Kapazität, und an dieser die Modulationsspannung aufrecht zu halten, ist kein Problem.

Abb. 85 zeigt oben rechts das Anodenstrom-Anodenspannungs-Diagramm dieser Röhre. Die Röhre ist bei Modulation mit hohen Frequenzen durch einen komplexen Widerstand belastet, so daß der Arbeitspunkt eine Ellipse durchläuft. Die Projektion dieser Ellipse auf die U_A-Achse ist offenbar die abzuliefernde Modulationsspannung, gleich der aus Abb. 83 bekannten Gitterscheitelspannung U_{GSch}. Die Projektion der Ellipse auf die Ordinatenachse ist leicht anzugeben. ΔJ_a ergibt sich aus der Modulationsspannung U_{GSch} und dem Scheinwiderstand der die Last darstellenden Kapazität, für den 1-kW-Sender etwa 200 Ohm. Soll die Modulationsstufe gitterstromfrei arbeiten, muß die Ellipse in der gezeichneten Lage rechts von der ebenfalls eingezeichneten U_A-J_A-Kennlinie liegen, die bei Gitterspannung Null der Modulatorröhre gilt.

Für einen 1-kW-Sender ergeben sich jetzt folgende Daten der Modulatorstufe. Mit $U_{GSch} = 200$ V und $X_C = 200$ Ohm ergibt sich ein $\Delta J_A \cong 1$ Amp. Fordert man einen kleinen Reststrom, um die Modulationskennlinie nicht allzusehr abzuflachen, kommt man auf ein $J_{A\,max} = 1,2$ Amp. Die Anodenstromversorgung muß, wie das U_A-J_A-Diagramm in Abb. 85 zeigt, eine Spannung U_A liefern, die zwei- bis dreimal so groß ist wie U_{GSch}. Die Stromversorgung der Modulation des 1-kW-Senders ist also auszulegen für 1,2 Amp. und 600 V, nicht viel weniger als 1 kW. Diese Stromversorgung ist aufzubringen, nur um an der Kapazität der

Endstufe die Modulationsspannung aufrechterhalten zu können. Die Leistung geht in der Modulatorstufe verloren und ist dort als Wärme abzuführen.

Man sieht jetzt, wie wesentlich es ist, U_{GSch} und damit die Modulationsspannung klein zu halten, denn mit dem Quadrat dieser Spannung wächst der Modulationsaufwand. Man sieht ferner, wohin es führen würde, wenn man die Endröhre statt am Gitter an der Anode modulieren würde, wie man das beim Mittelwellenrundfunksender dem Endstufenwirkungsgrad zuliebe tut. Wie uns die zweite Spalte der Tabelle Abb. 83 zeigt, müßten wir dann die etwa fünffache Modulationsspannung aufbringen. Die Kapazität würde vielleicht etwas sinken, aber statt 25 kW würden wir doch etwa 15 kW Modulationsaufwand treiben. Dieser Aufwand läßt sich keinesfalls durch einen besseren Endstufenwirkungsgrad rechtfertigen.

Wir haben nun die beiden wesentlichen Probleme des endstufenmodulierten Fernsehsenders betrachtet: die leistungsstarke Endstufe großer Durchlaßbreite und die Modulationsendstufe mit frequenzgerader Durchlaßkurve bis zu hohen Frequenzen. Abb. 86 zeigt das Grundschalt-

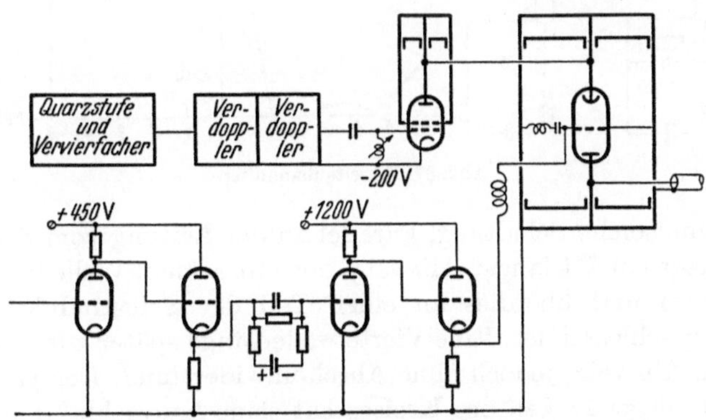

Abb. 86. Prinzipschaltbild des 1-kW-Fernsehsenders Telefunken.

bild eines demgemäß aufgebauten Fernsehsenders. Die aus Abb. 84 bekannte Endstufe ist schematisch oben rechts dargestellt. Unten verläuft der Modulationszug, dessen letzte Röhre in Anodenbasisschaltung die Modulationsspannung für die Endröhre liefert. Sie ist angetrieben durch eine Röhre in klassischer Kathodenbasisschaltung. Davor liegen zwei entsprechend aufgebaute kleine Stufen. Der Verstärker ist als Gleichstromverstärker aufgebaut, da die Modulationsfrequenzen des Fernsehbildes bis Null heruntergehen.

Auf der hochfrequenten Seite wird die Endstufe von einem Verstärkerzug angetrieben, der mit einem Quarzoszillator beginnt. Diese Vor-

stufen sind unmoduliert, also beliebig bandschmal und bieten keinerlei
Probleme. Nur die Treiberstufe arbeitet auf einen mit der Modulation
stark schwankenden Außenwiderstand, den Gitterkathodenkreis der Git-
terbasisendstufe. Der Ausgang der Treiberstufe ist daher sehr niederohmig
zu dimensionieren, um unabhängig von der Modulation eine konstante
Treiberspannung abzuliefern. Da sich ein hoher Treiber-Innenwiderstand
leichter verwirklichen läßt, transformiert man durch eine Viertelwellen-
leitung den hohen Treiberwiderstand an der Einspeisungsstelle in die
Endstufe auf Null.

Der so aufgebaute endstufenmodulierte Sender liefert zunächst beide
Seitenbänder. Da aber von dem unteren Seitenband alle Frequenzen über
1,25 MHz abgeschnitten sein sollen (siehe Abb. 82 oben rechts) muß
zwischen den Sender und die Antenne eine Schaltung eingefügt werden,
die die unerwünschten Frequenzen abschneidet. Abb. 87 zeigt ein Bei-

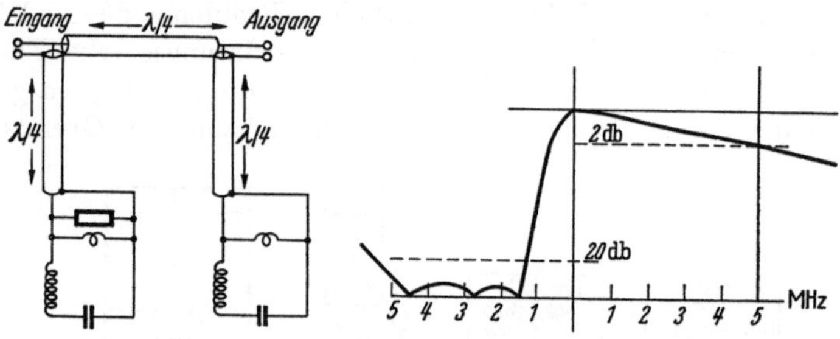

Abb. 87. Einseitenbandfilter.

spiel für eine solche Schaltung. Parallel an der Leitung vom Sender zur
Antenne liegt ein $\lambda/4$ langer Abzweig, der mit seinem Wellenwiderstand
abgeschlossen und überdies an einen Teil der Selbstinduktion eines
Kreises angeschlossen ist. Eine Viertelwellenlänge später wiederholt sich
der gleiche Abzweig, jedoch ohne Abschlußwiderstand. Der parallel zur
$\lambda/4$-Leitung liegende Teil des Kreises hat seine Kurzschlußfrequenz bei
der Trägerfrequenz, der ganze Kreis enthält zusätzlich die Ankopplungs-
selbstinduktion, seine Resonanz liegt daher tiefer als der Träger, bei
einer zu sperrenden Frequenz. Für die Trägerfrequenz sind beide Viertel-
wellenleitungen am unteren Ende kurzgeschlossen, am oberen Ende wirken sie also wie die Parallelschaltung eines unendlich hohen Widerstandes
an das Antennenkabel. Für die zu sperrende Frequenz belasten die in
Resonanz schwingenden Kreise die $\lambda/4$-Leitungen am unteren Ende mit
dem Widerstand unendlich. An der linken $\lambda/4$-Leitung wirkt jetzt der
Abschlußwiderstand und transformiert sich 1:1 parallel zum Antennenkabel. Die rechte Stichleitung stellt oben einen Kurzschluß dar. Die
zu sperrende Frequenz wird also von der Antenne abgeriegelt und ihre
Leistung in dem Widerstand in Wärme umgesetzt. Die Wiederholung der

gleichen Schaltung mit dem Abstand $\lambda/4$ sorgt dafür, daß die durch eine einzelne Stichleitung verursachten Anpassungsfehler durch die zweite kompensiert werden.

Da das beschriebene Filter nur eine Frequenz und ihre nähere Umgebung sperrt, werden mehrer derartige Glieder vorgesehen mit über das zu sperrende Band verteilten Sperrfrequenzen. Abb. 87 rechts zeigt die erzielte Durchlaßkurve mit den drei Nullstellen unterhalb der Trägerfrequenz, Abb. 88 den äußeren Aufbau eines Einseitenbandfilters.

Nun haben wir den gesamten endstufenmodulierten Sender vor uns, die bandbreite Endstufe mit den einfachen Vorstufen, den Modulator mit seinem Endstufenaufwand zur Gittermodulation und hinter dem Sender das Einseitenbandfilter. Angesichts dieses Aufwandes ist zu fragen, ob man nicht besser den Sender in einer Vorstufe moduliert. Man spart dann erstens erheblich am Modulator, der nur kleinere Modulationsspannungen zu liefern braucht. Man spart weiter, indem man die hochfrequenten hinter der Modulation folgenden Stufen so ausbildet, daß sie bereits teilweise oder völlig die Funktion des Einseitenbandfilters übernehmen.

Dem steht jedoch folgender Nachteil gegenüber. Die Einstellung des endstufenmodulierten Senders ist völlig eindeutig. Die hochfrequenten Vorstufen sind unmoduliert, ihre Abstimmung geht in die Übertragungsgüte nicht ein

Abb. 88. Fernsehsender-Einseitenbandfilter.

und kann nach eindeutigen Kriterien nach Instrument vorgenommen werden. Die Endstufe liefert beide Seitenbänder und kann daher ebenfalls eindeutig auf den Träger abgestimmt werden.

Vorstufenmodulation dagegen bedeutet, daß auch schon die Vorstufen bandbreit ausgelegt werden müssen, daher mit beträchtlich kleinerer Stufenverstärkung. Ihre Abstimmung geht in die Übertragungsqualität ein, und wenn sie auch noch das untere Seitenband unterdrücken sollen, müssen sie gegen den Träger verstimmt sein. Das ist zwar möglich, aber jeder Röhrenwechsel, der die Neuabstimmung einer Stufe erforderlich macht, erfordert eine sorgfältige Qualitätskontrolle des ganzen Senders.

Die Praxis hat sich bisher dieser Alternative gegenüber nicht eindeutig entschieden. Man findet alle Übergänge vom reinen endstufenmodulierten Sender mit Einseitenbandfilter, über Sender mit Modulation in einer späten Vorstufe mit vermindertem Filteraufwand, bis zu Sendern mit früher Vorstufenmodulation ohne Filter hinter der Endstufe. Jedoch ist die Tendenz zu erkennen, Sender kleiner Leistung endstufenmoduliert zu bauen, da hier der Aufwand nicht ins Gewicht fällt, wohl aber einfache und betriebssichere Einstellung und Überwachung hoch bewertet werden. Größere Fernsehsender führt man gern vorstufenmoduliert aus, da hier

Abb. 89. 1-kW-Fernsehsender.

der Aufwand eine erhebliche Rolle spielt und da sowieso bei großen Sendern stets eine gutgeschulte Bedienungsmannschaft vorgesehen wird.

Es sollen nun einige charakteristische Ausführungsformen betrachtet werden. Abb. 89 zeigt den äußeren Aufbau des 1-kW-Senders von Telefunken. Die beiden linken Schränke enthalten die Stromversorgung der 1-kW-Stufe. Der mittlere Schrank enthält die Quarzsteuerstufe mit den Vervielfacherstufen bis zur Endfrequenz, die Vorstufen des Modulators und die zugehörige Stromversorgung. In den beiden rechten Buchten sieht man die Treiberstufe und die Endstufe; dahinter liegen Vor- und Endstufe des Modulators. Sie sind in Abb. 90 noch einmal deutlicher gezeigt. Die Treiberstufe ist aus drei parallelgeschalteten kleinen Tetroden aufgebaut, die von einem unten angebrachten Lüfter durch die unter der Stufe sichtbaren Zuluftrohre gekühlt werden. Die drei Gitterkreise sind einzeln abstimmbar. Über dem die Röhren enthaltenden zylindrischen

Mittelteil sieht man den Topfkreis zur gemeinsamen Anodenabstimmung. In dem rechten Schrank steht die Endstufe, die in Abb. 84 im Schnitt dargestellt war. Wiederum sieht man unten den Lüfter, darüber den Anodenkreis; auf seiner rechten Seite befindet sich die verschiebbare Ankopplung der Ausgangsleitung, die rechts neben dem Sender in die Höhe führt. Oberhalb der Mittelebene steht der Gitterkreis, man sieht die Einkopplungsleitung von links einmünden.

Abb. 91 zeigt den Einschaltvorgang und die Frequenzkurve des Senders mit Filter. Das Oszillogramm links oben zeigt das Verhalten des Senders bei Modulation mit einem Impuls von 1 μsek Dauer und einer Flankenanstiegszeit von 0,08 μsek. Der modulierende Impuls und der hinter dem Senderausgang gemessene sind auf dem gleichen Oszillogramm abgebildet, um den Vergleich zu erleichtern, und zwar ist der hinter dem Sender gemessene etwas nach links gegen den am Sendereingang entnommenen verschoben. Man sieht, daß die Flankensteilheit am Senderausgang fast voll erhalten geblieben ist

Abb. 90. 1-kW-Fernsehsender, Treiber und Endstufe.

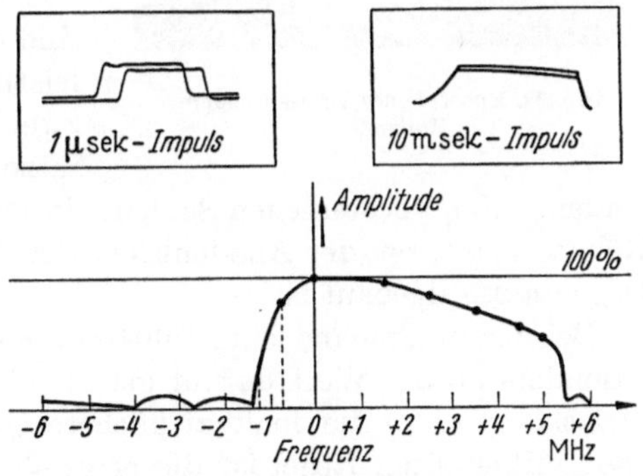

Abb. 91. Einschaltvorgang und Frequenzkurve des 1-kW-Fernsehsenders Telefunken.

und daß die durch Bandabschneidung und nicht geradlinige Phasenkurve entstehenden Überschwingvorgänge durchaus innerhalb der in Abb. 82 dargestellten zulässigen Grenzen bleiben.

Das rechte Oszillogramm zeigt das Ergebnis bei der Modulation des Senders mit einem langen Impuls von 10 msec Dauer. Bei dieser Messung soll kontrolliert werden, daß die Senderamplitude nicht nach kurzer Zeit abfällt, wie es der Fall wäre, wenn die Stromversorgung einen zu hohen Innenwiderstand hätte. Man sieht in der Tat den hinter dem Sender gemessenen Impuls gegen Ende des Impulses ein wenig abfallen. Der Abfall ist jedoch unerheblich.

Rechts ist die Frequenzdurchlaßkurve mit Filter dargestellt. Das Bild entsteht durch Multiplikation der reinen Senderdurchlaßkurve mit der in Abb. 87 dargestellten Durchlaßkurve des Filters. Die Ausgangsamplitude, die nach hohen Frequenzen hin abfällt, liegt bei 5 MHz noch über dem in Abb. 82 dargestellten zulässigen Mindestwert. Die Nullstelle bei 5,5 MHz, an der Stelle, wo der Tonsender sitzt, ist durch eine Frequenzsperre im Modulationsteil erreicht.

Abb. 92. Endstufe des Fernsehsenders Midlands.

In Abb. 92 ist ein Teil der Endstufe eines englischen 35-kW-Fernsehsenders auf 50 MHz gezeigt. Bei dieser niedrigen Frequenz würde ein Topfkreis zu groß werden. Die Endstufe ist daher offen aufgebaut. Über den zwei im Vordergrund sichtbaren Drehkondensatoren sieht man ein aus einem breiten Kupferband hergestelltes, auf den Kopf gestelltes, nach unten offenes U. Diese Schleife und die beiden Drehkondensatoren sind die Auskopplung der Ausgangsleistung. Dahinter sieht man auf zwei zylindrischen Säulen die Ansätze der beiden Endröhren. Diese beiden unten verbundenen Säulen, ein nach oben offenes U, das oben die Röhren trägt, ist der Anodenkreis der Endstufe, die symmetrisch im Gegentakt aufgebaut ist.

Bei der in England eingeführten niedrigen Zeilenzahl 405 wird dort besonders großer Wert darauf gelegt, allen an der Bildgüte beteiligten Zwischengliedern die denkbar höchste Qualität zu geben. Entgegen der oben mitgeteilten Regel ist dieser große Sender daher endstufenmoduliert. Das große Einseitenbandfilter, aufgebaut aus konzentrischen Rohrleitungen von etwa 1,5 m Länge, liegt außerhalb des Bedienungsraumes in einem Keller.

Die Abb. 89 bis 92 zeigten Ausführungsbeispiele von Fernsehsendern in den Frequenzbändern um 50 MHz und um 200 MHz. Diese Technik nähert sich der Vollendung und läßt nichts wesentlich Neues mehr erwarten. Aber in diesen Bändern lassen sich nur wenige Kanäle unterbringen, und die Versorgung großer Gebiete mit mehreren Programmen erfordert größe Kanalzahlen. Das zwingt dazu, das nächste für Fernsehen zugeteilte Frequenzband zu erschließen, das Band von 470 bis 890 MHz, Wellenlängen von 64 bis 33 cm.

Es wurde gezeigt, daß die Verarbeitung breiter Bänder große Steilheit und kleine Kapazität erfordert. Bei Außenanodenröhren mit scheibenförmiger Gitterdurchführung genügt die Erfüllung dieser Forderungen, um die Verwendung von Trägerfrequenzen bis etwa 250 MHz zu ermöglichen. Geht man aber mit der Trägerfrequenz auf das Doppelte und Dreifache, dann ist das nicht mehr der Fall. Zu den oben aufgestellten Forderungen nach großer Steilheit und kleiner Kapazität kommt eine weitere Forderung: Die Röhre muß räumlich so klein sein, daß die Laufzeit der Elektronen von der Kathode bis zur Anode klein bleibt gegen die Periodendauer, und so klein, daß an allen Stellen einer Elektrode die Spannung gleich groß und gleich phasig ist. Die letzte Forderung ist vor allem für Gitter und Kathode schwer zu erfüllen, denn beide sind in der klassischen Bauweise aus Drähten aufgebaut, deren Selbstinduktion sich bei so hohen Frequenzen störend bemerkbar macht.

Abb. 93. 1-kW-Fernsehsender der RCA 530 MHz.

Wohin die Forderungen führen, zeigen Abb. 93 und 94, die einen Fernsehsender der Radio Corporation of America darstellen, einen 1-kW-Sender auf 530 MHz, Baujahr 1949. Abb. 93 zeigt die Gesamtansicht, links den Tonsender, rechts den Fernsehteil. Abb. 94 gibt eine Darstellung des Aufbaus von Treiber und Endstufe. Beide sind gleichartig aufgebaut, der untere Topf ist der Treiber, der gleichzeitig die Frequenz verdreifacht; über eine konzentrische Leitung speist er die Endstufe. Diese ist mit acht Röhren von je 120 Watt bestückt, kleinen Tetroden mit indirekt geheizter Kathode, Außenanode und Scheibendurchführungen für Schirmgitter und Gitter. Man sieht rechts und links je einen der Anodenkühlkörper oben aus dem Topf herausragen. Die Abstimmkreise sind kreisscheibenförmig entartete Topfkreise, die durch am Umfang sich nach unten erstreckende zylindrische Hohlräume mit ringförmigen Schiebern abgestimmt werden.

Die einzelne Röhre ist hier so klein, daß keine Schwierigkeiten durch ungünstige Spannungsverteilung auf den Elektroden entstehen. Da bei der Parallelschaltung von Röhren die Steilheit im gleichen Maße wächst wie die Kapazität, gilt das auch für eine aus vielen Röhren bestehende Stufe, vorausgesetzt, daß es gelingt, im Aufbau der Senderstufe Unterschiede in den Amplituden und Phasen der einzelnen Röhren zu vermeiden.

Während dieser Sender offenbar eine hervorragende technische Leistung darstellt, ist es klar, daß das noch keine ausgereifte Technik ist. Man stelle sich bloß einen 10-kW-Sender vor oder auch nur 5 kW mit 40 parallelgeschalteten Röhren. Auf dem Wege der Parallelschaltung vieler kleiner Röhren kommt man nicht weiter. Hier entstehen neue Aufgabenstellungen für den Röhrenbauer.

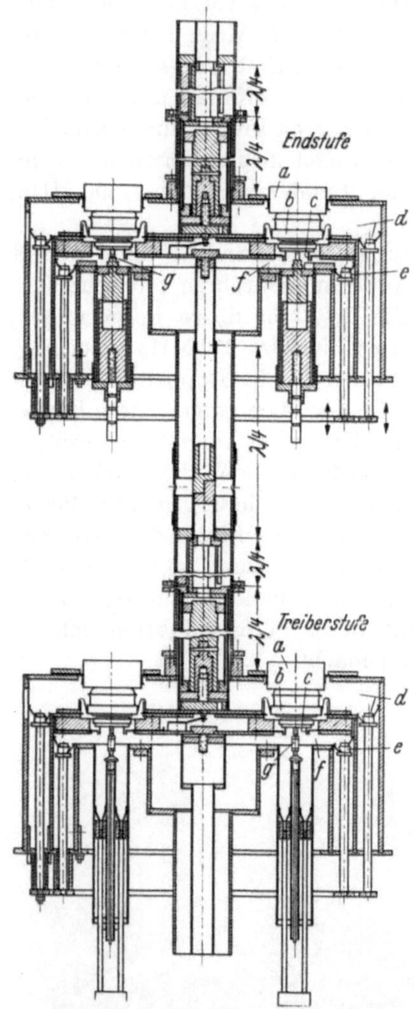

Abb. 94. 1-kW-Fernsehsender der RCA 530 MHz. Treiber- und Endstufe. *a* Anode; *b* Schirmgitterdurchführung; *c* Kathodendurchführung; *d* Anodenkreisschwingungsraum und zugehöriger ringförmiger Anodenraumabstimmschieber; *e* ringförmiger Abstimmschieber des Gitterkreisabstimmraumes; *f* Gitterkreisabstimmraum; *g* Gitterdurchführung.

Die Aufgabenstellung läßt sich einfach präzisieren: In bezug auf Spannungsfestigkeit, Spitzenstrom, Steilheit und Kapazität muß die Röhre nach wie vor den mit Abb. 83 diskutierten Bedingungen genügen. Damit liegen der Emissionsstrom und die an Gitter und Anode abzuführenden Verlustleistungen fest. Gegenüber den heutigen Röhren, die etwa bis 250 MHz brauchbar sind, müssen aber die linearen Abmessungen etwa wie 1:3 verkleinert werden, wenn die Röhre für 750 MHz, also für eine wie 1:3 verkürzte Welle, noch geeignet sein soll. Das gilt nicht streng, denn außer einer Verkleinerung können vielleicht noch andere Maßnahmen getroffen werden, um die Impedanzen der Elektroden zu verkleinern; man kann, um nur ein Beispiel zu nennen, wie bei der obenerwähnten 120-Watt-Tetrode von einer aus Glühdrähten aufgebauten Kathode zu einer fremdgeheizten übergehen, deren Kathodenfläche eine gleichmäßige Spannungsverteilung erleichtert. Auch kann man durch Abweichungen von der maßstäblichen Verkleinerung die Eignung der Röhre für hohe Frequenzen verbessern. Ohne wesentliche Verkleinerung der Röhren wird man aber auf keinen Fall auskommen.

Eine Verkleinerung der Röhre im Maßstab 1:3 bei festgehaltener Emission und Verlustleistung heißt aber nichts anderes als eine Steigerung der spezifischen Flächenbelastung der Röhrenelektroden im Verhältnis 1:9. Das ist in bezug auf die Kathode denkbar, denn die niedrige Anodenspannung erlaubt den Übergang zur Oxydkathode. Was aber Gitter und Anode betrifft, so muß deren Kühlung enorm gesteigert werden. Das bedeutet nicht nur Übergang zur Wasserkühlung der Anode; auch das Gitter muß intensiv gekühlt werden. Der Sender um die Röhre herum muß neben seinen elektrischen Funktionen auch noch sorgfältig auf Wärmeableitung dimensioniert werden, er umgibt gleichsam die Röhre wie ein großer Kühlkörper.

Bei dieser räumlichen Zusammendrängung bei konstanter Wechselspannung wächst auch die Feldstärke im Isolationsmaterial, das nur durch Anblasen gekühlt werden kann. Das erzwingt den Übergang vom Glas zur Keramik, deren Verlustwinkel viel weniger mit der Temperatur ansteigt als der des Glases. So kommt man also zu wassergekühlten Keramikröhren mit hoher Flächenbelastung der Elektroden, indirekt geheizter Kathode und Scheibendurchführungen.

Mit solchen Röhren läßt sich dann die oben dargestellte Sendertechnik bis zu vielen hundert MHz fortsetzen, wobei nicht nur die Röhre, sondern auch die frequenzbestimmenden Bauelemente des Senders sich im Verhältnis der wachsenden Frequenz verkleinern, während Stromversorgung und Kühlaufwand bleiben. Diese Entwicklung zeichnet sich in den Vereinigten Staaten bereits ab. Man beginnt dort, Senderöhren zu produzieren, die Leistungen von 5 bis 10 kW als Trioden oder Tetroden bis zu einer Frequenz von 1000 MHz und darüber, also bis unter 30 cm

Wellenlänge herunter, beherrschen. Das sind Dezimeterwellenröhren in Dezimeterwellenschaltungen, wie sie bereits vor 10 Jahren gebaut werden, aber in ihren Leistungen etwa 100mal so stark wie damals möglich war.

Wenn man in 5 Jahren einen Vortrag über Fernsehsender hält, so wird man diese Technik der kleinen hochbelasteten Senderstufen zu zeigen haben. Dabei werden dann die Kapazitäten viel kleiner, die Steilheiten größer geworden sein, so daß die heute im Vordergrund stehenden Bandbreitenprobleme weit in den Hintergrund treten. Die oben dargestellte Problematik des Fernsehsenders auf 200 MHz wird dann als völlig abgeschlossener Stand der Technik dastehen.

G. Die Antennenanlagen der Fernseh-Rundfunksender im UKW-Bereich.

Von Dipl.-Ing. Dr. **W. Berndt**, Berlin.

Mit 27 Abbildungen.

1. Frequenzbereiche.

Der Fernsehrundfunk in Europa wird zunächst auf den UKW-Rundfunkbändern I und III arbeiten. Diese Frequenzbänder wurden auf der Internationalen Wellenkonferenz in Atlantic City im Jahre 1947 dem Rundfunk zugeteilt. Das Band I, auch 6-Meter-Band genannt, umschließt den Frequenzbereich 41 bis 68 MHz, das 1,5-Meter-Band III den Bereich 174 bis 216 MHz.

Zwischen beiden liegt das 3-Meter-Band II mit 87,5 bis 100 MHz, das allgemein für den frequenzmodulierten UKW-Rundfunk vorgesehen ist. In den USA wird für den Fernsehrundfunk ein Band von 54 bis 88 MHz mit fünf Kanälen und ebenfalls das Band III von 174 bis 216 MHz mit sieben Kanälen verwendet. Der amerikanische Fernsehrundfunk arbeitet mit einem Kanalabstand von 6 MHz und 525 Zeilen.

Das von den meisten europäischen Staaten vorgesehene Fernsehsystem mit 625 Zeilen bei einem Kanalabstand von 7 MHz (sog. Gerbernorm) läßt in Band III nur sechs Kanäle, in Band I nur vier Kanäle zu. Weil hiermit eine befriedigende Fernsehversorgung nicht möglich ist, wurde das Band III auf der Europäischen Wellenkonferenz in Stockholm im Sommer 1952 von einigen Staaten nach oben und unten erweitert [1]. Von 216 bis 223 MHz ist ein neuer Kanal geschaffen, der von Belgien, Deutschland und der Schweiz benutzt wird. Diese Länder verfügen also nach Stockholm 1952 über sieben Kanäle in Band III, während die übrigen, der Gerbernorm angeschlossenen Länder, Finnland, Norwegen, Schweden, Dänemark, Holland, Luxemburg, Österreich, Jugoslawien, Italien, Spanien und die Türkei, nur sechs Kanäle in Band III haben.

Die in der Organisation Internationale de Radiodiffusion (OIR) zusammengefaßten osteuropäischen Staaten dehnen das Frequenzband III bis zu 144 MHz herunter aus und wählen Kanalabstände von 8 MHz bei 625 Zeilen. Frankreich benutzt das Band III von 162 bis 216 MHz mit Kanalabständen von 14 bzw. 13,15 MHz bei 819 Zeilen.

Eine ausreichende Fernsehversorgung ist jedoch nur durch Erschließung weiterer Fernsehbereiche möglich. Nach Atlantic City 1947 sind für Rundfunkzwecke zwei Bänder im Dezimeterwellenbereich vorgesehen. Das eine Band IV liegt zwischen 470 und 585 MHz (im Mittel etwa 0,6 m), das andere Band V reicht von 610 bis 940 MHz (im Mittel etwa 0,4 m). Da die hier benutzten Sendeantennen in vielen Punkten von den im UKW-Bereich benutzten abweichen und auch noch keine europäische Wellenverteilung für diese Dezimeterbänder in Aussicht steht, werden im folgenden nur die UKW-Sendeantennen für die Bänder I bis III behandelt.

Wegen der Beschränkung auf den Fernsehrundfunk entfällt hier auch die Besprechung von Richtantennen der Fernsehzubringerstrecken, für die andere Frequenzbänder, vorwiegend im Dezimetergebiet, vorgesehen sind. Diese Richtantennen unterscheiden sich kaum von den Antennen, wie sie für andere UKW- und Dezimeterdienste, z. B. Mehrkanalsprechverbindungen, benutzt werden. Dagegen haben die Antennenanlagen für Fernseh-*Rundfunk*sender eine ganze Reihe von Besonderheiten, wie sie auf anderen Anwendungsgebieten nicht auftreten.

2. Anforderungen.

Die Anforderungen an die Sendeantennen für den Fernsehrundfunk sind unterschiedlich für die beiden Frequenzbänder I und III. Ein Antennentyp, der in Band I eine Bandbreite gleich einem Kanalabstand hat, also nur für *einen* Fernsehkanal geeignet ist, hat in Band III, entsprechend verkleinert, bei gleichem Kanalabstand eine für vier Kanäle ausreichende Bandbreite. Wegen der etwa viermal so großen Wellenlänge im Band I gegenüber Band III steigen hier die Anforderungen an die relative Bandbreite der Fernsehantenne.

Innerhalb des jeweiligen Bandes I bzw. III gibt es noch unterschiedliche Anforderungen aus den verschiedenen Bandbreiten der einzelnen Fernsehsysteme, die zwischen 5 und 14 MHz liegen. Sobald jedoch eine richtig dimensionierte Fernsehantenne selbst im ungünstigsten Falle eine genügende Bandbreite hat, ist sie praktisch unabhängig von den verschiedenen Einzelheiten der heute verwendeten Fernsehsysteme. Die gemeinsamen Kennzeichen der verschiedenen Systeme sind ein dem Bildkanal dicht benachbarter Tonkanal, der frequenzmäßig entweder oberhalb oder unterhalb liegen kann [2], sowie die Verwendung von getrennten Bild- und Tonsendern.

Demgegenüber wird es für Systeme ohne gesonderten Tonsender, bei denen die Tonmodulation dem Bildsender mitgegeben wird, einfachere Sendeantennen ohne typische Fernsehantennenprobleme geben. Derartige Systeme, die eine, wenn auch geringe Einsparung an Kanalbreite ergeben können, haben sich aber noch nicht durchgesetzt.

Bei den heute üblichen Verfahren der Bild- und Tonmodulation besteht eine Fernsehsendeanlage in den meisten Fällen aus den folgenden drei wesentlichen Einzelelementen:

1. Bildsender; — 2. Tonsender; — 3. Antennenanlage.

Die Antennenanlage reicht also von den getrennten Ausgängen des Bild- bzw. Tonsenders bis zur Spitze der eigentlichen Strahleranordnung. Sie hat die folgenden Aufgaben zu erfüllen:

a) Getrennte Entnahme der Leistung vom Bild- bzw. Tonsender ohne gegenseitige Rückwirkung und ohne störende Reflexion an den Kabelenden, letzteres besonders im Hinblick auf den Bildsender.

b) Gemeinsame und gleichartige Abstrahlung der Bild- und Tonenergie, d. h. Erzielung von Feldstärken, die an jedem Empfangsort gleichartig polarisiert sind und in einem genügend konstanten gegenseitigen Amplitudenverhältnis stehen. Das letztere bedeutet in den meisten Fällen genügend runde horizontale Antennendiagramme für Bild- *und* Tonsendung.

c) Erhöhung der Sendeleistung in der Versorgungsrichtung, das ist vorwiegend die Horizontalebene, durch Bündelung. Bei Anordnung gleichartiger Strahlerelemente übereinander wird ein Leistungsgewinn erzielt, der in der Praxis Werte bis zu 12 erreicht, also einer Verzwölffachung der Sendeleistung entspricht.

3. Polarisation.

Bei Beginn der Fernsehrundfunktechnik waren die Antennen vertikal polarisiert, wie z. B. auch bei den ersten deutschen Fernsehsendeantennen in Berlin-Witzleben. In letzter Zeit hat sich dagegen die Erkenntnis durchgesetzt, daß die horizontale Polarisation im UKW-Bereich eine Reihe von Vorzügen bietet.

Zwar bestehen in einem idealen, ebenen und rückstrahlfreien Versorgungsgebiet bezüglich des Absolutwertes der Feldstärke für die in Betracht kommenden Entfernungen keine entscheidenden Unterschiede zwischen vertikal und horizontal polarisierter Sendung. Dagegen haben der örtliche Störpegel und die Reflexionseigenschaften der Umgebung unterschiedliche Einflüsse. In bezug auf den Störpegel ist die horizontale Empfangsantenne im Vorteil, wenn sie exakt symmetrisch aufgebaut und damit entkoppelt von der Erdverbindung ist, über die Störenergie an die Antenne und damit in das Empfangsgerät gelangen kann. Wichtig ist hierbei, daß die Verbindungsleitung zwischen Antenne und Empfangsgerät einwandfrei abgeschirmt ist, damit nur die Antenne allein aufnimmt. Bei Verwendung eines einadrigen geschirmten Kabels muß zwischen Antenne und Kabel ein Symmetrierglied [*3, 4*] geschaltet werden, während es bei Verlegung von zweiadrigen geschirmten Kabeln entfallen kann. Bei Verwendung ungeschirmter Zweidrahtleitungen, wie sie vielfach als Antennenzuführung benutzt werden, spielt auch die erdsymmetrische Ausbildung der Empfängereingangsschaltung eine Rolle. Unsymmetrie an dieser Stelle befähigt die Zweidrahtantennenleitung zur gleichtaktigen Aufnahme der Störfeldstärken und kann die Vorteile der horizontalen Polarisation illusorisch machen.

In einem stark störverseuchten Gebiet, wie es jede Großstadt mit intensivem Kraftverkehr darstellt, ist der Vorteil eines horizontalpolarisierten Versorgungssystems gegenüber einem vertikal polarisierten am größten. Messungen haben ergeben, daß bei Anwendung horizontaler Polarisation für die Sende- und Empfangsantennen gegenüber der vertikalen die Hälfte bis ein Drittel der Feldstärke am Empfangsort genügen kann, um den Nutzempfang aus dem Störpegel herauszuheben. Für die gleiche Störfreiheit im Gerät würde man also bei einem System mit Vertikalantennen die vier- bis neunfache Senderleistung benötigen. Der Reichweitenunterschied bei gleichen Senderleistungen wäre, da im UKW-Bereich der Feldstärkeabfall angenähert mit dem Quadrat der Entfernung erfolgt, etwa 1,4 bis 1,7. Wenn man die Zahl der Fernsehteilnehmer der Bodenfläche proportional annimmt, so kann man unter Zugrundelegung der eben zitierten Meßwerte bei einem horizontal polarisierten System die zwei- bis dreifache Höhrerzahl erfassen, wenn die gleiche Senderleistung und Antennenbündelung zur Verfügung steht wie bei einem vertikalen System.

Wenn allerdings schon ein erheblicher Feldstärkeüberschuß selbst bei Empfang mit Behelfsantenne vorhanden ist, haben die Polarisation des Antennensystems, die Kabelabschirmung und die Symmetrie des Empfängereingangs nicht mehr die oben geschilderte Bedeutung. In engen Straßen und erst recht im Zimmer ist die Polarisationsrichtung durch Reflexion an allen erdenklichen Metallteilen ohnehin nicht mehr eindeutig, so daß die horizontale Empfangsantenne unter diesen Bedingungen keinesfalls immer das Empfangsoptimum ergibt. Durch Probieren kann man hier eine günstigste Antennenrichtung finden, durch Unterlassung des Probierens jedoch zufällig in einem Empfangsminimum liegen. Für diese Empfangsart mit Zimmerantennen bzw. mit Behelfsantennen, die in das Gerät eingebaut sind, ist es ziemlich gleichgültig, ob die Sendeantennen vertikal oder horizontal sind. In beiden Fällen können Empfangsminima für irgendeine Orientierung der Antenne auftreten und müssen Maxima gesucht werden.

Es ist denkbar, daß dieser Effekt kleiner wird, wenn auf der Sendeseite zirkular polarisiert arbeitende Antennensysteme verwendet werden. Die hierfür notwendigen Antennen bestehen zur Hälfte aus horizontalen, zur anderen Hälfte aus vertikalen, um 90° gegen die ersten phasenverschoben gespeisten Strahlern. Sie sind natürlich komplizierter und teurer und nicht so leicht zur Erzielung einer großen Energiebündelung und Bandbreite geeignet. In dieser Beziehung ist die horizontal polarisierte

Antenne von allen am vorteilhaftesten, da sie die zur Erreichung einer
großen Energiebündelung erforderliche Übereinandergruppierung sehr
vieler Strahlerelemente ohne Schwierigkeiten gestattet. Die gegenseitige
Beeinflussung der horizontalen Strahlerteile und der vertikalen Masten
und Speiseleitungen ist hierbei ein Minimum, so daß Mantelwellen, deren
Vermeidung bzw. Beseitigung bei vertikaler Polarisation einen erheblichen
Aufwand bedeutet, bei sorgfältigem Aufbau nicht in Erscheinung treten.

Der geringere Einfluß der im UKW-Gebiet wirksamen Störquellen, in
erster Linie Zündfunken der Kraftfahrzeuge und Hochfrequenzheilgeräte,
auf eine horizontale Empfangsantenne, verglichen mit ihrem Einfluß auf
eine vertikale, hat neben den oben geschilderten Gründen wahrscheinlich
die folgende Ursache. Störenergien gelangen in den seltensten Fällen auf
einem direkten Wege zur Empfangsantenne, sondern erst nach ein- oder
mehrmaliger Reflexion an irgendwelchen als Rückstrahler wirkenden
Leitern. Offenbar besitzt die Umgebung einer Fernsehempfangsantenne
mehr vertikal orientierte Rückstrahler als horizontale, nämlich Blitz-
ableiter, Fahnenstangen, Laternenpfähle, Schornsteine, Kirchtürme usw.
Wenn diese vertikalen Rückstrahler von den Störquellen erregt werden,
strahlen sie gleichmäßig nach allen Richtungen in der Horizontalebene
zurück, während die vorwiegend horizontal orientierten Rückstrahler,
z. B. Dachfirste, Starkstrom- und Telephonleitungen, je nach ihrer Länge
mehr oder weniger gerichtet rückstrahlen, also im Durchschnitt in der
Horizontalebene weniger wirksam sind. Auf diese Weise erscheinen in
vielen Fällen die Störfeldstärken vorwiegend vertikal polarisiert, ohne
daß die Störquellen von sich aus diese eindeutige Polarisation zu haben
brauchen.

Rückstrahler wirken für Fernsehempfänger aber nicht nur als Träger
von Störenergie, sondern ermöglichen auch noch die Ausbildung von
Mehrfachwegen zwischen Sende- und Empfangsantenne. Die dadurch
auf dem Fernsehschirm erkennbaren Laufzeitechos müssen also bei einem
System, das mit horizontalen Sende- und Empfangsantennen arbeitet,
kleiner sein als bei einem solchen mit vertikalen Antennen. Da der Einfluß der Rückstrahler mit steigender Frequenz größer wird, kann man
mit Erfolg nur noch im 6-Meter-Band I mit vertikalen Systemen arbeiten,
wie z. B. in England, während sich sonst allgemein die horizontale Polarisation durchgesetzt hat.

Ein letzter Grund für diese Entwicklung liegt wohl noch darin, daß
der horizontale Empfangsdipol schon für sich allein aus zwei Richtungen,
nämlich längs seiner Achse, nichts empfängt, während die Vertikalantenne keine Richtwirkung in der Horizontalebene hat. Man kann also
durch Drehen der Empfangsantenne von störenden Rückstrahlen frei-
kommen. Durch Reflektoren und Direktoren kann diese Ausblendfähig-
keit weiter verstärkt werden.

Es ist nämlich ein typisches Kennzeichen der Fernsehempfangsantennen, daß sie eine ausgesprochene Richtwirkung haben und in den meisten Fällen auch haben müssen. Diese Forderung an die Empfangsantennentechnik wird um so dringlicher, je weiter das Fernsehsendernetz ausgebaut ist. Wegen der beschränkten Anzahl von Fernsehkanälen wiederholen sich natürlich die gleichen Sendefrequenzen in einem gewissen räumlichen Abstand, der für normale Ausbreitungsbedingungen ausreichen mag, um gegenseitige Störungen am Empfangsort zu verhindern. Für die Perioden der Überreichweiten können dann aber Störungen auftreten, wie es die Praxis in den USA gezeigt hat.

Eine vertikale Empfangsantenne mit Reflektor hat eine Halbwertsbreite des Horizontaldiagramms von etwa 180°, das ist die Breite des Hauptmaximums zwischen den Punkten halber Leistung (70% Feldstärke). Diese Anordnung blendet also etwa die Hälfte der auf dem gleichen Kanal einfallenden Störsender aus. Eine horizontale Empfangsantenne mit Reflektor hat schon eine Halbwertsbreite von weniger als 90° und blendet daher über etwa $\frac{3}{4}$ des Umfanges aus. Für den Quadranten in der Hauptempfangsrichtung gibt es aber zunächst keine Beseitigung von Störungen in den Zeiten der Überreichweite, es sei denn, man wählt das Versorgungssystem von vornherein unter anderen Gesichtspunkten und unter Berücksichtigung der Eigenschaften der horizontalen, vertikalen oder der zirkularen Polarisation. Es gibt hierbei zwei grundsätzliche Möglichkeiten, wenn man zwei Fernsehsendern im gleichen Kanal verschiedenartige Antennensysteme zuteilt:

a) Sender I strahlt vertikal, Sender II horizontal polarisiert.

b) Beide strahlen zirkular polarisiert, Sender I aber rechtsdrehend, Sender II linksdrehend.

Im Fall a) können eindeutig vertikal bzw. horizontal orientierte Empfangsantennen zwischen Sender I und II trennen. Von dieser Tatsache soll beim Ausbau des britischen Fernsehnetzes Gebrauch gemacht werden, das zur Zeit in Band I mit Sendern von sehr großer Leistung und mit vertikalen Sendeantennen arbeitet. Es soll ergänzt werden durch Sender mittlerer Leistung auf den gleichen bisher verwendeten Kanälen, die mit horizontalen Sendeantennen versehen werden. Auch für die gleichzeitige Verwendung eines Fernsehkanals in benachbarten Ländern ist auf der Stockholmer Wellenkonferenz die Benutzung verschieden polarisierter Antennen diskutiert worden.

Im Fall b) kann eine Empfangsantenne, die für zirkular polarisierte Sendung eingerichtet ist, durch Umpolen der einen Hälfte die beiden Sender I und II trennen. Derartige komplizierte Empfangsantennen sind aber nur in Sonderfällen erforderlich. Im allgemeinen sind einfache vertikale bzw. horizontale Empfangsantennen und auch solche in irgendeiner Schräglage den zirkular polarisierten im Nahbereich gleichwertig, d. h. dort, wo die Feldstärken aller anderen Sender im gleichen Kanal, selbst bei größter Überreichweite noch klein sind gegenüber der Nutzfeldstärke. Ein derartiges System mit zirkular polarisierten Sendeantennen hat die auf S. 120 geschilderten Vorteile bei Empfang mit Behelfsantennen, nämlich die Vermeidung von tiefen Empfangsminima.

4. Antennentypen.

Eine wirtschaftliche Anwendung der UKW-Wellen der oben bezeichneten Frequenzbereiche ist erst möglich auf Grund der Energiebündelung der Antennen, gewonnen durch Übereinanderanordnung von unter sich gleichartigen Strahlerelementen, die mit gleicher Phase und meist gleicher Amplitude über Kabel oder Energieleitungen gespeist werden. Die Strahlungsverteilung in der Vertikalebene, das sog. Vertikaldiagramm einer solchen Antennenkombination, ist durch Anzahl und Abstände der Strahlerelemente, die Strahlungsverteilung in der Horizontalebene allein vom Horizontaldiagramm des Strahlerelements abhängig.

Auf der Sendeseite wird entsprechend der Aufgabe des Rundfunks meist eine ausgesprochene oder angenäherte Rundstrahlung erforderlich sein. Während eine Vertikalantenne schon eine Rundstrahlung in der Horizontalebene hat, muß man bei Verwendung von horizontalen Antennen besondere Vorkehrungen treffen, um die bekannte Richtwirkung des horizontalen Dipols unwirksam zu machen.

Hierzu gibt es zwei grundsätzliche Möglichkeiten, nämlich die kreuzweise und die ringförmige Anordnung der Dipole. Die sich daraus ergebenden Antennenformen sind die folgenden:

Der Drehkreuzstrahler (Antennenströme mit umlaufender Phase, daher auch Drehfeldantenne genannt).

Der Ringstrahler, in der Praxis meist als Quadratantenne ausgebildet (daher auch Rahmenstrahler genannt): a) Antennenströme gleichphasig; — b) Antennenströme mit umlaufender Phase.

Beide Strahlertypen werden vorwiegend aus dem Grundelement der UKW-Antennentechnik, dem Halbwellendipol, aufgebaut. Er ist in einer Reihe von Ausführungsformen bekannt, die in Abb. 95 zusammengestellt sind. Neben dem üblichen Dipol aus geraden Rohren (1), gibt es den gefalteten Dipol (2 und 3), der eine Widerstandstransformation gestattet, so daß hochohmige Zweidrahtleitungen direkt angeschlossen werden können. 4 ist ein Dipol mit fest angebauter Symmetrierschleife S zum Anschluß an ein konzentrisches Kabel, 5 eine ähnliche Ausführungsform mit einem strahlungsgekoppelten Dipol D, der die Breitbandeigenschaften verbessert, 6 eine paarige Anordnung von zwei Dipolen in ähnlicher Form. 7 ist ein Rohrdipol aus runden oder elliptischen Rohren, 8 ein in der Breite entarteter Dipol, und als letzter in dieser Reihe ist der Schmetterlingsdipol 9 dargestellt, der in der Fernsehtechnik von besonderer Bedeutung ist.

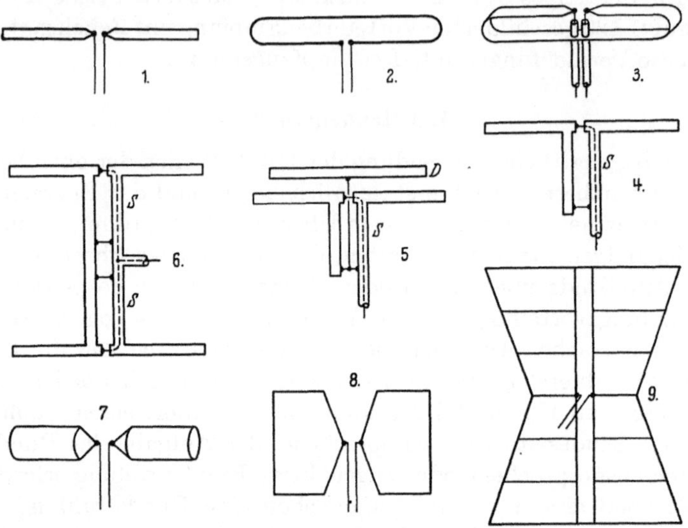

Abb. 95. Ausführungsformen und Abwandlungen von Halbwellendipolen.

Aus diesen verschiedenartigen Dipolformen werden die Antennen der Fernsehsender für horizontale wie auch vertikale Polarisation aufgebaut. Der vertikale Dipol hat zwar schon allein ein rundes Horizontaldiagramm, kann aber längs eines vertikalen Mastes nicht ohne weiteres zu mehreren übereinander angebracht werden. Er wird daher in ähnlicher Weise um den tragenden Mast herum angeordnet wie die horizontalen Dipole, und zwar in Drehfeldspeisung, derart, daß zwei gegenphasig gespeiste Dipole sich in ihrer Wirkung auf den Mast aufheben, das Entstehen von Mantelwellen auf dem Mast also verhindert wird.

Die Kombinationen von horizontalen und vertikalen Dipolen, die in der Horizontalebene ein angenähertes Runddiagramm ergeben, sind in ihren Ausführungsformen mit den dazugehörigen Horizontaldiagrammen in Abb. 96 dargestellt. 1 ist der einfache Drehkreuzstrahler, der ein nahezu rundes Horizontaldiagramm gibt, vorausgesetzt, daß der tragende Mast genügend schlank ist. Ist der Mast dicker, so deformiert sich das Diagramm entsprechend 2. Man kann es wieder abrunden, wenn man die Dipole paarig um 45° versetzt. Dann erhält man das gestrichelt gezeichnete Diagramm 2. 3 zeigt das Horizontaldiagramm der Schmetterlingsantenne mit einer für die Praxis genügenden Rundheit.

In der zweiten Zeile sind in 4 die obengenannte Vertikalantenne mit

Drehfeldspeisung, in 5 und 6 die Horizontalantennen vom Ringstrahlertyp a und b wiedergegeben. In der letzten Zeile sind zwei Schlitzrohrstrahler angedeutet, auf die später noch eingegangen wird, und zwar sowohl mit zwei als auch mit vier gleichmäßig über den Umfang des Rohres verteilten Schlitzen.

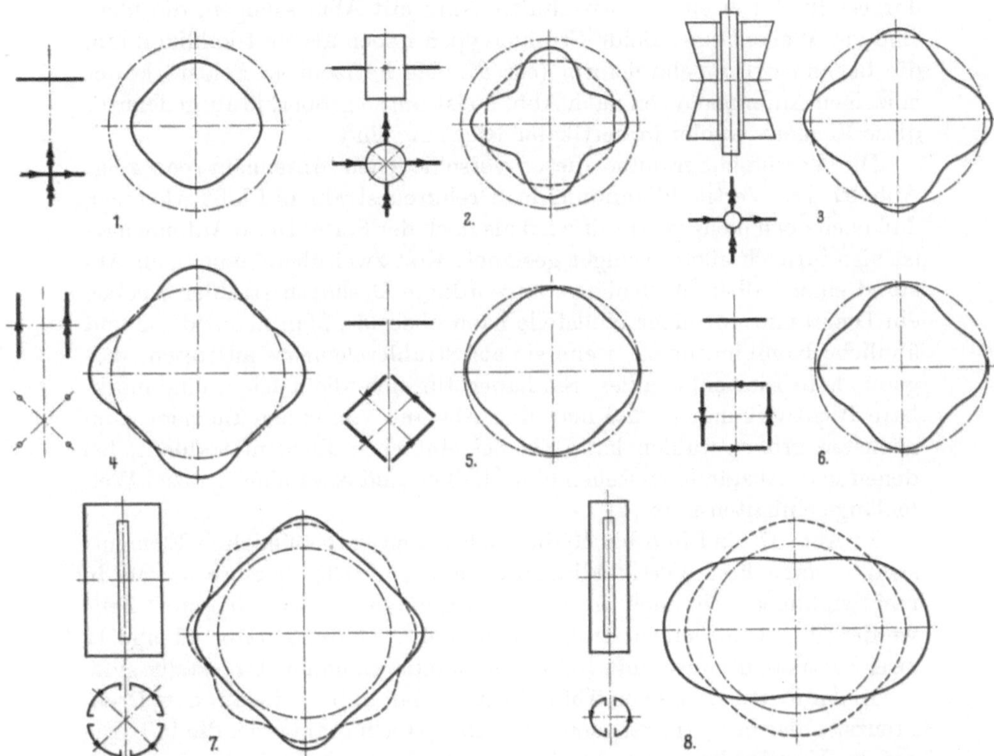

Abb. 96. Horizontaldiagramme der verschiedenen Antennentypen für den Fernsehrundfunk. Feldstärke in der Horizontalebene, verglichen mit cos-β-Dipol (strichpunktiert) gleicher Leistung. 1. Drehkreuzantenne (Turnstile). 2. Drehkreuzantenne an dickem Rohrmast. 3. Schmetterlingsantenne (Superturnstile). 4. Vertikale Drehfeldantenne. 5. Ringstrahler (Quadratantenne) mit gleichphasigem Stromumlauf. 6. Quadratantenne in Drehfeldspeisung. 7. Vierschlitzstrahler. 8. Doppelschlitzstrahler. Die gestrichelt gezeichneten Diagramme gelten für versetzte Elementstrahler, und zwar um 45° bei 2 und 7, um 90° bei 8.

Der Zweischlitzstrahler 8 hat ein verhältnismäßig längliches Horizontaldiagramm, das aber durch Versetzen der Schlitze nahezu kreisrund gemacht werden kann. Der Vierschlitzstrahler hat von sich aus schon ein genügend rundes Diagramm. Es kann, wie man an der gestrichelten Kurve sieht, durch Versetzen um 90° noch weiter abgerundet werden. Die Horizontaldiagramme gelten unabhängig davon, wieviel solcher

Einzelantennen, im allgemeinen als Elementstrahler bezeichnet, übereinander angeordnet werden. Die Abb. 96 gibt die Abweichung der Horizontaldiagramme von der gewünschten Rundheit an und darüber hinaus die Absolutwerte der Feldstärke, verglichen mit derjenigen eines Normalstrahlers gleicher Leistung (strichpunktierte Kreise). Als Normalstrahler ist ein vertikaler HERTZscher Dipol gewählt oder ein magnetischer Dipol, dargestellt durch einen horizontalen Ring mit Abmessungen, die klein sind zur Wellenlänge. Beide Strahlertypen haben als Vertikaldiagramm die bekannte Doppelkreisform (cos β). Die horizontale Feldstärke der einzelnen Antennentypen nach Abb. 96 ist um so größer, je ausgedehnter diese Elementstrahler in vertikaler Richtung sind.

Die Vertikaldiagramme dieser verschiedenen Antennentypen zeigt Abb. 97. Das Vertikaldiagramm des Drehkreuzstrahlers 1 läßt erkennen, daß nach oben mehr gestrahlt wird als nach der Seite. Diese Antennenart ist also für sich allein weniger geeignet. Erst zwei übereinander im Abstand einer halben Wellenlänge angeordnete Drehkreuzstrahler ergeben ein Diagramm mit einer Nullstelle nach oben (5). Man nennt diese und ähnliche Kombinationen, wenn sie als Strahlerelemente auftreten, vorgebündelte Elementstrahler. Sie haben für sich allein schon eine merkbare Richtwirkung, so daß man den Abstand von einem Element zum nächsten größer wählen kann als bei einfachen Elementstrahlern, bei denen man Abstände zwischen einer halben und etwa einer ganzen Wellenlänge einhalten muß [6].

In Abb. 97 sind in 5 bis 10 die wichtigsten vorgebündelten Elementstrahler mit ihren Vertikaldiagrammen dargestellt, letztere sowohl in rechtwinkligen wie auch in Polarkoordinaten. In der obersten Zeile werden einfache Elementstrahler behandelt, während unter 11 und 12 zwei Vertikalantennen mit ihren Vertikaldiagrammen dargestellt sind.

In der dritten Zeile von Abb. 97 findet man unter 9 die aus dem Drehkreuzstrahler hervorgegangene sog. Schmetterlingsantenne, die in bezug auf das Vertikaldiagramm ähnliche Eigenschaften hat wie die Kombination zweier Drehkreuzstrahler im Abstand einer halben Wellenlänge gemäß 5. In ähnlicher Weise ist der Schlitzrohrstrahler 10 aus der Kombination zweier übereinander angeordneter Rahmenstrahler mit $\lambda/2$-Abstand entstanden und weist dementsprechend auch ein ähnliches Vertikaldiagramm auf. Das Kennzeichen dieser letztgenannten vorgebündelten Elementstrahler ist eine quadratische Nullstelle nach oben und unten bzw. eine solche von noch höherer Ordnung.

Der Ring- oder Rahmenstrahler hat gegenüber dem Drehkreuzstrahler eine Reihe von Vorteilen, sowohl in bezug auf das Vertikaldiagramm wie auch, damit zusammenhängend, im Hinblick auf den Gewinn bei Antennenkombinationen. Der einfache Rahmenstrahler entsprechend 2 und 6 in Abb. 97 mit einer Kantenlänge von etwa einer halben Wellenlänge läßt sich nur bei verhältnismäßig schlanken Masten, also vorwiegend bei Rohrmasten, verwenden.

Für stärkere Masten in Gitterkonstruktion muß ein größerer Umfang des Rahmenstrahlers gewählt werden. Durch den größeren Abstand zwischen den vier Halbwellendipolen würde das Horizontaldiagramm unrunder werden. Außerdem kann eine weitere Verzerrung des Horizontal-

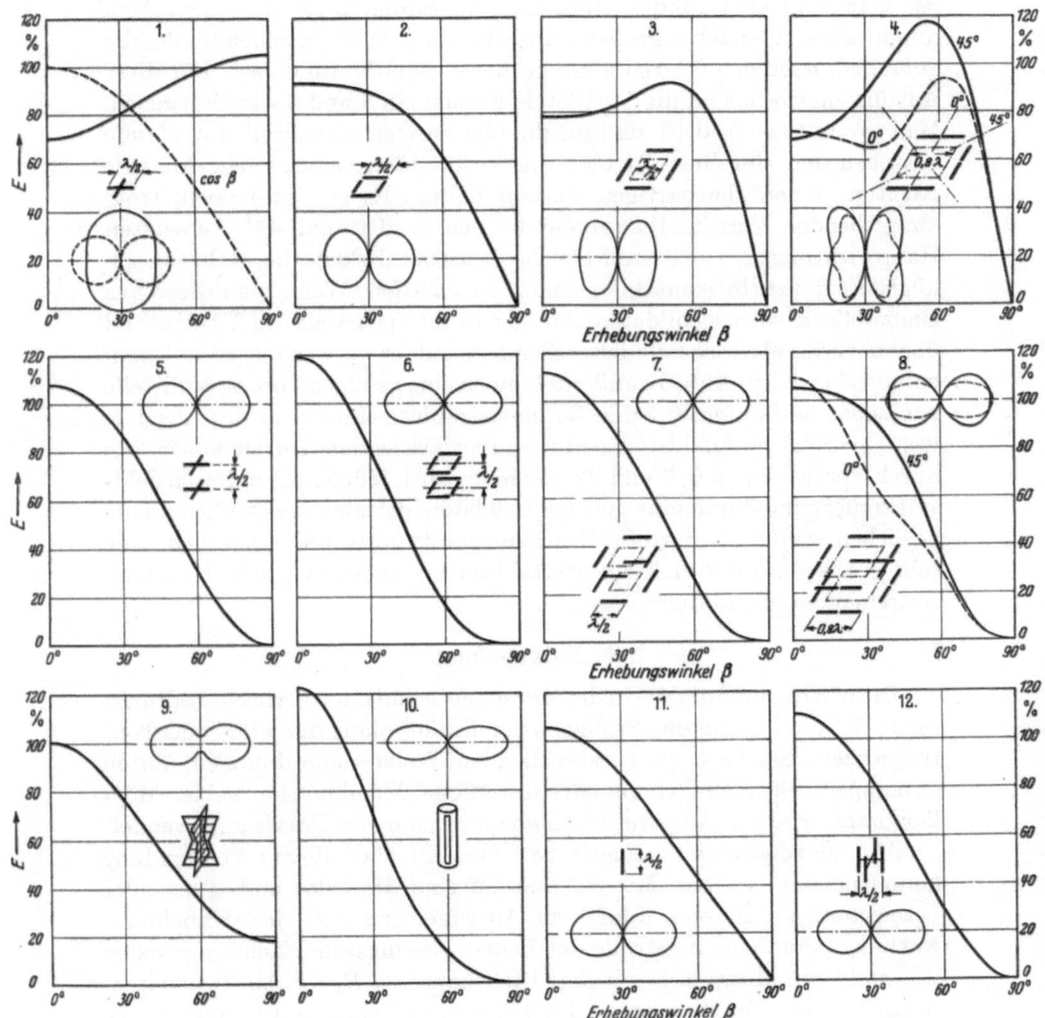

Abb. 97. Vertikaldiagramme der verschiedenen Elementstrahler für den Fernsehrundfunk. 1. bis 4. Einfache Elementstrahler für horizontale Polarisation. 5. bis 10. Vorgebündelte Elementstrahler für horizontale Polarisation. 11. und 12. Vertikalantennen.

diagrammes durch unkontrollierbares Mitschwingen von Teilen der Mastkonstruktion eintreten. Aus diesen Gründen werden bei einem gegenseitigen Abstand der gegenüberliegenden Dipole von mehr als einer Wellenlänge eindeutige Reflektorflächen um den Mast herum vorgesehen. Derartige Beispiele zeigen 3 und 7 von Abb. 97 mit strichpunktierter Darstellung der Reflektorflächen sowie das Photo von Abb. 116.

Bei noch größeren Mastquerschnitten kann man mit Halbwellendipolen kein genügend rundes Horizontaldiagramm mehr erreichen. Man nimmt dann die nächst größere Einheit, nämlich Ganzwellendipole, die außerdem noch den Vorteil einer größeren Bandbreite haben. Für diese Ausführungsform sind die Vertikaldiagramme in 4 und 8 wiedergegeben. Man erkennt aus Abb. 97, daß für die hier auftretenden großen Abstände zwischen den einzelnen Dipolen die Vertikaldiagramme nicht für jede Richtung einen gleichartigen Verlauf haben. Es gelingt jedoch, trotz abweichender Vertikaldiagramme in den beiden um 45° versetzten Hauptrichtungen, annähernd gleiche Horizontalfeldstärke, d. h. ein genügend rundes Horizontaldiagramm, zu schaffen. Wenn man diese aus Ganzwellendipolen gebildeten Rahmenstrahlerpaarweise in $\lambda/2$-Abstand übereinander als vorgebündelte Elementstrahler verwendet, so hat man entsprechend 8 in Abb. 97 außerdem noch eine genügend breite Nullstelle nach oben und unten. Bei den Rahmenstrahlern sinkt zwar der Absolutwert der Horizontalfeldstärke etwas mit wachsendem Durchmesser, wie durch Vergleich von 6, 7 und 8 erkennbar wird, jedoch kann dieser Feldstärkerückgang durch eine geringe Erhöhung der Mastkonstruktion ausgeglichen werden. Der große Mastquerschnitt gestattet es nämlich, eine sehr große Anzahl von Elementstrahlern mit denkbar großem Gewinn übereinander anzuordnen.

5. Entkopplung.

Die wichtigste Aufgabe in der Antennentechnik der Fernsehrundfunksender ist die Lösung des Problems der Entkopplung der Bild- und Tonfrequenzen. Sie kann in entsprechenden Weichenanordnungen, durch entkoppelte Strahlersysteme oder durch eine Kombination beider Möglichkeiten erfolgen. Alle drei Lösungen werden in der Praxis angewendet.

Abb. 98 zeigt eine schematische Übersicht über die zur Verwendung kommenden Verfahren. Mit *BS* und *TS* sind die Bild- und Tonsender bezeichnet. *KA* ist eine künstliche Antenne, und *KÜ* sind Kabelüberwachungsgeräte zur Kontrolle der Fehlanpassungs- und Leistungswerte. *MG* stellt ein Meßgestell mit den Richtkopplern *R*, *SF* das Restseitenbandfilter dar. Die Anordnung I zeigt zwei entkoppelte Antennen, z. B. einen Drehkreuz- und einen Rahmenstrahler. II ist eine Antenne, bestehend aus zwei gleichartigen, räumlich um 90° versetzten und mit einer Phasendifferenz von 90° gespeisten Hälften, z. B. eine Schmetterlingsantenne, die über eine Brückenweiche *BW* (Diplexer) mit dem Bild- bzw. Tonkabel verbunden ist. Der Diplexer *BW* kann in unmittelbarer Nähe der Antenne (II) oder neben den Sendern (III) angeordnet sein. Im ersten Fall (II) ist ein Kabel dem Bildsender, das andere dem Tonsender zugeordnet. Es können also Kabel mit verschiedenen elektrischen Eigenschaften sein, während im Fall III gleichartige Kabel höherer Qualität verwendet werden müssen. Das billigere Tonkabel ist in Abb. 98 als gestrichelte Linie hervorgehoben.

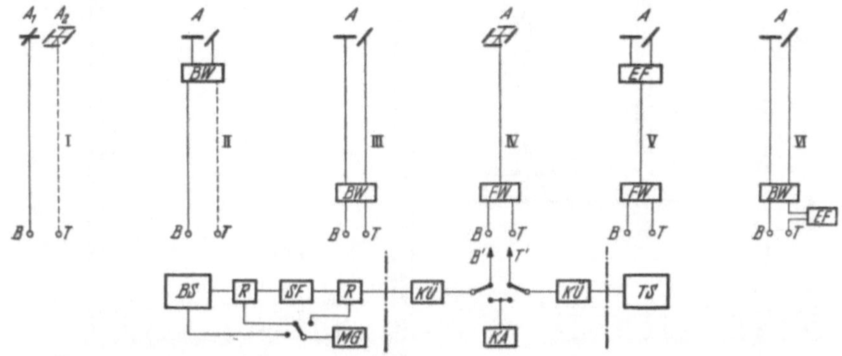

Abb. 98. Methoden der Speisung von Fernsehantennen. *A, A₁, A₂* Antennen; *BS* Bildsender; *TS* Tonsender; *KA* Künstliche Antenne; *KÜ* Kabelüberwachungsgeräte; *MG* Meßgestell; *R* Richtkoppler; *SF* Restseitenbandfilter; *BW* Brückenweiche (Diplexer); *FW* Filterweiche (Notch-Diplexer); *EF* Echofalle (power-equalizer).

IV ist eine Anlage, die mit nur *einem* Kabel zwischen der Antenne und der Weiche arbeitet. Der hier benutzte Weichentyp wird als Filterweiche (*FW* in Abb. 98) oder Notch-Diplexer bezeichnet. Diese Weiche arbeitet mit Filterkreisen hoher Güte und muß auf den jeweils benutzten Fernsehkanal besonders abgestimmt sein. Der Vorteil dieser Anordnung besteht darin, daß *ein* Kabel zwischen Weiche und Antenne genügt, was wegen der großen Kosten von hochwertigen Fernsehkabeln bzw. -rohrleitungen insbesondere bei großen Entfernungen zwischen Antenne und Sender von Bedeutung ist.

Für Fernsehantennen, die ohne Nachstimmung ein ganzes Fernsehband, z. B. alle sieben Kanäle in Band III mit genügend kleiner Fehlanpassung bestreichen, sind besondere Brückenschaltungen bekannt, bei denen die Restenergie, die von den Antennen reflektiert wird, in einem besonderen Absorber vernichtet wird. Diese mit „Echofalle" (*EF* in Abb. 98) bezeichneten Brückenschaltungen sorgen außerdem für eine gleichmäßige Leistungsverteilung in den beiden senkrecht zueinander stehenden Ebenen der Fernsehantenne und werden deshalb in den USA als „power-equalizer" bezeichnet [5]. Sie sind grundsätzlich nur anwendbar für Antennen mit gleichartigen, um 90° phasenverschoben gespeisten Strahlerhälften. Zwei Ausführungsformen in Verbindung mit Filterweichen bzw. Brückenweichen sind in V und VI dargestellt.

Ein weiteres Entkopplungsproblem in der Fernsehantennentechnik ergibt sich durch die Forderung, die Fernsehantenne an der Spitze eines Mastes zu betreiben, der seinerseits als Selbststrahler für einen Mittelwellenrundfunksender dient. In Abb. 99 sind sechs Möglichkeiten für einen

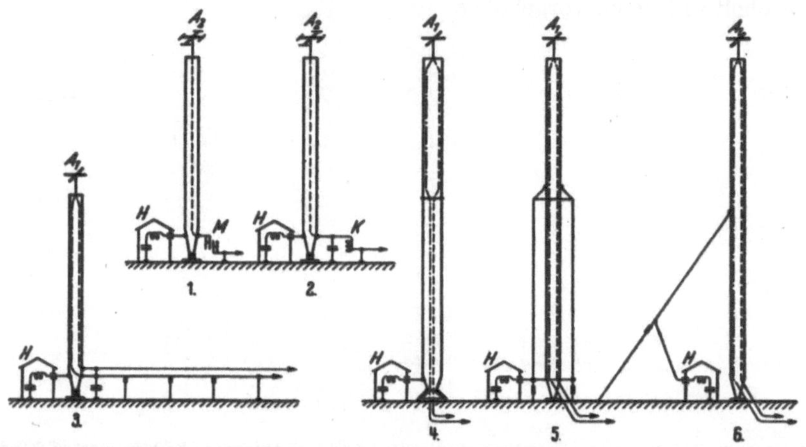

Abb. 99. Fernsehantennen auf selbststrahlenden Masten von Mittelwellenrundfunksendern. A_1 Drehkreuzantenne; A_2 Rahmenstrahler; H Antennenhaus mit Mittelwellenabstimmitteln; M Mastankopplung; K Kabelspule.

derartigen Betrieb dargestellt. Ein wesentliches Bauelement ist die im allgemeinen als „Mastankopplung" bezeichnete Anordnung, die mit induktiver, kapazitiver oder gemischter Kopplung den zur Isolation der Mittelwellenspannung erforderlichen Luftraum überbrückt (M in Nr. 1) [6]. Sie kann ersetzt werden durch aperiodische oder abgestimmte Drosseln, die entweder durch ein spulenartig aufgetrommeltes konzentrisches Kabel (K in Nr. 2) oder durch isolierte Verlegung des konzentrischen Kabels über eine Länge von maximal $\lambda/4$ der Mittelwelle gebildet werden (3 bis 5). 6 ist die bekannte Kurzschlußspeisung des Mittelwellenmastes (shunt excited antenna), die in vielen Fällen in Verbindung mit einer Fernsehantenne verwendet wird.

Die zur Trennung zwischen Bild- und Tonsender vielverwendete, als Diplexer bezeichnete Brückenweiche ist in Abb. 100, Skizze 1, prinzipiell dargestellt. Sie ist im wesentlichen eine WHEATSTONEsche Brücke in einer sinngemäßen Anordnung. Die Brücke besteht in zwei Armen aus Ohmschen Widerständen, die in der Praxis durch die beiden Antennenwiderstände A_1 und A_2 von je 60 Ohm dargestellt sind. Die anderen beiden Arme der WHEATSTONEschen Brücke sind hochohmig, so daß sie im Vergleich zu den 60 Ohm keine wesentliche Rolle spielen. Diesen Zustand erreicht man in der allgemeinen Darstellung der Skizze 1 in Abb. 100 dadurch, daß man sich zwei Induktivitäten durch einen Kondensator zu einem Parallelresonanzkreis zusammengesetzt denkt, der auf die Betriebsfrequenz abgestimmt ist. In der senkrechten Diagonale 3 bis 4 dieser Brückenanordnung befindet sich die Spannungsquelle, und zwar ist es hier der Tonsender T, während die beiden anderen

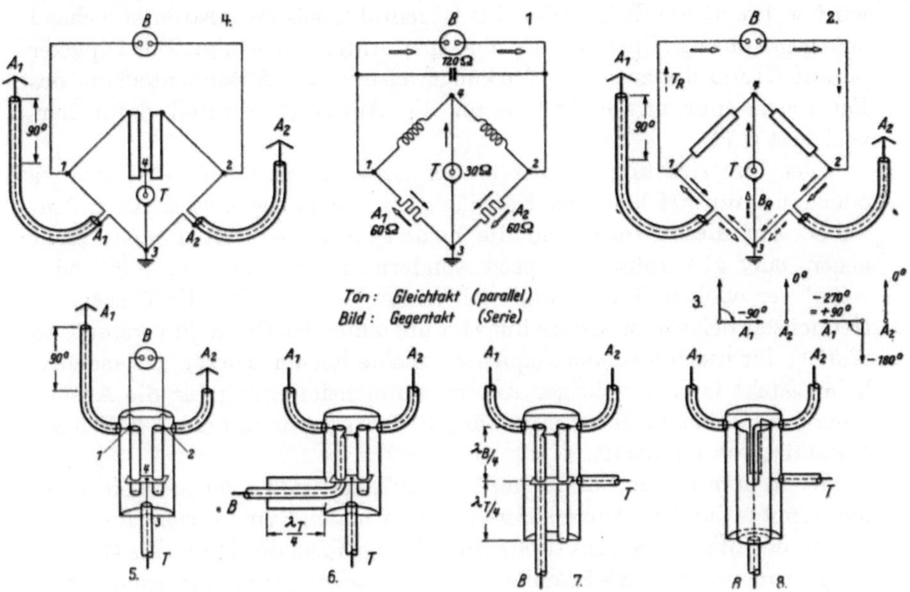

Abb. 100. Arbeitsweise und Ausführungsformen der Fernsehbrückenweiche (Diplexer). A_1, A_2 Senkrecht zueinander stehende Antennenebenen von Drehkreuzstrahlern; B Bildsender; T Tonsender.

Anschlußpunkte 1 und 2 der Brücke vom Bildsender B eingespeist werden.

Die Betrachtung der einfachen Pfeile zeigt, daß der Weg der Hochfrequenzspannung vom Tonsender folgendermaßen verläuft: Zuerst durch die beiden Induktivitäten, die in diesem Falle parallel geschaltet sind und daher keinen abgestimmten Zustand darstellen, dann über die 60-Ohm-Widerstände der Antennenkabel, die vom Standpunkt des Tonsenders ebenfalls parallel liegen, so daß sie den Tonsender mit 30 Ohm belasten.

Der Bildsender B ist symmetrisch an die Punkte 1 und 2 der Brüche gelegt und speist die beiden Antennenhälften A_1 und A_2 hintereinander, wie die Doppelpfeile erkennen lassen. Der Bildsender empfindet also die Belastung durch die beiden Antennen als 120 ohmig. Man erkennt leicht, daß eine Beeinflussung der beiden Spannungsquellen von Bild- und Tonsender bei abgeglichener Brücke nicht vorhanden ist. Diejenigen Arme der Brücke, die in 1 als Induktivitäten gezeichnet sind, werden in der Praxis meist als $\lambda/4$ lange Leitungen ausgeführt und sind daher in diesem und in den anderen Bilderen durch schmale, lange Rechtecke dargestellt.

Die Wirkung des Diplexers ist also derart, daß vom Tonsender eine Gleichtaktspeisung der beiden Antennenhälften erfolgt, demnach bei gleich langen Kabeln eine gleiche Phase der Antennenströme erzeugt wird, während vom Bildsender eine Gegentaktspeisung, also entsprechend eine gegenphasige Speisung der einzelnen Antennen erfolgt. Der Diplexer ist auf Grund dieser seiner Wirkungsweise in der Antennentechnik des Fernsehens nur anwendbar, wenn die Antennen speziell dafür hergerichtet sind.

Diese Herrichtung besteht in der Anwendung eines 90°-Umweges oder einer um $\lambda/4$ längeren Kabellänge in einem der beiden Antennenkabel. Auf diese Weise sind die beiden Antennenhälften nicht mehr gegen- oder gleichphasig gespeist, sondern in der Phase um $+\,90°$ oder $-\,90°$ verschoben. Wenn man sich in der Antenne für die Tonsenderfrequenzen beispielsweise ein links herum laufendes Drehfeld vorstellt, so läuft es für die Bildsenderfrequenzen rechts herum. Dieser unterschiedliche Effekt ist bei richtiger Antennendimensionierung für die Ausbildung des Horizontaldiagramms ohne Bedeutung, da in beiden Fällen ein Runddiagramm auftritt.

Wenn man in der Darstellung 2 in Abb. 100 die beiden $\lambda/4$-Leitungen umklappt (4) und zu Außenleitern einer normalen Symmetrierschleife (5) macht, ergibt sich die praktische Ausführungsform des Diplexers (7) und, wenn man von der EMI-Schleife zur Halbschalensymmetrierung übergeht, die Ausführungsform 8 [7].

Die Anwendung des Diplexers erfordert *zwei* Kabel zwischen Antenne und Senderraum. Bei sehr großen Entfernungen zwischen den Sendern und der Antenne besteht der Wunsch, die Antenne mit nur *einem* Kabel zu speisen. Die hierfür geeigneten Antennenformen sind grundlegend anders. Sie bestehen aus gleichphasig gespeisten Ring- oder Quadratstrahlern bzw. den daraus abgeleiteten Schlitzstrahlern, während die normale Diplexerschaltung eine Antennenanlage verlangt, bei der zwei um 90° phasenverschobene, senkrecht zueinander angeordnete Ebenen vorhanden sind.

Die in diesem Fall erforderliche Filterweiche (Notch-Diplexer) benutzt zwei normale, zu einer Einheit zusammengewachsene Diplexer. Man erkennt in Abb. 101, Skizze 1, die gewohnte Schaltung des Diplexers nach Abb. 100, und zwar spiegelsymmetrisch angeordnet und verbunden durch zwei $\lambda/4$ lange Rohrleitungen K_1, K_2. Ein besonderes Kennzeichen ist das zweimalige Auftreten von Filterkreisen F_1, F_2, die auf die Frequenz des

Tonträgers abgestimmt sind. Sie ergeben für diese Frequenz an ihrem Eingang O bzw. O' einen sehr hohen Widerstand, sind aber mit den beiden Brückenschaltungen über je eine Rohrleitung verbunden, die für die Frequenz des Tonträgers eine Viertelwellenlänge lang sind. Am Ende dieser $\lambda/4$-Leitung erscheint also ein Kurzschluß für die Tonträgerfrequenz. Die Punkte 2 und 3 bzw. $2'$ und $3'$ sind also miteinander verbunden. Skizze 2 in Abb. 101 zeigt diesen Zustand für die Trägerfrequenzen

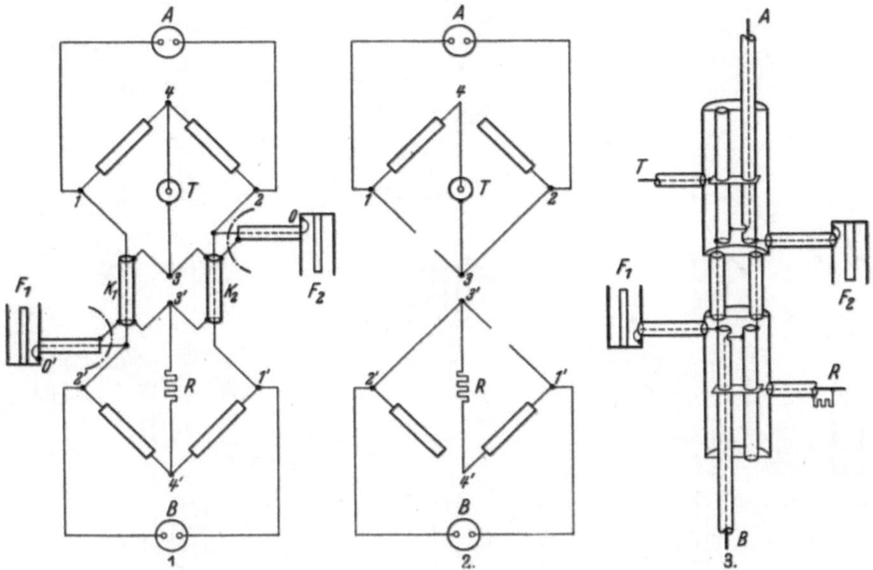

Abb. 101. Fernsehfilterweiche (Notch-Diplexer). 1. Prinzipschaltung. 2. Wirkungsweise für die Trägerfrequenz des Tonsenders. 3. Ausführungsbeispiel.

des Tonsenders. Die beiden $\lambda/4$-Leitungen $K_1 K_2$ transformieren nun den Kurzschlußzustand in Punkt 2 auf einen Leerlaufzustand zwischen den Punkten $1'$ und $3'$, so daß in 2 die Brücke zwischen $1'$ und $3'$ bzw. 1 und 3 unterbrochen ist. Der Tonsender T arbeitet nach 2 also direkt auf die Antenne A, während Reste des Bildbandes, die im Tonband liegen, im Widerstand R vernichtet werden, da B mit R nach Skizze 2 direkt verbunden ist.

Für alle anderen Frequenzen außerhalb des Tonträgers stellen die Filter F_1, F_2 an ihrem Eingang O bzw. O' praktisch einen Kurzschluß dar, erscheinen also eine Viertelwellenlänge weiter an den Punkten 2 bzw. $2'$ in Skizze 1 als sehr hohe Widerstände. Für die Frequenzen des Bildsenders wirken die Filterweichen so, als ob sie in 2 bzw. $2'$ abgeschaltet wären. In Skizze 1 deuten das die strichpunktierten Halbkreise an. Die Bildfrequenzen durchlaufen von B die beiden durch K_1, K_2 verbundenen, völlig symmetrischen Brückenschaltungen bis zur Antenne A, ohne irgendeinen Einfluß auf T oder R. Ein Ausführungsbeispiel einer Filterweiche ist in 3 der Abb. 101 dargestellt.

In der Aufbauweise sehr ähnlich, in der Wirkungsweise aber etwas anders sind die Anordnungen, die als „power-equalizer" [5] oder „Echofalle" bekannt sind (Abb. 102). Sie benutzten die Eigenschaft des Diple-

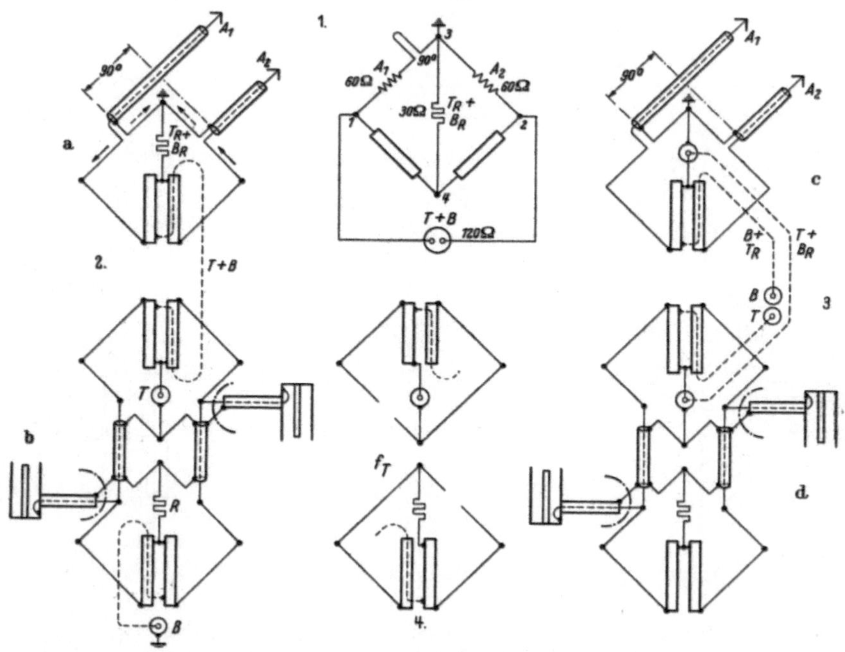

Abb. 102. Echofalle (power-equalizer). 1. Prinzipschaltung der Echofalle. 2. Echofalle a), über *ein* Kabel mit Filterweiche b) verbunden. 3. Brückenweiche c), über *zwei* Kabel mit Echofalle d) verbunden. 4. Wirkungsweise der Echofalle d) für die Trägerfrequenz des Tonsenders. T Tonsenderenergie; B Bildsenderenergie, TR und BR von den Antennen reflektierte Tonsender- bzw. Bildsenderenergie.

xers, daß die reflektierte Welle des einen Senders im Brückenzweig des anderen Senders erscheint. In Abb. 102, Skizze 2, sieht man, daß die Energie des Bildsenders (mit Doppelpfeilen dargestellt) für den Fall, daß die Antenne nicht ideal angepaßt ist, als reflektierte Welle (punktierte Doppelpfeile) ihren Weg zum Tonsender nimmt, und zwar summieren sich die von den beiden Antennenebenen A_1, A_2 reflektierten Bildsenderfrequenzen zu B_R, wenn die Bedingung erfüllt ist, daß eine Wegdifferenz von $\lambda/4$ (90°) in einem der beiden Antennenkabel vorliegt. Das liegt daran, daß die reflektierte Welle im linken Antennenast A_1 sowohl auf dem Hinweg wie auch auf dem Rückweg jeweils 90° phasenverzögert wird, so daß an der Brücke die reflektierte Welle von A_1 eine Phasenverschiebung von 180° gegenüber der von A_2 aufweist (s. 3 in Abb. 102). Da der Bildsender die beiden Antennenebenen A_1, A_2 im Gegentakt speist, erscheint die reflektierte Bildsenderfrequenz an der Brücke im Gleichtakt und fließt daher über die Tonsenderdiagonale ab. Im gleichen Sinne, nur umgekehrt, erscheint das Tonecho T_R an den Bildsenderklemmen.

Diese Eigenschaft der Diplexerschaltung wird in einer etwas andersartigen Schaltung nach Bild 102, Skizze 1, benutzt, indem man in die Brückendiagonale, in der sonst der Tonsender liegt, einen Ohmschen Widerstand schaltet und dort die reflektierte Energie des Bildsenders vernichtet. Am ursprünglichen Bildsendereingang liegen nun Bild- und Tonsender (B und T in Abb. 102). Es ist also zum Betrieb dieser Anordnung noch eine normale Filterweiche erforderlich. Man kann aber auch umgekehrt eine übliche Brückenweiche 3 c) in Verbindung mit einer „Echofalle" d) verwenden, die dann ähnlich wie eine Filterweiche aufgebaut sein muß [5]. Beide Verfahren haben eine Bedeutung in der Fernsehtechnik und bieten die Möglichkeit, Antennen zu bauen, die über ein ganzes Band ohne jegliche Änderung an der Antenne eine genügend geringe Welligkeit auf dem Kabel ergeben.

[6. Anpassung.

Die Fernsehantenne soll zusammen mit der Speiseleitung eine möglichst gute Anpassung über den gesamten Fernsehkanal liefern. Darüber hinaus ist Anpassung über ein ganzes Fernsehband, z. B. über sieben Kanäle, erwünscht. Einfache Antennen ohne besondere Mittel zur Vergrößerung der Breitbandigkeit eignen sich nicht für Fernsehzwecke. Zur Erreichung der erforderlichen Bandbreite gibt es verschiedene Möglichkeiten, die im wesentlichen auf eine Vergrößerung der Wirkwiderstände und einer Verringerung der Blindwiderstände, beide betrachtet über den gesamten Frequenzbereich des Fernsehkanals, hinauslaufen.

Der *Wirk*widerstand liegt mit dem Strahlungswiderstand des Halbwellendipols von etwa 70 Ohm im wesentlichen fest. Er kann sich durch Strahlungskopplung mit anderen Dipolen oder Reflektorwänden ändern. Eine zusätzliche Einschaltung von Ohmschen Widerständen, wie sie bei sehr breitrandigen Antennen als sog. Schluckende vorgenommen wurde, scheidet bei Fernsehsendeantennen wegen der Verringerung des Wirkungsgrades aus. Abschlußwiderstände, wie bei den bekannten Rhombusantennen, zur Erreichung einer rein fortschreitenden Welle kommen im betrachteten UKW-Fernsehband kaum in Frage, können aber für höhere Frequenzen im Dezimeterband Bedeutung gewinnen. Die wichtigste Anwendung zusätzlicher Ohmscher Widerstände erfolgt in der eben erwähnten Echofalle (power-equalizer), bei der durch eine geeignete Brückenweiche nur die von der Antenne reflektierte Welle in einem Widerstand vernichtet wird, während die hinlaufende Welle davon unbeeinflußt bleibt.

Wichtiger sind in der Praxis jedoch die Verfahren, bei denen die Änderung des *Blind*widerstandes innerhalb eines Fernsehkanals korrigiert wird. Es ist seit langem bekannt, daß man die Frequenzabhängigkeit des Blindwiderstandes einer Antenne durch eine Anordnung, die einen entgegengesetzten Blindwiderstandsgang hat, teilweise kompensieren kann [8]. Ein Halbwellendipol, der im Strombauch gespeist wird, und auch eine $\lambda/4$-Antenne über Erde bzw. Gegengewicht haben etwa den gleichen Widerstandsverlauf wie das Ersatzbild: Kapazität, Induktivität, Widerstand in Reihe, bei der Kapazität und Induktivität für eine mittlere Frequenz in Serienresonanz sind. Durch Anordnung eines Parallelresonanzkreises kann man eine Kompensation des Blindwiderstandsganges erreichen (Abb. 103 I).

In der Praxis sieht das so aus, daß man zu einem Dipol eine Stichleitung hinzuschaltet (in USA „stub", bei uns „Blindschwanz" genannt), die durch geeignete Bemessung ihres Wellenwiderstandes den Blindwiderstandsgang der Antenne in einem bestimmten Frequenzbereich kompensieren kann. Eine $\lambda/2$ lange, am Ende offene, sowie eine $\lambda/4$ lange, am Ende kurzgeschlossene Zweidraht- bzw. Rohrleitung haben den Charakter eines Parallelresonankreises. Die $\lambda/4$ lange Kurzschlußleitung kann auch in die Symmetrierschleife hineingearbeitet werden. Ein Dipol nach Abb. 103 c) mit einer Symmetrierschleife ist also bereits eine kompensierte Antenne. Die kompensierende Wirkung kann erhöht werden durch Ergänzung der Antennen zu Kettenleitergliedern [9], z. B. Ergänzung der $\lambda/4$-Antenne zu einem kompletten angepaßten T-Glied (Abb. 103 II). Eine bekannte Ausführungsform dieses Gedankens ist f) in Abb. 103. Der Serienresonanzkreis, der durch eine am Ende offene $\lambda/4$-Leitung gebildet wird, ist hier in das Innere des Innenleiters der Speiseleitung hineingearbeitet.

Halbwellenantennen über Erde oder Ganzwellendipole im freien Raum haben als Ersatzbild einen Parallelresonanzkreis. Sie werden in entsprechender Weise durch einen Serienresonanzkreis (Abb. 103 III) kompensiert oder durch einen weiteren Parallelresonanzkreis zu einem kompletten π-Glied ergänzt (IV und V). Bekanntgeworden sind Antennen, bei denen die kompensierenden Serienresonanzkreise aus am Ende offenen $\lambda/4$-Leitungen bzw. am Ende kurzgeschlossenen $\lambda/2$-Leitungen bestehen, die in den dicken rohrförmigen Halbwellenstrahler hineingearbeitet sind (Abb. 103h bis m).

Es gibt für die Korrektur des Blindwiderstandsganges neben diesen Kompensationsschaltungen auch noch die Möglichkeit der Ausnutzung der Strahlungskopplung. Von dieser Methode macht man bei vielen Antennen bewußt oder unbewußt Gebrauch. Die Wirksamkeit ist mit-

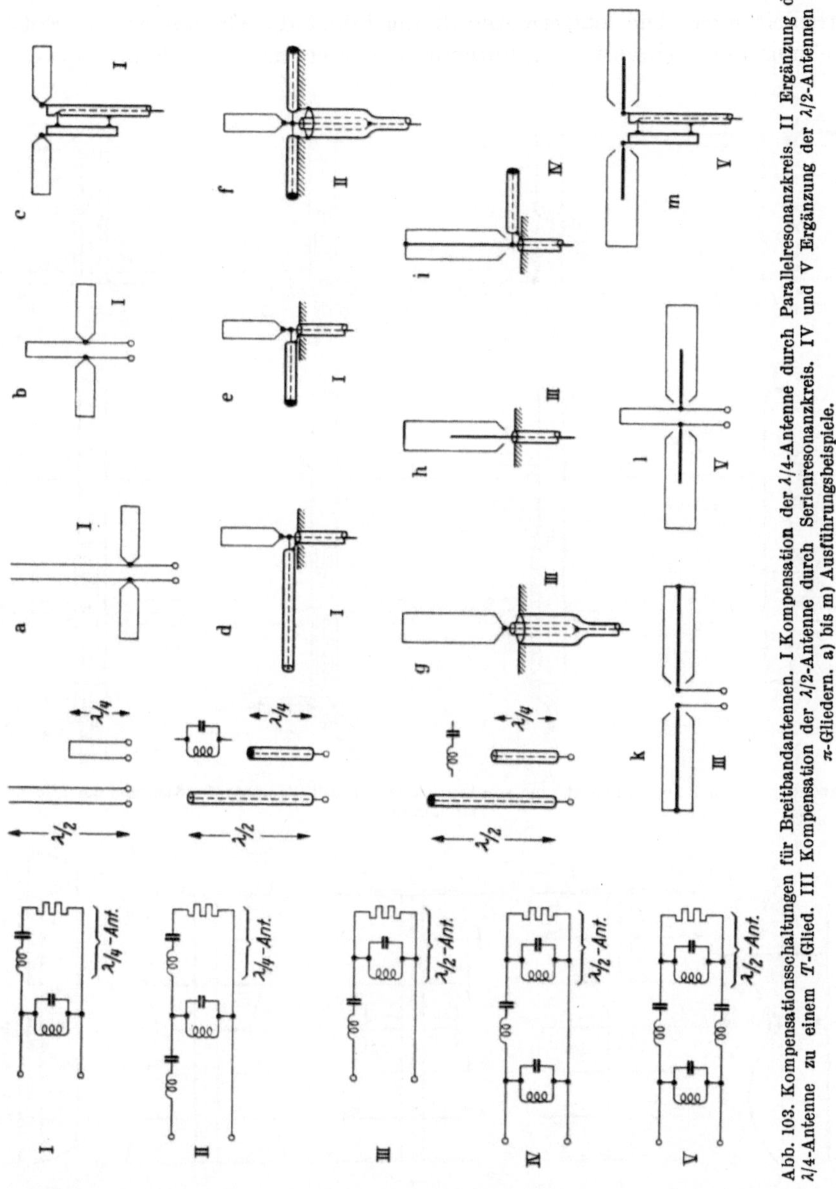

Abb. 103. Kompensationsschaltungen für Breitbandantennen. I Kompensation der $\lambda/4$-Antenne durch Parallelresonanzkreis. II Ergänzung der $\lambda/4$-Antenne zu einem *T*-Glied. III Kompensation der $\lambda/2$-Antenne durch Serienresonanzkreis. IV und V Ergänzung der $\lambda/2$-Antennen zu π-Gliedern. a) bis m) Ausführungsbeispiele.

unter recht erheblich. Die theoretische Behandlung ist aber bisher kaum erfolgt. Ein Beispiel wird auf S. 146 mit der Vierergruppe gegeben.

In Abb. 104 sind die wichtigsten Einrichtungen für die Speisung und Symmetrierung [3, 4] von Halbwellendipolen systematisch zusammengestellt, in der oberen Zeile ohne, in der unteren mit kompensierenden Stichleitungen. Die letztere Anordnung bildet die Grundlage zur Entstehung der Schmetterlingsantenne und der damit gedanklich ver-

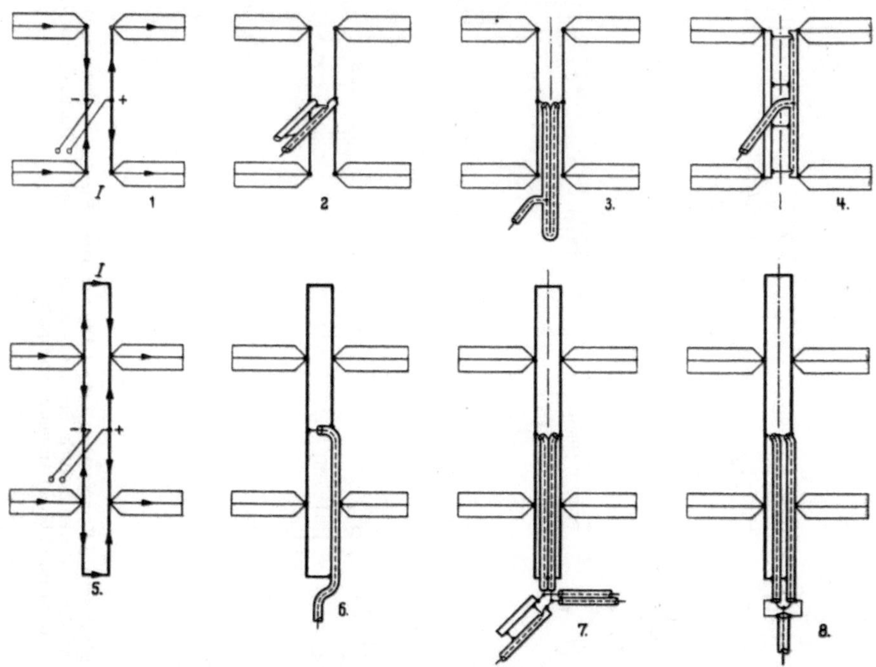

Abb. 104. Speisung und Symmetrierung von Dipolpaaren. (Die Pfeile geben die Richtung des Stromes J an.)

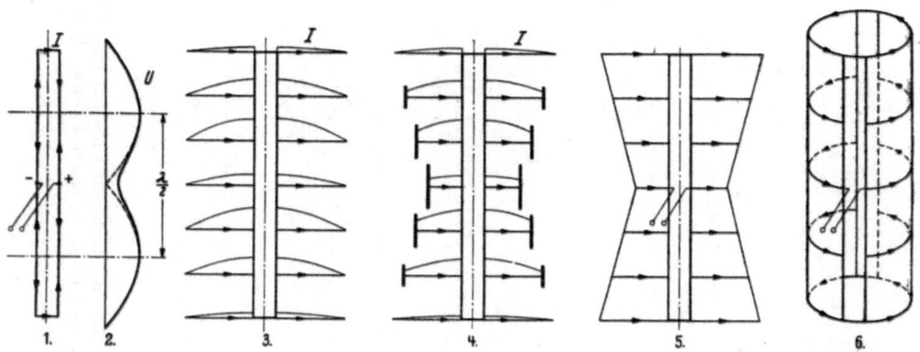

Abb. 105. Entstehung und Wirkungsweise von Schmetterlings- und Schlitzrohrantennen. 1. Stromverteilung J auf der Speiseleitung. 2. Spannungsverteilung U auf der Speiseleitung. 3. Stromverteilung auf gleich langen $\lambda/4$-Antennen. 4. Stromverteilung auf verschieden langen, mit Dachkapazitäten versehenen Antennen. 5. Schmetterlingsantenne mit Strompfeilen. 6. Doppelschlitzstrahler mit Strompfeilen.

wandten Schlitzstrahler (Abb. 105). Bei beiden Antennen erfolgt die Speisung der horizontalen Strahlerelemente über zwei an den Enden kurzgeschlossene $\lambda/2$-Leitungen nach Abb. 104, Skizze 5, bzw. Abb. 105, Skizze 1.

7. Gewinn.

Eine wichtige Eigenschaft der Senderantennen des Fernsehrundfunks ist die Bündelung, d. h. die Möglichkeit, durch Übereinanderanordnung von verschiedenen Strahlerelementen eine Erhöhung der Feldstärke in der Hauptausstrahlungsrichtung, also in der Horizontalebene, zu erreichen. Den Effekt dieser Bündelung bezeichnet man mit „Gewinn". Er wirkt sich in der Weise aus, daß am Empfangsort der Sender um den Gewinnwert stärker in seiner Leistung erscheint als bei Verwendung einer einfachen Antenne ohne besondere Richtwirkung.

Mit Richtdiagramm oder Richtcharakteristik oder auch genauer Richtwirkungscharakteristik einer Sendeantenne wird der relative Verlauf der Feldstärkewerte oder der Empfängereingangsspannungen in Abhängigkeit von dem Winkel bezeichnet, um den die Sendeantenne gedreht wird oder um den eine Empfangsantenne unter konstanten Ausbreitungsbedingungen um die Senderantenne herum bewegt wird. Dabei wird der Maximalwert der Feldstärke bzw. die größte Empfängereingangsspannung als Einheit gewählt.

Das quadratische Richtdiagramm einer Senderantenne gibt den relativen Verlauf der Empfangsleistung N_e bzw. der Empfängereingangsleistung an, in Abhängigkeit vom Drehwinkel und bezogen auf den Maximalwert der Empfangsleistung $E^2 = 1$.

Auf Grund der bekannten Beziehung:

$$N_e = F_e \cdot S$$

ist der Kurvenverlauf des quadratischen Richtdiagramms proportional der Leistungsdichte S (in Watt/m²), auch als Energiedichte des Strahlungsfeldes bezeichnet (Betrag des POYNTINGschen Vektors). F_e ist die Absorptionsfläche der Empfangsantenne [12, 13].

Die Winkel in der Horizontalebene werden als Azimutwinkel α bezeichnet und vom Maximum des Richtdiagramms anfangend gezählt. Die Winkel in der Vertikalebene werden als Erhebungswinkel β bezeichnet und vom Horizont ausgehend gezählt. Das Richtdiagramm in der Horizontalebene wird als Horizontaldiagramm, das Richtdiagramm in der Vertikalebene als Vertikaldiagramm bezeichnet. Die Definition des Richtdiagramms gilt in sinngemäßer Abwandlung auch für Empfangsantennen.

Durch das Richtdiagramm allein sind die charakteristischen Eigenschaften einer Antenne noch nicht erschöpfend beschrieben, da hierin nur relative Werte angegeben werden. Es fehlt noch eine Aussage über einen absoluten Wert der Strahlung, z. B. in der Hauptstrahlrichtung. Das geschieht durch den Begriff des Gewinns.

Mit „Gewinn" oder genauer „Leistungsgewinn" bezeichnet man die Eigenschaft einer Antennenanordnung, infolge ihrer Richtwirkung, d. h. durch Bündelung ihres Richtdiagrammes in der Hauptstrahlrichtung mehr zu strahlen als in den übrigen Richtungen, so daß für alle in der Hauptstrahlrichtung liegenden Empfänger eine um den Betrag des „Gewinns" größere Empfangsleistung auftritt, als es bei Verwendung einer ungerichteten Antenne bei gleicher Sendeleistung geschehen würde. Andererseits braucht man zur Erzielung der gleichen Empfangsleistung bzw. der gleichen Empfangsfeldstärke der bündelnden Antenne nur eine um den Gewinnwert kleinere Senderleistung zuzuführen.

Die Definition des Gewinns setzt also die Bezugnahme auf einen ungebündelten Normalstrahler voraus. Hierzu werden folgende Typen verwendet:

1. *Der Kugelstrahler*, ein in der Hochfrequenztechnik nicht streng realisierbarer Strahler mit allseitig gleichmäßiger Strahlungsverteilung. Horizontal- und Vertikaldiagramm sind kreisförmig, das räumliche Richtdiagramm also eine Kugeloberfläche.

2. *Der Kurzdipol* (HERTZscher Dipol oder $\cos\beta$-Dipol). Ein kreisrundes Horizontaldiagramm erhält man nur für den vertikal orientierten Dipol. Das Vertikaldiagramm ist dann $E(\beta) = \cos\beta$.

3. *Der $\lambda/2$ lange Dipol* mit sinusförmiger Stromverteilung. Bei vertikaler Orientierung ist das Horizontaldiagramm kreisrund, das Vertikaldiagramm entspricht der Gleichung:

$$E(\beta) = \frac{\cos\left(\frac{\pi}{2}\cdot\sin\beta\right)}{\cos\beta}.$$

4. *Der kleine Ring* oder kleine Rahmen (magnetischer Dipol). Bei gleichmäßiger Stromverteilung und horizontaler Orientierung ist das Horizontaldiagramm kreisrund und das Vertikaldiagramm wie bei 2. $E(\beta) = \cos\beta$.

Als Bezugsstrahler für die Definition des Gewinns werden bei den Antennen im UKW-Bereich vorwiegend die Strahler nach 2. und 4. gewählt, die beide die gleichen Richtdiagramme $[E(\beta) = \cos\beta]$ haben und sowohl für horizontale als auch für vertikale Polarisation die gleiche Vergleichsmöglichkeit bieten. Sie lassen sich im Gegensatz zum Kugelstrahler leicht für Meßzwecke verwirklichen.

Der Gewinn g einer Senderantenne ist also definiert als das Verhältnis der Empfangsleistungen N_e/N_{e0}, das sich ergibt, wenn man einen kurzen Dipol oder einen kleinen Ring als Normalstrahler mit cos-Diagramm durch die zu untersuchende Antennenanordnung ersetzt. Beide Antennen

werden in ihrer Hauptstrahlrichtung miteinander verglichen und erhalten
die *gleiche Sendeleistung* N_s:

$$g = \frac{N_e}{N_{e0}} = \frac{E^2}{E_0^2}.$$

E ist die Feldstärke, hervorgerufen durch die zu untersuchende
Antenne, E_0 die vom Normalstrahler herrührende.

Für gleiche Werte der Feldstärken bzw. Empfangsleistungen ist:

$$g = \frac{N_{s0}}{N_s}.$$

Der Gewinn g kann also auch definiert werden als das Verhältnis der
Sendeleistungen N_{s0}/N_s, das sich ergibt, wenn man die zu untersuchende
Antennenanordnung durch einen kurzen Dipol oder kleinen Ring als
Normalstrahler mit cos-Diagramm ersetzt und auf Gleichheit der Feld-
stärken in den beiden Hauptstrahlrichtungen achtet.

Die Empfangsleistung N_e ist die der Empfangsantenne maximal ent-
nehmbare Leistung. Die am Empfängereingang maximal verfügbare
Empfängereingangsleistung ist um den Kabelwirkungsgrad k geringer.

Die Senderleistung N_s ist die der Senderantenne zugeführte Leistung.
Sie ist um den Kabelwirkungsgrad kleiner als die vom Sender zu liefernde
Senderausgangsleistung.

Der praktische Gewinn g' einer Antenne ist um den Antennenwir-
kungsgrad η_A kleiner als der oben definierte theoretische Gewinn g.

$$g' = \eta_A \cdot g = \frac{R_s}{R_s + R_v} \cdot g.$$

R_s ist der Strahlungswiderstand, R_v die Summe aller Verlustwider-
stände der Antenne.
Da bei richtig dimen-
sionierten UKW-An-
tennen der Wirkungs-
grad sehr nahe bei
100% liegt, wird im all-
gemeinen nur mit dem
theoretischen Höchst-
wert des Gewinns g ge-
arbeitet.

In Abb. 106 sieht
man die Vertikaldia-
gramme verschieden

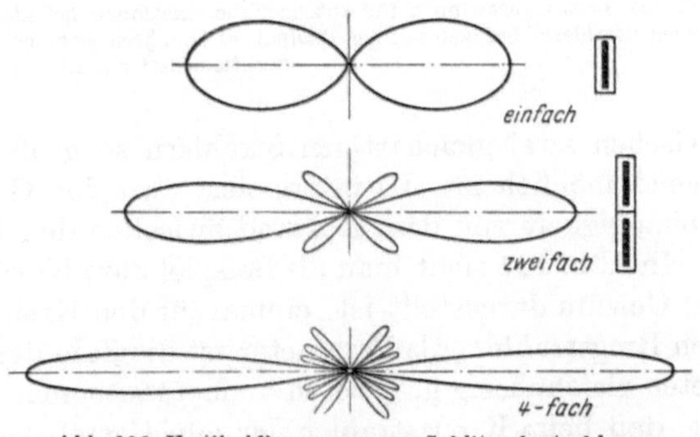

Abb. 106. Vertikaldiagramme von Schlitzrohrstrahlern.

stark bündelnder Antennen, und zwar als Beispiel von Schlitzstrahlern,
die zu zweien und vieren übereinander angeordnet sind. Die Kurven
geben die Feldstärkeverteilung in der Vertikalebene an.

Der Gewinn einer Antenne wird, wie eben erwähnt, durch Übereinanderanordnung einer Reihe von gleichphasig gespeisten Elementstrahlern erreicht. Es ist für die Technik der Fernsehantennen wichtig, nicht allzuviel solcher Elementstrahler übereinander anzuordnen, weil praktisch der materielle Aufwand einer Antenne und damit der Preis mit der Zahl der Speisestellen steigt. Das Bestreben wird immer sein, mit möglichst wenig Elementarstrahlern auszukommen, d. h. den Abstand

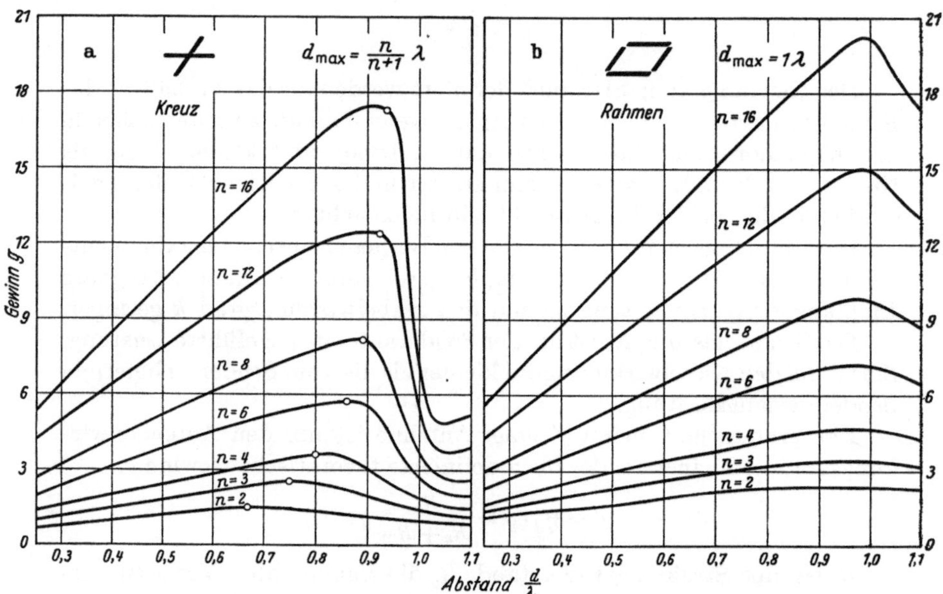

Abb. 107. Leistungsgewinn g für Antennenkombinationen bei gleichen Abständen d zwischen den Elementstrahlern, bezogen auf cos-β-Dipol. a) Drehkreuzstrahler. b) Rahmenstrahler. (n = Anzahl der Elementstrahler.)

zwischen zwei gleichartigen Strahlern so groß zu machen, wie es nur irgend möglich ist. Es interessiert also der Gewinn einer Antenne in Abhängigkeit von dem Abstand zwischen den Einzelstrahlern.

In Abb. 107 sieht man als Beispiel zwei Kurvenscharen, in denen dieser Gewinn dargestellt ist, einmal für den Kreuzstrahler und einmal für den Ringstrahler. Als Parameter ist die Zahl der übereinander angeordneten gleichphasig gespeisten Elementantennen gewählt. Bemerkenswert ist, daß beim Kreuzstrahler der günstigste Abstand wesentlich von der Zahl der Strahler abhängt. Bei kleiner Strahlerzahl kann man den günstigsten Abstand kaum über 0,7 bis 0,8 λ wählen, und erst bei sehr vielen darf man in die Nähe einer Wellenlänge gehen. Bei dem Ringstrahler, der, wie früher gezeigt, nach oben bereits eine Strahlungsnullstelle aufweist, kann man praktisch schon von der Strahlerzahl 2 oder 3 an einen Abstand von beinahe 1 λ nehmen.

Beim Drehkreuzstrahler muß ein Grenzwert beachtet werden, der entsprechend früheren Veröffentlichungen [10] bei $d_{\max} = \dfrac{n}{n+1} \cdot \lambda$ liegt.

Unter Berücksichtigung dieser Eigenschaften der Elementstrahler erhält man bei sinngemäßer Wahl der Abstände für den Gewinn einer Antennenkombination einen Wert, der sich sehr dicht dem theoretischen Grenzwert nähert, der durch den folgenden Ausdruck gegeben ist [11]:

$$g = \tfrac{4}{3} n \cdot d/\lambda = \tfrac{4}{3} H/\lambda.$$

In dieser Formel ist n die Zahl der Elementstrahler, d der gegenseitige Abstand, H die Gesamthöhe und g der Leistungsgewinn dieser Antennenkombination, bezogen auf einen vertikalen HERTZschen Dipol bzw. horizontalen magnetischen Dipol.

Eine zweite Überlegung, aus der heraus die Kombination von Elementstrahlern übereinander gewählt wird, ist die Beürcksichtigung einer genügend breiten Nullstelle nach oben und unten. Zur Lösung dieser Aufgabe eignen sich besonders gut die vorgebündelten Elementstrahler von Abb. 97 (Nr. 6 bis 8 sowie 10), deren Nullstellen auch in der Kombination erhalten bleiben. Bei einem Abstand zwischen zwei vorgebündelten Elementstrahlern von 1,5 λ hat diese Kombination ihrerseits nach oben und unten Nullstellen, die in Verbindung mit dem Elementrichtdiagramm Nullstellen höherer Ordnung ergeben. Die Abstände werden zur Erhöhung der Nullstellenordnung nach der Beziehung

$$d_1/\lambda = (2n - 1)/n, \quad d_2/\lambda = (2n - 2)/n \ \text{usw.}$$

gewählt, wie schon früher eingehend beschrieben wurde [6]. Unter Berücksichtigung dieser Nullstellenforderungen ergeben sich meist etwas geringere Gewinnwerte bei gleicher Gesamtausdehnung der Antenne als bei Nichtbeachtung dieser Bedingung. Der Unterschied ist aber unerheblich und kann leicht durch etwas größere Vertikalabmessungen ausgeglichen werden.

8. Ausführungsbeispiele.

Eine Übersicht über die praktischen Ausführungsformen ist in Abb. 108 bis 110 gegeben. In allen drei Bildern sind die Antennen im gleichen Maßstab gezeichnet, und zwar in ihrer Anwendung im wichtigsten Fernsehband III (174 bis 216 MHz bzw. bis 223 MHz). Für das Band I mit seinen etwa viermal so großen Wellenlängen eignen sich aus mechanischen Gründen nur die drei ersten Horizontalantennen a), b) und c) von Abb. 108, sowie die Antennen a) und b) von Abb. 109. In diesem Band I erfassen sie nur ein bis zwei Kanäle. Die gleiche Kanalzahl im Band III überdeckt der Schlitzrohrstrahler mit vier Schlitzen (Abb. 108).

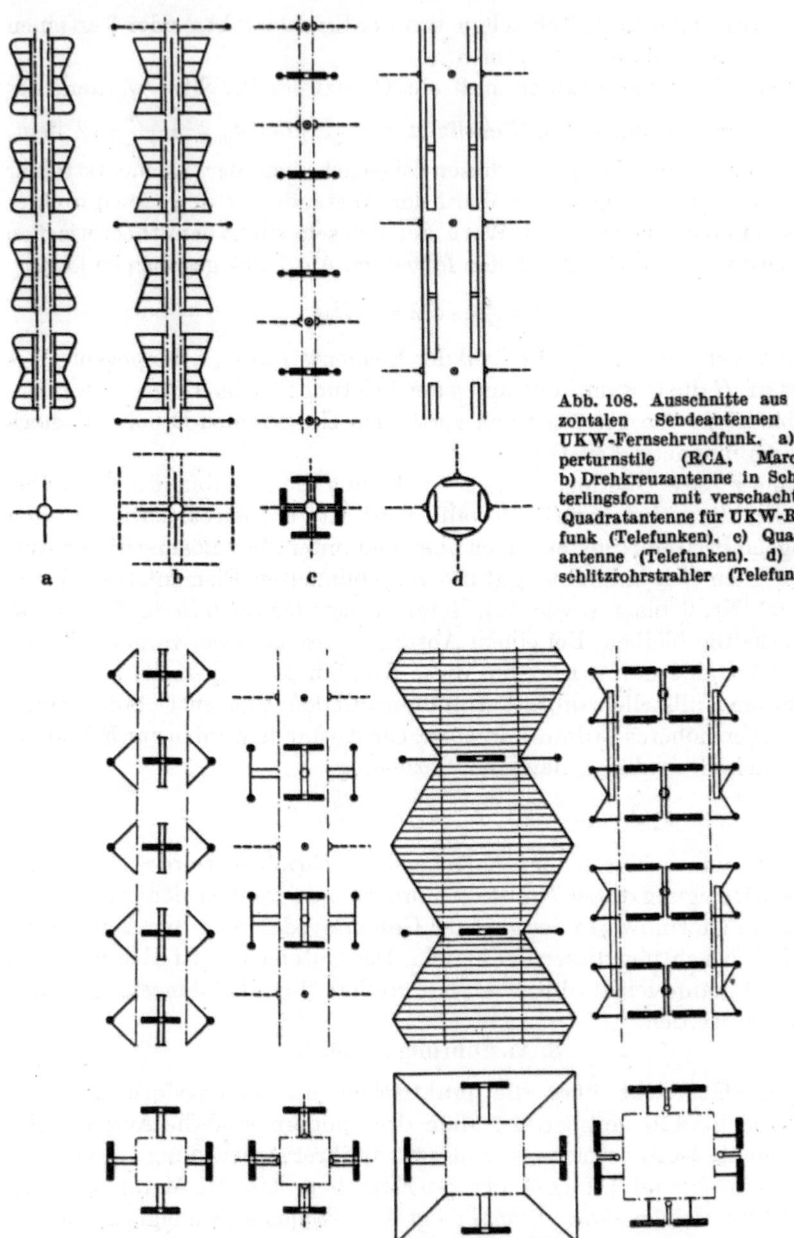

Abb. 108. Ausschnitte aus horizontalen Sendeantennen für UKW-Fernsehrundfunk. a) Superturnstile (RCA, Marconi). b) Drehkreuzantenne in Schmetterlingsform mit verschachtelter Quadratantenne für UKW-Rundfunk (Telefunken). c) Quadratantenne (Telefunken). d) Vierschlitzrohrstrahler (Telefunken).

Abb. 109. Ausschnitte aus horizontalen Sendeantennen für UKW-Fernsehrundfunk. a) Super-gain-Antenne (RCA). b) Quadratantenne aus Zweiergruppen (Telefunken). c) Winkelreflektorantenne (Marconi). d) Achterfeldantenne (Siemens).

Die übrigen Kanäle des Bandes III werden hier durch veränderliche Kurzschlußschieber an den Schlitzenden eingestellt.

Um ohne nachträgliche Änderung ein ganzes Fernsehband überstreichen zu können, bedient man sich neben der Schmetterlingsantenne (super turnstile) der um einen Gittermast herum angeordneten Halbwellen-

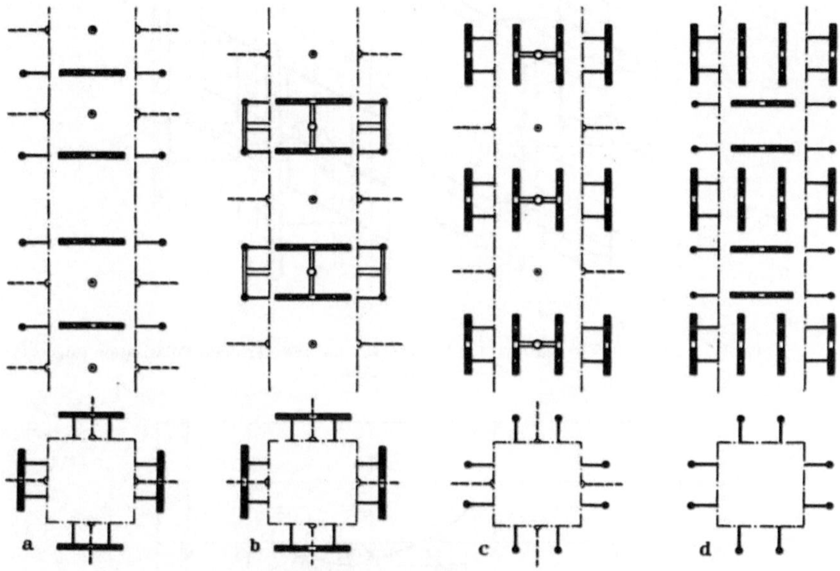

Abb. 110. Ausschnitte aus Sendeantennen für UKW-Fernsehrundfunk, gebildet aus Telefunken-Vierergruppen. a) Horizontalantenne für maximalen Gewinn. b) Horizontalantenne mit verschachtelter Drehkreuzantenne für UKW-Rundfunk. c) Vertikalantenne, durch Drehen der Vierergruppe aus b) entstanden. d) Antenne für zirkulare Polarisation, entstanden aus b) und c).

dipole (super gain antenna), deren erste Ausführungsform in Abb. 109a dargestellt ist [5]. Die Bandbreiten derartiger Antennen steigen mit ihren Dimensionen in horizontaler Richtung, d.h. mit dem Durchmesser des Rahmenstrahlers. Die auf S. 136 genannte Anordnung mit Ganzwellendipolen nutzt dabei noch die an sich größere Bandbreite der Stromknotenspeisung aus, ferner die auf S. 137 erwähnte Wirkung der Strahlungskopplung. Die erzielbaren Bandbreiten eines solchen Strahlerelements zeigt Abb. 112. Es ist die sog. Vierergruppe von Telefunken nach Abb. 111. Bei einem Verhältnis der stehenden Wellen auf dem Speisekabel von weniger als 1,1 hat sie eine Bandbreite von etwa $\pm 25\%$. Das ist ungefähr das Doppelte von dem, was zur Überdeckung des gesamten Bandes III erforderlich ist.

Darüber hinaus hat eine Vierergruppe noch einige Eigenschaften, die ihr eine universelle Anwendung sichern. Da ihre Richtdiagramme in den beiden Hauptebenen nahezu gleich sind (Abb 113), kann man durch Drehen um 90° in kurzer Zeit eine horizontale Antenne in eine vertikale verwandeln. Die drehbare Anordnung des Kniestücks für den Kabelanschluß K in Abb. 111 erleichtert das. Hiervon macht man sowohl bei

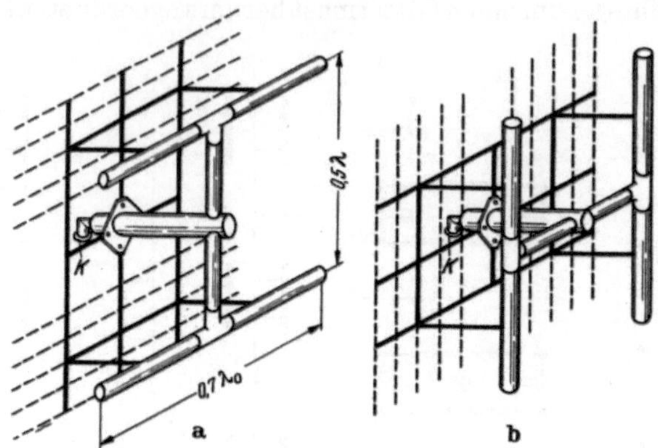

Abb. 111. Telefunken-Vierergruppe für horizontale (a) und vertikale Polarisation (b).
K = Kabelanschluß.

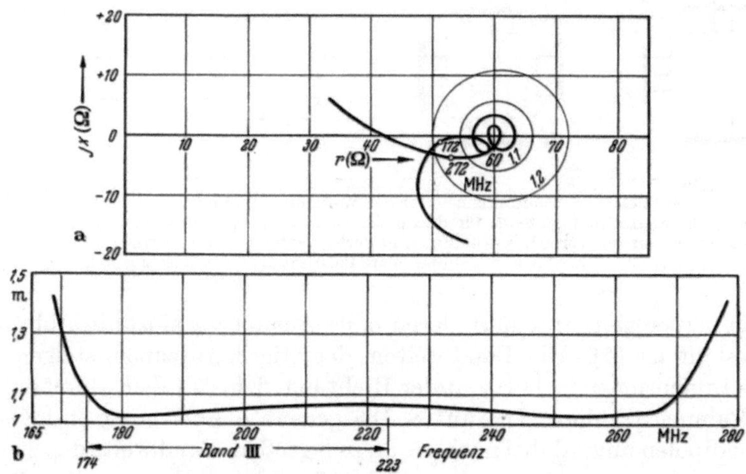

Abb. 112. Bandbreite der Telefunken-Vierergruppe. a) Widerstandskurve. b) Fehlanpassung.
$m = U_{max}/U_{min}$.

Richtantennen für Funkstrecken als auch bei Antennen für den Fernsehrundfunk Gebrauch. Geringe Richtwirkungen können auch beim Fernsehrundfunk zur Versorgung eines speziellen Territoriums, z. B. an der Küste oder am Rand von Gebirgen, von Vorteil sein (Abb. 114 sowie auch Abb. 126).

Die gleiche Baueinheit, oft auch mit Einheitsfeld oder Richtfeld bezeichnet, kann also vielseitig Verwendung finden. Dieses, schon auf anderen Anwendungsgebieten bewährte Baukastenprinzip wird auf den Seiten 152—159 vom Standpunkt der Fernseh-Richtantennen näher beschrieben.

Die bekanntesten Antennenbausteine sind das Viererfeld (Abb. 109b, 110b u. 111) und das Achterfeld (Abb. 109d sowie auch Abb. 122). Aus Viererfeldern können, wie Abb. 110 zeigt, leicht zirkularpolarisierte Antennen zusammengestellt werden.

Ein besonderes Kennzeichen der letzten Entwicklung in Deutschland ist die Kombination von Fernsehantennen mit UKW-Antennen, und zwar neuerdings in einer Weise, daß beide Antennen ineinandergeschachtelt werden. Der Vorteil der letztgenannten Methode liegt in der wesentlich besseren Ausnutzung des vorhandenen Mastträgers. Die technische Durchführungsmöglichkeit ist durch die Entkopplung zwischen Ringstrahler und Kreuzstrahler gegeben [14]. In Abb. 108b sowie in Abb. 117 sieht man die Ausführungsform, wie sie für leichte Antennen von Telefunken gewählt wurde. In drei übereinanderliegenden Ebenen sind die Rahmenstrahler des UKW-Rundfunks und dazwischen die Schmetterlingsantennenelemente für die Fernsehsendung angeordnet.

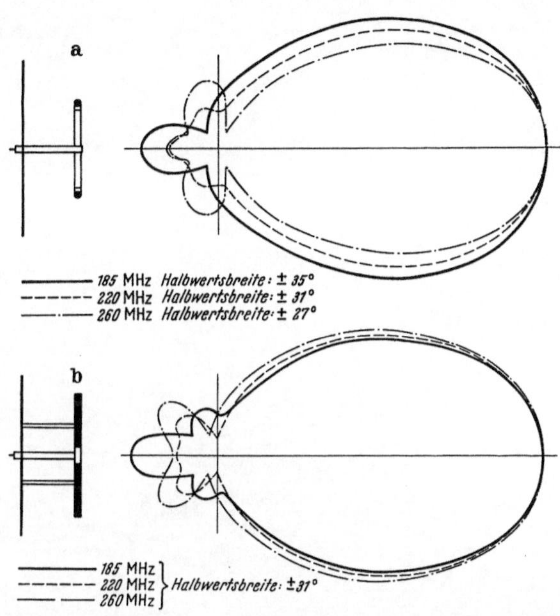

Abb. 113. Richtdiagramme der Vierergruppe in den beiden Hauptrichtungen.

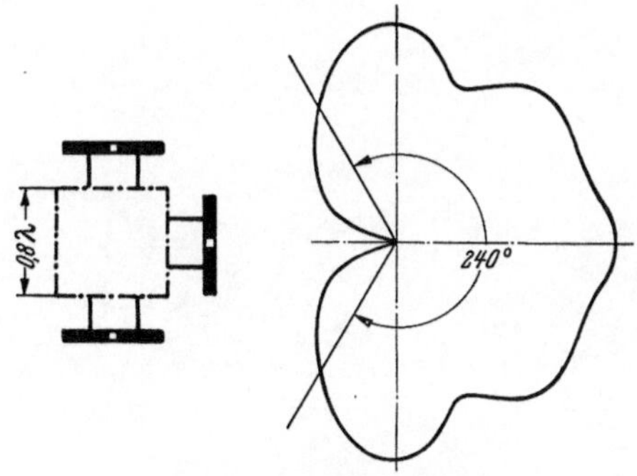

Abb. 114. Horizontaldiagramm für drei Vierergruppen um einen Gittermast.

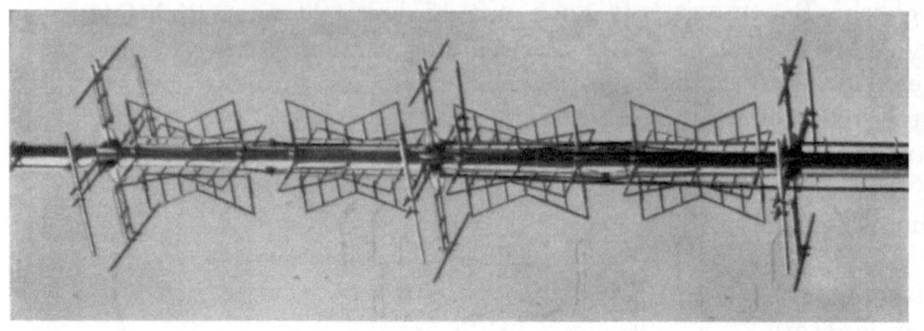

Abb. 117. Kombinierte Antenne für Fernseh- (Drehkreuz) und UKW-Rundfunk (Quadrat) in raumsparender Durchdringung (Telefunken).

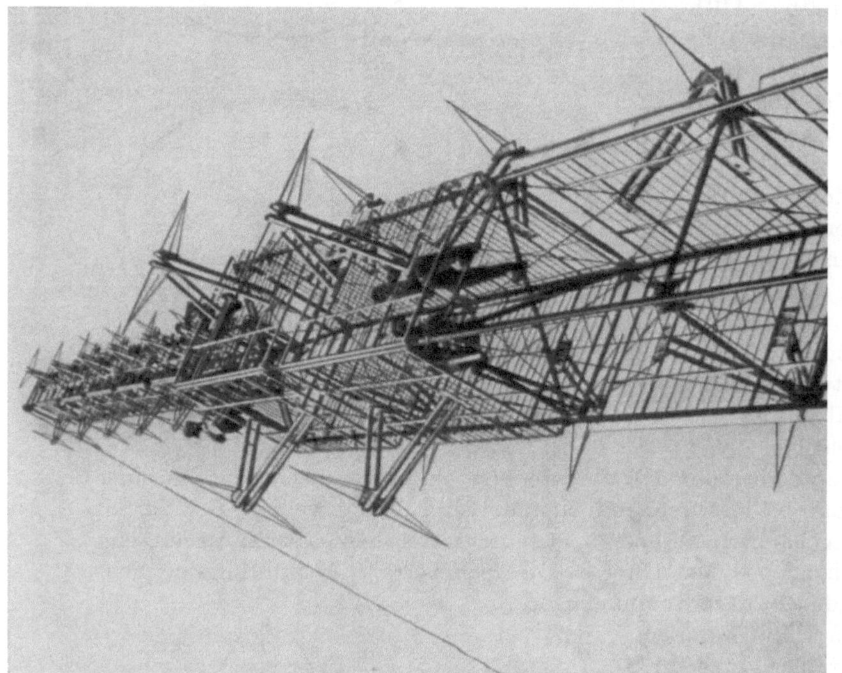

Abb. 116. Supergainantenne der RCA (unten für Band I, oben für Band III).

Abb. 115. Drehkreuzantenne mit Brückenweiche (unten) des Fernsehsenders Hamburg des NWDR (Telefunken).

Für Anwendungszwecke, bei denen mit sehr starker Vereisungsgefahr zu rechnen ist, empfiehlt sich die Anwendung von Rohrschlitzstrahlern. Für Fernsehzwecke wird von Telefunken der viergeschlitzte Rohrstrahler bevorzugt, weil er auf Grund seines für diese Frequenz auftretenden Durchmessers eine bequeme Besteigung von innen her ermöglicht. Er

  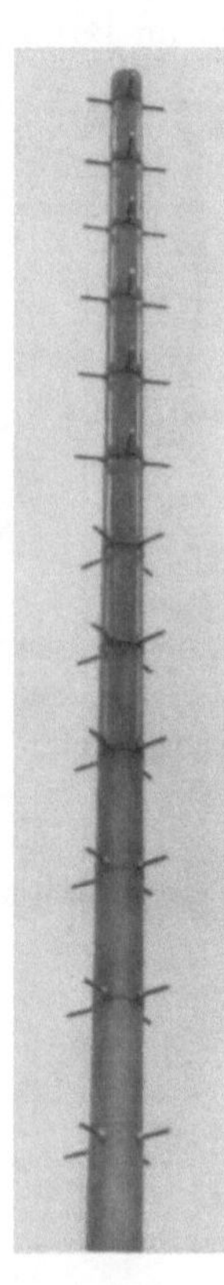

Abb. 118. Abb. 119. Abb. 120.

Abb. 118. Vertikalantenne des britischen Fernsehsenders Holme Moss (Marconi).

Abb. 119. Spitze des Funkturms in Berlin-Witzleben mit kombinierter Fernseh-UKW-Rundfunk-Antenne und Vertikalantenne für Fahrzeugfunksprechdienste (Telefunken).

Abb. 120. Kombinierte Fernseh- und UKW-Rundfunkantenne aus verschachtelten Vierfachschlitz-rohrantennen für Fernsehen (Gewinn 12) und um 45° versetzten Drehkreuzstrahlern (Gewinn 12) für UKW-Rundfunk (Telefunken).

erhält bei vier Schlitzen auf den Umfang den gleichen Durchmesser wie der Zweischlitzstrahler in der UKW-Technik. In Abb. 120 und 121 sind kombinierte UKW-Fernsehantennen dargestellt, gebildet aus Schlitz-rohrstrahlern, Zweiergruppen oder Vierergruppen für Fernseh- und

UKW-Rundfunk bzw. Drehkreuzeinheiten für UKW-Rundfunk. Die ineinanderkombinierte Antenne e) ist von Telefunken für den NWDR zur Montage auf dem Bielstein im Teutoburger Wald geliefert. Die übereinanderkombinierte a) ist für die Sendeanlage des Hessischen Rundfunks auf dem Hohen Meißner vorgesehen.

Abb. 115 zeigt ein Photo der ersten Sendeantenne für Fernsehrundfunk im Band III, die in Deutschland für Bild und Ton gebaut wurde,

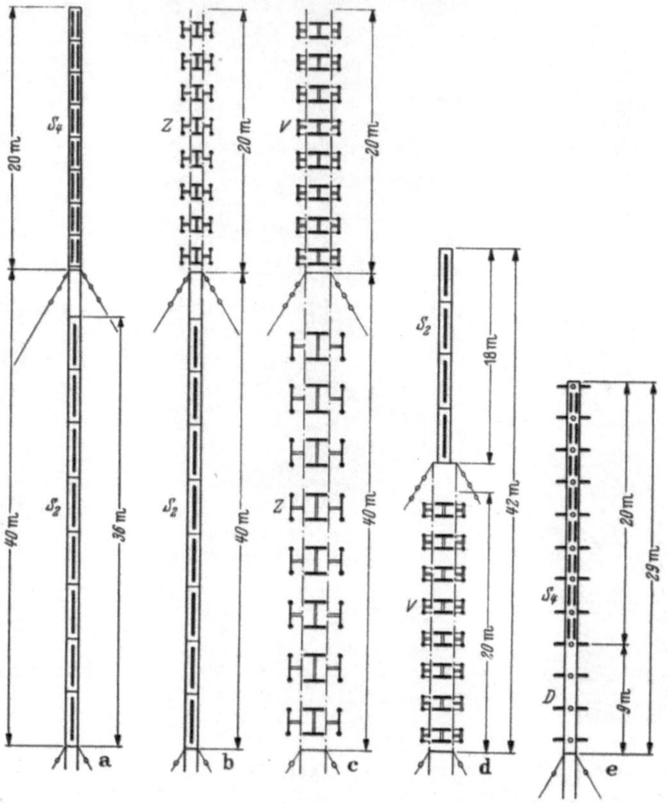

Abb. 121. Kombinationen von Fernseh- und UKW-Rundfunkantennen. a) bis d) übereinander, e) ineinander angeordnet. S_4 Vierfachschlitzrohrstrahler für Fernsehen; S_2 Zweifachschlitzrohrstrahler für UKW-Rundfunk; Z Quadratantenne aus Zweiergruppen für Fernseh- und UKW-Rundfunk; V Quadratantenne aus Vierergruppen für Fernsehen; D Drehkreuzantenne für UKW-Rundfunk.

nämlich die des Fernsehsenders des NWDR auf dem Heiliggeistfeld in Hamburg. Man erkennt unten im Bild die Brückenweiche (Diplexer). In Abb. 119 ist eine Gesamtansicht der ersten verschachtelten Fernseh-UKW-Rundfunkantenne gezeigt. Sie wurde 1951 von Telefunken für den NWDR auf dem Funkturm in Berlin-Witzleben errichtet. Auf diesem Bild erkennt man an der Spitze eine vertikale Sperrtopfantenne, die von den beiden anderen ebenfalls entkoppelt ist [*14*] und die dem Sprechverkehr mit den Fahrzeugen der Berliner Polizei dient [*15*]. Die beschränkte Tragfähigkeit des Funkturms machte diese raumsparende Durchdringung der verschiedenen Antennen erforderlich. Die zur Verfügung stehende begrenzte Bauhöhe wurde sowohl für den Fernseh- wie auch für den UKW-Rundfunk zur Erreichung eines maximalen Gewinns voll ausgenutzt.

Im Fernsehband I sind noch Sendeantennen im Gebrauch, die mit vertikaler Polarisation arbeiten. Die in England gebräuchliche Ausführungsform ist in Abb. 118 dargestellt. Sie besteht aus zwei übereinander angeordneten Dipolgruppen, wobei jede für sich aus vertikalen Faltdipolen in Drehfeldspeisung gebildet wird. Je zwei gegenüberstehende Dipole sind in Gegenphase, so daß ihr Einfluß auf den Tragmast kompensiert ist. Aus diesem Grunde können auf dem Mast keine Mantelwellen (siehe S. 124) entstehen, die das Richtdiagramm verzerren und die Anpassung in Frage stellen würden [*7*]. Die räumlich um 90° versetzten Dipolpaare sind über entsprechende Viertelwellenumwege in den Speiseleitungen mit 90° Phasendifferenz gespeist. Es kann also die auf S. 131 in Abb. 100 dargestellte Brückenweiche (Diplexer) verwendet werden. Das Horizontaldiagramm ist auf Grund der Drehfeldspeisung genügend rund (Abb. 96, Nr. 4).

Für horizontale Polarisation werden im Fernsehband I neben der Schmetterlingsantenne (Super-Turnstile) vorwiegend Antennenkombinationen benutzt, die aus den Bausteinen ,,Dipol mit dazugehöriger Reflektorwand‘‘ bestehen. Die erste Fernsehantenne nach diesem Baukastenprinzip war die sogenannte Super-Gain-Antenne der RCA, die von der Antennenanlage des Empire-State-Building in Neuyork bekanntgeworden ist.

Abb. 116 zeigt die Montage der einzelnen Bausteine [*5*]. Die Antennen können hier im Band I aus mechanischen Gründen nur *Halb*wellendipole sein. Über Fernsehantennen, bestehend aus Bausteinen mit *Ganz*wellendipolen (Abb. 110—114), wird auf den folgenden Seiten eingehend berichtet.

Literatur.

[*1*] Stepp, W.: Techn. Hausmitt. des NWDR, 4. Jg. (1952), S. 144. — [*2*] Runge, W. T.: Fernsehsendertechnik (s. S. 98). — [*3*] Meinke, H. H.: FTZ Bd. 1 (1948), S. 193. — [*4*] Ruhrmann, A.: Telefunkenztg., 24. Jg. (1951), S. 237. — [*5*] Gihring, H. E.: RCA-Review, Bd. XII (1951), S. 159. — [*6*] Berndt, W.: Telefunkenztg., 24. Jg. (1951), S. 6. — [*7*] Gillam, C.: Wireless World (1950), S. 8. — [*8*] Buschbeck, W.: Pat.-Anmeldg. T 2257 VIII a⁴/21 a (28. 11. 36). — [*9*] Roosenstein, H. O.: Pat.-Anmeldg. T 919 VIII a/21 a⁴ (13. 5. 37). — [*10*] Berndt, W.: Hochfrequenztechn. Bd. 44 (1934), S. 23. — [*11*] Fränz, K.: AEÜ, Bd. 1 (1947), S. 205. — [*12*] Becker, R.: AEÜ, Bd. 2 (1948), S. 120. — [*13*] Fränz, K.: Hochfrequenztechn., Bd. 54 (1939), S. 198. — [*14*] Berndt, W.: Telefunkenztg., 25. Jg. (1952), S. 158. — [*15*] Runge, W. T.: Telefunkenztg., 23. Jg. (1950), S. 70.

H. Aufbau von Fernsehantennen aus Richtfeldern.

Von Dr. **H. Körner**, Berlin, und **W. Stöhr**, Berlin.

Mit 6 Abbildungen.

Die Deutsche Bundespost betreibt seit 1952 eine Fernseh-Richtverbindung zwischen Berlin und Hamburg zum Zwecke des Fernsehprogrammaustausches. Diese Richtverbindung kann nicht im Dezimeter- oder Zentimeterbereich errichtet werden, da die kürzeste Entfernung von Berlin bis zur britischen Zone etwa 140 km beträgt und keine optische Sicht zuläßt. Die Bundespost betreibt daher die Verbindung im Bereich der Meterwellen, und zwar in dem für Deutschland vorgesehenen Frequenzbereich von 174 bis 223 MHz oder in seiner unmittelbaren Nachbarschaft. In diesem Bereich nimmt bei Ausbreitung über die optische Sicht hinaus die Streckendämpfung erheblich weniger zu als im Dezimeterbereich; außerdem können wesentlich höhere Sendeleistungen erzielt werden. Die wirksam abgestrahlte Sendeleistung von einigen 1000 kW, die erforderlich ist, um diese Strecke sicher zu überbrücken, wird erreicht, indem man die Senderenergie in der gewünschten Richtung durch eine entsprechend leistungsfähige Richtantenne bündelt, die als Leistungsverstärker zu betrachten ist.

Als Modell für die Antennen diente die Breitband-Richtantennentechnik, wie sie für mehrere seit 1950 in Betrieb befindliche Fernsprech-Richtverbindungen von Berlin nach Westdeutschland im Bereich zwischen 41 und 68 MHz verwendet wird. Die Anforderungen an die Antennen der Fernseh-Richtverbindung gehen jedoch in zwei Punkten über die der bisher erstellten Fernsprech-Richtverbindungen hinaus. Erstens müssen für die obige große Entfernung die Bündelungsgrade erheblich höher sein. Entscheidend für den erzielbaren Verstärkungsfaktor ist die phasengleiche Speisung der einzelnen Strahlergruppen und die Exaktheit ihrer mechanischen Montage. Die zweite Erschwerung ist bedingt durch den geringeren zulässigen Anpassungsfehler einer Fernsehantenne gegenüber der Antenne einer Mehrkanalverbindung mit maximal 24 Sprechkanälen. Dabei soll der Frequenzbereich von 174 bis etwa 250 MHz ohne Antennenumstimmung mit hinreichend kleinem Reflexionsfaktor angepaßt werden. Dies ist ein Bereich, der etwa doppelt so breit ist wie das für Rundstrahlung verfügbare Fernsehband III. Werden die Anpassungsfehler zu groß, so treten Verwaschungen oder Geister in den übertragenen Bildern auf. Die Verwaschungen werden unter anderem dadurch verursacht, daß die reflektierte Energie mit einer zeitlichen Verschiebung entsprechend der Laufzeit für die doppelte Kabellänge von der Antenne ausgestrahlt wird. Um dieses Echo auf einen nicht mehr störenden Betrag herabzusetzen, ist es notwendig, einen Reflexionsfaktor $r \leqq 5\%$ einzuhalten; das entspricht einer zulässigen Welligkeit $m = \dfrac{U_{max}}{U_{min}}$ $\leqq 1,1$. Baut man eine Antenne aus mehreren Baueinheiten zusammen, so ist die Anpassungsforderung einschließlich der Verbindungskabel und der die Wellenwiderstandsübersetzung vornehmenden Verzweigungselemente einzuhalten. Man strebte daher an, möglichst wenige Zwischenkabel und Verteiler zu verwenden, und benutzte als Baueinheit eine Dipolgruppe, das Fernseh-Richtfeld.

Dieses Fernseh-Einheitsfeld besteht aus vier horizontal polarisierenden Ganzwellendipolen, die übereinander im gegenseitigen Abstand von etwa 0,6 Wellenlängen angeordnet sind (Abb. 122). Ganzwellendipole werden gewählt, weil sie gute Breitbandeigenschaften haben. Der Schlankheitsgrad der Dipole, also das Verhältnis ihrer Länge zu ihrem Durchmesser beträgt 19. Um den Windwiderstand bei horizontaler Polarisation herabzusetzen, erhielten die Dipole einen elliptisch geformten Querschnitt; hierdurch wurde es möglich, den Windwiderstand der Dipole auf ungefähr ein Drittel des Wertes herabzudrücken, den ein zylindrischer Dipol des gleichen Umfanges hätte. Dies ist von großer Bedeutung für die Belastung des Turmes, da hierfür nicht das Gewicht, sondern im wesentlichen der Winddruck ausschlaggebend ist. Die Dipolgruppe ist blitzsicher, da jeder einzelne Strahler in seinem Spannungsminimum metallisch gehaltert ist.

Um die strengen Anpassungsforderungen unabhängig von dem Antennenmast oder sonstigen Antennenträgern einzuhalten, wurde ein Einheitsfeld mit Flächenreflektor vorgesehen. Der Reflektor besteht aus einzelnen, den Dipolen parallelen Stäben und ist so bemessen, daß das Verhältnis des Windwiderstandes zur elektrischen Durchlässigkeit einen günstigen Wert hat. Der Reflektor ist *vor* einem das Einheitsfeld tragenden Holm montiert. Dadurch wird erreicht, daß auch nach der Montage des Feldes die hauptsächlich stromführenden Teile des Reflektors räumlich vom Antennenträger getrennt sind.

Die einzelnen Dipole werden gleichphasig gespeist nach dem Prinzip der fortgesetzten Anpassung. Das koaxiale 60-Ohm-Antennenkabel führt an einen Symmetriertopf. Die symmetrierte Leitung verzweigt sich im Innern des Trageholms. Die beiden Zweigleitungen sind zwei geschirmte Doppelleitungen von 120 Ohm Wellenwiderstand. Sie teilen sich beim Austritt aus dem Holm nochmals in jeweils zwei Doppelleitungen von 240 Ohm Wellenwiderstand, die ungeschirmt bis an die Speisestelle der

Ganzwellendipole laufen. Die Leitungen sind so bemessen, daß das Feld mit 2 kW belastbar ist.

Der Reflexionsfaktor der Antenne ist im gesamten Fernsehbereich von 174 bis 223 MHz und darüber hinaus bis 250 MHz kleiner als 3%. Die Antenne ist also für diesen großen Bereich ohne Umstimmung benutzbar. In Abb. 122 ist der Streubereich der Anpassungskurven von 20 Feldern aufgetragen.

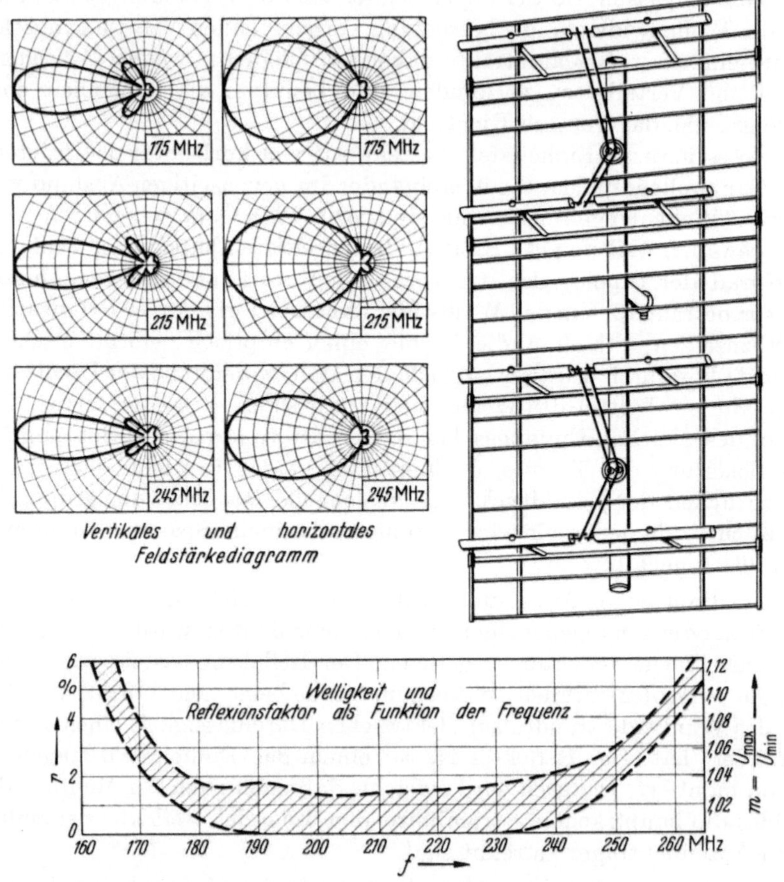

Abb. 122. Fernseh-Richtantenne, 174 bis 250 MHz. Gewinn: 17.

Die gemessenen Feldstärkediagramme des Fernseheinheitsfeldes zeigen in der Horizontalebene eine Halbwertsbreite von 50 bis 60° (das ist der Winkel, bei dem die Feldstärke auf den $1/\sqrt{2}$fachen Wert gesunken ist), in der Vertikalebene eine Halbwertsbreite von 20 bis 30°. Die Bündelung nimmt mit steigender Frequenz zu. Die Feldstärke im rückwärtigen Raum steigt mit der Frequenz und erreicht maximal einen Wert von 10% der Feldstärke in der Hauptstrahlrichtung. Die Strahlungsleistung in dem rückwärtigen Raum beträgt wenige Prozent der Hauptstrahlungsleistung. Der Leistungsgewinn gegenüber einem Halbwellendipol beträgt in der Mitte des Bereiches 17; bei 250 MHz steigt er auf 20 an.

Eine aus sechs Einheitsfeldern bestehende Richtantenne ist in Abb.123

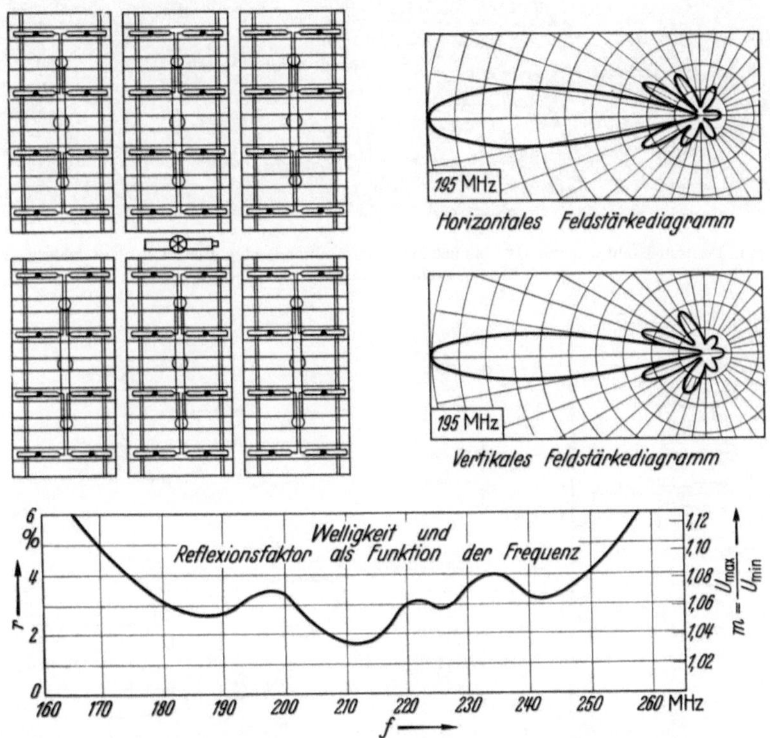

Abb. 123. Fernseh-Richtantenne, 174 bis 250 MHz. Gewinn: 100.

dargestellt; sie hat in der Mitte des Übertragungsbereiches einen Leistungsgewinn von rund 100. Es werden Reihen von je drei Richtfeldern so übereinander aufgebaut, daß die vertikalen Abstände der Dipole im Feld und von Feld zu Feld gleich sind und der seitliche Abstand der Dipolmitten 10% größer ist als die mittlere Wellenlänge. Die einzelnen Richtfelder werden mit Hilfe eines Sechsfachverteilers (eines einstufigen, zweifach kompensierten Leitungsübertragers) über gleich lange Kabel zusammengeschaltet. Der Reflexionsfaktor der aus sechs Feldern bestehenden Richtantenne ist innerhalb des Bereiches von 174 bis 250 MHz kleiner als 4%. Das bei einer mittleren Frequenz des Fernsehbereiches

erzielte Feldstärkediagramm hat in der Horizontalebene eine Halbwertsbreite von rund 18° und in der Vertikalebene eine solche von rund 12°.

Abb. 124. Fernseh-Richtantenne, 174 bis 250 MHz, zusammengesetzt aus 30 Einheitsfeldern (Versuchsaufbau).

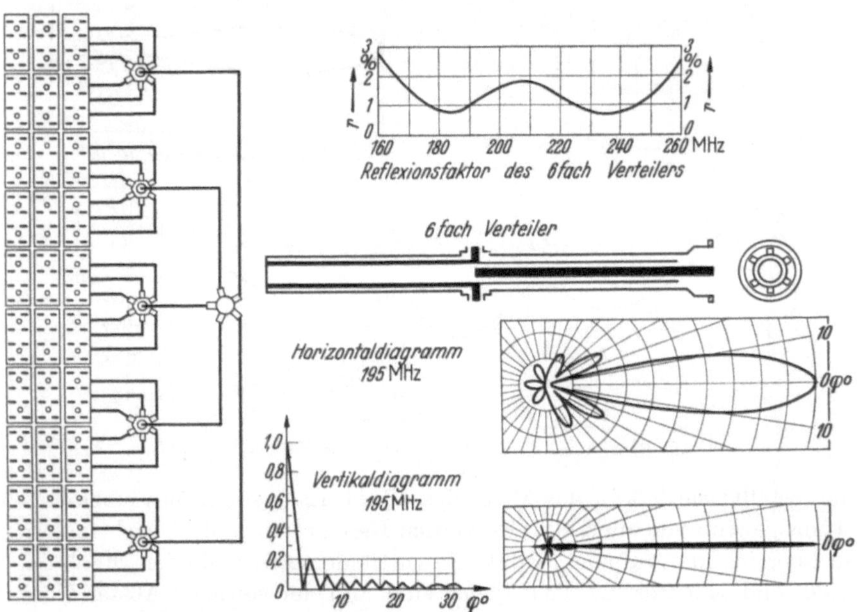

Abb. 125. Fernseh-Richtantenne, 174 bis 250 MHz, bestehend aus 30 Richtfeldern. Gewinn: 500.

Die eingangs erwähnte Richtantenne für die Verbindung Berlin—
Hamburg (Abb. 124) besteht aus fünf der beschriebenen Gruppen, also
30 Einheitsfeldern. Diese Antenne muß eine Entfernung von 140 km
ohne Zwischenschaltung von Relaisstationen überbrücken; sie hat eine

Fläche von $34\,\text{m} \cdot 4,5\,\text{m}$, also etwa $150\,\text{m}^2$, und wird an dem frei stehenden oberen Teil eines abgespannten Gittermastes von 150 m Höhe und 2 m Seitenlänge montiert. Das Horizontaldiagramm entspricht dem der einzelnen Gruppe. Das errechnete Vertikaldiagramm ist jedoch sehr stark gebündelt. Es hat eine Halbwertsbreite von etwa 2°. Der Leistungsgewinn der Antenne beträgt etwa 500 gegenüber einem Halbwellendipol. Die gesamte Antenne (Abb. 125) wird so verkabelt, daß die Kabelwege von der Speisestelle zum Dipol gleiche elektrische Länge haben. Von den fünf übereinanderliegenden Verteilern der einzelnen Gruppen führen Kabel zu einem Fünffachverteiler, an dem das Sendekabel angeschlossen ist. Die Verkabelung ist für eine geplante Eingangsleistung von 10 kW bemessen. Alle Verteiler sind so dimensioniert, daß sie an den Bandkanten und in der Bandmitte dieselbe relativ kleine Reflexion besitzen.

Wie man erkennt, ist die Richtantenne aus in sich abgeschlossenen „Antennenbausteinen" und sonstigen „Baukastenelementen" (Kabeleinheiten und Verteiler) aufgebaut. Das hat uns dazu angeregt, aus denselben Bauelementen Antennen mit beliebigen Strahlungsdiagrammen, also auch Rundstrahlantennen zusammenzustellen. Aus den Diagrammen der einzelnen Fernsehfelder entstehen durch passende räumliche Anord-

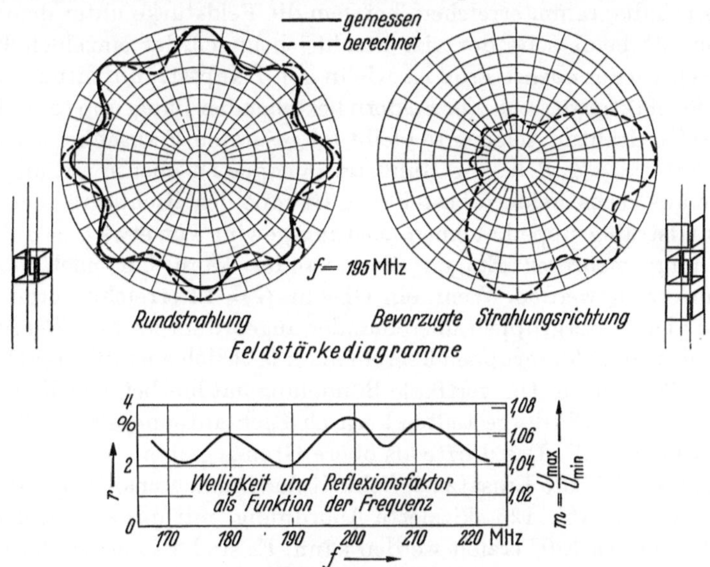

Abb. 126. Fernseh-Antennen, aus Richtfeldern aufgebaut.

nung mehrerer Felder zueinander Rundstrahldiagramme oder Diagramme mit Vorzugsrichtungen. Die einzelnen Felder werden, ähnlich wie bei der Richtantenne, zusammengeschaltet.

In Abb. 126 ist das Feldstärkediagramm einer Antenne aufgezeichnet, die aus vier quadratisch um einen Mast angeordneten Einheitsfeldern besteht. Die Länge der Quadratseite, von Dipol zu Dipol gemessen, beträgt das 1,5fache der mittleren Wellenlänge. Dieser Wert ergibt sich aus der mechanischen Abmessung des Einheitsfeldes. Als Träger der Antenne dient ein Gittermast von 120 cm Seitenlänge. Rechnerisch und experimentell liefert diese Anordnung ein Feldstärkediagramm, das der idealen Rundstrahlung sehr nahe kommt. Die maximale Abweichung von der Kreisform beträgt $\pm$ 1,5 db. Sie ist nicht größer als bei den bisher für Fernseh-Rundstrahlung eingesetzten mehrstufigen Schmetterlingsantennen. Schon beim Bau der mehrfach erwähnten Supergainantenne auf dem Empire State Building ist davon Gebrauch gemacht worden, daß man durch quadratische Anordnung von vier Dipolen um einen Mast eine Rundstrahlung erzielen kann. Die dort verwendeten, relativ schmalbandigen Halbwellendipole liefern bei gleichphasiger Speisung ein Diagramm, dessen Maxima unter einem Winkel von 45° beiderseits der Strahlrichtung der einzelnen Felder liegen. Durch Einsatz schlanker Ganzwellendipole würde man ein Diagramm erzielen, dessen Minima unter diesen Winkeln auftreten. Mit Hilfe der beschriebenen Breitbanddipole mit relativ starker Verkürzung läßt sich ein besonders gutes Rundstrahldiagramm erreichen, bei dem die Feldstärke unter dem Winkel von 45° beiderseits der vier Strahlrichtungen der einzelnen Felder praktisch wieder ebenso groß ist wie in den Hauptstrahlrichtungen. Der Reflexionsfaktor der aus vier Feldern bestehenden Baugruppe einschließlich der Verdrahtungselemente bleibt im gesamten Fernsehbereich unter dem Wert $r = 4\%$, d. h., die Rundstrahlgruppe ist ebenso gut angepaßt wie die aus sechs Feldern bestehende Gruppe des Richtantennenfeldes. Die Rundstrahlgruppe hat einen Leistungsgewinn von etwa $G = 3$. Durch Anordnung mehrerer Etagen übereinander kann ein noch höherer Gewinn erzielt werden. Wenn ein Gewinn $G = 12$ erreicht werden soll, müssen vier Feldergruppen übereinander angeordnet werden. Bei Anordnung von zehn Feldergruppen übereinander läßt sich ein mittlerer Gewinn von $G = 30$ erzielen. Die vertikale Bündelung hat hierbei, wie die Bündelung der in Abb. 125 dargestellten Fernseh-Richtantenne, eine Halbwertsbreite von etwa 2°. Das dürfte als obere Grenze gelten.

Wie vielseitig die Einsatzmöglichkeit der Baukastenantenne ist, zeigt eine zweite, in Abb. 126 skizzierte Anordnung, mit der ein Strahlungswinkel von etwa 120° erzielt werden kann. Es sind also neben der reinen Richtantenne und der reinen Rundstrahlantenne Bauformen möglich, mit denen alle gewünschten Diagramme mit allen gewünschten Vorzugsrichtungen erzielt werden können. Die Strahlungscharakteristik der Antenne kann somit jedem vorgegebenen Versorgungsgebiet angepaßt werden.

Um die Diagramme ermitteln zu können, wurden die Fernseheinheitsfelder an einem drehbaren Versuchsmast montiert. Die Feldstärke wurde mit einem Meßempfänger auf einem in einigen hundert Metern Entfernung errichteten Turm gemessen. Wie aus dem Rundstrahldiagramm in Abb. 126 zu ersehen ist, stimmen die Ergebnisse der Messung und der Rechnung gut überein. Wenn man die Rundstrahlantennen mehrstöckig baut, kann man die Kreisform des Diagramms durch örtliche Versetzung der Vierergruppen gegeneinander wesentlich besser annähern als bei einstöckigen Antennen. In Abb. 127 ist der mit zwei gegeneinander versetzten Stockwerken bestückte Versuchsmast dargestellt.

Unsere bisherigen Arbeiten auf dem Gebiet der aus Richtfeldern aufgebauten Rundstrahlantenne ergeben ein nahezu vollständiges Bild für gleichphasig gespeiste Antennen. Die Untersuchungen wurden bis zu einer horizontalen Gesamtausdehnung der Antenne von 3 Metern (von Strahler zu Strahler gemessen) durchgeführt, d. h., die Abmessungen sind unter zwei Wellenlängen geblieben.

Zusammenfassend sei auf die wichtigsten Kennzeichen der Baukastenantenne hingewiesen:

1. Die Antenne läßt sich leicht an bereits vorhandene Maste anbauen. Wenn man hinreichend viele Elemente übereinander anordnet, kann die Vertikalbündelung größer gemacht werden als bei bisher üblichen Rundstrahlantennen.

Abb. 127. Fernseh-Rundstrahlantenne, aufgebaut aus Richtfeldern (Versuchsaufbau).

2. Durch geeignete Anordnung der Felder an den Mastseiten kann man der Horizontalcharakteristik nahezu jede beliebige Form geben, sie braucht keineswegs rund zu sein. Dadurch erreicht man eine wesentlich größere Freiheit in der Sendernetz- und Frequenzplanung als beim Einsatz reiner Rundstrahlantennen.

3. Die einzelnen Bausteine sind in sich widerstandsmäßig abgeglichen.

4. Da immer die gleichen Bausteine verwendet werden, sind die Fabrikation und die Montage der Anlage sehr vereinfacht.

I. Die Übertragung von Fernsehsignalen im Weitverkehr.

Von Dr.-Ing. **H. Werrmann**, Berlin.

Mit 52 Abbildungen.

I. Einleitung.

Da ein hochwertiges Fernsehprogramm nur mit recht erheblichem Kostenaufwand dargestellt werden kann, muß es aus wirtschaftlichen Gründen möglichst vielen Sendezentren gleichzeitig zugeführt werden. Die Fernsehsignale müssen also über die meist großen Entfernungen zwischen den Sendezentren übertragen werden. Von den Übertragungswegen muß man fordern, daß sie die Signale ohne wesentliche Verzerrungen und Störungen fortzuleiten gestatten, so daß sie überall in gleicher Güte ausgestrahlt werden können.

Die Fernsehnachricht unterscheidet sich von den sonstigen Nachrichten des Weitverkehrs durch ihr äußerst breites Frequenzband; deshalb ist es erst der neuesten technischen Entwicklung gelungen, diese Weitverkehrstechnik zu schaffen. Die Entwicklung ist jedoch noch ganz im Fluß; sie wird sicher noch in der kommenden Zeit zahlreiche Verbesserungen und Fortschritte bringen. Sie stützt sich ebenso auf die Fortschritte der drahtgebundenen wie der drahtlosen Technik, und zwar auf die *Koaxialkabeltechnik* und die *Richtfunktechnik*. Die Übertragungssysteme, die für diese beiden Weitverkehrswege in verschiedenen Ländern entwickelt worden sind, haben in ihrer grundsätzlichen Anlage miteinander viel Ähnlichkeit. Sie unterscheiden sich jedoch in zahlreichen Einzelheiten der Ausführung, da sie natürlich auf die in verschiedenen Ländern gebräuchlichen unterschiedlichen Fernsehnormen zugeschnitten sind.

II. Die Anforderungen an ein Fernseh-Weitverkehrs-System.[1]

Zur Zeit sind in der Welt im wesentlichen 4 verschiedene Fernsehsysteme in Benutzung. Sie werden wohl auch für die nächste Zukunft nebeneinander bestehen bleiben müssen und sind daher vom CCIR[2] in Empfehlungen anerkannt worden. Sie unterscheiden sich durch die Zeilenzahl und die Bildfrequenz: Tab. 1. Das System III wird auch in anderen europäischen Staaten verwendet. Da zur Zeit aber

---

[1] Siehe Literatur S. 202, Nr. 1 bis 7.

[2] Comité consultatif international des radiocommunications.

Tabelle 1. *Daten der vier gebräuchlichsten Fernsehsysteme.*

	Gebräuchlich in	—	I England	II Amerika	III Deutschland	IV Frankreich
Z	Zeilen/Bild	—	405	525	625	819
f_b	Bildfrequenz	Hz	25	30	25	25
f_z	Zeilenfrequenz	kHz	10,13	15,75	15,63	20,48
b/h	Bildformat	—	4:3	4:3	4:3	4:3
f_{max}	Max. Frequenz	MHz	2,7	5,5	6,5	11,2
f_g	Grenzfrequenz	MHz	3	4	5	10,4
K	Kellfaktor	—	1,11	0,73	0,77	0,93

die meisten 625-Zeilen-Sender in Deutschland laufen, ist es hierunter aufgeführt.

1. Frequenzband.

Um das maximale bei diesen 4 Systemen erforderliche Frequenzband zu erhalten, setzt man voraus, daß das Fernsehbild in ein Schachbrettmuster aufgeteilt wird, bei dem die Horizontalauflösung ebenso groß ist wie die durch die Zeilenzahl Z gegebene Vertikalauflösung. Dann ergibt sich (Bezeichnungen nach Tab. 1)

$$f_{max} = \frac{1}{2} Z^2 \frac{b}{h} \cdot f_b. \tag{1}$$

Bei dieser überschläglichen Formel ist nicht beachtet, daß bei jedem Bild eine gewisse Zeit für den Zeilen- und den Bildrücklauf verbraucht wird. Wenn man nun die Breite des voll ausgenutzten Übertragungskanals in der natürlichen Lage kleiner oder größer als dieses Frequenzband macht: $f_g \lessgtr f_{max}$, so wird auch die Horizontalauflösung kleiner oder größer als die Vertikalauflösung. Praktisch wählt man die beiden Auflösungen nicht allzusehr verschieden. Für das englische und französische System liegt das Frequenzverhältnis, der sogenannte Kellfaktor

$$K = \frac{f_g}{f_{max}} \tag{2}$$

nahezu bei 1, für das amerikanische und deutsche System bei etwa 0,75. Die Erfahrung lehrt, daß der Wert 0,75 durchaus zugelassen werden kann. Unter bestimmten Umständen ist sogar gegen noch kleinere Werte von K nichts einzuwenden, wie die Übertragung auf dem amerikanischen Koaxialkabelsystem zeigt. Im allgemeinen ist es jedoch nicht empfehlenswert, den Kellfaktor unter 0,6 bis 0,7 herabzusetzen.

Das Spektrum der Nachricht erstreckt sich vom Werte 0, also Gleichstrom, über den gesamten Videobereich bis zur Maximalfrequenz. Das

Spektrum ist aber nicht kontinuierlich, sondern, da das Bild zeilenweise abgetastet wird, in zahlreiche schmale Einzelspektren aufgeteilt, deren Mittenfrequenzen harmonisch zur Zeilenfrequenz liegen. Die Lücke zwischen zwei aufeinanderfolgenden Teilspektren beträgt nach Tab. 1 etwa 10 bis 20 kHz.

Diese spektrale Verteilung der Bildenergie gilt für das Schwarz-Weiß-Fernsehen. Im Farbfernsehen nach der zur Zeit aussichtsreichsten Methode, dem Punktfolgeverfahren des NTCS[1], wird die Farbinformation einer Trägerfrequenz aufmoduliert und diese mit ihrem unteren Seitenband in der oberen Hälfte des Schwarz-Weiß-Spektrums in dessen Lücken übertragen, die Spektren sind also ineinander verkämmt. Damit ist der Frequenzbedarf des Farbfernsehens nicht größer als der des Schwarz-Weiß-Fernsehens; jedoch erfordert die Übertragung der hohen Frequenzen jetzt große Sorgfalt. Die Frequenz f_g darf nicht mehr unterschritten werden.

Es genügt also, die Weitverkehrssysteme jeweils für die Grenzfrequenz f_g zu bemessen, wenn das genormte Videoband übertragen werden soll und wenn die Systeme zugleich für die Einführung des Farbfernsehens geeignet sein sollen, und zwar gilt das besonders für die höherzeiligen Bilder. An die Übertragungsgüte dieser Übertragungskanäle sind nun bestimmte Forderungen zu stellen; sie ergeben sich aus der der Fernsehnachricht eigentümlichen Empfindlichkeit gegenüber Dämpfungs-, Phasen- und Amplitudenverzerrungen sowie Echo- und Fremdstörungen.

2. Übertragungsmaß.

Besondere Untersuchungen, wie auch langjährige Betriebserfahrungen, haben gezeigt, daß rausch-, sinus-, impuls- und nachrichtenhaltige Störungen größenordnungsmäßig etwa 1% der Nachrichtenamplitude nicht überschreiten dürfen, wenn diese praktisch ungestört bleiben soll. Im Dämpfungsmaß entspricht dies also einem Wert von etwa 40 bis 50 db. Verglichen mit der Fernsprech- und Klangübertragung ist diese Dämpfungsforderung nicht übermäßig hoch, doch es zeigt sich, daß sich hieraus Anforderungen an das Übertragungsmaß der Weitverkehrssysteme ergeben, die sich zur Zeit nur mit hochwertigen und ziemlich aufwendigen technischen Mitteln erfüllen lassen. Die Ursache hierfür liegt in der großen Empfindlichkeit der Fernsehnachricht gegenüber Laufzeitverzerrungen.

Über die genaue Begründung der an den Dämpfungs- und Phasengang solcher Kanäle zu stellenden Anforderungen ist noch nichts veröffentlicht worden. Als gesichert kann jedenfalls gelten, daß ein Echo beliebig verspätet eintreffen kann, wenn es um 40 bis 50 db gedämpft ist.

---

[1] National Television System Committee.

Dies bedeutet eine sehr hohe Anforderung an die Freiheit von Stoßstellen, z. B. an die innere Gleichmäßigkeit der Koaxialkabel, an die Exaktheit des Kabelabschlusses, an die Güte der Anpassung der Antenne, an die Energiekabel usw.

Der *Frequenzgang* des Fernsehkanals, bei dem sich diese Echoerscheinungen in der Messung als Dämpfungsschwankungen bemerkbar machen, müßte dieser 1%-Forderung gemäß in der engen Toleranz von $\Delta p = \pm 0{,}1$ db verlaufen, Abb. 128. Schmale resonanzartige Buckel, wie z. B. in der Mitte der Kurve von Abb. 128, entsprechen einer großen

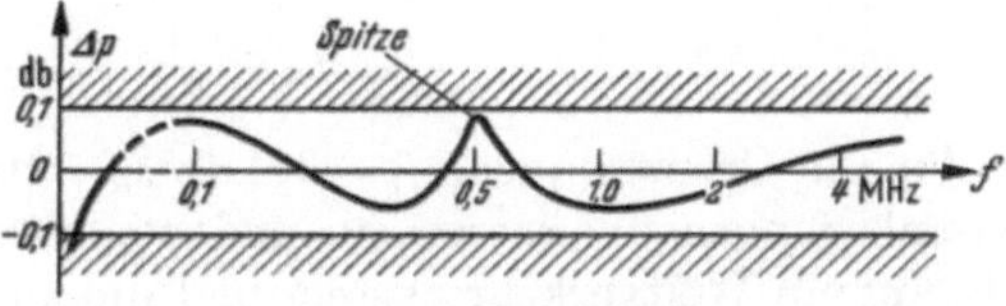

Abb. 128. Beispiel für den Frequenzgang der Dämpfungsverzerrung eines Fernsehkanals.

Echolaufzeit. Man muß also solche scharfen Schwankungen des Übertragungsfaktors vermeiden, indem man dafür sorgt, daß keine ausgeprägten Stoßstellen auftreten; denn die geforderte enge Toleranz läßt sich mit vernünftigem Aufwand praktisch kaum verwirklichen. Der CCIR[1]-Richtwert[2] lautet daher z. B. für das 405-Zeilen-System $\Delta p \leqq \pm 1$ db, sofern zahlreiche und wesentliche Änderungen der Steilheit der Verstärkungskurve innerhalb dieses Toleranzbereiches vermieden sind. Die Toleranz kann dabei nach hohen Frequenzen hin etwas zunehmen. Für Weitverkehrsverbindungen von einigen 1000 km Länge wird man noch etwas größere Werte zulassen müssen, da der Anteil, der auf ein Funk- oder Verstärkerfeld entfällt, um eine oder zwei Zehnerpotenzen kleiner sein muß, eine Forderung, die sich recht schwer erfüllen läßt.

Ähnliche Überlegungen lassen sich auch für den *Laufzeitgang* eines Fernsehkanals anstellen. Die Erfahrung zeigt, daß eine Störung des Bildsignals um so größer sein kann, je kürzer die Zeit ist, nach der diese Störung in Erscheinung tritt. Zwischen der Gruppenlaufzeitverzerrung und der eben erwähnten Zeit besteht aus übertragungstechnischen Gründen ein

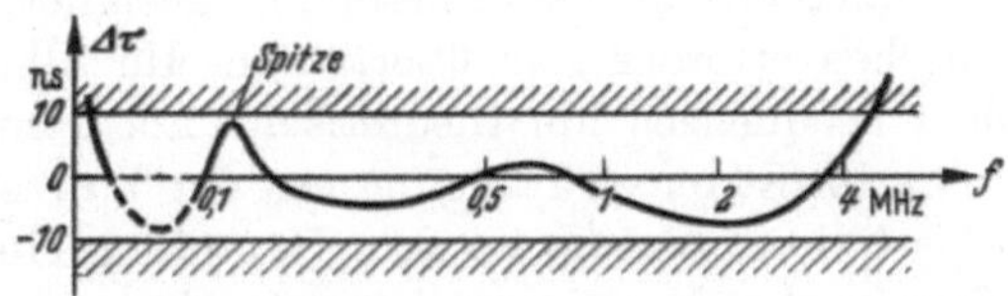

Abb. 129. Beispiel für den Frequenzgang der Laufzeitverzerrung eines Fernsehkanals.

gewisser Zusammenhang. Die in Abb. 129 angegebene Kurve für die Verzerrung der Gruppenlaufzeit gibt ein Beispiel wieder, wie unter diesen

---

[1] Comité consultatif international des radiocommúnications.

[2] CCIR-Studienprogramm 32, Annex II.

Voraussetzungen die Verzerrung in einem Fernsehkanal aussehen kann. Sie liegt hier in den Grenzen von $\Delta\tau \leqq \pm 10$ ns.

Da praktisch bei bewegten Bildern, die ja den Hauptinhalt von Fernsehnachrichten darstellen, die Energieverteilung zeitlich rasch schwankt, kann man jedoch größere Laufzeitverzerrungen zulassen. Die CCIF[1]-Empfehlung gibt z. B. für das 405-Zeilen-Bild einen Wert von $\Delta\tau \leqq \pm 100$ n s an. Er beträgt also etwa zwei Drittel der Bildpunktdauer

$$t_B = \frac{1}{2f_g}, \tag{3}$$

die für die Grenzfrequenz $f_g = 3$ MHz $t_B = 160$ ns ist. Es bleibt weiteren Vereinbarungen überlassen, ob und wie man diesen Betrag in Zukunft z. B. auf ein Weitverkehrssystem und die angeschlossenen Rundstrahler aufteilen will.

Am wenigsten empfindlich ist die Fernsehnachricht gegenüber Verzerrungen des *Amplitudenganges*, also nichtlinearen Verzerrungen. Da bei einer Übertragung in der Videolage die Produkte der nichtlinearen Verzerrungen harmonisch zu dem Spektrum des Bildinhaltes liegen, äußert sich eine solche Verzerrung nur in einer Gradationsänderung, für die das Auge relativ unempfindlich ist. Für Weitverkehrsübertragungen läßt das CCIF daher Abweichungen vom linearen Verlauf bis zum Betrage von 10% zu. Wenn man die Fernsehnachricht jedoch in einer anderen als der natürlichen Lage überträgt, muß man beachten, daß Klirrspannungen z. B. eines Trägers unter Umständen nicht mehr harmonisch zu den Zeilenspektren liegen. Bei der Bemessung von Übertragungsstrecken muß das berücksichtigt werden. Damit sind die wesentlichsten Anforderungen aufgezählt, denen ein Fernsehkanal für den Weitverkehr genügen muß.

III. Koaxialkabeltechnik.[2]

1. Die Übertragungseigenschaften der Koaxialkabel.

Koaxialleitungen sind besonders geeignet, breite Bänder, wie sie das Fernsehen erfordert, zu übertragen. Ihr Übertragungsbereich ist nach hohen Frequenzen hin theoretisch unbegrenzt. Ihre Dämpfung nimmt infolge der Stromverdrängung mit der Wurzel aus der Frequenz zu. Bei verlustfreier Isolation ist ihre Dämpfung ein Minimum, wenn sich der Außendurchmesser D zum Innendurchmesser d wie 3,6 zu 1 verhält; ihr Wellenwiderstand ist nach

$$Z = 60 \sqrt{\frac{\mu_r}{\varepsilon_r}} \ln \frac{D}{d} \tag{4}$$

dann gleich 77 Ohm. Praktisch ist $\mu_r = 1$ und ε_r bei verlustarmer Wendel- oder Abstandsscheibenhalterung zwischen Außen- und Innenleiter $= 1,1$

---

[1] Comité consultatif international téléphonique.
[2] Siehe Literatur S. 202, Nr. 8 bis 19.

bis 1,2. Das CCIF empfiehlt einen Wellenwiderstand von 75 Ohm, also einen Wert, der praktisch dem günstigsten Durchmesserverhältnis entspricht.

Die Dämpfung der CCIF-Koaxialleitung soll bei 1 MHz einen Wert von $\beta = 2{,}6$ db/km nicht überschreiten. Daraus errechnet sich ein Außendurchmesser des Innenleiters von etwa 2,6 mm und ein Innendurchmesser des Außenleiters von etwa 9,4 mm, abgekürzt 2,6/9,4.

Von solchen koaxialen Leitungen sind gegenwärtig in der Welt rund 100000 km verlegt, und zwar meist in den USA. Sie sind ausgenutzt mit Vielbandträgerfrequenzsystemen zur gleichzeitigen Übertragung von vielen Hunderten von Fernsprechkanälen und mit Einrichtungen zur Übertragung von Fernsehnachrichten.

Für die Wahl der Frequenzlage bei der Übertragung von Fernsehnachrichten, die hier besonders interessiert, sind die oben zusammengestellten Anforderungen an den Fernsehkanal maßgebend. In Abb. 130 sind die

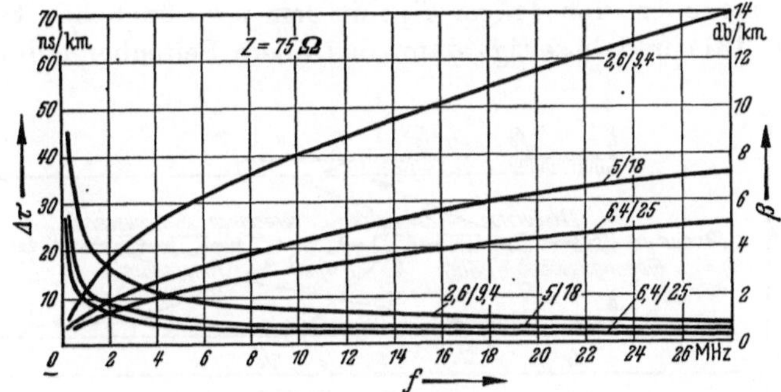

Abb. 130. Kilometrische Dämpfung und Laufzeitverzerrung von koaxialen Leitungen.

kilometrische Dämpfung und die kilometrische Laufzeitverzerrung aufgetragen, und zwar für die koaxiale CCIF-Leitung und für zwei weitere etwa doppelt und dreifach so starke Leitungen. Daraus ist zu entnehmen, daß es praktisch fast unmöglich ist, die Fernsehnachricht in ihrer natürlichen Frequenzlage über große Entfernungen zu übertragen, da die Dämpfung und die Laufzeitverzerrung bei tiefen Frequenzen einen sehr steilen Verlauf haben. Man muß den Kanal also nach höheren Frequenzen verschieben in eine Lage, in der die restlichen Verzerrungen leichter beherrscht werden können. Dabei ist es günstig, daß man bei dieser trägerfrequenten Übertragung mehrere solcher koaxialen Leitungen unmittelbar in einem gemeinsamen Kabel zusammenfassen kann, denn das Übersprechen zwischen räumlich benachbarten koaxialen Leitungen nimmt mit steigender Frequenz sehr schnell ab. Nachteilig ist dabei natürlich die Zunahme der Dämpfung mit steigender Frequenz. Da die Sendeleistung aus wirtschaftlichen Gründen nach oben begrenzt ist und die

Rauschleistung aber aus physikalischen Gründen nach unten, muß man
die Verstärkerabstände um so kürzer wählen, je höher die Frequenzlage
ist, sonst würde der Abstand zwischen Signal und Rauschen zu klein.
Allzu kleine Verstärkerabstände sind aber aus wirtschaftlichen Gründen
unerwünscht.

Diese in bezug auf die Frequenzwahl sich widersprechenden Gesichtspunkte haben dazu geführt, daß man im Fernsehweitverkehr über Kabel
in den verschiedenen Ländern die trägerfrequente Übertragung bevorzugt in einer Form, die fast einer Einseitenbandübertragung gleich-
kommt, nämlich mit schmalem Restseitenband und Nyquistflanke. Diese
Übertragung stellt einen Kompromiß dar in dem Bemühen, die sich
widersprechenden Forderungen zu erfüllen.

2. Die Technik der Einseitenbandübertragung mit Nyquistflanke.

a) Schema der Frequenzumsetzung. Diese Technik besteht in folgen-
dem: Man moduliert den Träger T_1 mit dem ursprünglichen Fernsehband (Abb. 131) und beseitigt dann das obere Seitenband durch ein

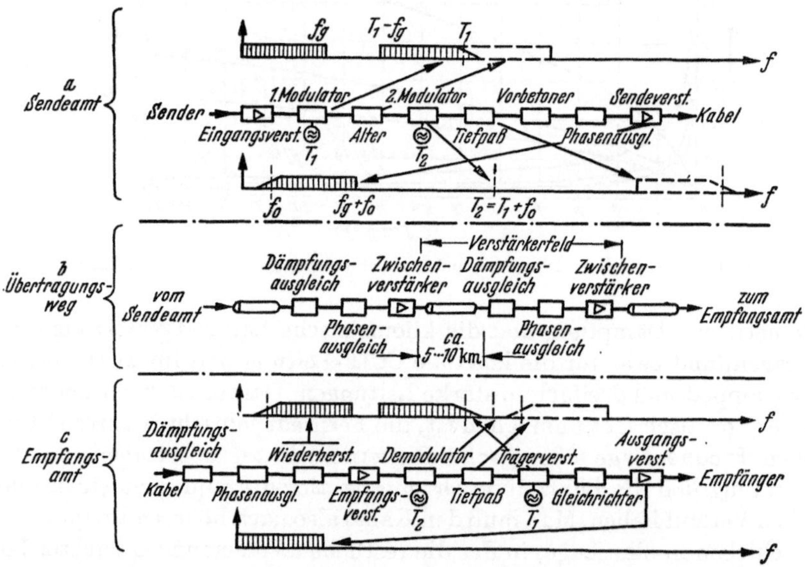

Abb. 131. Modulationsschemen zur Fernseh-Einseitenbandübertragung mit Nyquistflanke über Kabel.

Filter mit Nyquistflanke. Sodann moduliert man einen zweiten Träger T_2,
der gegen den ersten um die gewünschte Frequenzverschiebung f_0 höher
liegt ($T_2 = T_1 + f_0$) und bringt damit das Band in die für die Fernübertragung gewünschte Lage; das obere Seitenband wird dabei durch einen
Tiefpaß unterdrückt. In einem Vorbetoner werden dann die Null-

schwingung f_0 und die in ihrer Umgebung liegenden Hauptenergieanteile gegenüber den hohen Frequenzen geschwächt. Dadurch werden die Klirrprodukte des Trägers, die jetzt ja nicht mehr unbedingt alle harmonisch zu den Teilspektren liegen, in den Unterwegsverstärkern verringert und ihr Abstand von den höheren vorbetonten Seitenbandfrequenzen herabgesetzt. Nach einem Phasenausgleich, der die Laufzeitverzerrungen der verschiedenen Geräte summarisch entzerrt, wird die Nachricht in der Lage f_0 bis $f_g + f_0$ über den Sendeverstärker auf das Kabel gegeben.

In das Kabel werden nun je nach seiner Dämpfung in Abständen von 5 bis 10 km Zwischenverstärker eingeschaltet, die jeweils die Dämpfungs- und Phasenverzerrungen des Verstärkerfeldes ausgleichen und das Fernsehsignal auf die erforderliche Sendeleistung verstärken.

Im Empfangsamt wird das Band über einen Dämpfungsausgleich, einen Phasenausgleich und einen „Wiederhersteller“, der die ursprüngliche Amplitudenverteilung wiederherstellt, nach Verstärkung in einem Demodulator mit der Trägerfrequenz $T_2 = T_1 + f_0$ überlagert. Durch einen Tiefpaß werden das obere Seitenband und der Träger T_2 beseitigt. Nach einer phasenrichtigen Vergrößerung des Trägers T_1 in einem Trägerverstärker wird das Band gleichgerichtet und in der natürlichen Lage über einen Ausgangsverstärker an den Empfänger abgegeben.

b) Einfluß von Einschwingvorgängen auf die Bildübertragung. Bei der im vorigen Abschnitt besprochenen Restseitenbandtechnik mit

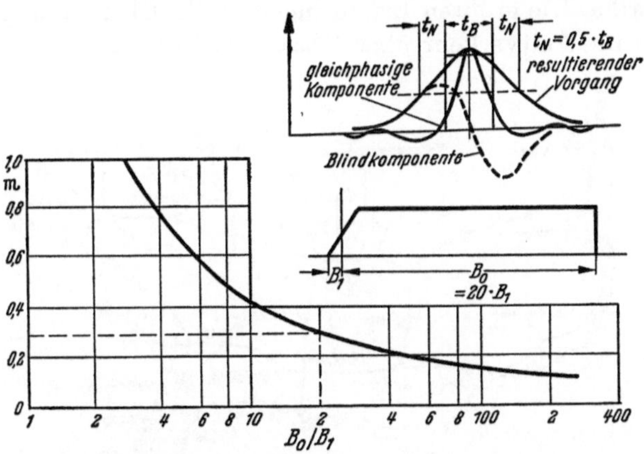

Abb. 132. Erforderlicher Modulationsgrad für vorgegebene Bildpunktverzerrung bei Einseitenbandübertragung mit Nyquistflanke. Aus [16].

Nyquistflanke entstehen Einschwingvorgänge. Diese haben zur Folge, daß der Maximalwert der Schwingungen höher und die Dauer t_B der Bildpunkte breiter werden (Abb. 132).

Man kann den Einschwingvorgang in 2 Anteile zerlegen, und zwar

in denjenigen, der durch die gleichphasige Komponente der Nullfrequenz-
schwingung entsteht und in einen, der von der Blindkomponente herrührt. Die gleichphasige Komponente ergibt die Überhöhung, die Blindkomponente die Verbreiterung. Die Theorie zeigt, daß die Überhöhung
nur von der Breite B_0 des voll übertragenen Seitenbandes abhängt, die
Verbreiterung aber von der Breite B_1 des Restseitenbandes. Die Zeichen-
verbreiterung kann man nach KADEN durch die Vorlaufzeit t_N kenn-
zeichnen, diese ist mithin eine Funktion von B_1. Man kann weiterzeigen,
daß t_N eine Funktion des Modulationsgrades ist und mit abnehmendem
Modulationsgrad kleiner wird. Die Kurve in Abb. 132 gibt diese Abhängigkeit wieder für einen Fall, daß man das volle Seitenband mit dem
Kellfaktor 0,9 überträgt und die Forderung stellt, daß der Bildpunkt t_B
auf höchstens das Doppelte verbreitert wird. Wählt man z. B. das Verhältnis $B_0:B_1 = 20$, so wird $m = 0,3$. Nun liegt der Modulationsgrad der
Fernsehapparatur bei etwa 0,6 bis 0,7, der Träger muß also vor der
Demodulation erheblich vergrößert werden. Diese Vergrößerung muß in
der Phase richtig liegen. Das einfachste wäre, den Träger am Sendeort
bereits genügend groß zu lassen. Das würde aber einen Verlust an
Geräuschabstand ergeben und'wäre deshalb unzweckmäßig. Es ist zwar
technisch schwieriger, den Träger erst am Empfangsort zu vergrößern,
jedoch ist diese Maßnahme vorzuziehen.

3. Beispiele von Systemen und Kabeln.

a) Amerika. Die größten Erfahrungen in der Übertragung von Fernsehsignalen im Weitverkehr über Koaxialkabel liegen in den USA vor,

Abb. 133. Koaxialkabelnetz in USA.

die zur Zeit über ein umfangreiches Koaxialkabelnetz verfügen, Abb. 133.
Man konnte sich hier allerdings bei der Bemessung des Fernsehkanals
nicht nach dem Gesichtspunkt der größten technischen Zweckmäßigkeit

richten, sondern mußte das System verwenden, das zur Zeit der Einführung des Fernsehweitverkehrs bereits für die Breitbandfernsprechübertragung über viele 1000 km in Betrieb war, das sogenannte L_1-System. Der Trägerfrequenzbereich dieses Systems erstreckt sich von 64 kHz bis 3100 kHz. Dieser vorgegebene Übertragungsbereich läßt für das Seitenband nur 2,8 kHz zu (Abb. 134), entsprechend dem recht niedrigen Kell-

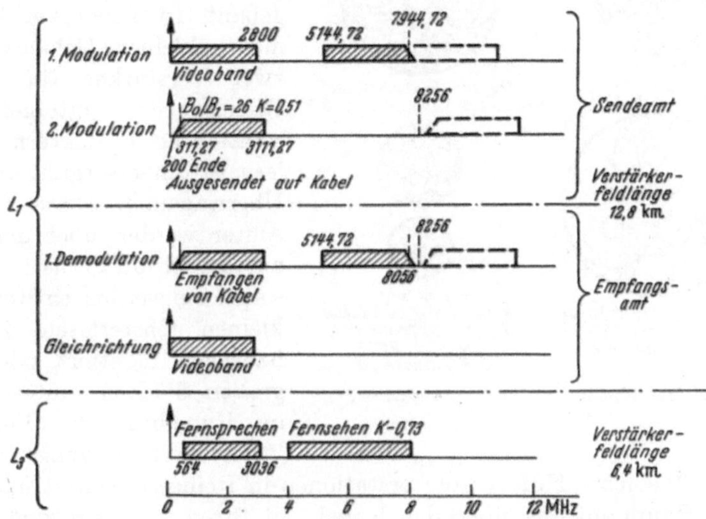

Abb. 134. Modulationsschemen zur Fernsehübertragung über koaxiale Leitungen in USA.

faktor von 0,51 (Auflösung in der Horizontalen nur etwa halb so groß wie in der Vertikalen). Dieser Nachteil wird aber bei dieser Art der Übertragung ziemlich ausgeglichen durch die sich ergebende Betonung der Konturen. Diese Betonung der Konturen ergibt sich durch das scharfe Abschneiden der hohen Frequenzen (Überschwingen). In der Lücke zwischen 64 und 200 kHz wird der zum Bild gehörige Ton gleichzeitig in Einseitenbandtechnik in der Lage 80 bis 88 kHz mit übertragen.

Das Kabel enthält 4 und in neuerer Zeit sogar 8 Tuben der koaxialen CCIF-Leitung 2,6/9,4, Abb. 135. Zwei Tuben dienen im allgemeinen als Reserve, die anderen übertragen Fernsprechen und Fernsehen. Die Zwischenverstärker des Kabels sind durchschnittlich in Abständen von 12,8 km eingesetzt. Ein kompliziertes System von Dämpfungs- und Laufzeitentzerrern mit automatischer Regelung, gesteuert durch mehrere über das Band verteilte Pilotfrequenzen, sorgt für die zeitliche Stabilität der Übertragung. Die zu bewältigenden Schwierigkeiten sind dabei bedeutend. So beträgt der zu entzerrende Dämpfungsgang je Verstärkerfeld 45 db und die erforderliche automatische Ausregelung entsprechend den jahreszeitlichen Temperaturschwankungen an der oberen Bandkante 7 db. Umgerechnet auf eine Fernsehübertragung von 1000 km Länge ergibt sich ein zu entzerrender Dämpfungsgang von etwa 4000 db und eine auszuregelnde Schwankung von etwa 600 db.

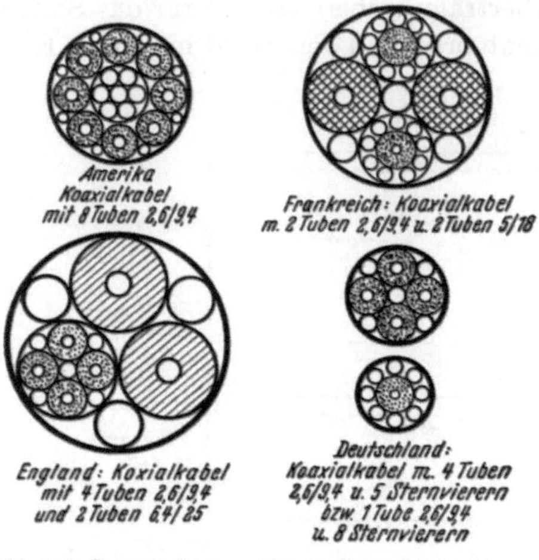

Die Verstärker sind sehr klein und sehr raumsparend gebaut. In einem verhältnismäßig kleinen Gehäuse sind zwei Verstärker für beide Richtungen untergebracht samt ihren Entzerrern, Reglern, Stromversorgung und der Überwachung. Diese kleinen Ämter werden über das Koaxialkabel mit Fernstrom versorgt. Sie werden entweder in kleinen fensterlosen Betonhäuschen montiert oder, in großen Städten, unterirdisch in Kabelbrunnen. Für die Fernstromversorgung werden

Abb. 135. Querschnitte von Kabeln mit koaxialen Fernsehleitungen.

bis zu 10 solcher Hilfsverstärkerstationen in Reihe geschaltet und von einem Hauptamt aus über das Kabel mit Strom versorgt und fernüberwacht.

Fußend auf den Erfahrungen mit diesem System ist zur Zeit ein neues System in Entwicklung, das L_3-System, das auf der koaxialen Leitung einen Kanal von 0,5 bis 8 MHz zur Verfügung stellen wird, Abb. 134. Bei reinem Fernsprechbetrieb werden über diesen Hochfrequenzkanal 3 Gesprächsbündel von je 600 Fernsprechkanälen gemeinsam übertragen.

Für das Fernsehen kann statt der beiden oberen Bündel ein Kanal von 4 MHz Breite bereitgestellt werden, der ja, wie bereits ausgeführt, auch für das zukünftige Farbfernsehen ausreichen wird. Die frequenzmäßig hohe Lage des Fernsehbandes erleichtert die Entzerrung und Regelung bedeutend. Allerdings ist es eine sehr schwierige Aufgabe, mit der geforderten hohen Linearität und Konstanz, insbesondere Phasenkonstanz, zu verstärken. Deshalb muß der Verstärkerabstand auch halbiert werden im Mittel auf 6,4 km, so daß doppelt so viele Verstärker vorhanden sind. Diese bestehen aus zwei in sich gegengekoppelten zweistufigen Einzelverstärkern, zwischen die die Entzerrungsmittel geschaltet sind; für sie sind drei besondere Röhrentypen entwickelt worden. Der Aufwand ist beträchtlich größer als der für die L_1-Verstärker. Man leistet sich diesen Aufwand in den USA, weil in dem in der Erde liegenden

Kabelnetz ein großes Kapital investiert ist. Bei einem neu zu planenden System würde man vielleicht dickere Kabel und einfachere Verstärker bauen. Man verspricht sich von diesem System eine bedeutende Herabsetzung der Laufzeitverzerrungen.

b) England. In dem umfangreichen, in England bereits verlegten Koaxialkabelnetz mit CCIF-Tuben, Abb. 136, hat man für die Fernsehübertragung vom Studio London zum Sender Sutton Coldfield bei Birmingham ein Sonderkabel verlegt, das zwei wesentlich stärkere koaxiale Tuben enthält. Deren Durchmesser ist so gewählt, daß das Gesamtkabel 4 CCIF-Tuben und zwei starke Fernsehtuben enthalten kann und sich dabei noch in die vorhandenen postalischen Züge der Kabelkanalisation einziehen läßt, Abb. 135. Damit erhält man für die starken Tuben die Abmessung 6,4/25 mm, deren Dämpfungs- und Laufzeitverzerrung aus Abb. 130 entnommen werden kann. Da die Dämpfung dieses

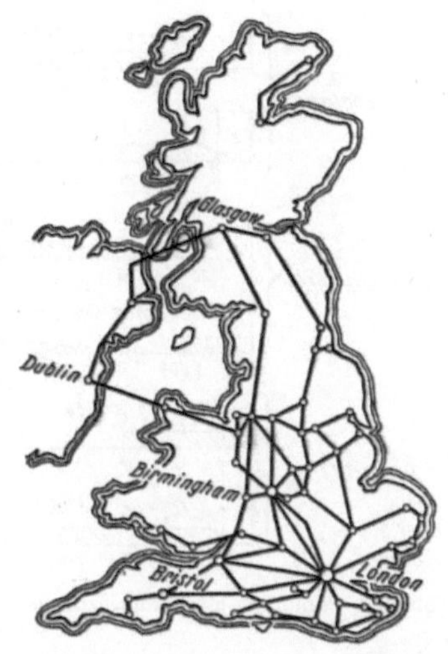

Abb. 136. Koaxialkabelnetz in England.

kostspieligen Kabels relativ gering ist und andererseits das Fernsehband bei der niedrigen englischen Zeilenzahl nur 3 MHz breit ist, kann man die Übertragungstechnik vereinfachen. Man moduliert nur einmal, und zwar einen Träger von 6,12 MHz; dieser liegt also etwas höher als die doppelte höchste Videofrequenz. Man überträgt das untere Seitenband, das nun etwas oberhalb der Videolage liegt, mit einem oberen Restseitenband; dabei erhält man das günstigste Bandbreitenverhältnis $B_0:B_1 = 3,4$, Abb. 137 oben. Die höchste Übertragungfrequenz beträgt 7 MHz, und der Verstärkerabstand kann im Mittel zu 18 km gewählt werden. Die Anforderungen an die Linearität der Verstärker können leicht erfüllt werden, da das übertragene Band nur etwa 1 Oktave breit ist. Diese Technik ist sehr einfach, und die Verstärkerabstände sind bei ihr groß; dem stehen jedoch die relativ hohen Gestehungskosten der starken Fernsehtuben gegenüber.

Auf der Strecke Birmingham—Manchester wird deshalb zur Zeit ein neues System aufgebaut mit einem Träger von 1 MHz und einem Seitenband von 4 MHz, also einer höchsten Übertragungsfrequenz von 5 HMz. Der Verstärkerabstand wird im Mittel 9 km betragen (Abb. 137 unten).

c) Frankreich. Auch die französische Technik beabsichtigt, ähnlich wie die englische, Kabel mit Tuben verschiedener Stärke zu verwenden, zumal, da das 819 zeilige Fernsehen in einer 2,6/9,4-Leitung unerwünscht kleine Verstärkerabstände ergeben würde. Man hat hier für die stärkere Tube die Abmessung 5/18 gewählt, entsprechend der früheren deutschen Technik. Die Dämpfung beträgt nur etwa die Hälfte der des CCIF-

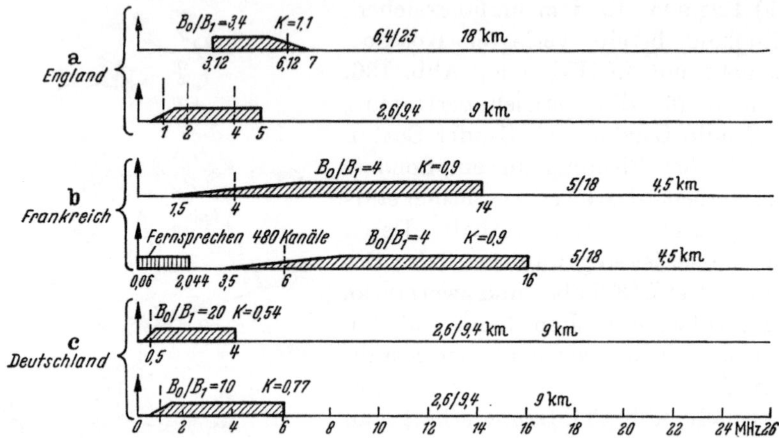

Abb. 137. Modulationsschemen zur Fernsehübertragung über koaxiale Leitungen in England, Frankreich und Deutschland.

Kabels (Abb. 130). Das gesamte Kabel enthält außer einer Anzahl dünner 0,9/3,2-Tuben, die hier nicht weiter interessieren, je zwei 2,6/9,4-

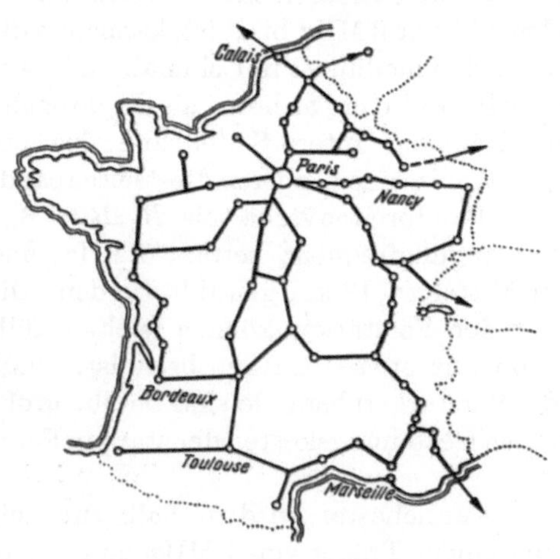

Abb. 138. Koaxialkabelnetz in Frankreich, geplanter Ausbau bis 1957.

und 5/18-Tuben, Abb. 135. Die Belegung denkt man sich nach Abb. 137 folgendermaßen: Entweder überträgt man das Fernsehband allein in einem Trägerfrequenzkanal von 1,5 bis 14 MHz mit einem $B_0:B_1=4$, oder man legt es in eine höhere Lage von 3,5 bis 16 MHz und überträgt unterhalb dieses Bandes ein Bündel von 480 Fernsprechkanälen. Der Verstärkerabstand beträgt in beiden Fällen im Mittel nur 4,5 km.

Natürlich sind auch diese starken Kabel mit den halbierten Verstärkerabständen recht kostspielig, und die Frage der Wirtschaftlichkeit ist hier offenbar hintenangestellt. Mit Kabeln dieses Aufbaues und eines anderen einfacheren soll das Netz in 5 Jahren den in Abb. 138 dargestellten Umfang haben.

d) Deutschland. Im Gegensatz zu der ausländischen Entwicklung liegt der Planung in Deutschland allein das CCIF-Kabel zugrunde. Deutschland verfügte bereits vor dem Kriege über ein Koaxialkabelnetz erheblicher Ausdehnung, wie Abb. 139 zeigt. Verwendet wurde ein Kabel 5/18 mit einem Wellenwiderstand von 70 Ohm. Die Zeilenzahl der übertragenen Fernsehnachrichten betrug 441 und die höchste Übertragungsfrequenz auf dem Kabel etwa 4 MHz. Verwendet wurde der für das europäische Breitbandsystem vom CCIF empfohlene Übertragungsbereich von 60 bis 4028 kHz. Nach Beendigung des Krieges wurde ein großer Teil der Kabel demontiert.

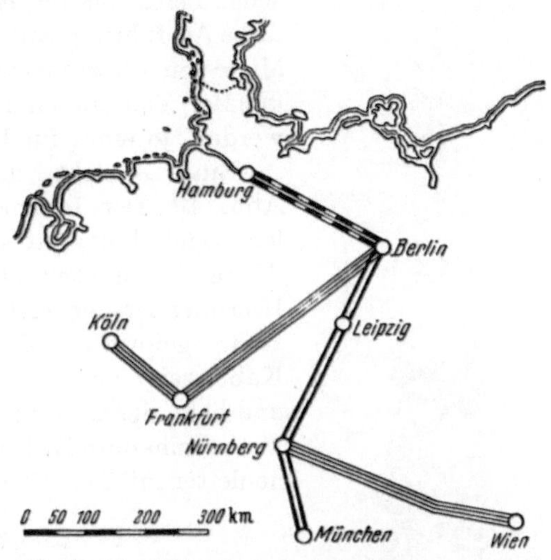

Abb. 139. Koaxialkabelnetz in Deutschland mit Abzweig nach Wien, Stand 1938.

Für die 625 zeilige Technik ist das CCIF-Breitbandsystem bis 4 MHz (Abb. 137c oben) nicht ganz so knapp wie das amerikanische 3-MHz-System für 525 Zeilen. Der Kellfaktor ist 0,54 statt 0,51. Eine einwandfreie Übertragung von Schwarz-Weiß-Bildern ist nach dem oben Gesagten ohne weiteres möglich. Für die Zukunft plant man mit Rücksicht auf Farbbilder ein System nach der zweiten Lösung in Abb. 137c. Der Fernsehkanal überträgt ein Band von 5 MHz mit einem $B_0 : B_1 = 10$ und einem Kellfaktor $k = 0,77$; damit kann in Zukunft zugleich ein hochwertiges Farbfernsehen übertragen werden. Der Verstärkerabstand soll dabei ungeändert im Mittel dem Normwert von 9 km entsprechen. Beide in Abb. 137c angegebenen Systeme können also nebeneinander bestehen, ohne daß neue Zwischenämter eingefügt werden müssen. Besonders zweckmäßig ist ein Kabelaufbau mit 6 Tuben (zweimal Fernsprechen, zweimal Fernsehen, zweimal Ersatz), oft werden aber auch 4 Tuben genügen. Den Querschnitt des 4 tubigen Kabels zeigt Abb. 135. Es enthält 4 koaxiale Tuben 2,6/9,4 und 5 Sternvierer, die als Dienstleitungen und zur Fernüberwachung dienen.

Die Forderung der Wirtschaftlichkeit läßt es im übrigen ratsam erscheinen, den Fernsehkanälen, die ja stets stärkere Bevölkerungszentren miteinander verbinden müssen, starke Bündel von Fernsprechkanälen beizugeben; nur so kann erreicht werden, daß die Nachrichtenwege wirtschaftlich sind. Da in Deutschland die Technik der symmetrischen Leitungen eingeführt worden ist, hat man in einer zweiten Lösung dem

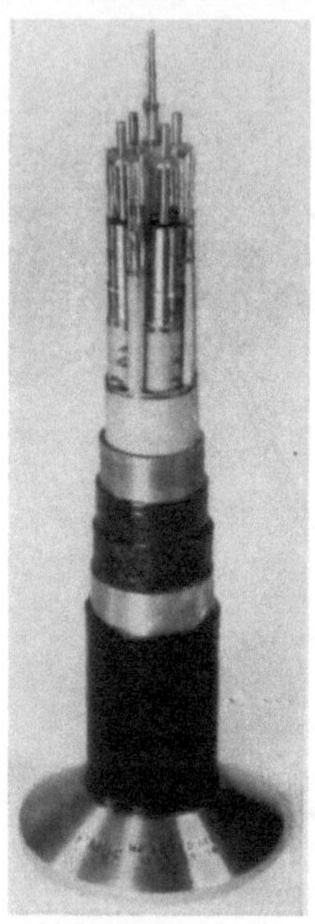

koaxialen Kern eine größere Zahl von symmetrischen Leitungen beigegeben. Abb. 135 unten zeigt diese Ausführung mit einer koaxialen Tube in der Mitte von 8 Sternvierern für insgesamt 1920 Sprechkanäle. Von diesen Kabeln müssen 2 ausgelegt werden, je eines für Hin- und Rückrichtung.

Eine Ansicht des 4-Tuben-Kabels zeigt Abb. 140. Der Innenleiter wird durch Polyäthylen- oder Polystyrolscheiben gehalten, die im Abstand von etwa 30 mm aufgespritzt werden. Hierüber ist der Außenleiter aus einem zu einem Rohr geformten Kupferband aufgebaut. Das Kabel zeigt eine hervorragende Gleichmäßigkeit und hohe Spannungsfestigkeit, so daß mindestens 10 unbemannte Zwischenverstärker über den Innenleiter mit Fernstrom versorgt werden können.

Abb. 140. Breitbandkabel
mit 4 koaxialen Leitungen.

IV. Richtfunktechnik. [1]

Während die Anfänge der koaxialen Fernkabeltechnik bis in die Mitte der dreißiger Jahre zurückreichen, ist die drahtlose Übertragung breiter Bänder ein Ergebnis neuerer technischer Entwicklung, und das erste Weitverkehrssystem auf dieser Grundlage ist erst seit wenigen Jahren in den USA in Betrieb.

In der drahtlosen Übertragung übersieht man heute recht gut die Ausbreitungseigenschaften der elektromagnetischen Wellen bis in den Frequenzbereich von etwa 10^{10} Hz. Diese Frequenz scheint für ungehinderte freie Ausbreitung etwa die oberste Grenze zu sein, da darüber hinaus Absorptionserscheinungen die Ausbreitung bereits so behindern können, daß eine höhere Frequenz zum mindesten für den Weitverkehr nicht in Frage kommt. Unterhalb dieser Grenze aber sind aus verschiedenen Gründen die Übertragungsbedingungen für breite Bänder besonders günstig, so daß der Mikrowellenbereich von 10^9 bis 10^{10} Hz, also 30 bis 3 cm, die Domäne der Breitbandrichtfunktechnik geworden ist.

Aus Tab. 2 kann man entnehmen, in welchem Teil des technisch verwerteten Spektrums der elektromagnetischen Wellen dieser Bereich

---

[1] Siehe Literatur S. 202, Nr. 20 bis 61.

Tabelle 2. *Frequenzspektrum der elektromagnetischen Wellen.*

Bereich	Mittenfrequenz Hz	Allgemeine Bezeichnungen	Metrische Wellenbezeichnungen
20	10^{20}	hart ⎫	
19	10^{19}	⎬ X-Strahlen	
18	10^{18}	Ultraviolett ⎱	
17	10^{17}		
16	10^{16}	weich ⎰	
15	10^{15}	▌ Sichtbar ⎱ Licht	
14	10^{14}		
13	10^{13}		
12	10^{12}	Ultrarot ⎰	
11	10^{11}		0,01 m
10	10^{10}		cm-Wellen ⎫
9	10^{9}	Mikrowellen ⎱	0,1 m dm-Wellen ⎬ Richtfunktechnik
8	10^{8}	Ultrakurzwellen ⎪	1 m m-Wellen ⎪
7	10^{7}	Kurzwellen ⎰ Funktechnik	10 m Dm-Wellen ⎰
6	10^{6}	Mittelwellen ⎱	100 m
5	10^{5}	Langwellen ⎰	
4	10^{4}		
3	10^{3}		
2	10^{2}		
1	10^{1}		

Bereich n hat die Mittenfrequenz 10^n Hz und erstreckt sich von $\sim (10^n : 3)$ Hz bis $\sim (10^n \times 3)$ Hz.

liegt. Es ist das an die ultraroten Lichtquellen grenzende Funkgebiet, und die Vermutung liegt nahe, daß hier schon die Gesetze der Optik maßgebend sein werden. An die Stelle der drahtgebundenen Übertragung in der Koaxialkabeltechnik ist also die Technik der drahtlosen Richtfunkübertragung mit scharfgebündelter Strahlung getreten, so daß man diese auch bisweilen als „HERTZsche Kabel" bezeichnet. An die Stelle der Verstärkerfelder treten die Funkfelder, und die Regeln für deren Bemessung bilden die Grundlage der Richtfunkplanung.

Den Aufbau eines Richtfunkfeldes in stark schematisierter Form zeigt Abb. 141. Die dem Sender S in der natürlichen Frequenzlage zugeführte Nachricht wird in einem Modulator M einem Träger aufgedrückt und dann als moduliertes Signal über die Sende-

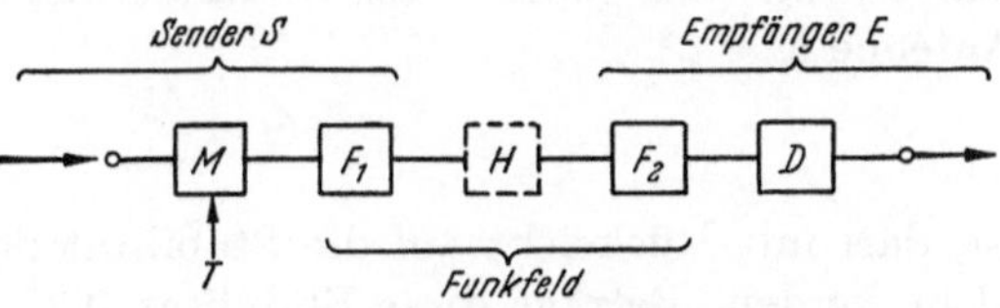

Abb. 141. Schema eines Richtfunkfeldes.

antenne F_1 in der Hochfrequenzlage H im Raum übertragen. Empfangen wird sie über die Empfangsantenne F_2 des Empfängers E. Dann wird sie durch den Demodulator D aus dem hochfrequenten Signal wiedergewonnen und in der natürlichen Lage abgegeben.

1. Die Übertragungseigenschaften der Richtfunkstrecken.

Es hat sich in der Funktechnik eingebürgert, als Funkfeld die drahtlose Strecke einschließlich der Sende- und Empfangsantenne zu bezeichnen und damit die Dämpfung vom Fußpunkt der Sendeantenne bis zum Fußpunkt der Empfangsantenne zu rechnen. In der Mikrowellenrichtfunktechnik wählt man die Flächen dieser beiden Antennen in gleicher Größe $F_1 = F_2 = F$ und erhält dann für die Funkfelddämpfung bei freier Sicht

$$b = 20 \lg \frac{\lambda d}{F} . \tag{5}$$

Hierin bedeuten λ die Wellenlänge und d die Entfernung zwischen den Antennen. Um die Dämpfung klein zu halten, wird man also bestrebt sein, λ klein und F groß zu machen.

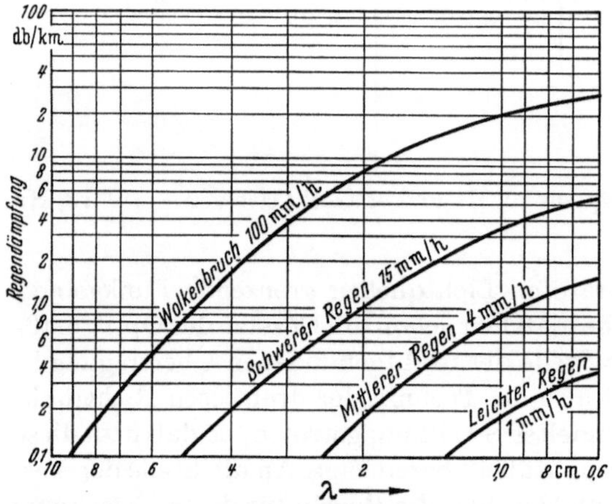

Die Absorptionserscheinungen bewirken nun, daß von etwa 10^{10} Hz ab bei starkem Regen eine Zusatzdämpfung eintritt, die die Übertragung in Frage stellen kann, Abb. 142. Mit dieser Begrenzung der Wellenlänge nach unten ist aber auch die Größe der Antennenfläche und damit der Antennengewinn nach oben begrenzt, denn der Öffnungswinkel des gebündelten Strahlers, der für eine z. B. quadratische Antenne $F = a^2$

Abb. 142. Dämpfung der elektromagnetischen Wellen durch Regen. Aus [23].

$$\Theta = \frac{51°}{a/\lambda} \tag{6}$$

ist, darf mit Rücksicht auf die Stabilität der Antennentürme nicht zu klein werden. Beträgt diese Stabilität 0,3°, dann scheint ein kleinster Öffnungswinkel von etwa 1,5° zulässig. Damit ist aber a/λ und auch der Verstärkungsgewinn durch Bündelung, bezogen auf einen Dipol,

$$S_g = 10 \lg \frac{8\pi}{3} \frac{F}{\lambda^2} \tag{7}$$

nach oben begrenzt. Läßt man aus konstruktiven Gründen eine größte wirksame Antennenfläche von 10 m² zu, so ersieht man aus Abb. 143, daß zwischen 3 und 10 cm der maximale Antennengewinn etwa 40 db beträgt und daß er von 10 bis 30 cm bis auf etwa 30 db abnimmt.

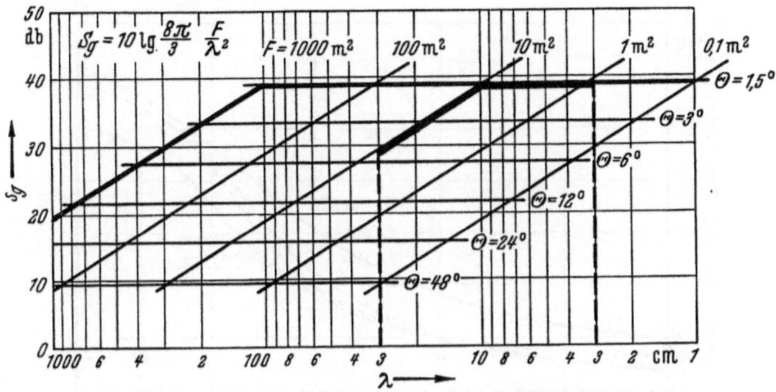

Abb. 143. Antennengewinn für verschiedene Antennenflächen und Öffnungswinkel

$$S_g = 10 \lg \frac{8\pi}{3} \cdot \frac{F}{\lambda^2}.$$

Für die Gültigkeit der Gl. (5) ist eine freie Ausbreitung Voraussetzung. Sie gilt dann als erfüllt, wenn mindestens die erste Fresnelzone frei ist von Hindernissen.

Da deren kleine Halbachse

$$d' = \sqrt{\frac{d\,\lambda}{4}} \tag{8}$$

ist, erhält man für die übliche mittlere Funkfeldlänge von 40 km und für 3, 10 und 30 cm Wellenlänge $d' = 17$, 32 und 35 m. Die kleine Halbachse der ersten Fresnelzone kann also praktisch in diesem Wellenbereich wohl immer frei gehalten werden, denn die Antennen müssen dann etwa in der gleichen Höhe aufgestellt werden, was sich mit natürlichen und künstlichen Erhebungen immer erreichen lassen wird. Unter den angegebenen Voraussetzungen ($F \leq 10$ m², $\Theta \geq 1{,}5°$) erhält man für die Funkfelddämpfung für die Wellenlängen 3, 10 und 30 cm die Werte $b_f = 63$ db, 52 db und 61 db. Etwa bei der mittleren Wellenlänge geben also diese Voraussetzungen einen Kleinstwert der Dämpfung.

Alle diese Werte gelten für mittlere Ausbreitungsbedingungen. Da diese vom Zustand der Atmosphäre abhängig, also Schwankungen unterworfen sind, müssen für die Planung die ungünstigsten Schwundwerte zugrunde gelegt werden. Hierfür liegt viel statistisches Material vor. Aus Abb. 144 kann z. B. entnommen werden, daß im fraglichen Frequenzbereich die größten Schwundeinbrüche ziemlich unabhängig von der Wellenlänge bei etwa 20 db je Funkfeld liegen. Diese Einbrüche treten in weniger als 1⁰/₀₀ der stündlichen Übertragungszeit auf, also in weniger als 3,6 sek, die sich außerdem über eine Stunde verteilen. Damit erhöhen sich die Funkfelddämpfungen im Mittel auf etwa $b_f = 80$ db.

Die erforderliche Sendeleistung kann nun festgestellt werden, wenn

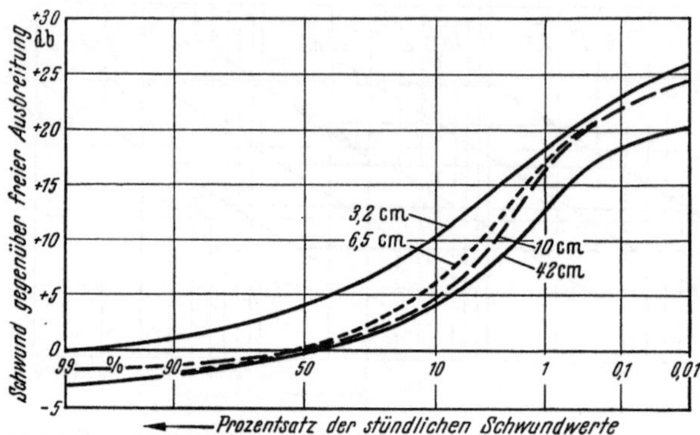

Abb. 144. Prozentsatz der stündlichen Schwundwerte. Aus [25].

man den Störpegel im Empfängereingang kennt. Hierbei braucht man praktisch nur mit dem inneren Störpegel zu rechnen. Er beträgt für 1 kHz Bandbreite nach dem heutigen Stand der Technik für den betrachteten Wellenlängenbereich gemäß den Kurven der Abb. 145 etwa p_0

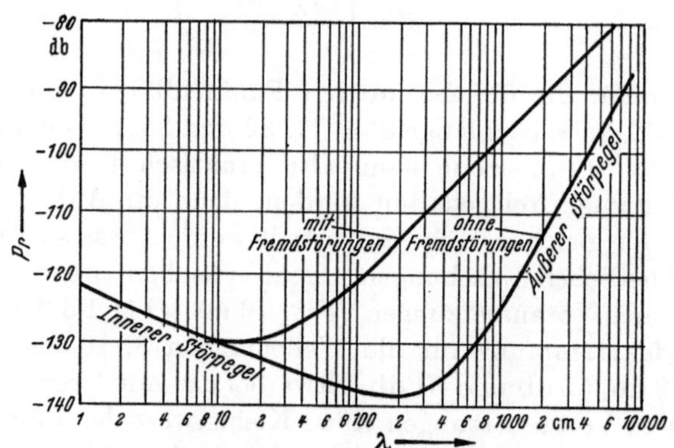

Abb. 145. Störpegel P_r für 1 kHz Bandbreite.

$= -130$ db $\pm$ 5 db. Für ein mittleres Fernsehband von $B_0 = 4$ MHz Breite erhält man damit aus

$$p_r = p_0 + 10 \lg \frac{B_0}{1\,\text{kHz}} \tag{9}$$

$p_r = -95$ db. Nach den Übertragungsbedingungen von Fernsehnachrichten muß aber der Nutzpegel hier um den vom CCIR empfohlenen Störpegel von $s = 50$ db größer sein. Damit erhält man schließlich für den erforderlichen Sendepegel

$$p_s = p_r + s + b_f. \tag{10}$$

$p_s = 35$ db entsprechend einer Sendeleistung von 3 W. Diese Überlegungen gelten für 1 Funkfeld. Bei einer Weitverkehrsverbindung müssen entsprechend den zu überbrückenden Entfernungen zahlreiche Funkfelder in Reihe geschaltet werden. Einerseits nimmt nun die Rauschleistung mit der Felderzahl zu, andererseits nimmt die Wahrscheinlichkeit ab, daß die größten Schwundeinbrüche auf allen Feldern zur gleichen Zeit eintreten. Nimmt man an, daß sich beide Einflüsse etwa ausgleichen, so erhält man für die erforderliche Sendeleistung für derartige Breitband-Weitverkehrsverbindungen etwa 1 bis 10 W.

Über die Verteilung der Funkfrequenzen hat man auf internationaler Basis vertragliche Abmachungen getroffen; denn da sich die Wellen frei im Raum ausbreiten, könnte eine willkürlicheFrequenzbelegung leichter als bei der Technik der geschirmten Leitungen zu unerwünschten gegenseitigen Störungen führen. Gegenwärtig gilt der Weltnachrichtenvertrag von Atlantic City, der am 2. Okt. 1947 abgeschlossen wurde und der am 1. Jan. 1949 in Kraft getreten ist. Abb. 146 zeigt, wie die Funkfrequenzen

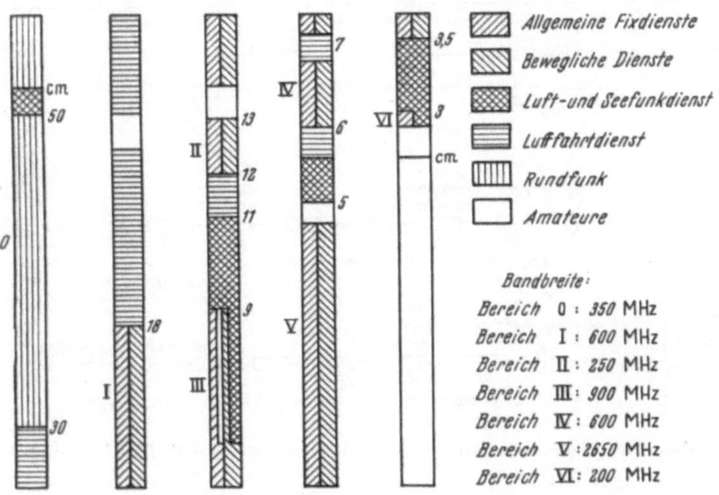

Abb. 146. Atlantic-City-Funkfrequenzverteilung 1947 im Bereiche 0,6 bis 10 GHz, 50 bis 3 cm.

in dem hier interessierenden Höchstfrequenzbereich von 50 bis 3 cm verteilt worden sind. Für die Mikrowellenrichtfunktechnik kommen in erster Linie die Bereiche I bis V in Frage, die für allgemeine Fixdienste zugelassen sind. Bereich 0 ist zwar für Rundfunkzwecke vorgesehen, vorzugsweise für Fernsehrundstrahlung; da er aber für eine recht große Zahl Rundstrahlkanäle Platz bietet, dürfte man ihn auch für Breitbandrichtfunksysteme verwenden können, und zwar vorzugsweise in seinem obersten Bereich. Bereich VI bei 3 cm Wellenlänge sollte nach dem bisher Dargelegten nur für Nahverkehrsverbindungen eingesetzt werden.

2. Die Technik der Mikrowellen-Übertragung.

Die Fernsehnachricht muß, ähnlich wie bei der Übertragung über koaxiale Leitungen, aus ihrer natürlichen Lage in eine höhere Frequenzlage umgesetzt werden, und zwar in diesem Falle in eines der angeführten Bänder 0 bis V.

a) Schema der Frequenzumsetzung. Das Fernsehband, das den Bereich 0 bis 10^7 Hz umfaßt, wird einem Zwischenträger T_1 aufmoduliert, Abb. 147. Darauf wird das Signal bei der Zwischenfrequenz, die in der

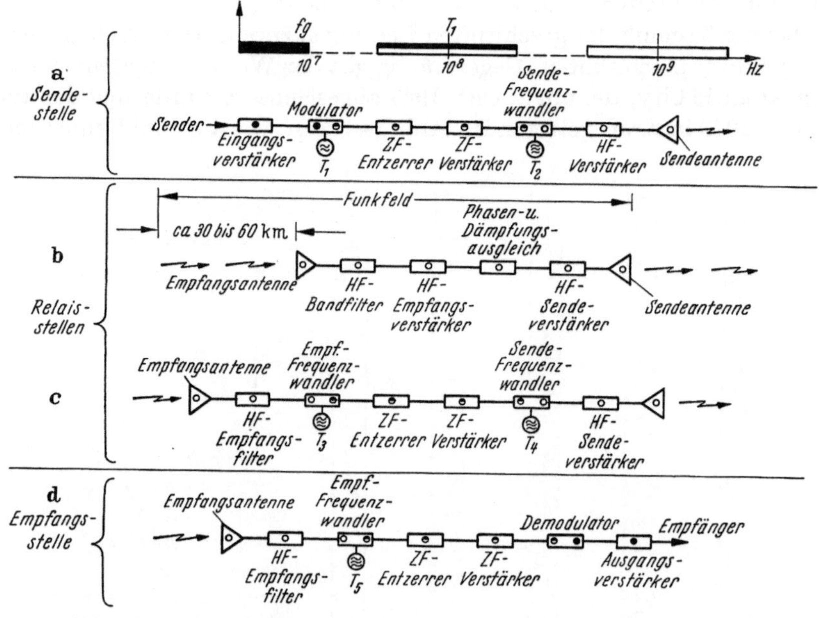

Abb. 147. Prinzipschaltbilder einer Fernsehübertragung über Richtfunkstrecken.

Gegend von 10^8 Hz liegt, verstärkt. Dann wird es in einem Frequenzwandler in die eigentliche Mikrowellenlage um 10^9 bis 10^{10} Hz umgesetzt und nach nochmaliger Verstärkung ausgestrahlt. Die Länge der Funkfelder ist im allgemeinen 5- bis 10mal so groß wie die der Verstärkerfelder der koaxialen Leitungen, also 30 bis 60 km. Am Ende des Funkfeldes wird die geringe Empfangsleistung von neuem verstärkt und in der gleichen Weise wieder auf das nächste Funkfeld abgestrahlt. Aus Abb. 131b geht hervor, daß für diese wiederholte Zwischenverstärkung ein Geradeausverstärker verwendet wird. Die diesem entsprechende Technik für das „HERTZsche Kabel" zeigt Abb. 147b. Das von der Antenne empfangene Signal wird zunächst vorverstärkt, dann entzerrt und schließlich nach einer weiteren Verstärkung auf die erforderliche Sendeleistung über die Sendeantenne wieder ausgestrahlt. Diese sehr einfache Anordnung hat allerdings in der Praxis noch nicht Eingang finden können, und zwar hauptsächlich aus drei Gründen:

1. Es gibt in der Mikrowellenlage noch keinen breitbandigen Mikrowellenverstärker mit befriedigend kleinem Rauschen. Erfolgversprechende Entwicklungen laufen jedoch, und in wenigen Jahren wird dieser Grund wohl fortfallen.

2. Es muß die rückseitige Kopplung zwischen Sende- und Empfangsantenne sehr klein sein, damit die Sendeenergie nicht auf den Eingang gelangen kann und dadurch die Signalübertragung verzerrt. Auch dieser Grund wird mit fortschreitender Entwicklung bald fortfallen.

3. Die ausgestrahlte Energie kann bei ungünstigem Gelände durch wiederholte Reflexionen zum Eingang gelangen: Wenn diese Gefahr besteht, ist das Verfahren der Geradeausverstärkung grundsätzlich nicht anwendbar.

Dazu kommt eine weitere Komplikation dadurch, daß vorzugsweise bei geradliniger Streckenführung unter bestimmten eine Überreichweite begünstigenden Witterungsbedingungen die Energie aufeinanderfolgender Sendestellen mit Laufzeitunterschieden in einem Empfänger einfällt und dadurch die Übertragung stört. Zur Zeit beschreitet man daher einen Ausweg, der sich schon vor mehr als 10 Jahren in der drahtgebundenen Trägerfrequenzübertragung über Freileitungen bewährt hat. Hier liegt das Problem vor, daß ein Zwischenverstärker über unverstärkte Parallelleitungen des gleichen Gestänges vom Ausgang auf seinen Eingang rückgekoppelt wird. Diese Kopplungen kann man unterbinden, indem man die Frequenz des ausgehenden Signals etwas gegen die des ankommenden verschiebt und dann den Eingang vom Ausgang durch ein ausreichend selektives Filter entkoppelt. Damit ist diese Schwierigkeit beseitigt.

Um die drei Probleme zu bewältigen, nämlich die Forderung geringen Rauschens, großer breitbandiger Verstärkung und ausreichendere Freiheit von Rückkopplungen, wählt man in der Richtfunktechnik für die Zwischenverstärkung z. Z. eine doppelte Frequenzumsetzung. Die Empfangsfrequenz wird auf eine Zwischenfrequenz umgesetzt, dort mit relativ geringem Anfangsrauschen breitbandig erheblich verstärkt und dann erst wiederum, aber um einen bestimmten Frequenzbetrag verschoben, in die Hochfrequenzlage umgesetzt, wie es Abb. 147c zeigt. In der Empfangsstelle am Ende der Richtfunkkette wird das empfangene Signal in der Zwischenfrequenzlage genügend verstärkt, dann demoduliert und die wiedergewonnene Nachricht in der ursprünglichen Frequenzlage am Ausgang abgegeben, Abb. 147d.

Um *eine* Nachricht zu übertragen, muß man also jetzt infolge der Frequenzversetzung *zwei* hochfrequente Kanäle belegen, zwischen denen zudem noch eine bestimmte Frequenzlücke frei gehalten werden muß. Meist wird man aber mehrere Breitbandkanäle übertragen wollen, um über die einmal geschaffenen Weitverkehrsverbindungen, ähnlich wie in der Koaxialkabeltechnik, aus Wirtschaftlichkeitsgründen starke Bündel von Sprechkanälen mit übertragen zu können. Alle diese Hochfrequenzkanäle müssen in der Frequenz nebeneinandergelegt werden. Hierbei ergeben sich zahlreiche neue Probleme, für die einige Lösungsmöglichkeiten betrachtet werden sollen.

Die Frequenzversetzung eines einzigen Fernsehkanals ist in Abb. 148a dargestellt. Man braucht, wie erwähnt, zwei Hochfrequenzwege und kann, wenn erforderlich, durch Umpolen die Richtung wechseln.

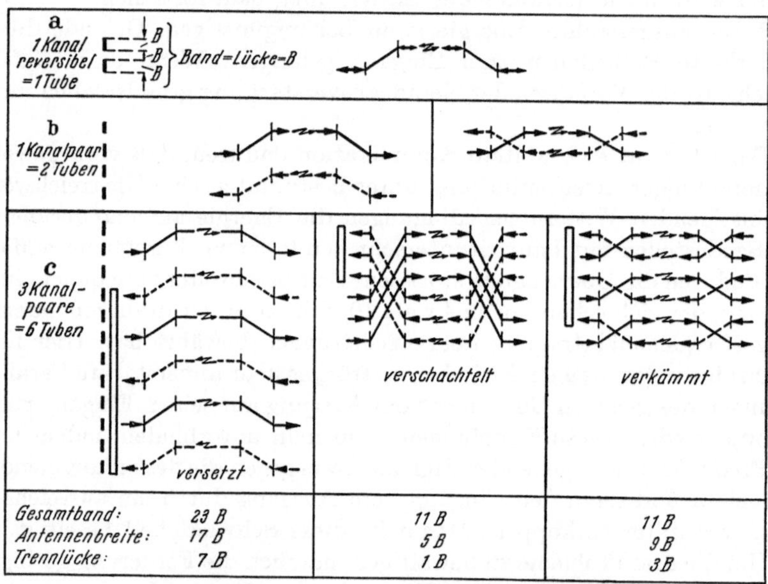

Abb. 148. Kanalordnungen in Mehrkanalrichtfunksystemen.

Überträgt man ein Fernsehkanalpaar, um beide Richtungen zur gleichen Zeit zur Verfügung zu haben, so bieten sich zwei Lösungen an: Entweder setzt man den zweiten Fernsehkanal mit seinen zwei Hochfrequenzwegen frequenzmäßig neben den ersten, Abb. 148b links, und braucht dann insgesamt vier Hochfrequenzwege, oder man schachtelt die beiden Kanäle ineinander und kommt dann mit zwei Hochfrequenzwegen aus, Abb. 148 b rechts.

Bei n Fernsehkanalpaaren kann man also entweder alle nebeneinander setzen und belegt dabei $4 \cdot n$-Hochfrequenzwege, oder man verschachtelt sie wie in Abb. 148 c Mitte, oder verkämmt sie, rechts, und braucht dazu in beiden Fällen zwei n-Wege.

Diese drei Lösungen haben ihre Vor- und Nachteile. Die Versetzung braucht ohne Zweifel insgesamt das größte Frequenzband. Wählt man zunächst die Lücke zwischen zwei Wegen gleich der Breite B der Hochfrequenzwege, so fordern drei versetzte Kanalpaare in den Mikrowellenbereichen ein Band von $23 B$. Faßt man die Sende- und Empfangsrichtungen jeweils auf gemeinsamen Antennen zusammen, so müssen diese eine Bandbreite von $17 B$ bewältigen, und zur Trennung benachbarter Sende- oder Empfangsrichtungen steht eine große Trennlücke von $7 B$ zur Verfügung. Für die Verschachtelung sind die entsprechenden Werte 11, 5 und 1. Diese hat also den Vorteil, daß das Gesamtband auf die Hälfte heruntergegangen ist, die erforderliche Antennenbreite auf ein Drittel, aber den Nachteil, daß die Trennlücke nur noch ein Siebentel beträgt. Allein aus diesem Grunde schon muß man notgedrungen die Hochfrequenzwege doch etwas breiter auseinanderlegen, wodurch sich die ersten beiden Vorteile wieder verringern. Besonders günstig erscheint die Lösung der Verkämmung. Auch hier beträgt das Gesamtband nur $11 B$, die Antenne muß allerdings $9 B$ bewältigen, für die Trennlücke steht dann aber $3 B$ zur Verfügung. Für die Realisierung kommt es natürlich nicht auf die absolute Frequenzbandbreite der Antenne an, sondern auf die relativen Werte, bezogen auf die Übertragungsfrequenz. Für Antennen erreicht man zur Zeit 10% Bandbreite, also z. B. in Bereich III 400 MHz gegenüber 200 MHz in Bereich I. Es ist interessant, festzustellen, wieviel Breitbandkanalpaare man mit der heutigen Technik in den Bereichen I bis V unterbringen kann, wenn man sie verkämmt anordnet. Für diese Betrachtung sei Lücke = Bandbreite gewählt und diese zu 20 und zu 30 MHz (Begründung hierfür s. S. 187). Mit diesen Voraussetzungen erhält man die Frequenzplanung der Abb. 149. Die Bereiche I und II können bei 20 MHz drei, bei 30 MHz zwei Breitbandkanalpaare aufnehmen und entsprechen damit einem Koaxialkabel mit drei bzw. zwei Tubenpaaren, also der deutschen Koaxialkabeltechnik. Das neue amerikanische Kabel mit vier Tubenpaaren findet seine Entsprechung erst in III mit fünf bzw. vier Hochfrequenzkanalpaaren. Im Bereich IV kommt noch je 1 Paar dazu, und im Bereich V erhält man schließlich acht bzw. sechs Breitbandkanalpaare. Ein solches System dürfte auf weite Sicht hinaus den Bedarf an kommerziellen Übertragungswegen für Fernsehen und Vielbandfernsprechen, soweit er sich auf eine Übertragungsroute konzentriert, befriedigen können.

Außer diesen Gründen gibt es noch einen weiteren Gesichtspunkt, der ebenfalls Lückenbreite und Bandbedarf wesentlich beeinflussen kann. Er ergibt sich aus dem Vorgang der doppelten Frequenzwandlung. Es hat sich bei der Entwicklung derartiger Systeme als sehr wichtig herausgestellt, daß in dem bei der Frequenzwandlung entstehenden

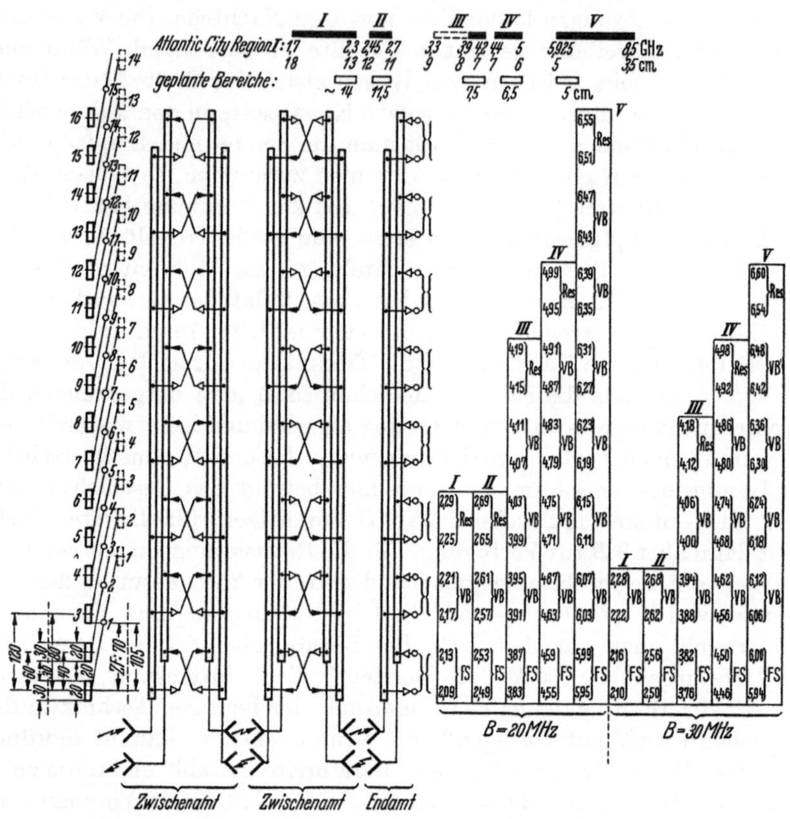

Abb. 149. Mehrfachausnutzung der Bereiche I bis V. $B_0 = 20$ oder $30\,\mathrm{MHz}$, relative Antennenbreite $\pm\,5\%$.

Spektrum die Nutz-, Spiegel- und Oszillatorfrequenzen sich gegenseitig nicht überdecken. Kombiniert man viele Kanäle, dann ist diese Gefahr verständlicherweise sehr groß. Dabei ist der Wunsch, daß die Spiegelfrequenzen in freie Bereiche fallen, sogar eine unabdingbare Forderung.

Abb. 150 zeigt, wie ein solches Spektrum z. B. in einem System mit Kanalverkämmung aussieht. Man muß für überdeckungsfreie Unterbringung von z. B. 6 Kanalpaaren 24 Bänder und 12 Einzelfrequenzen berücksichtigen. Dabei ist nur auf die quadratischen Spiegelbänder

Rücksicht genommen. Muß man die auf der Sendeseite auftretenden kubischen ebenfalls beachten, was bei manchen Systemaufbauten nötig ist, dann wächst die Bandzahl auf 36. Man hat sich in diesen Fällen eine Erleichterung verschafft, indem man z. B. $O_1, O_3 \ldots$ (Abb. 150) unter-

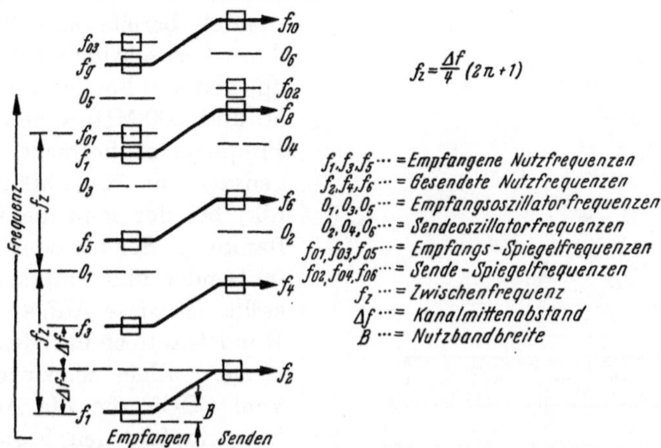

Abb. 150. Frequenzspektrum eines Systems mit Kanalverkämmung. Aus [23].

halb $f_1, f_3 \ldots$ legt und $O_2, O_4 \ldots$ oberhalb $f_2, f_4 \ldots$, so daß die Spiegelfrequenzen auf beiden Seiten nach außen fallen. Den Nachteil, den man damit in Kauf nehmen muß, ist auf S. 196 ff. erörtert. Das System mit Verkämmung braucht, soweit nur die quadratischen Spielbänder zu berücksichtigen sind, diesen Ausweg nicht. Hier kann man Lücke = Bandbreite wählen zu

$$B = \frac{\Delta f}{2} \tag{11}$$

und muß dann nur darauf achten, daß

$$O_1 - f_1 = O_2 - f_2 = \cdots = f_z = \frac{\Delta f}{4}(2n+1) \tag{12}$$

werden muß, womit nur ganz bestimmte Zwischenfrequenzen zulässig sind.

b) Wahl des Modulationsverfahrens. Je nachdem, ob man als Träger kontinuierliche Schwingungen oder Impulsfolgen verwendet, wird unter Berücksichtigung der Modulationsverfahren der hochfrequente Bandbedarf verschieden sein. Nach dem gegenwärtigen Stand der Technik kommen AM, FM, PPM und PCM in Frage.

Die *Einseitenband-AM* hat den geringsten Frequenzverbrauch. Wegen der Ausdehnung des Spektrums bis 0 Hz ist dann, wie oben ausgeführt, ein reiner Einseitenbandbetrieb nicht möglich, so daß die Restseitenbandtechnik mit Nyquistflanke angewendet werden muß. Da jedoch der Frequenzumfang der Bereiche 0 bis VI im Vergleich mit den zu übertragenden Videobandbreiten um ein bis zwei Zehnerpotenzen umfangreicher ist, wird man das teilweise zu übertragende Seitenband leicht größer wählen können als in der Koaxialkabeltechnik. Ein solches Verfahren wendet bereits seit längerem die Fernsehrundstrahltechnik an, in deren Bereichen zwischen 50 und 200 MHz eine fühlbare Frequenznot herrscht. Im Gegensatz zur Koaxialkabeltechnik, bei der man die Nyquistflanke im Sender oder anteilig im Sender und Empfänger herstellt, ist diese Aufgabe in der Rundstrahltechnik den Empfängern allein zugeordnet. Die vom CCIR für die Ausstrahlung empfohlenen Verhältnisse Nutzband/Restseitenband sind in Abb. 151 zusammengestellt. Der hochfrequente Bandbedarf

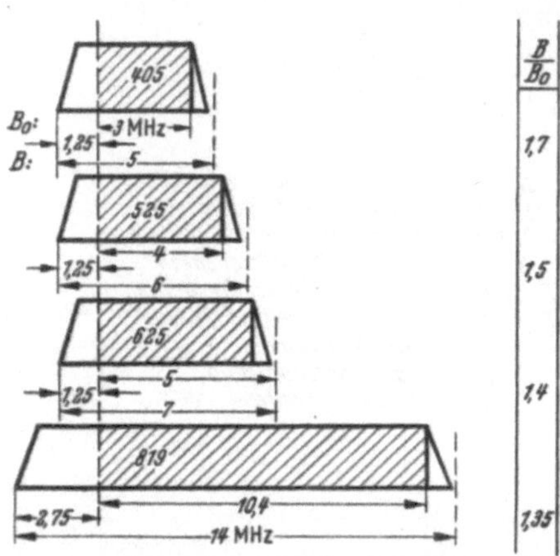

Abb. 151. Frequenzbandbedarf B der Videobänder B_0 für frequenzsparende Ausstrahlung.

beträgt danach etwa $B = 1{,}35$ bis $1{,}7\,B_0$.

Die *Zweiseitenband-AM* wählt dagegen beide Seitenbänder gleich groß und damit als hochfrequente Bandbreite $B = 2 \cdot B_0$.

Beide Verfahren erfordern einen ausreichend linearen Amplitudengang, wobei die Fernsehnachricht an sich, wie auf S. 146 erwähnt, nicht allzu hohe Forderungen stellt. Infolge der Reihenschaltung zahlreicher Funkfelder ergeben sich jedoch verschärfte Forderungen für die Teilabschnitte; sie lassen sich für die erwünschten Leistungen in der hohen Frequenzlage nur recht schwer erfüllen. Bei den Verfahren der FM und PPM dagegen, bei denen die Nachricht ja nicht in der Dimension der Amplitude, sondern der Zeit übertragen wird, ist die Linearität des Amplitudenganges unwichtig, und die Probleme liegen jetzt in der Linearität des Phasenganges. Hier kann man sich aber leichter helfen, indem man die Bänder breit genug macht.

Die FM erfordert dann bei einem Index von 1 ein hochfrequentes Band von etwa $B = 5\,B_0$. Die Bandbreite ist also mehr als doppelt so groß wie bei der Zweiseitenband-AM, und die Geräuschverhältnisse entsprechen etwa denen der Einseitenbandübertragung, sie sind um einige db günstiger als die der AM mit Zweiseitenbandübertragung.

Die PPM schließlich dürfte unter den gleichen Übertragungsbedingungen eine Hochfrequenzbandbreite von $B = 15 \cdot B_0$ erfordern.

Einen bedeutenden Gewinn an Geräuschabstand ergibt jedoch die PCM, bei der ja das Störgeräusch nur eine Frage der Zeichenzahl n des Codes ist und bei der die sonstigen Übertragungsstörungen nicht in Erscheinung treten, wenn sie in ihren Maximalwerten um etwa den Faktor 3 unter den Impulsen liegen. Neuere Untersuchungen haben gezeigt, daß ein 5er Code mit seinen 32 Helligkeitsabstufungen ein einwandfreies Bild ergibt. Ein solcher Code erfordert zur Übertragung nach dem gegenwärtigen Stand der Technik eine Bandbreite von ebenfalls etwa $B = 15\,B_0$.

Zusammengefaßt ergeben sich für die 4 CCIR-Normen und für die 5 Modulationsverfahren die in Tab. 3 angegebenen Bandbreiten. Aus

Tabelle 3. *Bedarf an hochfrequenter Bandbreite B in MHz für verschiedene Modulationsverfahren.*

Träger	Modulation	Seitenbänder	B/B_0	405 3 MHz	525 4 MHz	625 5 MHz	819 10,4 MHz
Schwingung	AM	$1,35\ldots1,7$	$1,35\ldots1,7$	5	6	7	14
	AM	2	2	6	8	10	21
	FM	$2,\ \eta = 1$	5	15	20	25	50
Impulse	PPM	2	15	45	60	75	160
	PCM	$2,\ n = 5$					

Hochfrequente Bandbreite B in MHz

Abb. 146 ist zu entnehmen, daß die Mikrowellenbereiche 0 bis VI einige 100 MHz breit sind. Die Pulsverfahren verbrauchen demnach für diese Technik eigentlich zu viel Frequenzband, besonders, wenn man mehrere Kanäle mit den dabei erforderlichen Abständen gemeinsam in einem der 7 Bänder unterbringen will. Alle bekannteren Breitbandrichtfunksysteme verwenden daher zur Zeit FM mit niedrigem Index.

3. Beispiele von Systemen und Richtfunkstrecken.

a) Amerika. Wie auf dem Gebiete der Koaxialkabeltechnik verfügen die USA auch in der Breitbandrichtfunktechnik bereits über viele 1000 km Übertragungsstrecken, Abb. 152. Die bedeutendste und bekannteste Route ist die Weitverkehrsverbindung *New York—San Franzisko* mit ihrer Verlängerung bis nach *Los Angeles*. Die wichtigsten Daten finden sich in Tab. 4, Zeile a. Danach liegt das System im Bereich III zwischen 3,72 bis 4,18 GHz. Es werden 6 Kanalpaare verkämmt übertragen mit einer Breite des Bandes und der Bandlücke von je 20 MHz. Die Zwischenfrequenz beträgt 70 MHz, die Oszillatorfrequenzen liegen oberhalb der dazugehörigen Übertragungsfrequenzen. Die Frequenzver-

Abb. 152. Richtfunkrelaisnetz in USA, Stand 1951. Aus [50].

Tabelle 4. *Daten in Betrieb befindlicher oder geplanter Breitband-Richtfunk-Weit-verkehrssysteme, Stand 1951.*

		Atlantic-City-Bereich	Belegter Frequenzbereich	Zahl der Kanalpaare	HF-Bandbreite	HF-Bandlücke	Zwischenfrequenz	Oszillatorlage	Frequenzverschiebung	Sendeleistung	Antenne
		—	GHz	—	MHz	MHz	MHz	—	MHz	W	—
Amerika	a	III	3,72 ... 4,18	6 ver-kämmt	20	20	70	ober-halb	40	0,5	Schaum-stofflinse 3·3 m²
England	b	0	0,865 ... 0,942	1 versetzt	10		34	unter-halb	20	7,5	Parabol-reflektor 3,3·4,7 m²
	c	III	um 4	1 ver-schacht.	10		60		37	1	Parabol-reflektor 3 m ⌀
Frank-reich	d	III	3,56 ... 4,00	3 ver-schacht.	20	50	105	ober-halb und unter-halb	280	1	Lochlinse 3·3 m²
Deutsch-land	e	I	1,74 ... 2,01	1 ver-schacht.	30	30	75 und 105		60	5	Parabol-reflektor 3 m ⌀
	f	III	3,735 ... 4,185	4 ver-kämmt	30	30	75	ober-halb	60	2	dto und Platten-linse

schiebung zur Vermeidung von Rückkopplungen beträgt 40 MHz, die Sendeleistung 0,5 W. Sie wird über Hohlleiter einem Hornstrahler mit Schaumstofflinse von $3 \cdot 3$ m² Fläche zugeführt. Das System enthält eine Fülle äußerst interessanter Einzelheiten.

So wurde für den Hochfrequenz-Geradeausverstärker die Triode 416 A entwickelt, die sich von allen bisher bekannten durch ihre extrem kleinen

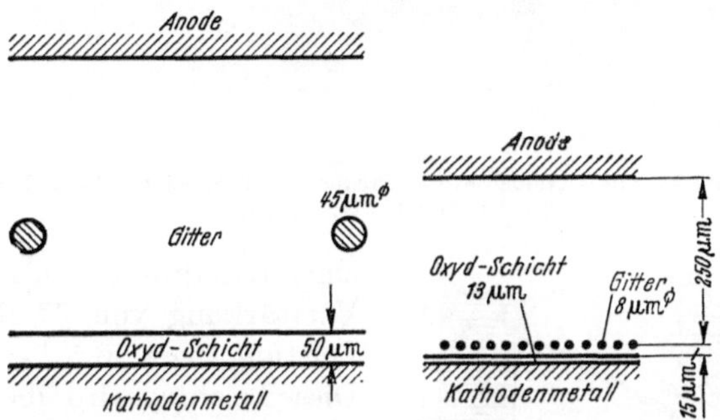

Abb. 153. Elektrodenabstände der 416 A im Vergleich mit einem Vorgängertyp. Aus [32].

Abstände zwischen den Elektroden, Abb. 153, unterscheidet. Gitter und emittierende Schicht nehmen mit ihrem Abstand zusammen weniger Raum ein als in bisherigen Röhren die emittierende Schicht allein. Der

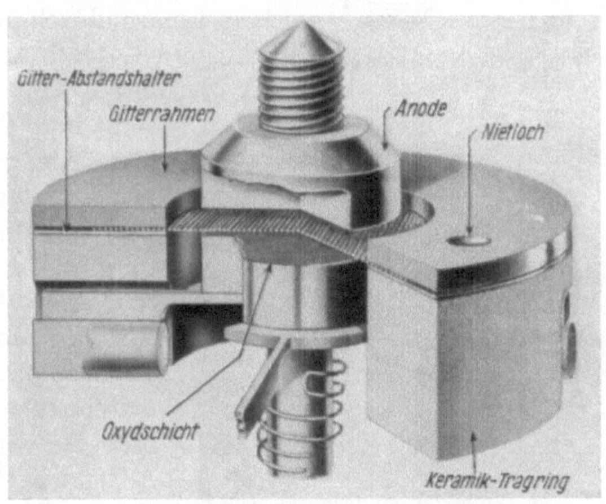

Abb. 154. Mikrowellentriode 416 A. Querschnitt. Aus [32].

Gitterdraht ist nur 8 Tausendstel mm stark, und es sind etwa 40 Drähte auf 1 mm nebeneinander ausgespannt. Einen Querschnitt der Röhre zeigt Abb. 154. Ein dreistufiger Verstärker mit diesen Röhren ergibt bei

Abb. 155. Sendeverstärker mit 3 Trioden 416 A, Frequenz 4 GHz, Bandbreite 20 MHz, Verstärkung 22 db, Leistung 0,5 W. Aus [*46*].

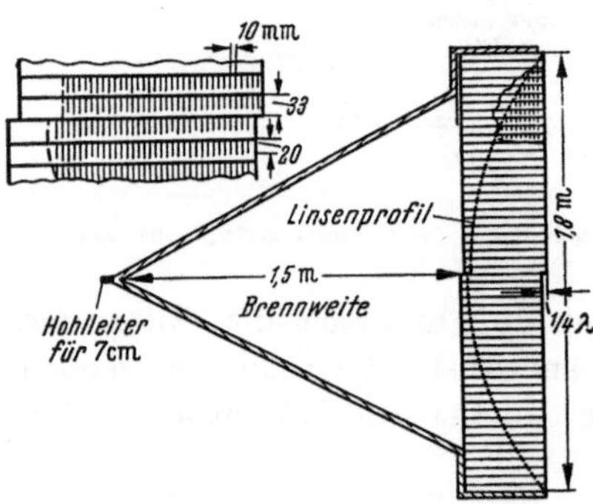

Abb. 156. Querschnitt durch einen Trichter mit Verzögerungslinse. Aus [*23*].

Abb. 157. Zusammensetzung einer Verzögerungslinse. Aus [*23*].

einer Bandbreite von 20 MHz eine Verstärkung von 22 db und eine Leistung von 0,5 W, Abb. 155. Diese Leistung wird über Hohlleiter auf die bereits erwähnte Schaumstofflinsenantenne gegeben, deren Querschnitt Abb. 156 zeigt. Es ist dies eine sogenannte „Verzögerungslinse". In ihr ist die molekulare Gitterstruktur der optischen Linsen durch Metallstreifen nachgebildet, deren Ausmaße klein gegen die Wellenlänge sind und die von verlustarmen Schaumstoffplatten getragen werden. Den Vorgang der Schichtung dieser Trägerplatten zeigt Abb. 157. In Abb. 158 sind auf einem Turm montierte fertige Antennen wiedergegeben. Der Gewinn dieser Antennen, bezogen auf einen Dipol, beträgt rund 35 db, das Strahlungsdiagramm zeigt Abb. 159. Der Öffnungswinkel beträgt 2°, und in 5° Abstand von der

Normalen ist die Feldstärke um 25 db abgesunken. Man führt die Strecke im Zick-Zack aus, so daß die gradlinige Verbindung zwischen der Sendeantenne eines Feldes und der Empfangsantenne des übernächsten Feldes, bei dem die gleiche Frequenz wiederkehrt, mit der jeweiligen Hauptstrahlrichtung einen Winkel von 5° bildet. Dann sind diese Antennen um $2 \cdot 25 = 50$ db gegenüber Störungen durch Überreichweite zusätzlich entkoppelt. In Abb. 160 sind die Kurven wiedergegeben, die die Laufzeitentzerrung im Zwischenfrequenzverstärker darstellen. Die Verzerrung von 10^{-8} ist in einem Band von 20 MHz Breite auf 10^{-9} reduziert. In Abb. 161 ist die Ansicht eines Sende-Empfangs-Gestells dargestellt, das in der oberen Hälfte einen Einblick in die komplizierten Hohlrohraufbauten dieser modernen Mikrowellentechnik gewährt. Rechts oben befindet sich der dreistufige Mikrowellenverstärker der Abb. 155. Diese Gestelle stehen in unmittelbarer Nachbarschaft der Antennen in den oberen Stockwerken der Antennentürme. Abb. 162 zeigt einen solchen 60 m hohen Antennenturm aus Stahlbeton.

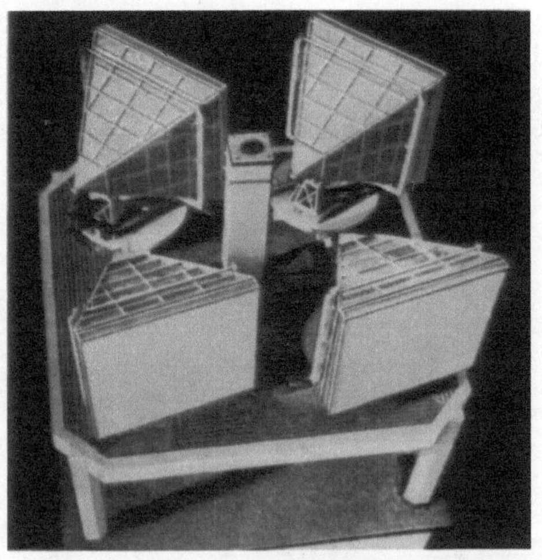

Abb. 158. Trichter mit Verzögerungslinsen, Aufsicht auf den Turm einer Relaisstelle. Aus [28].

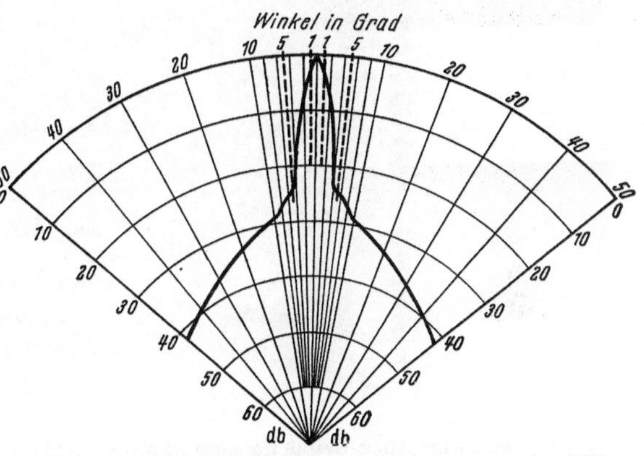

Abb. 159. Strahlungsdiagramm einer Linsenantenne. Aus [36].

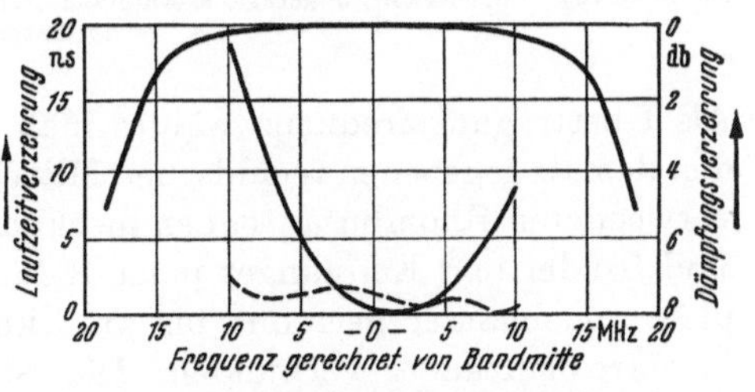

Abb. 160. Dämpfungs- und Laufzeitverzerrung eines Zwischenamtes ohne und mit Laufzeitentzerrung. Aus [54].

b) England. In England ist seit 1949 eine Fernsehrichtfunkverbindung zwischen London und Birmingham in Betrieb. Sie hat einen Vorgänger in einer Versuchsstrecke von *London* nach *Castleton*, die deswegen bemerkenswert ist, weil man hier zum ersten Male versucht hat, das Verfahren der Geradeausverstärkung in der Hochfrequenzlage anzuwenden.

Abb. 161. Sende-Empfangs-Gestell für einen 20 MHz-Kanal bei 4 GHz. Aus [*54*]. *a* Empfangsweiche; *b* Sendeweiche; *c* Leistungskontrolle; *d* Sendeverstärker; *e* Spiegelfrequenzsperre; *f* Empfangsfrequenzwandler; *h* Zwischenfrequenzhauptverstärker; *i* Zwischenfrequenzvorverstärker; *k* Empfängerkontrollgerät; *l* Senderkontrollgerät; *m* Empfangsoszillator (oder 40-MHz-Versetzer); *n* Sendeoszillator.

Als Übertragungsfrequenz wählte man 195 MHz, um die Aufgabe mit den damals gegebenen technischen Mitteln bewältigen zu können. Da die verwendeten Rhombusantennen merklich auch nach rückwärts strahlen, sind Sender und Empfänger jeder Relaisstelle durch natürliche Hindernisse voneinander getrennt bis zu 1 km auseinandergelegt und durch Hochfrequenzkabel verbunden. Die Strecke zeigt Echoerscheinungen durch Überreichweiten und Rückkopplungen. Ein endgültiges Urteil über die Aussicht dieser Technik kann damit aber noch nicht gefällt werden, da Wellenlänge und Antennenform ja wesentlich günstiger gewählt werden können.

Die in Betrieb befindliche Strecke *London—Birmingham* überbrückt

Abb. 162. 60-m-Antennenturm Richtfunkrelaisstrecke New York—San Franzisko. Aus [*53*].

Abb. 163. Richtfunkrelaisstrecke in England, Stand 1951.

eine Entfernung von etwa 200 km, Abb. 163. Parallel dazu liegt die auf S. 171 ff. beschriebene Koaxialkabelverbindung. Die Verlängerung über Birmingham hinaus nach Manchester vermittelt den Anschluß an eine weitere Richtfunkrelaisstrecke nach Edinburgh. Im Endausbau wird diese dann Aberdeen erreichen.

Die Strecke London— Birmingham arbeitet im Frequenzbereich 0,865 bis 0,942 GHz, Tab. 4b. Sie überträgt ein Kanalpaar mit versetzten Frequenzen,

Abb. 164. Parabolantenne 3,3 × 4,7 m² für 33 cm Wellenlänge (0,9 GHz). Aus [*38*].

beansprucht also insgesamt 4 Hochfrequenzwege. Die Bandbreite beträgt 10 MHz, die Zwischenfrequenz 34 MHz, die Überlagerungsfrequenzen liegen einseitig unterhalb der Übertragungsfrequenzen. Die Frequenzverschiebung beträgt 20 MHz, die Sendeleistung 7,5 W. Die Antennen bestehen aus Dipolen mit rotationssymmetrischen Parabolreflektoren von $3,3 \cdot 5,7 \, m^2$ Fläche, Abb. 164. Wie man sieht, sind sie seitlich abgeschnitten, damit 2 dieser großen Antennen leichter nebeneinander montiert werden können, Abb. 165. Je Kanal und Richtung ist eine Antenne vorgesehen, also 2 je End- und 4 je Relaisstelle. Die Sender arbeiten ohne zusätzliche Mikrowellenverstärkung. Die Sendeleistung

Abb. 165. Sende- und Empfangsantenne der Richtfunkendstelle Birmingham. Aus [38].

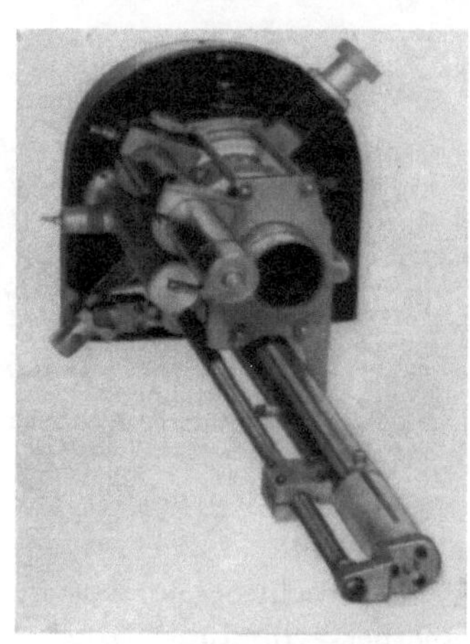

Abb. 166. Sendefrequenzumsetzer für 7,5 W bei 0,9 GHz. Aus [55].

wird unmittelbar im Sendefrequenzumsetzer erzeugt. Dieser besteht aus einer Triode; der Träger (Leistung $\approx 50 \, W$) und das frequenzmodulierte Signal in der Zwischenfrequenzlage (Leistung $\approx 5 \, W$) werden dem Kathodenwiderstand der Triode zugeführt. Die Anode ist auf die Summen- oder Differenzfrequenz des Mischproduktes abgestimmt, dadurch erhält man das frequenzmodulierte Signal in der Mikrowellenlage mit einer Leistung von 7,5 W. Eine Ansicht dieses Umsetzers zeigt Abb. 166. Der Aufbau ist vollständig mit konzentrischen Bauelementen in kompakter Bauweise ausgeführt. Da die Gestelle verhältnismäßig geräumig sind, können die Einzelgeräte gut gewartet werden. Sie werden zu diesem Zweck ausgefahren; in Abb. 167 ist der Empfänger links unten ausgefahren dargestellt.

Für die Fortsetzung über Manchester hinaus wird ein wesentlich moderneres System eingesetzt. Die wichtigsten Daten sind in Tab. 4 c angegeben. Es arbeitet im Bereich III bei etwa 4 GHz und überträgt ein verschachteltes Kanalpaar. Es braucht demnach nur 2 Hochfrequenzwege. Die Bandbreite beträgt 10 MHz, die Zwischenfrequenz 60 MHz und die Frequenzverschiebung 37 MHz. Die Sendeleistung beträgt 1 W, die Antenne verwendet einen Parabolreflektor von 3 m Durchmesser.

Abb. 167. Übertragungsgestelle des Fernsehrichtfunksystems London—Birmingham. Aus [55].

Der Frequenzmodulator besteht nicht mehr aus normalen Mehrgitterröhren, sondern aus einem frequenzmodulierten Klystron. Auch in dem amerikanischen System ist man von anfänglich normalen Röhren zum Klystronmodulator übergegangen. Das frequenzmodulierte Hochfrequenzsignal wird durch Verstärkung in einer Wanderfeldröhre auf die notwendige Sendeleistung gebracht. Auch im amerikanischen System wird der Kaskadenverstärker mit den 416 A-Trioden in Zukunft vielleicht durch einen Wanderfeldröhrenverstärker ersetzt werden, dessen Entwicklung bis zu einer hohen Reife gediehen ist.

c) **Frankreich.** Die französische Technik verwendet ebenfalls Klystronmodulatoren und Wanderfeldröhren. Die erste Breitbandrichtfunkverbindung wird auf der Strecke *Paris—Lille* aufgebaut über eine Entfernung von 220 km, Abb. 168. Auf ihr ist über die Schleife Paris—Bois de Molle—Paris ein Versuchsbetrieb aufgenommen worden. Das System arbeitet im Bereich III in einer Frequenzlage 3,56 bis 4,00 GHz, Tab. 4d, und soll im Endausbau 3 verschachtelte Kanalpaare übertragen. Die Bandbreite der Hochfrequenzwege beträgt 20 MHz, die Bandlücke zwischen benachbarten Sende- oder Empfangswegen 50 MHz, die Zwischenfrequenz 105 MHz. Eine Ausnahme gegenüber den anderen Systemen bildet die Lage der Oszillatorfrequenzen. Um von den Spiegelfrequenzen leichter freizukommen, überlagert man die obere Kanalgruppe mit einer darüberliegenden, die untere mit einer darunterliegenden Oszillatorfrequenz. Die Frequenz wird dann um den sehr großen Sprung von 280 MHz verschoben. Die Sendeleistung beträgt 1 W; sie wird einer Lochlinsen-

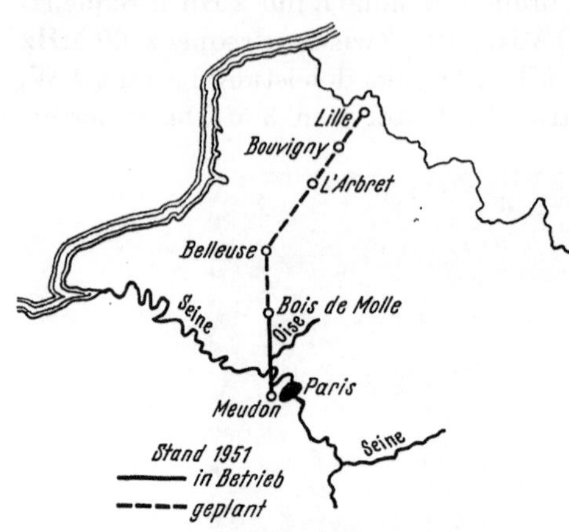

Abb. 168. Richtfunkrelaisstrecke in Frankreich, Stand 1951.

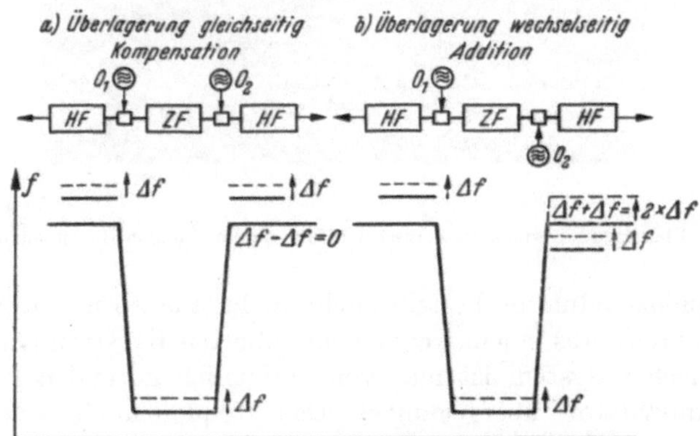

Abb. 169. Einfluß einer Oszillatorenauswanderung in Relaisstellen.

antenne von $3 \cdot 3\,\mathrm{m}^2$ zugeführt. Die wechselseitige Lage der Oszillatorfrequenzen bringt zwar filtertechnisch Erleichterungen, erfordert aber um eine Zehnerpotenz stabilere Oszillatoren im Gegensatz zur gleichseitigen Lage, wie aus Abb. 169 entnommen werden kann. Nimmt z. B. infolge einer Schwankung der Versorgungsspannungen die Frequenz des Oszillators O_1 um Δf zu, so erhöht sich die Zwischenfrequenz um Δf. Die erneute Überlagerung mit einer auf der gleichen Frequenzseite liegenden O_2 ergibt eine Subtraktion der Abweichungen, ein- und ausgehende Hochfrequenz bleiben in Übereinstimmung. O_1 und O_2 werden dazu in der Frequenz starr gekoppelt, bei Frequenzverschiebung um den Betrag dieser Verschiebungsfrequenz. Bei wechselseitiger Überlagerung ergibt sich bei der zweiten Überlagerung eine Abweichung. Die ein- und die ausgehende Hochfrequenz unterscheiden sich um den doppelten Betrag der Frequenzwanderung der Oszillatoren. Diese muß also möglichst klein gehalten werden, was nur mit beträchtlichem Aufwand möglich ist.

Bei der Frequenzmodulation mit dem Reflexklystron wird die Reflektorspannung variiert. Einen Einblick in den Aufbau eines solchen Klystrons gibt Abb. 170. Durch mechanischeDeformation des oberen Resonators kann man die gewünschte Mittenfrequenz einstellen. Das modulierte hochfrequente Signal wird über den seitlichen Stutzen entnommen und in einer Wanderfeldröhre verstärkt, deren Verstärkungsverlauf über der Aussteuerung Abb. 171 zeigt. Bei Ausgangsleistungen unterhalb 200 mW ist die Verstärkung konstant $= 19$ db. Bei Vollaussteuerung bis auf 1 W nimmt die Verstärkung auf 14 db ab. Für

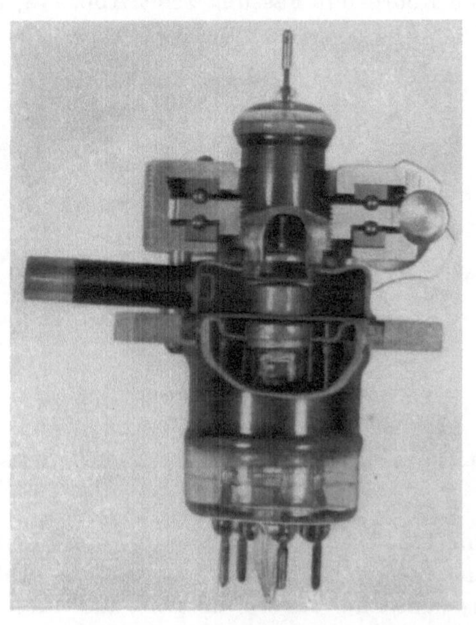

Abb. 170. Querschnitt durch ein Reflexklystron. (Von der CSF Paris freundlicherweise zur Verfügung gestellt.)

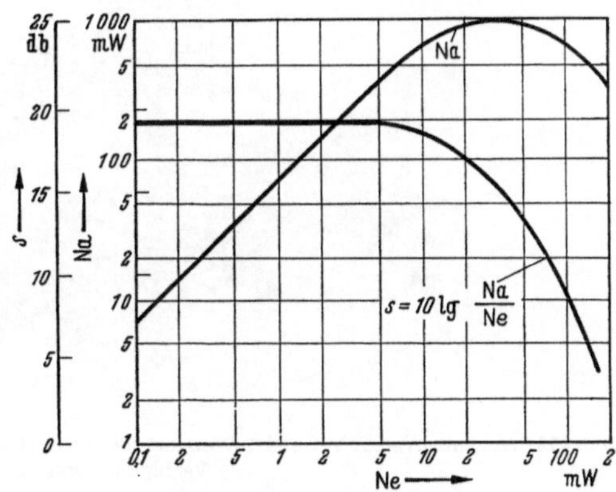

Abb. 171. Wanderfeldröhre TPO 85, Verstärkung s und abgebbare Leistung Na. Aus [40].

1000fache Leistungsverstärkung also, wie sie in dem System gefordert wird, müssen 2 solche Wanderfeldröhren in Kaskade geschaltet werden. Eine Röhre mit Fassung zeigt Abb. 172, einen zweistufigen Verstärker

Abb. 172. Wanderfeldröhre TPO 85 B für 3,8 GHz mit Fassung. (Von der CSF Paris freundlicherweise zur Verfügung gestellt.)

Abb. 173. Die Montage dieses Verstärkers im Gestell zeigt Abb. 174. Eine besonders originelle Lösung des Antennenproblems ist die Lochlinsenantenne. Ihre Funktion und ihren Querschnitt zeigt Abb. 175. Richtet man eine ebene Welle W gegen eine Metallplatte L mit einer

Abb. 173. Kaskadenverstärker aus 2 Wanderfeldröhren. (Von der CSF Paris freundlicherweise zur Verfügung gestellt.)

sehr kleinen Öffnung O, so hat die hindurchgehende Welle an einem entfernten Punkt eine Phasenverschiebung um 90° gegenüber dem Zustand ohne Metallplatte. Mit größer werdendem Loch wird die Verschiebung kleiner und schließlich Null. Macht man die Löcher in der Mitte groß und nach außen hin kleiner, so erhält man eine Ebnung der Wellenfront und damit eine Scheinwerferwirkung. In der praktischen Ausführung besteht die Linse aus mehreren Lochscheiben hintereinander. Die äußere Ansicht zeigt Abb. 176. Von einem bestimmten Radius ab beginnt man wieder mit großen Löchern, ähnlich den Absätzen einer Stufenlinse.

d) Deutschland. In Deutschland wird zunächst eine Breitbandrichtfunkverbindung von *Hamburg* über Köln nach *Frankfurt* aufgebaut. Sie wird wahrscheinlich später nach Süddeutschland weiter verlängert werden, und zwar wohl über Stuttgart, München nach Nürnberg. Damit ergäbe sich eine Streckenführung, wie sie in Abb. 177 zu sehen ist. Da der Abschnitt von Hamburg bis Frankfurt um die Wende 1952/1953 in Betrieb gehen sollte, wurde, da der Termin drängte, mit Rücksicht auf die bei Entwicklungsbeginn greifbaren Röhren der Übertragungsbereich I gewählt, Tab. 4e, und zwar die untere Hälfte von 1,74 bis 2,01 GHz. Die günstigste Mikrowellentriode, die damals zur Verfügung stand, erlaubt in dieser Frequenz-

Abb. 174. Gestellmontage eines Wanderfeldröhrensendeverstärkers. (Von der CSF Paris freundlicherweise z. Verfügung gestellt.)

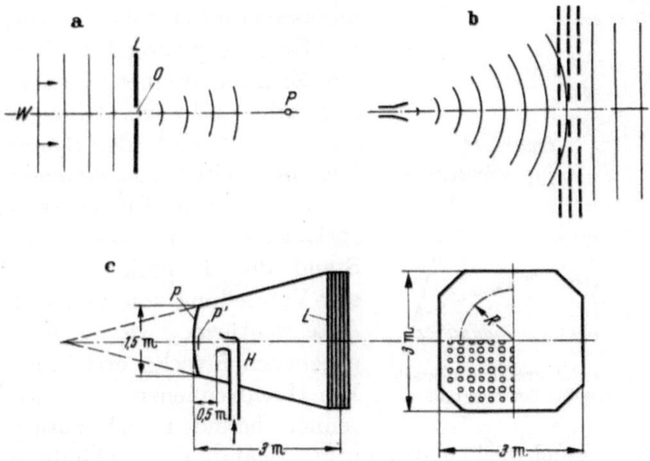

Abb. 175. Wirkungsweise und schematische Darstellung der Lochlinsenantenne.

lage gerade noch eine wirksame Geradeausverstärkung. Als hochfrequente Bandbreite werden 30 MHz mit einer 30-MHz-Lücke verwendet. Die Frequenzverschiebung beträgt 60 MHz, die Sendeleistung

Abb. 176. Trichterantenne mit Lochlinse für 3,8 GHz. (Von der CSF Paris freundlicherweise zur Verfügung gestellt.)

Abb. 177. Richtfunkrelaisstrecke in Deutschland, Planungsstand Sommer 1951.

etwa 5 W. Sobald es röhrentechnisch möglich ist, wird, ähnlich wie in Tab. 4a, c und d, auch hier der Bereich III gewählt werden, Tab. 4f. Die Kanalzahl wird der Wirtschaftlichkeit wegen dann mindestens 4 Paare umfassen für Fernsehen, Fernsprechen und Reserve, während die Bänder und die Zwischenfrequenz sonst ebenso angeordnet sind wie beim ersten System, damit die beiden Systeme ohne Schwierigkeiten zusammengeschaltet werden können. Dieses System entspricht dem neuesten internationalen Stand der Technik. Abb. 178 gibt eine Vorstellung von dem Aufbau der Antennentürme, wie sie auf der angegebenen Strecke errichtet werden. Die Hochfrequenzgeräte und die Antennen befinden sich zusammen in den obersten Stockwerken des Turmes, damit die Verbindungen zwischen beiden recht kurz sind. Notstromversorgung und Batterien sind in den unteren Geschossen untergebracht. Die Türme werden aus Stahlbeton im Gleitverfahren errichtet. Sie sind so reichlich bemessen, daß

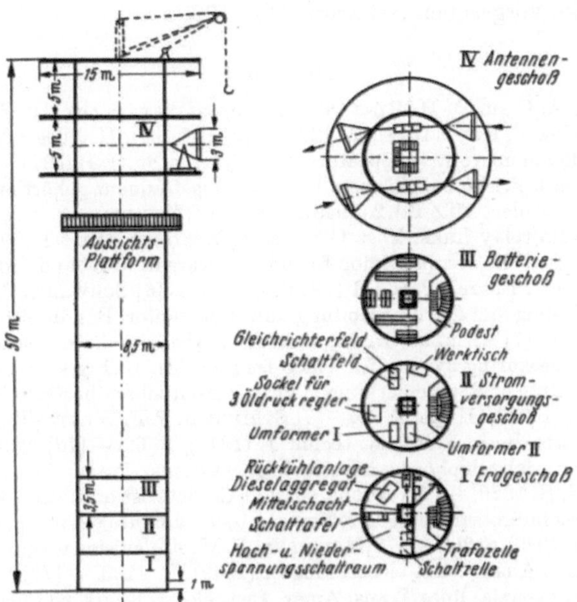

Abb. 178. Antennenturm in Stahlbetonkonstruktion für Richtfunkrelaisstrecken in Deutschland.

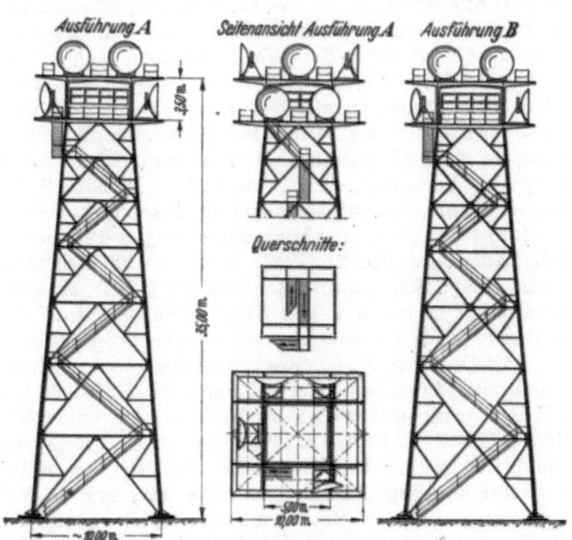

Abb. 179. Antennenturm in Stahlkonstruktion für Richtfunkrelaisstrecken in Deutschland.

sie noch andere Richt- und Rundstrahldienste aufnehmen können und für die technischen Bedürfnisse der nächsten Jahrzehnte ausreichen.

Eine leichtere Ausführung in Stahlkonstruktion, wie sie ebenfalls für diese Strecke vorgesehen ist, zeigt Abb. 179.

Literatur.

[1] BECK, A. C., u. D. H. RING: Testing repeaters with circulated pulses. Proc. Inst. Radio Engrs., N.Y. (1947), S. 1226. — [2] RING, D. H.: The measurement of delay distortion in microwave repeaters. Bell Syst. techn. J. Bd. 27 (1948), S. 247. — [3] KIRSCHSTEIN, F.: Welche höchste Übertragungsfrequenz gehört zu einem Fernsehbild mit 625 Zeilen. FTZ Bd. 2 (1949), S. 97. — [4] MUMFORD, A. H., u. C. F. BOOTH: Television radio relay links. Post Off. electr. Engrs. J., Part I (1950), S. 23. — [5] BRAIN, A. E.: The compensation for phase errors in wideband video amplifiers. Proc. Inst. electr. Engrs., Part III (1950), S. 243. — [6] SCHWARTZ, E.: Kellfaktor und Bildauflösung bei Fernsehsendung mit konstanter Bandbreite. FTZ Bd. 3 (1950), S. 185. — [7] ALSBERG, D. A., u. D. LEED: Precise direct reading phase and transmission measuring system for video frequencies. Bell Syst. techn. J. (1949), S. 221. — [8] URTEL, R.: Bemerkungen zum Einseitenbandbetrieb im Fernsehen. Telefunkenztg. (1939), H. 81, S. 80. — [9] STRIEBY u. J. F. WENTZ: Television transmission over wire lines. Bell Syst. techn. J. (1941), S. 62. — [10] ABRAHAM, L. G.: Progress in coaxial telephone and television systems. Trans. Amer. Inst. electr. Engrs. (1948), S. 1520. — [11] FUCHS, M. G.: Caractéristiques des paires coaxiales aux fréquences intéressantes de la télétransmission a haute définition Congr. Int. di Telev. Milano (1949), S. 202. — [12] MORRISON, L. W.: Television terminals for coaxial systems. Trans. Amer. Inst. electr. Engrs. (1949), S. 1193. — [13] COULD, K. E.: Equalization of coaxial lines Trans. Amer. Inst. electr. Engrs. 68 (1949), S. 1187. — [14] STANESBY, H., u. W. K. WESTON: The London-Birmingham television cable, Part I: — Cable design, construction and test results Post Off. electr. Engrs. J. (1949), S. 33. — [15] STANESBY, H., u. W. K. WESTON: The London-Birmingham television cable; Part II: General system and requirements. Post Off. electr. Engrs. J. 41 (1949), S. 183. — [16] KADEN: Fernsehübertragung nach dem Einseitenbandverfahren mit „Nyquist-Flanke". Unveröffentlicht. — [17] ALSBERG, D. A.: Phase measurements for L carrier components. Bell. Labor. Rec. (1950), S. 307. — [18] LEBERT, A. W.: Pulse testing of coaxial cables. Bell Labor. Rec. Vol. 29 (1951), S. 153. — [19] KILVINGSTON, T., F. J. M. LAVER u. H. STANESBY: The London-Birmingham television-cable system. Proc. Inst. electr. Engrs., Part I (1952), S. 44. — [20] FRIIS, H. T.: A note on a simple transmission formula. Proc. Inst. Radio Engrs., N.Y. (1946), S. 254. — [21] DURKEE, A. L.: Microwave relay system between New York and Boston. Bell. Labor. Rec. Bd. 25 (1947), S. 437. — [22] Bell system opens New York-Boston radio relay. Bell. Labor. Rec. Bd. 25 (1947), S. 473. — [23] FRIIS, H. T.: Microwave repeater research. Bell Syst. techn. J. Bd. 27 (1948), S. 183. — [24] HAMMERSCHMIDT, A. L.: Free space microwave propagation. RCA Review (1948), S. 159. — [25] DURKEE, A. L.: Results of microwave propagation tests on a 40-mile overland path. Proc. Inst. Radio Engrs., N. Y., Bd. 36 (1948), S. 197. — [26] CHAFFEE, J. G.: Terminals for the New York-Boston radio relay system. Bell. Labor. Rec. Bd. 26 (1948), S. 97. — [27] ROETKEN, A. A.: Repeaters for the New York-Boston radio relay system. Bell. Labor. Rec. Bd. 26 (1948), S. 193. — [28] TIERNEY, W. L.: Repeater buildings for the first radio relay system. Bell Labor. Rec. Bd. 26 (1948), S. 281. — [29] NY-Boston microwave television relay Electronics, N. Y. (1948), S. 114. — [30] THAYER, G. N., A. A. ROETKEN, R. W. FRIIS u. A. L. DURKEE: A broad band microwave relay system between New York and Boston.

Proc. Inst. Radio Engrs., N.Y. (1949), S. 183.—[*31*] DE LANGE, O. E.: A variable phase-shift frequency modulated oscillator. Proc. Inst. Radio Engrs., N.Y. (1949), S.1328. — [*32*] MORTON, J. A.: A microwave triode for radio relay. Bell. Labor. Rec. Bd. 27 (1949), S. 166. — [*33*] MILLAR, J. Z.: A microwave propagation test Proc. Inst. Radio Engrs., N.Y. (1950), S.619.—[*34*] MARSTERS,W.M.: Radio relay and other special buildings. Bell Teleph.Mag. (1950), S.25.—[*35*] DOWELL, K.P.: 416 A Tube for microwave relays. FM-TV (1950), S. 20. — [*36*] CLUTTS, C. E.: The TD 2 radio relay system. Bell Labor. Rec. (1950), S. 442. — [*37*] CAMPBELL, R. D., u. E. SCHOOLEY: Spanning the continent by radio relay. Bell Teleph. Mag. (1950/1951) S. 215. — [*38*] ESPLEY, D. C., u. R. J. CLAYTON: The London-Birmingham television radio relay links. GEC J. Bd. 17 (1950), S. 3. — [*39*] MUMFORD, A. H., C. F. BOOTH u. R. W. WHITE: The London Castleton experimental radio-relay system. Post Off. electr. Engrs. J. (1950), S. 93. — [*40*] Tube à propagation d'onde TPO 85. Ann. Radioélectr. Bd. 5 (1950), S. 62.—[*41*] MAYER, H. F., u. E. HÖLZLER: Einige Entwicklungstendenzen in der Übertragung von Nachrichten. Entwicklungsberichte S. & H. Bd. 14 (1951), S. 1.—[*42*] MARZIN, P.: Les câbles hertziens. Ann. Télécommunications Bd. 6 (1951), S. 363. — [*43*] GOODALL, W. M.: Pulse code modulation for television. Bell. Labor. Rec. (1951), S. 209. — [*44*] MAGGIO, J. B.: Terminals for the TD-2 radio relay system. Bell Labor. Rec. (1951), S. 314. — [*45*] SOUTHWELL, B. W.: Los Angeles to San Francisco microwave relay. Tele-Tech (1951), S. 44. — [*46*] FRANTZ, G. R.: Repeaters for the TD 2 radio relay system. Bell Labor. Rec. Bd.29(1951).S.356.—[*47*]OSBAHR,B.F.:Transcontinental microwave relay commences TV broadcast operations. Tele-Tech (1951), S. 44.—[*48*] ESPENSCHIED, L.: Coast to coast radio relay system open. Bell Labor. Rec. (1951), S. 427. — [*49*] GRIESER, T. J., u. A. C. PETERSON: A broad-band transcontinental radio relay system. Electr. Engng. (1951), S. 840. — [*50*] 3000 Mile microwave relay. FM-TV (1951), S. 22.—[*51*] Bell of Canada to provide TV network. Bell Labor. Rec. (1951), S. 465.—[*52*] Radio relay, the newest means of transcontinental telephony. Bell Teleph. Mag. (1951), S. 175.—[*53*] ROETKEN, A. A., K. D. SMITH u. R. W. FRIIS: The TD 2 microwave radio relay system. Bell Syst. techn. J. XXX (1951), Nr. 4, Part II, S. 1041. — [*54*] FRIIS, R. W., u. K. D. SMITH: An unattended broad-band microwave repeater for the TD 2 radio relay system. Electr. Engng. Bd. 70 (1951), Nr. 11, S. 976. — [*55*] CAYTON, R. F., D. C. ESPLEY, W. S. GRIFFITH u. J. PINKHAM: The London-Birmingham television radio-relay link. Proc. Inst. Radio Engrs., N.Y. (1951), S. 98, 112, 204. — [*56*] LIBOIS, M. L.: Étages d'entrée d'un récepteur hyperfréquence á large bande. Echo de réch. (1951), S. 14. — FORESTIER, PH.: Le nouverau faisceau hertzien P.T.T. Paris-Lille, à ondes centimétriques. Dévelopments de la Télévision (1951), S. 315.—[*58*] CRAWFORD, A. B., u. W. C. JAKES: Selective fading of microwaves. Bell Syst. techn. J. (1952), S. 18.—[*59*] DE LANGE, O. E.: Propagation studies at microwave frequencies by means of very short pulses. Bell Syst. techn. J. (1952), S. 90. — [*60*] LINCE, A. H.: Antennes for the TD 2. Bell. Labor. Rec. Bd. XXX (1952), S. 49. — [*61*] SUEUR, M.R.: Les systèmes modernes de télécommunications à grande distance. Bull. Soc. franç. Electr. (1952), Nr. 15, S. 130.

K. Weitverbindungen, Röhrentechnik und Rauschprobleme.[1]

Von **W. Kleen**, München.

Mit 11 Abbildungen.

Vorbemerkung.

Die Darstellung beschränkt sich auf Höchstfrequenzröhren für Weitverbindungen mit sehr breitem Übertragungsbereich. Die in diesen bestehenden Anforderungen an die Röhren werden zunächst allgemein, ausgehend von den Beziehungen für Streckendämpfung und Rauschabstand unter Berücksichtigung des Modulationsverfahrens diskutiert.

Unter den vorhandenen fremdgesteuerten Senderöhren sind Elektronenwellen-Röhre und fremdgesteuertes Traveling-Wave-Magnetron technisch uninteressant bzw. zur Zeit für einen Einsatz nicht geeignet. Das Klystron ist unbefriedigend hinsichtlich Übertragungsbereich, Laufzeitverzerrungen und Frequenzstabilität. Moderne Scheibentrioden genügen den Ansprüchen hinsichtlich Gewinn (10 db), Leistung (0,5 bis 3 W Dauerstrich), Bandbreite (50 bis 100 MHz) und Phasenverzerrungen. Die Gesichtspunkte der Dimensionierung (sehr kleine Elektrodenabstände, Kathoden hoher zulässiger Strombelastung, Einfluß der Kreiseigenschaften) werden behandelt, Daten vorhandener Röhren angegeben. Für die Traveling-Wave-Röhre (TWR) wird gezeigt, daß die primitive Theorie des Mechanismus dieser Röhre durch die Berücksichtigung einiger wesentlicher Zusatzeffekte (Raumladungsdefokussierung) ergänzt werden muß. Dann ist Berechnung der linearen Eigenschaften in guter Übereinstimmung mit dem Experiment möglich. Die Daten moderner TWR zeigen deren wesentliche Überlegenheit über Trioden (Gewinn 20 bis 40 db, Leistung 3 bis 10 W, Bandbreite > 200 MHz). Nachteilig sind die höhere Betriebsspannung (1 bis 3 kV), die Röhrenform und das erforderliche Magnetfeld.

Bei Dezimeter- und Zentimeterwellen ist heute der äußere Störpegel (kosmisches Rauschen) verschwindend klein gegen den inneren Rauschpegel bester Empfänger. Weitverkehrsempfänger benutzen zur Zeit als Eingangsstufe stets Kristalldetektoren in Mischschaltung (Rauschzahl etwa 20). Vorverstärkung ist möglich mit Triode und Traveling-Wave-Röhre bei angenähert gleicher Rauschzahl wie Detektor. Im Prinzip wäre damit Relaisverstärkung frequenzmodulierter Signale ohne Zwischenträger durchführbar. Die Schwankungsvorgänge in gittergesteuerten Röhren einerseits, TWR andererseits, erfordern grundsätzlich verschiedene Betrachtungen. Bei gittergesteuerten Röhren ist die Rauschzahl unabhängig davon, ob die Röhre in Kathodenbasis- oder Gitterbasis-Schaltung benutzt wird. Die Frage der Kohärenz oder Inkohärenz von Gitter- und Anodenrauschstrom ist von entscheidender Bedeutung für die Rauschzahl von Trioden im Gebiet endlicher Elektronenlaufzeiten. Diese Frage ist heute noch nicht vollständig geklärt, so daß bezüglich Berechnung der Rauschzahl dieser Röhren bei Höchstfrequenzen noch erhebliche Unsicherheit besteht. In Elektronenstrahlen ändern sich Dichte- und Geschwindigkeitsschwankungen periodisch

---

[1] Der Text ist erweitert durch einige Angaben aus nach dem Vortrag erschienenen Veröffentlichungen.

längs des Strahls. Diese Erscheinung kann als Schwebungsvorgang von Raumladungswellen erklärt und berechnet werden. Auf dieser Grundlage lassen sich neue Vorstellungen über das Rauschen der TWR entwickeln, läßt sich deren Rauschzahl berechnen und erhält man Angaben über die optimale Dimensionierung rauscharmer TWR.

Auf das Problem der Erzeugung frequenzmodulierter Schwingungen in Muttersendern von Richtfunkanlagen wird kurz eingegangen.

1. Einleitung und Abgrenzung.

Der begrenzte Umfang des Referats erfordert von vornherein eine Abgrenzung des Themas: Wir behandeln lediglich Röhren- und Rauschprobleme, die in *drahtlosen* Weitverbindungen zur Übertragung von Fernsehbildern oder einer Vielzahl von Gesprächkanälen, etlicher Hundert, auftreten. Wir beschränken uns dabei zusätzlich auf das Gebiet der Höchstfrequenzen. Damit ist Gegenstand unserer Ausführungen gerade jenes Gebiet der Röhrentechnik, das seit Kriegsende die stärkste Entwicklung erfahren hat. Erst die auf diesem Gebiet im Laufe der letzten fünf Jahre gemachten Fortschritte ermöglichen die moderne Richtfunktechnik mit Übertragungsbereichen von 10 MHz und mehr.

Wir können die Fortschritte der Röhrentechnik während des letzten Jahrzehntes durch folgende Angaben charakterisieren: Die Kriegszeit hat die Röhren geschaffen, durch die das Gebiet der kürzesten Dezimeterwellen und das der Zentimeterwellen der technischen Ausnutzung geöffnet wurde. Im Laufe der zweiten Hälfte dieses Jahrzehnts ist es durch Bau geeigneter Röhren gelungen, die Übertragungsbereiche um einen Faktor 10 bis 20 oder gar mehr zu verbreitern und dabei Werte des Leistungsgewinnes, der Leistung, des Wirkungsgrades und der Rauschzahl zu erzielen, wie sie am Ende des Krieges für schmalbandige Übertragungen erreicht waren. Die Röhrenentwicklung ging dabei zwei Wege:

a) Weiterentwicklung und Verbesserung der Technik bereits bekannter Röhrenprinzipien, des Prinzips der Triftröhren und des der gittergesteuerten Röhren.

b) Ausnutzung eines neuen Prinzips der Erzeugung elektromagnetischer Feldenergie und der Verstärkung durch Wechselwirkung von Feldern und Elektronenströmungen: In den sogenannten Lauffeldröhren werden nicht mehr die elektrischen Felder *stehender* Wellen, sondern die *fortschreitender* Wellen zur Geschwindigkeitsmodulation, Phasenfokussierung und Abbremsung von Elektronenströmungen und damit zur Verstärkung höchstfrequenter Energie nutzbar gemacht. Der technisch interessanteste Vertreter dieser Röhren ist die Traveling-Wave-Röhre (TWR).

2. Die Anforderungen der Weitverkehrstechnik an die Höchstfrequenzröhren.

Die für die Planung einer Funkstrecke wesentlichen Eigenschaften von Höchstfrequenzröhren sind

a) Leistungsgewinn, — b) Übertragungsbereich im Zusammenhang mit Dämpfungs- und Laufzeitverzerrungen, — c) Ausgangsleistung des Senders, — d) Rauschzahl des Empfängers, und evtl. — e) Leistung und Nichtlinearitäten von Modulationsröhren.

Bandbreite, Senderleistung und Rauschzahl sind bekanntlich miteinander verknüpft und bei Anwendung geeigneter Modulationsverfahren innerhalb gewisser Grenzen gegeneinander austauschbar. Die Gesetzmäßigkeiten der Austauschbarkeit hängen, wie bekannt, von der Art des Modulationsverfahrens ab, das damit auch die Anforderungen an die Röhren bestimmt. Wir wissen, daß heute in USA Modulationsverfahren mit Quantisierung der Signale, insbesondere die Code-Modulation, intensiv bearbeitet werden. Das hat Gründe, die bei uns zumindest zur Zeit nicht bestehen. Die Realisierung transkontinentaler Funkstrecken in USA über Entfernungen von 5000 bis 7000 km erfordert das Studium der rationellsten Übertragungsart. Unter allen Modulationsverfahren nähert sich die Code-Modulation am stärksten dem Idealfall optimaler Übertragungskapazität, wie sie durch das Gesetz von HARTLEY und SHANNON beschrieben wird. Sie hat insbesondere den Vorteil, daß das Rauschen in Serie liegender Funkfelder sich nicht addiert, wenn das Signal einen definierten Schwellenwert überschreitet.

Wir befinden uns in Deutschland auf begrenztem Raum und am Anfang einer neuen Technik. Die Anforderungen an die Röhren sind aus diesen Gründen daher zunächst durch die der Anwendung klassischer Modulationsverfahren, wie AM (Zwei- oder Einseitenband), FM, PPM bestimmt. Eine Diskussion über Vorteile und Nachteile des einzelnen Modulationsverfahrens ist nicht Gegenstand dieses Referates. Im Vortrag von Herrn WERRMANN ist dieses Problem bereits behandelt und sind die Gründe für die Verwendung von FM in Fernsehweitverbindungen angegeben. Als Faustregel für die Breite des HF-Bandes (und ZF-Bandes) gilt dabei (s. z. B. [1])

$$B_{\mathrm{HF}} = 2\,(2\,B_0 + F) = 2\,B_0\,(2 + \eta)$$

mit

B_0 = natürliche Bandbreite des Signals (Videobandbreite),
F = Frequenzhub,
η = Modulationsindex.

Wir haben bei Fernsehübertragung mit 625 Zeilen $B_0 \simeq 5\ \mathrm{MHz}$; für einen Modulationsindex $\eta = \dfrac{F}{B_0} \simeq 1$ führt dies zu $B_{\mathrm{HF}} = 25$ bis $30\ \mathrm{MHz}$.

Dieser Übertragungsbereich ist bei dem heutigen Stand der Technik der HF-, ZF-Röhren und der Schaltelemente noch beherrschbar. Größere Bandbreiten erlaubt unsere heutige Technik kaum. Praktisch gegebene Werte von Rauschabstand (50 db einschl. Schwundreserve), Entfernung (50 km) und Zahl (20) der Funkstellen führen dann auf Grund der bekannten Gesetzmäßigkeiten der drahtlosen Übertragung bei optischer Sicht und für den Gewinn an Rauschabstand durch das Modulationsverfahren (s. [1, 2]) größenordnungsmäßig zu dem Zusammenhang zwischen Senderleistung P_S, Rauschzahl N, Wellenlänge λ und effektiver Antennenfläche F

$$\frac{P_S F^2}{N \lambda^2} \simeq 10^6 \,\mathrm{W\,cm^2}. \tag{1}$$

$F = 3 \,\mathrm{m^2}$, $\lambda = 7{,}5 \,\mathrm{cm}$, $N = 20$ ergibt z. B. $P_S \simeq 1{,}3$ W. Für $N = 15$ bis 30, das ist im gesamten interessierenden Frequenzbereich die Rauschzahl des Kristalldetektors unter Einschluß des Rauschens des ZF-Verstärkers, wird also die Ausgangsleistung der Höchstfrequenzsenderöhre bei der genannten Wellenlänge von dieser Größenordnung sein müssen.

Die Verstärkung je Funkstelle liegt für die gleichen Daten wie oben und bei Berücksichtigung eines gewissen Schwundes in der Größenordnung von 70 bis 90 db. Sie kann im Prinzip beliebig auf HF und ZF verteilt werden.

Innerhalb des Übertragungsbereiches dürfen die Röhren nur in begrenztem Maße Amplituden- und insbesondere Phasenverzerrungen verursachen. Insgesamt wird für Fernsehübertragungen ein maximaler Laufzeitunterschied von etwa 50 ns auf dem gesamten Übertragungsweg offenbar noch als tragbar angesehen. Diese Zahl läßt jedoch keine einwandfreien Schlüsse auf die Forderungen an die Röhren bezüglich Laufzeitverzerrungen zu, solange nicht bekannt ist, wie groß die Verzerrungen infolge anderer Ursachen (z. B. long-line-effect des Antennenkabels, Phasenverzerrungen in Filtern und Demodulatoren) sind und in welchem Maße Entzerrung der Nichtlinearität des Phasenganges möglich ist. Wir können aus diesem Zahlenwert nur so viel schließen, daß in einem HF-Verstärker wesentlicher Verstärkung Laufzeitdifferenzen wahrscheinlich nicht störend sind, wenn sie unterhalb von wenigen ns liegen.

Welche Röhren sind nun in der Lage, diese Forderungen zu erfüllen?

Im Empfänger wird heute als Eingangsstufe ausschließlich der Mischdetektor verwendet. Seine Rauschzahl hat den bereits genannten Wert $N \simeq 20$ im gesamten interessierenden Frequenzbereich, sein Übertragungsbereich ist praktisch allein durch den des nachgeschalteten ZF-Verstärkers bestimmt. Die Eigenschaften der Kristalldetektoren sind heute noch praktisch die gleichen wie am Kriegsende, wesentliche Fortschritte sind seitdem auf diesem Gebiet nicht erzielt und zur Zeit wohl auch nicht zu erwarten. Wir wollen bei den Betrachtungen der Anforderungen an die Senderöhren daher zunächst diesen Wert $N \simeq 20$ zugrunde legen.

3. Höchstfrequenz-Senderöhren.

Im Gegensatz zur PPM erfordert FM praktisch stets fremdgesteuerte Senderausgangsstufen, um Rückwirkungen der Antenne auf die Frequenz zu vermeiden. Bei Verwendung selbsterregter Senderausgangsröhren würden, infolge der meist unvermeidbaren Existenz eines gegen die Wellenlänge sehr langen Antennenkabels, starke Frequenzverzerrungen, evtl. sogar Frequenzsprünge im Modulationsband auftreten (s. z. B. [*29*]). Diese Erscheinung, bekannt unter dem Namen „long-line-effect" entsteht durch die Unmöglichkeit idealer breitbandiger Anpassung von Röhre und Antenne an das zwischen beiden liegende Kabel. Sie ist auch bei fremdgesteuerten Röhren und Frequenzmodulation noch eine der wesentlichsten Ursachen für Verzerrungen.

Als fremdgesteuerte Senderöhren stehen in den Wellenbereichen der modernen drahtlosen Weitverkehrstechnik heute Triode, Klystron, Traveling-Wave-Röhre (TWR), Elektronenwellen- oder Zweistrahlröhre (EWR) und das fremdgesteuerte Traveling-Wave-Magnetron zur Verfügung. Bezüglich der beiden letztgenannten Röhrenarten nur einige kurze Bemerkungen: In der EWR erfolgt die Verstärkung durch Wechselwirkung zwischen zwei Elektronenstrahlen verschiedener Gleichgeschwindigkeit. Unter allen Mikrowellenröhren besitzt diese den höchsten Leistungsgewinn und die breitesten Übertragungsbereiche. Gewinne von 40 bis 50 db, relative Bandbreiten bis zu 40%, bezogen auf 3 db Verstärkungsänderung, sind mit ihr bei einem Aufwand an Gleichstromleistung von 1 bis 2 W zu erzielen. Sie hat den Vorteil, daß der Mechanismus der Verstärkung jede Rückkopplung und damit die Gefahr der Selbsterregung ausschließt — dies im Gegensatz zur TWR. Die EWR ist jedoch das typische Beispiel dafür, daß eine Röhre, trotz hoher Verstärkung und großer Bandbreite, technisch uninteressant ist, wenn sie nicht entweder eine kleine Rauschzahl oder einen guten Wirkungsgrad besitzt. Beides ist bei der EWR nicht der Fall. Der Wirkungsgrad hat praktisch die Größenordnung 1% — jedenfalls bei so breiten Übertragungsbereichen, wie sie die moderne Richtfunktechnik verlangt. Ihre Rauschzahl liegt bei 10^3 und höher. Die Gründe für den geringen Wirkungsgrad und die schlechte Rauschzahl sind bekannt und physikalisch verständlich. Es ist nicht zu erwarten, daß eine Weiterentwicklung dieser Röhre, jedenfalls der jetzigen Form, eines Tages zu technisch brauchbaren Daten führen wird. Es wäre evtl. denkbar, die EWR als Zwischenröhre, d. h. hinter der Eingangsstufe eines HF-Verstärkers und vor der Ausgangsstufe eines Senders einzusetzen, Stufen, in denen Rauschzahl und Wirkungsgrad von geringer Bedeutung sind. Man würde dann ihre Vorteile der hohen Verstärkung und großen Bandbreite ausnutzen können. Es erscheint aber praktisch und wirtschaftlich als nicht tragbar, für diese begrenzte Einsatzmöglichkeit spezielle Röhren zu entwickeln. Man hat den Eindruck, daß die EWR heute allgemein als zwar physikalisch außerordentlich interessant, technisch jedoch weitgehend bedeutungslos angesehen werden muß.

Das fremdgesteuerte Traveling-Wave-Magnetron (TWM) ist unter den fremdsteuerbaren Höchstfrequenz-Breitbandröhren die jüngste. Sie ist eine Lauffeldröhre, die gegenüber der TWR und EWR den Vorteil höheren Wirkungsgrades besitzt. Wirkungsgrade von 35 bis 40% und Bandbreiten von mehr als 100 MHz sind bei Dezimeter- und Zentimeterwellen zu erwarten und im Laboratorium auch bereits verwirklicht. Soweit heute übersehbar, wird aber das fremdgesteuerte TWM nicht so sehr Bedeutung auf dem Gebiet der Nachrichtenübertragung haben als vielmehr dort, wo Nutzleistungen von 100 W und mehr im Dauerstrich bei großen Bandbreiten, 20 bis 100 MHz, benötigt werden. Dies ist z. B. bei militärischen Anwendungen der Fall. Die Entwicklung ist noch zu sehr im Fluß, als daß Voraussagen über den evtl. technischen Einsatz dieser Röhre auf dem Gebiet der Nachrichtenübertragung heute möglich wären.

a) Klystron. Die Verwendung des Klystrons als Senderöhre in Funkstrecken war nach Kriegsende aktuell, da damals bessere Röhren für diesen Zweck nicht vorhanden waren. Ein fremdgesteuertes Zweikreisklystron (Type 402 A) wurde vom Bell-Telephone-Laboratorium speziell für diesen Zweck entwickelt und auf der Strecke Boston—New York, bei also relativ

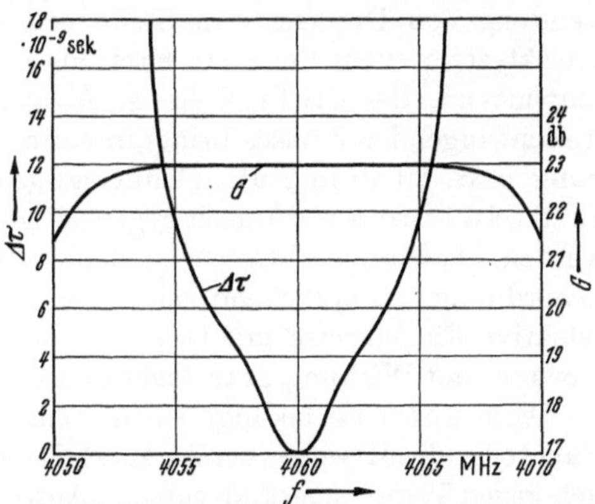

Abb. 180. Leistungsgewinn und Laufzeitdifferenzen eines vierstufigen Verstärkers mit Zweikreisklystrons. Die Einzelkreise sind gegeneinander verstimmt und verschieden stark gekoppelt, so daß die Koppelelemente zum Teil den Charakter einwelliger Kreise, zum Teil den von Bandfiltern haben (entnommen aus H. T. FRIIS [3]).

kurzem Übertragungsweg von etwa 350 km, erprobt [3]. Der Senderverstärker sollte den Anforderungen des Fernsehrichtfunks mit 405 Zeilen auf Trägerwellen um 7,5 cm mit FM genügen.

In Abb. 180 sind Verstärkung und Laufzeit eines vierstufigen Senderverstärkers mit solchen Klystrons dargestellt [3]. Die Bandbreite, bezogen auf 3 db, der einzelnen Stufe beträgt nur 5 MHz. Der erforderliche

Übertragungsbereich wird durch geeignete Verstimmung und Kopplung der Kreise erreicht. Der Amplitudengang der Verstärkung erscheint befriedigend; innerhalb eines Bereichs von $\pm$ 5 MHz ändert sich die Verstärkung um weniger als etwa 0,1 db. Relativ groß sind jedoch die Laufzeitdifferenzen, sie betragen innerhalb des gleichen Bereichs etwa 10 ns. Der Gang von τ mit der Frequenz ist charakteristisch für gegeneinander verstimmte Kreise und Bandfilter: τ steigt zu beiden Seiten der Mittelfrequenz an. Diese Laufzeitdifferenzen sind in erster Linie die Ursache für beobachtete starke Verformung von Impulsen mit 1,25 μs Dauer, die einen solchen Verstärker 10- bis 20mal durchlaufen [7]. In begrenztem Maße können sie durch Phasenausgleichglieder vermindert werden. Die Ausgangsleistung des Verstärkers nach Abb. 180 beträgt 1 W, der Wirkungsgrad etwa 2%.

Die genannten Eigenschaften eines Klystronverstärkers wären evtl. gerade noch hinreichend für Fernsehübertragungen bei Frequenzmodulation mit kleinem Modulationsindex < 1 und bei begrenzten Entfernungen von 500 km, vielleicht auch 1000 km. Bei dem heutigen Stand der Kenntnisse könnte man ferner die Verstärkung, nur in geringem Maße dagegen die Frequenzabhängigkeit der Laufzeit, verbessern durch Verwendung von Dreikreis- an Stelle von Zweikreisklystrons. Beim Dreikreisklystron dient der erste Kreis als Eingangskreis, der zweite ist freischwingend, der dritte Kreis ist Ausgangskreis. Die Hinzufügung des freischwingenden Kreises bringt in erster Linie den Vorteil hoher Verstärkung, z. B. 20 db je Stufe. Genügend große Bandbreite kann auch beim Dreikreisklystron nur durch gegenseitige Verstimmung der Kreise erzielt werden. Die Laufzeitdifferenzen bleiben daher auch hier von gleicher Größenordnung; entsprechend seinem Mechanismus verlangt das Klystron selektive Einzelkreise mit Güten in der Größenordnung von 10^3, wenn Gewinn und Wirkungsgrad technisch brauchbare Werte haben sollen.

Diese Tatsache bedingt einen weiteren, praktisch schwerwiegenden Nachteil jedes Klystronverstärkers: Seine Abstimmung ist sehr empfindlich gegen Temperaturänderungen. Automatische mechanische oder elektrische Nachstimmung eines solchen mehrstufigen Verstärkers ist praktisch unmöglich. Nur der Einbau in temperaturgeregelte Gehäuse bringt die erforderliche Konstanz der Abstimmung, ein für die Praxis erheblicher Aufwand. Klystronsenderverstärker würden auf Grund dieser Tatsachen nur eine Notlösung darstellen, wenn bessere Röhren nicht vorhanden wären. Wir haben diese Daten jedoch angeführt, um einen Eindruck von den im Laufe des letzten halben Jahrzehnts erzielten Fortschritten zu vermitteln.

b) Triode. Die Realisierung von Mikrowellentrioden, die für sehr breitbandige Funkstrecken geeignet sind, ist in erster Linie ein fabrikatorisches, weniger ein physikalisches Problem. Grundsätzlich besteht die Forderung, den Kathodengitterabstand so klein wie möglich, die zulässige Strombelastung der Kathode so groß wie nur möglich zu machen. Diese Forderung ergibt sich bereits qualitativ aus der „klassischen" Theorie der Laufzeitvorgänge in gittergesteuerten Röhren. Quantitativ haben wir allerdings bezüglich der Röhrenadmittanzen im Laufzeitgebiet wesentliche Abweichungen von den Ergebnissen der primitiven Laufzeittheorie zu erwarten, da deren Voraussetzungen um so weniger zutreffen, je kleiner der Kathodengitterabstand. Zusätzlich treten zwei den früheren Hypothesen widersprechende Effekte auf:

a) Die Temperaturgeschwindigkeit der Elektronen ist nicht mehr klein gegenüber der mittleren Geschwindigkeit in der Gitterfläche.

b) Die zwischen Kathode und Potentialminimum umkehrenden Elektronen erzeugen Influenzladungen auf dem Gitter und beeinflussen damit Signal- und Rauschstrom im Eingangskreis, deren Werte in der klassischen Laufzeittheorie allein durch die Elektronen gegeben sind, die durch die Gitterfläche hindurchtreten.

Veranschaulicht wird dies durch Abb. 181, die den Potentialverlauf zwischen Kathode und Gitter einer älteren Röhre (Kathodengitterabstand z. B. 100 μm) und einer modernen Triode (Abstand z. B. 20 μm) zeigt. Während bei der älteren Röhre unter normalen Betriebsbedingungen das Potentialminimum p dicht vor der Kathode liegt und $U_{g\,\text{eff}} \gg |U_m|$ ist, rückt bei kleinem Abstand die Potentialschwelle in unmittelbare Nähe des Gitters, und $|U_m|$ ist von gleicher Größenordnung wie $U_{g\,\text{eff}}$. Die Röhre arbeitet dann noch bei Betriebsströmen von 20 bis 30 mA sehr benachbart dem Anlaufstromgebiet. Dadurch nähert sich auch das Verhältnis Steilheit zu Strom dem für dieses Gebiet gültigen Wert $S/I = 1/U_T$ (= 10 Volt^{-1} im Idealfall bei Oxydkathoden).

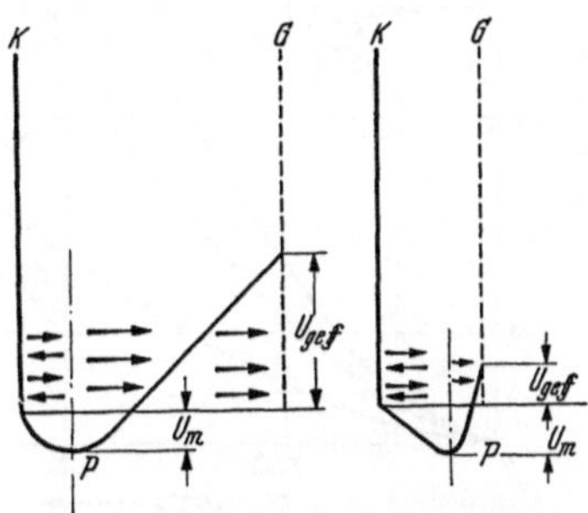

Abb. 181. Potentialverlauf im Kathodengitterraum von raumladungsgesteuerten Röhren. Bei großem Kathoden/Gitter-Abstand liegt die Potentialschwelle in relativ großer Entfernung vom Gitter. Die zwischen Kathode und Potentialschwelle umkehrenden Elektroden erzeugen praktisch keine Influenzladung auf dem Gitter. Bei kleinem Kathodengitterabstand hingegen sind auch die umkehrenden Elektronen Ursache für Gitterwechselströme. Als deren Folge entsteht Emissionsdämpfung und Emissionsrauschen.

Die bei sehr kleinen Abständen durch die unter a) und b) genannten Ursachen hervorgerufenen Erscheinungen sind zusätzliche Dämpfung, die sogenannte Emissionsdämpfung, und zusätzliches Rauschen, das sogenannte Emissionsrauschen. Die Theorie dieser Vorgänge ist noch recht unvollkommen. Gewinn, Bandbreite, Wirkungsgrad, Grenzfrequenz steigen mit Verkleinerung des Kathodengitterabstandes an, wenn auch nicht mehr in dem Maße, wie dies die klassische Theorie aussagt. Erkauft wird diese Verbesserung durch die Erschwerung der Fabrikation, wobei nicht zuletzt die mit der Abstandsverkleinerung erforderliche, etwa proportionale Verringerung der Drahtdurchmesser des Gitters Herstellungsschwierigkeiten bereitet.

Die Technik der Höchstfrequenztrioden ist die der Scheibenröhren. Im Hinblick auf die Erzielung sehr breiter Bänder und relative Einfachheit der Fabrikation ist dabei die Technik der Verschmelzung von Glas-Metall einer Keramik-Metall-Technologie überlegen. Geeignete Keramiken besitzen zwar etwa die gleiche Dielektrizitätskonstante wie die in Frage kommenden Gläser, erfordern jedoch höhere Wandstärken und bewirken damit höhere kapazitive Beschwerungen der Kreise.

Die für Höchstfrequenzen vorteilhafteste Schaltung ist die der Gitterbasis-Schaltung (GBS). Sie besitzt gegenüber der Kathodenbasis-Schaltung (KBS) drei Vorteile:

α) Die Verstärkung der GBS ist höher, da der Eingangswirkleitwert kleiner als der der KBS. Abb. 182 zeigt schematisch den Verlauf des Eingangswirkleitwertes von KBS und GBS, aus dem hervorgeht, daß oberhalb einer bestimmten Frequenz die GBS günstiger als die KBS. Die Kurven a, b, c für die KBS gelten für verschiedene Laufwinkel Θ_{ga} der Elektronen im Gitteranodenraum, die von a ($\Theta_{ga}=0$) nach c ansteigen. Die Gitterbasis-Schaltung ist günstiger für einen Laufwinkel im Kathodengitterraum Θ_{cg} $\simeq 3\pi/4$ bis $5\pi/4$.

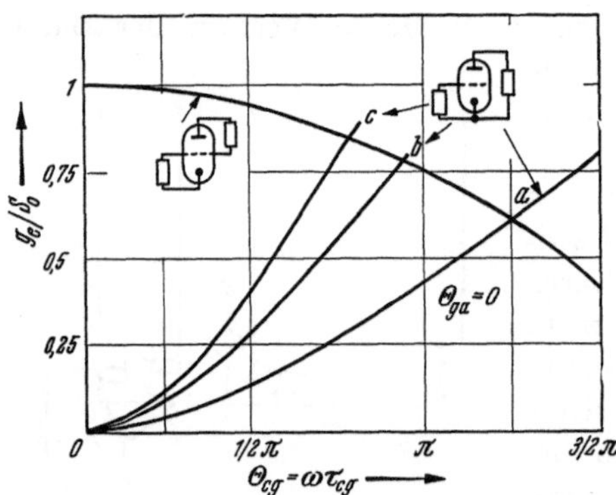

Abb. 182. Frequenzabhängigkeit des elektronischen Eingangswirkleitwertes g_e bei Kurzschluß des Ausgangs für die Kathodenbasis- und die Gitterbasis-Schaltung. Die Kurven a, b, c, für die Kathodenbasis-Schaltung gelten für verschiedene Laufwinkel im Gitteranodenraum, $\Theta_{ga}=0$ für Kurve a, $\Theta_{ga}>0$ für Kurve b und c. g_e der Gitterbasis-Schaltung ist kleiner und damit günstiger als bei der Kathodenbasis-Schaltung oberhalb eines bestimmten Wertes Θ_{cg} des Laufwinkels im Kathodengitterraum. Dieser Wert liegt praktisch bei $\dfrac{3\pi}{4}$ bis $\dfrac{5\pi}{4}$. Die Kurven gelten bei verschwindender Emissionsdämpfung, ihr Verlauf ändert sich bei extrem kleinen Kathodengitterabständen. S_0 = statische Steilheit.

Man könnte argumentieren, daß der kleinere Eingangswirkleitwert der GBS für die Übertragung breiter Bänder den Nachteil geringerer Bandbreite bringt. Dies ist jedoch praktisch nicht oder in nur sehr geringem Maße der Fall. Das Produkt aus verfügbarem Leistungsgewinn G_v und Bandbreite, bezogen auf 3 db Verstärkungsabfall, kann als Gütezahl von Breitbandröhren dienen und ist sowohl bei KBS als auch bei GBS gegeben durch

$$A = G_v\,B_{(3\,\mathrm{db})} = \frac{|S|^2}{4\,\pi\,(g_e\,C_a + g_a\,C_e)} \simeq \frac{|S|^2}{4\,\pi\,g_e\,C_a}. \tag{2}$$

Es sind dabei

S = komplexe Steilheit,
g_e = Eingangswirkleitwert bei Kurzschluß des Ausgangs,
C_e = Eingangskapazität bei Kurzschluß des Ausgangs,
g_a = Ausgangswirkleitwert bei Kurzschluß des Eingangs,
C_a = Ausgangskapazität bei Kurzschluß des Eingangs.

S und C_a sind identisch in GBS und KBS. Praktisch ist $g_a C_e \ll g_e C_a$, so daß das Produkt A nach Gl. (2), angenähert umgekehrt proportional g_e. Größere Werte g_e setzen zwar die Bandbreite herauf, erniedrigen jedoch das Produkt aus Bandbreite und verfügbarem Gewinn und damit die Gütezahl der Röhre.

β) Ein weiterer Vorteil der GBS ist die erheblich bessere Entkopplung von Aus- und Eingang. Rückkopplungskapazität ist bei der GBS die Kapazität C_{ca} zwischen Kathode und Anode, bei der KBS C_{ga} zwischen Gitter und Anode. Infolge des zwischen Kathode und Anode liegenden Gitters ist bei geeigneter Konstruktion $C_{ca} \ll C_{ga}$. Die Rückwirkung in der GBS wird zusätzlich verkleinert durch den Effekt der „Selbstneutralisation" (s. z. B. [4]). Die Gitterdrähte besitzen endliche Induktivitäten L und Wirkwiderstände R. Es entsteht damit für die kalte Röhre in GBS der Ersatzvierpol in Abb. 183. Der Betrag des

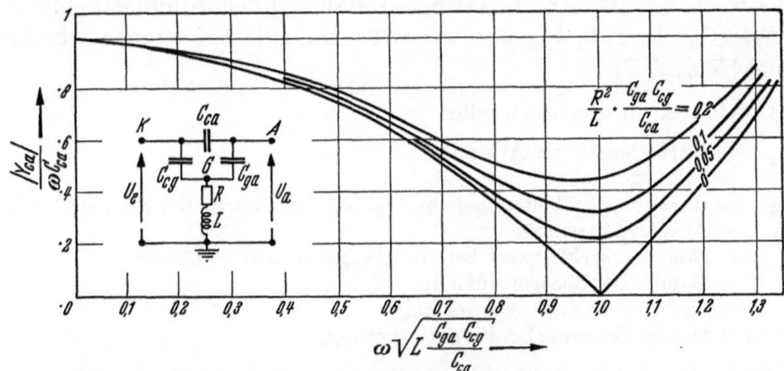

Abb. 183. Effekt der „Selbstneutralisation" von Gitterbasis-Schaltungen infolge des Vorhandenseins von Selbstinduktivität L (und Widerstand R) in der Gitterzuleitung. Der Betrag $|Y_{ca}|$ des Rückkopplungsleitwertes wird gegenüber ωC_{ca} vermindert. Es sind

C_{cg} = Kapazität Kathode/Gitter,
C_{ga} = Kapazität Gitter/Anode,
C_{ca} = Kapazität Kathode/Anode.

Die Kurven gelten unter der praktisch erfüllten Voraussetzung $C_{ca} \ll C_{cg} + C_{ga}$.

Rückkopplungsleitwertes zwischen Kathode und Anode ist für $C_{ca} \ll C_{ga} + C_{cg}$ (praktisch erfüllt) durch die Beziehung

$$\frac{|Y_{ca}|}{\omega C_{ca}} = \left[\left(1 - \omega^2 L \frac{C_{cg} C_{ga}}{C_{ca}}\right)^2 + \omega^2 \left(R \frac{C_{cg} C_{ga}}{C_{ca}}\right)^2\right]^{1/2} \tag{3}$$

gegeben und gleichfalls in Abb. 183 dargestellt. Er hat ein Minimum bei

$$\omega^2 L \frac{C_{ga}C_{cg}}{C_{ca}} \simeq 1. \tag{4}$$

Der Frequenzbereich, in dem eine starke Verminderung der Rückwirkung auftritt, ist, wie ersichtlich, auch für Breitbandübertragungen genügend groß. Diese Verminderung der Rückwirkung durch eine Selbstinduktion in der Gitterzuleitung ist praktisch durchaus von Interesse. Stellt doch z. B. eine Kapazität von 0,1 pF bei 7,5 cm Wellenlänge eine Koppelimpedanz von etwa 400 Ω dar, die z. B. klein ist gegen die Ausgangsimpedanz der Röhre. Zu große Induktivitäten erhöhen jedoch die Rückkopplung und können dazu führen, daß bei hohen Frequenzen $|Y_{ca}| > \omega C_{ca}$ (s. Abb. 183).

γ) Der dritte Vorteil der GBS gegenüber der KBS ist durch die konstruktive Form der Scheibenröhren bestimmt. Diese erlaubt allein in der GBS einen einfachen Anschluß der äußeren Schwingungskreise in Form von Leitungen oder Hohlraumresonatoren ohne zusätzliche äußere Rückkopplung.

Das in Gl. (2) angegebene Gewinn-Bandbreitenprodukt entspricht etwa dem für ZF-Breitbandröhren üblichen Gütemaß Steilheit zu Kapazität. In sehr roher Annäherung ist die Steilheit gleich dem Eingangswirkleitwert der Röhre in GBS, so daß größenordnungsmäßig gilt $A = S/4\pi C_a$. In Tab. 1 geben wir wesentliche Daten einiger Scheibentrioden[1] [5, 6, 7, 8].

Es bedeuten in dieser Tabelle:

d_{cg} = Kathoden/Gitter-Abstand,
i_c = zulässige Kathodenstromdichte,
S_{stat} = statische Steilheit, angenähert gleich dem Betrag der Steilheit bei HF,
C_a = Ausgangskapazität,
g_e = Eingangswirkleitwert bei der angegebenen Wellenlänge,
B = Bandbreite bezogen auf 3 db,
G_v = verfügbarer Leistungsgewinn,
P_{max} = Maximalleistung bei Fremdsteuerung.

In Zeile 5 ist der aus statischen Werten ermittelte Quotient $S/4\pi C_a$ angegeben. Der Unterschied zwischen $S/4\pi C_a$ und $|S|^2/4\pi g_e C_a$ in Zeile 9 ist durch die Abweichung der Kennwerte bei Höchstfrequenz von den statischen Kennwerten als Folge von Elektronenlaufzeiten und Skineffektverlusten in der Röhre bedingt. Die Messung des Gewinn-Bandbreitenproduktes im Verstärker bei linearer Aussteuerung, Zeile 12, ergibt wiederum niedrigere Werte als aus den dynamischen Kennwerten

---

[1] Der Verfasser dankt der Philips Ges. für die Überlassung eines unveröffentlichten Berichtes, dem die Daten für die EC 56 entnommen wurden. Diese Daten sind wahrscheinlich noch nicht endgültig.

Tabelle 1. *Daten von Höchstfrequenz-Scheibentrioden.*

			2 C 40 USA	LD 12 Telefunken	WE 416 A West. Electr.	EC 56 Philips
1	d_{cg}	μm	etwa 120	etwa 100	17	40
2	i_c	mA/cm²	etwa 150	150	180	500
3	S_{stat}	mA/V	4,85	10	45	14
4	C_a	pF	1,3	2	1,0	0,7
5	$S/4\pi C_a$	MHz	300	400	3600	1600
6	λ	cm	10	—	7,5	10
7	$\vert S \vert$	mA/V	—	—	38	10 bis 12
8	g_e (elektronisch)	mA/V	—	—	75	etwa 14
9	$\vert S \vert^2/4\pi g_e C_a$	MHz	—	—	1600	etwa 1000
10	$B_{(3\,\text{db})}$	MHz	—	—	110	40
11	G_v	db	10	—	10	10
12	$G_v B_{(3\,\text{db})}$	MHz	30	—	1100	400
13	P_{max}	W	etwa 0,4	3 bis 5	0,5	0,5

der Röhre berechnet. Dieser Unterschied ist bedingt durch den Schwingungskreis und wie folgt zu erklären:

Bei der Ableitung des Bandbreiten-Gewinnproduktes A nach Gl. (2) macht man die Annahme eines aus konzentrierten Schaltelementen bestehenden einwelligen Schwungradkreises als Koppelelement aufeinanderfolgender angepaßter Stufen. Bei dieser Voraussetzung sind allein die Röhrenkapazitäten Speicher elektrischer Feldenergie. Die zur Verwendung kommenden Leitungs- oder Topfkreise enthalten außerhalb der Röhrenkapazitäten zusätzliche gespeicherte elektrische Feldenergie, durch die die Bandbreite verkleinert wird. Aus diesem Grunde muß man die Gütezahl nach Gl. (2) mit einem Faktor $F_k < 1$ multiplizieren,

$$A' = G_v B_{(3\,\text{db})} = \frac{\vert S \vert^2}{4\pi g_e C_a} F_k, \qquad (5)$$

wobei allgemein für einwellige Kreise gilt

$$F_k = \frac{2C}{\left(\dfrac{\text{db}}{d\omega}\right)_{\omega=\omega_{\text{res}}}} \qquad (6)$$

Dabei ist C die konzentrierte Kapazität des Kreises, $(\text{db}/d\omega)_{\omega=\omega_{\text{res}}}$ der Differentialquotient des Blindleitwertes b des Kreises nach der Kreisfrequenz bei der Resonanzfrequenz. Für den einfachen L/C-Kreis mit konzentrierter Kapazität ist

$$b = \omega C - \frac{1}{\omega L}, \qquad \left(\frac{\text{db}}{d\omega}\right)_{\omega=\omega_{\text{res}}} = 2C,$$

so daß also für diesen Kreis $F_k = 1$ und Gl. (5) mit Gl. (2) identisch ist. Für Leitungskreise mit dem Wellenwiderstand Z, der Länge l und der konzentrierten Belastungskapazität C gilt

$$b = \omega C - \frac{1}{Z \, \mathrm{tg} \dfrac{\omega l}{c}}, \qquad (7)$$

woraus $(db/d\omega)_{\omega = \omega_{res}}$ zu berechnen ist.

Bei Abstimmung des Kreises in verschiedenen Knoten erhalten wir aus Gl. (6) und (7) für F_k die Kurven nach Abb. 184 (s. a. [9]). Um diesen Faktor sind also Bandbreite und Gütezahl stets kleiner als ihre aus den dynamischen Kennwerten nach Gl. (2) ermittelten Werte. Für die Röhre WE 416A ist bei einem $\lambda/4$-Kreis $F_k = 0{,}7$ bis $0{,}8$; dies erklärt die Änderung von $|S|^2/4\pi g_e C_a \simeq 1600$ (Zeile 9) auf 1100 (Zeile 12). Bei der Röhre EC 56 ist $G_v B$ (Zeile 12) gemessen mit einem $3\,\lambda/4$-Kreis. F_k ist erheblich kleiner ($F_k \simeq 0{,}35$), daher der große Unterschied der Werte in Zeile 9 und 12.

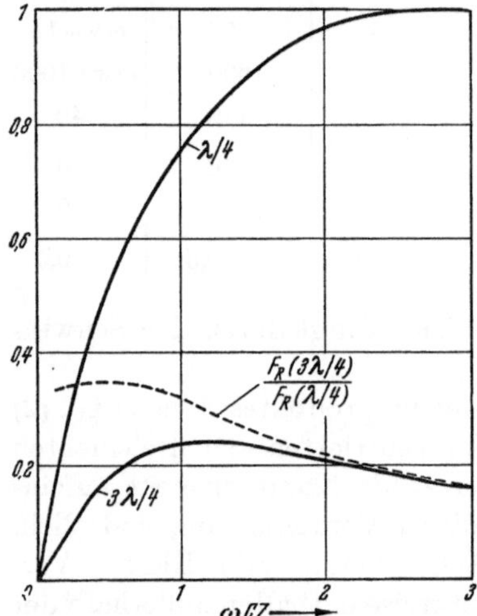

Abb. 184. Relative Bandbreite von einwelligen Leitungskreisen mit dem Wellenwiderstand Z und einer Kapazität C am Leitungseingang. Die elektrische Länge der Kreise beträgt $\lambda/4$ bzw. $3\,\lambda/4$. (Statt F_R lies F_k.)

Wir sehen aus den Kurven in Abb. 184, wie außerordentlich wichtig eine solche Bauart der Röhre, daß bei der Betriebswelle Anschluß eines $\lambda/4$-Kreises möglich ist. Dies ist für die Dimensionierung des Gitteranodenraumes eine der wichtigsten Forderungen. Da diese Forderung für eine gegebene Röhre nur bis zu einer durch die Konstruktion vorgegebene Maximalfrequenz zu erfüllen ist, gehen bei dieser Frequenz, infolge der Notwendigkeit $3\,\lambda/4$-Kreise zu verwenden, Bandbreite und Gütezahl der Röhre sprunghaft auf einen erheblich kleineren Wert. Bei Ersatz eines $\lambda/4$-Ausgangskreises durch einen $3\,\lambda/4$-Kreis steigen auch die Kreisverluste erheblich an. Sie beeinflussen jedoch die Gütezahl praktisch kaum, da dabei Gewinn- und Bandbreitenänderung sich angenähert kompensieren. Dies entspricht der Tatsache, daß g_a in Gl. (2) kaum eingeht.

Der Einfluß der Kreisabstimmung in verschiedenen Knoten auf die Gütezahl, wie er für Leitungskreise durch Gl. (5), (6) und Abb. 184 zum Ausdruck kommt, ist qualitativ auch bei kapazitiv beschwerten Hohlraumresonatoren vorhanden. Sowohl bei Leitungskreisen als auch bei Hohlraumresonatoren, die in Oberwellen schwingen, kann man F_k vergrößern, d. h. dem Wert 1 nähern, durch Wellenwiderstandssprünge im Zuge der Leitung bzw. des Resonators, wenn diese an geeigneten Stellen liegen. Der Wert F_k des $\lambda/4$-Kreises läßt sich durch eine solche Maßnahme jedoch nicht erreichen.

Interessant ist ein Vergleich der beiden letzten in Tabelle 1 angeführten Röhren, die, relativ zu den beiden ersten Röhren, hohe Gütezahlen besitzen. Diese sind erreicht bei der WE 416 A durch extrem kleinen Kathodengitterabstand mit der für Oxydkathoden üblichen zulässigen Kathodenbelastung von 180 mA/cm². Die Triode EC 56 dagegen hat erheblich größeren Abstand, läßt jedoch gleichzeitig die wesentlich höhere Kathodenbelastung von 500 mA/cm² zu. Dies wird möglich durch Verwendung einer besonderen Kathodenart, der sogenannten Metallkapillarkathode, auch L-Kathode genannt [10, 11, 12]. Theoretisch und praktisch muß man zur Erzielung einer bestimmten Gütezahl den Abstand Kathode/Gitter um so kleiner machen, je geringer die zulässige Kathodenstromdichte. Es ist jedoch verständlich, daß eine Kathode mit höherer zulässiger Strombelastung als die normale Oxydkathode durch die dann mögliche Vergrößerung des Kathodengitterabstandes eine erhebliche Vereinfachung und Verbilligung der Fabrikation bedeutet. Die Metallkapillarkathode kann deshalb für die weitere Entwicklung von Höchstfrequenzröhren erhebliche Bedeutung haben. Dies gilt nicht allein für gittergesteuerte, sondern auch für Laufzeitröhren.

Gemessene Werte der Laufzeitdifferenzen sind für die in Tabelle 1 angegebenen Röhren nicht veröffentlicht. Man kann sie jedoch aus bekannten Daten berechnen für den Fall der Verwendung einwelliger Resonanzkreise. Praktisch verwendet man in mehrstufigen Höchstfrequenzverstärkern allerdings im allgemeinen Kreise mit Bandfiltercharakter oder gegeneinander verstimmte Kreise. Damit können die für einwellige Kreise berechneten Laufzeitdifferenzen nur als Vergleichszahlen gewertet werden. Für die durch einen einwelligen Kreis mit der Resonanzfrequenz f_res hervorgerufene Signallaufzeit gilt

$$\tau = \frac{1}{2\pi B_{(\text{3 db})}} \cdot \frac{1 + (f_\text{res}/f)^2}{1 + \left(\dfrac{2\Delta f}{B_{(\text{3 db})}}\right)^2} \, . \tag{8}$$

Resonanz- und Laufzeitkurven sind wegen $B \ll f_\text{res}$ praktisch symmetrisch zur Resonanzfrequenz. Man erhält für $\Delta f \ll B_{(\text{3 db})}$

$$\Delta\tau = -\frac{4}{\pi} \left(\frac{\Delta f^2}{B_{(\text{3 db})}^3} + \frac{1}{4}\frac{\Delta f}{f_\text{res} B_{(\text{3 db})}} + \cdots \right) . \tag{9}$$

Die Laufzeitdifferenz ist also für kleine Frequenzabweichungen von f_res

proportional dem Quadrat der Frequenzabweichung und umgekehrt proportional der dritten Potenz der Bandbreite. Abb. 185 zeigt aus gemessenen Kennwerten berechnete Verstärkungs- und Laufzeitkurven je einer Verstärkerstufe. Bei $\Delta f = 5$ MHz erhält man für die WE 416 A $\Delta \tau \simeq - 3 \cdot 10^{-11}$ s, für die EC 56 $\Delta \tau \simeq - 5 \cdot 10^{-10}$ s. Bezogen auf gleichen Leistungsgewinn sind diese Werte um den Faktor 100 bzw. 10 kleiner als bei dem Klystronverstärker nach Abb. 180, trotzdem bei diesem durch gegenseitige Verstimmung der Kreise bereits ein gewisser Laufzeitausgleich hergestellt ist. In einem Übertragungsbereich von 30 MHz und bei 10 dreistufigen Triodenverstärkern mit gleicher Resonanzfrequenz aller Kreise in Serie würden wir ohne Laufzeitausgleich für die durch HF-Verstärkung hervorgerufenen maximalen Laufzeitunterschiede etwa folgende Werte erhalten:

WE 416 A: etwa -10 ns,

EC 56: etwa -100 ns.

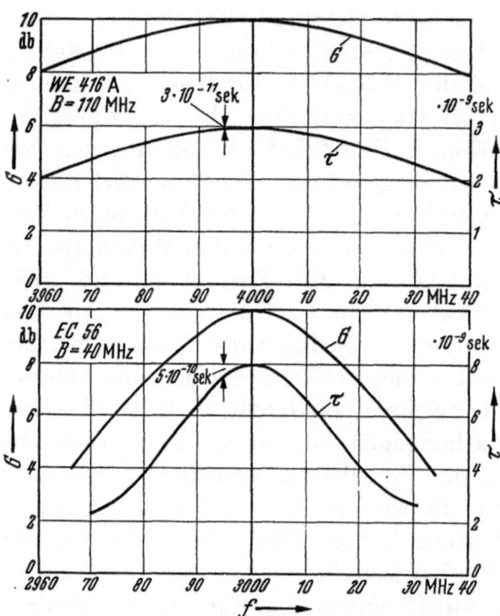

Abb. 185. Resonanz- und Laufzeitkurven der Breitbandscheibentrioden Western-Electric 416 A und Philips EC 56. Die Kurven sind berechnet aus Angaben über die Bandbreite unter der Annahme einwelliger Kreise.

Diese Werte sind, da berechnet, sicherlich nicht sehr genau, geben aber einen gewissen Einblick in die Größenordnung der Laufzeitdifferenzen, mit denen man bei modernen Trioden rechnen muß. Selbstverständlich kann bzw. muß Phasenausgleich durch gegenseitige Verstimmung der Kreise und Entzerrungsglieder erfolgen.

c) Traveling-Wave-Röhre. Die Erfindung der Traveling-Wave-Röhre (TWR) liegt nunmehr ein halbes Jahrzehnt zurück. Dank dem außerordentlichen Aufwand an Entwicklungsarbeit, der dieser Röhre seitdem in allen größeren Röhrenlaboratorien gewidmet wurde, ist trotz des neuartigen Prinzips dieser Röhre die Physik hier sehr rasch zur Technik geworden. Die TWR ist heute praktisch einsetzbar. Man versteht und beherrscht weitgehend quantitativ die in dieser Röhre sich abspielenden Vorgänge. Die Theorie der TWR sah zunächst den Mechanismus der Beeinflussung der Elektronen durch den elektrischen Feldvektor einer fortschreitenden Welle als ein ballistisches Problem an, wobei die Bewegung jedes einzelnen Elektrons unabhängig von der der übrigen erfolgt. Man erkannte sehr rasch, daß diese Vorstellung nicht richtig ist und daß eine solche „ballistische" Theorie wesentlich zu hohe Werte für den Gewinn in Vergleich zu gemessenen ergibt. Es war erforderlich, zusätzliche Effekte zu berücksichtigen, in erster Linie die abstoßenden Coulombschen Kräfte der Elektronen. Diese bewirken eine Defokussierung (debunching) der im Elektronenstrahl sich ausbildenden Elektronenpakete, damit eine Verminderung des entstehenden Wechselstroms, der Amplitudenkonstante der verstärkten Welle und des Leistungsgewinnes.

Die Untersuchung dieser Erscheinungen und ihre Berücksichtigung in der Theorie der TWR erlaubt heute eine Vorausberechnung der linearen Daten dieser Röhre. Die Ergebnisse stimmen sehr befriedigend mit denen des Experimentes überein. Einen guten Eindruck von dem heutigen Stand der Kenntnisse auf diesem Gebiet vermittelt Tabelle 2, die Daten einer Anzahl von ausländischen TWR gibt und diese mit berechneten Daten vergleicht. Es handelt sich hierbei um Röhren mit Wendel, die konstruktiv einfachste Form unter den zahlreichen, als Bauelement von Röhren brauchbaren Formen von Verzögerungsleitungen. Sie besitzt unter diesen die geringste Dispersion und den breitesten Übertragungsbereich.

Tabelle 2. *Daten von Traveling-Wave-Röhren.*

	Röhre		Bell Lab. 1	Bell Lab. 2	Stanford Univers.	Standard England
1	Frequenz	MHz	4000	4000	3000	4300
2	Spannung	V	1600	1600	720	1400
3	Strom	mA	40	40	0,15	1,5
4	Stromdichte	A/cm²	0,73	3,2	0,02	0,09
5	Wendellänge	cm	26,9	11,8	31,8	17,8
6	Wendelradius	cm	0,24	0,114	0,138	0,132
7	α_{opt}	cm^{-1}	0,40	0,85	0,163	0,278
8	$\beta_e = \omega/v$	cm^{-1}	10,5	10,5	11,8	12,2
9	M	—	3,8	1,6	0,8	0,8
10	Gewinn (gem.)	db	38	39	21	20
11	Gewinn (ber.)	db	37	45	25	21
12	Gewinn (ber., Cutler)	db	38	43	23	20,5
13	Gewinn (ber. $M = 0$)	db	80	67	31	27
14	$\eta_{el} \simeq 2\alpha_{opt}/\beta_e$	%	etwa 8	etwa 17	etwa 3	etwa 4,5
15	η_{Kreis}	%	60	etwa 70	etwa 75	etwa 70
16	Maximale Leistung	W	2 bis 4	5 bis 10	$1,5$ bis $3\cdot10^{-3}$	50 bis $100\cdot10^{-3}$

Wie ersichtlich, handelt es sich um Röhren, deren Gleichstromleistungen sich wie 600:1 verhalten, wobei die beiden letzten jedoch für die Verwendung in Endstufen nicht in Frage kommen.

Die Zeilen 1 bis 6 geben Betriebsdaten und Dimensionen der Röhren. Man beachte die extremen Unterschiede hinsichtlich Strahlstromdichte. α_{opt} (Zeile 7) ist die Amplitudenkonstante, die die verstärkte Welle bei Abwesenheit von Raumladungsdefokussierung haben würde, eine Größe, die maßgeblich das Verhalten der Röhre bestimmt. $\beta_e = \omega/v$ (Zeile 8) ist die „Phasenkonstante" des Elektronenstrahls. M in Zeile 9 ist ein den Einfluß der Wechselraumladung beschreibender dimensionsloser Parameter. Zeile 10 enthält den gemessenen Leistungsgewinn bei linearer Aussteuerung. Werte von 20 bis 40 db sind also in dem uns interessierenden Frequenzbereich zu erzielen. In den Zeilen 11 bis 13 sind berechnete Werte für den Leistungsgewinn bei kleinen Signalen angegeben. Zeile 11 ist dabei nach einem von WARNECKE, DÖHLER und dem Verf. angegebenem Verfahren [13] errechnet, Zeile 12 nach einer Methode von PIERCE und CUTLER [14], die unseres Erachtens komplizierter ist als die erstgenannte, offenbar jedoch etwas genauer. Beide Methoden berücksichtigen die Erniedrigung des Leistungsgewinns infolge Defokussierung durch die Wechselraumladung. Die Übereinstimmung beider Ergebnisse untereinander und mit dem Experiment ist recht gut; es bestehen maximal Unterschiede von wenigen db. Diese Tatsache ist als Beweis dafür anzusprechen, daß man die physikalischen Vorgänge in der TWR weitgehend versteht und theoretisch beherrscht. Es treten also offenbar, im Gegensatz zum Eindruck, der noch vor etwa 2 Jahren bestand, keine wesentlichen Effekte auf, durch die die heutigen Vorstellungen vom Mechanismus der TWR noch ergänzt und korrigiert werden müßten. Setzen wir $M = 0$, vernachlässigen wir also die Wechselraumladung wie in der primitiven Theorie, so ergibt sich der Leistungsgewinn nach Zeile 13. Wir sehen, daß diese Werte, gemessen in db, um den Faktor 2 zu hoch sein können, erhalten z. B. bei der Röhre Bell-Laboratorium 1 einen berechneten Gewinn von 10^8 statt 10^4. Die primitive Theorie, die die Raumladungseffekte unberücksichtigt läßt, gibt also vollkommen falsche Werte, um so falschere, je größer der Raumladungsparameter M.

Dies gilt für das Verhalten der Röhre bei linearer Aussteuerung, d. h. bei kleinen Signalen. Demgegenüber sind maximaler Wirkungsgrad und maximale Leistung nur ungenau zu berechnen. Die Unsicherheit der Berechnung beruht in erster Linie auf der des elektronischen Wirkungsgrades η_{el}, während der Kreiswirkungsgrad η_{Kreis} sich relativ genau errechnen läßt [15]. Wir haben in der Tabelle gesetzt

$$\eta_{el} = 2\,\frac{\alpha_{opt}}{\beta_e}. \tag{10}$$

An Stelle des Faktors 2 kann in dieser Beziehung jedoch auch ein Faktor etwa 1,3 oder etwa 2,6 auftreten. Die Maximalleistungen sind daher nur angenähert angebbar. Werte von 2 bis 10 W sind aber heute durchaus erzielbar, und diese Angabe ist mit aller Vorsicht gemacht. Die Nutzwirkungsgrade liegen dabei für die beiden ersten Röhren etwa zwischen 5 und 13%. Eine Veröffentlichung von BRYANT [16] nennt für eine TWR der Federal-Telecommunication Laboratories eine Maximalleistung von 33 W bei einem Wirkungsgrad von 20% für 6,4 cm Wellenlänge. Wegen fehlender Daten ist diese Röhre der Berechnung nicht zugänglich; sie hat ferner für den technischen Einsatz den Nachteil einer hohen Betriebsspannung von etwa 3 kV.

Einen Einblick in den Stand der Technik in Deutschland[1] geben die folgenden Daten und Abb. 186—188 für eine im Röhrenlaboratorium der Siemens & Halske AG entwickelte TWR, Type V 501. Die Röhre ist für einen Einsatz bei Wellenlängen zwischen 7 und 8 cm entwickelt und

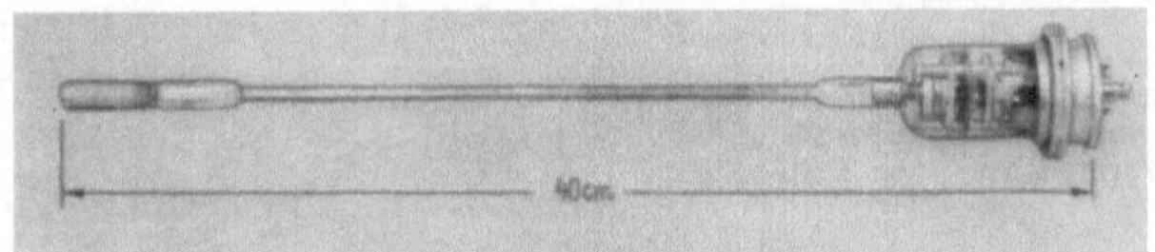

Abb. 186. Entwicklungsmuster V 501 einer Traveling-Wave-Röhre (Siemens & Halske A. G.)

in Abb. 186 abgebildet[2]. Die Betriebsspannung der Wendel beträgt etwa 1500 V, der Gesamtstrom etwa 20 mA. Abb. 187 gibt in Abhängigkeit von der Wellenlänge den Leistungsgewinn G im Bereich linearer Aussteuerung und die maximale Nutzleistung $P_{a\,max}$. Beide Größen sind derart gemessen, daß für jede Wellenlänge Anpassung an Generator und

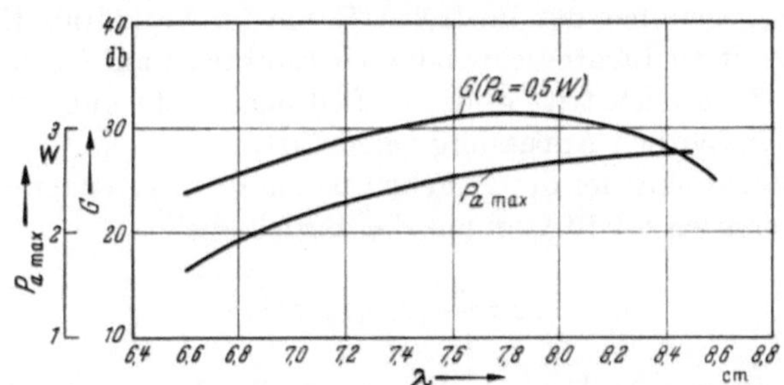

Abb. 187. Leistungsgewinn G im Bereich linearer Aussteuerung und maximale Nutzleistung $P_{a\,max}$ als Funktion der Wellenlänge für die Röhre nach Abb. 186.

[1] Der vorliegenden Veröffentlichung hinzugefügt im Oktober 1952 nach einem Vortrag des Verfassers auf der VDE-Jahresversammlung, München im September 1952.

[2] Die wesentlichen Entwicklungsarbeiten wurden geleistet von J. LABUS und W. EICHIN.

Verbraucher hergestellt wurden. Wie ersichtlich, erhält man bei $\lambda = 7{,}5$ cm einen Gewinn von etwa 30 db und eine maximale Ausgangsleistung von etwa 2,5 W. Die Kurven in Abb. 188 zeigen die Frequenzabhängigkeit der Verstärkung bei vorgegebener konstanter Ankopplung von Ein- und Ausgang der Röhre. Bezogen auf einen Abfall des Gewinns um 3 db an den Rändern ist, wie ersichtlich, die Bandbreite größer als 200 MHz.

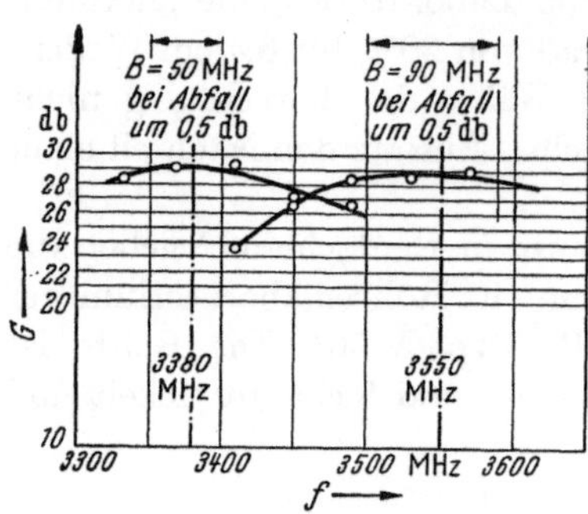

Abb. 188. Frequenzabhängigkeit des Leistungsgewinns bei fest vorgegebener Ankopplung von Generator und Verbraucher für die Röhre nach Abb. 186.

Bandbreite und Laufzeit in der TWR sind nur in geringem Maße ein elektronisches Problem. Sie hängen in erster Linie von den Eigenschaften der Bauelemente der Röhre, der Verzögerungsleitung und der Koppelelemente ab. Eine Ursache für begrenzte Bandbreite und für das Auftreten von Laufzeitverzerrungen kann eine Dispersion der Verzögerungsleitung sein, d. h. eine Frequenzabhängigkeit der Phasengeschwindigkeit der in dieser Leitung (Wendel) sich fortpflanzenden Welle. Eine zweite Ursache sind die im Zuge der Verstärkerstufe auftretenden Fehlanpassungen, sei es der Koppelelemente, sei es eines in die Leitung zur Unterdrückung der Selbsterregung eingeschalteten Dämpfungselementes. Im allgemeinen überwiegt die letztgenannte Ursache. Damit ähnelt das Problem der Laufzeitverzerrungen in der TWR dem des „long-line-effect" in einem Antennenkabel. Stellt doch eine TWR, genau wie dieses, eine gegen die Wellenlänge lange Leitung dar, da ja die Wellenlänge in der Verzögerungsleitung gegenüber der im freien Raum im Verhältnis Elektronengeschwindigkeit zu Lichtgeschwindigkeit (praktisch auf $^1/_{10}$ bis $^1/_{15}$) verkleinert ist. Zusätzlich tritt in dieser Leitung Verstärkung auf, was die Forderung hinsichtlich Anpassung verschärft.

Eine Abschätzung der durch Fehlanpassung auftretenden maximalen Laufzeitdifferenzen erhält man aus der Beziehung[1]

$$\Delta\tau \simeq \frac{4\,l}{v}\,|r_1|\,|r_2|\,\varepsilon^{\alpha l}\,.\tag{11}$$

Hierin bedeuten $|r_1| \ll 1$ und $|r_2| \ll 1$ die Beträge der Reflexionskoeffizienten an den Enden eines Leitungsstückes der Länge l, in dem als Folge der Wechselwirkung von Welle und Elektronenströmung ein Amplitudenanstieg um den Faktor $\varepsilon^{\alpha l}$ auftritt. v ist die Elektronen-

---

[1] Nach unveröffentlichten Untersuchungen von K. Pöschl.

geschwindigkeit. Diese Beziehung entspricht der für die Laufzeitdifferenzen in Antennenkabeln, wenn $a = 0$ gesetzt wird.

Beispiel: $l = 10$ cm, $v = 2,3 \cdot 10^9$ cm/s entsprechend 1500 eVolt, $\varepsilon^{\alpha\, l} = 5,6 \equiv 15$ db, $|r_1| = |r_2| = 0,1$ ergibt $\varDelta \tau = 10^{-9}$ s.

d) Vergleich verschiedener Höchstfrequenz-Senderöhren. Wir fassen die vorstehend gemachten Angaben durch Gegenüberstellung des Gewinn-Bandbreitenproduktes der verschiedenen Röhrenarten zusammen. Die für den Einsatz in Breitband-Richtfunkanlagen bei Höchstfrequenzen in Frage kommenden Senderöhren haben bei dem heutigen Stand der Technik optimal etwa folgende Gütezahlen:

Klystron	etwa 10^2 MHz,
Beste Triode	etwa 10^3 MHz,
Traveling-Wave-Röhre	etwa 10^5 bis 10^6 MHz.

Die maximale Nutzleistung der TWR ist der der beiden anderen Röhren um den Faktor 2 bis 20 überlegen. Diese Zahlen sprechen für sich.

4. Höchstfrequenz-Empfangsröhren, Rauschprobleme.

a) Mischdetektor. Heute besteht, wie bereits gesagt, die Eingangsstufe von Empfängern für Wellenlängen unterhalb etwa 20 cm stets aus einer Mischstufe mit Kristalldetektor. Deren Rauschzahl ist ziemlich unabhängig von der Frequenz und liegt in der Größenordnung von 20, wobei etwa die Hälfte ursächlich durch das Detektorrauschen, die andere Hälfte durch das Rauschen des ZF-Empfängers hervorgerufen wird. Rauschzahl und Leistungsgewinn des Mischdetektors sind vielfach in der Literatur behandelt, die Berechnungsmethoden beider sind bekannt (s. z. B. [17]). Wir gehen darauf nicht näher ein.

Als Oszillator dienen Trioden oder Reflexgeneratoren; Oszillatorleistungen von einigen mW sind hinreichend. Die Triode besitzt gute Frequenzstabilität; automatische Frequenznachregelung ist jedoch trotzdem im allgemeinen erforderlich. Die Frequenz des Reflexgenerators muß wegen ihrer starken Abhängigkeit von Temperatur und Spannung stets durch einen Regelverstärker konstant gehalten werden. Dabei stellt die Möglichkeit der Frequenzregelung ohne mechanische Übertragungen durch Spannungsänderung des Reflektors einen Vorteil dar. Der Reflexgenerator ist einfach und billiger als ein Triodenoszillator. Nachteilig ist das Oszillatorrauschen. Dessen Wirkung im Empfänger wird durch Gegentakt- oder Doppelgegentakt-Eingangsschaltungen beseitigt, die zugleich eine Entkopplung von Antenne und Oszillator bewirken und damit die Ausstrahlung des Oszillators über die Antenne unterdrücken.

b) Der äußere Störpegel bei Höchstfrequenzen. Es ist ein bekannter Vorteil der Übertragung über Dezimeter- und Zentimeterwellen, daß in diesem Frequenzgebiet atmosphärische Störungen und Störungen durch elektrische Geräte nicht auftreten. Der äußere Störpegel ist hier durch das kosmische Rauschen bestimmt, über dessen Ursache unseres Wissens noch verschiedene Anschauungen bestehen. Sicher ist lediglich, daß dieses Rauschen keinen thermodynamischen Ursprung hat. Man kennzeichnet seine Größe trotzdem durch eine äquivalente Temperatur T_{eq}, um damit einen einfachen Vergleich zwischen äußerem und innerem Störpegel einer Empfangsanlage zu ermöglichen. Für die Rauschzahl können wir dann schreiben

$$N = T_{eq}/T_0 + N_0, \tag{12}$$

wobei N_0 allein von den Daten des Empfängers abhängt. T_{eq}/T_0 hängt von der Gegend des Horizontes ab, gegen die die Antenne gerichtet ist. In dem uns interessierenden Frequenzgebiet liegt T_{eq}/T_0 stets unter $^1/_{10}$ oder gar $^1/_{100}$. Bei exakter Betrachtung dürfen wir allerdings nicht mit diesem Wert rechnen: Seitenzipfel des Antennendiagrammes erreichen stets den Erdboden, so daß über diese Seitenzipfel zusätzlich Schwankungsenergie erhöhter Temperatur dem Empfänger zugeführt wird. Wir erhalten dann die mittlere äquivalente Temperatur des äußeren Störpegels durch Integration über den Raumwinkel Ω

$$T_{eq,m} = \frac{1}{4\pi} \iint T_{eq} G_{\mathrm{Ant}} \, d\Omega \tag{13}$$

mit $G_{\mathrm{Ant}} = $ Antennengewinn $= f(\Omega)$. Auch dieser Wert liegt für Dezimeter- und Zentimeterwellen noch so niedrig, daß er gegenüber Bestwerten von N_0 heute verschwindend klein ist.

Damit ist eine Verbesserung der Rauschzahl der Empfänger gegenüber dem derzeitigen Stand bei Zentimeterwellen durchaus vorteilhaft. Jede Verkleinerung von N_0 geht voll als Vergrößerung der für die Übertragungsqualität maßgeblichen Größe $P_S F^2/N \lambda^2$ [s. Gl.(1)] ein. Dies im Gegensatz z. B. zu Meterwellen, bei denen die heutige Röhrentechnik einen Wert N_0 etwa gleich T_{eq}/T_0 erreicht hat, so daß Verbesserungen von N_0 nur noch geringen Vorteil bringen. Bei ZF-Verstärkern mit vorgeschalteter Mischstufe hingegen ist aus dem obengenannten Grunde noch jede Verbesserung der Rauschzahl von Nutzen. Soweit übersehbar, ist eine wesentliche Verringerung der Rauschzahl des Zentimeterwellen-Mischdetektors in absehbarer Zeit nicht zu erwarten. Wir haben damit Stand und Zukunftsaussichten des Rauschens von Vorverstärkerröhren zu untersuchen.

c) Allgemeine Gesichtspunkte bezüglich des Einsatzes von Höchstfrequenz-Empfangsverstärkung. Wir müssen diese Betrachtung nicht allein auf Grund der Fragestellung durchführen, ob HF-Vorverstärkerröhren eine Verbesserung der Rauschzahl erwarten lassen. Ein weiterer Gesichtspunkt bedarf hier der Beachtung: Die Eigenschaften der Höchstfrequenz-

Verstärkerröhren, insbesondere der Traveling-Wave-Röhren, gestatten, wie wir gesehen haben, Übertragungsbereiche von z. B. 30 MHz. Verfügen wir über solche Röhren für den technischen Einsatz, so ist die Grenze der Breite des Übertragungsbereiches nicht mehr durch diese, sondern weitgehend durch die Eigenschaften der ZF-Röhren bestimmt. Die Realisierung von ZF-Verstärkern mit 40 bis 50 db Verstärkung und einem brauchbaren Amplituden- und Phasengang innerhalb solcher Übertragungsbereiche mit vorhandenen ZF-Röhren liegt an der Grenze des technisch Erreichbaren. Es tritt damit die Frage auf, ob es nicht vielleicht wirtschaftlicher ist, in den Relais von Funkstrecken die Demodulation auf einen Zwischenträger zu vermeiden und allein Höchstfrequenzröhren einzusetzen. Die wegen mangelhafter Entkopplung der Antennen und zur Vermeidung eines Doppelempfanges erforderliche Differenz zwischen ausgestrahlter und empfangener Frequenz kann dabei auch ohne Demodulation auf einen längerwelligen Zwischenträger hergestellt werden. Eine solche Verstärkung in den einzelnen Funkstellen ist aber nur möglich, wenn es gelingt, Höchstfrequenz-Empfangsröhren genügender Bandbreite zu bauen, deren Rauschzahlen vergleichbar denen des Mischdetektors sind. Die Aufgabe des Baues solcher Röhren ist damit nicht allein unter dem Gesichtspunkt einer Verminderung des heute erreichbaren Rauschpegels anzusehen. Sie kann vielmehr durchaus sinnvoll sein, wenn dabei nur Rauschzahlen von etwa 20 oder gar noch etwa darüberliegende Werte erreicht werden. Welche Chancen bestehen in dieser Hinsicht? Die Diskussion dieser Frage bedarf der getrennten Betrachtung von gittergesteuerten Röhren und Laufzeitröhren, da die beim Rauschen beider Röhrenarten auftretenden Probleme ganz verschiedener Art sind.

d) Gittergesteuerte Röhren. Im Gebiet endlicher Elektronenlaufzeiten fließen, im Gegensatz zu tiefen Frequenzen, Rauschströme sowohl zur Anode als auch zum Gitter. Dabei ist seit nunmehr etwa 10 Jahren die Frage offen, ob Anoden- und Gitterrauschstrom inkohärent oder kohärent, d. h. in definierter Phasenlage zueinanderliegend, sind. Daß mindestens ein Teil des Gitterrauschstromes dem Anodenrauschstrom korreliert, wurde bereits vor langem experimentell festgestellt [18]. Quantitativ lassen sich der korrelierte und unkorrelierte Anteil des Gitterrauschstromes jedoch bisher nicht angeben. Damit hängt eng zusammen die gleichfalls nicht beantwortete Frage: Fließen zum Gitter allein Schwankungsströme hervorgerufen durch Ladungsinfluenz der das Gitter passierenden Elektronen oder liefern Elektronen, die zwischen Kathode und Potentialschwelle umkehren, durch Influenzwirkung zu diesen Schwankungsströmen einen Beitrag?

Aus diesen, bisher ungelösten Problemen ergibt sich für die Berechnung der Rauschzahl gittergesteuerter Röhren im Gebiet höchster Frequenzen quantitativ erhebliche Unsicherheit. Die Theorie macht uns die Aussage, daß die Rauschzahl einer gittergesteuerten Triode unabhängig von der Art der Schaltung, d. h. die gleiche ist bei Anwendung dieser Triode in Kathodenbasis- oder in Gitterbasis-Schaltung [19]. Aus den in Abschn. 3 b (S. 212 ff.) genannten Gründen verwendet man allerdings in dem hier interessierenden Frequenzgebiet auch in Empfängern stets Gitterbasis-Schaltung. Nach [19] erhält man für die optimale Rauschzahl beider Schaltungen

$$N_{\mathrm{opt}} = 1 + 2\,R_{\ddot a}\left(b + \sqrt{\frac{g_k}{R_{\ddot a}} + \frac{\overline{i_{g2}^2}}{\overline{i_a^2}}\,|S_a|^2 + b^2}\right) \tag{14}$$

mit

$$b = g_k + \Re\left(S_g - \frac{i_{g1}}{i_a}\,S_a\right). \tag{14a}$$

Hierin bedeuten:

$R_{\ddot a} \simeq \dfrac{2{,}5}{S} =$ äquivalenter Gitterrauschwiderstand bei langen Wellen ($S =$ statische Steilheit),

$g_k =$ Wirkleitwert des Eingangskreises,

$S_g =$ infolge Elektronenlaufzeiten parallel zu g_k entstehender Leitwert,

$i_{g1} =$ dem Anodenstrom kohärenter Anteil des Gitterrauschstroms,

$i_{g2} =$ dem Anodenstrom inkohärenter Anteil des Gitterrauschstroms,

$S_a =$ komplexe Anodenstromsteilheit.

Nach H. ROTHE[1] ist in Gl. (14a)

$$\Re\left(S_g - \frac{i_{g1}}{i_a}\,S_a\right) = 0. \tag{15}$$

Damit hängt die optimale Rauschzahl nur von der Komponente i_{g2} des Gitterrauschstromes ab, die dem Anodenstrom inkohärent. Diese dürfte in erster Linie durch Ladungsinfluenz der vor der Potentialschwelle umkehrenden Elektronen hervorgerufen werden (Emissionsrauschen). Sie gilt es also möglichst klein zu machen. Hier liegt ein Vorteil der Verwendung von Kathoden mit großer zuverlässiger spezifischer Belastung (Metallkapillarkathoden, s. Abschn. 3 b [S. 217]). Bei diesen kann der Kathodengitterabstand relativ groß gewählt werden, so daß die Potentialschwelle weit vom Gitter entfernt und damit i_{g2} klein ist (s. Abb. 181). Darauf weisen Messungen der Rauschzahl der beiden bereits oben genannten Trioden WE 416 (Oxydkathode, Kathodengitterabstand etwa 17 μm) und EC 56 (Metallkapillarkathode; Kathodengitterabstand etwa 40 μm) hin. Die Rauschzahl der letztgenannten Röhre ist kleiner, eine Tatsache, die bei Vernachlässigung von i_{g2}, d. h. des Emissionsrauschens, theoretisch nicht zu erwarten wäre. Eine genauere Diskussion der Gl. (14)

---

[1] Vortrag auf dem Physikertag Berlin 1952. Veröffentlichung erscheint im AEÜ.

ist bei der erwähnten bestehenden Unsicherheit bezüglich der Größe von $i_{g\,2}$ hier nicht lohnend. Es ist möglich, daß die Arbeiten von VAN DER ZIEL [21], DIEMER [22] und ROTHE[1] zur Vervollkommnung unserer Kenntnisse führen werden.

Praktisch liegt die optimale Rauschzahl der EC 56 für $\lambda = 10$ cm bei 10, die der WE 416 für $\lambda = 7,5$ cm bei 30 bis 80. Man•erreicht also bei dem heutigen Stand der Technik mit Trioden in diesem Wellenlängengebiet Rauschzahlen, die gleich oder etwas schlechter sind als die des Mischdetektors.

e) Rauschen von Laufzeitröhren. Angaben über das Rauschen von Laufzeitröhren, insbesondere der TWR erfordern · einige einleitende Bemerkungen über die Physik der Schwankungserscheinungen in Elektronenstrahlen.

α) *Statistische Schwankungen in Elektronenstrahlen.* Erst seit reichlich einem Jahre besitzen wir konkrete Vorstellungen über die Schwankungsvorgänge bei so langen Laufwinkeln der Elektronen, wie sie in Laufzeitröhren, z. B. in der TWR auftreten. Auf Grund der Vorstellungen über die Schwankungen in Elektronenströmungen bei langen Wellen, d. h. über den Schroteffekt und seine Raumladungsschwächung war man gewöhnt, die Dichteschwankung der Elektronen an der Kathode und ebenso längs des Weges als maßgeblich für Rauschen von Verstärkerröhren anzusehen. Nun tritt, wie uns die Theorie der Raumladungsschwächung des Schroteffektes lehrt, in der Potentialschwelle vor der Kathode neben einer Stromschwankung auch eine Geschwindigkeitsschwankung auf, deren Effektivwerte (Schwankungsquadrate) gegeben sind durch

$$\overline{i_1^2} = 3\,(4 - \pi)\,k\,T_k\,S\,\varDelta f \tag{16a}$$

$$\overline{v_1^2} = (4 - \pi)\,\frac{e}{m}\,\frac{k\,T_k}{I}\,\varDelta f \tag{16b}$$

$I\ \ =$ Gleichstrom, $\qquad\qquad\qquad k\ \ =$ BOLTZMANN-Konstante,
$S\ \ =$ Steilheit, $\qquad\qquad\qquad\qquad \dfrac{e}{m} =$ spez. Ladung des Elektrons.
$T_k =$ Kathodenmteperatur,

Wir wissen ferner, daß jede Geschwindigkeitsmodulation sich bei endlichem Laufweg in eine Dichtemodulation umwandelt, ein Vorgang, wie er z. B. in geschwindigkeitsgesteuerten Röhren als Phasenfokussierung ausgenutzt wird. Dies ist auch im Raum zwischen Kathode und Beschleunigungselektrode des Strahlerzeugungssystems einer Laufzeitröhre der Fall. Dieser Raum kann als raumladungsbegrenzte Diode aufgefaßt werden. Am Ausgang dieser Raumladungsdiode, d. h. in der Ebene der ersten Beschleunigungselektrode 2 (s. Abb. 189) entstehen Dichte- und Geschwindigkeitsschwankungen als Folge sowohl der Dichte- als auch der

---

[1] Siehe Fußnote S. 226.

Geschwindigkeitsschwankungen der Elektronen in der Potentialschwelle. Eine quantitative Betrachtung zeigt, daß bei den in der Raumladungsdiode von Elektronenkanonen praktisch vorhandenen Laufwegen und Laufwinkeln der Elektronen die Wirkung der anfänglichen Geschwindig-

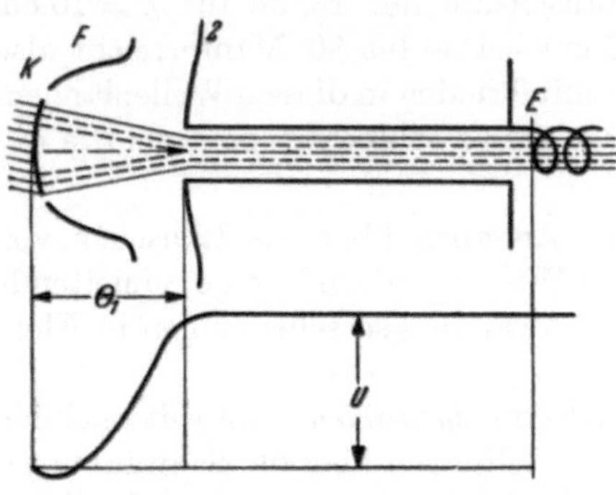

Abb. 189. Querschnitt und axialer Potentialverlauf der Elektronenkanone einer Laufzeitröhre.

keitsschwankungen größenordnungsmäßig überwiegt. Das bedeutet, daß in dieser Ebene der ersten Beschleunigungselektrode unseres Systems die Schwankungskomponenten praktisch allein durch die Geschwindigkeitsschwankungen v_1 nach Gl. (16b) gegeben sind und daß die Wirkungen der Stromschwankungen i_1 nach Gl. (16a) vernachlässigt werden können. Wir haben an diesem Ort unter den Voraussetzungen der Laufzeittheorie von Elektronen mit einheitlicher Elektronengeschwindigkeit die Schwankungen

$$i_2 = -j \frac{v_1}{\overline{v_2}} I \Theta_1 \varepsilon^{-j\Theta_1} \tag{17a}$$

$$v_2 = v_1 \varepsilon^{-j\Theta_1}. \tag{17b}$$

Dabei ist $\overline{v_2}$ die Gleichgeschwindigkeit der Elektronen in der Ebene der Elektrode 2, Θ_1 der Laufwinkel in der Raumladungsdiode. Hinter der Beschleunigungselektrode liegt in einer gewissen Entfernung der HF-Eingang E der Laufzeitröhre. Die Rauschzahl der Röhre wird bestimmt durch die dort vorhandenen Schwankungen. Im einfachsten Fall ist der Raum zwischen Elektrode 2 und E ein feldfreier Raum, an dessen Eingang der Elektronenstrahl die durch Gl. (17) gegebenen Wechselkomponenten von Strom und Geschwindigkeit hat. In einem solchen Raum breiten sich alle Wechselgrößen wellenartig aus, und zwar entstehen bei endlicher Raumladungsdichte in einem Strahl einheitlicher Elektronengeschwindigkeit zwei sogenannte „Raumladungswellen" [24]. Diese Raumladungswellen haben beide die Amplitudenkonstante Null, aber geringfügig voneinander verschiedene Phasenkonstanten, d. h. geringfügig voneinander verschiedene Phasengeschwindigkeiten und Wellenlängen. Die Folge sind Schwebungserscheinungen. Dies bedeutet, daß längs eines Strahles örtlich-periodisch sich Schwankungsstrom und Schwankungsgeschwindigkeit zwischen einem Maximum und dem Wert Null ändern. Dabei liegen die Maxima (Bäuche) der Stromschwankungen an den Orten der Minima (Nullstellen, Knoten) der Geschwindigkeitsschwankungen und umgekehrt. Diese Tatsache entspricht genau der periodischen Änderung von Dichte- und Geschwindigkeitsmodulation im Laufraum eines Klystrons.

Diese Anschauung, wie sie hier relativ kurz zu schildern versucht wurde, vermittelt uns die Theorie. Ende 1950 haben nun experimentelle Untersuchungen von CUT-LER und QUATE [23] gezeigt, daß diese, zunächst überraschenden Vorstellungen über die Schwankungsvorgänge in Elektronenstrahlen tatsächlich zu Recht bestehen. Das Stromschwankungsquadrat längs eines Elektronenstrahles läßt sich durch Verschiebung eines Schwingungskreises längs dieses Strahles messen. Für eine Frequenz von 4200 MHz haben sie dabei die Ergebnisse erhalten, die durch die Meßpunkte und die ausgezogene Kurve in Abb. 190 wiedergegeben sind. Die periodische Änderung des Schwächungsfaktors F

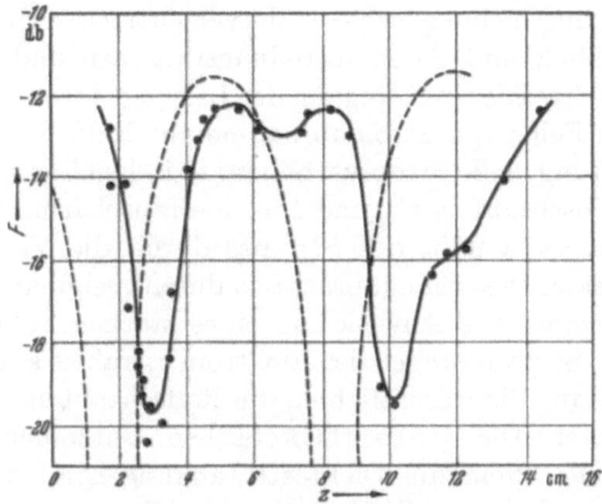

Abb. 190. Schwächungsfaktor bei $f = 4200$ MHz der Stromschwankung längs der Achse eines Elektronenstrahls. $z = $ Abstand von der Beschleunigungselektrode des Strahlerzeugungssystems. $F = $ Schwächungsfaktor, bezogen auf die Dichteschwankungen eines gesättigten Elektronengleichstroms I bei verschwindenden Elektronenlaufzeiten,

$$F^2 = \overline{i_r^2}\,/\,2\,e\,I\,\varDelta f.$$

Meßpunkte: CUTLER und QUATE [23], — — — berechnet nach [24].

und damit des Stromschwankungsquadrates ist deutlich ersichtlich. Allerdings haben die Schwankungsknoten nicht den Wert Null, sondern liegen bei -20 db gegenüber einem Maximalwert -12 db (Ursache: Stromverteilungsrauschen?). Man kann F näherungsweise berechnen [24], erhält dabei die gestrichelten Kurven. Abgesehen von einer Phasenverschiebung und von den Minimalwerten stimmen Theorie und Experiment relativ gut überein. Insbesondere gilt dies für das Maximum von F. Wenn die Stromschwankungen einen solchen periodischen Verlauf haben, muß ein gleicher periodischer Verlauf mit einer Phasenverschiebung von ein Viertel der Schwebungswellenlänge auch für die Geschwindigkeitsschwankungen vorhanden sein. Dies folgt zwangsläufig aus dem Energiesatz, da die Schwankungsenergie im Strahl konstant bleiben muß: Am Ort der Minima der potentiellen Energie, das ist der Stromschwankungen, treten also Maxima der kinetischen Energie, das ist der Geschwindigkeitsschwankungen, auf und umgekehrt.

Diese Vorstellungen, ihre theoretischen und experimentellen Resultate können zur Berechnung und Dimensionierung von Laufzeitröhren dienen, wobei allerdings die Unsicherheit bestehen bleibt, wie sie durch den Unterschied zwischen der gemessenen und der berechneten Kurve in Abb. 190 zum Ausdruck kommt.

β) *Das Rauschen der Traveling-Wave-Röhre.* Die Rauschzahl der TWR ist durch eine ganze Anzahl verschiedener Ursachen bestimmt [*25*]. Maßgeblich sind Stromverteilungsrauschen und Schwankungskomponenten des Strahles am Eingang der Leitung. Stromverteilungsrauschen entsteht als Folge von Stromaufnahme durch die Wandungen der Verzögerungsleitung. Jede Stromverteilung zwischen Leitung und Kollektor erhöht die Rauschzahl stark, und für eine rauscharme Röhre muß man verlangen, daß etwa 99% des Stromes durch die Verzögerungsleitung hindurchtreten. Dies gelingt praktisch durch geeignete Form des Strahlerzeugungssystems und Anwendung eines starken Fokussierungsfeldes. Dann sind die Schwankungen des Elektronenstrahles am Eingang der Verzögerungsleitung die wesentlichen, die Rauschzahl der Röhre bestimmenden Parameter. Die ersten theoretischen Untersuchungen über das Rauschen sahen allein die Dichteschwankungen an diesem Ort als Ursache des Rauschens an. Die berechneten Werte lagen allgemein wesentlich unter den gemessenen. In der TWR werden bekanntlich durch Störungen, d. h. beliebige Wechselkomponenten wie Wechselfeldstärke, Wechselstrom, Wechselgeschwindigkeit am Eingang drei mit der Elektronenströmung laufende Wellen erzeugt, von denen eine verstärkt wird (s. z. B. [*24*]). Die Eingangsamplitude jeder dieser Wellen ist durch die Größe jeder dieser Wechselgrößen am Eingang bestimmt. Damit haben sowohl Schwankungsstrom als auch Schwankungsgeschwindigkeit des Elektronenstrahls beim Eintritt in die Leitung Einfluß auf die dort entstehende Schwankungsfeldstärke der verstärkten Welle. Die auf S. 227/29 angegebenen Vorstellungen über die Schwankungen in Elektronenstrahlen erlauben nun die Angabe dieser Schwankungsgrößen und, aus ihnen, die Berechnung der Schwankungsfeldstärke der verstärkten Welle. Damit ergibt sich die Rauschzahl aus der angebotenen Eingangsleistung je Frequenzeinheit, die zu Gleichheit von Schwankungs- und Signalfeldstärke führt.

Auf dieser Grundlage wurde die Rauschzahl der TWR berechnet, wobei also im Gegensatz zu früheren Arbeiten sowohl die Dichte- als auch die Geschwindigkeitsschwankungen und ihre periodische Änderung längs des Strahles berücksichtigt wurden [*26, 30*].

Für ein Strahlerzeugungssystem entsprechend Abb. 189 ergibt sich folgendes: Von maßgeblicher Bedeutung für die Rauschzahl einer TWR ist die Entfernung Beschleunigungselektrode/Leitungseingang. Bei sonst konstanten Daten der Röhre ändert sich die Rauschzahl periodisch mit diesem Abstand. Die Periode hängt von der Plasmafrequenz des Elektronenstrahls ab. Legen wir den Leitungseingang an die optimale Stelle und stellen wir die Elektronengeschwindigkeit optimal ein, so ist näherungsweise

$$N = \frac{\beta_e}{\alpha_{opt}}, \tag{18}$$

wobei

$\beta_e = \omega/v = $ „Pasenkonstante" des Elektronenstrahls,

α_{opt} = maximale Amplitudenkonstante der verstärkten Welle für den Fall dämpfungsfreier Verzögerungsleitung und bei Abwesenheit von Raumladungsdefokussierung.

Ein Vergleich mit Gl. (10) zeigt, daß die Bedingung kleinster Rauschzahl identisch ist mit der größten Wirkungsgrades. Wir dürfen daraus jedoch nicht schließen, daß etwa die in Tab. 2 genannten beiden ersten Röhren mit hohem Wirkungsgrad auch die bestgeeigneten Anfangsstufenröhren seien. Bei ihnen dürfte durch Stromverteilungsrauschen die Rauschzahl erheblich verschlechtert sein und zwischen 100 und 1000 liegen. Der Quotient β_e/α_{opt} kann für Wendeln als Verzögerungsleitungen berechnet werden. Praktisch erreichen kann man bei Wellenlängen von 7 bis 10 cm optimal $\beta_e/\alpha_{opt} = 20$ bis 40, theoretisch also ·Rauschzahlen von gleicher Größenordnung wie beim Mischkristall. Verbesserungen gegenüber Gl. (18) sind möglich durch verschiedene Potentiale von erster Beschleunigungselektrode der Elektronenkanone und Verzögerungsleitung und durch Einfügung von Potentialsprüngen in den Lauf des Elektronenstrahls vor dessen Eintritt in die Verzögerungsleitung (s. [26, 30]). Rauscharme TWR benutzen solche Mehrelektrodenerzeugungssysteme, und es sind mit ihnen bei 7 bis 10 cm Wellenlänge tatsächlich Rauschzahlen von 10 bis 20 erreicht worden [25, 27, 28, 30, 31]. Damit ist die Realisierung von TWR mit Rauschzahlen von der Größenordnung der Rauschzahl des Mischdetektors durchaus möglich. Führt man HF-Vorverstärkung in eine Weitverkehrstechnik ein, so hat die TWR gegenüber der Triode den Vorteil höheren Gewinns je Stufe und damit kleinerer Stufenzahl.

5. Modulationsröhren.

Wir verstehen hier unter Modulationsröhren jene, die speziell zur Erzeugung der mit dem Videoband frequenzmodulierten Schwingung dienen. Die lineare Frequenzmodulation eines auf einer ZF von z. B. 200 oder 300 MHz schwingenden Oszillators mittels Reaktanzröhre ist wegen der großen relativen Breite des entstehenden Bandes und der dadurch bedingten Verzerrungen schwierig. Damit muß vielfach diese Frequenzmodulation bei Höchstfrequenzen erfolgen. Hierfür bieten sich drei verschiedene Wege an:

a) Man benutzt einen Höchstfrequenz-Schwingungserzeuger mit gittergesteuerter Röhre, dessen Frequenz durch eine angekoppelte Blindröhre moduliert wird. Auch diese Blindröhre muß eine Höchstfrequenzröhre sein, da sie ja für diese Frequenzen einen im Takte der Modulationsfrequenz veränderlichen Blindleitwert darstellen soll. Mit den erwähnten modernen Trioden müßte im Prinzip ein solches Verfahren möglich sein. Es liegen jedoch keine Erfahrungen darüber vor, ob es den hohen Ansprüchen an Linearität der Modulation entspricht.

b) Es ist grundsätzlich möglich, eine TWR, die als Verstärkerröhre betrieben wird, durch Modulation der Spannung der Verzögerungsleitung zur Frequenzmodulation auszunutzen. Überlagert man der Gleichspannung der Verzögerungsleitung eine Wechselspannung, so schwankt die Laufzeit der Welle in der Leitung, mit ihr auch die Ausgangsphase φ_a und die momentane Frequenz $\omega = d\varphi_a/dt$ im Takte dieser Wechselspannung, wobei allerdings gleichzeitig die Leistung variiert. Über diese Modulationsmethode sind bisher keine praktischen Erfahrungen bekanntgeworden. Sie scheint aber der näheren Untersuchung wert, da sie, falls durchführbar, den Vorteil der Einfachheit hat.

c) Die übliche Methode der Frequenzmodulation ist die mittels Reflexionsklystron, wobei die Modulationsspannung der Gleichspannung des Reflektors überlagert wird. Verfügt man über eine Höchstfrequenzverstärkung von z. B. 30 oder 40 db, so würde man am Ausgang des Reflexgenerators nur eine Leistung von größenordnungsmäßig 1 mW für die Aussteuerung des Höchstfrequenzverstärkers benötigen. Eine solche Leistung wäre bereits mit einem Reflexklystron erzeugbar, wie es z. B. auch als lokaler Oszillator in Kristall-Mischstufen verwendet wird. Der breite Übertragungsbereich und die Linearitätsanforderungen machen jedoch die Verwendung von Reflexklystrons erheblich größerer Leistung notwendig. Man erreicht den erforderlichen Frequenzhub mit genügender Linearität der Modulationskennlinie nur durch starke Vorbelastung des Schwingkreises des Reflexgenerators mittels eines aperiodischen Dämpfungsgliedes. Der wesentliche Teil der erzeugten Leistung wird diesem Dämpfungselement zugeführt, nur ein verschwindend kleiner Bruchteil dient als Steuerleistung des Höchstfrequenzverstärkers.

Als Beispiel seien die Betriebsdaten eines Reflexgenerators der CSF, Paris genannt, der zur Frequenzmodulation in der in Frankreich im Aufbau befindlichen Funkstrecke auf 8,3 cm Wellenlänge dient: Bei etwa 1 kV Anodenspannung und 85 mA Anodenstrom beträgt die Nutzleistung etwa 1,5 W, der Wirkungsgrad also etwa 2%. Nur etwa $1^0/_{00}$ dieser Leistung wird als Steuerleistung dem nachgeschalteten, mit TWR bestückten Verstärker zugeführt. Die Modulationsspannung beträgt 3 V/MHz, bis zu einem Hub von etwa $\pm$ 4 MHz besteht strenge Linearität. Die Amplitudenmodulation beträgt dabei nur wenige Prozent. Nachteilig ist, wie bereits für den Reflexgenerator als Überlagerer ange-

geben, die starke Abhängigkeit der mittleren Frequenz von Spannungs-
und Temperaturschwankungen (etwa 0,1 MHz/° C). Sie erfordert z. B.
Anbinden des Generators an einen Topfkreis hoher Frequenzkonstanz.
Der Reflexgenerator wird zum Teil auch auf folgende Weise zur Erzeu-
gung der Frequenzmodulation benutzt: Zwei Generatoren schwingen bei
fehlender Modulationsspannung auf Frequenzen, die sich um eine
Zwischenfrequenz von z. B. 100 MHz unterscheiden. Der eine der beiden
Generatoren wird über die Reflektorspannung moduliert, die Überlagerung der Ausgänge beider Generatoren in einem nichtlinearen Organ
ergibt dann einen frequenzmodulierten Zwischenträger. Hier ist also ZF-
Verstärkung des Modulationsbandes möglich. Zur Erzielung genügender
Linearität ist genau wie oben, Belastung des modulierten Reflexgenerators erforderlich, d. h., auch hier müssen sehr leistungsstarke Generatoren
eingesetzt werden. Gleichfalls benötigt man Ausgleich von Temperatur-
und Spannungsschwankungen, wobei die erforderliche Regelspannung
auch von der Zwischenfrequenz abgeleitet wird. Dies letztgenannte Verfahren kann, wie gesagt, auch dann angewendet werden, wenn nur geringe Höchstfrequenzverstärkung verfügbar ist.

6. Schlußbemerkung.

Betrachten wir nochmals rückblickend die in vorstehendem Referat
behandelten Röhren- und Rauschprobleme, so wird deutlich, welche
außerordentlich starken Impulse die Röhrenentwicklung durch die Anforderungen der Weitverkehrstechnik erhalten hat. Diese Technik bildet für
die Röhrenentwicklung des letzten halben Jahrzehnts das treibende
Moment und die wirtschaftliche Grundlage aller wesentlichen Fortschritte. Die Röhrenlaboratorien in Deutschland waren eine Reihe von
Jahren an dieser Entwicklung nicht beteiligt, haben erst seit kurzem diese
wieder aufgenommen. Das ist zweifellos ein Nachteil. Andererseits können wir heute, dank der in anderen Ländern geleisteten Vorarbeit wesentlich besser als noch vor wenigen Jahren übersehen, wie sich die Bedürfnisse dieser Technik auf dem Röhrengebiet am besten und wirtschaft-
lichsten erfüllen lassen. Die Aufgabenstellungen zeichnen sich klar ab.
Damit besitzt die zeitweise Abschließung Deutschlands auch gewisse
Vorteile: Wir können Irrwege vermeiden, die im Rahmen der Pionierarbeit an einer neuen Technik sich nie ganz umgehen lassen. In Anbe-
tracht der wirtschaftlichen Situation Deutschlands bedeutet dies eine
wichtige Tatsache.

Literatur.

MAYER, H. F., u. E. HÖLZLER: Einige Entwicklungstendenzen in der Übertragung von Nachrichten, Entwicklungsberichte S. & H. Bd. 14, H. 1 (1951), S. 1
bis 10. — HOLZWARTH, H.: Die neuere Technik der Richtfunkverbindungen, Entwicklungsberichte S. & H. Bd. 14, H 1 (1951), S. 31 bis 36. — [2] RUNGE, W.: Ver-

gleich der Rauschabstände von Modulationsverfahren, AEÜ Bd. 3 (1949), S. 155 bis 159. — [3] Friis, H. T.: Microwave Repeater Research, Bell Syst. techn. J. Bd. 27 (1948), S. 183 bis 246. — [4] Diemer, G.: Passive feedback admittance of disc-seal tubes, Philips Res. Rep. Bd. 5 (1950), S. 423 bis 440. — [5] Robertson, S. D.: Electronic admittances of parallel-plane electron tubes at 4000 Mc. Bell Syst. techn. J. Bd. 28 (1949), S. 619 bis 646. — Morton, J. A., u. R. M. Ryder: Design factors of the Bell Telephone 1553 Triode, Bell Syst. techn. J. Bd. 29 (1950), S. 496 bis 530. — [7] Bowen, A. E., u. W. W. Mumford: A new microwave triode: Is performance as a modulator and as an amplifier, Bell Syst. techn. J. Bd. 29 (1950), S. 531 bis 552. — [8] Diemer, G., u. K. S. Knol: Low-level triode amplifier for microwaves, Philips Res. Rep. Bd. 5 (1950), S. 153 bis 154. — [9] van Weel, A.: A comparison of the bandwidths of resonant transmission lines and lumped LC-circuits, Philips Res. Rep. Bd. 5 (1950), S. 241 bis 249. — [10] Lemmens, H. J., M. J. Jansen u. R. Loosjes: A new cathode for heavy loads, Philips techn. Rev. Bd. 11 (Nr. 12, 1950), S. 341 bis 350. — [11] Katz, H.: Metall-Kapillarkathoden, eine neue Kathodenart, Entwicklungsberichte S. & H. Bd. 14, H. 2 (1950), S. 123 bis 126. — [12] Katz, H., u. K. L. Rau: Thermische Daten einiger Metall-Kapillarkathoden, Frequenz Bd. 5 (1951), S. 192 bis 196. — [13] Warnecke, R., O. Doehler u. W. Kleen: Electrons beams and electromagnetic waves, General theory of interaction, Wireless Engr. Bd. 28 (1951), S. 167 bis 176. — [14] Cutler, C. C.: The calculation of traveling-wave tube gain, Proc. Inst. Radio Engrs., N.Y. Bd. 39 (1951), S. 914 bis 917. — [15] Doehler, O., u. W. Kleen: Der Wirkungsgrad der Traveling-Wave-Röhre, AEÜ Bd. 4 (1950), S. 207 bis 212. — [16] Bryant, J. H.: Medium power traveling-wave tube type 5929, Electr. Communication Bd. 27 (1950), S. 277 bis 279. — [17] Behling, H.: Berechnung der Empfindlichkeit im Dezimeter- und Zentimeterwellengebiet bei Verwendung von Dioden oder Detektoren als Mischorgan, AEÜ Bd. 5 (1951), S. 489 bis 498 u. S. 561 bis 564. — [18] Kleen, W.: Verstärkung und Empfindlichkeit von UKW- und Dezimeterempfangsverstärkerröhren, Telefunkenröhre, H. 23 (1941), S. 273 bis 296. — [19] Kleen, W.: Die Grenzempfindlichkeit fundamentaler Röhrenschaltungen, Frequenz Bd. 3 (1949), S. 209 bis 216. — [20] Bakker, C. J.: Fluctuations and electron inertia, Physica Bd. 8 (1941), S. 23 bis 43. — [21] van der Ziel, A.: Note on total emission damping and total emission noise, Proc. Inst. Radio Engrs., N.Y. Bd. 38 (1950), S. 562. — [22] Diemer, G.: Microwave diode conductance in the exponential region of the characteristic, Philips Res. Rep. Bd. 6 (1951), S. 211 bis 223. — [23] Cutler, C., u. C. F. Quate: Experimental verification of spacecharge and transit time reduction of noise in electron beams, Phys. Rev. Bd. 60 (1950), S. 875 bis 878. — [24] Kleen, W.: Über das Rauschen von Laufzeitröhren, Frequenz Bd. 6 (1952), R. 45 bis 50. Entwicklungsberichte S. & H. Bd. 15, H. 2 (1952), S. 152 bis 157. Fortschreitende Wellen in Elektronenröhren, ETZ Bd. 73 (1952) S. 587 bis 592. — [25] Robinson, F. N. H., u. R. Kompfner: Noise in Traveling-Wave tubes, Proc. Inst. Radio Engrs., N. Y. Bd. 39 (1951), S. 918 bis 926. — [26] Kleen, W., u. W. Ruppel: Zur Berechnung der Rauschzahl von Traveling-Wave-Röhren, AEÜ Bd. 6 (1952), S. 187 bis 194 u. 299 bis 303. — [27] Field, L. M.: Recent developments in traveling-wave tubes, Electronics, N.Y. Bd. 23 (Jan. 1950), S. 100 bis 104. — [28] Field, L. M., P. K. Tien u. D. A. Watson: Amplification by acceleration of a single velocity stream of electrons. Proc. Inst. Radio Engrs., N. Y. Bd. 39 (1951), S. 194. — [29] Kleen, W.: Einführung in die Mikrowellen-Elektronik. Kap. 15. Stuttgart: S. Hirzel 1952. — [30] Watkins, D. A.: Traveling-wave tube noise figure. Proc. Inst. Radro Engers., N.Y. Bd. 40 (1952), S. 65 bis 70. — [31] Pfeifer, A.G., P. Parzen und J. G. Bryant: Low noise traveling-wave tube. Proc. Nat. Electronics Conf. 7 (1951), S. 314 bis 317.

L. Fernsehempfang.

Von Dipl.-Ing. **F. Rudert,** Darmstadt.

Mit 15 Abbildungen.

Im vorliegenden Beitrag werden die physiologischen Zusammenhänge bei der Betrachtung von Fernsehbildern sowie die einzelnen Komponenten des Bildes behandelt. Insbesondere wird die Bedeutung dieser Komponenten diskutiert und die Reaktion des Auges auf verschiedene beim Fernsehen unvermeidliche Störungen erörtert. Manche Punkte konnten, dem Rahmen dieser Arbeit entsprechend, nur angedeutet und schematisch behandelt werden.

Die Durchführungen beziehen sich nur auf Schwarz-Weiß-Fernsehen, die zusätzlichen Probleme beim Farbfernsehen sind nicht berücksichtigt, desgleichen wurde die Großprojektion nicht behandelt, vgl. hierzu die Beiträge der Kapitel N, O u. Q.

Auf die Behandlung der reinen Schalttechnik des Empfängers konnte verzichtet werden, da hierüber in den letzten Jahren in Zeitschriften und Büchern verhältnismäßig geschlossen berichtet wurde und durch die reichhaltigen amerikanischen Veröffentlichungen das meiste als bekannt vorausgesetzt werden kann.

I. Physiologische Zusammenhänge.

Die Übertragung von Bildern mit den Hilfsmitteln der elektrischen Nachrichtentechnik ist bekanntlich nur durch Zerlegung des Bildfeldes in einzelne Elemente möglich. Die den Helligkeitswerten jedes Bildelementes entsprechenden elektrischen Signale werden in vorgegebener zeitlicher Folge gesendet und auf der Empfangsseite in der gleichen geometrischen und zeitlichen Ordnung wieder zum Bild zusammengesetzt. Bei den wichtigsten Anwendungsgebieten (Bildfunk, Fernsehen) wird eine zeilenweise Abtastung des Bildfeldes vorgenommen.

Der technische Aufwand des gesamten Übertragungssystems wird bestimmt durch die beiden Faktoren Bildzerlegung (Bildpunktzahl) und Anzahl der Bilder je Zeiteinheit (Bildfrequenz). Besonders im Fall des Fernsehrundfunks müssen diese beiden Faktoren zweckentsprechend gewählt und in Einklang mit den physiologischen Vorgängen beim Sehen gebracht werden, da hier die Kosten, besonders des Empfängers, eine bedeutende volkswirtschaftliche Rolle spielen. Es scheint deshalb zweckmäßig, die physiologischen Zusammenhänge, die beim Fernsehempfang mitspielen, in unsere Betrachtungen einzubeziehen.

1. Bildfrequenz.

Zur Übertragung einzelner nicht unmittelbar zusammenhängender Bilder (Bildfunk) kann die Abtastdauer praktisch beliebig gewählt werden. Das Bild wird am Empfangsort Zeile für Zeile geschrieben. Beim

Fernsehen dagegen, bei dem natürliche bewegte Szenen wiedergegeben werden müssen, machen wir Gebrauch von der Trägheit der Lichtempfindung im Auge: Das vollständige Empfangsbild entsteht im allgemeinen nicht im Empfänger (vgl. S. 243) und demnach auch nicht auf der Netzhaut des Auges, vielmehr empfindet der Beobachter das Bild als Ganzes dadurch, daß der von den Zäpfchen und Stäbchen ausgehende Lichtreiz nach Aufhören des Lichteinfalles nicht sofort verschwindet, so daß eine Speicherwirkung auftritt. Dieser natürlichen Eigenschaft des Auges muß das Fernsehverfahren in 3 Punkten angepaßt werden:

a) Die Schreibgeschwindigkeit des abtastenden Strahles muß so hoch sein, daß das Auge nicht folgen kann und somit den zeitlichen Aufbau des Bildes nicht wahrnimmt. Diese erste Bedingung ist von vornherein erfüllt, wenn die in den nächsten Abschnitten folgenden Bedingungen erfüllt sind. Trotzdem gelingt es manchen Beobachtern, kurzzeitig den wandernden Lichtpunkt mit dem Auge als Lichtblitz zu erfassen. Diese mehr oder weniger unwillkürlich auftretende Erscheinung stört praktisch jedoch nicht.

b) Die Bilder müssen mindestens so oft wiederholt werden, daß für den Beobachter die Bewegungen in den Szenen scheinbar ineinanderfließen. Aus der Technik der Filmwiedergabe ist bekannt, daß hierfür mindestens 16 und höchstens 24 Bilder/sek notwendig sind. Dies gilt in gleicher Weise für das Fernsehbild.

c) Es darf kein Helligkeitsflimmern auftreten. 24 Bilder/sek genügen zwar für die Verschmelzung der Bewegungen, für eine ausreichende Flimmerfreiheit jedoch ist eine höhere Frequenz nötig. Deshalb wird bei der Filmvorführung, z. B. durch eine rotierende Blende, jedes Einzelbild zweimal nacheinander auf die Leinwand projiziert. Die hierbei resultierenden 48 Unterbrechungen/sek erlauben im verdunkelten Kino eine flimmerfreie Bildwiedergabe. Diese Erfahrung ist jedoch auf die Fernsehtechnik nur bedingt anwendbar. Die Flimmerwirkung ist nämlich nicht nur eine Funktion der Unterbrechungsfrequenz, sondern noch abhängig von der Leuchtdichte der Bildfläche, vom zeitlichen Verlauf der Lichteinwirkung sowie von dem Öffnungswinkel, unter dem das Bild erscheint.

Während im verdunkelten Kino eine Leuchtdichte von 40 asb in den hellsten Bildpartien völlig ausreichend ist, muß bei Fernsehbildern, welche im allgemeinen in gar nicht oder nur wenig abgedunkeltem Raum betrachtet werden, mit Leuchtdichten bis zu 300 asb gerechnet werden.

Abb. 191 gibt den Zusammenhang zwischen kritischer Leuchtdichte und Bildfrequenz wieder. Kurve *1* gilt für die Verhältnisse bei Filmwiedergabe im Kino (mittlerer Bildwinkel 20°, Blendenverhältnis etwa 50%). Flimmerfreiheit wird erzielt, wenn bei 48 Hz die Leuchtdichte der hellsten Bildstellen 40 asb nicht überschreitet.

Bei sonst gleichen Bedingungen flimmert das Fernsehbild mehr, insbesondere wenn der bilderzeugende Abtaststrahl unmittelbar auf das Auge einwirkt, wie es bei den optisch-mechanischen Abtastern oder bei BRAUNschen Röhren mit sehr kurz nachleuchtenden Phosphoren der Fall ist (Kurve *2*). Grund hierfür ist das ungünstige „Blendenverhältnis". Man ist deshalb bestrebt, dem Bildschreiber eine geeignete Speicherwirkung zu geben (Kurve *3*), welche die Speichereigenschaft des Auges so weit unterstützt, daß das Flimmern nicht mehr stört (vgl. S. 243). Aus der Steilheit der Kurven von Abb. 191 geht hervor, daß bei Erhöhung der Wechselfrequenz um jeweils 10 Hz die Leuchtdichte des Bildes um etwa eine Zehnerpotenz höher gewählt werden kann. Daraus geht hervor, daß die für Europa gewählte Wechselfrequenz von 50 Hz Kunstgriffe bei der Herstellung der Bildröhren in weit höherem Maße erfordert, als dies beispielsweise für amerikanische Verhältnisse (Wechselfrequenz 60 Hz) notwendig ist.

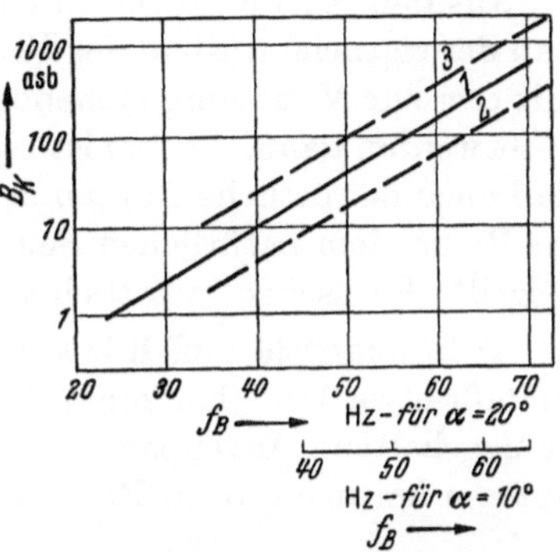

Abb. 191. Abhängigkeit der kritischen Leuchtdichte B_k von der Bildwechselfrequenz f_B und dem Betrachtungswinkel α. *1* Filmprojektion. *2* Fernsehbild, kurz nachleuchtender Schirm. *3* Fernsehbild, lang nachleuchtender Schirm.

Um den Aufwand nicht unnötig zu erhöhen, überträgt man analog zur Filmtechnik auch beim Fernsehen zunächst nur so viel vollständige Bilder, als zur Bewegungsverschmelzung notwendig sind. Eine scheinbare Verdoppelung der Bildfrequenz wird durch Anwendung des Zwischenzeilenverfahrens dadurch erreicht, daß während der Bilddauer von z. B. $^1/_{25}$ sek zwei Teilbilder übertragen werden, die zeitlich nacheinander, z. B. in je $^1/_{50}$ sek, geschrieben werden und örtlich um einen Zeilenabstand versetzt sind.

Die beiden Teilbilder sind also strenggenommen nicht identisch, insbesondere durch die örtliche Versetzung der Teilbilder treten zwei typische Zwischenzeileneffekte auf. Versucht man einen bestimmten Punkt des Bildrasters mit dem Auge zu fixieren, dann tritt sofort das sogenannte Zwischenzeilenflimmern auf, da ja jede einzelne Zeile und damit ein bestimmter Bildpunkt nur 25mal/sek wiederholt wird. Läßt man jedoch den Blickpunkt des Auges senkrecht zur Zeilenrichtung so über das Raster wandern, daß gerade $^1/_{50}$ sek von Zeile zu Zeile verstreicht, dann legen sich die beiden Teilbilder im Auge genau übereinander, die örtliche Versetzung wird also im Auge aufgehoben: das Zwischenzeilenflimmern verschwindet, das Raster erscheint jedoch mit der halben Zeilenzahl. Das Auge rastet sehr leicht unwillkürlich in diese Bewegung ein, wenn es durch den Bildinhalt in vertikaler Richtung geführt wird.

Diese Störeffekte verschwinden, wenn sich der Beobachter so weit vom Empfangsbild entfernt, daß das Auge die einzelnen Zeilen nicht mehr auflösen kann, sie verlieren ganz allgemein an Bedeutung, je höher die Zeilenzahl gewählt wird.

2. Bildpunktzahl.

Aus den Ausführungen des vorangehenden Abschnittes geht hervor, daß der zeitliche Aufbau des Fernsehbildes dem natürlichen Sehvorgang mit den zur Verfügung stehenden technischen Mitteln annähernd angepaßt werden kann. Anders ist es, wenn wir von der Forderung ausgehen, daß auch der örtliche Aufbau des Empfangsbildes in der Ebene oder gar im Raum dem natürlichen Sehen entsprechen sollte, wenn wir also den Begriff „Fernsehen" wörtlich auslegen wollten.

a) Gesichtsfeld und Bildwinkel [1]. Das Gesichtsfeld unserer Augen umfaßt etwa 150° (horizontal bis zu 180°, vertikal etwa 120°), d.h., das ruhiggehaltene Augenpaar ist in der Lage, Lichteindrücke aus einem außerordentlich großen Raumwinkel zu empfangen (Abb. 192). Dagegen ist das eigentliche Scharfsehen, das Erkennen von Einzelheiten, auf einen kleinen Teil in der Mitte des Gesichtsfeldes beschränkt, der innerhalb der Netzhautgrube abgebildet wird. Auf dieses sogenannte Objektfeld, das einen Zentriwinkel von nur 1 bis 2 Grad umfaßt, bildet das Auge automatisch scharf ab. Das Erfassen von Formen gelingt dem Auge noch innerhalb eines Zentriwinkels von 5 bis 10°. Hierauf beruht z.B.

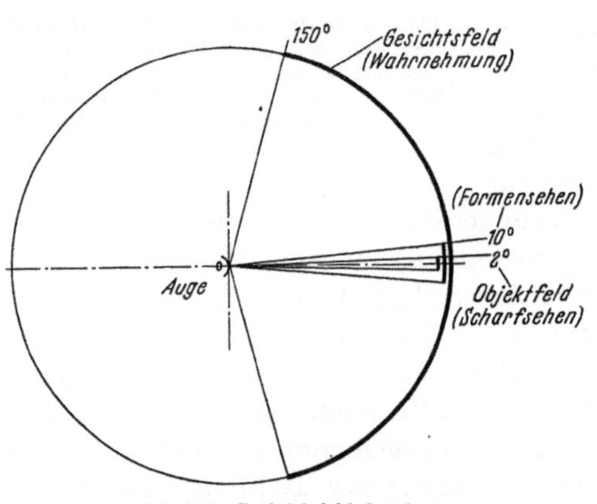

Abb. 192. Gesichtsfeld des Auges.

die Fähigkeit des schnellen Lesens. Das Auge erfaßt nicht jeden einzelnen Buchstaben, sondern ganze Wörter; dabei liest sich diejenige Schrift am besten, bei der dem Auge die Wortlänge unter einem Winkel von 5 bis 10° erscheint. Weiterhin ist noch wichtig zu wissen, daß das Feststellen des Auges auf eine bestimmte Bildstelle sehr rasch zur Ermüdung führt. Das Auge wehrt sich gegen das Fixieren, weil die Sehfähigkeit, besonders in der Mitte der Netzhaut, schon nach einigen Sekunden nachläßt.

Eine Eigenschaft des Auges, die uns normalerweise nicht zum Bewußtsein kommt, sei noch erwähnt. Eine stetige Bewegung des Auges ist nur unter Ausschaltung des eigenen Willens beim Verfolgen eines sich im

Bildfeld bewegenden Lichtreizes möglich, jede willkürliche Augenbewegung dagegen geht ruckartig vor sich, wobei die eigentlichen Bewegungsphasen sich über einen Drehwinkel von 3 bis 10° erstrecken und außerordentlich rasch verlaufen. In $^1/_{50}$ sek können Drehungen des Augapfels bis zu 20° beobachtet werden (vgl. S. 236). Diese kurzen Angaben aus der Physiologie des Auges zeigen zweierlei.

Es erscheint unmöglich, das große Gesichtsfeld des Augenpaares auf der Empfangsseite bildmäßig wiederzugeben. Das Empfangsbild müßte dann beinahe sämtliche Wände des Zimmers, in dem sich der Beobachter befindet, bedecken. Wir kennen heute kein Verfahren, welches derartige Bilder übertragen oder wiedergeben kann. Die Fernsehtechnik ist von der Vollkommenheit weit mehr entfernt als z. B. die Rundfunktechnik. Akustische Vorgänge können mit vorhandenen technischen Mitteln so naturgetreu übertragen und wiedergegeben werden, daß der Zuhörer zwischen Original und Wiedergabe nicht mehr unterscheiden kann.

Zum Glück sind anderseits die wichtigsten Funktionen des Auges auf einen verhältnismäßig kleinen Raumwinkel beschränkt, so daß es möglich wird, sich beim Fernsehen im engeren Sinne auf die Übertragung eines mehr oder weniger großen Ausschnittes des Ganzen zu beschränken.

Für die notwendige Größe des Ausschnittes gibt es offenbar eine untere Grenze, die bei einem Bildwinkel von etwa 10° liegt. Ein derartiges Bild erfaßt den Winkel, in welchem das Auge Formen als Ganzes übersehen kann (Abb. 192), läßt allerdings dem Auge kaum noch die gewohnte Bewegungsfreiheit, die notwendig ist, um eine vorzeitige Ermüdung zu vermeiden. Nunmehr läßt sich auch über die unterste Grenze der Bildpunktzahl bzw. der Zeilenzahl eine Angabe machen.

b) Bildgröße und Zeilenzahl. Für jedes aus einzelnen Elementen aufgebaute Bild gibt es einen optimalen Betrachtungsabstand, bei welchem die Bildstruktur eben verschwindet. Dies gilt, ähnlich wie für ein Ölgemälde oder ein mittels Raster gedrucktes Bild, natürlich auch für das Fernsehbild. Vergrößerung des Betrachtungsabstandes bedeutet Verlust der Feinheiten im Bild, Verkleinerung des Abstandes verursacht Störungen des Bildeindruckes durch die Zeilenstuktur.

Die Sehschärfe des Auges, definiert durch den Winkel, unter dem zwei verschiedene helle Punkte eben nicht mehr unterschieden werden können, liegt bei etwa 1 Bogenminute. Ein Raster mit einem Zeilenabstand von 2 Bogenminuten müßte demnach eben nicht mehr sichtbar sein, da der Abstand zwischen heller Zeile und dunklem Zwischenraum maßgebend ist. Der optimale Betrachtungsabstand für ein normales Fernsehbild liegt also dort, wo für den Beobachter die einzelnen Zeilen unter einem Winkel von 2 Bogenminuten erscheinen.

Damit ist gleichzeitig für jede Zeilenzahl ein bestimmter optimaler Bildwinkel festgelegt (Abb. 193). Somit wäre z. B. für den im vorigen

Abschnitt erwähnten minimalen Bildwinkel von 10 Grad ein 300-Zeilen-System erforderlich.

Recht anschaulich ist folgender Vergleich:

Der Beobachter befinde sich inmitten einer undurchsichtigen Kugel. Durch ein Loch, welches dem Auge unter einem Winkel von 2 Bogenminuten erscheint, kann der Beobachter lediglich feststellen, ob es außerhalb der Kugel hell oder dunkel ist (Bild mit einem Bildpunkt und einer Zeile). Erweitern wir das Loch zu einem Quadrat mit einer Höhe von 1°, dann erkennt der Beobachter außerhalb der Kugel so viel Einzelheiten, als ein 30-zeiliges Bild wiederzugeben vermag. Eine Öffnung unter einem Winkel von 20° vermittelt entsprechend den Eindruck des idealen 600zeiligen Bildes. Fast 3000 Zeilen (entsprechend einer Bandbreite von etwa 150 MHz!) wären notwendig, um den Bildeindruck bei um 90° geöffneter Kugel zu vermitteln.

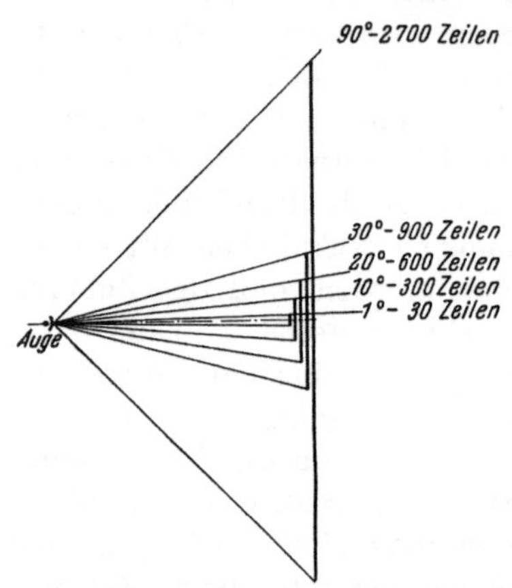

Abb. 193. Zusammenhang zwischen optimalem Bildwinkel und Zeilenzahl.

Man erkennt auch hier wieder, welch kleinen Ausschnitt aus dem gesamten irdischen Horizont unser heutiges Fernsehbild wiedergibt. Immerhin bietet ein fehlerfreies 600-Zeilen-Bild etwa das gleiche wie ein Kinobild, denn der Zuschauer im Kinotheater sieht, je nach Sitzplatz, das Bild unter einem Winkel von 10 bis 25°. Von den vordersten Reihen abgesehen, bildet also die Sehschärfe des Auges die Grenze, selbst wenn der Filmstreifen eine höhere Auflösung als 600 Zeilen hat. Wenn ein Fernsehbild im Gesamteindruck dem Filmbild unterlegen ist, liegt dies an dessen Unvollkommenheit, und zwar sind meist nicht die Schärfe, sondern andere Komponenten (Flimmern, Gradation, Kontrastumfang, Farbton) maßgebend.

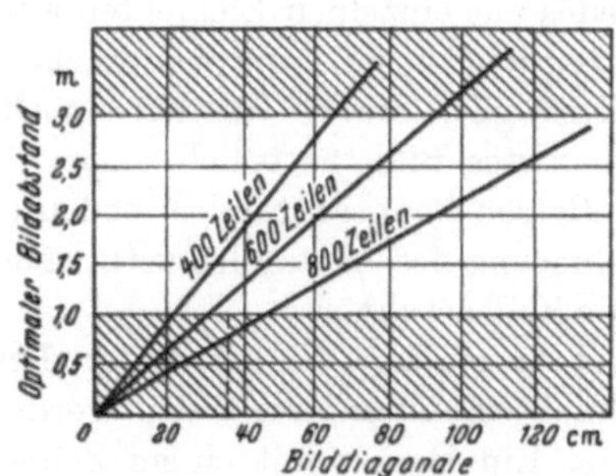

Abb. 194. Zusammenhang des optimalen Betrachtungsabstandes zu der Bildgröße bei verschiedenen Zeilenzahlen.

Wir haben bisher nur vom Bildwinkel und Betrachtungsabstand, nicht aber von der absoluten Bildgröße gesprochen. Diese spielt jedoch für den Fernsehempfang eine bedeutende Rolle.

In Abb. 194 ist der optimale Betrachtungsabstand über die Bilddiagonale aufgetragen. Ein Betrachtungsabstand unter etwa 1 m kommt aus verschiedenen Gründen (bequemes Sitzen, Betrachtung durch mehrere Personen, Verzerrung der Perspektive) praktisch nicht in Frage. Für Heimempfänger kann andererseits ein Abstand über 3 m wegen der Zimmergröße kaum verwirklicht werden. Untere und obere Grenze sind durch die schraffierten Felder in Abb. 194 angedeutet. Für das 600-Zeilen-Bild ergibt sich dann als kleinstmögliche Bilddiagonale etwa 35 cm, als größte 80 bis 90 cm. Man erkennt, daß sich für den Start des Fernseh-rundfunks mit 625 Zeilen eine Bildröhre mit 35 cm Diagonale gut eignet, jedoch Empfänger mit größeren Röhren sehr rasch an Bedeutung gewinnen werden. In Amerika besitzen die meisten derzeit hergestellten Fernsehempfänger Bildröhren mit einer Diagonale zwischen 40 und 50 cm, aber auch 75-cm-Röhren werden bereits serienmäßig hergestellt.

Es gibt noch einen weiteren Grund, der gegen allzu kleine Bildformate spricht und in Zusammenhang mit dem zweiäugigen Sehen steht. Ein Auge allein kann im Prinzip nicht entscheiden, ob es ein kleines Bild in geringer Entfernung oder ein großes Bild in großer Entfernung sieht, wenn man voraussetzt, daß eine Akkommodation in beiden Fällen möglich ist (Abb. 195 oben). Anders ist es beim zweiäugigen Sehen. Zunächst stellt das Augenpaar durch die Verstellung der Blickrichtung den Abstand des Bildes fest (Abb. 195 unten). Kleine Bilder, d. h. Bilder, die mit konvergierender Augenstellung betrachtet werden müssen, wirken besonders unnatürlich, wenn der Bildinhalt beim natürlichen Sehvorgang in Parallelstellung des Augenpaares gesehen würde, z. B. Landschaften.

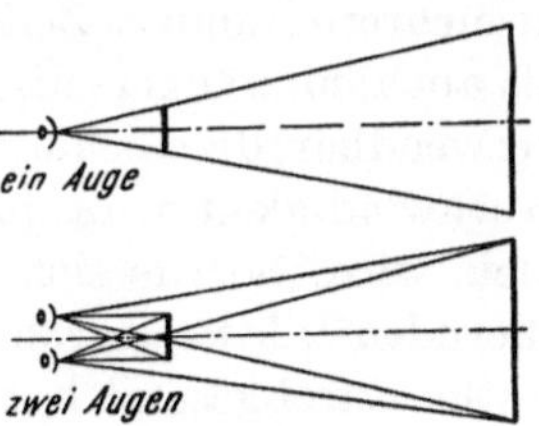

Abb. 195. Bildgröße und Augen-abstand.

Fast noch wichtiger ist der Umstand, daß es bei kleinen Bildern nicht möglich ist, beide Augen gleichzeitig in das sogenannte perspektivische Zentrum zu bringen. Als perspektivisches Zentrum wird der Standort der Kamera vor der aufzunehmenden Szene bezeichnet. Dementsprechend befindet sich das Auge dann im perspektivischen Zentrum vom Empfangsbild, wenn dieses unter dem gleichen Raumwinkel erscheint, unter dem es von der Kamera aufgenommen wird. Es ist leicht einzusehen, daß das Bildformat wenigstens so groß gewählt werden muß, daß der optimale Betrachtungsabstand groß gegenüber dem Augenabstand von etwa 7 cm wird.

Man kann die Wirkung selbst leicht feststellen, indem man einen normalen Abzug einer photographischen Aufnahme einmal mit zwei und zum anderen mit einem Auge anschaut. Auffallenderweise wirkt das Bildchen plastischer und natürlicher, wenn es einäugig betrachtet wird. Den besten Bildeindruck erhält man erst dann, wenn man das Bild so weit vergrößert, daß es beidäugig vom perspektivischen Zentrum aus betrachtet werden kann.

Strenggenommen ist die Brennweite des Objektivs einer Fernsehkamera mit der Zeilenzahl verkoppelt, weil ja durch die Zeilenzahl, wie oben dargelegt wurde, der günstigste Bildwinkel für das Empfangsbild bereits festgelegt ist. Ein Bild, dessen Schönheit in einer plastischen Tiefenwirkung liegt, sollte deshalb trotz der an und für sich zweidimensionalen Wiedergabe mit dem richtigen Bildwinkel aufgenommen werden, der sich z. B. für das 625-Zeilen-System zu etwa 20° ergibt (Abb. 193).

II. Die Bildwiedergabe.

1. Allgemeines.

Am Beginn der Entwicklung des Fernsehens wurden eine Reihe von Systemen vorgeschlagen und erprobt, die zur Wiedergabe von Fernsehbildern geeignet waren. Alle diese vorwiegend optisch-mechanischen Geräte wurden unbrauchbar, als die Anforderungen an die Feinheit der Bildzerlegung und die Bildgröße am Empfänger stiegen. Bei den heutigen in mehrere hundert Zeilen zerlegten Bildern sind sowohl aufnahmeseitig als auch empfängerseitig ausschließlich elektronisch arbeitende Systeme verwendbar, da mechanische Systeme bei der notwendigen hohen Abtastgeschwindigkeit versagen und deren lichtelektrischer Wirkungsgrad zu klein wird. So wie sich bei der Aufnahme von Fernsehbildern die speichernden Bildfängerröhren wegen ihrer hohen Lichtempfindlichkeit fast restlos durchgesetzt haben, spielt die BRAUNsche Röhre als „Bildschreiber" in Fernsehempfängern eine dominierende Rolle[1].

Die besonderen Vorteil dieses für die Fernsehtechnik so wichtigen Bauteils sind der hohe lichtelektrische Wirkungsgrad der Lumineszenz, die leistungslose Helligkeitssteuerung und nicht zuletzt die verhältnismäßig einfache und daher billige Herstellungsmöglichkeit.

Diesen Vorzügen stehen allerdings zwei Nachteile gegenüber.

a) Die Bildgröße ist aus technologischen Gründen begrenzt. Die größte zur Zeit hergestellte Röhre mit einer Bilddiagonale von 75 cm dürfte vorläufig die obere Grenze darstellen. Wünscht man größere Bilder, so muß man das auf der BRAUNschen Röhre erzeugte Bild optisch vergrößern und projizieren (vgl. Beitrag „Großprojektion", S. 259 ff.).

Durch das optische Abbildungssystem und die Unvollkommenheit des Projektionsschirmes tritt ein Lichtverlust ein, der nur durch Einsatz besonderer Mittel ausgeglichen werden kann. Ein anderer Weg zur Erzeugung großer und heller Bilder führt zum Lichtrelais. Darunter ist ein

---

[1] Es erübrigt sich, in diesem Beitrag auf die Konstruktion der BRAUNschen Röhre näher einzugehen. Hier werden nur die für die Bildwirkung maßgebenden Eigenschaften besprochen.

Medium (z. B. Schirm) zu verstehen, dessen Lichtdurchlässigkeit bzw. Reflexionsgrad durch den Abtastvorgang gesteuert wird und welches in den Strahlengang einer normalen konstant leuchtenden Projektionslampe gebracht wird. Es sind verschiedene Ideen bekanntgeworden [2], jedoch ist bisher nur das Eidophor [3] bis zur technischen Reife durchgebildet worden. Auch das Zwischenfilmverfahren [4] kann als Relais bezeichnet werden.

b) Eine Unterstützung der Speicherwirkung des Auges, die zur Vermeidung des Flimmerns wünschenswert ist (vgl. S. 237), kann mit der BRAUNschen Röhre nur recht unvollkommen herbeigeführt werden. Der Grund hierfür ist, daß der An- und Abklingvorgang der Lumineszenz bei allen bekannten Schirmmaterialien nach einer e-Funktion verläuft. Durch Mischung mehrerer Phosphore mit verschiedener Nachleuchtdauer läßt sich zwar, wie in Abb. 196 dargestellt ist, die Abklingkurve beeinflussen, praktisch muß man jedoch die Nachleuchtdauer so wählen, daß die Leuchtdichte nach einem Bildablauf auf weniger als 1% abgefallen ist, damit helle Teile des Bildes bei Bewegungen kein „Fahnenziehen" verursachen.

Unter diesen Gesichtspunkten wäre die Anwendung eines speichernden Bildschirmes [5] für den Fernsehempfang sinnvoll. Eine derartige Anordnung müßte die Eigenschaft haben, daß die durch den Abtaststrahl an jeder Stelle des Bildfeldes angeregte Leuchtdichte in nahezu konstanter Größe bestehenbleibt, bis nach einem Bildablauf der nachfolgende Abtastvorgang die bestehende Leuchtdichteverteilung entsprechend der Bewegung im Bild korrigiert.

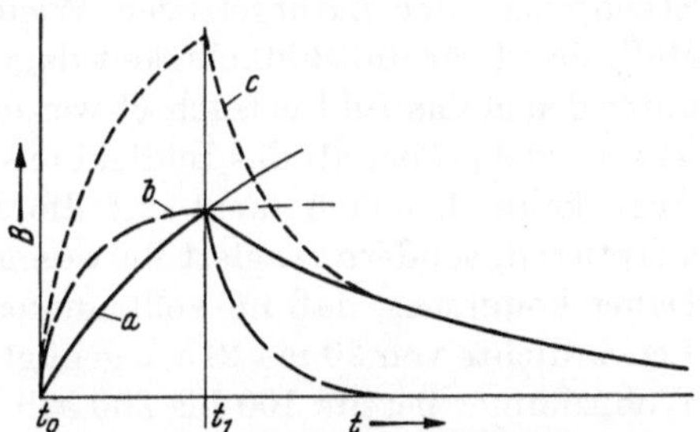

Abb. 196. Abklingzeitkonstante bei Mischung verschiedener Phosphore. a Lang nachleuchtender Phosphor. b Kurz nachleuchtender Phosphor. c Resultierender Verlauf.

2. Aufbau des Empfangsbildes.

Die wichtigsten Komponenten, die zur Beurteilung des Empfangsbildes dienen können, sind:

a) Leuchtdichte; — b) Kontrast; — c) Gradation; — d) Auflösung.

a) und b) sind reine Empfängereigenschaften, die vom Konstrukteur in gewissen Grenzen frei gewählt werden können, während c) und d) die eigentlichen Bestimmungsstücke des vom Sender zum Empfänger übertragenen Bildsignals sind. In diesem Sinne ist die Gradation, d. h. die relative Zuordnung der verschiedenen Helligkeitswerte im Bild, durch die jeweilige Größe des Bildsignals gegeben. Die Auflösung, d. h. das Maß für die Konturenschärfe, wird durch die Sprungfunktion zwischen zwei verschiedenen Helligkeitswerten im Bildsignal bestimmt.

a) Die Leuchtdichte. Die Beleuchtung in der Natur kann z. B. bei Sonnenschein im Sommer über 100000 Lux betragen, während unser Auge auch bei einigen Lux noch funktioniert. Es wäre jedoch nicht sinnvoll und zudem technisch unmöglich, diese Verhältnisse am Empfänger nachbilden zu wollen, denn das Auge kann allzu große Leuchtdichtedifferenzen nicht unmittelbar, sondern nur mit Hilfe des Adaptionsvermögens verarbeiten. Bei der Adaption wird der Meßbereich des Auges automatisch und unmerklich der mittleren Leuchtdichte des Gesichtsfeldes angepaßt. Dies bedeutet, daß uns — zumindest im mittleren Empfindlichkeitsbereich — die absolute Leuchtdichte kaum zum Bewußtsein kommt und somit auch die Leuchtdichte des Empfangsbildes vom Standpunkt der naturgetreuen Wiedergabe keine große Rolle spielt. Maßgebend für die Bildhelligkeit dagegen sind die Umweltbedingungen, unter denen das Bild betrachtet werden soll. Das Gesichtsfeld des Auges ist sehr viel größer als das Bildfeld unseres Empfängers (vgl. S. 238). Das Auge kann demnach nicht auf die Leuchtdichte des Empfangsbildes adaptieren, sondern reagiert im wesentlichen auf die Raumbeleuchtung. Daher kommt es, daß im vollkommen verdunkelten Raum (Kino) eine Leuchtdichte von 30 bis 40 asb genügt, während im leicht abgedunkelten Wohnzimmer bereits 100 bis 300 asb in den hellen Bildpartien notwendig sind.

Mit modernen Bildröhren, die je nach Schirmgröße mit Anodenspannungen von 10 bis 20 kV betrieben werden, können ohne Schwierigkeiten scheinbare Leuchtdichten von mehr als 300 asb erzeugt werden, so daß auch bei Anwendung von Grauglasfiltern (vgl. S. 246) Bilder mit ausreichender Helligkeit entstehen. Die obere Grenze ist bei 50 Teilbildern/sek meist durch das Auftreten des Flimmerns gegeben.

Schwerer zu beherrschen, jedoch ausschlaggebend für die Bildwirkung sind der Kontrastumfang und die richtige Abstufung der verschiedenen Helligkeitswerte (Gradation).

b) Der Kontrast. Der Kontrastumfang natürlicher Bilder kann außerordentlich groß sein. Das Auge ist (bei feststehender Adaption) in der Lage, etwa 1:1000 aufzunehmen. Darüber hinaus tritt im allgemeinen Blendung ein. Die besten künstlichen Bilder, z. B. Diapositive, erreichen einen Kontrastumfang von 1:300, normale Spielfilme etwa 1:100 und die üblichen auf Papier kopierten oder vergrößerten Photos nicht mehr als 1:30. Diese Grenzen sind durch die Unvollkommenheit der Optik und des Bildträgermaterials gegeben.

Auch der Kontrastumfang von Fernsehbildern auf der BRAUNschen Röhre wird durch optische Einflüsse, nicht jedoch durch die elektrische

Steuercharakteristik bestimmt, wobei die Kontrastminderung ausschließlich durch Aufhellung der schwarzen Bildpartien eintritt.

Im einzelnen können folgende Einflüsse unterschieden werden:

α) Aufhellung des Leuchtschirms durch die Raumbeleuchtung;

β) Aufhellung des Leuchtschirmes durch Licht, welches in den Innenraum des Röhrenkolbens abgestrahlt und zum Schirm zurückgeworfen wird;

γ) Lichthofbildung durch Totalreflexion innerhalb des Schirmbodens.

α) und β) vermindern den überhaupt erreichbaren „Maximalkontrast", d. h. die über zusammenhängende Flächen gemessene größte Leuchtdichtedifferenz. γ) begrenzt zusätzlich den „Kontrast im kleinen". d. h. die erreichbare Leuchtdichtedifferenz zwischen einer größeren hellen Fläche in welcher sich eine kleine schwarze Bildstelle befindet. Die Lichthofbildung läßt sich konstruktiv nur unvollkommen beseitigen. Der „Kontrast im kleinen" ist um den Faktor 5 bis 10 kleiner als der „Maximalkontrast". Normale Bildröhren ohne besondere Vorkehrungen erreichen einen „Maximalkontrast" von 1:30 bis 1:50 und einen „Kontrast im kleinen', von etwa 1:5 im vollkommen verdunkelten Raum. Durch eine Reihe von konstruktiven Maßnahmen konnten diese Werte bei modernen Bildröhren wesentlich verbessert werden, und es scheint, daß auch in Zukunft noch weitere Fortschritte zu erwarten sind.

Den Einfluß der Raumbeleuchtung würde im Prinzip durch einen schwarzen Bildschirm [6], der alles auffallende Licht verschluckt und durch den Elektronenstrahl zum Aufleuchten gebracht wird, beseitigt. Geeignete dunkle Phosphore sind allerdings nicht bekannt. Eine andere Möglichkeit besteht darin, den Bildschirm weitgehend durchsichtig zu machen und das Innere des Röhrenkolbens mit einem tiefschwarzen Belag zu versehen.

Eine gewisse Verbesserung des Kontrastumfanges im beleuchteten Raum erhält man durch ein lichtabsorbierendes Graufilter, welches man vor den Bildschirm setzt. Die Wirkung besteht darin, daß dieses Filter vom Raumlicht zweimal, dagegen vom Licht des Bildschirmes nur einmal durchlaufen werden muß.

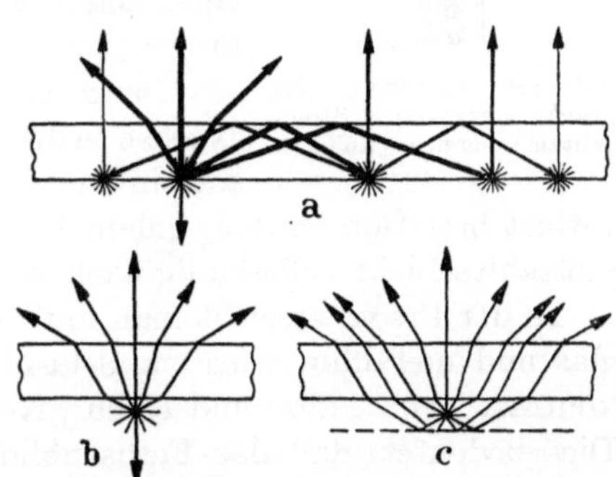

Abb. 197. Fortpflanzung des von einem Leuchtschirmelement ausgehendes Lichtes. a Optischer Kontakt zwischen Schirm und Glasboden (Lichthofbildung). b Kein optischer Kontakt. c Metallspiegel auf der Innenseite des Leuchtschirmes.

Die Lichthofbildung tritt durch Totalreflektion des Lichtes an der äußeren Glasluftfläche des Kolbens auf, wenn das vom Elektronenstrahl erregte Schirmteilchen optischen Kontakt mit dem Glas hat (Abb. 197). Da ein erheblicher Teil der Leuchtschirmelemente am Glas anliegt, geht auch ein merklicher Teil des erzeugten Lichtes in die Lichthöfe. Dadurch werden dunkle Bilddetails in der Umgebung von hellen Flächen aufgehellt, d. h. „der Kontrast im kleinen" vermindert.

Das unmittelbar vom Leuchtschirm ausgehende Licht legt im Glas einen sehr viel kürzeren Weg zurück als das Licht, welches die Lichthöfe erzeugt. Es ist deshalb vorteilhaft, das Glas des Schirmbodens neutralgrau einzufärben, derart, daß bei einmaligem Lichtdurchgang eine Absorption von 30 bis 50% eintritt. Der geringen Verminderung der wirksamen Leuchtdichte steht dann eine wesentliche Kontrastverbesserung gegenüber, wobei die Lichtabsorption im Schirmboden gleichzeitig der bereits oben beschriebenen Kontrastminderung durch Raumlicht entgegenwirkt.

Bei richtig dimensioniertem Leuchtschirm werden mindestens 50%, im allgemeinen sogar mehr als 50% des Gesamtlichtes nach hinten abgestrahlt. Dies bedeutet nicht nur Verlust an nützlicher Leuchtdichte, sondern auch Kontrastverlust. Es wirken hier mehrere Ursachen zusammen:

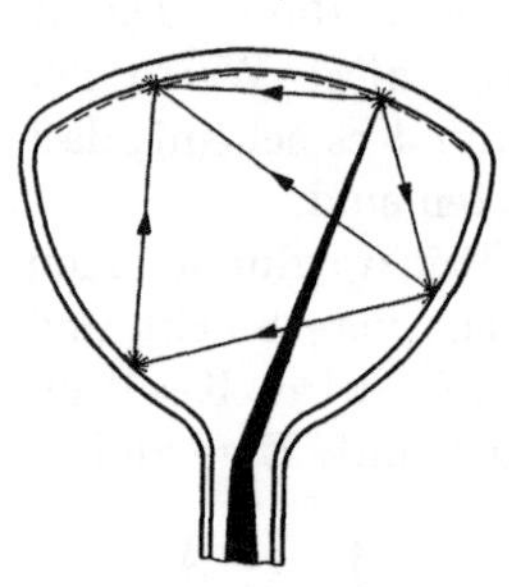

Abb. 198. Aufhellung des Leuchtschirmes durch Streulicht im Inneren des Kolbens.

Unmittelbar wird der Schirm infolge seiner kugeligen Wölbung von sämtlichen hellen Stellen angestrahlt (Abb. 198), mittelbar geschieht dies durch diffuse Reflexion des Lichtes an der inneren Kolbenwand. Der letztere Einfluß kann durch Aufbringung eines mattschwarzen Belages im Kolbeninnern reduziert werden (s. a. S. 265).

Neuerdings ist die technische Durchbildung einer schon viele Jahre zurückliegenden Idee gelungen.

Durch Aufdampfen eines Metallspiegels auf die Rückseite des Leuchtschirmes kann offensichtlich sowohl der Lichtverlust als auch der Kontrastverlust beseitigt werden, indem das vom Leuchtmaterial nach hinten abgestrahlte Licht vollständig nach vorn zurückgespiegelt wird.

In der Praxis erreicht man mit modernen Bildröhren, die mit Filterglas und metallhinterlegtem Schirm ausgerüstet sind, einen „Maximalkontrast" von 1:200 und einen „Kontrast im kleinen" von etwa 1:20. Dies bedeutet, daß das Fernsehbild in dieser Beziehung einem guten Kinobild kaum nachsteht, wenn die Raumbeleuchtung in mäßigen Grenzen gehalten wird.

c) Die Gradation. Die maximale Leuchtdichte und der Kontrastumfang können bei Betrachtung eines Fernsehbildes ohne weiteres beurteilt werden. Beide Komponenten können sogar in den vom Empfängerkonstrukteur vorgesehenen Grenzen durch zwei unabhängige Einstellknöpfe verändert werden. Bei einiger Übung läßt sich auch feststellen, ob annähernd die normgemäße Auflösung im Bild vorhanden ist, da die Konturenschärfe in horizontaler und vertikaler Richtung etwa gleich sein muß. Dagegen ist die Beurteilung der Gradation im Bild nicht ohne weiteres möglich, weil der Vergleich mit dem Original fehlt.

Selbst wenn Original und Bild unmittelbar nebeneinander beobachtet werden können, wie dies z. B. im Regieraum eines Fernsehstudios der Fall ist, wird die Beurteilung dadurch erschwert, daß die natürlichen Farben der Originalszene beim Schwarz-Weiß-Fernsehen in entsprechende Helligkeitswerte umgesetzt werden.

Es ist leicht einzusehen, daß gerade beim Schwarz-Weiß-Fernsehen der richtigen Gradation zumindest die gleiche Bedeutung zukommt wie der Auflösung und beispielsweise der exakten Synchronisierung. Fehler in der Auflösung sind durch lineare Verzerrungen (Frequenzgang) und Laufzeitverzerrungen (Phasengang) bedingt, während Gradationsfehler durch Kennlinienkrümmungen (nichtlineare Verzerrungen, Klirrfaktor) verursacht werden. Über den zulässigen „Klirrfaktor" einer Fernseh-

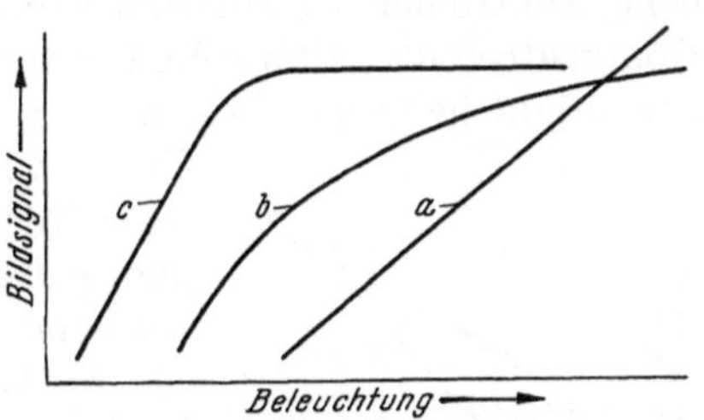

Abb. 199. Kennlinien verschiedener Bildaufnahmeröhren. *a* Photozelle. *b* Superikonoskop. *c* Image-Orthicon.

anlage sind verhältnismäßig wenig Vorschläge bzw. Vorschriften bekannt. Der Grund dürfte darin liegen, daß die Verhältnisse bei den Aufnahme- und Wiedergabegeräten recht schwer zu erfassen sind.

Der Übertragungskanal selbst kann leicht ausreichend verzerrungsfrei gehalten werden, zumal die Anforderungen an den Klirrfaktor im Falle der Bildübertragung wesentlich geringer sind, als dies für Tonübertragung der Fall ist. Dagegen haben die verschiedenen Aufnahmegeräte, die das optische Bild in das elektrische Signal umwandeln, sehr unterschiedliche Kennlinien. In Abb. 199 ist der prinzipielle Verlauf der Kennlinien einiger typischer Aufnahmeröhren gezeichnet. Praktisch geradlinig arbeitet die Photozelle (z. B. in Verbindung mit dem Lichtstrahlabtaster), eine stetig gekrümmte Kennlinie besitzt das Ikonoskop, die Kennlinie des Image-Orthicons weist eine Sättigung auf.

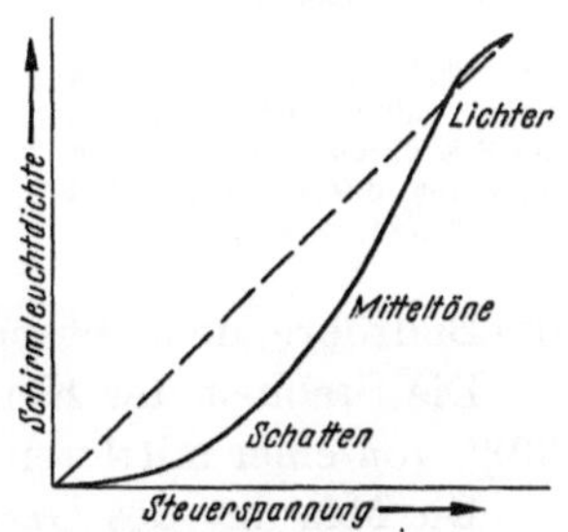

Abb. 200. Steuercharakteristik einer Braunschen Röhre.

Die Steuerkennlinie der BRAUNschen Röhre als Bildwiedergabegerät nimmt eine besondere Stellung ein. Die Form der Kennlinie entspricht etwa derjenigen einer Raumladungssteuerung ähnlich einer normalen Verstärkerröhre (Abb. 200). Bei großen Strahlströmen tritt allerdings infolge Sättigung des Leuchtschirmes eine

Abweichung ein. Bei genauer Untersuchung ergibt sich, daß der Exponent auch im unteren Teil des Kurvenverlaufes nicht konstant ist.

Während nun bei Verstärkerröhren zur Vermeidung von Verzerrungen der „geradlinige Teil" der Kennlinie ausgenützt wird, muß naturgemäß bei der Bildröhre stets die Kennlinie von Null an durchgesteuert werden, weil eine schwarze Bildstelle nur bei fast unterdrücktem Strahlstrom erzeugt werden kann. Auch eine unmittelbare Linearisierung der Kennlinie ist wegen des kleinen Kathodenstromes und der notwendigen Bandbreite im Gegenkopplungskanal praktisch nicht durchführbar. Setzt man also eine lineare Abhängigkeit zwischen Leuchtdichte des Originals und Steuerspannung der Bildröhre voraus, so ergibt sich naturgemäß eine außerordentlich große Gradationsverzerrung:

Die Zeichnung in den dunklen Bildpartien geht verloren, und die Lichter werden übertrieben hell wiedergegeben.

Es gibt Anwendungsgebiete für das Fernsehen, bei denen absichtliche, kontrollierte Gradationsverzerrungen nützlich sind (Mikroskopie, Röntgentechnik, Filmtechnik); für den Fernsehrundfunk jedoch muß eine originalgetreue Abstufung der Helligkeitswerte angestrebt werden.

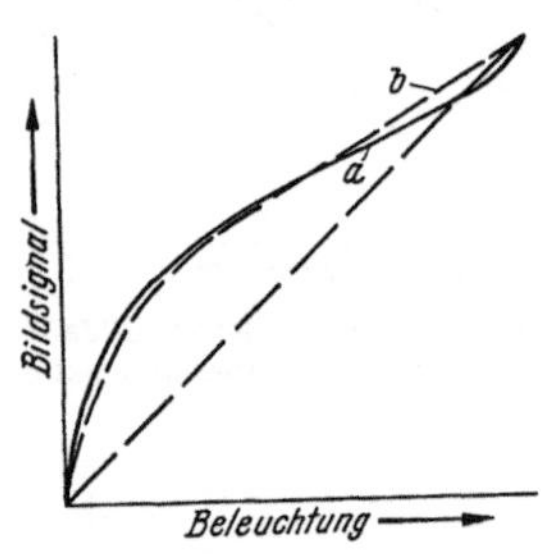

Abb. 201. Verzerrte Modulationskennlinie zur Entzerrung der Bildröhrenkennlinie (a). Annäherung durch Exponentialkurve, $\gamma = 0{,}5$ (b).

Um den Aufwand im Empfänger klein zu halten, wird man die notwendige Entzerrung einer „normalisierten" Bildröhrencharakteristik auf der Sendeseite vornehmen (Abb. 201). Hierbei ist die Kennlinie der Aufnahmeröhre in die Entzerrung einzubeziehen. Beim Superikonoskop z. B. erübrigt sich im allgemeinen eine zusätzliche Entzerrung, da dessen Kennlinie praktisch die benötigte Entzerrung schon enthält (Abb. 199 b).

Es zeigt sich im praktischen Betrieb, daß eine Entzerrung mittels einer Exponentialkurve die Bildqualität schon ganz erheblich verbessert. Eine günstige Annäherung ist $\gamma = 2$ für die Bildröhre, dem entspricht also eine Modulationskennlinie mit $\gamma = 0{,}5$.

Die Steilheit der Kennlinie „über alles" sollte dann nicht mehr als 30% von einer mittleren Steilheit abweichen.

Die Messung des Gradationsverlaufes „über alles" geschieht zweckmäßig mittels eines Graukeiles, dessen Stufung logarithmisch, entsprechend der Augenempfindung, zwischen einer gewählten Leuchtdichtedifferenz verläuft.

Bekanntlich baut sich das Bildsignal auf einen festen Bezugspegel (Schwarzpegel) auf. Jede Verfeinerung der Gradation erfordert von vornherein eine höhere Konstanz dieses Schwarzpegels. Besonders hohe Anforderungen werden daher an die Schaltungen der Aufnahmeröhre, des gesamten Übertragungskanals und des Empfängers gestellt, da infolge der Entzerrung die Steilheit der Modulationskennlinie in den Schattenpartien bis zu einer Zehnerpotenz höher sein kann, als die mittlere Steilheit.

3. Die Geometrie im Fernsehbild.

Wie bereits einleitend erwähnt, wird die Übertragung von Fernsehbildern durch einen Abtastvorgang ermöglicht, derart, daß in zeitlich vorgegebener Folge die einzelnen Bildelemente des Originals nacheinander übertragen werden. Im Empfangsbild muß dementsprechend die gleiche geometrische Ordnung der Bildelemente wiederhergestellt werden. Zu diesem Zwecke werden in bekannter Weise, unabhängig vom Bildsignal, noch Synchronsignale übertragen, die das Ende jeder Zeile und jedes Teilbildes zeitlich fixieren.

Der Ablauf des Abtastvorgangs zwischen den einzelnen Synchronimpulsen muß dann normgemäß (z. B. zeitlinear in horizontaler und vertikaler Richtung) verlaufen, außerdem ist das Seitenverhältnis des Rasters, (z. B. 3:4) festzulegen. Genaugenommen muß noch bestimmt werden, daß das Raster rechteckig und die Zeilen selbst gerade Linien sein sollen.

Die Herstellung eines wirklich fehlerfreien Rasters ist verhältnismäßig schwierig. Bei modernen Bildaufnahmegeräten, bei denen die Höhe des technischen Aufwandes kaum ins Gewicht fällt, werden die Fehler so gering gehalten, daß sie nicht mehr sichtbar sind. Für den Empfängerkonstrukteur dagegen ist es wichtig zu wissen, wo die für das Auge noch tragbaren Grenzen liegen.

a) Die Ursache von geometrischen Verzerrungen. Es gibt viele Ursachen von geometrischen Rasterverzerrungen, die teils auf einen fehlerhaften zeitlichen Verlauf der Ablenkungspannungen bzw. Ströme zurückzuführen sind, teils durch die Konstruktion der Ablenkorgane oder die geometrischen Abmessungen der Bildröhre hervorgerufen werden.

In Abb. 202 sind einige typische Rasterfehler gezeichnet. Abb. 202a zeigt, wie sich eine Abweichung vom zeitlinearen Ablauf der Horizontalablenkung auswirkt. Trotz korrekter äußerer Begrenzung des Rasters wird der Bildinhalt verzerrt.

In Abb. 202b ist ein Trapezfehler dargestellt, der in dieser oder ähnlicher Form im allgemeinen durch falsche Justierung der Ablenkorgane und der BRAUNschen Röhre hervorgerufen wird.

Eine Rasterform, die insbesondere bei Weitwinkelröhren auftritt, ist in Abb. 202c dargestellt. Die „Kissenform" entsteht dann, wenn der Mittelpunkt des kugelförmigen Leuchtschirms weit außerhalb des Strahlablenkzentrums liegt (Abb. 203). Im Extremfall (d. h. bei planem Bildschirm) ist der Rasteraufbau auf dem Schirm nicht mehr direkt proportional zum Ablenkwinkel, sondern proportional dem Tangens des Ablenkwinkels. Der Fehler macht sich also besonders bei großen Ablenkwinkeln bemerkbar, und seine vollständige Beseitigung macht bei modernen Bildröhren, die einen Ablenkwinkel bis zu 90° erfordern, nicht geringe Schwierigkeiten.

Abb. 202d zeigt einen Rasterfehler, der z. B. durch Einwirkung eines

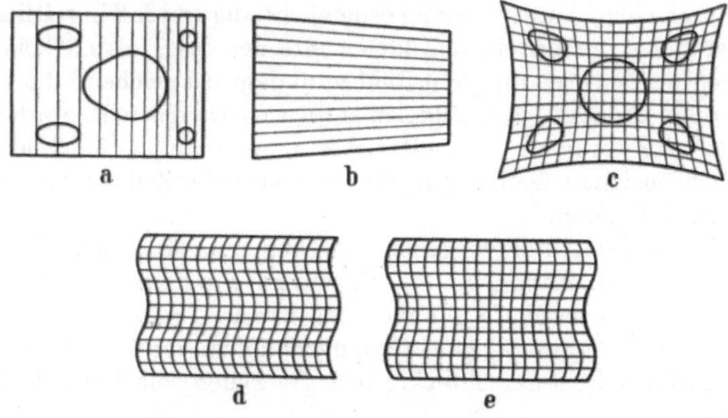

Abb. 202. Geometrische Verzerrungen des Rasters
a Ungleichmäßige Schreibgeschwindigkeit; — b Trapezform durch Justierfehler; — c Kissenform bei Weitwinkelröhren; — d Einwirkung eines Fremdfeldes auf den Abtaststrahl; — e Beeinflussung des Zeilenablenkgerätes durch das Netz.

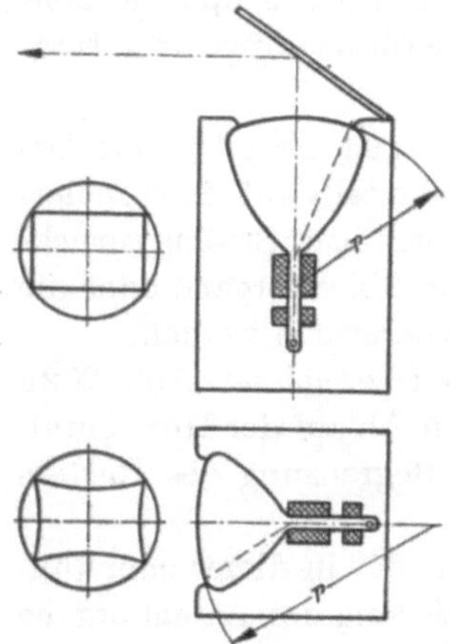

Abb. 203. Rasterverzerrung bei Weitwinkelröhren.

Fremdfeldes auf den Elektronenstrahl verursacht wird, während eine Rasterform nach Abb. 202e durch Modulation des Zeilenablenkstroms durch den Netzwechselstrom entsteht.

b) Der Einfluß von Geometriefehlern. Die Reaktion des Auges auf die verschiedenen Geometrieverzerrungen ist natürlich stark vom Bildinhalt selbst abhängig. Am kritischsten ist zweifellos die Übertragung eines Kreises. Die Verzerrung eines Kreises zu einer Ellipse mit einer Durchmesserdifferenz von 2% wird bereits deutlich wahrgenommen. Desgleichen sind Abweichungen vom rechten Winkel um wenige Grad sichtbar. Besonders auffallend werden die Verzerrungen, wenn z. B. bei Schwenkung der Aufnahmekamera der Bildinhalt durch das Bildfeld hindurchwandert oder wenn, wie das bei den Beispielen nach Abb. 202d und e vorkommen kann, die Verzerrung selbst langsam über die Bildfläche wandert.

Eine Abweichung von der geforderten konstanten Schreibgeschwindigkeit des Elektronenstrahls (Abb. 202a) ist verhältnismäßig unkritisch, wenn die Beschleunigung annähernd konstant ist. So ist eine Verzerrung noch kaum sichtbar, wenn ·sich die Schreibgeschwindigkeit innerhalb einer Abtastperiode um 10% ändert und der Abtastvorgang nach einer e-Funktion verläuft.

Beschleunigungsänderungen, z. B. infolge von Einschwingvorgängen im Ablenksystem oder Übersteuerung von Röhren, registriert das Auge jedoch sehr deutlich. Vor allem müssen plötzliche Geschwindigkeitssprünge vermieden werden. In Abb. 204 sind einige typische Weg-Zeit-Diagramme gezeichnet. a zeigt den fehlerfreien Verlauf, in b bis d ist die maximale Abweichung von der mittleren Geschwindigkeit immer die gleiche, die Beschleunigungsdifferenz jedoch sehr verschieden. Dementsprechend sind Verzerrungen nach b sehr viel weniger störend als diejenigen nach c und d. Demnach sollte zur Kennzeichnung derartiger Verzerrungen nicht allein die Abweichung von der vorgeschriebenen gleichförmigen Geschwindigkeit angegeben, sondern noch in geeigneter Weise der Verlauf der Beschleunigung einbezogen werden.

Fehler der Rasterform nach Abb. 202b werden merklich, wenn die Abweichung vom Rechteck größer als 3% wird. Bei Verzerrungen nach c und d sind sogar 1,5 bis 2% schon sichtbar, während die Verzerrungen nach e wegen der auf die Bildmitte bezogenen Symmetrie etwas weniger kritisch ist.

Noch wesentlich kleinere Werte ergeben sich, wenn der Geometriefehler im Bildfeld nicht still steht. Eine Wanderung entsteht dann, wenn die Frequenz von Abtastvorgang und Ursache der Verzerrung (z. B. Teilbildfrequenz und Netzfrequenz) voneinander abweichen. Die Höhe der Schwebungsfrequenz spielt hierbei eine große Rolle. Bleibt die Fre-

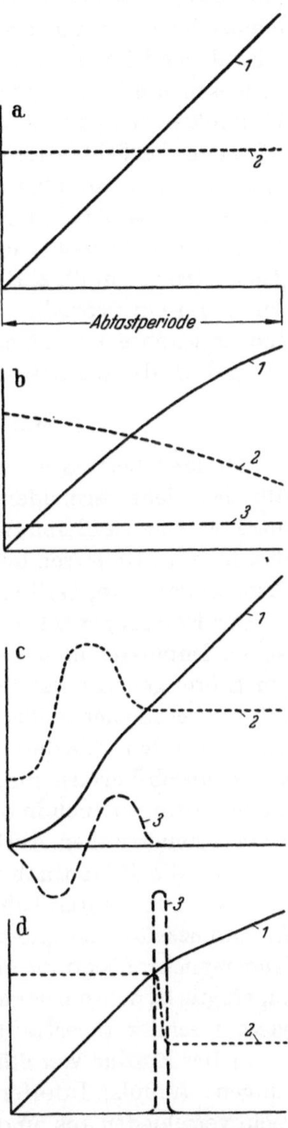

Abb. 204. Weg-Zeit-Diagramme einer Abtastperiode. — *1* Weg; — *2* Geschwindigkeit; —*3* Beschleunigung. a Konstante Geschwindigkeit; — b Konstante Beschleunigung; — c Einschwingvorgang; — d Geschwindigkeitssprung.

quenz unterhalb von etwa 0,2 Hz, so ist die Bewegung kaum sichtbar. Andererseits ergeben Schwebungsfrequenzen oberhalb von 10 Hz bereits eine Bewegungsverschmelzung, so daß sich die Störung nicht mehr als Geometrieverzerrung, sondern als Unschärfe im Bild bemerkbar macht. Kritisch sind Schwebungsfrequenzen von 1 bis 5 Hz. Unter diesen Verhältnissen muß die Verzerrung kleiner bleiben, als dem Abstand zweier Bildpunkte entspricht. Die kritische Schwebungsfrequenz tritt häufig auf, wenn die Teilbildfrequenz nicht mit der Netzfrequenz verkoppelt ist, sondern von einem konstanten Generator genau auf 50 Hz gehalten wird, oder wenn das Kraftnetz der Sendestation mit dem Netz, an dem der Empfänger betrieben wird, nicht synchron läuft. Der dann auftretende „Geometriebrumm“, z. B. der Form d in Abb. 202, muß unter 1,5 $^0/_{00}$ bleiben, wenn ein 625zeiliges Bild übertragen wird. Unter Zugrundelegung einer Bildröhre mit 35 cm Diagonale und einer Zeilenlänge von etwa 30 cm darf also die „Brummamplitude“ nicht größer als 0,4 mm sein.

4. Störungen beim Fernsehempfang.

Bei der Übertragung von Fernsehbildern über größere Entfernungen läßt sich nicht vermeiden, daß zu dem Nutzsignal noch Störsignale hinzutreten. Diese äußeren Störungen können die Form von Impulsen (Autozündfunken, Radarsender) oder auch Sinuscharakter (Rundfunksender, Diathermiegeräte, Oszillatorstrahlung benachbarter Empfänger) haben.

Der Empfänger selbst kann die Ursache von inneren Störungen sein. Neben Impulsstörungen (Hochspannungsdurchschläge) und sinusförmigen Störungen (Pfeifstellen durch Interferenz) treten Rauschstörungen auf, die bei kleiner Feldstärke in der Eingangsschaltung des Empfängers erzeugt werden. Alle diese Störungen machen sich nicht nur auf dem Bildschirm durch Verfälschung der momentanen Helligkeitswerte bemerkbar, sondern dringen auch in die Synchronisierschaltung ein und können Fehler im geometrischen Aufbau des Bildes hervorrufen.

Auch die Bildaufnahmegeräte liefern im allgemeinen ein mit einem gewissen Schrotanteil behaftetes Bildsignal an den Sender. Diese auf der Aufnahmeseite entstandenen Rauschstörungen jedoch können die Empfängersynchronisierung nicht beeinflussen, weil das zum Bildsignal hinzugefügte Synchronisiersignal natürlich keine Störungen enthält, wenn es vom Sender abgestrahlt wird.

a) Der Einfluß von Störungen im Fernsehbild. Die drei typischen Störungen: Impuls, Interferenz und Rausch wirken sich im Fernsehbild recht verschieden aus, und es ist nicht nur für die Empfängerentwicklung, sondern auch für die Planung des gesamten Fernsehsendernetzes von großer Bedeutung, welches Störungsmaß dem Auge zumutbar ist. Natürlich wird bei der zahlenmäßigen Festlegung für die Aufnahmegeräte und für die Weitverkehrsverbindungen ein strengerer Maßstab angelegt, als beim Bild auf dem Fernsehempfänger. Auf der Sendeseite ist demnach ein Wert „eben noch nicht sichtbar" maßgebend, am Empfangsbild interessiert der Wert „sichtbar, noch nicht störend".

Impulsartige Störungen haben erfahrungsgemäß eine Dauer zwischen 1 und 10 μsek, erstrecken sich also über einen Bruchteil der Zeilendauer. Wichtig für die Störwirkung sind Häufigkeit und Richtung der Impulse. Einzelimpulse, die die Bildröhre dunkel tasten, beeinflussen selbst bei voller Durchmodulation den Bildeindruck praktisch nicht. Hierin zeigt sich ein großer Vorteil der Negativmodulation. Die Wahrscheinlichkeit, daß Störimpulse, die zusammen mit dem Bildträger von der Antenne aufgenommen werden, die Eingangsspannung des Empfängers verkleinern, ist sehr gering. Im allgemeinen wird der Störimpuls eine kurzzeitige Vergrößerung der Trägerspannung vortäuschen. Bei Negativmodulation bedeutet dies eine Dunkeltastung der Bildröhre. Umgekehrt erscheint eine derartige Störung bei Positivmodulation als heller kurzer Strich. Mehrere über das Bildfeld verteilte helle Impulse stören bereits den Bildeindruck, wenn deren Amplitude 20% der gesamten Durchsteuerung erreicht. Besonders schädlich sind Impulse, welche die Bildröhre übersteuern und dabei eine Defokussierung des Abtaststrahles bewirken.

Interferenzstörungen werden im Bild sichtbar, wenn die nach der Gleichrichtung auftretende Schwebungsfrequenz in das Videofrequenzband fällt. Schwebungsfrequenzen unterhalb der Zeilenfrequenz erzeugen waagerecht liegende Streifen. Liegt die Schwebungsfrequenz über der Zeilenfrequenz, so ergeben sich Streifen, die jeden beliebigen Winkel innerhalb des Bildfeldes einnehmen können. Mit wachsender Frequenz werden die Streifen schmaler, bei Erreichen der videofrequenten Grenze liegen die Störstreifen fast ebenso eng aneinander wie die Zeilen des Rasters, so daß bei großer Störamplitude die Zeilenstruktur in eine Punktstruktur übergeht.

Allgemein ist das Auge gegen Interferenzstörungen sehr empfindlich. Bei niedrigen Schwebungsfrequenzen — z. B. bei 5- bis 10facher Teilbild- oder Zeilenfrequenz — darf die Störamplitude 2% der Schwarz-Weiß-Amplitude nicht überschreiten. Bei höheren Frequenzen steigt der zulässige Störanteil an, in der Nähe der Grenzfrequenz können 15% als zulässig angesehen werden.

Beim sogenannten „offset-carrier"-Verfahren [7] wird die Tatsache ausgenützt, daß die Störwirkung auffallend gering ist, wenn die Schwebungsfrequenz gleich der halben Zeilenfrequenz wird (vgl. a. S. 383). Grund hierfür ist, daß die Streifen mit jeder zweiten Zeile zusammenfallen, d. h. sehr eng aneinanderliegen, und bei ungerader Zeilenzahl nach jedem Bildablauf die Polarität wechseln.

Um über die Störungen des Bildes durch Schrot und Wärmerauschen vergleichende Angaben machen zu können, muß man zunächst nach einer geeigneten Definition der Rauschspannung suchen. Meßtechnisch erfaßbar ist der Effektivwert, gegebenenfalls auch der innerhalb einer gewissen Zeitspanne auftretende größte Scheitelwert. Beide Werte sind jedoch zur Kennzeichnung der Störwirkung nicht geeignet. Die Störung entsteht ja dadurch, daß sich der Momentanwert der Rauschspannung und die momentane Nutzspannung superponieren. Der Effektivwert sagt also zunächst nichts aus, aber auch der Scheitelwert kennzeichnet die Störung nicht, denn entsprechend ihrer Entstehungsursache unterliegt die Rauschspannung einer willkürlichen statistischen Schwankung, wobei die höchsten sehr weit über dem Effektivwert liegenden Spannungsspitzen nur sehr selten auftreten. Man setzt daher etwa den dreifachen Effektivwert an, und dieser äquivalente, „mittlere Scheitelwert", der experimentell ermittelt wurde, gibt dann die Störungen hinreichend genau wieder.

Unter der Annahme, daß das Frequenzspektrum der Rauschspannung dem natürlichen Wärmerauschen entspricht, darf der mittlere Scheitelwert für eine ausreichend gute Bildwiedergabe etwa 10% betragen. Wenn, wie dies durch bestimmte Schaltmaßnahmen im Verstärker des Bildgebers möglich ist, die tiefen Frequenzen der Schrotspannung unterdrückt sind, kann der zulässige mittlere Scheitelwert um den Faktor 2 bis 3 höher liegen.

Die Erfahrung zeigt, daß sich das Auge einen überraschend großen Rauschanteil oder auch starke Interferenzstörungen gefallen läßt, wenn die Synchronisierung durch die Störungen nicht beeinflußt wird. Das Auge ist dann in der Lage, die durch Störungen verlorengegangenen Details hinzuzukombinieren.

b) Der Einfluß von Synchronisierstörungen. Im vorangehenden Abschnitt wurde vorausgesetzt, daß die Störungen nur auf dem Bildschirm wirksam sind. Wie bereits erwähnt, wird jedoch, zumindest durch Störungen, die im Zuge der Übertragung auftreten, auch die Empfängersynchronisierung beeinflußt. Die daraus resultierende Verzerrung des geometrischen Bildaufbaus kann den Bildeindruck mehr beeinträchtigen als die entsprechende Verfälschung der Helligkeitswerte.

Impulsartige Störungen können unmittelbar die Synchronisierung nur dann stören, wenn sie zeitlich kurz vor oder während der Synchronisierimpulse einfallen. Im ungünstigsten Fall — bei einer teilweisen Auslöschung der Synchronisierimpulse — fällt ein Synchronisiervorgang ganz aus. Im allgemeinen wird der zeitliche Einsatz des Abtastvorgangs mehr oder weniger verlagert. Für die Vertikalablenkung ist die Wahrscheinlichkeit einer Störung sehr gering, Synchronisiereinsatzverlagerungen machen sich durch ein geringes Springen des gesamten Bildes in vertikaler Richtung bemerkbar und beeinflussen den Bildeindruck relativ wenig. Der vollständige Ausfall eines Synchronisiervorganges allerdings bedeutet, daß der Bildablauf je nach Eigenfrequenz des Vertikalablenkgerätes bis zu 1 Sekunde lang gestört sein kann.

Für die Horizontalablenkung ist die Wahrscheinlichkeit, daß eine Störung im kritischen Zeitpunkt auftritt, höher, jedoch ist der falsche Einsatz einer einzelnen Zeile noch kaum sichtbar. Kritischer ist die Tatsache, daß stärkere Störimpulse durch Übersteuerung des Verstärkers oder der Impulsstufen den Ausfall ganzer Zeilengruppen verursachen können [8].

Sinusförmige Störspannungen oder auch Rauschspannungen machen sich in der Vertikalsynchronisierung kaum bemerkbar, solange die Amplitude nicht so groß ist, daß der Bildinhalt selbst schon erheblich gestört ist. Daher sind im allgemeinen keine besonderen Maßnahmen zur Aufrechterhaltung der Vertikalsynchronisierung notwendig.

Die Störanfälligkeit der Synchronisierung wird entscheidend beeinflußt durch die Steilheit der Synchronisierimpulse. Je kleiner die Anstiegzeit der synchronisierenden Impulsflanke im Verhältnis zur Abtastzeit ist, desto weniger kann eine Störung in den Synchronisiervorgang eingreifen. Da die Vertikalimpulse die gleiche absolute Anstiegzeit wie die Horizontalimpulse haben, ist also die Vertikalsynchronisierung um den Faktor „Zeilenzahl" (bzw. „halbe Zeilenzahl" beim Zwischenzeilenverfahren) im Vorteil.

Die Bandbreite des Übertragungskanals begrenzt die Impulssteilheit, weil der Impuls auf dem gleichen Wege wie die Bildsignale übertragen werden muß. Die Norm gestattet sogar eine Impulsanstiegzeit, die etwa dreimal so lang sein darf wie die Bildpunktdauer. Daraus folgt, daß die Horizontalsynchronisierung sehr störanfällig ist. Selbst für den Fall, daß die Impulssteilheit innerhalb des Empfängers exakt bis zum Ablenkgerät erhalten bleibt, kann eine Versetzung der Zeilen um 2 bis 3 Bildpunkte eintreten. Praktisch kann man, je nach Wahl der Schaltung, noch größere Fehler feststellen. Hierbei geht insbesondere die Auflösung von vertikalen Details verloren (Abb. 205).

Zur Vermeidung dieses Effektes sind zahlreiche Schaltmaßnahmen bekannt, die zum Ziel haben, den infolge der Störungen zeitlich schwankenden Synchronisiereinsatz durch Zwischenschalten einer „Schwungmasse" auf einen weitgehend konstanten Mittelwert zurückzuführen [9], [10]. Die Wirkung einer derartigen Schaltung ist in Abb. 205 deutlich zu erkennen. Die Bildsignale eines Diapositivabtasters wurden auf drahtlosem Wege einem normalen Empfänger zugeleitet, Bildzerlegung und Übertragung entsprechen der europäischen Norm (625 Z., 25 B./sek., Zwischenzeile, Restseitenband). Photographiert wurde ein Bildausschnitt mit etwa 400 Zeilen. Bild a wurde ohne Störung bei großer Feldstärke aufgenommen, bei Bild b und c wurde die Feldstärke so weit herabgesetzt, daß die vom Empfängereingang erzeugte mittlere Rauschamplitude etwa

Abb. 205 a.

Abb. 205 b.

Abb. 205 c.
Abb. 205. Photographische Aufnahme eines drahtlos übertragenen Fernsehbildes.
a Störungsfreier Empfang; — b Störung durch Rauschspannung im Bildfeld und in der Synchronisierung; — c Gleiche Einstellung wie b, jedoch Synchronisierung störungsfrei.

30% der Bildamplitude betrug. Bei vollkommen gleicher Empfänger-
einstellung wurde die Vertikalsynchronisierung bei b unmittelbar von
den Synchronisierimpulsen, bei c mittelbar über eine „Schwungradschal-
tung" gesteuert.

III. Zusammenfassung.

Beim Fernsehen wird die Bildübertragung durch Zerlegung des Bildfeldes in einzelne Elemente vorgenommen; die den Elementen entsprechenden Signale werden in vorgegebener zeitlicher Folge übertragen. Der
zeitliche Aufbau darf den Beobachter beim Betrachten des Empfangsbildes nicht stören. Deshalb müssen die Abtastgeschwindigkeit und die
Bildfrequenz dem physiologischen Sehvorgang und den vorhandenen
technischen Mitteln sorgfältig angepaßt werden.

Die hieraus abzuleitenden Anforderungen an den zeitlichen Bildauf-
bau können verhältnismäßig gut erfüllt werden. Dagegen ist die Nachahmung des dem Auge eigentümlichen großen Gesichtsfeldes durch ein
Fernsehbild nicht möglich. Es kann nur ein Bildausschnitt übertragen
werden. Der Ausschnitt ist desto größer, je höher die Bildpunktzahl bzw.
Zeilenzahl gewählt wird. Der Bildwinkel, unter dem das Empfangsbild
betrachtet werden kann, ist bei gegebenem Auflösungsvermögen des
Auges proportional der Zeilenzahl. Die Größe des Empfangsbildes wird

von der Zeilenzahl, den perspektivischen Gesetzen und dem Abstand des Augenpaares beeinflußt.

Zur Bildwiedergabe wird fast ausschließlich die BRAUNsche Röhre verwendet. Moderne Bildröhren sind in der Lage, neben ausreichender Auflösung die Anforderungen an die maximale Leuchtdichte und den Kontrastumfang hinreichend zu erfüllen. Einwandfreie Gradation ist nur durch Vorverzerrung der Bildsignale zu erreichen.

Geometrische Verzerrungen sind durch sorgfältige Ausbildung der Ablenkgeräte vermeidbar. Besonders kritisch sind Verzerrungen, die langsam über das Bildfeld wandern.

Impulsförmige Störungen, Interferenzschwingungen oder Rauschspannungen verfälschen die Helligkeitsverteilung im Bildfeld, können aber auch die Synchronisierung beeinflussen. Dabei ist zu beobachten, daß der Bildeindruck durch fehlerhafte Synchronisierung unter Umständen stärker beeinträchtigt wird als durch fehlerhafte Helligkeitssteuerung. Es ist deshalb zweckmäßig, insbesondere die Vertikalsynchronisierung durch besondere Schaltungsmaßnahmen weitgehend unempfindlich gegen Störungen zu machen.

Literatur.

[1] SCHOBER, H.: Das Sehen. Mühlhausen 1950. — [2] ARDENNE, M. v.: Zur Ausführung von elektrischen Strahlspeicherprojektionsröhren. S. 403, TFT 1939; A. H. ROSENTHAL: Proc. I. R. E., Mai 1949, S. 30. — [3] FISCHER, F., u. H. THIEMANN: Theoretische Betrachtungen über ein neues Verfahren der Fernsehgroßprojektion. Schweiz. Arch. f. angew. Wiss. u. Technik, Bd. 7 (1941) H. 11 u. 12 und Bd. 8 (1942) H. 1, 5, 6, 7, 10. — [4] SCHUBERT, G.: Über den kontinuierlich arbeitenden Großprojektionsempfänger. Fernsehen, Bd. 5 (1934) S. 27. — [5] KIRSCHSTEIN u. KRAWINKEL: Fernsehen, S. 124. Stuttgart 1952. — [6] Brit. Pat. Nr. 58 1030. — [7] RCA Review 1950, S. 99 und S. 287. — [8] DILLENBURGER, W.: Aufbau und Arbeitsweise des Fernsehempfängers, S. 140. Berlin 1952. — [9] Siehe [8], S. 151. — [10] KERKHOFF u. WERNER: Fernsehen, Philips Techn. Bibliothek 1951, S. 188.

M. Heimprojektionsempfänger.

Von Dr. **O. Hilke**, Krefeld-Linn.

Mit 40 Abbildungen.

1. Vorteile des Projektionsverfahrens.

Will man große Fernsehbilder erzeugen, so gibt es zwei Wege: erstens können die Bildröhren vergrößert werden (in Amerika sind Röhren mit 17″, 19″, 21″, ja sogar mit 24″ keine Seltenheit) und zweitens kann auf einer kleinen Bildröhre ein so helles Bild erzeugt werden, daß dasselbe auf optischem Wege eine Vergrößerung zuläßt. Betrachten wir diese zwei Möglichkeiten und vergleichen den erforderlichen Aufwand, so sehen wir, daß der Bau einer Bildröhre mit mehr als 50 cm Durchmesser folgende Schwierigkeiten ergibt:

a) Der Atmosphärendruck auf das Bildfenster erfordert entweder eine sehr große Wandstärke oder eine starke Krümmung des Röhrenfensters. Ersteres würde eine Glasdicke von einigen Zentimetern ergeben, die nicht ganz einfach optisch einwandfrei herzustellen ist, und außerdem werden Absorptionen, Reflexionen sowie eine zusätzliche Parallaxe stören. Das letztere ergibt starke optische Verzeichnungen.

b) Die großen Röhren erfordern entsprechend große Vorrichtungen zum Einschmelzen, Pumpen und zur Bearbeitung.

c) Die Lagerung dieser Röhre würde viel Platz beanspruchen.

Wie sieht es nun mit dem Aufwand bei der Projektion aus?

Außer den von den normalen Direktsichtfernsehempfängern bekannten Bauelementen benötigen wir zur vergrößerten Abbildung des kleinen Bildes noch eine Optik und einen Schirm. Es hat sich gezeigt, daß bei dem augenblicklichen Stand der Technik in Europa bei Bildgrößen über 23″ (= 58 cm) die Projektionsgeräte billiger hergestellt werden können als die großen Direktsichtgeräte. Hier erscheint auch gleich ein wesentlicher Vorteil für den Verbraucher. Die Lebensdauer der Bildröhre ist begrenzt, und somit ist die Ersatzbeschaffung bei dem Projektionsgerät wegen der kleinen Röhre wesentlich billiger als bei der großen Röhre eines Direktsichtempfängers. Die Lebensdauer der Optik und des Schirmes sind praktisch unbegrenzt.

Da beim Projektionsempfänger zwischen der Bildgröße und dem Schirm die Vergrößerung als Parameter auftritt, kann die gewünschte Bildgröße in gewissen Grenzen frei gewählt werden, d. h., die Vergrößerung kann so groß gemacht werden, daß ein rechteckiges Bild mit geraden

17*

Begrenzungslinien erhalten wird. Schreibt man den Bildschirm der Bildröhre voll aus, so erhält man bei dem ausnutzbaren Durchmesser von
57 mm ein Bild von 48 × 36 mm, das an den Ecken abgerundet ist und
bei kaum zehnfacher Vergrößerung das Schirmbild von 45 × 34 cm
liefert. Bei der runden Direktsichtröhre hat man allgemein den Wunsch,
den Bildschirm weitgehend auszunutzen, und erhält ein Bild mit einer
doppelten D-Begrenzung anstatt eines Rechtecks.

Die Tiefe eines Projektionsempfängers kann bedeutend kleiner gehalten werden als die eines Gerätes mit gleich großem Bild einer Direktsichtröhre, selbst bei Weitwinkelröhren mit 70 bis 90° Ablenkwinkel. Desgleichen ist das Gewicht des Projektionsgerätes geringer.

Als weiterer wesentlicher Vorteil kann zugunsten des Projektionsempfängers gebucht werden, daß der Schirm keine Reflexion der Zimmerbeleuchtung gibt, sofern selektiv strahlende Schirme verwendet werden.

Durch diese selektive Reflexion des Bildschirmes wird erreicht, daß
der Kontrast bei mäßiger Zimmerbeleuchtung beim Projektionsgerät
günstiger erscheint als bei der Direktsichtröhre. In der gleichen Richtung
wirkt der dunklere Grundton des Schirmes.

Gegen diese Reflexion hat man bei der Direktsichtröhre Grau- oder
Rauchglas verwendet, das jedoch nur als Behelf gelten mag. In Amerika
werden jetzt Versuche angestellt, das Bildfenster der Direktsichtröhre
als Zylinder auszubilden, um eine definierte Lage der Reflexe zu erhalten.

Außerdem gestattet die Projektion eine größere mittlere Helligkeit,
ohne daß ein Flimmern auftritt. Dies ist dadurch bedingt, daß die Nachleuchtzeiten bei den Projektionsröhren wesentlich größer gewählt werden
können, als es zur Zeit bei den Direktsichtröhren fabrikatorisch möglich ist.

Bei großen Direktsichtröhren ergibt die Wölbung des Bildschirmes
Verzerrungen, die durch das vollkommen ebene Bild des Projektionsempfängers vermieden werden.

2. Konstruktion der Projektionsröhre.

Bei der Wahl der Projektionsröhre muß beachtet werden, daß
a) die Optik um so billiger wird, je kleiner das abzubildende Bild ist
und
b) eine ausreichende Helligkeit auf dem Bildschirm erzielt wird.

Legt man für die Helligkeit den doppelten Wert fest, den das Kinobild
aufweist, so benötigt man ~ 64 K/m². Das ergibt bei einer Bildfläche von
45×34 cm $= 0{,}15$ m², wenn angenommen wird, daß der Projektionsschirm vollkommen diffuses Licht aussendet, einen Lichtstrom von
$0{,}15 \cdot 64 \cdot \pi = 30$ Lumen. Wie sich später zeigen wird, ist die Abschwä-
chung durch die Optik etwa gleich der Verstärkung durch einen selektiv
strahlenden Schirm, und so müßte das Bildfenster der Röhre diesen Wert

von 30 lm ausstrahlen. Wird angenommen, daß die Bildfläche der Röhre angenähert nach dem LAMBERTschen Kosinusgesetz strahlt, so muß die Lichtstärke in Achsenrichtung etwa $30/\pi \sim 9{,}5$ Kerzen betragen.

Die Lichtausbeute von Leuchtstoffen liegt zwischen 1,6 und 3 Kerzen je Watt (Mittelwert ~ 2 K/W), so daß die gesamte Kerzenstärke von 9,5 K eine Leistung im Elektronenbündel von weniger als 5 Watt erfordert.

Röhren, die diese Leistung liefern, sind bereits im Handel. Gewählt wird, im Gegensatz zu Amerika, wo für Projektionen Röhren mit 120 bis 160 mm Durchmesser verwendet werden, eine Röhre MW 6—2 (Philips) mit einem Fensterdurchmesser ~ 60 mm, um einfachere optische Systeme verwenden zu können (Abb. 206). Auf der Röhre wird ein Bild erzeugt,

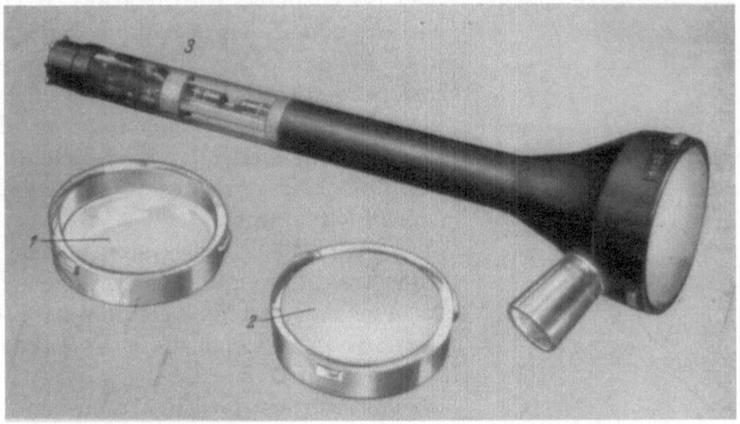

Abb. 206. *1* = Röhrenfenster vor, *2* = dasselbe nach dem Anbringen des Leuchtschirmes, *3* = komplette Röhre MW 6—2. (Aus Philips techn. Rundschau, 10. Jahrg., Nr. 5.)

das unter Berücksichtigung eines Verhältnisses von 4:3 für Bildbreite zur Bildhöhe 48×36 mm groß ist. (Diagonale $= \frac{5}{3} \cdot 36 = 60$ mm.)

Weiter interessiert die Größe des durch den Elektronenstrahl auf dem Leuchtschirm der Röhre erzeugten Punktes.

Dieser Lichtfleck ist in Wirklichkeit nicht scharf begrenzt, sondern zeigt eine Helligkeit, die in der Mitte am größten ist und nach außen zu gleichmäßig abnimmt. Definiert man als Punktdurchmesser d den Durchmesser des Kreises, auf dem die Helligkeit die Hälfte von derjenigen im Mittelpunkt ist, so wird folgende Gleichung erhalten:

$$d = C\sqrt{\frac{I_a}{U_a \cdot j_k}} \, . \tag{1}$$

$I_a, U_a = $ Strom und Spannung,
$j_k = $ Stromdichte an der Kathode,
$C = $ Faktor.

Gl. (1) zeigt, daß dieser Durchmesser um so kleiner wird, je kleiner die Stromstärke und je größer die Spannung gewählt wird. Legt man eine Anodenspannung von 25 kV zugrunde, so ergibt das bei der vorhin errechneten Leistung von 5 W einen Strom von 0,2 mA. Die Stromdichte j_k an der Kathode muß möglichst hoch gewählt werden. Mit diesem Wert kann ein Punktdurchmesser von 60 μ erreicht werden. Bei einer Bildhöhe von 36 mm und einer Zeilenzahl von 625 ergibt das eine Zeilenbreite von 65 μ (da etwa 10% der Zeilenzahl durch den Rücklauf verlorengehen).

Die gewählte Philipsröhre MW 6—2 kann mit einem Spitzenstrom bis 1,0 mAmp belastet werden. Das wären 25 W oder eine Lichtstärke von 40 K in Achsenrichtung.

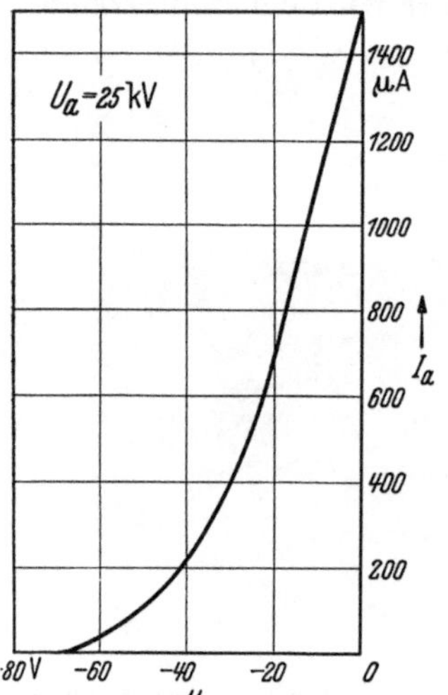

Abb. 207. Kennlinie $[I_a = f(U_g)]$ der Kathodenstrahlröhre MW 6—2 für $U_a = 25$ kV. (Aus Philips techn. Rundschau, 10. Jahrg., Nr. 5.)

Der Leuchtpunkt wird, wie aus Gl. (1) ersichtlich, erstens bei Zunahme der Stromstärke größer werden, und zweitens weiter vergrößert durch die Vergrößerung der emittierenden Oberfläche. Solange diese Unschärfe nur auf einige sehr helle Stellen beschränkt bleibt, wird es das gesamte Bild jedoch nicht stören.

Von dem Elektronensystem einer Kathodenstrahlröhre muß man verlangen, daß es eine möglichst steile Kennlinie $I_a = f(U_g)$ liefert. Abb. 207 zeigt diese Kennlinie der Bildröhre MW 6—2.

Früher wurden derartige Röhrensysteme nur mit Tetroden, d. h. Sauganoden ausgeführt. Es hat sich jedoch gezeigt, daß man auch mit einem Triodensystem einen Feldverlauf erzielen kann, der den Wünschen entspricht, und zwar durch eine passende Formgebung der Anode, eine günstige Wahl des Abstandes zwischen Anode und Gitter, sowie durch Anordnung eines mit Erde verbundenen Ringes zwischen Anode und Gitter. Einen Schnitt durch die Röhre MW 6—2 zeigt Abb. 208.

Die Elektroden sind auf keramische Isolatoren aufgebaut. Die Zentrierung des Gitters zur Anode bietet keine großen Schwierigkeiten.

Eine Besonderheit des in der Röhre MW 6—2 [1] angewendeten Triodensystems ist der sogenannte Funkenfänger, den Abb. 209 zeigt. Dieser ist ein zwischen Gitter und Anode angeordneter Ring, der mit Erde verbunden ist, und soll verhindern, daß, falls bei Überlastung der Röhre Gas frei wird, eine Entladung zwischen Anode und Kathode zustande kommt.

Wie wir später sehen werden, muß aus optischen Gründen das Röhrenfenster eine Kugelfläche darstellen. Es besteht aus Preßglas und wird, nachdem an der Innenseite der Leuchtschirm aufgebracht ist, an den konischen Teil des Kolbens geschmolzen (Abb. 206).

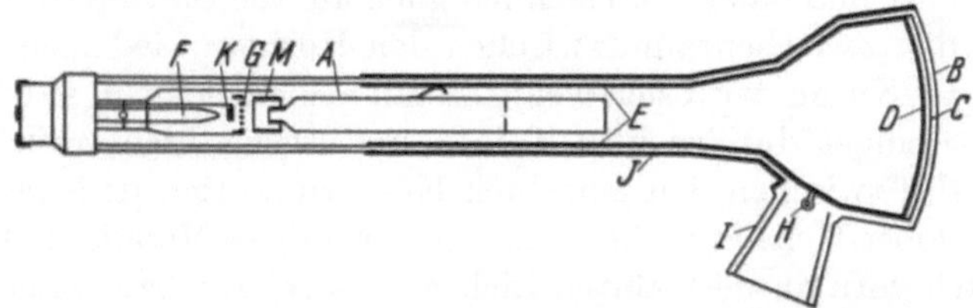

Abb. 208. Schnitt durch die Philips-Kathodenstrahlröhre MW 6–2 für Fernsehempfang mit Bildprojektion. F = Heizfaden, K = indirekt geheizte Oxydkathode, G = Gitter, A = Anode (die Form dieser Elektroden ist nur schematisch wiedergegeben) B = kugelförmig gewölbtes Fenster, C = Leuchtschirm, D = Reflektor, E = leitende Schicht (Fortsetzung von D, gleichzeitig Verbindung mit A), H = Anodenanschluß, I = Isolator zur Verlängerung des Kriechweges zwischen dem Anodenanschluß und der geerdeten leitenden Außenumhüllung (J), M = sog. Funkenfänger. (Aus Philips techn. Rundschau, 10. Jahrg., Nr. 5.)

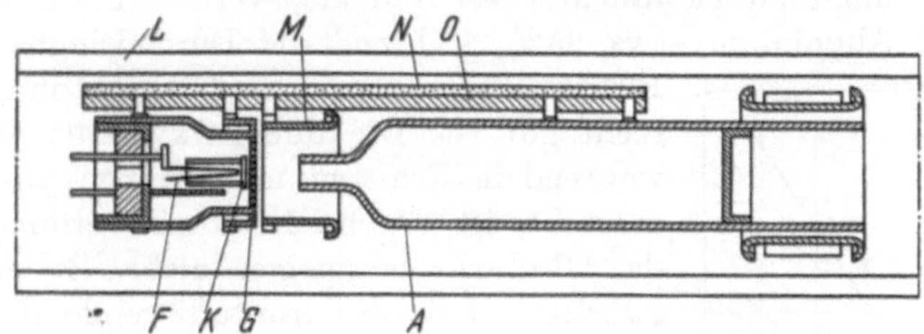

Abb. 209. Querschnitt der „Kanone" der Kathodenstrahlröhre MW 6–2. F = Heizfaden, K = Kathode, G = Gitter, A = Anode, L = Röhrenwand, M = Funkenfänger, N = ker. Stützisolator mit Glasfüllung O. (Aus Philips Techn. Rundschau, 10. Jahrg., Nr. 5.)

Um den blauweißen Ton, der sich für ungefärbte Fernsehbilder am besten eignet [2], zu erhalten, wird das Gemisch von zwei Leuchtstoffen angewendet, nämlich ein gelbes und ein blaues Licht gebender Stoff in einem solchen Mischungsverhältnis, daß die Farbtemperatur ungefähr 6,500° K beträgt. Die Nachleuchtzeiten betragen für den gelbleuchtenden Stoff 10 msek und für den blauleuchtenden 1 msek. Diese langen Nachleuchtzeiten ermöglichen größere Helligkeiten bei der Projektion als bei der Direktsichtröhre, bei der zur Zeit nur Leuchtstoffe verwendet werden können mit einer Nachleuchtdauer von $\frac{1}{10}$ bis $\frac{1}{100}$ msek.

Es ist notwendig, Stoffe zu wählen, die eine große Helligkeitssteuerung zulassen, ohne die Leuchtfarbe zu ändern. Aus verschiedenen Gründen ist es, wie wir sehen werden, zweckmäßig, eine Metallschicht hinter dem Leuchtschirm anzubringen. Diese bewirkt, daß das nach hinten ausgestrahlte Licht reflektiert wird und zur Erhöhung der Helligkeit des Bildes beiträgt.

Das Aufdampfen dieser Schicht bringt, wie bekannt, Schwierigkeiten. Dampft man einfach auf den Leuchtschirm ein Metall auf, so erhält man in den meisten Fällen eine kleinere Lichtausbeute als ohne Metallschicht. Dieses Ergebnis ist darauf zurückzuführen, daß die Struktur der Leuchtstoffe körnig ist und das Metall sich lediglich auf die Spitzen dieser Körner und in den Zwischenraum zwischen den Körnern niederschlägt. An den Seiten der Körner wird sich wenig Metall niederschlagen, so daß diese mehr oder weniger durchsichtig bleiben und wenig Licht reflektieren. Sind die Täler zwischen den einzelnen Körnern so tief, daß das Metall hier die Glasoberfläche erreichen kann, so wird diese Metallschicht einen Teil des nach vorn ausgestrahlten Lichtes absorbieren bzw. nach hinten zurückwerfen. Es ist daher erforderlich, zunächst eine Schicht auf die Leuchtschirme zu bringen und auf diese glatte Oberfläche das Metall aufzudampfen. Diese Zwischenschicht besteht aus einem organischen Stoff, der, nachdem die Metallschicht angebracht ist, durch Verdampfung wieder entfernt wird. Als Metall für den Reflektor wird im allgemeinen Aluminium gebraucht. Das Reflexionsvermögen für Licht beträgt bei Aluminium etwa 85%, während die Durchdringbarkeit für Elektronen wegen des niedrigen Atomgewichtes recht gut ist. Die dünne Oxydhaut Al_2O_3, die während des Erhitzens und Pumpens des Kolbens entsteht, ist durchsichtig und vermindert also das Reflexionsvermögen nicht. Sie ist sogar günstig, weil sie die darunterliegende Aluminiumschicht gegen chemische Zerstörung während des Fabrikationsverfahrens und gegen Zerstäubung durch die darauffallenden Elektronen schützt. Die Dicke der Aluminiumschicht ist gegeben durch die Forderung, daß sie, einerseits so stark sein muß, daß sie für Licht undurchlässig ist und andererseits keine zu große Energie der Elektronen absorbieren darf. Die Eindringtiefe der Elektronen beträgt bei 25 kV etwa 5 bis 10 μ. Eine Dicke der Aluminiumschicht von 0,5 μ genügt aber schon, um alles optische Licht zu reflektieren.

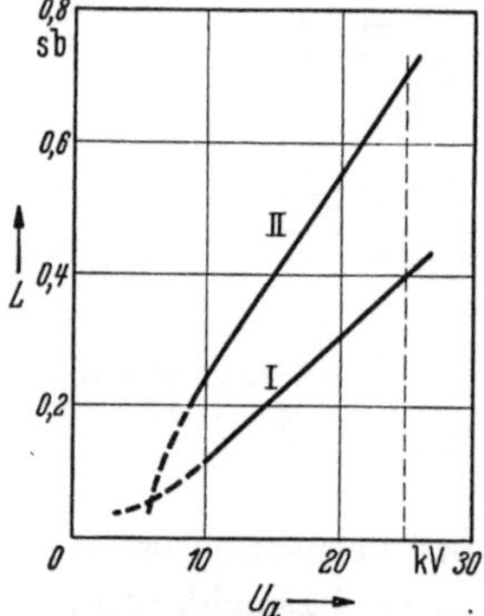

Abb. 210. Helligkeit L (in Stilb, = k/cm²) der Kathodenstrahlröhre MW 6–2 senkrecht zum Bildschirm als Funktion der Anodenspannung U_a. I ohne II mit Reflektor hinter dem Leuchtschirm. In beiden Fällen betrug der Anodenstrom 200 μA. (Aus Philips techn. Rundschau, 10. Jahrg., Nr. 5.)

Abb. 210 zeigt die Helligkeit der Röhre MW 6–2 als Funktion der Spannung mit und ohne Metallhinterlegung.

Man sieht, daß der Reflektor bei 25 kV einen Gewinn um den Faktor 1,8 liefert. Als weitere Vorteile der Metallhinterlegung nennen wir in erster Linie die große elektrische Leitfähigkeit, die das Auftreten von Potentialunterschieden zwischen verschiedenen Punkten des Leuchtschirmes verhindert. Der Gebrauch von Leuchtstoffen mit geringer Sekundäremission würde bei Fehlen der Metallschicht zu örtlichen negativen Ladungen auf dem Schirm führen, die das Elektronenbündel abstoßen würden, bis die Ladung hinreichend abgeleitet ist. Dadurch würde das Bild unregelmäßige Flecke zeigen. Weiter bewirkt die Aluminiumschicht eine ansehnliche Verbesserung des Kontrastes zwischen den hellen und dunklen Teilen des Bildes. Wäre die Schicht nicht vorhanden, so könnte ein heller Punkt auf dem Leuchtschirm einem dunkleren Licht zustrahlen. Durch Zerstreuung in der Schicht würde dieses Licht zum Teil zu dem Beobachter gelangen und den ursprünglichen Kontrast schwächen.

Zum Schluß sei noch erwähnt, daß die Aluminiumschicht bei einer passenden Dicke ein ausgezeichnetes Mittel zur Verhinderung des Ionenfleckes darstellt. Es entstehen während des Betriebes der Röhre negative Ionen (negativ geladene O-Atome, O_2-Moleküle und OH-Gruppen), die von Gasresten herrühren bzw. aus der Kathode stammen. Wegen der größeren Masse dieser Ionen werden sie durch das magnetische Feld nicht beeinflußt, so daß sie fortwährend die Mitte des Schirmes treffen, die infolgedessen, sofern keine besonderen Maßnahmen getroffen werden, an Leuchtkraft verlieren würde.

Für das Röhrenfenster der Projektionsröhre muß Glas verwendet werden, das nicht durch die entstehenden weichen Röntgenstrahlen und schnellen Elektronen, die das Glas treffen, gefärbt wird, da sonst Absorptionen bis zu 25% und unangenehme Farbänderungen auftreten können.

Um Aufladungen des Glases zu vermeiden, muß auch die Projektionsröhre an der Innenseite mit einer leitenden Schicht bedeckt sein. Würde man keine Metallhinterlegung verwenden, so müßte diese Schicht reflexionsfrei ausgeführt werden, z. B. mit kolloidalem Graphit (als Suspension in einer Lösung von organischen Bestandteilen in Wasser als Aquadag bekannt). Dieser Stoff hat folgende Nachteile:

1. können Graphitteilchen auf die Kathode gelangen und die Emissionsfähigkeit herabsetzen;

2. geben die organischen Bestandteile Gase ab, die nur durch äußerst sorgfältiges Pumpen entfernt werden können.

Bei der Verwendung der Metallhinterlegung kann das Innere der Röhre ebenfalls mit einer Aluminiumschicht als Fortsetzung des Reflektors ausgeführt werden. Diese Schicht dient gleichzeitig als Verbindung zwischen der eigentlichen Anode und dem Anodenanschluß.

Eine leitende Schicht aus Aquadag wird außen auf die Röhre aufgebracht und an Erde gelegt. Diese Schicht bildet mit der inneren Aluminiumschicht und mit dem dazwischenliegenden Glas einen Kondensator (300 pF), der zur Abflachung der Anodenspannung beiträgt.

Bei der Röhre MW 6–2 wird magnetische Fokussierung des Elektronenbündels angewendet. Die Spule zeigt Abb. 211. Bei einer Anodenspannung von 25 kV sind für die Fokussierung 920 Amperewindungen erforderlich. Dabei hat der magnetische Kreis einen Luftspalt von 11 bis 13 mm. Der Abstand zwischen der Luftspaltmitte und der Bezugslinie beträgt 83 bis 87 mm. Der Innendurchmesser der Fokussierspule hat 27,5 mm. Zur Zentrierung des Bildes auf dem Schirm muß die Fokussierspule nach allen Seiten um 2,5 bis 3° geneigt werden können.

Abb. 211. Die Kathodenstrahlröhre in der Fassung, durch die sie in bezug auf das Projektionsspiegelsystem fixiert wird. 1 = Fokussierungsspule, 2 = Tubus, in dem sich die Ablenkspulen befinden. (Aus Philips techn. Rundschau, 10. Jahrg., Nr. 5.)

Auch die Ablenkung erfolgt doppelmagnetisch und beträgt:

$$N = \frac{0{,}3 \cdot P \cdot H \cdot c \cdot L}{U_a} \cdot \text{cm} \, . \tag{2}$$

N = Ablenkung auf dem Schirm in cm,
P = Abstand zwischen dem Ablenkmittelpunkt und dem Schirm in cm,
H = max. Feldstärke in Gauß,
c = Korrekturfaktor $\sim 0{,}5$,
L = Länge der Spulenwindungen in cm.

Der Ablenkmittelpunkt fällt gewöhnlich mit dem Höchstwert der magnetischen Feldstärke zusammen. Um zu verhindern, daß der Elektronenstrahl während der größten seitlichen Ablenkung den Röhrenhals berührt und damit abgeblendet wird, darf der Abstand vom Ablenkungsmittelpunkt bis zur Bezugslinie 35 mm nicht überschreiten.

Es sind besondere Schutzmaßnahmen notwendig, damit der Strahlstrom bei Ausfall einer der Zeitbasis-Schaltungen unterbrochen wird, da sonst ein Einbrennen des Schirmes erfolgen würde.

Die bei der Spannung von 25 kV entstehende Röntgenstrahlung wird durch den verwendeten Projektor auf einen Wert $< 0{,}7 \cdot 10^{-7}$ Röntgen/ sek reduziert, so daß eine Schädigung des Beschauers durch Röntgenstrahlen ausgeschlossen ist. Wird die Röhre jedoch ohne Projektor betrieben, so muß eine Abschirmung mit einer Bleiäquivalenz von 0,5 mm verwendet werden.

3. Hochspannungserzeugung.

Die Projektionsröhre erfordert eine Hochspannung von 25 kV bei einem Strom von 0,2 mA. Die Erfahrung lehrt, daß ein Gleichrichter für diese Spannung unhandlich groß und schwer ist, wenn man in herkömmlicher Weise die Wechselspannung des Lichtnetzes hinauftransformiert und gleichrichtet. Vom Direktsichtempfänger ist bekannt, daß man eine Hochspannung von 10 kV aus dem Rückschlag der Zeilenfrequenz erzeugen kann. Diese Spannung könnten wir zwar auf 25 kV erhöhen, doch sind die Belastungsverhältnisse (d. h. Verhältnis der Leistung für die Ablenkeinheiten zur Strahlleistung) für die Projektionsröhre ungünstiger als für die Direktsichtröhre. Es ist daher naheliegend, hier einen getrennten Impulsgenerator zu verwenden und eine weitere Steigerung durch die Spannungsvervielfachung zu gewinnen. Betrachten wir kurz die Prinzipschaltung eines Impulsgenerators (Abb. 212) [*3* u. *4*].

Bei der Unterbrechung des Stromes, der durch die Spule fließt, entstehen Spannungsstöße, die eine Schwingung in dem Kreis, der durch die Selbstinduktion L der Spule und deren Eigenkapazität C_p gebildet wird, hervorrufen.

Ist I_{max} die Stromstärke im Augenblick der Unterbrechung, so ist der Scheitelwert U_{max}, den die Oszillatorspannung am Kreis erreicht, näherungsweise gegeben durch

$$U_{max} = I_{max} \sqrt{\frac{L}{C_p}}, \tag{3}$$

denn die Energie $1/2\,LI^2_{max}$, die bei der Unterbrechung im magnetischen Feld aufgespeichert war, befindet sich einen Augenblick später als $1/2\,C_p U^2_{max}$ ganz im elektrischen Feld des Schwingungskreises.

Wählt man $I_{max} = 120$ mA, $L = 0,5$ H, $C_p = 50$ pF, so erhält man $U_{max} = 12000$ V.

Es ist zweckmäßig, die Kurvenform des Anodenstromes sägezahnartig zu wählen, d. h. den Anstieg schräg und die Unterbrechung möglichst steil. Diese Kurvenform des Anodenstromes ist einfach zu erhalten, indem man dem Steuergitter der Pentode eine von einem eigenen Generator gelieferte sägezahnförmige Wechselspannung (U_{g_1} in Abb. 213) zusammen mit einer entsprechenden negativen Vorspannung U_{g_0} zufügt, da nach der Unterbrechung das

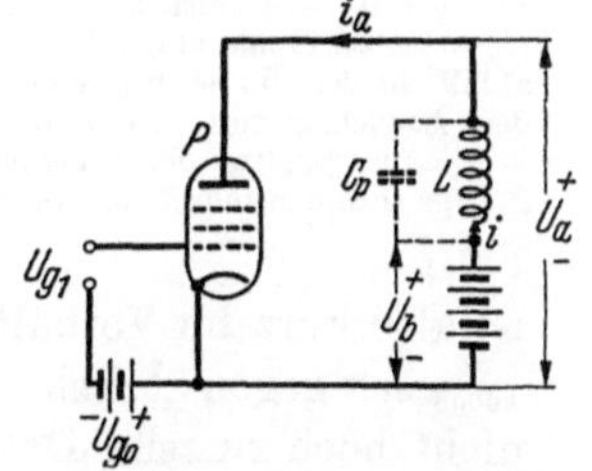

Abb. 212. Prinzipschaltbild des Impulsgenerators. L = Selbstinduktion der Spule (mit der Eigenkapazität C_p). (Aus Philips techn. Rundschau, 10. Jahrg., Nr. 6.)

Steuergitter genügend negativ bleiben muß, um den Anodenstrom *trotz* der dann auftretenden hohen positiven Anodenspannung gesperrt zu halten (U_a in Abb. 213).

Ist T die zwischen zwei aufeinanderfolgenden Unterbrechungen verlaufende Zeit und α der Bruchteil von T, in dem Anodenstrom fließt, so gilt für den konstanten Spannungsunterschied ΔU_a, der während des Intervalls αT an der Spule auftritt

$$\Delta U_a = L \frac{d\,i_a}{d\,t} = \frac{L I_{max}}{\alpha T}, \qquad (4)$$

woraus für die Unterbrechungsfrequenz $f_i = 1/T$ folgt:

$$f_i = \frac{\alpha \cdot \Delta U_a}{L I_{max}}. \qquad (5)$$

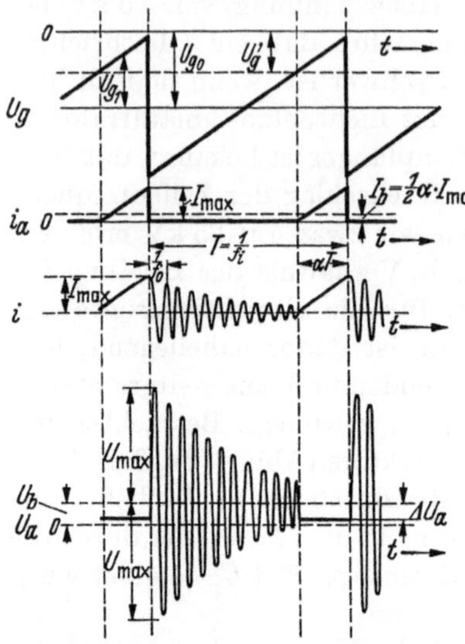

Abb. 213. Strom- und Spannungsverlauf als Funktion der Zeit in der Schaltung nach Abb. 212. U_q = Steuergitterspannung, bestehend aus einer Vorspannung U_{g0} und einer Sägezahnspannung U_{g1}

$$\left(\text{Periode } T = \frac{1}{f_i}\right)$$

I_{max} = Wert i_{am} bei der Unterbrechung. I_b = Mittelwert von i. i = Strom in der Spule, mit der Eigenfrequenz f_0 des Kreises $L - Cp$. U_a = Anodenspannung der Pentode. U_b = Batteriespannung. ΔU_a = Spannungsabfall an der Spule während des Fließens des Anodenstromes (Intervall ΔT). U_{max} = Spannungsspitze der Eigenfrequenz. (Aus Philips techn. Rundschau, 10. Jahrg., Nr. 6.)

Den Bruchteil α macht man aus praktischen Gründen nicht kleiner als 0,25.

Für $L = 0,5$ H, $I_{max} = 120$ mA, und $\Delta U_a = 300$ V wird bei $\alpha = 0,25$ die Unterbrechungsfrequenz $f_i = 1250$ Hz. Diese Frequenz, die 25mal so hoch wie die Netzfrequenz ist, erleichtert die Glättung der entstehenden Gleichspannung.

Ist $C_p = 50$ pF, so findet man für die Eigenfrequenz der gedämpften Schwingung ~ 30000 Hz. Es ist bekannt, daß bei Anwendung von Spannungsvervielfachung nur während der ersten positiven und der ersten negativen Spannungsspitze eine Energieübertragung stattfinden soll.

Die Dauer der Energieübertragung ist also kurz im Verhältnis zur Dauer einer Periode. (In diesem Beispiel $\frac{1}{30000}$ sek gegen $\frac{1}{1250}$ sek.) Der Gütefaktor des Schwingungskreises braucht nicht hoch zu sein. Daher ist bei Verwendung eines Ferroxcube-Mantelkerns, der in Abb. 214 wiedergegeben ist, die Unterbringung in sehr kleine Dimensionen möglich.

Bevor auf einige Einzelheiten näher eingegangen wird, sei hier bereits darauf aufmerksam gemacht, daß das besprochene Verfahren eine sehr zweckmäßige *Regelung der Spannung* ermöglicht, da die erhaltene Spannungsspitze U_{max} (und damit die Gleichspannung) nach Gl. (3)

$$U_{max} = I_{max} \sqrt{\frac{L}{C_p}} \quad \text{proportional dem Maximalstrom } I_{max}, \text{ dessen Wert}$$

man sehr einfach mit Hilfe der Vorspannung am Steuergitter zu regeln vermag. Es ist dann nur noch ein kleiner Schritt, diese Regelung automatisch vorzunehmen, indem man diese Vorspannung von der erhaltenen Spitzenspannung U_max abhängig macht. Auf diese Weise ist es möglich, zwischen bestimmten Grenzen der Belastung eine sehr konstante Gleichspannung zu erzielen (mit anderen Worten, dem Gleichrichter einen sehr

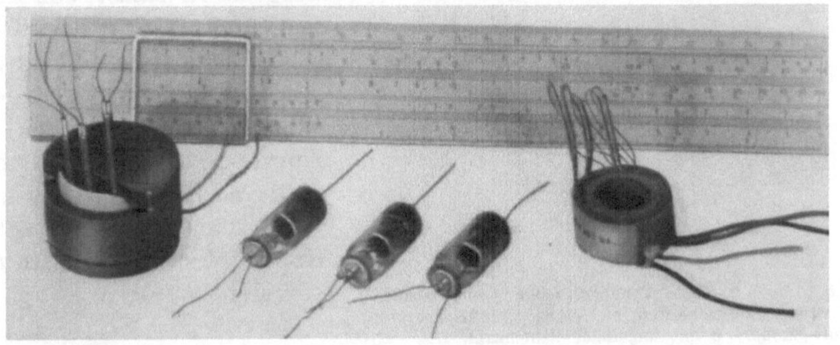

Abb. 214. In der Mitte drei Dioden EY 51 (max. neg. Anodenspannung 20 kV. Sättigungsstrom etwa 200 mA. Länge des Kolbens 40 mm, Durchmesser 14 mm). Links der Transformator komplett, rechts die Transformatorspule. (Aus Philips techn. Rundschau, 10. Jahrg., Nr. 6, Dez. 1948.)

niedrigen inneren Widerstand zu geben), obwohl der Kurzschlußstrom nicht viel größer ist als der normale Betriebsstrom.

Theoretisch kann man mit U_max jeden beliebigen Wert erreichen. Dieser ließe sich also so hoch wählen, daß man mit Hilfe eines Gleichrichters und eines Kondensators die 25 kV erhielte. Doch aus praktischen Gründen ist dies unzweckmäßig. Man findet nämlich, daß bei einer zunehmenden Amplitude U_max nicht nur die Anforderungen an die Spannungsfestigkeit der Gleichrichter und der Anode der Endröhre höher werden, sondern daß auch das Volumen des Trafos steigt. Daher wird eine Kaskadenschaltung zur Spannungsvervielfachung gewählt.

Wenden wir uns nun der Wirkungsweise der Schaltung zu und beschränken uns vorläufig auf den Fall n ungerade (Abb. 215 b). Sobald U den Wert U_1 der Gleichspannung am Kondensator C_1 erreicht hat, wird die erste Diode (D_1) leitend, und die Kapazität C_1 befindet sich parallel zu der viel kleineren Kapazität C_r. Die Kreisspannung U kann daher nicht bis zu dem Spitzenwert U_m ansteigen, den sie bei Nichtvorhandensein des Gleichrichters erreichen würde, sondern bleibt auf den Wert U_1 beschränkt (Abb. 213, Kurve U). Sobald der Strom durch die Diode aufhört — was das Ende des ersten Gleichrichterintervalls t_{r1} bedeutet —, sinkt U, und zwar nach einer Kosinusfunktion mit dem Anfangswert U_1. Sobald U hinreichend negativ geworden ist, mit anderen Worten, sobald die Kreisspannung, unterstützt durch die Spannung U_1, am ersten Kondensator den am zweiten Kondensator C_2 herrschenden Wert erreicht hat, kann Strom durch die zweite Diode fließen (D_2 in Abb. 215b und auch in Abb. 216 b, die für $n = 3$ mit Abb. 215 b übereinstimmt, aus der jedoch die zeitweilig stromlosen Dioden D_1 und D_3 weggelassen sind). Von diesem Augenblick an wird U wieder konstant gehalten (und zwar auf einem Wert, den wir $- U_2$ nennen wollen, s. Kurve U in Abb. 217), da die durch die Serienschaltung von C_1 und C_2 gebildete große Kapazität sich parallel zu C_p befindet.

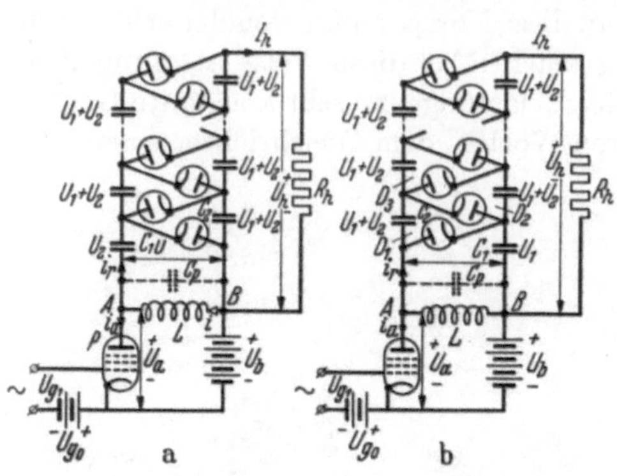

Abb. 215a u. b. Hochspannungserzeugung in Kaskadenschaltung, angeschlossen an einen Impulsgenerator. a mit gerader, b mit ungerader Stufenzahl. U_h = abgegebene Gleichspannung. R_h = Belastungswiderstand. I_h = Gleichstrom durch die Belastung. i_r = Gleichstrom, den der Gleichrichter aufnimmt. U_1 und U_2 siehe Abb. 213. (Aus Philips techn. Rundschau, 10. Jahrg., Nr. 6.)

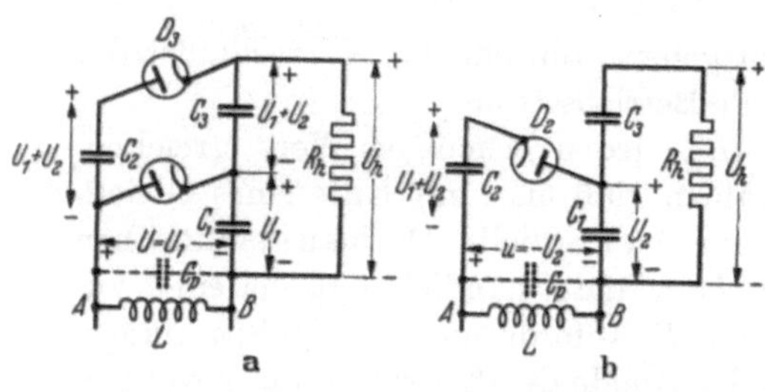

Abb. 216a u. b. Gleichrichteranordnung von Abb. 215 für $n = 3$. a Erstes Gleichrichterintervall $U = U_1$, dabei ist Diode D_2 stromlos. b Zweites Gleichrichterintervall $U = - U_2$, hier sind die stromlosen Dioden D_1 und D_3 fortgelassen. (Aus Philips techn. Rundschau, 10. Jahrg., Nr. 6.)

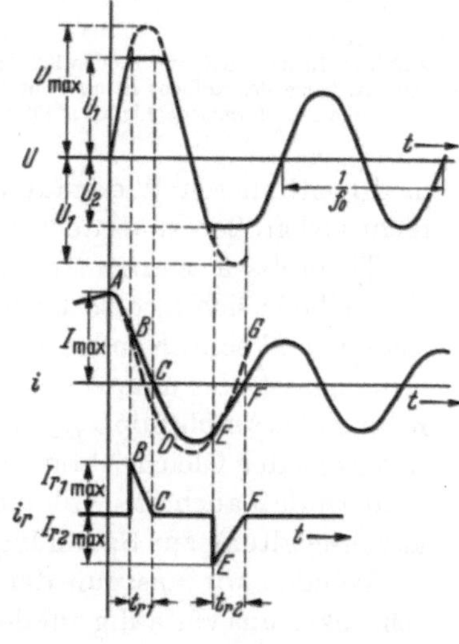

Abb. 217. Strom und Spannung als Funktion der Zeit t. U = Spannung an der Spule. I = Strom durch die Spule. i_r = Strom, der vom Gleichrichter aufgenommen wird. U_1 und U_2 = Amplitude der ersten und zweiten Spannungsspitze der Eigenschwingung. t_{r1} und t_{r2} = Dauer des ersten bzw. zweiten Gleichrichterintervalls. (Aus Philips techn. Rundschau, 10. Jahrg., Nr. 6.)

Aus Abb. 216 b lesen wir nun ab, daß die Spannung an C_2 den Wert $U_1 + U_2$ hat. Das zweite Gleichrichterintervall t_{r_2} dauert, bis der Strom Null geworden ist.

Die folgenden Scheitel von U sind infolge der Dämpfung absolut genommen kleiner als U_2, tragen also zur Gleichrichtung nicht bei. Je Periode T treten deshalb nur die erwähnten zwei Gleichrichterintervalle auf.

Die n Gleichrichter sind in zwei Gruppen zu teilen: in eine Gruppe von n_1 Ventilen (in Abb. 215 b mehr nach links gezeichnet), die gleichzeitig im ersten Gleichrichterintervall arbeiten und in einer Gruppe von n_2 Ventilen (mehr nach rechts in Abb. 215 b), die während des zweiten Gleichrichterintervalls wirksam sind. Wie sich leicht feststellen läßt, ist

$$n_1 = (n + 1)/2, \quad n_2 = (n - 1)/2. \tag{6}$$

Hier genüge die Erwähnung, daß die eben angegebene Schlußfolgerung auch für $n =$ gerade gilt, nur mit dem Unterschied, daß die Spannung am ersten Kondensator nicht U_1, sondern U_2 beträgt, und daß jede der gleichzeitig arbeitenden Ventilgruppen eine Anzahl von $n/2$ Ventilen besitzt.

Aus Abb. 215 a und b folgt für die *Gleichspannung* U_h an den Ausgangsklemmen:

$$U_h = n_1 U_1 + n_2 U_2 \tag{7}$$

ohne Belastung, ungeachtet, ob n gerade oder ungerade ist.

Für geringe Verluste im $L - C_p$-Kreis ist bei Nullbelastung $U_1 = U_2 = U_m$, so daß wir für das Verhältnis y von U_h zur Nullbelastungsspannung U_{h0} schreiben können.

$$y = \frac{U_h}{U_{h0}} = \frac{U_h}{n U_m} = \frac{n_1 U_1}{n U_m} + \frac{n_2 U_2}{n U_m}. \tag{8}$$

Die unbekannten Größen U_1 und U_2 können mit Hilfe folgender zwei Energiegleichungen eliminiert werden:

$$\frac{1}{2} C_p \left(U_{\max}^2 - U_1^2 \right) = n_1 U_1 U_h \frac{T}{R_h} \tag{9}$$

$$\frac{1}{2} C_p \left(U_1^2 - U_2^2 \right) = n_1 U_1 U_h \frac{T}{R_h}. \tag{10}$$

Wir wollen hier nicht näher auf die Eliminierung von U_1 und U_2 eingehen, sondern lesen zunächst das Verhältnis

$$y = \frac{U_h}{n U_{\max}}$$

als Funktion von

$$x = \frac{n^2 T}{C_p R_h} \tag{11}$$

aus Abb. 218 ab.

Das Verhältnis der ersten und zweiten Spannungsspitze U_1 bzw. U_2 zu U_m entnehmen wir der Abb. 219 wiederum als Funktion von x (——— für $n = 2, 4, 6$; - - - - für $n = 3$).

Um eine Vorstellung von der Größenordnung von x zu vermitteln, benutzen wir die schon erwähnten Zahlenwerte: $T = 1/1250$ sek und

$C_p = 50\,\text{pF}$, denen, wenn U_h und I_h 25 kV bzw. $100\,\mu\text{A}$ betragen, noch hinzugefügt werden kann: $R_h = 250\,\text{MOhm}$.

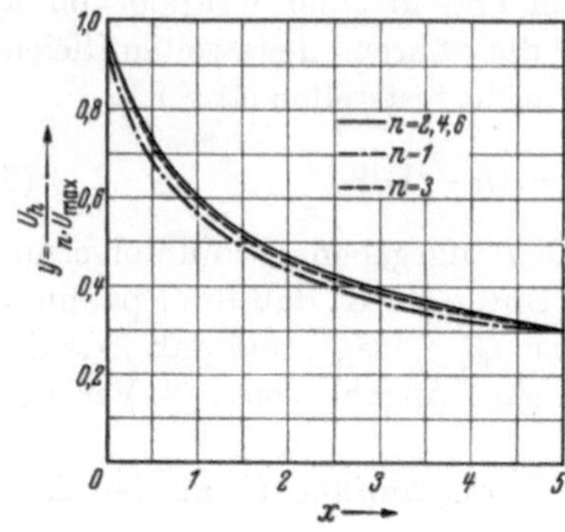

Abb. 218. Kennlinie $y = f(x)$, wobei

$$y = \frac{U_n}{n \cdot U_{\max}} \quad \text{und} \quad x = \frac{n^2 T}{C p\, R_h}$$

ist. (Aus Philips techn. Rundschau. 10. Jahrg., Nr. 6.)

Abb. 219. Verhältnis der ersten und der zweiten Spannungsspitze U_1 bzw. U_2 zu $U_{\max}$ als Funktion von

$$x = \frac{n^2 T}{C p\, R_h}$$

(Aus Philips techn. Rundschau, 10. Jahrg., Nr. 6.)

Dann ist:

$$x = \frac{n^2 T}{C_p\, R_h} = 0{,}064 \quad \text{für} \quad n = 1$$
$$= 0{,}26 \quad \text{für} \quad n = 2$$
$$= 0{,}58 \quad \text{für} \quad n = 3\,.$$

Damit erhalten wir für $n = 3$

$$y = 0{,}7\,, \quad U_{\max} = 12\,\text{kV}\,, \quad \frac{U_1}{U_{\max}} = 0{,}8\,, \quad \frac{U_2}{U_{\max}} = 0{,}7\,.$$

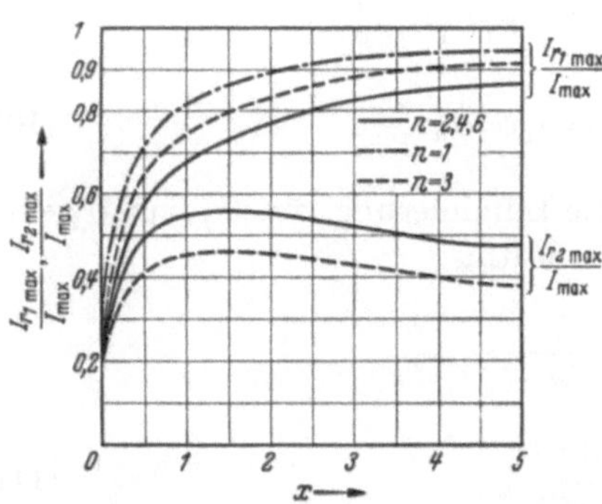

Abb. 220. Erste bzw. zweite Stromspitze, $I_{r_1\max}$ bzw. $I_{r_2\max}$ des Stromes i_r im Gleichrichter im Verhältnis zu $I_{\max}$ als Funktion von x. (Aus Philips techn. Rundschau, 10. Jahrg., Nr. 6.)

Ferner zeigt Abb. 220 die Abhängigkeit der Spitzenströme von x. Wir ersehen daraus, daß bei Verwendung von drei Ventilen der Strom in jedem Ventil etwa gleich groß ist. Das bedeutet, daß drei Ventile die wirtschaftlichste Aufteilung ergeben.

Als nächste Größe interessiert uns der Innenwiderstand der Hochspannungsquelle. Wir betrachten den Fall kleiner Belastung, d. h. also die Neigung der Kennlinie $U_h = f(I_h)$ in ihrem Anfangspunkt. Wir erhalten:

$$R_{i0} = \frac{n^2 T}{C_p} \cdot \frac{n_1^2 + n_1 n_2 + n_2^2}{n^2} = \frac{9 \cdot 1 \cdot 10^{12}}{50 \cdot 1250} \cdot \frac{(4 + 2 + 1)}{9} = 110\,\text{MOhm}\,. \quad (12)$$

Hierbei nimmt der Gleichrichter bereits eine Leistung

$$W_p = \frac{1}{2} \cdot \frac{n_1^2 + n_1 n_2 + n_2^2}{n^2} \cdot \frac{U_b U_h^2}{\Delta U_a R_p} = \frac{1}{2}\,\frac{7}{9}\,\frac{350 \cdot 25^2 \cdot 10^6}{280 \cdot 5 \cdot 10^6} = 61 \text{ Watt} \quad (13)$$

auf.

Soll der Innenwiderstand weiter verkleinert werden, so würde die Aufnahme noch größer werden und damit der Wirkungsgrad noch schlechter.

Diese Schwierigkeit ist nun durch die Benutzung einer automatischen Regelspannung am Steuergitter der Pentode gelöst (Abb. 222). Man erhält diese Regelspannung, die von der Größe der Spannungsspitzen an dem Kreis $S_1 - C_p$ abhängig ist, durch Gleichrichtung der Wechselspannung, die in einer mit der Spule S_1 gekoppelten Wicklung S_5 induziert wird. Diese automatische Regelung bewirkt, daß die Gleichspannung nur wenig sinkt, wenn der Belastungsstrom von Null bis zu einer gewissen Grenze zunimmt. Ohne Regelung wäre nach Gl. (13) zur Erreichung eines kleinen Innenwiderstandes eine größere Leistung erforderlich.

Aus Abb. 220a errechnet sich ein statischer Innenwiderstand von 5 MOhm. Der dynamische Widerstand ist kleiner, aber frequenzabhängig.

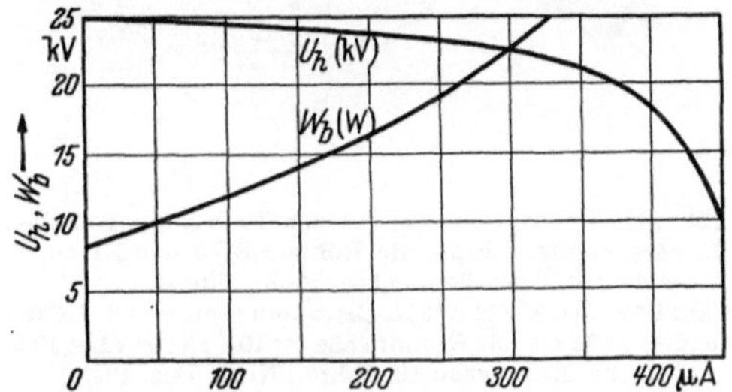

Abb. 220a. Ausgangsgleichspannung U_h und Eingangsgleichstromleistung W_b als Funktion des abgegebenen Gleichstroms I_h. (Aus Philips techn. Rundschau, 10. Jahrg., Nr. 6.)

Bei Belastung oberhalb einer bestimmten Grenze (maximaler Betriebsstrom) jedoch sinkt die Spannung schnell. Dies ist eine wertvolle Eigenschaft des Systems, da Kurzschluß der Gleichstromklemmen, sofern noch ein Glättungswiderstand in Reihe geschaltet ist, keine Beschädigung des Hochspannungsgleichrichters verursachen kann.

Abb. 221 zeigt das Hochspannungsgerät.

Abb. 222 gibt die Schaltung des Hochspannungsgerätes wieder, das für eine Gleichspannung von 25 kV und einen mittleren Gleichstrom von 200 µA entworfen worden ist (also voll ausreichend für die verwendete Kathodenstrahlröhre MW 6—2), wobei der innere Widerstand bei kleiner Belastung 5 MOhm nicht überschreitet.

Links im Schaltbild sieht man einen Sperrschwingeroszillator mit der Triode EBC 3. Dieser Oszillator liefert eine sägezahnförmige Spannung (Frequenz 1250 Hz) am Steuergitter einer Pentode El 50, in deren Anodenkreis sich ein Teil der Spule S_1, die als Autotransformator (T) dient, und die Wickelkapazität C_p befinden. Das Übersetzungsverhältnis beträgt 0,7, da die Anodenspannung der Röhre bei 6 bis 7 kV liegt.

Abb. 221. Hochspannungsgerät zur Erzeugung von 25-kV-Gleichspannung. Rechts die Röhre EBC 3 und EL 50, links davon die mit Öl gefüllte Büchse mit der Einheit aus Abb. 223. Ganz links das Kabel mit Hochspannungsanschluß. Höhe des Gerätes ist 18 cm, die Grundfläche ist 10 × 15 cm. (Aus Philips techn. Rundschau 10. Jahrg., Nr. 6, Dez. 1948.)

Durch die Anwendung von Spannungsverdreifachung ($n= 3$) bleibt die an der Spule S_1 auftretende Spitzenspannung auf etwa 8,5 bis 9,5 kV beschränkt. Die Gleichrichterröhren (Typ EY 51, Abb. 214) sind für eine maximale Anodenspannung von 20 kV entworfen. Der Sättigungsstrom ist ungefähr 200 mA.

Jeder der Heizfäden entnimmt seine Heizleistung (0,5 W) einer gesonderten Wicklung (S_2, S_3, S_4, Abb. 222), die aus wenigen mit S_1 gekoppelten Windungen besteht.

In einer anderen Wicklung (S_5) des Transformators wird die Wechselspannung induziert, die in der oben skizzierten Weise die Regelspannung V_r erzeugen muß.

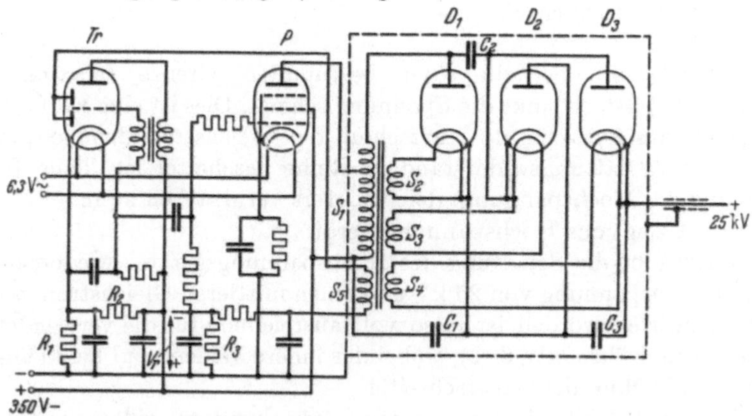

Abb. 222. Schaltbild des Hochspannungsgerätes. T_r = Triode EBC 3 zur Erzeugung der Sägezahnspannung. P = Pentode EL 50 mit Spule S_1 des Transformators T. S_2, S_3, S_4 = Heizwicklung der Diode D_1, D_2, D_3 (EY 51). S_5 = Wicklung für die Regelspannung V_r.

Die Gleichrichtung dieser Wechselspannung erfolgt durch die in der Röhre EBC 3 befindlichen Dioden. Als Gegenspannung — die den Zweck hat, die Regelspannung in stärkere Abhängigkeit von der Spannung an S_5 zu bringen — dient die Spannung über dem Kathodenwiderstand R_1. Diese Spannung wird teils durch den Kathodenstrom der Röhre EBC 3, teils auch durch einen Hilfsstrom erzeugt, der über einen Widerstand R_2 durch R_1 geführt wird. Die Regelspannung V_r schließlich erscheint an einem Widerstand R_3, im Steuergitterkreis der Röhre EL 50.

Die fünf erwähnten Spulen befinden sich in einem ferromagnetischen Topf aus Ferroxcube. Dank der hohen relativen Permeabilität (etwa 800) und der geringen Verluste dieses Werkstoffes können die Abmessungen des Kerns klein bleiben, und trotzdem wird eine hohe Kreisgüte erreicht. Abb. 214 zeigt den Kern und die verwendete Spule mit den Wicklungen S_1 bis S_5.

Natürlich kann man bei den hier auftretenden hohen Spannungen einen Transformator von so kleinen Abmessungen nicht in Luft arbeiten lassen. Er ist daher zusammen mit den drei Dioden und den drei Kaskadenkondensatoren (C_1, C_2, C_3) in einer Metalldose untergebracht, die unter Vakuum mit Öl gefüllt und sodann hermetisch geschlossen worden ist (Abb. 223). Die Verbindung des positiven Pols mit der Kathodenstrahlröhre wird mittels eines biegsamen Kabels hergestellt, bei dem als Isoliermaterial Polyvinylchlorid benutzt wird, das nicht nur eine sehr gute Isolation besitzt, sondern außerdem ölbeständig ist. Die Außenseite des Kabels ist mit einer leitenden Schicht versehen, die an Erde gelegt ist. Das Kabel endigt in einem Anschlußstück, das zu dem Anodenanschluß der Kathodenstrahlröhre gehört und in dem ein Serienwiderstand von

Abb. 223. Hochspannungstrafo mit Kaskadenkondensatoren und Gleichrichterröhren.

1 MOhm untergebracht ist. Dieser hat einen zweifachen Zweck. Erstens bildet er mit der Kapazität zwischen Innen- und Außenbelägen der Kathodenstrahlröhre (etwa 300 pF) ein Glättungsfilter für die Welligkeitsspannung, und zweitens beschränkt er den Stromstoß, mit dem bei etwaigem Kurzschluß die Kaskadenkondensatoren sich entladen würden. Ohne den Widerstand könnte letzteres zu unerwünschten Spannungswellen führen.

4. Das optische System.

Für die vergrößerte Abbildung des kleinen Bildes auf dem Bildschirm
der Projektionstruhe wird eine lichtstarke und möglichst verzerrungs-
freie Optik benötigt. Für die optische Abbildung stehen prinzipiell zwei
Möglichkeiten zur Verfügung: 1. Linsensysteme; 2. Spiegelanordnungen.

Um hier eine Entscheidung treffen zu können, werden zunächst die
bei beiden Systemen auftretenden Abbildungsfehler betrachtet [5].

Als *erster Fehler* ist aus der Phototechnik die falsche *Fokussierung*
bekannt. Man muß diesen Fehler durch genaue Justierung vermeiden
und ferner dafür sorgen, daß das ganze System stabil ist und keine Änderungen der mechanischen Abmessungen durch Erschütterungen beim
Transport, durch Alterung oder durch Temperatureinflüsse auftreten.
Diese Maßnahmen gelten gleichermaßen für Linsen wie für Spiegelsysteme.

Als *zweiten einfachen Fehler* hat man die *chromatische Aberration*.
Diese ist bedingt durch die Abhängigkeit der Brennweite einer Linse von
der Wellenlänge des Lichtes. Beim Linsensystem kann dieser Fehler
durch, aus verschiedenen Glassorten, zusammengesetzte achromatische
bzw. apochromatische Linsen korrigiert werden.

Ein *dritter Fehler* ist die *sphärische Aberration* (Abb. 224). Dieser
Fehler entsteht dadurch, daß bei achsenparallelem Einfall die Strahlen
am Rand bei einer Linse stärker gebrochen werden als im übrigen Teil der
Linse, so daß wir nicht einen Brennpunkt, sondern einen Lichtfleck

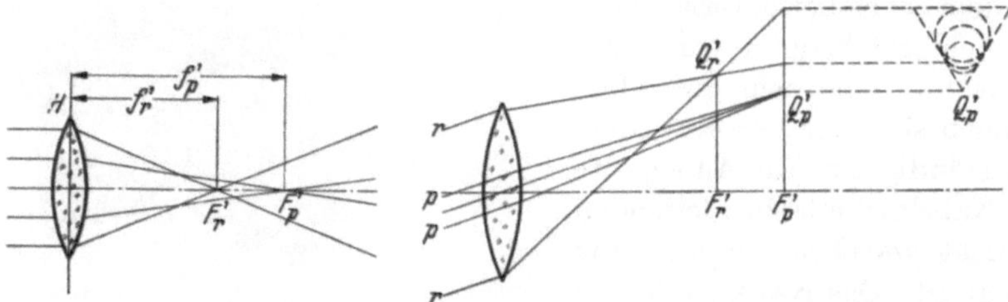

Abb. 224. Sphärische Aberration. F'_p ist
der Brennpunkt für paraxiale Strahlen,
F'_r der für Randstrahlen.
(Aus KERKHOF/WERNER: Fernsehen.)

Abb. 225. Koma. Q'_p ist der Konvergenzpunkt für paraxiale
Strahlen. Q'_r ist der Konvergenzpunkt für Randstrahlen.
(Aus KERKHOF/WERNER: Fernsehen.)

erhalten (Ausdehnung in der Achsenrichtung ergibt bei Abbildung auf
einem ebenen Schirm einen kreisrunden Fleck).

Tritt dagegen der Strahl nicht achsenparallel durch die Linse, so entsteht ein *vierter Fehler*, den man *Koma* nennt. In Abb. 225 möge die einfache Linse zur Abbildung eines unendlich fernen Gegenstandes dienen.
Wie hier gezeichnet, ergibt sich für die nicht achsenparallel einfallenden
Randstrahlen wiederum ein anderer Bildpunkt als die nicht achsen-
parallelen Mittelpunktsstrahlen. Beide Bildpunkte — Q'_r und Q'_p — liegen

in verschiedenen Abständen f_r' bzw. f_p' von der Hauptebene. Wenn man sich in der Ebene F_p' einen Bildschirm denkt, so werden nur die achsennahen Strahlen eine punktförmige Abbildung in Q_p' ergeben. Die Randstrahlen ergeben den dargestellten Kreis. Alle übrigen Strahlen bilden die gestrichelten Kreise, die zwischen dem Punkt der Mittelpunktstrahlen und dem Kreis der Randstrahlen liegen. Die Helligkeit des Bildes ist in seiner unteren Spitze am größten und wird nach oben geringer.

Als fünften Fehler beobachten wir bei schräg auf die Linse treffenden Strahlen den *Astigmatismus* (Abb. 226), der bedingt wird durch die Entstehung von zwei Brennlinien an Stelle eines Brennpunktes. Die eine sogenannte sagittale Brennlinie liegt in der

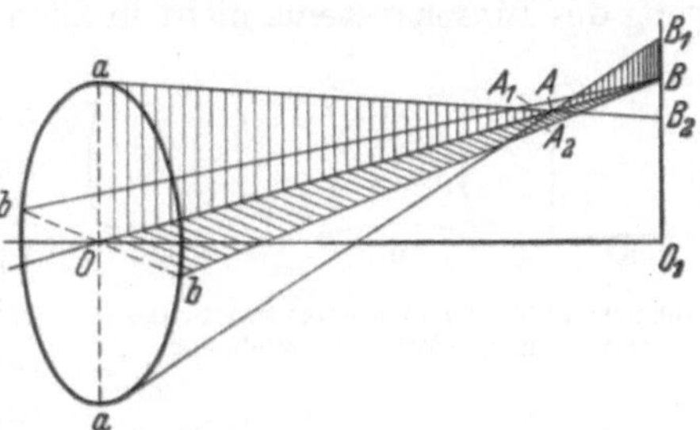

Abb. 226. Astigmatismus. OO_1 ist die Hauptachse der Linse. OB ist die Achse des Lichtbündels. AA_1 ist die meridionale, BB_1 die sagittale Brennlinie. (Aus Kerkhof/Werner: Fernsehen.)

Ebene, die durch die Hauptachse der Linse und die Achse des Lichtbündels geht, und die andere sogenannte meridionale Brennlinie steht senkrecht auf dieser Ebene und liegt am dichtesten an der Linse. Betrachten wir zwei Strahlen, die rechtwinklig zueinander schräg auf die Linse fallen, so sehen wir, daß von den vier Randstrahlen die beiden Randstrahlen b sich in einem anderen Punkt schneiden als die beiden Randstrahlen a. Wie angedeutet, würden die jeweils eine Ebene zwischen zwei Randstrahlen erfüllenden weiteren Strahlen bei Aufstellung des Bildschirmes in dem zu dem anderen Randstrahl gehörenden Bildpunkt eine Linie ergeben. Es sind die Brennpunkte zu Brennlinien verzeichnet. In der Praxis würde also ein Bild nicht aus einer großen Anzahl von Bildpunkten, sondern aus der doppelten Anzahl astigmatischer Bildlinien bestehen. Man kann sehr einfach ein System auf Astigmatismus untersuchen durch Abbildung eines Bildes von konzentrischen Kreisen mit gekreuzten Diagonalen, wie in Abb. 227 dargestellt. Werden hierbei die Kreise und die Radien bei der gleichen Einstellung scharf abgebildet, so ist das System frei von Astigmatismus, d. h. anastigmatisch.

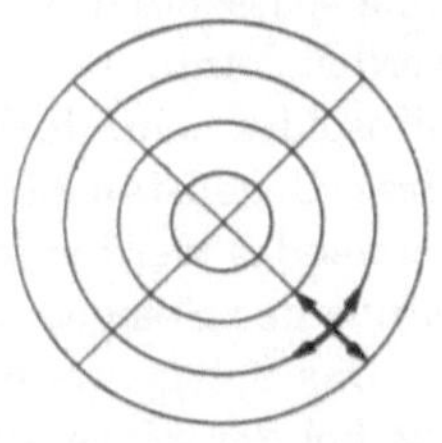

Abb. 227. Testplatte zur Kontrolle des Astigmatismus.

Für eine einfache Linse wird ferner bei einem flachen Gegenstand der geometrische Ort der sagittalen und meridionalen Bildlinien ein Ellipsoid sein. Die günstigste Abbildung zwischen den beiden Ellipsoiden ist wieder ein Ellipsoid. Das Bild ist also nicht flach, so daß man von einer *Bildfeldwölbung* spricht. Man könnte diesen Fehler dadurch vermeiden, daß man dem Bildfenster eine

entgegengesetzte Wölbung gibt, d. h., das Bildfenster müßte konkav nach
außen sein. Das würde jedoch bei kleinem Projektionsabstand und starker
Vergrößerung starke Verzerrung des Lichtfleckes auf der Röhre zur
Folge haben.

Die *Bildverzeichnung* (Abb. 228) entsteht dadurch, daß die Vergrößerung des Linsensystems nicht in allen Richtungen gleich ist. Man erhält
z. B. bei einem Quadrat eine Tonnen-
oder Kissenverzeichnung. Die Tonnenverzeichnung entsteht bei geringer Vergrößerung am Rand der
Linse, die Kissenverzeichnung bei
erhöhter Vergrößerung am Linsen-
rand. Bei der Projektion läßt sich
die Tonnenverzeichnung durch eine

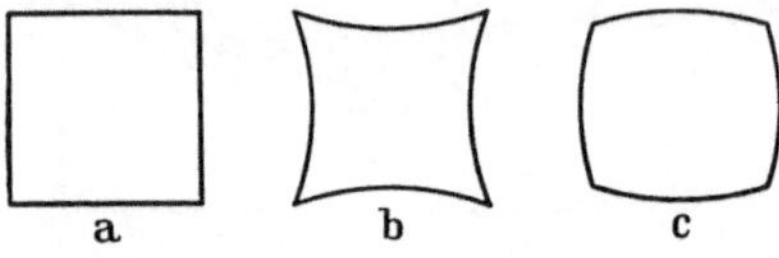

Abb. 228a-c. Verzeichnung. a Quadrat, b Kissenverzeichnung, c Tonnenverzeichnung.

entsprechende Kissenverzeichnung mit Hilfe der elektronenoptischen
Abbildung in der Kathodenstrahlröhre weitgehend kompensieren.

Wenden wir uns dem *Spiegelsystem* zu, so ist ein sphärischer Spiegel
ebenso wie eine Linse mit einer Anzahl Bildfehlern behaftet. Auch hier
beschränken wir uns auf diejenigen dritter Ordnung und haben wieder
sphärische Aberration, Koma, Astigmatismus, Bildfeldwölbung und Verzeichnung.

Da die Reflexion im Gegensatz zur Brechung von der Wellenlänge
des Lichtes unabhängig ist, tritt beim Spiegel keine *chromatische Aberration* auf. Da alle Strahlen durch den Mittelpunkt M als Hauptachse
betrachtet werden können, treten bekanntlich *Koma* und *Astigmatismus*
grundsätzlich nicht auf, wenn man um den Krümmungsmittelpunkt M
eine kreisförmige Blende anbringt.

Obige Ausführungen zeigten, daß die *Bildfeldwölbung* durch Wahl
einer passenden Krümmung des Bildfensters der Röhre kompensiert
werden kann. Beim Spiegel müßte diese Fläche Teil eines Rotations-
ellipsoides sein, doch ist die Exzentrizität der Ellipse so klein, daß für
diese Gegenstandsebene mit sehr guter Annäherung eine Kugelfläche
verwendet werden kann, deren Radius gleich dem halben Krümmungsradius des Spiegels ist (was die Herstellung der Bildröhre vereinfacht).

Das Spiegelsystem zeigt ferner eine *kissenförmige Verzeichnung*, die,
wie bei der Linse, durch ein elektrisches tonnenförmiges Raster auf der
Bildröhre ausgeglichen werden kann.

Die *sphärische Aberration* (Abb. 229) hat bei einem Spiegelsystem
nur ein Achtel des Betrages einer Linse mit gleicher Brennweite und
gleichem Öffnungsverhältnis. Diese noch verbleibende sphärische Aberration kann nach einem Vorschlag des Hamburger Optikers SCHMIDT mit
Hilfe einer sogenannten Korrektionsplatte in der SCHMIDT-Optik beseitigt werden (Abb. 230).

Ein von Philips entwickeltes Herstellungsverfahren für diese Korrektionsplatten gestattet eine billige Fertigung derselben. Die Platte besteht

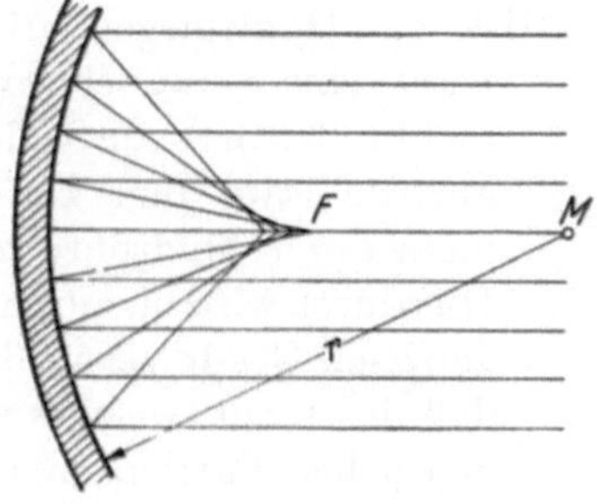

Abb. 229. Sphärische Aberration beim Spiegel.

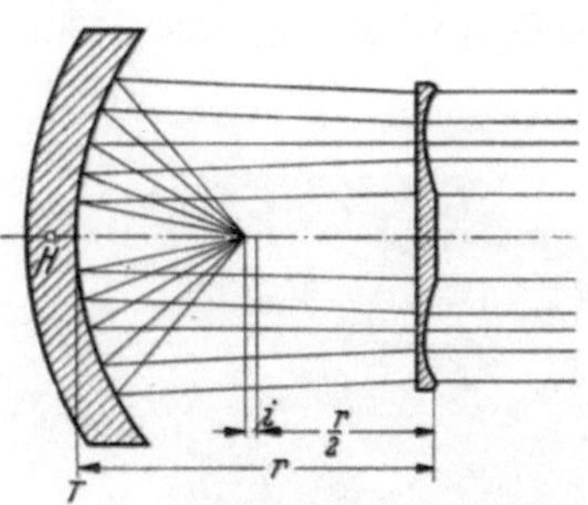

Abb. 230. Korrektur der sphärischen Aberration mit Hilfe der Korrektionsplatte.

aus einer Gelatineschicht, der ein solches Profil gegeben wird, daß sie für paraxiale Strahlen schwach konvergierend ist, wodurch erreicht wird, daß die asphärische Oberfläche dieser Linse am Rande nicht zu stark gewölbt sein muß und die Herstellung der Platte erheblich vereinfacht wird. Zum Schutz gegen Beschädigung wird die Korrekturlinse zwischen zwei plane Glasplatten gefaßt. Durch Verwendung der Korrekturplatte hat das Spiegelsystem eine Hauptachse erhalten, und infolge der konvergierenden Wirkung ist die Brennweite des Systems größer geworden als die Hälfte des Krümmungsradius des Hohlspiegels (Abb. 230) [6, 7, 8]. Der Hauptpunkt H des Systems fällt nun nicht mehr mit dem Schnittpunkt T der Hauptachse mit dem Hohlspiegel zusammen.

Soll — wie es beim Projektionsempfänger der Fall ist — eine Projektion ins Endliche vorgenommen werden, so muß der Gegenstand weiter von H entfernt und die Korrekturlinise entsprechend gewählt werden (Abb. 231).

Für jede Projektionsentfernung — also für jede Vergrößerung — wird eine besondere Korrekturplatte benötigt. Da die Krümmung des Bildfensters der Projektionsröhre nur von der Spiegelkrümmung abhängig

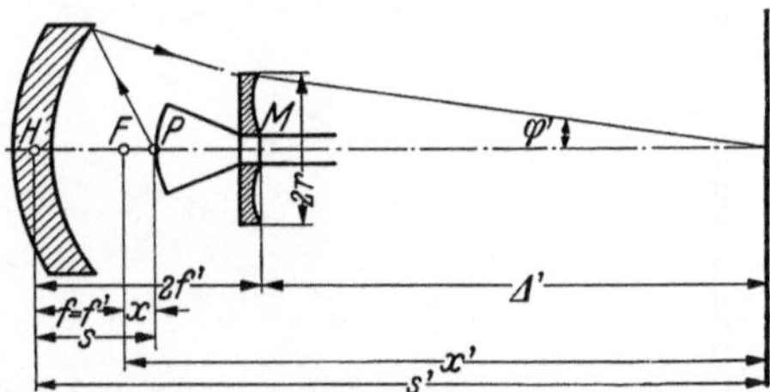

Abb. 231. SCHMIDT-Projektion für Fernsehempfänger.

ist, kann dieses Bildfenster für alle Vergrößerungen benutzt werden.

Diese in Abb. 231 dargestellte Ausführung der Projektion nach dem SCHMIDTschen System hat für kleine Spiegel und Korrekturlinsen den großen Nachteil, daß die durch die Korrekturplatte hindurchragende Bildröhre mit der darauf befindlichen Ablenk- und Fokussiereinheit einen beträchtlichen Teil der Lichtstrahlen ausblendet. Um dies zu vermeiden, kann man z. B. einen Planspiegel E in einem Winkel von 45° zur Hauptachse anbringen (Philips), so daß man die Anordnung des Projektors nach Abb. 232 u. 233 erhält. In der Mitte des Hohlspiegels bringt man eine mattschwarze, nicht reflektierende Schicht an, die etwa den Durchmesser der Bildröhre hat. Hierdurch wird bis zu einem gewissen Grade vermieden, daß das Licht, welches von den hellen Partien im Bild auf der Projektionsröhre herrührt, reflektiert wird und so die dunklen Stellen aufhellt, wodurch der Kontrast erheblich vermindert wird.

Abb. 232. Schnitt durch den Projektor. (Aus Philips techn. Rundschau, 10. Jahrg., Nr. 4.)

Je größer dieser schwarze Fleck gemacht wird, um so kleiner sind auch die Kontrastverluste, um so kleiner werden aber auch die Lichtstärken. Man muß also einen Kompromiß finden.

Zusammenfassend kann festgestellt werden, daß die Abbildungsfehler sich bei den Spiegelsystemen im Gegensatz zum Linsensystem auf

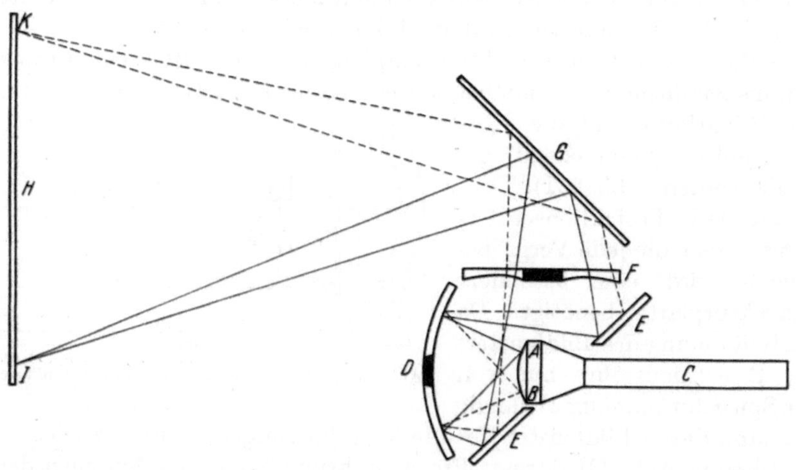

Abb. 233. Strahlengang im Fernsehgerät. A und B Bildpunkte der Projektionsröhre, D Hohlspiegel, E durchbohrter Planspiegel, F Korrekturlinse, G großer Kastenspiegel, H Projektionsschirm mit den Abbildungen von A und B in I und K.

relativ einfache Weise beseitigen lassen: a) die sphärische Aberration mit Hilfe der Korrekturlinse; — b) Koma, Astigmatismus und die chroma-tische Aberration treten nicht auf; — c) die Bild-feldkrümmung wird durch die Form des Leucht-schirmes der Röhre kom-pensiert (Kugelfläche); — d) die Verzeichnung wird durch ein tonnenförmiges Raster kompensiert.

Ferner bringt das Spie-gelsystem bei großen Öffnungsverhältnissen den Vorteil, daß der Spiegel nur eine optisch bear-beitete Fläche besitzt, nicht aus optischem Glas

Abb. 234. Projektor mit Röhre MW 6–2, Korrekturplatte und Fokussiermagnet.

bestehen muß und keine Oberflächenbehandlung erfordert. Daher werden Spiegelsysteme billiger als ein korrigiertes Linsensystem.

Die Einstellung des optischen Systems ist recht einfach. Der Plan-spiegel wird genau unter 45° eingestellt. Als weitere wichtige Einstellung muß die Korrekturplatte genau justiert werden, so daß deren Mittelpunkt mit dem Mittelpunkt des Hohlspiegels zu-sammenfällt. Diese Einstellung wird mit einer Testbildröhre vorgenommen, die ein Testbild von konzentrischen Kreisen mit gekreuzten Diagonalen (Abb. 227) enthält. Wenn diese beiden Figuren gleichzeitig scharf erscheinen, ist, wie bekannt, keine sphärische Aberration vorhanden. Zum Schluß wird die richtige Bildröhre einge-setzt und so eingestellt, daß das Bild auf dem Projektionsschirm, der be-reits im richtigen Abstand befestigt wurde, erscheint. Der Röhrenhalter läßt eine solche Verschiebung der Röhre zu, daß der Krümmungs-mittelpunkt des Bildfensters in die Achse des Spiegels gebracht werden kann.

Abb. 235. Einbau des Projektors, des Empfän-gers und Hochspannungsgerätes in die Philips-Heimfernsehtruhe 2312.

Eine später folgende kleine Überschlagsrechnung wird zeigen, daß die Röhre auf wenige hundertstel Millimeter justiert sein muß. Den Projektor zeigt Abb. 234, und den Einbau der gesamten Optik sowie des Empfangs- und Hochspannungsgerätes zeigt Abb. 235.

5. Der Projektionsschirm.

Man unterscheidet Aufprojektion und Durchprojektion. Die Aufprojektion wird zur Zeit nur für Großbildfernsehempfänger (s. Abb. 236), die im Rahmen dieses Aufsatzes nicht betrachtet werden, verwendet. Das mit diesem Gerät erreichte Bild hat eine Abmessung von 4×3 m. Der Projektionsschirm entspricht einer Perlleinwand, die von den 8-mm-Kinoprojektoren bekannt ist.

Abb. 236. Philips Kinoprojektionsgerät für eine Bildgröße von 4×3 m.

Es soll hier nur die Durchprojektion, die im Heimempfänger fast ausschließlich verwendet wird, betrachtet werden. Hierbei ist es nicht erforderlich, daß der Schirm über 180° abstrahlt, so daß es zweckmäßig ist, einen selektiv strahlenden Schirm zu nehmen.

Es erscheint zunächst naheliegend, für diesen selektiven Schirm Mattglas zu verwenden. Abb. 237 zeigt die Strahlung bei einem diffusen (1) und selektiven (2) Schirm. Die Lichtstärke als Funktion des Winkels ist bei dem diffusen Material durch die Sehne eines Kreises dargestellt, während dieselbe bei dem selektiv strahlenden Material die Sehne einer schmalen langgestreckten Ellipse ist. Hieraus ist deutlich ersichtlich, daß bei dem selektiven Material unter sehr kleinen Winkeln zur senkrechten Achse eine erheblich größere Lichtstärke erhalten wird. Für die praktische Anwendung muß ein günstiges Verhältnis zwischen dem Verstärkungsfaktor und dem Halbwertswinkel, das ist der Winkel, bei dem die Helligkeit auf den halben Wert abgefallen ist, gewählt werden. Dieser Halbwertswinkel

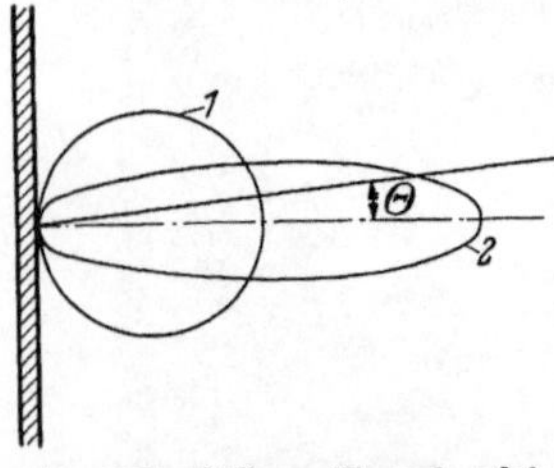

Abb. 237. Diffuse (1) und selektive (2) Reflexion. (Aus Philips techn. Rundschau, 10. Jahrg., Nr. 4.)

[11] ist ausschlaggebend für die Breite des Zuschauerraumes und hat bei den verschiedenen Mattglassorten einen Wert zwischen 1 und 12°, wobei der größte Teil der Mattglassorten jedoch weit unter 10° liegt [9, 10].

Zur Bestimmung dieses Halbwertswinkels und des Verstärkungsfaktors wird die in Abb. 238 skizzierte Meßanordnung verwendet. Eine

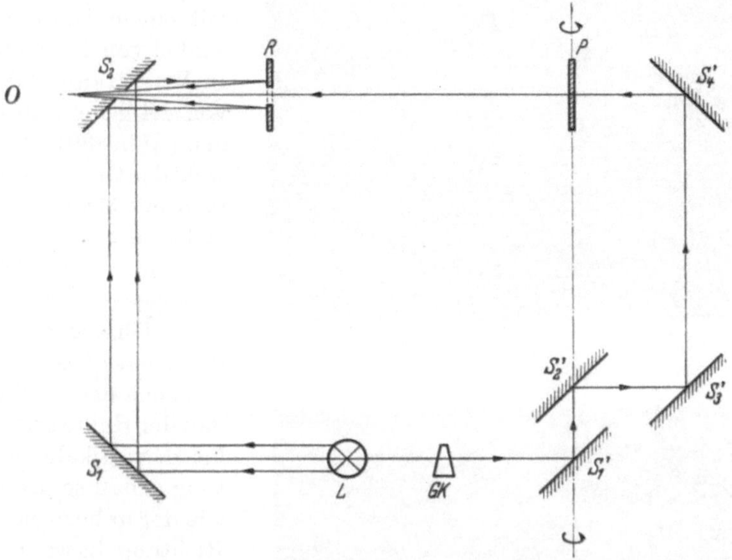

Abb. 238. Prinzip der Meßanordnung zur Bestimmung des Streufaktors von Schirmen für Durchprojektion.

Lichtquelle L strahlt das Licht sowohl links über die Spiegel S_1 und S_2 auf eine total reflektierende Fläche R als auch nach rechts über einen Graukeil (Gk) und den Spiegeln S_1', S_2', S_3' und S_4' durch den zu untersuchenden Schirm P. Mit dem Graukeil wird auf gleiche Helligkeit bei O eingestellt. Es wird also die Helligkeit durch den zu prüfenden Schirm verglichen mit einer diffus reflektierenden Fläche. Der Apparat gestattet den Schirm mit den Spiegeln S_1', S_2', S_3' und S_4' zu drehen, so daß auch der Halbwertswinkel bestimmt und die Streukurve, z. B. von Abb. 239, aufgenommen werden kann.

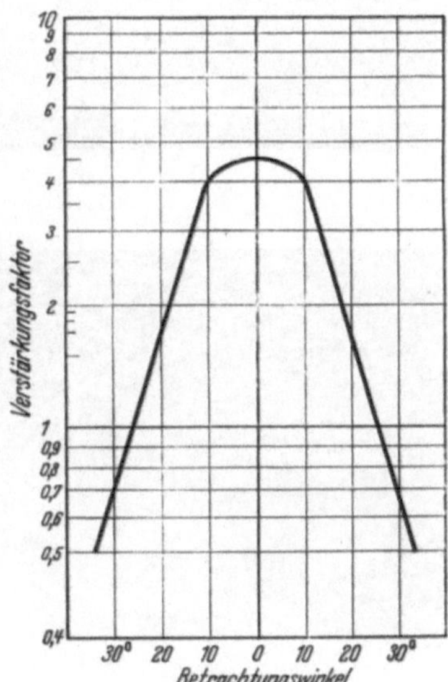

Abb. 239. Strahlungskurve einer Mattglasplatte, die speziell für Projektionsgeräte hergestellt wurde. Verstärkungsfaktor 4,4. Halbwertswinkel 17°. (Aus Philips techn. Rundschau, 10. Jahrg., Nr. 4.)

a

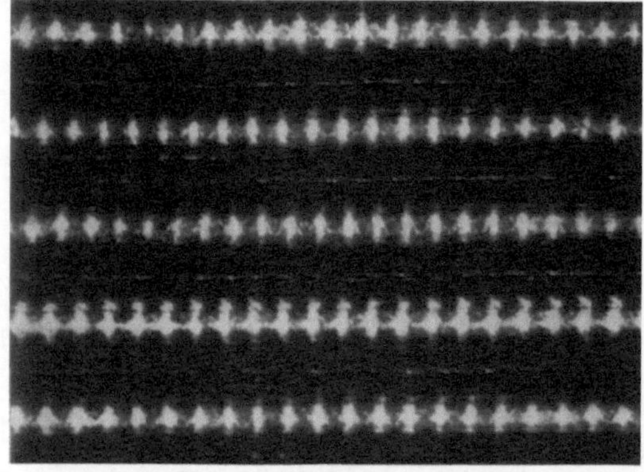

b

c

Abb. 240. Wellenplatte. a und b sind vergrößerte Photographien der Wellenplatte. c = Schnitt durch die Wellenplatte.

Bei einem speziell für optische Zwecke hergestellten Mattglas mit einem Halbwertswinkel von 17° konnte ein Verstärkungsfaktor von 4,4 gemessen werden (Abb. 239). Das ist wohl das Optimum, das man mit Mattglas herstellen kann. Die Herstellung eines solchen Mattglases ist sehr kostspielig, und obendrein hat dieses Material noch den Nachteil, daß der Halbwertswinkel in vertikaler Richtung genau so groß ist wie der in horizontaler Richtung. Es war naheliegend, einen Schirm anzufertigen, der in der Breite einen möglichst großen Halbwertswinkel, d. h. mindestens 20°, erreicht und den vertikalen Streuwinkel zugunsten der Lichtstärke möglichst klein hält, d. h. unter 10°. Diese beiden Forderungen erfüllt der von Philips verwendete „Plast“-Projektionsschirm. Dieser hat auf der der Optik zugewandten Seite eine Fresnellinse und auf der Seite des Beobachters eine Wellenplatte, bestehend aus kleinen Hyperbellinsen, die durch eine überlagerte Sinuswelle begrenzt werden, d. h. in kleine Linsen aufgeteilt werden.

Zwei vergrößerte Photographien dieser Wellenplatte zeigen die Abb. 240a u. b, während Abb. 240c einen Schnitt durch den Schirm wiedergibt. Durch mechanische Abtastung wurde die Abb. 241 gewonnen, die eine Vergrößerung von fünfzigfach in horizontaler und hundertfach bzw. fünfhundertfach in vertikaler Richtung zeigt.

Abb. 241a zeigt die Fresnelplatte, Abb. 241b die Hyperbellinse und Abb. 241c die Sinusbegrenzung. Die Konstanten sind bei der Fresnelplatte etwa $150\,\mu$, bei einer Tiefe von $50\,\mu$. Die Hyperbel hat eine Breite von $170\,\mu$ und eine Tiefe von $50\,\mu$, während die Sinuswelle eine Wellenlänge von $60\,\mu$ und eine Einschnittiefe von etwa $8\,\mu$ hat.

Wie arbeitet diese komplizierte Anordnung und welche Vorteile bringt sie? Die Fresnelplatte stellt eine Sammellinse dar, die das Licht des Projektionsschirmes in einen Punkt in etwa 4 bis 8 m Entfernung vor dem Schirm abbildet. Die Hyperbellinse hat, wie bekannt ist, eine breite Strahlungskeule mit einem Halbwertswinkel von etwa $\pm 25°$ (Abb. 242). Die Sinusbegrenzung gibt einen Halbwertswinkel von 7 bis 10°. Der Schirm ergibt somit einen Betrachtungswinkel von 22° nach jeder Seite und von $\pm 7°$ in der Vertikalen, wenn als Begrenzung der Halbwertswinkel angesetzt wird. Dabei gibt die Platte einen Verstärkungsfaktor von 7,0 (Abb. 243).

Abb. 244a zeigt schematisch die Strahlung eines Schirmes ohne Fresnellinse. Hierbei sieht nur der Beobachter, der genau in der Mitte vor dem Schirm steht, das Bild

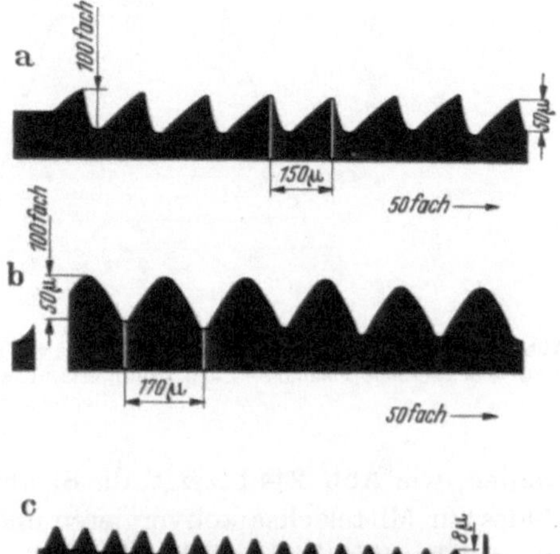

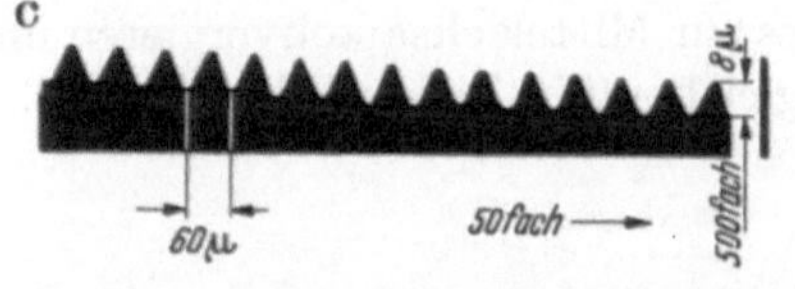

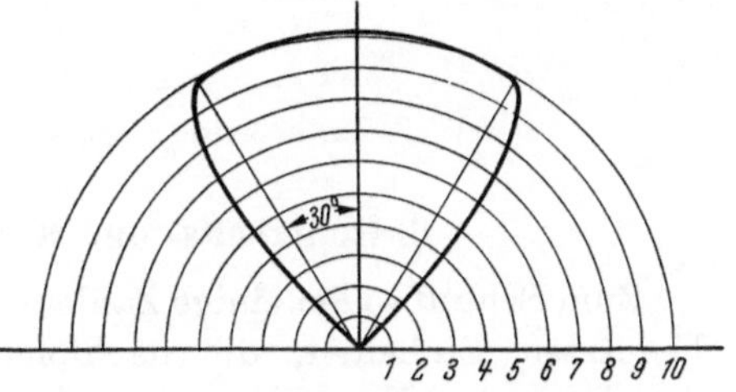

Abb. 241a–c. Mechanisch abgetastete Oberfläche des Projektionsschirmes. a Fresnellinse. Vergrößerung 50fach in horizontaler, 100fach in vertikaler Richtung. b Hyperbelbegrenzung. Vergrößerung 50fach in horizontaler und 100fach in vertikaler Richtung. c Sinusbegrenzung. Vergrößerung 50fach in horizontaler, 500fach in vertikaler Richtung.

Abb. 242. Streukurve einer Hyperbelfläche.

gleichmäßig hell, während bei seitlicher Betrachtung der eine Rand hell
und der andere dunkel erscheint. Durch Verwendung der Fresnellinse

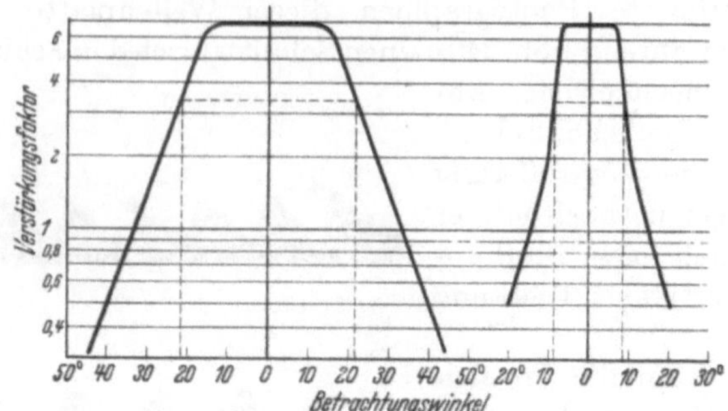

Abb. 243. Durchlaßkurve des Projektionsschirmes von Philips. Verstärkungsfaktor (bezogen auf total
diffus reflektierende Fläche) = 7fach. Halbwertswinkel horizontale Richtung ± 22°, in vertikaler
Richtung ± 7°·

werden, wie Abb. 244 b zeigt, die Strahlungskeulen an den Rändern des
Bildes zur Mittelachse konvergieren und auch dem seitlichen Betrachter
ein gleichmäßig helles Bild geben.

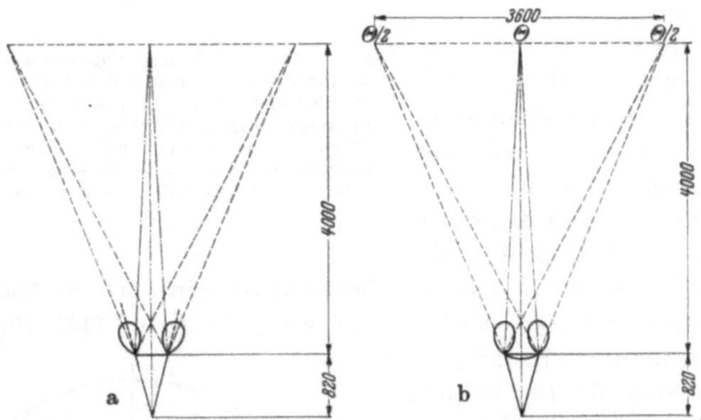

Abb. 244a u. b. Strahlung eines Schirmes. a ohne Fresnelplatte, b mit Fresnelplatte.

6. Helligkeits- und Kontrastbetrachtungen.

Zum Schluß sollen einige Zahlenwerte zusammengestellt werden. Die
benutzten Einheiten, die nachfolgend wiedergegeben werden, sind
dem Deutschen Normblatt „Grundgrößen, Beziehungen und Einheiten in
der Lichttechnik", DIN 5031, entnommen.

Die *Lichtstärke* einer Lichtquelle ist der Lichtstrom pro Raumwinkeleinheit. Diese Raumwinkeleinheit entspricht einer Fläche von 1 m² Größe

auf einer Kugel von 1 m Radius um die Lichtquelle. In Deutschland galt bis 1940 die „Hefnerkerze“ als Einheit (abgekürzt HK). Sie wurde dargestellt durch eine unter genormten Bedingungen brennende Lampe von HEFNER-ALTENECK.

Daneben bestand, vorzugsweise in englisch sprechenden Ländern, als weitere Einheit die „Internationale Kerze“, abgekürzt IK. Sie wird durch einen bestimmten Satz von Glühbirnen dargestellt, ist daher genau wie die HEFNER-Kerze nur durch den Transport einer solchen Lampe, nicht aber ohne weiteres an jedem beliebigen Ort durch allgemein bekannte Grundgrößen darstellbar. Um dieser Schwierigkeit abzuhelfen, beschloß die Meterkonvention ab 1. Jan. 1940 eine neue Lichteinheit, die sich möglichst nahe an die alten Einheiten anschließt, aber deren Nachteile vermeidet. Man nannte die neue Einheit anfangs „Neue Kerze“. Inzwischen hat sich aber international die Bezeichnung „Candela“, abgekürzt cd, eingebürgert. Diese neue Lichtstärkeneinheit wird so festgelegt, daß man sie jederzeit überall darstellen kann. Die Lichtstärke einer schwarzen Fläche von 1 cm² Größe wird, wenn man sie auf die Temperatur des erstarrenden Platins bringt (1769°), als 60 Candela angesehen.

Näherungsweise ist 1 cd = 1 IK = 1,1 HK.

Nun ist die Lichtstärke grundsätzlich keine rein physikalisch, sondern eine physiologisch gemessene Größe, da die spektrale Augenempfindlichkeitskurve in die Messung eingeht. Alle drei Kerzendefinitionen beruhen auf Lichtquellen verschiedener Temperatur und daher verschiedener spektraler Farbenverteilung. Aus diesem Grunde hängen die Umrechnungsfaktoren zwischen ihnen von der Farbe des Lichtes ab und können Abweichungen des Umrechnungsfaktors bis zu 5% bedingen.

Einheit des Lichtstromes ist die von einem allseitig mit der gleichen Lichtstärke von 1 HK strahlenden Lichtpunkt im räumlichen Winkel 1 (also auf 1 qm in 1 m Entfernung) ausgesandte Lichtenergie *1 Lumen* (lm).

Eine Lichtquelle von 1 HK strahlt also einen Lichtstrom von 4π Lumen aus.

Lichtmenge: 1 Lumenstunde wird erhalten, wenn eine Lichtquelle den Lichtstrom 1 Lumen während einer Stunde ausstrahlt.

Einheit der Beleuchtung: Das Lux (früher Meterkerze). Die Beleuchtungsstärke 1 Lux wird erhalten, wenn der Lichtstrom 1 Lumen gleichmäßig auf eine Fläche von 1 qm eingestrahlt wird.

Die Leuchtdichte 1 Stilb hat eine Fläche, die pro cm² mit der Lichtstärke 1 HK in senkrechter Richtung strahlt. Das Apostilb ist eine kleinere Untereinheit der Leuchtdichte. Es hat die Größe $\frac{1}{\pi} \cdot 10^{-4}$ Stilb.

Die spezifische Lichtausstrahlung 1 Phot wird erhalten, wenn der Lichtstrom 1 Lumen von der Fläche 1 cm² ausgestrahlt wird.

Tabelle 1. *Beziehungen zwischen den verschiedenen Größen und Einheiten.*

Größe	Beziehung	Einheit	Zeichen
Lichtstrom	Φ	Lumen	lm
Lichtmenge	$Q = \Phi \cdot t$	Lumenstunde	lmh
Lichtstärke	$I = \dfrac{\Phi}{\omega}$	Hefnerkerze	HK
Beleuchtungsstärke	$E = \dfrac{\Phi}{F}$	Lux	lx
Beleuchtungsstärke	$E = \dfrac{\Phi}{f}$	Phot	ph
Leuchtdichte	$B = \dfrac{I_\varepsilon}{f \cdot \cos \varepsilon}$	Stilb	sb
spezifische Lichtausstrahlung	$R = \dfrac{\Phi}{f}$	Phot	ph

Hierin bedeuten:

$F =$ eine Fläche in m², $\varepsilon =$ den Ausstrahlungswinkel (Winkel
$f =$ eine Fläche in cm²,   zwischen Ausstrahlungsrichtung
$t =$ eine Zeit in Stunden,   und Flächennormale).
$\omega =$ den Raumwinkel,

Der Bildschirm des Philips-Heimempfängers Type 2312 hat eine
Größe von 45×34 cm. Die Bildröhre MW 6—2 hat bei einem Durchmesser
von 6,0 cm eine ausnutzbare Bilddiagonale von 5,7 cm. Die Diagonale
des Projektionsschirmes ist etwa 56 cm, so daß sich für das Projektions-
system eine zehnfache negative Vergrößerung ergibt. Die Brennweite
des Systems beträgt 8,5 cm.

Der *Abstand des Projektionsschirmes* von der Korrekturlinse ist
gegeben durch

$$\Delta' = s' - 2f' = x' - f', \tag{14}$$

wobei

$s' =$ Bildweite (Hauptebene/Bild),
$s =$ Gegenstandsweite,
$x' =$ Entfernung Brennpunkt/Bild.

Und die Vergrößerung ist:

$$m = \frac{s'}{s} = -\frac{x'}{f'} \quad (x' = -m \cdot f'), \tag{15}$$

so daß

$$\Delta' = -mf' - f' = f'(-m-1) \tag{16}$$

obige Werte eingesetzt ergeben einen Abstand des Projektionsschirmes
von

$$\Delta' = 8,5 \cdot 9 = 76,5 \text{ cm}$$

und eine Bildweite:

$$s' = \Delta' + 2f' = 76,5 + 17 = 93,5 \text{ cm}.$$

Bei einer Bildhöhe $h = 340$ mm, einer wirksamen Zeilenzahl von $n = 580$ und einem Durchmesser der Korrekturplatte $= d = 125$ mm, ergibt sich eine zulässige Verschiebung $\Delta x'$ des Bildschirmes, wenn als Fehler die Breite einer Zeile zugelassen wird:

$$\Delta x' = \frac{h}{n} \cdot \frac{x'-f}{d} = \frac{340}{58}\frac{765}{125} = 3,6 \text{ mm} \tag{17}$$

Die Längsvergrößerung T ist gegeben durch

$$T = \lim_{\Delta S \to 0} \frac{\Delta S'}{\Delta S} = \frac{ds'}{ds} = \text{m}^2, \tag{18}$$

also gleich dem Quadrat der Quervergrößerung. Für die Genauigkeit, mit der das Bildfenster der Röhre ausgerichtet werden muß, ergibt sich:

$$A = \frac{\Delta x'}{T} = \frac{3,6}{10^2} \text{ mm} = 0,04 \text{ mm}. \tag{19}$$

Diese Einstellung erfolgt mit drei Mikrometerschrauben am Projektor.

Die Helligkeitsbetrachtung ergab bei einer Schirmbelastung von 5 Watt im Mittelwert, d. h. $200\,\mu$A bei 25 kV auf dem Leuchtschirm der Röhre (Abb. 245 b) 10 Kerzen, oder unter der Voraussetzung, daß der

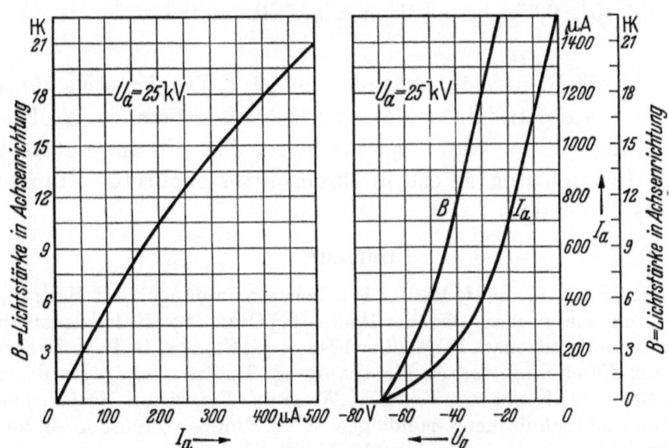

Abb. 245. Kennlinie der Projektionsbildröhre MW 6—2.

Schirm das Licht nach dem LAMBERTschen Cosinusgesetz ausstrahlt, einen Lichtstrom von $10 \cdot \pi = 31,4$ lm. Es wird nun von der numerischen Apertur des optischen Projektionssystems abhängen, wieviel dieses vom Lichtstrom verschluckt. Bei der Philips-Schmidt-Spiegeloptik beträgt dieser Wert etwa 0,5, so daß der durchgelassene Lichtstrom dann

$0,5^2 \cdot 31,4 = 7,8$ lm beträgt. Wird ferner angenommen, daß etwa 50% durch Vignettierung und Reflektion verlorengehen, so bleibt noch ein Lichtstrom von etwa 4 lm übrig.

Wenn dieser Lichtstrom auf einen Schirm von 45×34 cm $= 0,15$ m^2 fällt, so erhält man eine Beleuchtungsstärke von $4:0,15 = 26,6$ lx.

Wird mit einem Verstärkungsfaktor des Schirmes von 7,0 gerechnet, so erhält man eine Helligkeit von $26,6 \cdot 7 = 186$ lx oder 60 HK/m^2. Das ist etwa die doppelte Helligkeit, die man auf der Kinoleinwand hat.

In der Röhre ist eine Reserve bis 1000 μA vorhanden, so daß noch eine gute Gradation gewährleistet ist.

In diesem Zusammenhang interessiert der mögliche *Kontrast*, d. h. das Verhältnis der Helligkeit der hellsten (weißen) zu den dunkelsten (schwarzen) Bildpunkten.

Dieser beträgt im dunklen Zimmer bei einem guten Filmbild 100:1, beim Fernsehprojektionsempfänger etwa 50:1, bei der Direktsicht 100:1.

Werden die Verhältnisse nun in einem beleuchteten Zimmer untersucht, so ergibt sich bei einer Zimmerbeleuchtung von 40 lx und einer Reflektion des Kinoschirmes von 80%, d. h. 32 lx, ein Kontrastverhältnis von $100:32 = 3:1$.

Beim Projektionsgerät ist der Kontrast der Optik .... 1 : 65 d. h. 1,5 %
der Kontrast der Bildröhre .... 1 : 80 d. h. 1,2 %
Der Schirm reflektiert etwa 16% im Vergleich zu weißem
Papier, d. h. bei 40 lx 6,3 lx, bei mittlerer Helligkeit von 186 lx   3,4 %

                                                          6,1 %

Das ergibt ein Kontrastverhältnis von 16:1. Das ist etwa fünfmal so groß wie im normalen Kino und etwa 1,5 bis 2,5mal so groß wie im Wochenschautageskino. Damit ist erwiesen, daß die angesetzte Helligkeit für die Betrachtung selbst in einem gutbeleuchteten Zimmer vollkommen ausreichend ist.

Literatur.

[1] ALPHEN, P. M. v., u. H. RINIA: Ein Fernsehempfänger mit Bildprojektion. Philips technische Rundschau, Oktober 1948. — [2] GIER, IDE: Kathodenstrahlröhre. Philips technische Rundschau, November 1948. — [3] SIEZEN, G. I., u. F. KERKHOF: Apparatur zur Erzeugung der Anodenspannung. Philips technische Rundschau, Dezember 1948. — [4] KERKHOF, F., u. W. WERNER: Fernsehen, Einführung in die physikalischen und technischen Grundlagen. N. V. Philips technische Bibliothek. — [5] DE GROOT, W.: Optische Fehler bei Abbildung durch Linsen und Spiegel. Philips technische Rundschau 1947/1948, Nr. 10. — [6] BOUWERS: Achivements in optics. Elsivier, Amsterdam 1946. — [7] SALPETER, I. L.: Television Opties: Photometry based on candle. Philips technical Communication 1950, Nr. 5. — [8] JANSEN, P. C.: Television optics. Electronics Application Bulletin, April 1950, May 1950, September 1950. — [9] BRANDT, H. M.: Streulichtmessungen an geschliffenen und polierten Glasoberflächen. Schleif- und Poliertechnik, 16. Jahrg., Nr. 1. — [10] WEIGEL: Durchlässigkeit von Mattglas. Das Licht 1942, S. 154. — [11] v. LAMMEREN: Messungen an Projektionsschirmen.

N. Fernsehgroßprojektion nach dem Eidophorverfahren [1].

Von Dr.-Ing. **F. Winckel**, Berlin.

Mit 11 Abbildungen.

Unter den Verfahren der Fernsehgroßprojektion hat das Eidophorsystem als elektro-optische Relaissteuerung große Aussicht, die Forderungen der Filmprojektion zu erfüllen und damit Eingang ins Kinotheater zu finden. Diese Einrichtung wurde 1939 von Prof. Fritz Fischer, Zürich, vorgeschlagen und in einem ersten Labormuster vorgeführt. Nach dem Tode des Erfinders im Jahre 1949 wurde das Verfahren von seinen bisherigen Mitarbeitern, namentlich den Herren Thiemann, Hetzel, Mast unter Leitung von Prof. Baumann erfolgreich weiterentwickelt, mit dem Ergebnis, daß durch Anwendung eines neuen schlierenoptischen Systems die optisch-mechanischen Genauigkeitsansprüche auf ein praktisch vernünftiges Maß reduziert werden konnten. Damit ergab sich auch die Möglichkeit, die Abmessungen der Apparatur radikal zu verkleinern, so daß der Eidophorprojektor heute in einer normalen Kinokabine Platz findet [2].

1. Theorie des Eidophors.

Im Prinzip handelt es sich bei dem Eidophorsystem um eine Kinoprojektion, bei der an Stelle des zu projizierenden Filmbildes eine Bildvorlage tritt, die als eine dem Bild entsprechende elektrische Ladungsverteilung auf einem durchsichtigen Träger existiert und die vom Erfinder als „Eidophor" = „Bildspender" bezeichnet wurde. Wesentlich ist, daß eine Bogenlampe von beliebig hoher Lichtstärke benutzt werden kann, ohne daß dadurch ein nachteiliger Einfluß auf den Bildträger ausgeübt wird. Die Lichtverluste dieses Bildträgers einschließlich der Optik halten sich in solchen Grenzen, daß die Helligkeit des auf die Kinoleinwand projizierten Bildes durchaus mit der Helligkeit des Kinobildes konkurrieren kann.

---

[1] Dieser Beitrag erscheint an Stelle des ausgefallenen Vortrages der Berliner Fernsehtagung von Dr. Thiemann, Zürich.

[2] Die Firma Gretener A. G., Zürich, hat als Inhaber aller Rechte für die Auswertung des Verfahrens einen Lizenzvertrag mit der Twentieth Century-Fox-Film Corp. zwecks Einführung des Eidophor-Systems in farbiger Wiedergabe in den Kinotheatern abgeschlossen. Gegenwärtig läuft die Vorbereitung der Serienfabrikation.

Die Abbildung der Bildebene des Projektors auf den Projektionsschirm erfolgt mittels Dunkelfeldverfahren, wobei die Bildebene durch eine sehr dünne Ölhaut gebildet wird, die beispielsweise auf einer Glasplatte als Bildträger aufgebracht sein kann. Im Ruhezustand, bei nicht erregter Ölhaut, gelangt infolge der Zwischenschaltung einer Schlierenoptik kein Licht auf den Bildschirm. Wird die Oberfläche der Ölhaut entsprechend dem Bildinhalt punktweise aufgerauht, so entsteht eine dem Aufrauhungsgrad proportionale Lichtstreuung des hindurchtretenden Lichtstrahls, was zu einer entsprechenden Aufhellung des Schirms führt. Die Deformationen in der Ölhaut entstehen durch einen

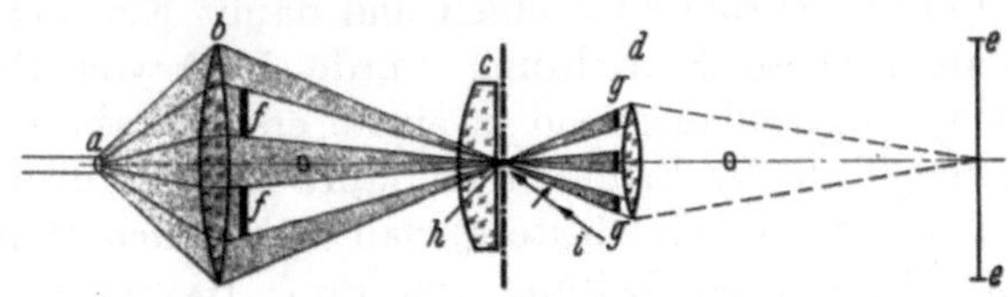

Abb. 246. Prinzip der Schlierenoptik. *a* Positivkrater der Bogenlampe. *b* Kondensorlinse. *c* Bildebene des Projektors. *d* Projektionsobjektiv. *e* Projektionsschirm. *f* Streifenblende am Kondensor. *g* Streifenblende am Objektiv. *h* Betrachteter Bildpunkt. *i* Abtastender Kathodenstrahl.

helligkeitsgesteuerten abtastenden Kathodenstrahl. Es ergibt sich dann die Anordnung nach Abb. 246.

Der positive Krater *a* der Bogenlampe beleuchtet mittels Kondensorlinse *b* den Punkt *h* des zwischen zwei Barrensystemen *f* und *g* befindlichen Steuermediums (Bildebene). Im Ruhezustand treffen die zwischen den Barren *f* hindurchtretenden Lichtbündel auf die lichtundurchlässigen Barren *g*. In der Darstellung der Zeichnung kann kein Licht zum Projek

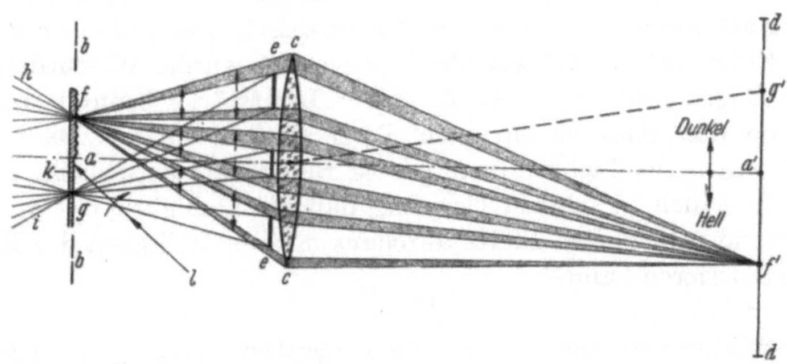

Abb. 247. Lichtsteuersystem mit Eidophorvorlage. *a–a'* Optische Achse. *b–b* Bildebene des Projektors. *c–c* Projektionsobjektiv. *d–d* Projektionsschirm. *e–e* Streifenblenden am Objektiv. *f, g* Punkte in der Bildebene. *f', g'* Abbildung von *f, g* auf den Schirm. *h* Beleuchtungsbündel für Punkt *f*. *i* Beleuchtungsbündel für Punkt *g*. *k* Eidophorölhaut. *l* Abtastender Kathodenstrahl. *a–f* Aufgerauhte Ölfläche. *a–g* Glatte Ölfläche. *a'–f'* Heller Teil des Projektionsschirmes. *a'–g'* Dunkler Teil des Projektionsschirmes.

tionsschirm gelangen, weil die Streifenblende g so eingestellt ist, daß sie alles Licht abschirmt. Mittels des abtastenden Kathodenstrahls i kann die Oberfläche des Steuermediums so deformiert werden, daß — ähnlich der Wirkung von Prismen — das auftreffende Licht gestreut und somit durch die Streifenblende g hindurchgelassen wird.

Den Unterschied zwischen der Hell- und der Dunkelsteuerung erkennt man aus Abb. 247. Die Bildebene c der vorigen Abbildung ist nun ersetzt durch eine steuerbare Ölhaut, die auf einem Träger, in unserem Fall auf einer Glasplatte aufgebracht ist. Im unteren Teil erkennt man das Beispiel einer Dunkelsteuerung bei nicht deformiertem Träger, im oberen Teil die Hellsteuerung infolge Deformation der Oberfläche.

Mit der Auffindung eines als Steuermedium dienenden Ölfilms, der sich infolge der Aufladeerscheinungen eines Kathodenstrahls deformiert, war es F. FISCHER gelungen, die von ihm früher verfolgte Idee des Linsenrasters auf mechanisch-optischer Basis nunmehr in sehr eleganter Weise elektro-optisch zu lösen. Wird das Steuermedium zusammen mit dem Kathodenstrahlsystem in einer BRAUNschen Röhre in einem gemeinsamen evakuierten Gefäß untergebracht, so entsteht im Falle der Aufhellung durch die punktweise Abtastung des Strahls in Zeilen eine sinusförmige Spur in dem Ölfilm, wobei die Amplitude gemäß der Helligkeit der verlangten Abbildung ausgesteuert wird, wie dies Abb. 248 zeigt.

Die Länge der Deformationswelle beträgt etwa $^1/_{10}$ mm. Die maximale Amplitude der Deformation ist einige tausendstel Millimeter. Dazu ist Voraussetzung, daß das Öl von bester Qualität und frei von Verunreinigungen ist, weil an-

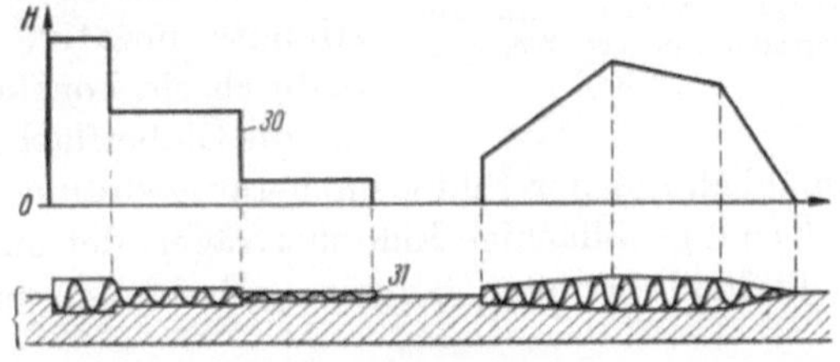

Abb. 248. Deformation der Eidophorschicht 31 als Funktion der Helligkeit 30.

dernfalls Lichtstreuungen und damit lokale Bildaufhellungen eintreten würden. Wenn eine gewisse konstante Aufhellung infolge nicht ausreichender Güte des Schlierensystems zu beobachten ist — das Bild könnte dann die Stufe von absolut schwarz nicht erreichen —, so kann bis zu gewissem Grade Abhilfe geschaffen werden, indem die Schlitze in der zweiten Streifenblende g (Abb. 246) etwas weitergemacht werden.

Das Abklingen der Oberflächendeformation erfolgt mechanisch durch die Kapillarkraft.

Von einem idealen Bildempfänger würde man verlangen, daß die Bildinformation über die Dauer einer Bildperiode hinweg gespeichert wird. Das bedeutet, daß während dieser Zeit die Deformation auf der Ölhaut erhalten bleiben soll, um allerdings unmittelbar danach abzuklingen. Um eine bestimmte Zeitkonstante für diesen Vorgang einzuführen, hat FISCHER die Ölsubstanz leitend gemacht. Die aufgespeicherten Ladungen klingen dann nach einer Exponentialfunktion ab und dementsprechend die Deformation der Schichtoberfläche, wobei die Zeitkonstante weiter

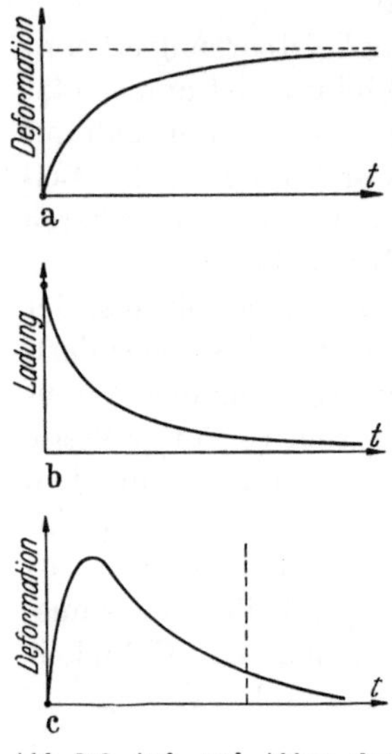

bestimmt wird aus dem Quotienten von der Oberflächenspannung und der Viskosität des Öls. Die Ladung — für einen Bildpunkt betrachtet — wird in weniger als 10^{-7} sek aufgebaut. Der Verlauf der Deformation ist aus Abb. 249 ersichtlich: In a) ist der theoretische Verlauf für eine nicht leitende Flüssigkeit aufgetragen, in b) der exponentielle Schwund der Ladung für die leitende Flüssigkeit und in c) der resultierende Verlauf aus a) und b). Wenn eine Restladung von 10% am Ende der Bildperiode zurückbleibt (Abb. 250), so kann dieser Wert für die Praxis noch als zulässig gelten. Man gewinnt in dieser Anordnung eine Lichtspeicherung von etwa 65% — im Gegensatz zu einer 10%-Speicherung bei der Kathodenstrahlröhre.

Abb. 249. Auf- und Abbau der Deformation in der Eidophorschicht.

Wenn das Eidophorbild ständig eine bestimmte negative Ladung erhält, so wird dadurch ein konstanter mechanischer Druck auf die Öloberfläche ausgeübt, wodurch diese allmählich aus der Bildebene herausgedrängt wird. Als Abhilfe wird der genügend großflächige Eidophorträger, der nur in einem Ausschnitt sich im Bildfeld befindet, langsam gedreht, so daß der Ölfilm ständig erneuert wird. Die Rotation des Trägers ist so langsam, daß praktisch kein Einfluß auf das Bild zu merken ist.

Nach der Erläuterung aller Teilvorgänge dürfte nun das Schema der Gesamtanlage (Abb. 251) ohne weiteres verständlich sein. In einer verbesserten und räumlich mehr gedrängten Form wurde das

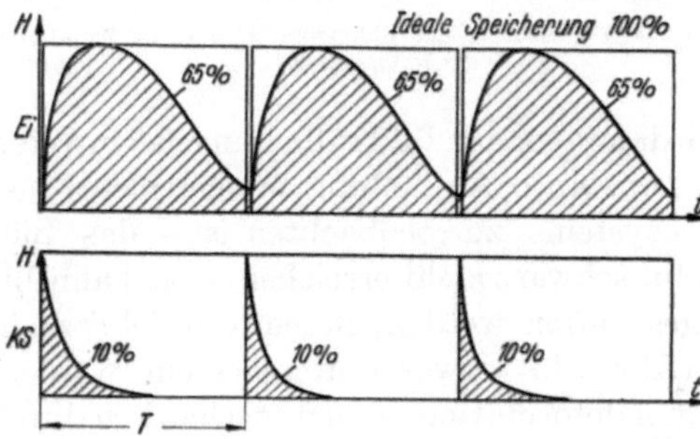

Abb. 250. Vergleich der Speichereffekte des Eidophors und einer Kathodenstrahlröhre.

Linsensystem durch einen sphärischen Spiegel ersetzt (Abb. 252). An Stelle der beiden getrennten Gitter des Schlierensystems tritt jetzt eine Platte mit verspiegelten Streifen, die – im Winkel von 45° zur optischen Achse des sphärischen Spiegels geneigt – gleichzeitig als Eingangs- und Ausgangs-gitter für den Lichtstrahl dient. Das Eidophorbild entsteht in Form eines dünnen Ölfilms, der auf dem sphärischen Spiegel angebracht und wiederum von einem Kathodenstrahl gesteuert wird. Auch der sphärische Spiegel rotiert langsam, wobei der darin sichtbare Schieber alles Öl abstreift, das die vorgeschriebene Stärke

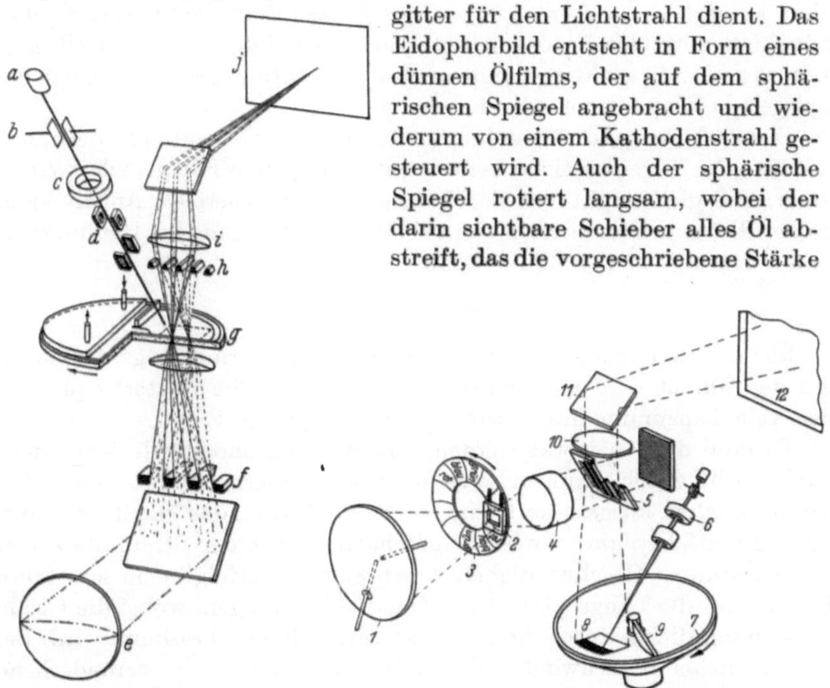

Abb. 251. Schema des Eidophor-projektors (alte Ausführung). a Kathodenstrahlerzeugung. b Modulationselektrode. c Fokussierspule. d Ablenkspulen. e Bogenlampe. f Unteres Schlierengitter. g Eidophor. Oberes Schlierengitter. i Objektiv. j Bildschirm.

Abb. 252. Schema des verbesserten Eidophorprojektors mit Spiegelschlierensystem. 1 Bogenlampe. 2 Bildfensterrahmen. 3 Farbfilterrad. 4 Kondensor. 5 Gitterspiegel. 6 Elektronenstrahl mit Elektroden. 7 Spiegel mit Eidophorschicht. 8 Abtastschicht im Strahlengang. 9 Schaber zum Ölabstreifen. 10 Projektionsobjektiv. 11 Ablenkspiegel. 12 Theaterbildwand.

des Ölfilms überschreitet. Es ergibt sich dann folgende Wirkungsweise: Der vom Lichtbogen ausgehende Lichtstrahl, der über den Streifenspiegel auf den sphärischen Spiegel abgebildet wird, gelangt bei glattem Ölfilm durch Reflexion über den Streifenspiegel zurück zur Bogenlampe. Bei Deformation des Ölfilms geht das gestreute Licht durch den Streifenspiegel hindurch, weiter über die Projektionsoptik und Umlenkspiegel auf die Projektionswand. Durch den Streifenspiegel tritt ein Lichtverlust von etwa 50 % ein – derselbe Betrag, der auch durch die Blende im Filmprojektor eingebüßt wird.

Die verbesserte Ausführung ergibt folgende Vorteile: Der Lichtweg innerhalb des Schlierensystems ist auf die Hälfte reduziert. Die Optik gestattet einen größeren Bildwinkel im Schlierensystem und ermöglicht

folglich eine kleinere Fokuslänge des Spiegels. Der Lichtweg im Schlierensystem ist von früher 3 m auf nur noch 75 cm im neuen System verkürzt.
Man kommt so zu Abmessungen der ganzen Anordnung vergleichbar
mit einem normalen Kinoprojektor. Auch die Kühlung der Steuerflüssigkeit wird damit leichter, womit auch die Rotationsgeschwindigkeit des
Spiegels herabgesetzt werden kann.

Das Auflösungsvermögen beträgt 1000 Rasterelemente pro Zeile, womit man den gegenwärtigen Erfordernissen in jedem Fall gerecht werden
kann. Das gleiche gilt von der Zeilenzahl. Als genereller Anhalt kann
gelten, daß man Bandbreiten von 10 MHz zur Erzeugung der Bildinformation auf dem Schirm erhalten kann.

2. Technische Ausführung.

Für die Erzeugung der sinusförmigen Deformation längs der Zeilen
auf der Ölhaut wird eine konstante Frequenz — die Rasterfrequenz —
der Ablenkspannung des Kathodenstrahls überlagert.

Es muß dazu bemerkt werden, daß der bildschreibende Kathodenstrahl nicht durch Amplitudenmodulation, sondern durch *Geschwindigkeitsmodulation* ausgesteuert wird — ein Verfahren, das bereits R. THUN
Anfang der 30er Jahre vorgeschlagen hatte. Wenn der Strahl die Zeilen
mit konstanter Geschwindigkeit beschreibt, so erfolgt eine konstante
Ladung auf die Längeneinheit der Oberfläche bezogen, wobei die Größe
der Ladungsdichte durch die Schreibgeschwindigkeit bestimmt wird. Bei
veränderlicher Geschwindigkeit ergibt sich also eine veränderliche
Ladungsdichte. Man hat demnach nur die der Zeilenablenkspannung
überlagerte Wechselspannung zu modulieren, wobei, wie erwähnt, die
Frequenz die Dimension des Rasterelements bestimmt, die Amplitude
die aufgebrachte Ladungsdichte. Für die vollständige Aussteuerung der
Bildmodulation genügt bereits 1 V.

Bei der technischen Durchführung des Verfahrens ist noch darauf zu
achten, daß Größe und Form des Kathodenstrahlflecks während einer
Bildabtastung völlig unverändert bleiben, da eine Fleckverbreiterung beispielsweise das Bild dunkler macht. Infolgedessen wurde im elektronischen Brennpunkt der Kathodenstrahloptik ein mechanisches Wolframdiaphragma mit einer Öffnung $0,1 \times 0,15$ mm angebracht. Eine magnetische Linse bildet diese Öffnung auf der Eidophoroberfläche im Verhältnis
1:1 ab. Die verschiedene Neigung des Elektronenstrahls zur Bildoberfläche mit zunehmendem Abtastwinkel muß durch Korrekturpotentiale
ausgeglichen werden. Um einen konstanten Strahlstrom zu erhalten,
wurde eine besondere Kathode entwickelt. Als Material wurde reines
Wolfram gewählt, weil die Oxydkathoden durch die Kohlenwasserstoffdämpfe der Ölschicht bald unwirksam werden würden. Wie Abb. 253
zeigt, dient als Emissionsfläche die Stirnfläche eines zylindrischen Stiftes,

der an seinem rückwärtigen Ende verjüngt ausläuft und im gefaßten
Teil von einer Wendel aus Wolframdraht umwickelt ist, um damit den
Stift aufzuheizen. Da dies allein nicht ausreicht, wird an die Wendel ein
Potential von entsprechender Größe angelegt, das in bezug auf den Stift
negativ ist. Dadurch wird auf den Stift ein Elektronenbombardement ausgelöst, das als zusätzliche Erwärmung dient. Man erzielt maximal einen Strahlstrom
von 20 μA. Die Aufheizung erfolgt durch Impulse, die
aus dem Zeilenrücklauf gewonnen werden. Sie dienen
gleichzeitig auch dazu, den Strahlstrom während der
Zeilenpause zu unterdrücken, Bild- und Zeilenablenkung
erfolgen magnetisch.

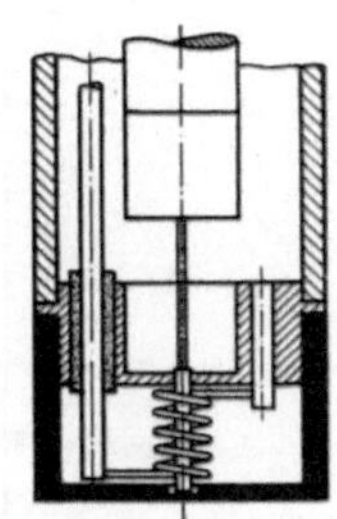

Abb. 253. Spezial-
kathode für hohe
Elektronendichte

Die Anforderungen an die Ölqualität sind sehr
hoch, damit das Elektronenbombardement, das mit
einer Strahlgeschwindigkeit von 20 kV erfolgt, die
Ölschicht nicht zerstört. Verlangt wird ein sehr geringer
Dampfdruck (weniger als 10^{-5} mm Hg), große Oberflächenspannung, optimale Werte für die Dielektrizitätskonstante, Viskosität und elektrische Leitfähigkeit. Außerdem soll das Öl möglichst
durchsichtig sein, damit das Schirmbild nicht verfärbt wird. Eine beträchtliche Störung verursacht jeglicher Staub, der etwa bei der Montage
vor dem Einbringen in das Vakuum entstehen kann. Natürlich muß auch
der sphärische Spiegel von der höchsten Oberflächenqualität sein.

Der entscheidende Vorteil des Eidophorsystems besteht darin, daß
infolge der relaisartigen Bildmodulation die unabhängige Lichtquelle
ausschließlich nach lichttechnischen Gesichtspunkten für höchste
Leistung gezüchtet werden kann. Zur Verwendung kommt die von
E. GRETENER entwickelte *Ventarc*-Lampe, eine Hochintensitätsbogen-
lampe, wie sie auch bei modernen Filmprojektoren benutzt wird. Je nach
der Größe des auszuleuchtenden Schirms wird ein Bogenstrom von 125
bis 300 A erzeugt. Die sehr hohe Leuchtdichte des Lichtbogens ist auf
die Einführung eines Luftstroms aus einer positivseitigen Blasdüse d
zurückzuführen, durch deren Wirkung der Lichtbogen in den Raum vor der
Stirnfläche der positiven Kohle konzentriert wird, wobei die Flammengase
auf der Negativseite durch das Saugrohr m abgesaugt werden (Abb. 254).
Die Stromspule e erzeugt ein zur Positivkohlenachse symmetrisches Magnetfeld, das eine Rotation des Bogenplasmas um die Bogenachse bewirkt.
Die Lampe ist mit einer automatischen Regelung des Positivkraters
auf den Fokus des Beleuchtungsspiegels c und einer Steuerung des Vor-
schubs der Negativkohle versehen. Die motorische Regelung geschieht
lichtelektrisch mittels der überwachenden Optik, die die Brennkante
auf die Photozelle des Stellgliedes g abbildet. Damit gelingt es, ein
Programm von mindestens zwei Stunden pausenlos zu übertragen. Die

Betriebsdauer der *Ventarc*-Lampe beträgt sogar fünf Stunden. Nimmt man den Lichtstrom, der zur Bildwand gelangt, im Verhältnis zur

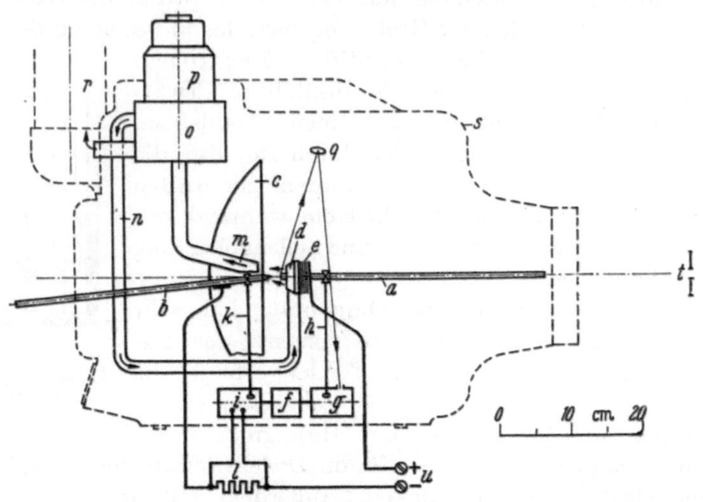

Abb. 254. Schema der Ventarc-Bogenlampe. *a* Positivkohle. *b* Negativelektrode. *c* Hohlspiegel. *d* Positivdüse. *e* Stromspule. *f* Antriebsmotor. *g* Positivregulierung. *h* Positivvorschubachse. *i* Negativregulierung. *k* Negativvorschubachse. *l* Widerstand (Shunt). *m* Saugrohr. *n* Druckluftzuteilung. *o* Gebläse. *p* Antrieb für Gebläse. *q* Optik (Abbildung der Brennkante auf *g*). *r* Kamin. *s* Gußgehäuse. *t* Bildfenster. *u* Anschlußklemmen.

aufgewendeten Leistung, so erhält man einen durchschnittlichen Koeffizienten von 6 lm/W.

Entscheidend ist die Frage, ob das Eidophorsystem qualitativ und wirtschaftlich mit dem Film konkurrieren kann. Vergleichsweise sei angegeben, daß man in Großtheatern für die Ausleuchtung einer Bildwand von etwa 75 m² (z. B. Kino „Rex" in Paris) einen Lichtstrom von 10000 Lumen braucht. Dieser Wert ist beim Eidophor noch zu übertreffen. Die beschriebene *Ventarc*-Lampe kann sogar bis zu einer mittleren Leuchtdichte von 120000 Kerzen pro cm² belastet werden, ohne daß dabei abnormal hohe Ströme gebraucht werden.

3. Farbige Großprojektion.

Die Erzeugung farbiger Bilder nach dem Eidophorverfahren gelingt leichter als bei direkter Betrachtung des Leuchtschirms der Kathodenstrahlröhre. Dies gilt sowohl für das Simultan- wie auch das Sequenzverfahren (s. S. 368). Ein mögliches Schema eines Simultanprojektors gibt Abb. 255 wieder. Das von der Bogenlampe *a* erzeugte weiße Licht wird über die Interferenzfilter *i* in Rot, Grün und Blau aufgespalten. In der dreiteiligen Eidophorschicht *c* werden die drei farbigen Teillichtströme durch drei Kathodenstrahlen $h_B\, h_G\, h_R$ moduliert. Die so gewonnenen Teilauszüge werden durch Interferenzfilter der gleichen Art wie i wieder in additiver Mischung vereinigt und über das Projektionsobjektiv d auf den Schirm e zur Abbildung gebracht.

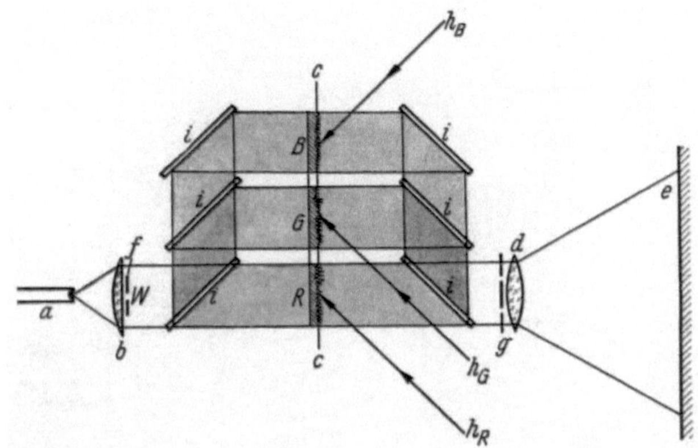

Abb. 255. Simultanverfahren für die Großprojektion nach dem Eidophorverfahren.

Da das Simultanverfahren drei Aufnahmeröhren erfordert und wegen der sehr extremen Gleichlaufbedingung zur Deckung der Teilbilder großen Aufwand verlangt, so möchte man das Sequenzverfahren bevorzugen, das allerdings wegen der nur intermittierenden Auswertung der Teilbilder in der Lichtleistung sehr beschränkt ist. Der Speichereffekt des Eidophors gestattet im Prinzip, Bilder, die im Sequenzverfahren gesendet werden, im Simultanprojektor des Eidophorsystems auszuwerten. Die drei Farbauszüge würden dabei zeitlich nacheinander, örtlich nebeneinander auf die Eidophoroberfläche geschrieben. Dabei wird das Öl in seiner Viskosität so abgestimmt, daß jedes Teilbild so lange erhalten bleibt, bis es nach Schreibung der anderen beiden Teilbilder erneut wieder abgetastet wird. Dieses System vermeidet wohl die kameraseitigen Deckungsschwierigkeiten, während projektorseitig das Deckungsproblem in vollem Ausmaß bestehen bleibt.

Mit Rücksicht auf die drängende Zeit wurde der Eidophor vorerst mit einem normalen Bildsequenzverfahren kombiniert, wobei also nur ein einziges Bildfeld auf dem Eidophor existiert, welches nacheinander für die Aufzeichnung der roten, grünen und blauen Bildkomponenten benutzt wird, wobei die Speicherwirkung des Eidophors nur je über eine Teilfarbperiode ausgenutzt wird. Damit werden je Sekunde 150 Halbraster im Zeilensprungverfahren geschrieben, wobei die Grundfarben pro Halbraster wechseln. Durch dieses Verfahren werden Deckungsfehler im Gesamtsystem sicher vermieden. Die für das Bildsequenzverfahren erforderliche Steigerung der Strahlleistung um das Dreifache wie auch die damit verbundene proportionale Erhöhung der Belastung des Eidophors kann noch sicher bewältigt werden.

Die Lichtverluste durch das Filterrad am Projektor, welche rund 80%

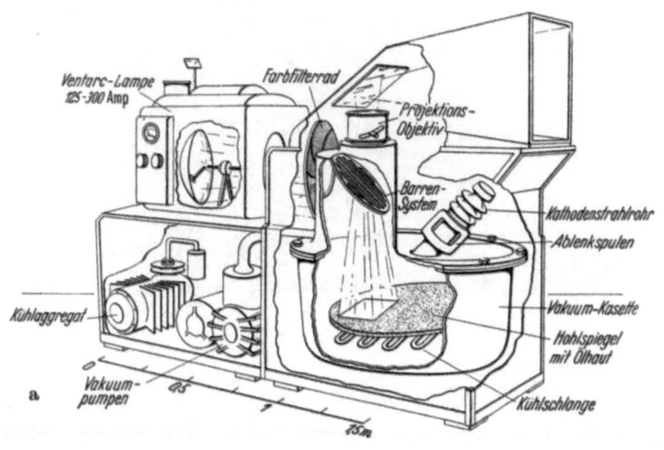

Abb. 256. Ansicht der Farbprojektionsanlage nach dem Eidophorverfahren. a Schematischer Schnitt. b Außenansicht. *a* Eidophorprojektor. *b* Lichtaustrittsöffnung. *c* Farbfilterrad. *d* Vakuumpumpe und Kühlaggregat. *e* Ventarc-Lampe. *f* Verstärker für Bildsignal und Strahlsteuerorgane.

betragen, konnten durch eine Neukonstruktion der *Ventarc*-Lampe ausgeglichen werden, so daß sich eine einwandfreie Farbprojektion auf einen Schirm von 50 m² ergeben wird.

Der Klarheit halber sei noch erwähnt, daß die Lichtleistung des Simultansystems grundsätzlich gleich groß ist wie jene einer Schwarz-Weiß-Projektion, während das Bildsequenzverfahren hier große Opfer fordert, auf der anderen Seite aber die schwierigen Deckungsfragen gegenstandslos macht.

Für die Einführung in die amerikanischen Filmtheater ist der Eidophorprojektor auf die CBS-Norm (Sequenzverfahren) mit Unterstützung der Columbia Broadcasting Co. eingerichtet worden. Wie Abb. 256 zeigt, verursacht die zusätzliche Einbringung des Farbfilterrades in den Projektor bei der Umstellung auf das Farbbild kaum konstruktive Veränderungen und auch keine Veränderungen der äußeren Abmessungen.

Literatur.

BAUMANN, E.: The Fischer Large-screen Projection System. J. Brit. Inst. Radio Engrs. Vol. 12 (1952), Nr. 2, S. 69. — GRETENER, E.: Physical Principles, Design and Performance of the Ventarc High-Intensity Projection Lamps. J. Soc. Mot. Pict. TV-Eng. 1950, S. 391. — THIEMANN, H.: Fernsehgroßprojektion nach dem Eidophorverfahren. Bull. schweiz. elektrotechn. Ver. Bd. 40 (1949), Nr. 17, S. 585.

O. Film und Fernsehen.

Von Dr.-Ing. M. Ulner, Berlin.

Mit 6 Abbildungen.

Wie Schallplatte, Magnetband und Tonfilm die Speichermittel für den Hörfunk sind, so ist der *Film* das Speichermittel für das Fernsehen. Wenn auch an einer Ablösung durch Magnetfilm gearbeitet wird, so beherrscht doch der *Photofilm* heute noch völlig das Feld — d. h. ein lichtempfindlicher Film, der entwickelt und meistens auch kopiert wird in seinen drei Arten — Negativ, Positiv und Umkehrfilm — und in den

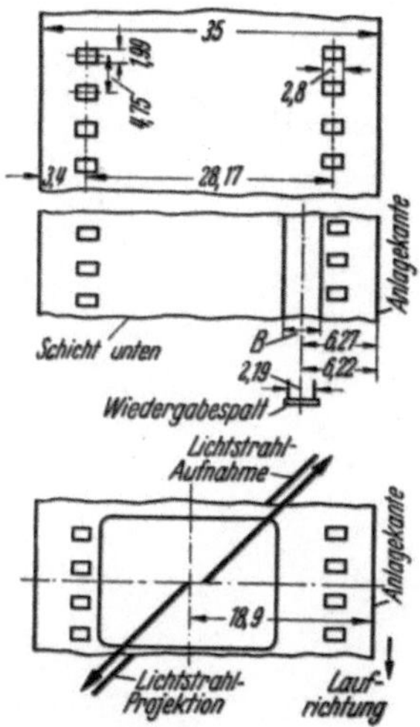

Abb. 257. Übersicht über die Grundnormmaße für den 35-mm-Tonfilm.

a *Rohfilm* (DIN 15000). Höchstzulässige Filmdicke 0,175 mm. Länge von 100 Lochteilungen mit höchstzulässigem Abmaß $475 + 1$ mm. b *Tonaufnahme* (DIN 15503). Aufnahme- und Wiedergabegeschwindigkeit 24 Bilder/sek. Tonspurbreite B: Aufnahme Zackenschrift max. 1,8 mm. Aufnahme Sprossenschrift min. 2,68 mm. Breite des kopierten Streifens min. 2,68 mm. c *Tonwiedergabe* (DIN 15503). Abstand zwischen Bildmitte und dazugehörigem Ton 20 Bilder. d *Bildaufnahme und Projektion* (DIN 15501/2/4). Bildfenster Kamera 22×16 mm. Bildfenster Projektor $20,9 \times 15,2$ mm.

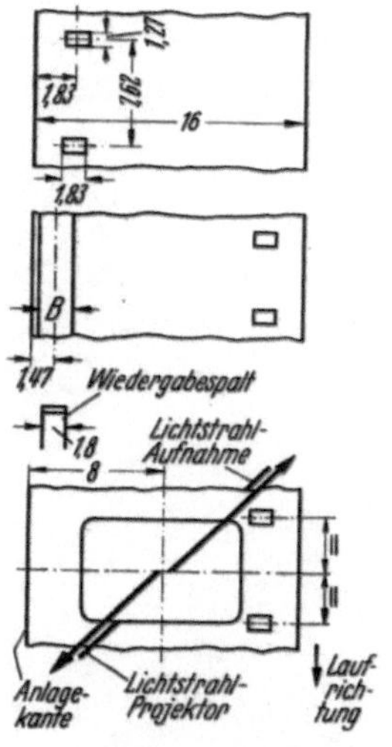

Abb. 258. Übersicht über die Grundnormmaße für den 16-mm-Film mit einseitiger Lochung.

a *Rohfilm* (DIN 15600, 15601). b *Tonaufnahme und -wiedergabe* (DIN 15603, 15605). Aufnahme- und Wiedergabegeschwindigkeit 24 Bilder/sek. Abstand zwischen Bildmitte und dazugehörigem Ton 26 Bilder. Tonspurbreite B: Zackenschrift max. 1,5 mm. Sprossenschrift min. 2,23 mm. c *Bildaufnahme und Projektion* (DIN 15602, 15604). Bildfenster Kamera 10,63 $\times 7,5$ mm. Bildfenster Projektor 9,6 $\times 7,16$ mm.

beiden Formaten von 35 und 16 mm Breite; die wesentlichen Abmessungen s. Abb. 257 u. 258.

Ist dabei in erster Linie an die kinematographische Aufnahme eines Ereignisses — sei es Spiel- oder Kulturfilm, Wochenschau oder „Fernsehfilm" — zum Zwecke der nachherigen Abtastung und Sendung im Fernsehen gedacht, so tritt der Film noch an einer zweiten Stelle im Fernsehbetrieb auf: als Speichermittel hinausgehender Sendungen, d. h. bei der kinematographischen Aufnahme des Fernsehschirmbildes. Schließlich bricht das Fernsehen noch in Form der Großprojektion stark in die Kinotechnik ein.

Zu den Wechselbeziehungen zwischen Film und Fernsehen gehört endlich noch, daß das Fernsehen vom Film als der älteren Form optischer Übertragung noch viel lernen kann; vor allem in der Studiotechnik: angefangen von der Beleuchtung, der Kameraführung, der Schminktechnik bis zum „Fernsehschnitt". Schließlich sind ja Film *und* Fernsehen die gleichzeitige Übertragung von Bild und Ton eines Ereignisses und — wie das ZWORYKIN einmal ausgedrückt hat [*10*] — Film und Fernsehen in einer Rückschau nach Jahrhunderten Erfindungen *einer* Epoche — liegen sie doch kaum eine Generation auseinander; Film und Fernsehen zwei Brüder, von denen der ältere den jüngeren

hilfreich an der Hand nehmen sollte! Älter ist der Bruder Film nur, weil zufällig die chemische Industrie der elektronischen um eine Generation voraus war.

In nebenstehendem Schema sind die Positionen des Films im Prozeß der Fernsehübertragung — umrahmt — dargestellt.

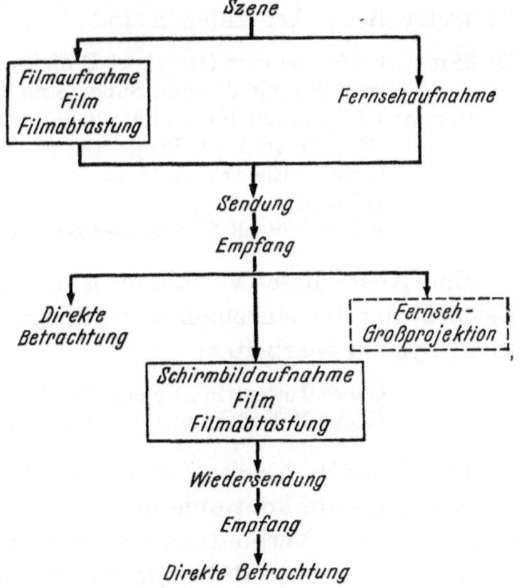

1. Die Technik der Filmabtastung.

Grundsätzliche Verfahrensunterschiede in der Technik der Filmabtastung liegen einerseits in der Art des Filmtransports — kontinuierlich oder ruckweise — und andererseits in der Art des Bildfangorgans — speichernd oder nichtspeichernd. So ergibt sich als Übersicht über die Filmabtastungsverfahren folgendes Schema:

Art des Bildfangorgans.   *Art des Projektors.*

A. Speicherrohr
   1. Ikonoskop   I. Normaler Projektor mit ruckwei-
   2. Bildorthicon   →   sem Filmtransport
   3. Vidicon

B. Nichtspeichernder Bildfänger   II. Intermittierender Projektor mit
   1. Lichtpunktabtastung   sehr schneller Schaltung (im Strahl-
     (flying spot scanner)   rücklauf)
   2. Sondenröhre (dissector tube)   III. Kontinuierlich laufender Projektor

                           a) mit optischen   b) mit elektroni-
                             Ausgleich   schem Aus-
                                                           gleich

Die meist verwendeten Kombinationen sind:

    a) in den USA und in Frankreich: ruckweiser Filmtransport und Speicherrohr (Ikonoskop und Bildorthicon);
    b) in England: kontinuierlicher Filmtransport mit optischem Ausgleich (Mechau) und nichtspeichernder Bildfänger (Lichtpunktabtaster und Sondenröhre);
    c) in Deutschland: kontinuierlicher Filmtransport und nichtspeichernder Bildfänger (Lichtpunktabtaster) mit elektronischem Ausgleich.

Fall a) kommt letzten Endes darauf hinaus, daß man eine normale Fernsehkamera mit einem normalen Projektor zusammensetzt. Typische Vertreter dieser Art Anlagen sind:

für 35 mm: RCA-Brenkert (Brenkert-Projektor mit RCA-Tongerät), General Elec-
        tric „Simplex" und „Super-Simplex", Dumont;
für 16 mm: RCA Modell 400 und ähnliche,
        RCA TP 16 A TV-Projektor,
        General Electric G. E. 16,
        Dumont,
        Bell & Howell Filmosound New Academy Projektor.

Eine Abart dieses Verfahrens ist die Anwendung von Lichtblitzen zur Beleuchtung der einzelnen Filmbildchen. Mit dieser Methode — Pulsed Light System — arbeitet:

        General Electric „Synchrolite" 35 mm mit Gasentladungslampe,
        RCA „Pulsed or switched light" TP 35 B und 16 mm.

Der *Filmabtaster der Fernseh-GmbH.* besteht aus einem Projektorlaufwerk, das auf kontinuierlichen Filmtransport mit 25 Bildern pro sek umgebaut ist in Verbindung mit einem Lichtpunktabtaster. Das Abtastfeld der BRAUNschen Röhre (15 kV, extrem kleine Nachleuchtdauer) wird über eine Optik auf dem Film abgebildet; da fernsehmäßig 50 Halbbilder/sek abgetastet werden müssen, ist es notwendig, jedes Filmbild zweimal wiederzugeben. Zu diesem Zweck werden eine Doppelabbildungsoptik, eine Doppelkondensoroptik und zwei Photozellen, welche im Rhythmus der Bildwechselfrequenz abwechselnd gesperrt werden, verwendet. Die Ausgangssignale der in die Photozellen eingebauten Sekundärelektronenverstärker werden dem Eingang eines Breitbandverstärkers zugeführt; Ausgangsspannung für den Helligkeitssprung schwarz-weiß ist 3 Volt an 150 Ohm. Die Synchronisierung erfolgt mit Austastimpulsen horizontal und vertikal von + 5 V an 150 Ohm. Der Breitbandverstärker enthält Einrichtungen zur Nachleuchtkompensation, zum Gradationsausgleich, zur Unterdrückung von Mikrophoniestörungen sowie zur Schwarzsteuerung. Bildzerlegung gemäß CCIR-Norm, 625 Zeilen, 25 Bilder/sek, Einfachzeilensprung, Bildformat 3:4.

Auch in den USA beschäftigt man sich früher und neuerdings wieder mit kontinuierlich laufendem Filmabtaster mit Lichtpunktabtastung (Bell Laboratorium [*32*]).

Während die europäischen Systeme mit 25 Filmbildern und 25 Fernsehbildern/sek arbeiten und in dieser Hinsicht auf keinerlei Schwierigkeiten stoßen, besteht in den USA die Schwierigkeit darin, 25 Filmbilder/sek in 30 Fernsehbilder/sek zu verwandeln. Dies geschieht im Prinzip dadurch, daß man ein Bild zweimal und das nächste dreimal beleuchtet und abtastet, somit zwei Bilder fünfmal, womit der Zeitausgleich geschaffen ist.

Farbfilter im Lichtweg des Filmabtasters haben den Zweck, Wärmestrahlen abzuhalten und die Schärfe der Abbildung zu erhöhen.

Der Übergang von einem Filmabtaster auf einen andern sowie auf Diaabtaster usw. geschieht in zwei verschiedenen Anordnungen: Parallelverschiebung der Kamera vor den verschiedenen Abtastern oder Einspiegelung der verschiedenen Abtaster in den Bildempfänger (s. Abb. 259). Eine Ausführung letzterer Anordnung ist der „RCA-Multiplexer".

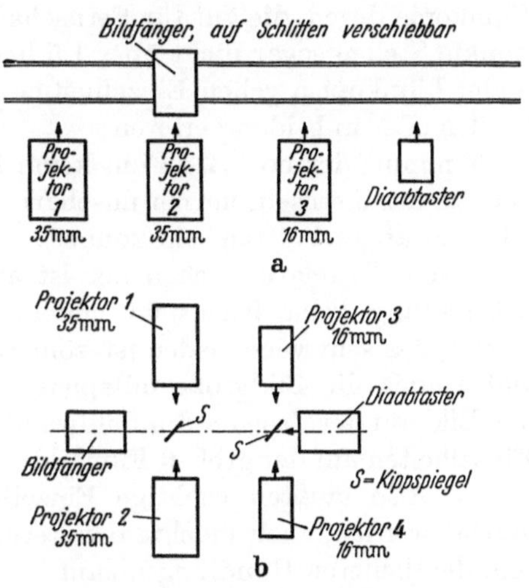

Abb. 259a u. b. Anordnung mehrerer Abtaster und eines Bildfängers.

2. Die Abtastung von Industriefilmen.

Unter Industriefilmen sollen solche verstanden werden, die die Filmindustrie normalerweise herausbringt: Spielfilme, Kultur- und Werbefilme, Wochenschauen.

Diese Filme sind im Prinzip für die Fernsehabtastung wenig geeignet, und zwar sowohl aus künstlerischen als auch aus technischen Gründen, wobei beide Arten von Gründen oft ineinander übergehen.

1. Sind die „Totalen" des Films, also Aufnahmen großer Räume und ganzer Landschaften mit vielen Einzelheiten oder Menschen nicht besonders für die Fernsehübertragung geeignet;

2. kommen alle dunklen Szenen — die viele Filme in reichem Maße enthalten — nicht gut im Fernsehbild; Einzelheiten darin sind gar nicht zu erkennen;

3. große dunkle Stellen neben großen hellen Stellen sowie bestimmte rasterartige Muster können zu technischen Mängeln in der Bildübertragung Anlaß geben;

4. kann das Fernsehen die großen Kontraste normaler Filmbilder keineswegs verarbeiten. Während eine gute Filmkopie Schwärzungen[1] von 0,2 bis 2,5 aufweist — entsprechend Transparenzen[1] von 0,003 bis 0,6, also einen Lichtintensitätsumfang von 200 —, verträgt beispielsweise ein Ikonoskop nur einen Lichtumfang von maximal 32, also einen Transparenzumfang von beispielsweise 0,0125 bis 0,4, was Schwärzungen von 1,9 bis 0,4 entspräche. Zwischen diesen Schwärzungswerten müßte eine Filmkopie liegen, die gut für Fernsehabtastung geeignet ist, wobei große dunkle Stellen sogar nicht über 1,5 liegen sollten. Bei der Sendung normaler Filmkopien gehen Einzelheiten in den dunklen oder in den hellen Stellen oder in beiden verloren;

5. nimmt der normale Film keine Rücksicht darauf, daß die Randgebiete des Fernsehschirms unscharf kommen, an Verzeichnung leiden oder gar abgeschnitten sein können;

6. vom Dramaturgischen her ist auf die Eigenart der Fernsehbildbetrachtung keine Rücksicht genommen, dieses Erleben im kleinsten Kreise, das sehr verschieden ist vom Erleben im großen Zuschauerkreis, wobei auch die Bildgröße mitspielt: hier das relativ kleine Bild, dort das Bild auf der riesigen Filmbildwand. So hat man festgestellt, daß sich Einzelheiten auf der großen Filmbildwand besser und schneller erkennen lassen. Also müßten wichtige Einzelheiten im Fernsehbild deutlicher gezeigt werden, auch möchte der Fernsehzuschauer oft einen langsameren, deutlicheren Handlungsablauf;

7. sind die normalen Spielfilme für das Fernsehen zu lang: während der Kinobesucher sich zwei Stunden für den Kinobesuch speziell reserviert, hat der Fernsehzuschauer nicht immer 1 bis $1^1/_2$ Stunden hintereinander Zeit, um sich einen ganzen Film anzusehen;

8. gibt die Spielfilmindustrie nicht genügend Filme an die Fernsehsender ab, Filme neuerer Produktion schon gar nicht;

9. schließlich spielt in den USA die Tatsache eine Rolle, daß der normale Film sich im allgemeinen zum Ende zu in seiner Spannung steigert,

---

[1] $s = \log 1/T$; s = Schwärzung, T = Transparenz.

während bei Fernsehfilmen bereits — oder gerade — der Anfang spannend sein soll, weil sonst der Zuschauer abschaltet bzw. auf einen andern Sender umschaltet, was der Geldgeber der Sendung unter allen Umständen vermieden haben will.

Alle diese Gründe kommen zusammen, um eine neue Filmgattung, die „Fernsehfilme" notwendig zu machen, die alle erwähnten Mängel vermeidet — sie soll im folgenden Abschnitt behandelt werden.

Theoretisch besteht die Möglichkeit, eine Reihe technischer Mängel der Industriefilme in fernsehmäßiger Beziehung zu umgehen, um sie so geeigneter für die Fernsehsendung zu machen. Der Weg dazu ist die Anfertigung einer Spezialkopie, die flacher in der Gradation und insgesamt heller gehalten ist als die Normalkopie. Allein trifft dieser Weg auf Schwierigkeiten wirtschaftlicher — indem diese Kopie Geld kostet — und technischer Art: Da beim Tonfilm Bild und Ton auf einem Filmstreifen liegen, muß die Entwicklung auf den Ton Rücksicht nehmen, und eine flachere Entwicklung als die übliche ($\gamma = 2$ und höher) würde die Tonqualität erheblich vermindern. Auch sind bei alten Filmen die Negative nicht immer zugänglich und nicht immer brauchbar.

3. Fernsehfilme.

Alle erwähnten Nachteile normaler Industriefilme lassen sich bei der Herstellung spezieller Fernsehfilme [36, 40, 41, 46 u. 47] vermeiden. Bereits bei der Ausleuchtung der Szene, der Wahl des Negativmaterials und dessen Entwicklung arbeitet man dahingehend, ein geeignetes Fernsehfilm-*Negativ* zu erhalten, um dieses dann normal zu kopieren! In allen dramaturgischen und technischen Fragen nimmt man auf die Besonderheiten der Fernsehübertragung Rücksicht:

Man vermeidet nach Möglichkeit die Totalen und bringt viele Großaufnahmen — die im Fernsehen besonders gut kommen,
man vermeidet dunkle Szenen und große helle und dunkle Stellen im Bilde,
man vermeidet rasterartige Bildstellen hohen Kontrasts,
man legt das optische Geschehen im wesentlichen in die Mitte des Bildes,
man vermeidet feindetaillierte Kleidung und Dekoration,
bereits bei der Auswahl des Stoffes trägt man dem fernsehmäßigen Erleben des Bildes — d. h. in kleinem Kreise und auf kleinem Schirm — Rechnung,
man paßt die Länge der Filme dem Sendeplan an usw.

Die Herstellung von Fernsehfilmen ist inzwischen in den USA ein besonderer Zweig der Filmindustrie geworden, weil sich die „große Filmindustrie" an der Sache zunächst desinteressiert gezeigt hatte. Mehr als hundert Firmen stellen nur diese Art von Filmen her — ist doch der Bedarf von über 100 Sendern mit jeweils mehr als hundert Sendestunden wöchentlich gewaltig, denn ein großer Teil des Programms aller Sender wird von diesen Filmen bestritten. Selbstverständlich kann auch die Fernsehorganisation selbst als Hersteller solcher Filme fungieren, wie das beispielsweise in Frankreich der Fall ist. Auch Wochenschauen werden in den USA als Fernsehfilme herausgebracht, einmal zentral durch Firmen, wie „Telenews", „Spotnews Productions", zum andern aber durch die Fernsehsender selbst, die ihre eigenen Reportagefilme herstellen. „Telenews" beispielsweise bringen pro Woche 5 Tagesschauen zu 8 Minuten und eine Wochenschau zu 20 Minuten heraus — übrigens meistens stumm, wobei der Text gedruckt mitgeliefert und von einem Sprecher während der Sendung verlesen wird.

4. Der Zwischenfilm.

Man könnte als das „klassische Zwischenfilmverfahren" dasjenige bezeichnen, das bei aktuellen Sendungen und auch sonstigen Darbietungen aus technischen Gründen den Film als Speichermittel zwischenschaltet. In den ersten Jahren des Fernsehens spielte dieses „klassische Zwischenfilmverfahren" wegen der Unzulänglichkeiten des Fernsehens, insbesondere der Lichtunempfindlichkeit der Fernsehkamera, eine große Rolle. Es waren zwei Verfahren in Anwendung:

a) Das *Durchlaufverfahren*, bei dem ein Schichtträger im Durchlauf in einer Maschine emulsioniert, dann belichtet, entwickelt, fixiert, getrocknet und gesendet, dann die Schicht wieder weggewaschen und für erneute Benutzung wieder emulsioniert wird usw. Dieses Verfahren wurde vor dem zweiten Weltkrieg von der Fernseh-A. G. zu hoher technischer Vollkommenheit entwickelt.

b) Das einfachere Verfahren, bei dem laufend auf neue Rohfilmrollen aufgenommen wird, die auch wieder schnell entwickelt, fixiert, getrocknet und dann gesendet wurden. Dieses Verfahren war wegen des hohen Filmverbrauchs viel teurer als das erste, hatte aber den Vorteil größerer Einfachheit und den weiteren, wesentlichen Vorteil, daß die Filme nach der Sendung erhalten blieben.

In beiden Fällen war man bemüht, die Zeit für die Filmbearbeitung nach Möglichkeit herunterzudrücken, und hatte man bereits in den Jahren 1938 bis 1939 eine Zeit von knapp zwei Minuten zwischen Aufnahme und Sendung erreicht, so ist man heute in den USA auf Grund der inzwischen erfolgten Fortschritte in der Technik der Schnellentwicklung unter einer Minute angelangt und hält eine Senkung bis auf 15 Sekunden für möglich!

Beide klassische Zwischenfilmverfahren hatten — als technische Notwendigkeit — seit langem ihre Bedeutung verloren, denn die Fernsehkamera (mit Bildorthikon) hat die Filmkamera an Empfindlichkeit überholt (s. S. 66 u. 82). — Abb. 260 zeigt den Vergleich der Empfindlichkeit von Fernsehkameras mit verschiedenen Bildfangröhren mit einer modernen Bildnegativemulsion (Kodak Super-XX) nach A. Rose [10]. Allein hat man aus der damaligen Not eine Tugend gemacht, denn beim

Zwischenfilmverfahren bleiben eine Reihe von Vorteilen gegenüber der Direktsendung:

1. bleiben die Filme nach erfolgter Sendung erhalten, und man kann sie beliebig oft wiederholen — das ist bei wichtigen aktuellen Ereignissen von großem Wert, aber auch Fernsehspiele usw. lassen sich ohne erneute Kosten wiederholen;

2. kann man die Filme bzw. Kopien dieser Filme mit andern Sendern tauschen bzw. sie an andere Sender verkaufen;

3. kann man im Gegensatz zur Direktsendung die Sendung über Zwischenfilm in gewissem Maße korrigieren: man kann langweilige Stellen herauslassen und den Film interessant schneiden, man kann nur die wichtigsten Momente senden, man kann mit mehreren Kameras aufnehmen und eine interessante Montage machen; schließlich kann man andere passende Filmstreifen mit einschneiden;

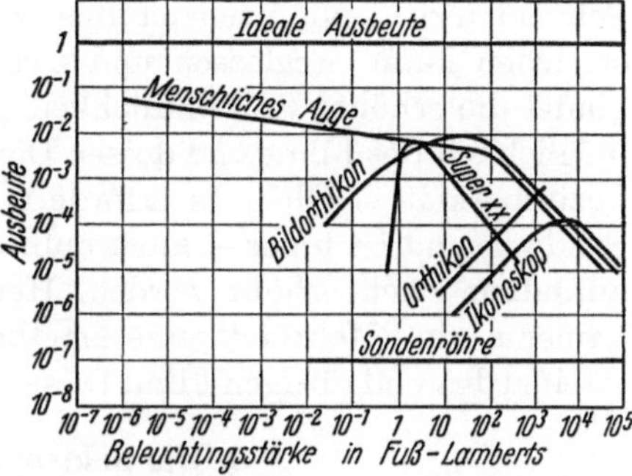

Abb. 260. Vergleich der Energieausbeute verschiedener Bildfänger, Photofilm und des menschlichen Auges (nach A. Rose, RCA).

4. kann man Geschehnisse, die einen zu langen Zeitraum einnehmen, überhaupt nur mit Hilfe des Speichermittels Film aufnehmen, um dabei eine Zeitraffung vorzunehmen;

5. kann man die Darstellung besser proben und erst dann aufnehmen, wenn sie wirklich befriedigt. Unbefriedigende Darstellung kann durch Wiederholung der Aufnahme verbessert werden, während sich an einer herausgehenden Sendung nichts mehr ändern läßt;

6. kann man die Szene für die Filmaufnahme viel besser beleuchten als für die Direktaufnahme. Die Beleuchtung bei der Direktaufnahme eines Fernsehspiels ist unbedingt ein Kompromiß, da sie dauernd geräuschlos verschoben werden muß, was praktisch unmöglich ist. Nur bei der Filmaufnahme kann man optimal ausleuchten;

7. kann man die Filme im Archiv aufbewahren: zu späterer Kontrolle des Gesendeten, zu Ausbildungszwecken, für die Geschichte.

So wird das Zwischenfilmverfahren dieser großen Vorteile wegen immer von Interesse bleiben, ja seine Bedeutung nimmt sogar noch ständig zu. Genau so wie das Magnetband allen Widerständen zum Trotz seinen Eingang in den Rundfunkbetrieb durchgesetzt hat, tut dies jetzt der Film im Fernsehen. Freilich sollen auch die Nachteile der Sendung über Zwischenfilm nicht verkannt werden: sie ist teurer und weniger unmittelbar als die Direktsendung. Es ist aber nicht einzusehen, warum man beispielsweise ein Drama direkt senden soll — zumal wenn man vorhat, es zu wiederholen und es dieserhalb doch vom Schirm kinematographiert, was immer schlechter wird als der Zwischenfilm! Alle oben angeführten Vorteile kommen der Sendung zugute mit dem Resultat einer optimal ausgeleuchteten, gutgeprobten Darstellung, interessanten Montage usw.; es ist auch diese Gattung von Sendungen nicht in dem Sinne aktuell, daß direkt gesendet werden muß.

Zweifellos wäre für die meisten Fälle eine ideale Verbindung zwischen Film und Fernsehen folgende: Einfangen des Bildes mit mehreren Fernsehkameras, Filmaufnahme der Empfängerschirme aller Kanäle, dann Schneiden des endgültigen Films, wobei man das Optimum im Schnitt erreichen kann, weglassen und zwischenkleben. Dieses Verfahren verbindet die erhöhte Empfindlichkeit der Fernsehkamera mit der Schnittmöglichkeit des Films und dessen Dauerhaftigkeit bzw. beliebigen Reproduzierbarkeit — allein es erfordert viel Zeit zwischen Geschehen und Sendung und ist teuer —, auch müßte dazu die Qualität der Schirmbildaufnahme noch erhöht werden. Heute setzt man meist mehrere Filmkameras ein (Mehrfachkameramethode) und schneidet aus den Filmstreifen den endgültigen Film. Diese Dinge sind derzeit noch sehr im Fluß.

5. Die Schirmbildaufnahme.

Zur kinemathographischen Registrierung der fertigen Sendung vom Schirm der Bildröhre — in Amerika „TV-Recording", „Video-Recording" oder „Kinescop-Recording" genannt — gehört prinzipiell die Kopplung einer Bildröhre mit einer Kinokamera. Die besonderen Probleme, die dabei auftauchen, sind folgende:

a) Die Bildwechselzahl der Kinokamera muß gleich der Fernsehapparatur sein und die *Öffnung der Kameraumlaufblende* so liegen, daß während der Öffnungszeit das ganze Bild gezeichnet wird. Der Filmtransport muß also synchron und konphas erfolgen. Letzteres erreicht man in einfacher Form dadurch, daß man das Bild durch einen Sucher betrachtet und das Bild auf maximale Helligkeit einstellt. Die Öffnung der Blende soll so groß sein, daß wirklich das ganze Bild aufgenommen wird, d. h., die Verschlußzeit der Blende muß innerhalb der Bildrücklaufzeit liegen. Dies erreicht beispielsweise die Kamera „Caméflex T" der Firma Éclair, Paris, mit einer Blendenöffnung von 330° (gegenüber 180 bis 200° einer normalen Filmkamera!).

Die Bildzahl von Film und Fernsehen stimmt bei den europäischen Systemen angenähert überein, so daß besondere Schwierigkeiten dabei nicht auftreten; anders ist es in den USA, wo 30-TV-Bilder auf 24 Filmbilder/sek aufgenommen werden müssen. In Umkehrung der Verhältnisse bei der Filmabtastung erreicht man dies dadurch, daß man $2^{1}/_{2}$ Fernsehbilder auf ein Filmbild bringt und dabei auch Teilbilder aufnimmt, d. h., der Rücklauf findet inmitten eines Filmbildchens statt. Hierfür ist notwendig, daß der Rücklauf unsichtbar wird. Man erreicht das entweder mit einer mechanischen oder mit einer elektronischen Blende, nämlich der Unterdrückung des Rücklaufstrahls am Wehneltzylinder des Bildrohrs. Im allgemeinen wird der mechanische Weg beschritten.

b) Die Wahl des Aufzeichnungsrohres. Während in den USA und in Frankreich im allgemeinen mit normalen Bildröhren gearbeitet wird, ging man in Deutschland den Weg eines Hochspannungsrohres (s. u.) und versucht dasselbe neuerdings auch in den USA [63]. Außer der Spannung des Rohres spielen dessen Abmessungen (Länge des Rohres, Durchmesser des Schirmes, Glasdicke der Schirmfläche) eine Rolle, vor allem aber die Art der Leuchtschicht, d. h. dessen Zusammensetzung, Helligkeit, Nachleuchtdauer usw. Das *Spektrum der Leuchtschicht* muß der spektralen Empfindlichkeit der verwendeten Filmemulsion entsprechen. Da man aus wirtschaftlichen Gründen und aus Gründen bequemerer Verarbeitung gern Emulsionen verwendet, deren Empfindlichkeit in Blau und UV liegt, kommen in erster Linie auch die blauleuchtenden Schirme in Frage. Deren Spektrum geht weit ins UV, und sie haben demzufolge den geringen Nachteil, daß das mit bloßem Auge beobachtete Bild nicht ganz dem aufgenommenen entspricht. In zweiter Linie kommen weißleuchtende Schirme in Frage. Aus wirtschaftlichen Gründen — d. h. um mit billigen Filmsorten (Feinkornpositiv und Tonnegativ) auszukommen — strebt man ein möglichst helleuchtendes Rohr an; reicht die Leuchtdichte nicht, so muß man Bildnegativemulsionen verwenden. Diese sind einmal teurer, haben aber außerdem noch den technischen Nachteil der Grobkörnigkeit — auch aus diesem Grunde verwendet man lieber Feinkornsorten, s. Tabelle.

c) Drei photographische Verfahren stehen als Arbeitsweise zur Verfügung, was im folgenden Schema übersichtlich dargestellt ist:

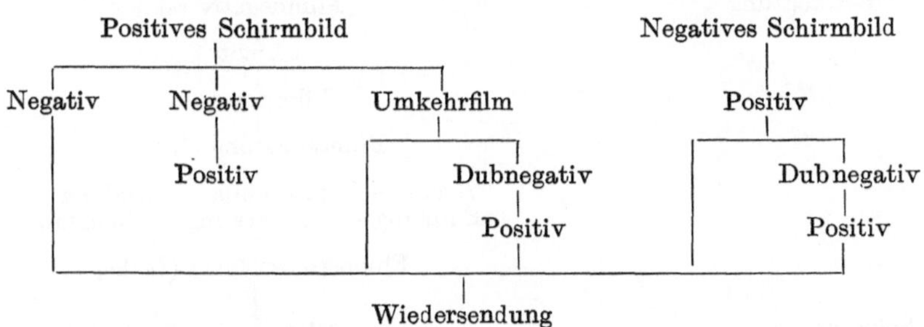

d. h. a) vom positiven Bild ein Negativ aufzunehmen und dann dieses zur Wiedersendung zu benutzen oder davon Kopien zu ziehen;

b) vom positiven Schirmbild auf Umkehrfilm aufzunehmen — dabei entsteht ein Positiv, das unmittelbar wiedergesendet werden kann; sind weitere Kopien nötig, so kann man sie über ein Duplikatnegativ ziehen;

c) vom negativen, d. h. umgepolten Schirmbild ein steiles Positiv aufzunehmen, das unmittelbar gesendet werden kann. Kopien auch über ein Dubnegativ.

Qualitätsmäßig gibt die erste Methode das günstigste Resultat, wobei die meisten Sender die Wiedersendung von Kopien vornehmen, einige aber auch vom Negativ [64]. Man vermeidet bei dieser Methode die Verschlechterung über das Dubnegativ beim Ziehen von Kopien. Kommt bei einem Verfahren eine verkehrte Seitenlage heraus, so polt man die Seitenlage am besten gleich am Aufzeichnungsrohr um.

d) Spielen die **Übertragungskennlinien** schon bei der normalen Sendung über Film eine Rolle, so wird diese Frage noch schwieriger bei der Schirmbildaufnahme und Wiedersendung. Folgendes Schema zeigt die vielen Umwandlungen:

Die Energieumwandlungen.

a) Fernsehübertragung über Film;   b) bei Direktsendung-Schirmbild-aufnahme-Wiedersendung.

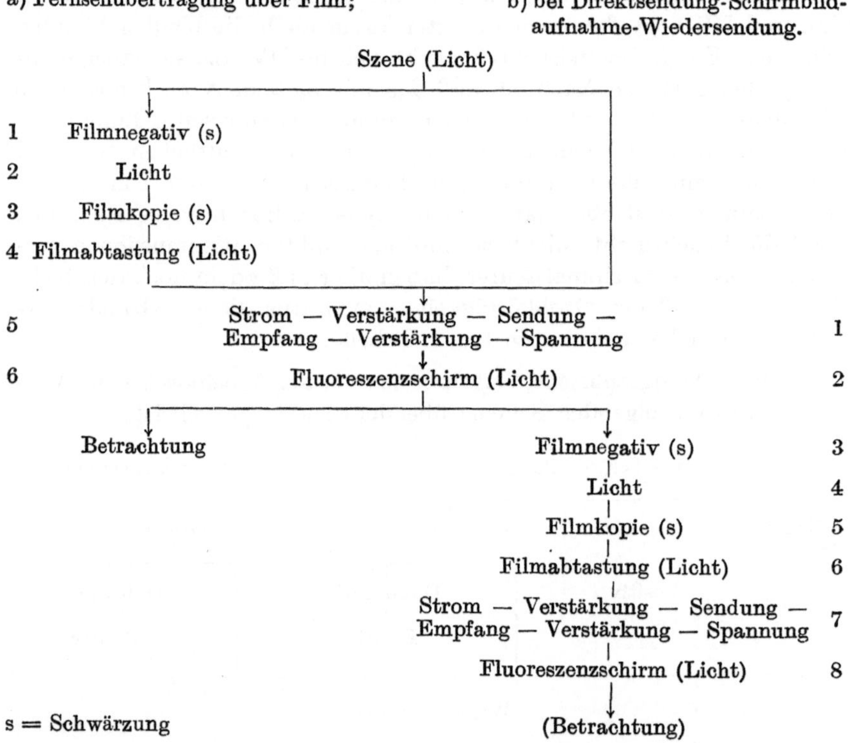

Diese Übersicht läßt erkennen, daß es bei Wiedersendung über Schirmbildfilm nicht weniger als 8 Umwandlungen sind, mit denen wir es zu tun haben (wobei die gesamte elektrische Übertragung vom Eingang Sekundärelektronenvervielfacher über Bildsignalverstärkung, Sendung, Empfang, Verstärkung bis zur Spannung am Wehneltzylinder des Bildrohres als geradlinig vorausgesetzt wird). Es ist einerseits die Krümmung zu berücksichtigen, die normalerweise die Filmkennlinien haben, d. h., die Exposition ist so zu legen, daß sich Schwärzungen möglichst im geradlinigen Teil der Schwärzungskurve ergeben, andererseits das Gammaprodukt der Kennlinien von Negativ und Positiv — in Verbindung mit der Filmabtastung — zu berücksichtigen, das für eine geradlinige Übertragung theoretisch 1 sein soll, praktisch besser etwa 1,2 bis 1,4. Nimmt man als Steilheit des Kopiermaterials, wie üblich, 2 an, so ergibt sich ein zu erstrebendes Negativgamma von 0,6 bis 0,7. Bei der Entwicklung zu diesem Wert ist allerdings in besonders hohem Maß der Ultrakurzzeiteffekt zu berücksichtigen, denn die Belichtungszeit ist ja noch wesentlich geringer als etwa bei der Tonphotographie; dementsprechend muß die Entwicklungszeit höher gewählt werden, als sie bei gegebener Emulsion dem erstrebten Gamma entsprechen würde. Zum Filmprozeß hinzu kommen noch die Kennlinie des Bildschirmes des Aufzeichnungsrohres einerseits und die des Bildfangrohres bei der Wiedersendung andererseits. Allgemeine Richtlinien für den Gesamtprozeß kann man nicht aufstellen, da sie von zu vielen Bestimmungsgrößen abhängen; die Aufstellung der Übertragungskennlinien muß jedoch unbedingt an Ort und Stelle vorgenommen werden, will man eine einwandfreie Übertragung erreichen. Solche Untersuchungen sind beispielsweise sehr eingehend bei der BBC [62] und in den USA [63] gemacht worden.

Kameras für die Schirmbildaufnahme bauen u. a.

in den USA: die Kodak,
                  RCA,
                  General Precision Laboratory, Inc.,
                  John M. Wall, Inc.,
in Frankreich: die Éclair (Caméflex, Modell T) und La Radio-Industrie,
in Deutschland: die Fernseh-GmbH.

Die *Filmaufzeichnungsanlage der Fernseh-GmbH* ist eine Umkehrung des oben beschriebenen Filmabtasters dieser Firma, d. h., sie arbeitet mit kontinuierlich laufendem Film (umgebautes Projektorlaufwerk 35 mm, 600 m Kassetten) und Hochspannungskathodenstrahlrohr als Aufzeichnungsrohr (15 kV Anodenspannung, etwa $20\,\mu A$ mittlerer Strahlstrom, 90 mm Schirmdurchmesser, Leuchtstoff Zinkoxyd mit sehr kurzer Nachleuchtdauer). Da ein Teil der Vertikalabtastung von der Filmbewegung übernommen wird, wird auf dem Schirm der Aufzeichnungsröhre ein Raster von etwa halber normaler Höhe geschrieben. Dieses Raster wird mit Hilfe einer Doppeloptik zweimal übereinander auf dem Film abgebildet. Die wechselweise Abbildung der beiden Raster bewirkt eine Sektorenblende, deren mittlere Umfangsgeschwindigkeit gleich der Filmgeschwindigkeit aber entgegengesetzt gerichtet ist. Der Spezialverstärker zur Verstärkung des Bildsignals ermöglicht Gradationsbeeinflussung. Verwischen der Zeilen durch Punktwobblung mit 15 MHz. Aufnahme auf hochempfindliches Bildnegativmaterial.

6. Format und Tonaufzeichnung beim Zwischen-, Fernseh- und Schirmbildfilm.

Die beiden *Formate* 35 und 16 mm Filmbreite stehen für die Zwecke des Fernsehens zur Verfügung. Nun hat der 16-mm-Film derart viele Vorteile gegenüber dem 35-mm-Film

— $^1/_2$ der Kosten, $^1/_5$ des Gewichts und $^1/_4$ des Raumbedarfs von Normalfilm (wichtig für die Lagerhaltung),

weniger Platzbedarf und geringere Kosten der Bildwerfer und Abtaster,

wesentlich einfachere Handhabung wegen einfacherer Feuerschutzbestimmungen,

daß die Frage nur lauten kann: genügt der 16-mm-Film den Qualitätsansprüchen, die an das Bild gestellt werden? Diese Frage läuft im wesentlichen auf das Auflösungsvermögen hinaus; Empfindlichkeit und Kontrast sind die gleichen wie beim 35-mm-Film, da dieselben Emulsionen verwendet werden. Den Vergleich Film—Fernsehen hat NARATH [14] in der Weise angestellt, daß er die Normalfilm- und die Schmalfilmprojektion in Zeilenzahlen wie beim Fernsehen ausdrückt. Unter der Voraussetzung, daß das Filmbild bei größter Sehschärfe aus einer Entfernung betrachtet wird, die gleich der vierfachen Bildhöhe des mit ausreichender Helligkeit projizierten Bildes ist, kommt NARATH auf

1250 Zeilen für das 35-mm-Originalnegativ,
1100 Zeilen für die 35-mm-Kopie,
610 bis 670 Zeilen für ein 16-mm-Umkehroriginal und
365 bis 610 Zeilen für eine 16-mm-Verkleinerungskopie von einem 35-mm-Originalnegativ.

Das heißt, der 16-mm-Film liegt bei guter Bearbeitung in bezug auf das Auflösungsvermögen etwa auf dem Niveau des heutigen Fernsehens, vielleicht etwas darunter, der 35-mm-Film liegt weit darüber. Das bedeutet, daß man ohne weiteres den Schmalfilm für die Zwecke des Fernsehens — die Fernsehfilm- und Zwischenfilmaufnahme, aber auch die Schirmbildaufnahme — einsetzen kann. Tatsächlich sind in den USA zur Zeit

75% der Fernsehsender nur mit 16-mm-Apparaturen,
25% der Fernsehsender mit 35-mm- und 16-mm-Apparaturen

ausgerüstet, und in Paris arbeitet selbst das 819-Zeilen-Fernsehen mit bestem Erfolg mit 16-mm-Film als Zwischenfilm für alle Arten von Sendungen.

Was die *Tonspeicherung* anbelangt, so stehen Licht- und Magnettonverfahren zur Verfügung und jedes mit mehreren Formaten:

Lichtton   35-mm-Film,
Lichtton   17,5-mm-Film (35 mm halbiert, sog. Splitfilm),
Lichtton   16-mm-Film,
Magnetton   35-mm-Film,
Magnetton   17,5-mm-Film (wie oben),
Magnetton   16-mm-Film,
Magnetton   6,5-mm-Band, synchronisiert.

Da der Tonqualität wegen die gleichzeitige Aufnahme von Bild und Ton auf einen Filmstreifen sowieso nicht in Frage kommt — außer evtl. bei Reportagen —, ist theoretisch jedes der angegebenen Verfahren gangbar, und auch praktisch sind fast alle Kombinationen irgendwo in Anwendung. Alle Kombinationen machen ein elektrisches oder mechanisches System für den synchronen Ablauf von Bild und Tonstreifen bei der Aufnahme und bei der Wiedergabe notwendig, während bei den Schneidetischen bereits die verschiedensten Kombinationen im Handel sind.

Als neueste Möglichkeit bietet sich der 16-mm-Bildfilm mit 2 mm breiter Magnettonspur an Stelle der Lichttonspur an. Wenn diese Magnetspur bereits auf den Rohfilm aufgetragen ist, bietet sich damit eine bestechende Möglichkeit, Bild und Ton mit hoher Qualität gleichzeitig auf einen Streifen aufzunehmen. Will man den Film schneiden bzw. nacher vertonen („synchronisieren"), so kann die Tonspur nach dem Entwickeln auf den Filmstreifen an Stelle der Lichttonspur aufgetragen werden. In beiden Fällen fallen bei der Wiedergabe die komplizierten Gleichlaufvorrichtungen weg, die Notwendigkeit des „Einstartens" und die Möglichkeit des Verwechselns zusammengehörender Rollen.

In jedem Falle gibt der Magnetton bessere Aussichten für eine höhere Tonqualität als der Lichtton und empfiehlt sich daher für die angegebenen Verwendungszwecke, d.h. überall da, wo Film für das Fernsehen neu aufgenommen wird. Bei den Industriefilmen wird man in den nächsten Jahren noch mit dem Lichtton rechnen müssen, weshalb alle Filmabtaster mit Lichttongeräten versehen sein müssen.

7. Die Fernsehgroßprojektion.

Eingangs sei das *Zwischenfilmverfahren* erwähnt, ein Weg, den in Deutschland zuerst die Fernseh-GmbH [*76*] und in den USA die Paramount ging [*94, 95* u. *104*]. In Umkehrung der Verhältnisse beim sendeseitigen Zwischenfilmverfahren wurde hier das empfangene Bild vom Schirm einer 30 cm $\varnothing$, 25-kV-Röhre kinematographiert, dieser Film in 40 sek entwickelt, fixiert und gewässert und in den Bildwerfer geschickt. Die Kassetten enthielten 4000 m Rohfilm, reichten also für eine Vorführdauer von mehr als zwei Stunden.

Das Zwischenfilmverfahren ist sehr kostspielig und umständlich und ist daher längst durch Verfahren der *direkten Großprojektion* des empfangenen Bildes verdrängt worden.

Hier kommen prinzipiell zwei Methoden in Frage:

Direktprojektion mit Projektionsrohr (Kathodenstrahlrohr als Lichtquelle!) und

Direktprojektion mit „Relaisverfahren": „Skophony" bzw. „Skiatron" und „Eidophor" (s. S. 291ff.).

Die Großprojektion des Schirmes eines Hochspannungskathodenstrahlrohres hatte bereits vor dem zweiten Weltkrieg die Fernseh-AG [*68, 77* u. *80*] und hat nach dem Kriege die RCA und Philips erheblich weiterentwickelt [*102, 103* u. *105*]. Da das vom Schirm abgegebene Licht auch bei höchsten Spannungen zur Ausleuchtung einer normalen Theaterbildwand nicht genügt, muß man alle Möglichkeiten ausschöpfen, um den Wirkungsgrad zu erhöhen. Diese Mittel sind auf seiten der Projektionsoptik die Anwendung der SCHMIDT-Optik, ein optisches System, welches höchste Lichtausbeute ermöglicht [*84, 91* u. *107*], und auf seiten der Bildwand die Erhöhung des Reflektionsfaktors durch Verwendung einer Spezialwand. So kommt man zu einer Anordnung nach Abb. 261, wobei folgende Abmessungen vorliegen:

	RCA-System	Philipssystem
Schirmdurchmesser des Projektionsrohres	17,5 cm	12,5 cm
Anodenspannung des Projektionsrohres	80 kV	50 kV
Durchmesser der SCHMIDT-Optik	65 cm	—
Entfernung Projektor—Bildwand	19 m	etwa 8 m
Bildwandgröße	4,5 × 6 m	3 × 4 m
Platzzahl		700 bis 800

Während der Großprojektor der RCA-Anlage vorzugsweise an der Brüstung der Galerie angebracht wird, s. Abb. 261, nach einmaliger Einstellung keine Bedienung in der Nähe notwendig macht (alle Zusatzgeräte sind in Nebenräumen des Theaters untergebracht), steht der Philips-Großprojektor mit seinem Bedienungspult im vorderen Teil des Saales.

Die Erhöhung des Reflektionsfaktors der Wand beruht auf der Tatsache, daß eine glatte weiße Wand halbkugelförmig zurückstrahlt, aber bei der Betrachtung durch die Zuschauer in der Vertikalebene nur wenige Grad und in der Horizontalebene nur etwa ein Drittel des rückgestrahlten

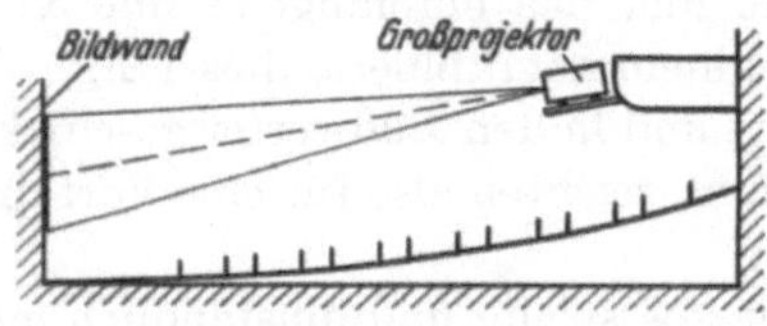

Abb. 261. Fernsehgroßprojektion der RCA. Längsschnitt durch den Saal. Schnitt durch den Großprojektor s. Abb. 336.

Lichtes ausgenutzt wird. Man erstrebt also eine Richtwirkung des rückgestrahlten Lichtes und erreicht diese durch eine sog. Silberwand oder noch besser durch eine Riffelung der Wand. Die Lichtausbeute dieser Verfahren ist begrenzt durch die geringe elektrische Leistung, die man auf den Schirm geben kann, ohne daß er einbrennt, in Verbindung mit dem äußerst geringen Wirkungsgrad bei der Energieumformung im Fluoreszenzschirm. Im Lichtspieltheater verlangt man eine Ausleuchtung mit 100 asb (in den USA 7 bis 14 footlambert, was rund 70 bis 140 asb entspricht). Eine mit 0,8 remittierende Bildwand von 50 m² müßte also mit 6000 Lumen beleuchten, d. h. bei Verwendung einer SCHMIDT-Optik mit 30% Wirkungsgrad 20000 Lumen ausstrahlen (eine normale Projektionsoptik hat nur etwa 3% Wirkungsgrad, man müßte also 200000 Lumen ausstrahlen). Könnte man verlustlos elektrische in Lichtenergie umwandeln, so brauchte man 30 Watt elektrischer Leistung im Elektronenstrahl (620 Lumen = 1 Watt), vorausgesetzt auch noch, daß das Spektrum der Lichtenergie im Maximum der Augenempfindlichkeit liegt. In Wirklichkeit ist aber der Wirkungsgrad des Fluoreszenzschirmes nur etwa 1%, und man müßte 3 kW Strahlleistung aufwenden, was technisch nicht erreichbar ist. Bei 80 kV Anodenspannung und 2 mA Strahlstrom erzielt man 160 W.

In dieser überschlägigen Rechnung liegt auch der prinzipielle Nachteil des BRAUNschen Rohres als Selbstleuchter für die Großprojektion.

Wesentlich günstiger sind die Verfahren, bei denen ein elektronisches System nur Relaischarakter hat, indem es den Lichtstrom einer Bogenlampe steuert, die an sich beliebig hell sein kann. Solche Verfahren sind das Scophony- bzw. Skiatronverfahren und das Eidophorverfahren. Beim „Scophonyverfahren" [72 bis 75], das bereits 1939 bekannt wurde, und dem neueren „Skiatronverfahren" [108] der „Skiatron & Electronics Corp." werden Lichtstrahlen einer normalen Lichtquelle in einer mit Tetrachlorkohlenstoff gefüllten Ultraschallzelle Z in Abb. 262 helligkeitsmoduliert, wobei ein Blendensystem — A und B — zu Hilfe genommen wird, um Druckschwankungen in der Flüssigkeit in Helligkeitsschwankungen umzuwandeln. Die Druckschwankungen gehen von einem Kristall aus, das den Boden der Zelle bildet und an dem 18 MHz, moduliert mit dem Bildsignal, liegen. Die so modulierten Strahlen werden nun durch eine mit 31500 U/min entspr. 525 Zeilen rotierende Spiegeltrommel S und danach senkrecht dazu durch eine langsam - mit 3600 entspr. 60 Halbbildern — rotierende Spiegeltrommel L abgelenkt und von dort auf den Bildschirm B geworfen; die erste Trommel gibt die Horizontal-, die zweite die Vertikalablenkung. Der Vorteil des Verfahrens besteht darin, daß jeweils nicht nur ein Bildelement, sondern mehrere aufein-

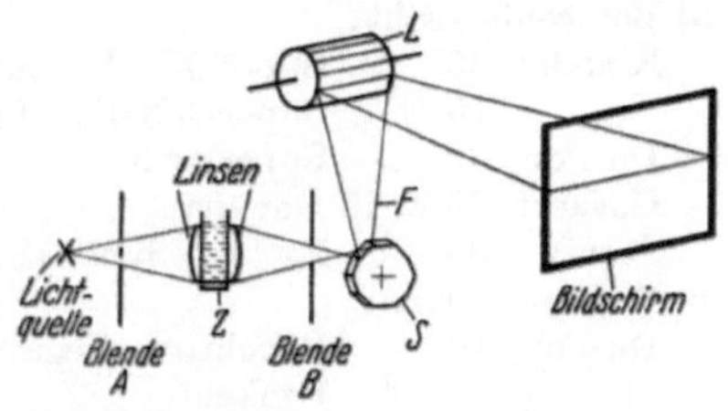

Abb. 262. Anordnung beim Skiatronverfahren.

anderfolgende, d. h. ein Teil einer Zeile ausgeleuchtet werden; somit ist das Verfahren sehr lichtstark. Zwei Ausführungen sollen gebaut werden: eine mit Quecksilberdampflampe und 1,20 m breitem Bildschirm für Schulen und Klubs und eine große mit normaler Bogenlampe und 8 m breitem Bildschirm, letzterer mit Durchprojektion, d. h., der Apparat steht hinter dem Bildschirm. Durch Einsetzen eines kleinen Farbrades an der Stelle der Abbildung kann das Verfahren auch Farbgroßprojektion nach dem CBS-Verfahren bewältigen.

8. Auswirkungen der Fernsehtechnik.

Zum Schluß soll auf die Möglichkeiten der Auswirkung der Fernsehtechnik auf die Filmtechnik hingewiesen werden.

Bereits heute erprobt man den Einsatz von Fernsehkameras mit Empfänger in niederfrequentem Kurzschluß im Filmatelier [*109,110* u. *112*] wie auch zur Ausbildung von Kameramännern [*111*], wobei man von der sofortigen Beurteilungsmöglichkeit des erhaltenen Bildes Gebrauch macht.

Wichtig wäre die Einsatzmöglichkeit lichtstarker Fernsehkameras für Reportagen speziell dort, wo wenig Licht zur Verfügung steht. Das Schirmbild wird alsdann kinematographiert. Für diesen Zweck sind transportable Anlagen kleinsten Formats mit Vidicon von der RCA entwickelt worden[1].

Aber auch diese Entwicklungen sind an die Notwendigkeit geknüpft, die Qualität des Fernsehens noch erheblich zu steigern, vor allem: Auflösung, Kontrast und Störfreiheit [*113*].

Anhang: Übersicht über die Filmsorten für das Fernsehen.

1. Zwischen- und Fernsehfilm (Bildaufnahme).

a) Normales panchromatisches Negativ für innen und außen, sowie Rückpro.:

Kodak	35	Background-X-Panchrom. Negativ	1230
		Plus-X-Panchrom. Negativ	1231
	16	Panchrom. Negativ (Safety)	5240
Du Pont	35	Superior 1	904
		Superior 2 (Feinkorn)	926
Gevaert	35	Gevapan	30
Perutz	35 u. 16	Perkine (Safety)	

b) Bei wenig Licht:

Kodak	35	Super-XX-Panchrom. Negativ	1232
	16	Super-XX-Panchrom. Negativ	5242
Du Pont	35	Superior 3	927
Gevaert	35 u. 16	Gevapan	33
Perutz	35	Perkine-Super (Safety)	

c) Weitere Sorten:

Du Pont	16	Panchrom. Negativ, Feinkorn für alle Zwecke, auch Umkehr	914
	16	Hochempfindlicher Umkehrfilm für Fernsehspielaufnahme und Reportage für Tageslicht	930
	16	derselbe für Kunstlicht	931
Gevaert	35 u. 16	Panchrom. Feinkorn-Negativ	27
Gevaert	16	Super Pan, hochempfindlicher Umkehrfilm	
	16	Ultra Pan, höchstempfindlicher Umkehrfilm	
Perutz	35 u. 16	Rectepan, feinkörniger Umkehrfilm für Tageslicht	

---

[1] Vine, Janos u. Veith: Vidicon problems. RCA-Review Bd. 13 (1052), Nr. 1, S. 3.

2. Fernseh-Schirmbildaufnahme.

a) Positiv- uud Tonnegativsorten:

Kodak	35	Feinkornpositiv (Safety)	5302
	16	Feinkornpositiv (Safety)	7302
	35 u. 16	Feinkorntonnegativ (Safety)	5373
Gevaert	35 u. 16	Positiv und Feinkornpositiv (Safety)	
	35 u. 16	Feinkorntonnegativ	S. T. 4
Perutz	35 u. 16	Positiv (Safety)	
	35	Tonnegativ Peruton B (Safety)	

b) Negativ- und Dubnegativsorten:

Kodak	35 u. 16	Feinkorndubnegativ, panchromatisch	5203
	16	Panatomic-X-Negativ	5240
		Cine-Kodak Super-X-Umkehr, panchromatisch	5256
		Cine-Kodak Super-XX-Umkehr, panchromatisch	5261
		Plus-X-Umkehr Blue Base	5276
		Super-XX-Umkehr Blue Base	5277
Du Pont	35	Feinkorn, flach arbeitend, auch Kopiermaterial für Fernsehfilme	824B
	16	Dasselbe	824A
Gevaert	35 u. 16	Gevapan	30
Perutz	35 u. 16	Perkine (Safety)	

3. Tonaufnahme.

Kodak	35	Tonnegativ für Zackenschrift	1372
	35 u. 16	Tonnegativ für Zackenschrift (Safety)	5372
	35	Tonnegativ für Sprossenschrift	1373
	35 u. 16	Tonnegativ für Sprossenschrift (Safety)	5373
Du Pont	35	Tonnegativ für Sprosse und Zacke	801
	16	Tonnegativ für Sprosse und Zacke	802A
Gevaert	35 u. 16	Tonnegativ für Zackenschrift	S. T. 4 u. S. T. 6
	35 u. 36	Tonnegativ für Sprossenschrift	S. T. 1 u. S. T. 3
Perutz	35 u. 16	Tonnegativ für Sprosse und Zacke (Safety)	Peruton B

Literatur.

Film und Fernsehen allgemein.

[1] Contrast in kinescopes. PIRE (1939), S. 511. — [2] Some TV problems from the motion picture standpoint. JSMPE, Bd. 32 (1939), S. 121 bis 139. — [3] Problems in TV image resolution. JSMPE, Bd. 36 (1941), S. 65 bis 82. — [4] Photographical aspects of TV operations. JSMPE, Bd. 36 (1941), S. 185 bis 191. — [5] Photographic film, TV pick-up tubes and the eye. Internat. Proj. (May 1946). — [6] The relation of TV to motion pictures. JSMPE, Bd. 47 (1946), S. 238 bis 248. — [7] An unified approach to the performance of photographic film, TV pick-up tubes and the human eye. JSMPE, Bd. 47 (1946), 273 bis 295. — [8] Films in TV (umfangreiche Bibliographie). JSMPE, Bd. 52 (1949), S. 363 bis 379. — [9] Contrast in kinescopes. Electronics, Bd. 23 (Aug. 1950). — [10] New TV camera tubes. JSMPTE, Bd. 55 (1950), S. 227 bis 242. — [11] Motion pictures and TV. JSMPTE, Bd. 55 (1950), S. 562 bis 566. — [12] Some comparative factors in TV and film industries. JSMPTE, Bd. 56 (1951), S. 44 bis 51. — [13] Image gradation, graininess and sharpness in TV and motion picture systems. JSMPTE, Bd. 56 (1951), S. 137 bis 177.

Part II. The grain structure of motion picture images. JSMPE, Bd. 58 (1952), S. 181
bis 222. — [14] Der Einsatz des Schmalfilms in der Technik. Kinotechnik (Jan. 1952). —
S. a.: JSMPE Aug., Dec. 37, Sept. 38, Feb. 39, Sept. 40, Aug., Oct. 44, Feb., May,
Dec. 45, Jan., Sept., Dec. 46, Apr., Nov. 47, Feb. 48, July 49; Brit. Kinem. Sept. 50.

Filmabtastung.

[15] Neuer mechanischer Filmabtaster. Z. Ferns., Bd. 1 (1938), H. 1, S. 24. —
[16] Mechanischer Universalabtaster. Z. Ferns., Bd. 1 (1938), H. 2. — [17] Filmabtaster. Z. Ferns., Bd. 1 (1939), H. 3, u. Bd. 2 (1939), H. 2 u. 5. — [18] Non-inter-
mittent projector for TV-film transmission. JSMPE, Bd. 31 (1938), S. 453 bis 462. —
[19] Application of motion picture film to TV. JSMPE, Bd. 33 (1939), S. 3 bis 18. —
[20] Application of motion picture film to TV. RCA Review, Bd. 4 (1939), S. 48. —
[21] Continous type film scanner. JSMPE, Bd. 33 (1939), S. 18 bis 26. — [22] TV
control equipment for film transmission. JSMPE, Bd. 33 (1939), S. 677 bis 690. —
[23] Film scanner for use in TV transmission sets. PIRE, Bd. 29 (1941), S. 243
bis 250. — [24] TV reproduction from negative films. JSMPE, Bd. 47 (1946), S. 165
bis 182. — [25] Film projectors for TV. Intern. Proj. (May 1947). — [26] Film projectors. JSMPE, Bd. 48 (1947), S. 93 bis 111. — [27] Image tubes and techniques
in TV-film camera chains. JSMPE, Bd. 56 (1951), S. 52 bis 64. — [28] Practical use
of iconoscopes and image orthicons as film-pick-up devices. JSMPE, Bd. 57 (1951),
S. 9 bis 14. — [29] Dynamic transfer characteristics of a film camera chain. JSMPE,
Bd. 57 (1951), S. 249 bis 258. — [30] Use of color filters in a TV film camera chain.
JSMPE, Bd. 57 (1951), S. 259 bis 266. — [31] Electrical and photographical compensation in TV film reproduction. JSMPE, Bd. 57 (1951), S. 289 bis 307. —
[32] Continous motion picture projector for use in TV film scanning. JSMPE,
Bd. 58 (1952), S. 1 bis 21. — S. a.: JSMPE: July, Dec. 39, Jan., Feb. 41, Sept. 42,
·Oct. 43, Feb., Nov. 47; PIRE: May 41, Intern. Proj. May 47, Bell STJ. Jan. 31.

Zwischenfilm und Fernsehfilm.

[33] Production of 16 mm motion picture films for TV-projection. JSMPE,
Bd. 39 (1942), S. 195 bis 202. — [34] Film in TV. JSMPE, Bd. 43 (1944), S. 73
bis 79. — [35] Film — the backbone of TV-programming. JSMPE, Bd. 45 (1945),
S. 401 bis 414. — [36] TV-film requirements. JSMPE, Bd. 53 (1949), S. 117 bis 119. —
[37] Motion picture laboratory practice for TV. JSMPE, Bd. 53 (1949), S. 112
bis 113. — [38] Engineering techniques in motion picture and TV. JSMPE, Bd. 53
(1949), S. 109 bis 111. — [39] Sound on film recording for TV-broadcasting. JSMPE,
Bd. 53 (Aug. 1949). — [40] Specifications for motion picture films intended for TV
transmission. JSMPE, Bd. 55 (1950), 147 bis 157. — [41] Motion picture production
for TV. JSMPE, Bd. 55 (1950), S. 567 bis 575. — [42] Ten basic factors of TV-film
production. Amer. Cinem. (Apr. 1951). — [43] Shooting new films for TV. Amer.
Cinem. (Aug. 1951). — [44] Practical operation of a small motion picture studio
(einschl. TV). JSMPTE, Bd. 57 (1951), S. 23 bis 27. — [45] „The use of motion picture
film in TV.“ Broschüre von Eastman Kodak (56 S.). — [46] „TV-films, how to
produce them.“ By The Chalmer sisters. Publ. Amer. Photography. — [47] „Movies
for TV“ von John H. Battison (MacMillan). S. a. [55].

Fernsehschirmbildaufnahme.

[48] The gradation of TV pictures. PIRE, Bd. 28 (1940), S. 170 bis 174. —
[49] A new film for photographing the TV monitor tube. JSMPE, Bd. 47 (1946),
S. 152 bis 165. — [50] TV transcription by motion picture film. JSMPE, Bd. 51
(1948), S. 107 bis 117. — [51] TV recording camera. JSMPE, Bd. 51 (1948), S. 117
bis 127. — [52] Sensitometrical aspect of TV monitor-tube photography. JSMPE,

Bd. 51 (1948), S. 595 bis 613. — [53] Motion picture photography of TV images· RCA Review, Bd. 9 (June 1948). — [54] TV transcription. Electronics, Bd. 21 (Oct. 1848). — [55] Films in TV (umfangreiche Bibliographie!) JSMPE, Bd. 52 (1949), S. 363 bis 379. — [56] The picture splice as a problem of video recording. JSMPE, Bd. 53 (Sept. 1949). — [57] TV recording camera intermittent (WALL). JSMPE, Bd. 54 (1950), S. 732 bis 734. — [58] Motion picture color photography of color TV images. JSMPE, Bd. 54 (1950), S. 735 bis 744. — [59] Video Programm recording. Electronics, Bd. 23 (1950), S. 90 bis 95. — [60] TV film recording and editing. JSMPE, Bd. 56 (1951), S. 227 bis 231. — [61] A new video recording camera. JSMPE, Bd. 56 (1951), S. 672 bis 679. — [62] TV image kinematography. Brit. Cinem., Bd. 19 (Aug. 1951). — [63] Factors affecting the quality of kinerecording. JSMPE, Bd. 58 (1952), S. 85 bis 104. — [64] Magnetic sound and negative picture transmission. TV Eng., Bd. 3 (Apr. 1952), S. 10. — S. a.: JSMPE: Aug. 46, Dec. 48, Jan. 51; Teletech: June 49; Brit. Kinem.: Nov. 50; Audio Eng.: May 50; RCA Review: Sep. 50.

Fernsehgroßprojektion.

[65] TV and the motion picture theater. Intern. Proj. (May 1935). — [66] High current electron gun for projection kinescope. PIRE, Bd. 25 (1937), S. 954 bis 977. — [67] Development of projection kinescope. PIRE, Bd. 25 (1937), S. 937 bis 954. — [68] Die Strahlerzeugung im Fernsehkathodenstrahlrohr zu Projektionszwecken. Z. Ferns., Bd. 1 (1938), S. 5. — [69] Großprojektionsempfänger mit 1,5 m² Projektionsfläche. Z. Ferns., Bd. 1 (1938), S. 29. — [70] The Philips large screen TV receiver. J. Telev. Soc. (Jan. 1939). [71] 10 Jahre Fernsehtechnik. Z. Ferns., Bd. 1 (1939), S. 111. — [72] The supersonic light control. PIRE, Bd. 27 (1939), S. 483 bis 486. — [73] The design and development of TV receivers using the Scophony TV optical scannig system. PIRE, Bd. 27 (1939), S. 487 bis 492. — [74] Synchronisation of Scophony TV receivers. PIRE, Bd. 27 (1939), S. 492 bis 496. — [75] The latest Scophony big screen projector. TV a. Sh. w. W. (Nov. 1939). — [76] Das Zwischenfilmverfahren. Z. Ferns., Bd. 1 (1939), S. 65, 162, 201. — [77] Gesichtspunkte für die Konstruktion von Großprojektionsbildröhren. Z. Ferns., Bd. 1 (1939), S. 217. — [78] A system of large screen TV reception based on certain electron phenomena in crystals. PIRE, Bd. 28 (1940), S. 203 bis 213. — [79] A new projection system for large-screen TV-receivers. TV a. Sh. w. W., Bd. 13 (1940), S. 372. — [80] Der Bau von Großprojektionsempfängern. Z. Ferns., Bd. 1 (1938), H. 6, u. Bd. 2 (1938), H. 2. — [81] On the paths to TV large-screen projection. Schweizer Archiv, Bd. 6 (1940), S. 89. — [82] Theoretische Betrachtungen über ein neues Verfahren der Fernsehgroßprojektion. Schweizer Archiv, Bd. 7 (1941), S. 1, 33, 305, 337. — [83] A résumé of technical aspects of RCA theater TV. RCA Review, Bd. 6 (1941), S. 5. — [84] Reflective optics in projection TV. Electronics (Dec. 1944). — [85] Some aspects of large screen TV. J. Telev. Soc. (Dec. 1944). — [86] Projection TV. JSMPE, Bd. 44 (1945), S. 443 bis 455. — [87] Problems of theater TV projection equipment. JSMPE, Bd. 45 (1945), S. 218 bis 240. — [88] A new TV projection system. Electronics, Bd. 20 (1947), S. 84. — [89] Compact projection TV system. Electronics, Bd. 21, (1948), S. 72. — [90] Theater TV — a general analysis. JSMPTE, Bd. 50 (1948), S. 95 bis 122. — [91] Optical problems in large-screen TV. JSMPTE, Bd. 51 (July 1948). — [92] Developments in large-screen TV. JSMPTE, Bd. 51 (July 1948). — [93] Development of theater TV in England. JSMPTE, Bd. 51 (1948), S. 127 bis 168. — [94] Theater TV (umfangreiche Bibliographie!). JSMPTE, Bd. 52 (1949), S. 243 bis 272. — [95] Theater TV Systems (Paramount). JSMPTE, Bd. 52 (1949), S. 540 bis 548. — [96] Demonstration of large-screen TV-projection. JSMPTE, Bd. 52 (1949), S. 549 bis 560. — [97] Theater TV (Progress Report). JSMPTE, Bd. 53

(1950), S. 128 bis 136. — [*98*] The Eidophor for theater TV. JSMPTE, Bd. 54
(1950), S. 393 bis 406. — [*99*] Characteristics of motion picture and TV screens.
JSMPTE, Bd. 55 (1950), S. 131 bis 146. — [*100*] Improvements in large-screen TV-
projection. JSMPTE, Bd. 55 (1950), S. 509 bis 524. — [*101*] Theater-TV systems.
TV Eng. (Dec. 1950). — [*102*] RCA PT 100 theater TV equipment. JSMPTE
Bd. 56 (1951), S. 317–331. — [*103*] Projection kinescope 7 NP 4 for theater TV.
JSMPTE, Bd. 56 (1951), S. 332 bis 342. — [*104*] A comprehensive proposal for a
closed-loop theater TV system. JSMPTE, Bd. 56 (1951), S. 473 bis 486. — [*105*] Fern-
sehgroßprojektion RCA und Philips. Kinotechnik, H. 11 (1951). — [*106*] Some comer-
cial aspects of a new 16 mm intermediate film TV system. JSMPTE, Bd. 56 (1951),
S. 219 bis 226. — [*107*] Ultra speed theater TV optics (RCA). JSMPTE, Bd. 57
(1951), S. 425 bis 433. — [*108*] New Skiatron TV projection has no CR-tube. R. a.
TV News (Dec. 1951).

Filmproduktion und Fernsehen.

[*109*] Notes on a production technique. Brit. Kinem., Bd. 15 (Nov. 1949). —
[*110*] Technical objectives in pre-planning production. Brit. Kinem., Bd. 18 (Jan.
1951). — [*111*] Experimental utilization of TV-equipment in Navy training film-
production. JSMPTE, Bd. 57 (1951), S. 15 bis 17. — [*112*] Independant frame — an
attempt of rationalization of motion picture production. JSMPTE, Bd. 57 (1951),
S. 434 bis 442. — [*113*] Examination of some aspects of high-quality TV for motion
picture industry use. JSMPTE, Bd. 57 (1951), S. 521 bis 528.

Abkürzungen.

Amer. Cinem.	= American Cinematographer,
Audio Eng.	= Audio Engineering,
Brit. Kinem.	= British Kinematography,
Bell S. T. J.	= Bell System Technical Journal,
Intern. Proj.	= International Projectionist,
JSMP(T)E	= Journal of the Society of Motion Picture (and Television) Engineers,
PIRE	= Proceeding of the Institute of Radio Engineers, New York
TV Eng	= TV Engineering,
TV a. Sh. w. W.	= Electronic and TV and Short-wave World,
Z. Ferns.	= Zeitschrift der Fernseh-A. G. (GmbH).

P. Fernsehmeßtechnik.

Von Dr.-Ing. **J. Schunack**, Berlin.

Mit 47 Abbildungen.

Die vielseitigen Probleme der Fernsehtechnik, welche zum großen Teil in den bekannten Aufgabenkreisen der Wissenschaft und Technik nicht enthalten sind, bedingen eine besondere Meßtechnik. Sie ist parallel zur Entwicklung des Fernsehens entstanden, hat aber mit dieser nicht Schritt halten können. Der Wunsch, schnell ein hochwertiges Fernsehbild zu gewinnen, hat die gesamte Entwicklungskapazität erfordert, so daß die meßtechnische Erfassung und die daraus resultierende exakte kritische Betrachtung etwas zurückstehen mußten. Der erstrebenswerte Zustand, daß die meßtechnischen Möglichkeiten um eine Größenordnung die technischen Anforderungen übertreffen, ist noch nicht voll erreicht worden.

Die Betrachtung der Meßtechnik stellt eine Reihe eng miteinander verknüpfter Fragen auf:

1. Was muß gemessen werden? — 2. Wie genau muß gemessen werden? — 3. In welcher Form soll das Meßergebnis gefaßt werden? — 4. Welche Verfahren werden verwendet? — 5. Wie sehen die Geräte zur Durchführung dieser Messungen aus?

Jede Fernsehübertragung beginnt bei einem optischen Vorgang, der zu übertragenden Szene. Dieser wird in der Bildaufnahmeeinrichtung in elektrische Signale verwandelt. Sie werden zum Empfänger übertragen und in diesem wieder in optische Vorgänge zurückverwandelt. Es treten also optische und elektrische Aufgaben auf sowie solche, die eine Umwandlung optischer Signale in elektrische und umgekehrt betreffen. Eine große Reihe dieser Aufgaben wird nach bekannten Verfahren der allgemeinen Meßtechnik durchgeführt, sie werden hier nicht betrachtet. Aber darüber hinaus gibt es spezifisch fernsehmäßige Aufgaben, die Gegenstand der folgenden Überlegungen sind.

I. Bildzerlegung und Bildwiederaufbau.

1. Gleichlaufsignale und Raster.

Bildzerlegung und Bildwiederaufbau stellen für die Meßtechnik verschiedene Aufgaben. Die Bildfläche eines Rechteckes von Breite/Höhe 4:3 wird zeilenmäßig abgetastet. Dieser Vorgang wird durch Gleichlaufsignale gesteuert, die nach der Norm (s. S. 27 u. 49) am Ende jeder

Zeile und jedes Bildes gegeben werden und die die Form von Rechtecksignalen haben. Das Zeilengleichlaufsignal ist eng verbunden mit dem Zeilenaustastsignal, während dessen die Abtastung unterbrochen und die ausgestrahlte Trägeramplitude dem Helligkeitswert „Schwarz" entspricht (Abb. 263). Zu messen sind Form und Größe dieser Signale. Die

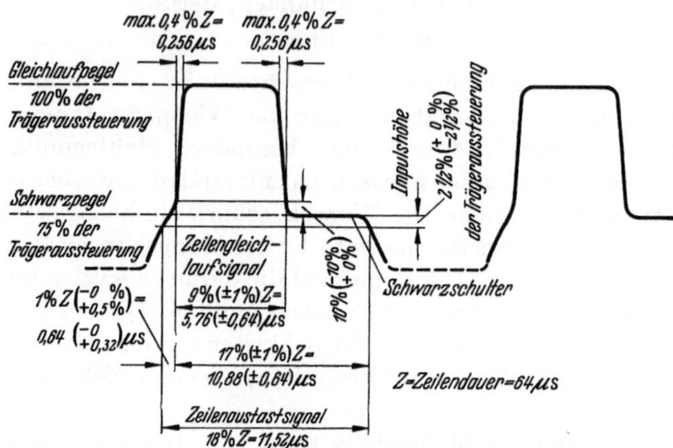

Abb. 263. Zeilengleichlauf- und -austastsignal.

einzige Möglichkeit bietet die Oszillographentechnik. Der Strahl einer Oszillographenröhre wird synchron zum Zeilensignal in der Horizontalen abgelenkt. Die Frequenz dieser Ablenkung kann die Zeilenfrequenz selbst oder eine ihrer Subharmonischen, ihr zeitlicher Verlauf sinus- oder sägezahnförmig sein. Die Ablenkung in der Vertikalen erfolgt durch das zu untersuchende Signal, gegebenenfalls nach geeigneter Verstärkung. Durch Ausmessung der Kurvenzüge mit Bandmaß oder Zirkel können die Signalbreiten ermittelt werden [1]. Höhere Genauigkeiten lassen sich durch Eintasten von periodischen Zeitmarken in die Vertikalablenkung oder besser in die Helligkeitssteuerung des Elektronenstrahles erreichen (s. S. 356). Die Form der Signale ist ein Kriterium für den zeitlichen Verlauf. Die Impulslängen, Anstiegszeiten, zeitlichen Folgen verschiedener Signale usw. können durch die Zeitmarke in Mikrosekunden oder Bruchteilen der Zeilendauer angegeben werden. Treten andere Fehler, wie z. B. gröbere Unterschiede der Signale verschiedener Zeilen, auf, so wird das Oszillogramm verwaschen, kleinere Fehler sind nicht zu erkennen. Es ist dann zweckmäßig der Rand eines von den Gleichlaufsignalen gesteuerten Rasters zu betrachten. Abweichungen von der Geradlinigkeit, welche z. B. durch ungleiche Zeitdauer verschiedener Zeilen hervorgerufen sein können, sind leicht erkennbar und meßbar.

In etwas abgeänderter Form wird das Bildgleichlaufsignal untersucht. Es besteht aus einer Reihe von Signalen, den Vor-, Haupt- und Nachsignalen. Diese sind sämtlich kürzer als die Dauer einer Zeile, d. h. kürzer als $1^0/_{00}$ der Dauer einer Bildabtastung. Die Ausmessung des Oszillogrammes bei zeitproportionaler Ablenkung des Strahles und Ausnutzung des Schirmdurchmessers für die Dauer einer Bildabtastung ist nicht möglich, da die Signalbreite auf dem Schirm zu klein ist und das Auflösungsvermögen infolge des zu großen Punktdurchmessers nicht ausreicht. Es ist daher erforderlich, die horizontale Ablenkung des Strahles der Oszillographenröhre zu dehnen und beispielsweise nur den Zeitintervall um die Gleichlaufsignale herum auf dem Schirm wiederzugeben. Dies hat den Nachteil, daß die Helligkeit der Schrift gering bzw. bei genügender Helligkeit die Strichstärke zu groß wird. Da die Signale in den beiden Halbrastern um eine halbe Zeile gegeneinander versetzt sind, ist es angebracht, die beiden Signalreihen der Raster der geraden und ungeraden Zeilen nicht ineinander zu schreiben, sondern sie in der vertikalen Richtung gegeneinander zu versetzen. Die Genauigkeit einer solchen Messung ist nicht besonders hoch und erfüllt vor allen Dingen nicht die Forderung nach der Kontrolle der Phasenstarrheit zwischen Bild und Zeilensignalen. Für diese Messung ist die Aufzeichnung über einem mit Zeilenfrequenz abgelenkten Strahl vorteilhaft. Doch sind auch hierbei wiederum die in den aufeinanderfolgenden Zeilen und Raster auftretenden Signale nicht voneinander zu trennen. Die sicherste Möglichkeit bietet die Aufzeichnung mit der Bildröhre selbst. In einer Taktgeberzentrale wird von dem aus der elektrischen Teilereinrichtung gewonnenen ersten Signaleinsatz das Bildablenkgerät gesteuert und das Zeilenablenkgerät in üblicher Weise betrieben. Der bei der Bildübertragung dunkelgetastete Rücklauf des Strahles wird durch die zu untersuchenden Gleichlaufsignale, beispielsweise auch das Einkanalgemisch, aufgetastet. Sie erscheinen dann als Helligkeitsmodulation des Strahlrücklaufes (Abb. 264).Werden weiterhin die Zeilenablenkung mit einer Versetzung von einer halben Zeile und die Bildablenkung mit einer solchen des halben Bildes gesteuert, so erscheinen die Gleichlaufsignale als Kreuz in der Mitte der Bildfläche (Abb. 265) [2]. Diese Prüfung kann auch mit Signalen einer vollständigen Einkanalsendung vorgenommen werden, beispielsweise denen eines Testbildes (s. Abb. 265, S. 326). Bei dieser Prüfung wird zweckmäßig die Positivmodulation der Bildröhre (Abb. 265a) verlassen und dafür die Negativmodulation (Abb. 265b) angewendet. Die Impulslängen lassen sich infolge der sehr

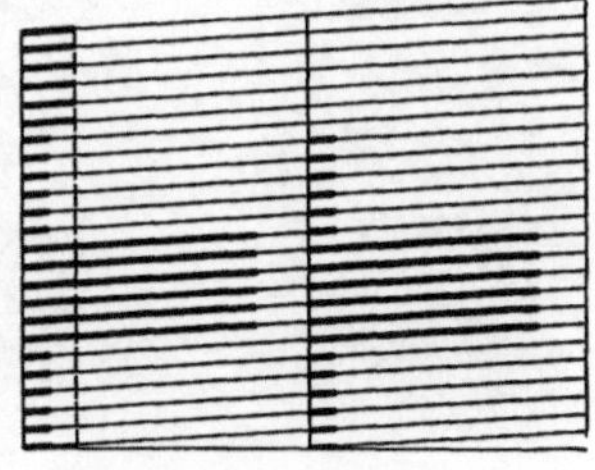

Abb. 264. Kontrolle der Bildgleichlaufsignale durch Helligkeitssteuerung der Rückläufe einer Bildröhre.

großen Auflösung des Verfahrens unter Verwendung von Zeitmarken bis unter die geforderte Größenordnung von 10^{-7} sek genau messen. Diese Verfahren der Gleichlaufsignalkontrolle werden mit gutem Erfolg sowohl im Studio wie auch in der Empfängertechnik – dort in sinnvoll abgeänderter Form – verwendet. Das so aufgezeichnete Raster gestattet weiterhin eine genaue Kontrolle der Güte der Zwischenzeile. Ebenso wie die Zeilenabstände innerhalb des zur Bildwiedergabe verwendeten Feldes müssen die Abstände der Rücklauflinienpaare untereinander gleich sein. Für diese Prüfung kann es zusätzlich zweckmäßig sein, die Ablenkung in Bildrichtung stark auseinanderzuziehen, so daß evtl. vorhandene Ungleichmäßigkeiten besonders betont werden. Die Ergebnisse können dann leicht mittels eines Bandmaßes vom Schirm abgenommen und in Prozenten des Zeilenabstandes angegeben werden.

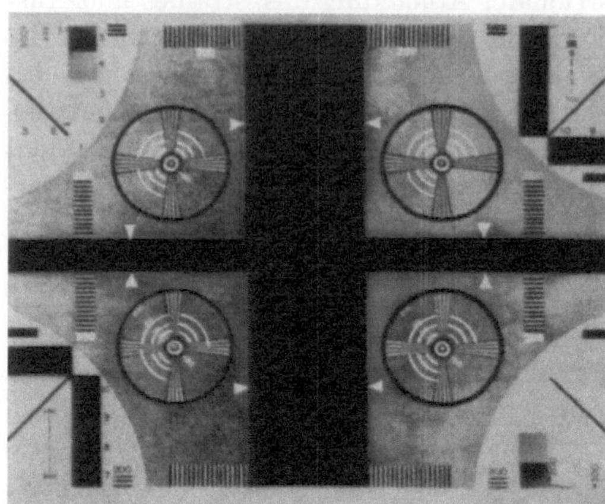

Abb. 265a.

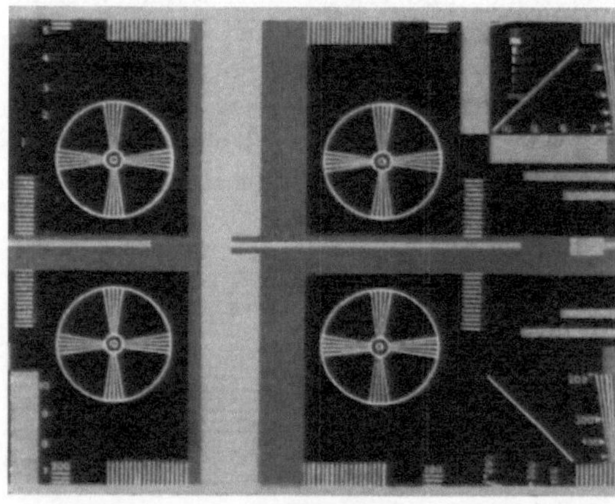

Abb. 265b.

Abb. 265a u. b. Kontrolle der Gleichlaufsignale nach dem cross-pulse-Verfahren.

Die beschriebenen Messungen geben lediglich eine Beurteilung der *zeitlichen* Aufeinanderfolge der Signale. Die Kontrolle der von ihnen gesteuerten Ablenkung, z. B. auf dem Schirm der Bildröhre eines Empfängers, wird durch sie noch nicht erfaßt.

2. Bildwiedergabegeräte.

Die Verteilung innerhalb des Bildformates, als „Geometrieeigenschaft" bezeichnet, erfordert besondere Verfahren und Geräte. Die Ablenkung in beiden Abtastrichtungen soll linear erfolgen. Nichtlinearitäten von einigen Prozenten sind bereits stark störend, besonders wenn Gegenstände mit vorgegebenen geometrischen Verhältnissen, wie Gerade, Quadrate, Kreise, durch die ganze Bildfläche bewegt werden. Aus Einfachheitsgründen erfolgt im allgemeinen die Kontrolle visuell durch Ausmessen bestimmter stehender geometrischer Figuren, mit denen die Helligkeit des Bildes gesteuert wird [3]. In der einfachsten Form werden senkrechte Balken zur Kontrolle in der Zeilen- und waagerechte Balken zur Kontrolle in der Bildrichtung verwendet (Abb. 266 a u. b). Aus der Breite der Balken kann die Nichtlinearität der Ablenkung in Abhängigkeit von der Abtastkoordinate bestimmt und in Prozenten vom Sollwert angegeben werden. Die elektrischen Signale, welche den optischen Balken entsprechen, sind harmonische Schwingungen der Zeilen- und Bildfrequenz und können durch Vervielfachung dieser Signale oder durch Steuerung von Multivibratoren entsprechend höherer Frequenz gewonnen werden. Ein Taktgeber kann ein horizontales Balkensystem durch Entnahme von Signalen aus den Teilern 1:5:25:125, die für den Aufbau eines 625-zeiligen Bildes erforderlich sind, liefern. Diese Verfahren erheben keinen Anspruch auf hohe Genauigkeit. Bei Direktsichtröhren sind die durch die starke Glaswand bedingte Parallaxe und die Schirmkrümmung beachtliche Störquellen. Durch Überlagerung eines horizontalen und eines vertikalen Balkensystemes läßt sich eine Schachbrettstruktur (Abb. 266 c), deren Unsymmetrien visuell sehr auffallend sind, erzeugen. Durch elektrische Schaltanordnungen können aus diesem Bild die Ecken der Quadrate hergeleitet werden, und es entsteht ein „Sternenhimmel" (Abb. 267) aus gleichmäßig über die dunkle Bildfläche verteilten hellen Bild-

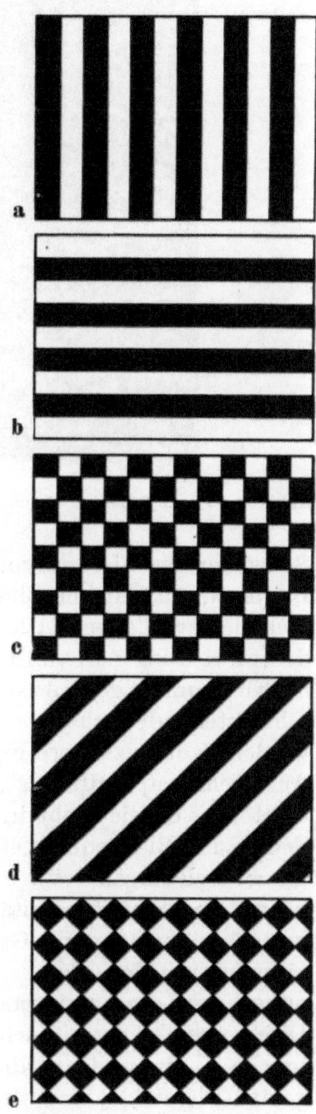

Abb. 266. Elektrisch erzeugte Prüfsignale zur Geometriekontrolle.

punkten. Noch empfindlicher sind diagonale Streifen (Abb. 266 d). Derartige Signale sind nicht harmonisch zur Zeilenfrequenz. Es ist bei ihrer Erzeugung nicht wie beim Zwischenzeilentaktgeber von der Frequenz der doppelten Zeilenzahl auszugehen, sondern von denjenigen

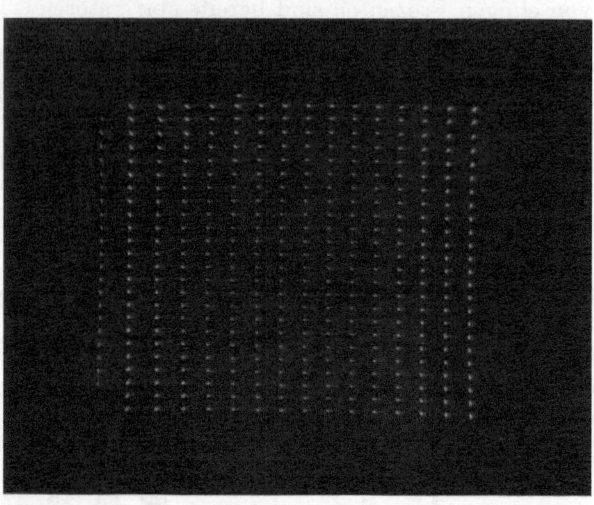

Abb. 267. Sternenhimmel zur Geometriekontrolle. Nach KIRSCHSTEIN-KRAWINKEL: Fernsehtechnik.

Schwingungszahlen, die von dieser um die Rasterwechselzahlen abweichen. Bei einem 625zeiligen Bild muß die Ausgangsfrequenz für die Vervielfachung bzw. Teilung 31 200 bzw. 31 300 an Stelle von 31 250 sein, je nachdem ob die Diagonale von links oben nach rechts unten oder von rechts oben nach links unten geht. Aus diagonalen Streifen können durch Überlagerung schrägstehende schachbrettähnliche Strukturen (Abb. 266 e) erzeugt werden. Kompliziertere Figuren, wie Kreise, für deren Verformung das Auge sehr empfindlich ist, lassen sich nach derartigen Verfahren nicht herstellen, da sie nicht in einfachen mathematischen Beziehungen zur Zeilen- und Bildfrequenz stehen. Diese Art der Geometriekontrolle ist auf die Bildwiedergabeseite beschränkt. Die Aufnahmeseite ist anders zu behandeln. Eine Intensitätsmodulation, etwa des Abtaststrahles, gibt keine Auskunft über die Geometrieeigenschaften, da sie zeitlich und nicht räumlich mit dem Raster verbunden ist. Es muß vielmehr ein Prüfbild optisch auf die zu untersuchende Abtasteinrichtung gegeben werden. Dies geschieht am einfachsten durch optische Projektion. Eine geometrische Figur wird auf die photoempfindliche Schicht des Aufnahmegerätes abgebildet und abgetastet. Das Ergebnis dieser Abtastung wird auf dem Schirm einer Bildröhre betrachtet, deren Geometrie nach einem der obengenannten Verfahren geprüft wurde.

Eine besonders übersichtliche Prüfung ist durch Verwendung einer Prüftafel und eines durch elektrische Verfahren aus dem Taktgeber gewonnenen Achsenkreuzes möglich, deren Bildinhalte in fester Beziehung zueinander stehen. Beispielsweise enthält das optische Prüfbild kleine Kreise, deren Mittelpunkte auf den Schnittpunkten eines aus dem Taktgeber gewonnenen Achsenkreuzes liegen (Abb. 268). Verlagerungen der Kreise gegenüber dem Achsenkreuz sind sehr auffällig und leicht meßbar.

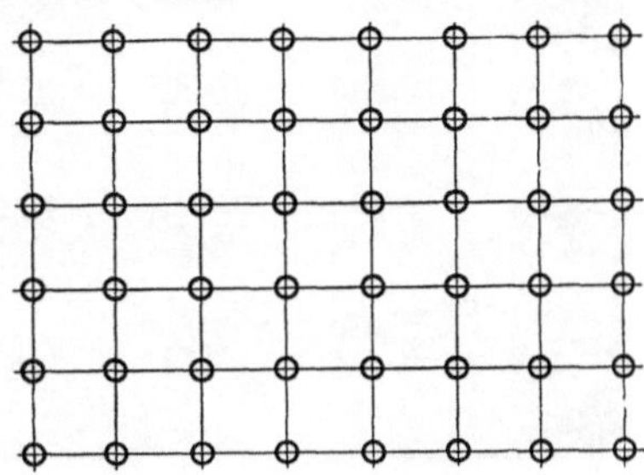

Abb. 268. Geometrieprüfung mit optischer Prüftafel und aus dem Taktgeber gewonnenen Achsenkreuz.

Aus den Gleichlaufsignalen können außerdem Figuren zur Prüfung der Schärfe und Gradation der Bildröhre abgeleitet werden. Für die Schärfeprüfung wird dem Helligkeitssteuerorgan ein rechteckiges Signal zugeführt, dessen Frequenz eine Vielfache der Zeilenfrequenz ist. Es erzeugt senkrechte Striche, deren Abstand und Breite durch die Dauer der Signale festgelegt sind. Bei konstanter Amplitude dieser Signale und einwandfreier Schärfe des Prüflings sind die Helligkeitsunterschiede zwischen aufeinanderfolgenden hellen und dunklen Bildteilen auf der ganzen Bildfläche gleich, und es tritt keine Verwaschung dieser Signale bei Verändern der Grundhelligkeit des Schirmbildes auf. Zweckmäßig wird die Weite des Rasters veränderlich gemacht. Bei enger Strichstruktur kann die Stabilisierung der Vervielfacheranordnungen auf Schwierigkeiten stoßen, und es wird daher häufig mit einer kleineren Zahl schmaler Balken gearbeitet. Eine zahlenmäßige Erfassung des Ergebnisses ist schwer möglich und hängt von den Versuchsbedingungen stark ab. Als Ergebnis wird diejenige Fläche angegeben, in welcher eine bestimmte Schärfebedingung erfüllt ist. Im allgemeinen ist dieses ein Kreis, und ein Maß kann dann seine prozentuale Größe, bezogen auf die Bilddiagonale, sein. Flächen innerhalb dieses Kreises, z. B. unscharfe vertikale Zonen, wie sie durch nicht einwandfreie Ablenkfelder hervorgerufen werden können, werden gesondert angegeben. Derartige Prüfsignale werden auch gern in Taktgebern aus den Gleichlaufsignalen direkt erzeugt und gegebenenfalls mit anderen Prüfsignalen, z. B. zur Geometriekontrolle, kombiniert (Abb. 269).

Neben der Schärfe sind Helligkeit und Gradation der Wiedergaberöhre zu prüfen. Infolge der Nichtlinearitäten der Steuerkennlinie der BRAUNschen Röhren werden die Halbwerte im Dunkeln verwaschen. Verstärkt wird dieser Einfluß durch die Raumbeleuchtung, Reflexionen innerhalb des Glases usw. Zur Beurteilung werden sogenannte elektrische Graukeile verwendet. Es sind dies treppenförmig ansteigende Spannun-

gen oder Ströme (Abb. 270). Sie werden synchron zu den Gleichlaufsignalen gesteuert und ergeben im Bild stehende Streifen verschiedener
Helligkeit. Die Zahl der wieder-

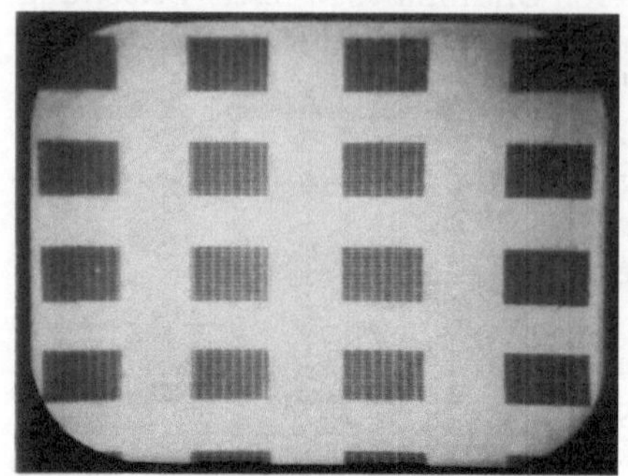

Abb. 269. Aus dem Taktgeber abgeleitete Prüfsignale
(Philips).

gegebenen Stufen ist ein Maß für
die Güte. Jedoch genügt diese
Angabe nicht, um Vergleichs-
werte zu erhalten. Es ist erforderlich, die Verhältnisse anzugeben, unter denen die Messung
vorgenommen wurde. Genauere
Ergebnisse liefert die Messung mit
einer Photozelle, die nacheinander
auf die Bereiche der einzelnen
Stufen des Schirmbildes ausgerichtet wird. Mit dieser Messung
kann dann diejenige der größten
und kleinsten Helligkeit verbunden werden, so daß auch
der Helligkeitsumfang er-
mittelt wird. Stufengrau-
keile lassen sich leicht elektrisch herstellen. Zwei Verfahren werden bevorzugt angewendet. Nach dem einen
wird ein Kondensator über
eine Diode während kurzer
Impulszeiten stufenweise
aufgeladen. Durch Fehlen
einer Ableitung zwischen
den Impulsen behält der
Kondensator in diesen Zeitinter-
vallen seine Ladung bei. Am Ende
eines vollständigen Vorganges,
z. B. einer Zeile oder eines Bildes,
wird der Kondensator auf seinen
Anfangszustand entladen (Abb.
270a). Das zweite Verfahren benutzt eine additive Zusammensetzung aus Sägezahnschwingun-
gen, deren Grundfrequenzen harmonisch zueinander sind (Abb.
270b). Auch solche Signale werden
gern direkt einem Taktgeber

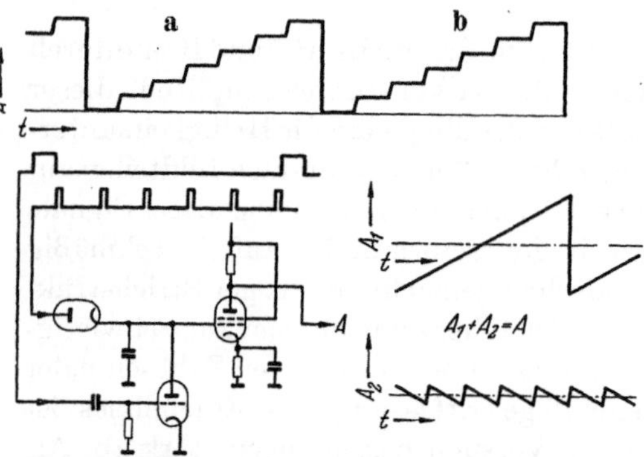

Abb. 270. Erzeugung eines elektrischen Graukeiles.

Abb. 271. Horizontaler Stufengraukeil auf Schirme
einer Bildröhre (Philips).

entnommen und beispielsweise in der Form horizontaler Streifen verschiedener Helligkeit dargestellt (Abb. 271). Sie können auch in ähnlicher Weise zur Prüfung von Verstärkern verwendet werden (s. S. 360).

3. Bildzerleger.

Die Prüfung der Aufnahmegeräte erfolgt durch Übertragen optischer [3] Vorlagen. Für die Untersuchung von Direktabtastern im Studio und im Freien werden sogenannte „Testtafeln" verwendet. Ihr Bildinhalt richtet sich nach der jeweils gestellten Aufgabe. Sie können z. B. zur Prüfung der Schärfe nur Strichraster oder zur Prüfung der Gradation nur Graukeile enthalten. Da diese Testbilder von zeichnerisch hergestellten Vorlagen ausgehen,

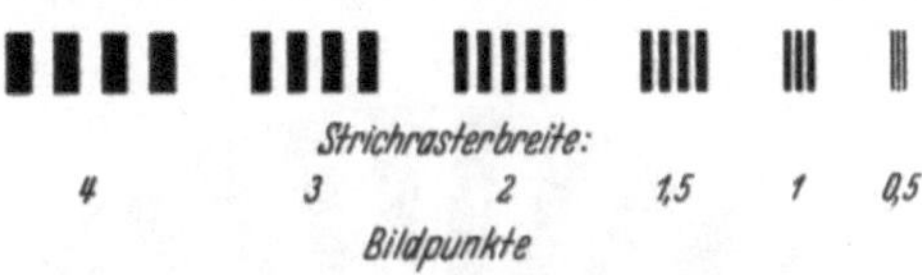

Abb. 272. Strichraster zur Bestimmung des Auflösevermögens.

unterliegt die Art der Signale keinen Beschränkungen wie bei den elektrisch erzeugten Signalen. Es können also ohne weiteres auch eine Reihe sehr verschiedener Vorlagen zu einer Tafel vereinigt werden. Es ist möglich, kreisförmige Gebilde neben den Quadrat- oder Rechteckfiguren zur Geometriekontrolle zu verwenden.

Die Untersuchung der Auflösung erfolgt in der einfachsten Form mittels Strichraster in Richtung der Zeilen- oder Bildabtastung (Abb. 272). Ihre Ausmaße sind zweckmäßig verschieden, z. B. von der Weite von 2, 1,5, 1 und 0,5 Bildpunkten, so daß ein Überblick über die Grenze des Auflösungsvermögens möglich ist. Visuell kann festgestellt werden, wie weit diese Raster mit gleicher Durchsteuerung wiedergegeben werden. Genauere Werte liefert die Aussteuerungsmessung über einen Oszillographen am Ausgang des Aufnahmeverstärkers. Als Bezugssignal wird eine solche Fläche im Bilde verwendet, die durch die Beschränkung der Auflösung nicht beeinflußt wird (Abb. 273). Sie gibt im

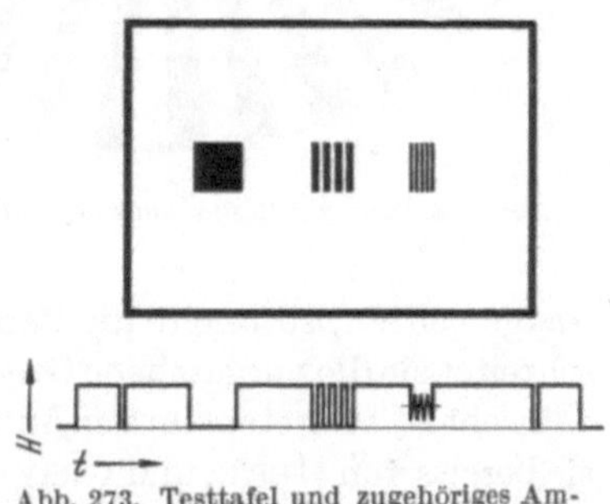

Abb. 273. Testtafel und zugehöriges Amplitudenoszillogramm eines Aussteuerungsoszillographen.

Oszillogramm die Amplitude für die maximale Durchsteuerung an, auf die die Aussteuerung bei engen Strichrastern bezogen werden kann. Da die Auflösung eines Bildfängers auf der ganzen Fläche nicht einheitlich ist, wird für Untersuchungen im Labor häufig eine Anordnung verwendet, bei der aus dem wiedergegebenen Oszillogramm die Werte einer beschränkten

Zahl von Zeilen an einer bestimmten Stelle des Bildes sichtbar gemacht
werden und damit die Helligkeit des Oszillogrammes im restlichen Teil
unterdrückt wird (Zeilenwahlschalter). Neben Strichrastern werden
Sterne (Abb. 274) verwendet. Um einen Mittelpunkt herum sind abwechselnd schwarze und weiße Sektoren gleichen Öffnungswinkels angeordnet.
Je nach Lage der Sektoren kann die Auflösung des Gerätes in der Zone
des Sternmittelpunktes beurteilt werden. Je weiter die Sektoren nach
innen zu erkennen sind, um so größer ist die Auflösung in Richtung senkrecht zu den Sektoren. Gleiche Auflösung wird dann erreicht, wenn die
Sektoren in allen Richtungen bis zum gleichen Innenradius zu erkennen
sind. Bei der Auswertung muß berücksichtigt werden, daß das Auflösungsvermögen einer Fernsehaufnahmeeinrichtung nicht allein vom
Frequenzband, sondern auch von der Größe des abtastenden Elementes,
z. B. des Kathodenstrahles der Speicherröhre abhängt und daß beide
Einflüsse sich verschieden auswirken infolge der sprunghaften Abtastung in Bildrichtung und der kontinuierlich gleitenden Abtastung in
Zeilenrichtung. Werden die senkrechten Sektoren

Abb. 274. Stern zur Bestimmung des Auflösungsvermögens.

weniger aufgelöst als die
waagerechten, so reicht die Bandbreite des Verstärkers nicht aus. Überschreitet sie die vorgesehene Grenze — das ist bei Aufnahmeverstärkern erwünscht —, so treten um den Mittelpunkt herum Verzeichnungen auf, wie
sie bereits von MERTZ und GRAY [4] bei ihrer mathematischen Behandlung
des Abtastvorganges gefunden wurden. Da die Sektoren zwischen der
Senkrechten und der Waagerechten für die Beobachtung nicht von besonderer Bedeutung sind, kann der Stern auch durch einzelne Sektoren in
den Hauptrichtungen ersetzt werden. Für die Gradationskontrolle werden Graukeile mit ausgemessenen Schwärzungen verwendet. Die Güte
der Zwischenzeilenabtastung kann durch Betrachtung diagonal angeordneter Streifen beurteilt werden. Bei schlechter Zwischenzeile sind die
Geraden sägezahnförmig ausgezackt. Die Linearität der Abtastung kann

nach der Verzeichnung von Kreisen beurteilt werden und als Maß für
die Verzeichnung die Exzentrizität dienen. Zur Gewinnung eines schnellen Überblicks werden die verschiedenen Prüfbilder zu einer Tafel zusam-

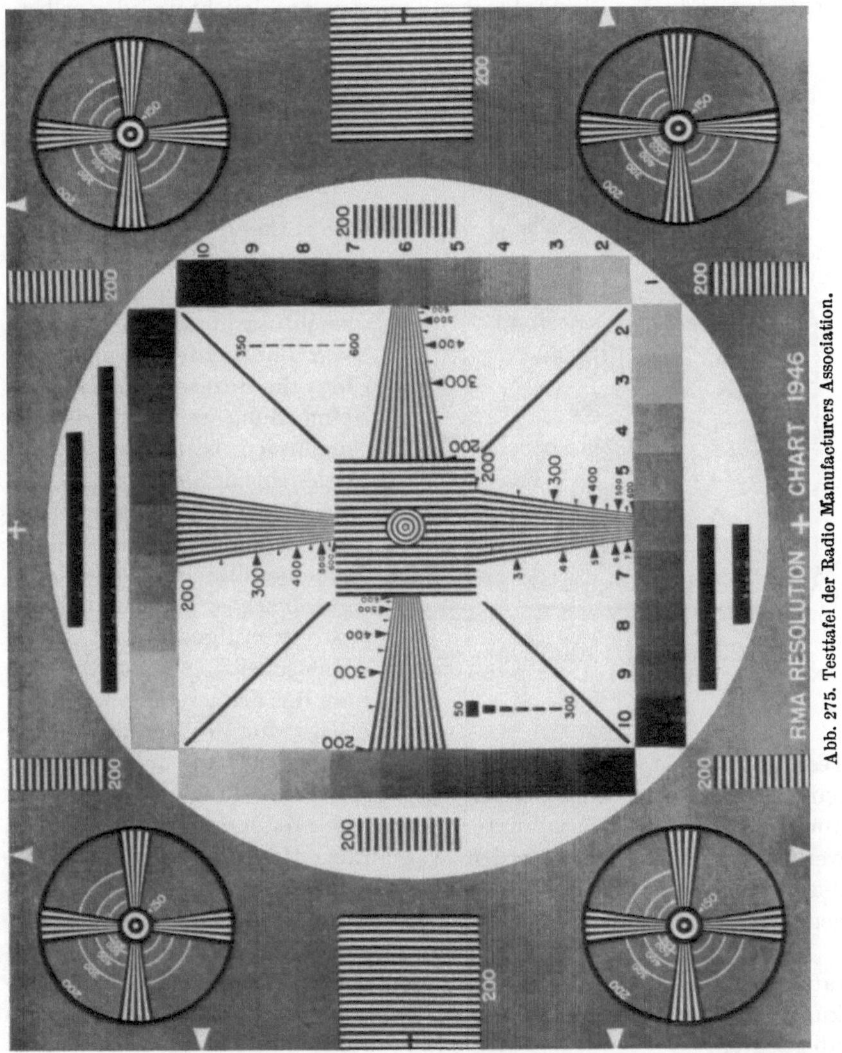

Abb. 275. Testtafel der Radio Manufacturers Association.

mengefaßt. Bekannt ist die in den USA von der Radio Manufacturers
Association (RMA) verwendete Vorlage (Abb. 275). Eine besondere Aufgabe haben Testtafeln, die am Sender abgetastet werden und zur Einstellung der drahtlosen Empfänger des Publikums dienen. Sie müssen

einfach und für den Laien leicht verständlich sein, sich auf einige ganz bestimmte Vorlagen beschränken und zusätzliche, den Sender betreffende Angaben enthalten (Abb. 276).

Testbilder sind im Fernsehaufnahmebetrieb in verschiedener Form vorhanden. Für die Direktabtastung werden angeleuchtete oder selbstleuchtende Tafeln verwendet. Angeleuchtete Tafeln lassen sich besonders leicht durch Aufzeichnung auf weißen Zeichenkarten herstellen. Als Lichtquelle dienen die im Studio vorhandenen Scheinwerfer. Mit diesem Verfahren ist die Gefahr ungleichmäßiger Ausleuchtung und des Auftretens von Glanzlichtern gegeben. Sofern die diffuse Helligkeit der Umgebung ausreicht, wie z. B. im Freien, ist eine zusätzliche Beleuchtung nicht erforderlich. Bei den selbstleuchtenden Tafeln werden auf einer Mattscheibe die Bildelemente in gewünschter Form und Transparenz aufgebracht und die Mattscheibe gleichmäßig von der der Kamera abgewendeten Seite her erleuchtet. Diese

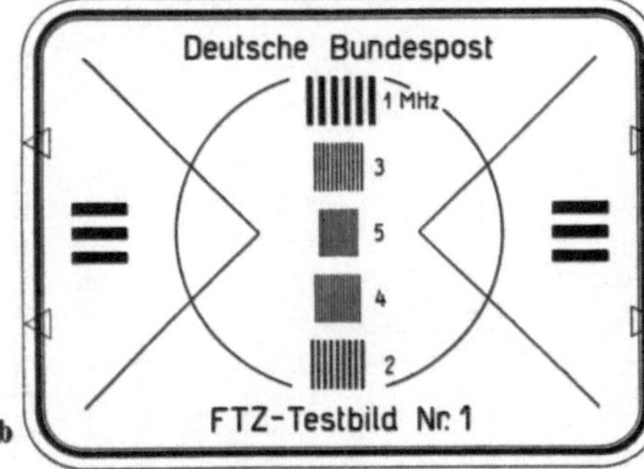

Abb. 276. Testtafeln für den Fernsehrundfunk.
(Nordwestdeutscher Rundfunk und Deutsche Bundespost.)

Testtafeln haben den Vorteil, von der Raumbeleuchtung unabhängig zu sein, sie sind aber kostspieliger. Bei der Verwendung von Testtafeln müssen die Verhältnisse, unter denen die Messungen vorgenommen werden, genau festgelegt werden. Aufnahmeentfernung, Art und Stärke der Beleuchtung, Brennweite und Öffnung der Optik usw. müssen angegeben werden, um vergleichbare Resultate zu gewinnen.

Neben diesen Testtafeln in Schwarz-Weiß werden im Studio Farbtafeln verwendet, wie sie aus der Photographie bekannt sind, um die Wirkung von Farbzusammenstellungen in der Schwarz-Weiß-Wiedergabe zu überprüfen.

Zur Prüfung von Diagebern sind Diapositive oder Testbilder in geeigneter Größe erforderlich. Infolge der vielen Varianten der photographischen Behandlung müssen derartige Meßdiapositive hinsichtlich sämtlicher Eigenschaften — Schärfe, Gradation usw. — meßtechnisch erfaßt sein. Die Herstellung muß nach genau einzuhaltenden Vorschriften erfolgen.

Die bisher betrachteten Prüfbilder sind stationäre Vorlagen. Sie erfassen nicht sehr langsame Änderungen der Bildvorlage, die zwischen aufeinanderfolgenden Bildern geschehen und sich über mehrere Bilder erstrecken. Für die Untersuchung dieser Vorgänge werden Filmstreifen verwendet, welche aus charakteristischen Bildvorlagen zusammengestellt sind. Von besonderer Bedeutung sind solche Vorlagen, bei denen die mittlere Helligkeit zwischen aufeinanderfolgenden Bildern stark geändert wird, wie dieses z. B. bei der Übertragung von üblichen Spielfilmen der Fall ist. Schwarzwertverschiebungen und das Einschwingen von Regelvorgängen werden am Oszillographen beobachtet.

Prüfbilder, deren Inhalt nicht aus Frequenzteilern des Taktgebers abgeleitet werden kann, lassen sich in einer besonderen Form auch rein elektronisch mittels des Monoskops (Abb. 277) [5] erzeugen. Es ist dies ein elektronenoptisches Gerät, ähnlich dem Aufbau der Bildwiedergaberöhre. An der Stelle des Leuchtschirmes befindet sich eine Signalplatte, deren Sekundäremissionsfaktor der Helligkeit der gewünschten Bildvorlage entspricht. Sie wird von einem Elektronenstrahl überstrichen, der magnetisch wie der Strahl einer BRAUNschen Röhre entsprechend der gewählten Abtastnorm abgelenkt wird. Bei seinem Auftreffen auf den Schirm löst er Sekundärelektronen aus, welche der Helligkeit des jeweils überstrichenen Punktes entsprechen. Diese werden von einer Signalelektrode gesammelt und dem Verstärker einer Aufnahmeanordnung zugeführt. Die gewonnenen Signale können wie diejenigen einer üblichen Bildabtastung verwendet werden.

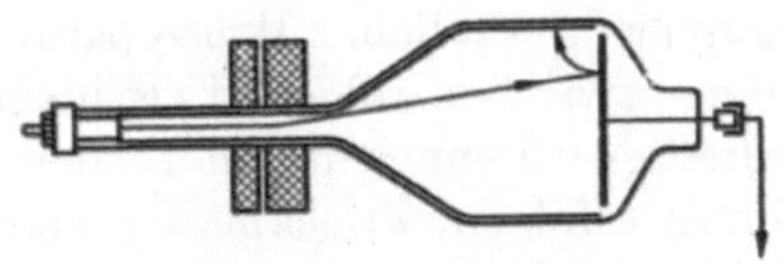

Abb. 277. Monoskopröhre.

Die Auswertung von Testvorlagen ist zunächst auf den Augenblick der Übertragung beschränkt. Die photographische Aufnahme des Fernsehbildes auf einen Filmstreifen ermöglicht des Festhalten der Ergebnisse auf unbeschränkte Dauer. Bei stehenden Bildern kann die Optik der photographischen Kamera stark abgeblendet werden und damit lange, z. B. eine Sekunde, belichtet werden. Die Aufnahme erfolgt dann von einer großen Zahl nacheinander aufgezeichneter Schirmbilder, und die Ungleichmäßigkeiten, welche durch die Wiedergabe einer nicht ganzen Zahl von Bildern entstehen, stören nicht besonders. Zu einer sauberen Aufzeichnung eines einzelnen Fernsehbildes muß die Aufnahme genau während der Dauer einer Bildabtastung erfolgen. Die Betätigung eines üblichen Kameraverschlusses synchron zur Abtastung stößt auf Schwierigkeiten. Die Auslösegenauigkeit ist zu gering. Die Geschwindigkeit der mechanischen Auslösung genügt nicht, um das Objektiv während der Bildlücke zu öffnen und nach der Aufnahme während der folgenden

Lücke wieder zu schließen. Die Eigenart des Schlitzverschlusses, das Bildfeld in einer Richtung zu überstreichen, kann eine einwandfreie Aufnahme bei Bildern nach dem Zwischenzeilenverfahren nicht ermöglichen, da jedes Bildfeld in zwei Rastern nacheinander geschrieben wird. Es wird daher die Steuerung elektronisch vorgenommen. Die Blende der Kamera wird vor der eigentlichen Aufnahme geöffnet und der Strahl der Bildwiedergaberöhre bleibt zunächst gesperrt. Das Bild wird auf dem Schirm einer zweiten Bildröhre betrachtet. Durch den Auslösemechanismus wird mittels elektronischer Anordnung nach Öffnung des Kameraverschlusses der Strahlstrom für die Dauer eines Bildes freigegeben und während dieser Zeit seine Intensität entsprechend dem Bildinhalt gesteuert. Dieses Verfahren ist besonders wichtig bei Untersuchung von Störungen. Hierbei ist es zweckmäßig, den Amplitudenverlauf des zugehörigen Sendediagrammes in ähnlicher Weise parallel aufzuzeichnen, so daß feste Beziehungen zwischen Bild und Oszillogramm gewonnen werden können. Die Aufnahmen können mit normalen optischen Kameras, Objektiven und Filmen erfolgen. Zweckmäßig werden mit Rücksicht auf die Filmempfindlichkeit Braunsche Röhren mit blauem Schirm und erhöhter Anodenspannung sowie mit Rücksicht auf das geforderte große Auflösungsvermögen Feinkornfilme verwendet. Die Aufnahmen können nach den üblichen Vorschriften photochemisch behandelt werden.

4. Kurzschlußübertragung.

Die Untersuchung der Wiedergabe von optischen Prüftafeln auf dem Schirm eines Bildfängers umfaßt immer drei Vorgänge, die Bildzerlegung, die einmalige Bildverstärkung und den Bildwiederaufbau. Eine Trennung der verschiedenen Einflüsse dieser drei Komponenten erfordert Messungen des Verstärkers. Für sie können zum Teil die in der Übertragungstechnik üblichen Verfahren (s. S. 341) verwendet werden. Die Messungen an einer derartigen „Kurzschlußübertragung" unterscheiden sich jedoch von den Messungen der allgemeinen Übertragung dadurch, daß an dieser Stelle die Bildgüte am höchsten ist und daß Messungen an Punkten vorgenommen werden, welche in der weiteren Übertragungstechnik nicht auftreten. Die Kurzschlußübertragung umfaßt Anfang und Ende jeder Fernsehübertragung. An den Eingang des Aufnahmeverstärkers muß der Generator und am Ausgang, also am Steuerorgan der Braunschen Röhre, muß das Anzeigegerät angeschaltet werden. Diese Anschaltungen müssen so erfolgen, daß durch sie eine Änderung der Eigenschaften des Verstärkers nicht auftritt. Der Widerstand der anzuschaltenden Anordnungen muß bei Parallelschaltung an die Meßstelle im gesamten Frequenzbereich groß gegen denjenigen des Prüflings sein. In der allgemeinen Übertragungstechnik läßt sich diese Schwierigkeit umgehen durch Einbau von Trennstufen, insbesondere Kathodenverstärkerstufen, an deren Ausgang die Anschaltung der Meßgeräte erfolgt. Im vorliegenden Falle kann auch diese Belastung zu groß sein.

Die Eingangswiderstände von Bildaufnahmeverstärkern (Abb. 278) sind allgemein sehr hochohmig — bis zu einigen Megohm —, so daß die

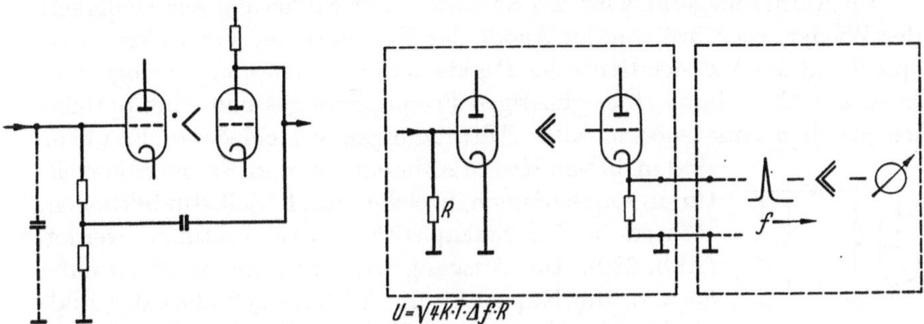

Abb. 278. Hochohmige Eingangsschaltung eines Aufnahmeverstärkers.

Abb. 279. Frequenzmessung durch Bestimmung des Rauschspektrums.

Parallelschaltung der Kapazität der Eingangsschaltung — 10 bis 20 pF — für die hohen Frequenzen bereits einen frequenzabhängigen Kurzschluß darstellt. Der Frequenzgang dieser Schaltanordnung wird an einer späteren Stelle im Verstärker wieder entzerrt. Durch Parallelschalten des Meßgenerators tritt eine weitere Verzerrung auf, welche schwer von den anderen Fehlern zu trennen ist. Weiterhin besteht die Gefahr, daß durch Einstreuen von Störspannungen in den hochohmigen Eingang des Verstärkers im Ausgang ein zusätzlicher Störpegel entsteht, welcher die Meßergebnisse fälscht. Die Auswirkungen dieser verschiedenen Fehlerquellen werden durch ein Verfahren vermieden, bei welchem keine Eingriffe am Verstärkereingang vorgenommen werden. Es beruht auf der Ermittlung des Rauschspektrums des Verstärkers (Abb. 279). Nach den Untersuchungen von NYQUIST ist der durch den Eingangswiderstand bedingte Rauschanteil in einem Übertragungskanal proportional der Wurzel aus der Bandbreite dieses Kanales und unabhängig von der absoluten Größe der Frequenz der übertragenen Schwingungen. Da in einem Aufnahmeverstärker innerhalb des ganzen Bereiches gleiches Verstärkungsmaß herrscht, muß auch der Rauschanteil je Hertz Bandbreite innerhalb des gesamten Frequenzbereiches konstant sein. Zur Durchführung der Messung wird hinter den Empfänger ein Frequenzanalysator geschaltet, welcher den Ausgang des Gerätes nicht belastet. In der praktischen Ausführung ist dies ein Überlagerungsempfänger mit Frequenz- und Empfindlichkeits- oder Verstärkungseichung. Seine Frequenzkurve wird durch den Zwischenfrequenzkanal bestimmt und ist unabhängig von der Einstellung der Frequenz des Überlagerers. Diese wird durch den ganzen Bereich verschoben. Die am Ausgang dieses Meßgerätes bei konstanter

Verstärkung gemessene Spannung oder der zur Erzielung einer vorgegebenen Ausgangsspannung eingestellte Verstärkungsgrad sind ein Maß für den Rauschanteil und damit für den Frequenzgang des Verstärkers.

Im Aufnahmegerät wird die Spannung zur Steuerung der Helligkeit der Wiedergaberöhre von der Anode der Endröhre des Verstärkers, entsprechend der Videoendstufe des Rundfunkfernsehempfängers abgenommen. Zur Erreichung eines günstigen Frequenzganges und einer optimalen gleichen Aussteuerung aller Schwingungen verschiedener Frequenz

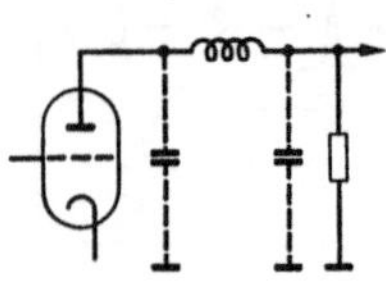

Abb. 280. Hochohmige Ausgangsschaltung am Empfänger.

sind in diesem Kreise Anhebungen und Frequenzkorrekturen vorgenommen, welche durch Selbstinduktionen, Röhren- und Streukapazitäten usw. bestimmt werden (Abb. 280). Die Ausgangskapazität dieser Anordnung ist z. B. die Kapazität des Wehneltzylinders der Bildwiedergaberöhre gegen Erde und die anderen Elektroden. Sie ist einige pF groß. Die Hinzuschaltung einer weiteren Kapazität, z. B. eines Röhrenvoltmeters, kann bereits beachtliche Fehler bringen. Es wird daher zweckmäßig an dieser Stelle eine Kathodenverstärkerstufe eingeschaltet und die Messung an der Kathode dieser Röhre vorgenommen. Hierbei ergeben sich zwei Möglichkeiten: Die Eingangskapazität der Kathodenverstärkerstufe kann durch eine starke Kathodengegenkopplung so klein gehalten werden, daß Verstimmungen des Ausganges des Verstärkers nicht auftreten. Es ist aber auch möglich, die Eingangskapazität des Meßgerätes gleich derjenigen des Wehneltzylinders zu machen und das

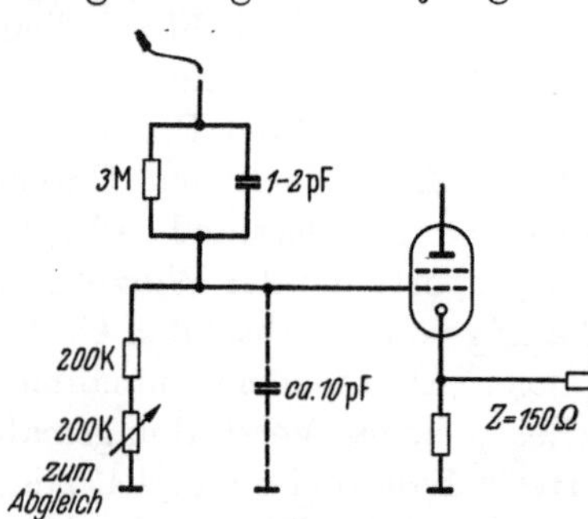

Abb. 281. Hochohmiger Spannungsteiler mit Kathodenstufe.

Meßgerät an Stelle der Bildröhre zu verwenden. Eine weitere Verbesserung gibt der Einbau eines hochohmigen Spannungsteilers (Abb. 281). An den Wehneltzylinder wird über die Parallelschaltung einer kleinen Kapazität von ungefähr einem pF und einen Widerstand von einigen Megohm der Eingang der Kathodenverstärkerstufe gelegt, deren Gitterzeitkonstante gleich derjenigen des Koppelgliedes ist. An der Methode wird die zu messende Spannung abgenommen und

gegebenenfalls nach geeigneter Verstärkung dem Anzeigegerät zugeführt. Dieses Verfahren hat den Vorteil, daß durch den Spannungsteiler nur ein Bruchteil der Wehneltsteuerspannung abgegriffen wird, und somit der Anschluß von Meßgeräten mit den in der Fernsehtechnik üblichen Regeln von ungefähr einem Volt (s. S. 340) möglich wird.

Vermieden werden kann ein elektrischer Anschluß an die Schaltung durch Messung der Helligkeit auf dem Schirm der Bildröhre [6]. Es wird z. B. die Helligkeit der Bildröhre auf den unteren Einsatzpunkt bei fehlender Meßspannung eingestellt und dann die mittlere Helligkeit für gleiche Eingangsspannungen verschiedener Frequenz gemessen. Unter Berücksichtigung der Kennlinie der Röhre kann aus den gewonnenen Werten die Frequenzkurve bestimmt werden. Eine Verbesserung ist möglich durch Amplitudenmodulation des Hochfrequenzgenerators mit einer Spannung niedriger Frequenz, welche im Bild Streifen hervorruft. Die Kontrolle des Arbeitspunktes ist dann leichter möglich. Wird die Modulationstiefe konstant gehalten, so kann an Stelle der mittleren Helligkeit das Wechsellicht gemessen werden. Die zur Bestimmung der Helligkeit verwendete Photozelle regt dann gegebenenfalls nach geeigneter Verstärkung einen Schwingkreis an, der auf die Modulationsfrequenz abgestimmt ist. Die Nichtlinearität der Kennlinie kann ausgeschaltet werden durch Einregeln der Eingangsspannung auf konstante Ausgangsamplitude. Derartige Verfahren können mit Erfolg auch zu Messungen an betriebsfertigen Empfängern verwendet werden, bei denen Eingriffe in die Schaltung nicht vorgenommen werden sollen.

II. Übertragung der elektrischen Signale.

Die Übertragung eines Fernsehbildes geht von dem Kurzschlußbild aus. Sie kann videofrequent, zwischenfrequent, UKW-mäßig oder mit Dezimeterwellen bei Relaissendungen erfolgen. Die Modulation der Trägerschwingung erfolgt als Amplituden- oder Frequenzmodulation. Bei allen diesen Verfahren werden neben den Helligkeitssignalen auf dem gleichen Kanal abwechsend die Gleichlaufsignale übertragen und diesen die ent-

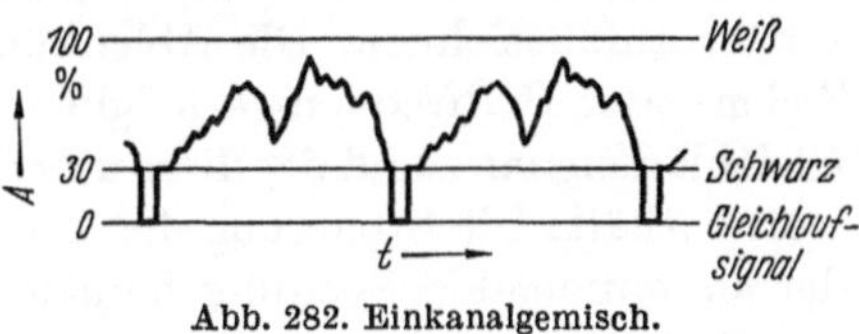

Abb. 282. Einkanalgemisch.

gegengesetzte Polarität wie den Helligkeitssignalen zugeordnet (Abb. 282). Derartige „Einkanal"folgen sind zur Modulation erforderlich und entstehen bei der Demodulation der hochfrequenten Signale. Für die allgemeine Fernsehmeßtechnik sind die Modulatoren und Demodulatoren Schaltelemente, welche nach den für diese bekannten Verfahren untersucht werden. Als Ausgangspunkt für die spezielle Fernsehmeßtechnik wird aber immer das Videosignal betrachtet, welches zur Modulation dient bzw. bei der Demodulation gewonnen wird. Hierbei ist es von geringerer Bedeutung, welcher Art die Modulation und Demodulation sowie die Übertragung gewesen ist. Zur Durchführung der Messungen wird daher zweckmäßig an jedem Modulator und Demodulator ein unabhängiger Kontrollausgang mit videofrequenten Signalen vorgesehen. Die

Anschlußwerte sind genormt. Entsprechend den Wellenwiderständen der zur Zeit verwendeten Kabel und den auftretenden Spannungen soll der Anschlußwert 1,5 Volt zwischen dem Weißwert bei voller Aussteuerung und dem Gleichlaufsignal an 75 Ohm unsymmetrischen Kabels oder 3,0 Volt an 150 Ohm der gleichen Kabelart sein. Die Sendung soll positive Polarität haben, d. h., die Spannung wächst mit zunehmender Helligkeit des Bildes, und die Gleichlaufsignale liefern die negativsten Spannungsbeträge.

Bei der Fernsehübertragung ist zu unterscheiden zwischen der Überwachung der gerade fortgeleiteten Signale und der Prüfung des Kanales mit besonderen Prüfsignalen. Die erste Aufgabe erfordert ein Gerät zur Bild- und Amplitudenkontrolle, die zweite Spezialgeräte entsprechend der bei der Messung gestellten Aufgabe.

1. Betriebsüberwachung.

Für diese ist die visuelle Kontrolle des Fernsehbildes und die Kontrolle des Aussteuerungsgrades sowie der übertragenen Spannung erforderlich. Bild- und Oszillographengerät werden häufig zu einer Einheit zusammengebaut und dann als „Strecken"empfänger bezeichnet. Die beiden Teile können aber auch getrennt werden, was besonders bei transportablen Einrichtungen vorteilhaft ist. Für die Bildkontrolle kann ein Fernsehwiedergabegerät verwendet werden, dessen Aufbau an den genormten Pegel angepaßt ist. Der Kontrolloszillograph bietet die Möglichkeit, das Amplitudenoszillogramm des ganzen Bildes über der Ablenkung einer oder zweier Zeilen sowie über der eines oder zweier Raster aufzuzeichnen. Die Ablenkung in der Zeitachse mit der halben Zeilen- oder Bildfrequenz ermöglicht eine einwandfreie Betrachtung des Gleichlaufsignales und der diese umgebenden Lücke, welche den Schwarzwert enthält. Die Steuerung der Ablenkgeräte in der Zeitachse wird aus der ankommenden Sendung hergeleitet. Sie muß unabhängig von dem jeweils für die Ordinate eingestellten Verstärkungsgrad sein. Da dieses Gerät im wesentlichen der sehr wichtigen Amplitudenkontrolle, im Studio also der Aussteuerungskontrolle dient, können kleine Zugeständnisse an den Frequenzgang gemacht werden, zumal die zur Aufzeichnung verwendeten Röhren im allgemeinen infolge des etwas größeren Lichtfleckdurchmessers nicht das volle Auflösungsvermögen einer 625-Zeilen-Sendung haben. Um so bedeutungsvoller ist die Linearität der Amplitudenwiedergabe innerhalb des gesamten Bereiches. Sie wird durch stark gegengekoppelte Verstärker erreicht. Die Amplitudeneichung des Oszillographen kann mit Wechsel- oder Gleichspannung vorgenommen werden. Es können Eichspannungen, welche den verschiedenen Aussteuerungswerten entsprechen, eingetastet werden. Es ist aber für gröbere Anforderungen auch möglich, vor dem Schirm der Röhre eine Skala anzuordnen, welche die Hauptbezugswerte enthält. Bei der Auswertung ist die nicht zu vermeidende Parallaxe besonders zu berücksichtigen. Für diesen vorgesehenen Zweck ist die Verwendung von Röhren mit großem Schirmdurchmesser angebracht, so daß eine optische Vergrößerung durch Lupe nicht erforderlich ist. Eine Nullinie für die Aufzeichnung wird am Verstärkerausgang festgehalten, so daß von ihr aus auch bei Regelschwankungen sauber gemessen werden kann. Als Nullinie dient entweder der Wert während der Gleichlaufsignale oder während der Schwarzschulter nach diesen Signalen. Schwarzsteuerungen zur Festhaltung dieser Werte werden vorgesehen.

2. Die Eigenschaften des Übertragungsweges.

Die zahlenmäßige Erfassung der Eigenschaften eines Übertragungsweges ist durch eine solche Anordnung nicht unbedingt geeignet. Im Gegensatz zu der laufenden Betriebsüberwachung werden Messungen, welche zu Zahlenergebnissen führen, nur gelegentlich vorgenommen, und dafür müssen die Ergebnisse sehr genau festgehalten werden können. Beschränkungen der Übertragungsbreite können nicht in Kauf genommen werden.

Die Untersuchung eines Fernsehübertragungskanales kann nach verschiedenen Gesichtspunkten durchgeführt werden. Als Ausgangspunkt für alle Überlegungen wird ein Fernsehübertragungsweg als „idealer Kanal" betrachtet, bei welchem innerhalb des Übertragungsbereiches das Übertragungsmaß konstant und der Phasenwinkel proportional der Frequenz ist, oder, mit anderen Worten, die Laufzeit aller übertragenen Schwingungen konstant ist. Schwingungen oberhalb einer Grenzfrequenz können unterdrückt werden. Innerhalb des gesamten Amplitudenaussteuerungsbereiches muß Linearität herrschen, und der Rauschanteil muß gering sein.

a) Der Frequenzgang der Amplitude. Die Grenzfrequenz eines Übertragungsweges liegt bei Schwingungen zwischen 5 und 10 MH und entspricht einem zeitlichen Auflösungsvermögen von ungefähr 10^{-7} sek. In der Tontechnik ist es üblich, nur den Frequenzgang der Amplitude des Übertragungsmaßes zu betrachten, da Phasenfehler für die Wiedergabe nicht von besonderer Bedeutung sind. Es werden daher Einschwingvorgänge nur in den seltensten Fällen untersucht. Im Gegensatz zu diesen Erfahrungen der Tontechnik stellt die Fernsehtechnik die Forderung nach der formgetreuen Wiedergabe auf. Das dem Prüfling aufgedrückte Signal soll ihn unverformt durchlaufen. Die Untersuchung kann nach zwei getrennten Verfahren erfolgen, 1. es werden Amplituden- und Phasengang des Übertragungsmaßes in Abhängigkeit von der Frequenz bestimmt, und 2. es werden die Einschwingvorgänge ermittelt. Die Ergebnisse beider Verfahren sind eindeutig miteinander verbunden [7]. Die

Betrachtung der Einschwingvorgänge hat den grundsätzlichen Vorteil, daß ein sehr enger Zusammenhang zwischen den Prüfsignalen und den Betriebssignalen besteht. Ein plötzlicher Helligkeitswechsel entspricht der Sprungfunktion. Beide Verfahren werden ausgeübt. Der erste Weg ist aus der traditionellen Hochfrequenztechnik entstanden, der zweite Weg ist durch die Entwicklung der Impuls- und Oszillographentechnik weit vorangetrieben worden.

An die Frequenzkurve einer Weitverkehrsverbindung werden eine Reihe von Anforderungen gestellt, die für die Fernsehübertragung allgemein gelten. Es soll die Restdämpfung im Bereich zwischen 20 Hz und 3 MHz um nicht mehr als ± 1 db und im anschließenden Bereich von 3 bis 5 MHz um nicht mehr als $+1$ db bzw. -2 db schwanken. Diese Werte gelten nicht nur für einen kurzen Weg, sondern sind die Grundlage für eine Übertragung durch einen ganzen Staat oder Kontinent. Hierbei ist eine große Reihe von Einrichtungen hintereinander angeordnet, in welchen abwechselnd die Amplituden vom Eingangsnennwert bis zu einem kleinsten zugelassenen Wert absinken und dann durch Verstärker wieder auf den Nennwert angehoben werden. Die Anforderungen an ein einzelnes Glied dieser Kette sind also entsprechend höher. Sie werden noch verschärft durch die Forderungen, die an die zeitliche Konstanz der Güte der Übertragungswege gestellt werden. Für eine beliebige Bezugsfrequenz, z. B. 1 MHz, soll der Pegel während einer Sekunde nicht mehr als 0,3 db, während einer Stunde um nicht mehr als 0,5 db und während eines Tages um nicht mehr als 1,0 db schwanken.

Die Messung des Übertragungsmaßes kann in ähnlicher Weise vorgenommen werden, wie sie aus der Tonrundfunktechnik her bekannt ist. An den Eingang des Prüflings, z. B. einer vollständigen Fernsehübertragungsstrecke, wird eine Sinusschwingung veränderlicher Frequenz und konstanter Größe gegeben und am Ausgang die sich aus der Übertragung ergebende Spannung gemessen. Sie wird in Abhängigkeit von der Frequenz aufgetragen und als „Frequenzkurve" wiedergegeben. Zur Messung am Ausgang des Prüflings kann an Stelle eines Röhrenvoltmeters auch ein Oszillograph mit eingebautem Verstärker dienen. Die Auslenkung des Strahles ist dann ein Maß für die Übertragungseigenschaften.

Die punktweise Aufnahme einer Frequenzkurve ist sehr umständlich und langwierig. Sie stellt außerdem eine große Anforderung an die Konstanz sämtlicher Geräte während der Dauer der Messung. Eine Verbesserung der Methode ist möglich durch laufenden Vergleich mit einer Bezugsfrequenz, welche abwechselnd mit der zu variierenden Frequenz gegeben wird (Abb. 283). Dem Prüfling wird eine sinusförmige Spannung zugeführt, welche zu gewissen Zeiten die Frequenz f_0, beispielsweise 1 MHz, hat und während anderer Zeiten eine Frequenz f_1, welche im Übertragungsbereich variiert wird. Aus der Ungleichheit der beiden

Amplituden auf einem Oszillographen, dessen Zeitlenkung synchron zur Umtastfrequenz ist, wird auf das Übertragungsmaß geschlossen.

Zweckmäßig werden die Zeitintervalle, in denen die Signale der Frequenz f_0 und f_1 gegeben werden, periodisch und gleich gewählt. Es entsteht dann auf dem Schirm des Oszillographen ein stehendes Bild. Werden diese Signale gleichgerichtet, so entsteht eine Wechselspannung, deren Größe ein Maß für die Ungleichmäßigkeit und Übertragung ist. Neben dieser Methode der zeitlich abwechselnden Übertragung

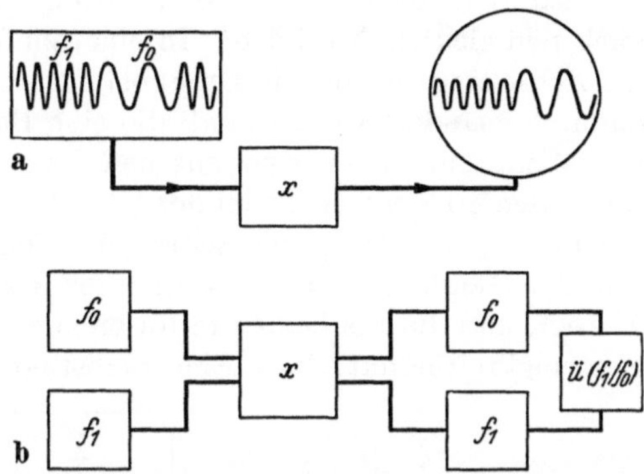

Abb. 283. Frequenzkurvenmessung durch Vergleich mit Bezugsfrequenz. a abwechselnde Übertragung; b gleichzeitige Übertragung.

zweier Frequenzen kann auch ein Verfahren verwendet werden, bei welchem die beiden Signale gleichzeitig mit gleicher aber kleiner Amplitude übertragen werden und am Ausgang des Prüflings die Resultate der Übertragung durch Filter ausgesiebt und einem Anzeigegerät zugeführt werden, welches direkt den Quotienten der Übertragung der Signale der verschiedenen Frequenzen liefert. Hierbei ist besonders darauf zu achten, daß keine Kreuzmodulation zwischen den beiden Signalen entsteht, wodurch das Meßergebnis sehr gefälscht werden würde. Diese Verfahren arbeiten sehr genau.

Eine beschleunigte Messung des Frequenzganges gelingt mit dem Frequenzkurvenschreiber. Die Frequenz des Prüfgenerators wird periodisch (Abb. 284) geändert und auf dem Schirm einer Oszillographenröhe des Aufzeichnungsgerätes das Übertragungsmaß in Abhängigkeit von der Frequenz periodisch aufgezeichnet[8]. Die Genauigkeit dieses Verfahrens ist nicht so groß wie die des vorhergenannten Vergleichsverfahrens. Dieser Nachteil ist der Kaufpreis für den Zeitgewinn bei der Messung.

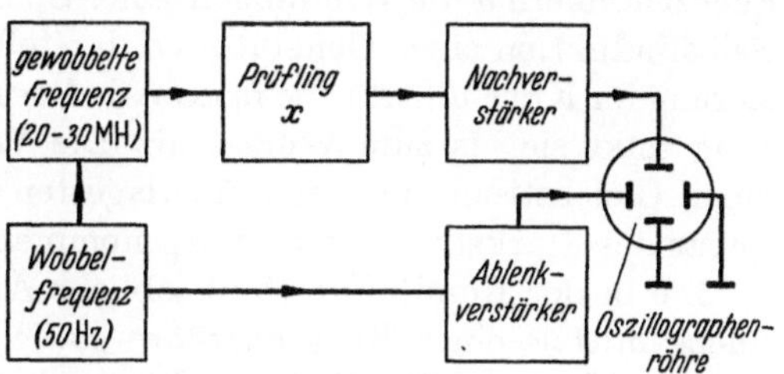

Abb. 284. Frequenzgangmessung durch Wobbelung.

Er ist von besonderer Bedeutung bei der laufenden Betriebsüberwachung, bei der Serienherstellung von Empfängern usw.

Die Frequenzänderung des Meßgenerators kann mit jedem Element durchgeführt werden, das die Frequenz einer selbsterregten Schwin-

gung bestimmt. Es kann die Schwingkreiskapazität, Induktivität oder
auch Dämpfung verhindert werden. Auch eine Änderung der Laufzeit ist
möglich. Die technische Durchführung kann elektromechanisch oder
auch rein elektrisch erfolgen. In einer einfachen Ausführung rotiert auf
der Achse eines Motors ein Drehkondensator. Es kann aber die Kapazität
dadurch geändert werden, daß die eine Belegung des Kondensators auf
der Membrane eines dynamischen Lautsprechersystems aufliegt und
durch den erregenden Strom der Spule bewegt wird. In ähnlicher Art ist
auch die Veränderung der Selbstinduktion möglich. Beispielsweise wird
von der Membran eine Spule in einer feststehenden Spule hin und her
bewegt, und die aus beiden resultierende Gesamtinduktion bestimmt die
Schwingkreisinduktivität. Eine Selbstinduktionsänderung ist weiterhin

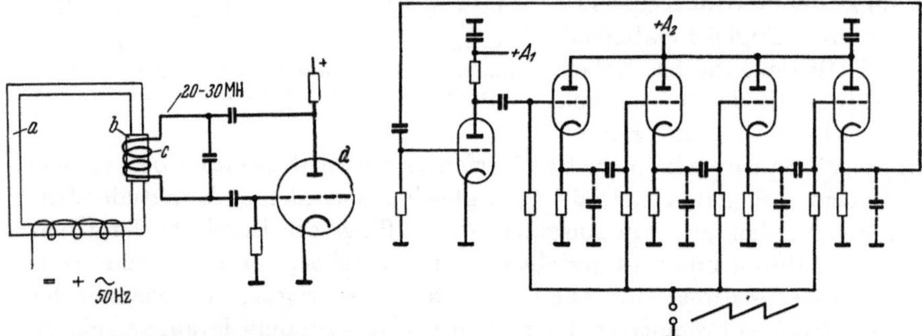

Abb. 285. Wobbelung durch Vormagnetisierung der Selbstinduktion eines
Hochfrequenzgenerators.

Abb. 286. Wobbler mit Änderung der Phase im Kaskaden-
kathodenverstärker.

möglich durch Verwendung einer Spule mit Eisenkern, deren Permeabilität von dem wobbelnden Strom geändert wird (Abb. 285) [9]. In einem
magnetischen Kreis a aus lamellierten Blechen sind auf einem Hochfre-
quenzeisenkern b die Windungen einer Spule c untergebracht, welche die
Selbstinduktion eines Generators d darstellt. Bei fehlender Vormagnetisierung im Kreis a wirkt die maximale Permeabilität, bei Vormagnetisierung sinkt sie bis zum Wert 1 ab. Die Vormagnetisierung wird durch
einen Gleichstrom und einen überlagerten Wechselstrom, z. B. der Frequenz des Starkstromnetzes, vorgenommen.

Die in der Rundfunktechnik übliche Änderung der Schwingkreisfre-
quenz mittels einer Reaktanzröhre sowie diejenige durch Dämpfungs-
änderung kommen für die Fernsehtechnik nicht in Frage, da die erzielten
Frequenzhübe zu klein sind. Mit Erfolg wird eine Änderung der Phase
zur Wobblung verwendet [10]. Die Anode einer Verstärkerröhre (Abb. 286)
ist mit dem Eingang einer Kaskadenkathodenverstärkeranordnung verbunden. Die Gittervorspannung der 4 Röhren des Kaskadenverstärkers
wird mit einer periodischen Sägezahnspannung moduliert. Sie ändert

den Arbeitspunkt und damit die Steilheit dieser Röhren. Die Serienschaltung der Gitterkathodenkapazität und der Parallelschaltung aus Kathodenerdkapazität und innerem Widerstand der Röhre, gemessen zwischen Kathode und dem allgemeinen Spannungsnullpunkt — praktisch gleich dem reziproken Wert der Steilheit—, liefert eine vom Arbeitspunkt abhängige Phasenverschiebung zwischen Gitter und Kathode jeder Stufe. Die Ausgangsspannung der Kaskadenanordnung wird auf das Gitter der Eingangsröhre zurückgegeben. Das System erregt sich jeweils in derjenigen Frequenz, für welche die Rückkopplungsbedingung gerade erfüllt ist. Ein besonders einfaches Verfahren ist im Bereich kürzester Wellen durch das Klystron [11] gegeben. Die Spannung der Reflexionsanode wird gewobbelt. Damit ändert sich die Laufzeit, also auch die Frequenz der erzeugten Schwingung.

Der zeitliche Verlauf der Wobblung kann sinusförmig oder auch sägezahnförmig sein. In mechanischen Systemen wird die sinusförmige Variation bevorzugt, da sie sich aus allen harmonischen Bewegungen sehr einfach ergibt. In elektrischen Systemen ist die sägezahnförmige Änderung mittels bekannter Kippschwingungserzeuger besonders einfach. Die Frequenz wird langsam von ihrem Anfangswert auf den Endwert geändert und dann wieder schnell auf den Anfangswert zurückgeführt. Im Gegensatz zur sinusförmigen Änderung wird also die wesentliche Zeit zur Messung verwendet, und nur ein kleiner Zeitanteil geht verloren. Im anderen Falle wird für die Frequenzänderung im steigenden Sinne die gleiche Zeit wie für diejenige in fallendem Sinne benötigt, es entstehen zwei gleichmäßig durchgezeichnete Kurvenzüge. Diese sind jedoch nicht vollkommen identisch, oder es müssen besondere Vorkehrungen getroffen werden, um dieses Ziel zu erreichen. Es ist aber auch möglich, während der einen Halbwelle die Strahlintensität so klein zu machen, daß nur ein Kurvenzug erscheint. Es ist schwierig, einen Drehkondensator zu bauen, dessen Kapazitätsverlauf beim Durchdrehen spiegelbildlich genau zu den Werten der größten und kleinsten Kapazität ist. Bei Änderung der Vormagnetisierung einer Eisenkernspule, die die Frequenz eines Generators bestimmt, wird die Magnetisierungskurve durchlaufen, und die Permeabilität ist verschieden, je nachdem, auf welchem Ast dieser Kurve die Einstellung erfolgt. Diese Ausblendung des einen der beiden Kurvenzüge betrifft nur das Aufzeichnungsgerät. Die Wobblung des Hochfrequenzgenerators wird nicht beeinflußt. Die Amplitude der gewobbelten Schwingung ist in den beiden Halbwellen gleich. In besonderen Fällen kann die eine Halbwelle zur Steuerung freischwingender Aufzeichnungsgeräte dienen (s. S. 347).

Die Durchführung des Verfahrens richtet sich weiterhin nach dem Frequenzbereich, in dem die Messungen vorgenommen werden sollen. Im videofrequenten Bereich ist eine große Anzahl von Oktaven zu über-

streichen. Im trägerfrequenten Bereich, wie er in den Zwischenfrequenz-
verstärkern des Empfängers und in der Kabelübertragungstechnik verwendet wird, ist die in Oktaven gemessene Frequenzvariation ungefähr
gleich der Einheit. Im UKW-Bereich für den Fernsehrundfunk ist der
auf die mittlere Frequenz bezogene Frequenzhub klein gegen eins.

Die Frequenzänderung direkt im Videobereich ist praktisch aus dieser
Tatsache heraus nicht durchführbar. Im Zwischenfrequenzbereich lassen
sich die Schwierigkeiten noch überwinden. Im UKW-Bereich ist die
Wobbelung ohne weiteres durchzuführen. Es ist daher häufig üblich, die
eigentliche Frequenzänderung in diesem Bereich vorzunehmen, das ge-
wobbelte Signal einem zweiten UKW-Generator konstanter Frequenz zu
überlagern und aus diesem Vorgang ein gewobbeltes Signal niedrigerer
Frequenz — der Differnzfrequenz beider Schwingungen — zu gewinnen.
Bevorzugt werden in einer derartigen Ausführung Systeme mit Kapazi-
täts- oder Induktivitätsvariation von Schaltelementen, welche durch
Lautsprechersysteme bewegt werden. In einer anderen Ausführungsform
(Abb. 287) werden zwei Klystrons [11] verwendet, von denen das eine
mit konstanter Frequenz, das andere mit zeitlich sägezahnförmiger veränderlicher Frequenz betrieben wird. Die von ihnen erzeugten Schwingungen werden über Hohlrohrleitungen einem Kristallmischer zugeführt,
welcher die Überlagerung vornimmt.

Von besonderem Vorteil ist das Überlagerungsverfahren dann, wenn
ein sehr viel größerer Frequenzbereich, z. B. von 20 bis 100 MHz in
einem Hub oder in einzelnen Bereichen von je 10 MHz Weite, überstrichen
werden soll.

werden soll.

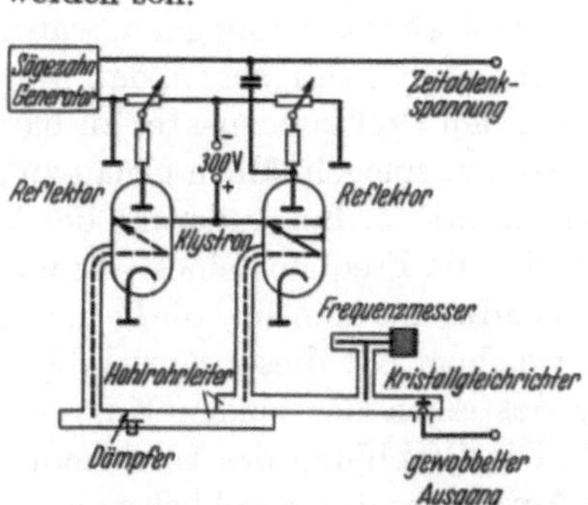

Abb. 287. Wobbler mit Schwingungserzeugung
durch 2 Klystrons und Überlagerung.

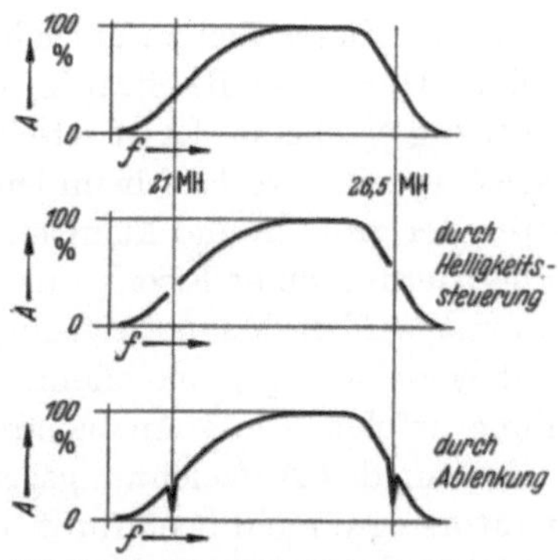

Abb. 288. Frequenzmarkengabe beim Frequenzkurvenschreiber.

Der sich bei der Wobbelung ergebende Kurvenzug auf dem Schirm
der BRAUNschen Röhre allein ist für die Auswertung noch nicht ohne
weiteres geeignet. Es wird eine Frequenzeichung benötigt, da die
Schwingungszahlen der Generatoren nicht die genügende Konstanz haben

und auch die Ablenkung zeitlich veränderlich ist, z. B. von der Spannung der Energiequelle, der Erwärmung abhängt. Zur Festlegung geeigneter Maßstäbe werden in die Kurve eine oder mehrere Frequenzmarken eingefügt, deren Größen im Frequenzbereich verschoben werden können. Diese Einfügung kann als Helligkeitsmodulation des Strahles oder aber auch als Auslenkung in der Vertikalen vorgenommen werden (Abb. 288). Frequenzmarken werden erzeugt durch Mischung der gewobbelten Frequenz mit einem auf der Eichfrequenz schwingenden Generator — aktive Frequenzmarke — oder durch Anstoßen eines Resonanzkreises — passive Frequenzmarke. Diese hat den Vorteil, daß Irreführungen durch harmonische Schwingungen nicht auftreten können. Das ist besonders dann von Bedeutung, wenn mehrere Marken gegeben werden. Die Frequenzgenauigkeit dieser Marken hängt von der Einstellmöglichkeit, der zeitlichen Konstanz, der Kreisgüte usw. ab. Zur Erzielung besonders hoher Genauigkeiten, welche allerdings nur in den seltensten Fällen erforderlich sind, werden Quarze verwendet. Sie können sowohl aktive wie passive Marken liefern. Aktive Marken sind besonders im Bereich hoher Schwingungszahlen günstig, da die Aufzeichnung nicht durch die Kreisgüte, sondern die Bandbreite des Aufzeichnungsverstärkers bestimmt wird.

Sind Geber und Empfänger örtlich voneinander getrennt, so kann die Aufzeichnung nicht in der vorher geschilderten einfachen Form erfolgen. Die vom Geber zum Empfänger übertragenen Signale müssen dann Synchronisiersignale enthalten, welche die Ablenkung des Strahles im Empfangsgerät steuern. Eine exakte Steuerung, ähnlich der eines Fernsehablenkgerätes, ist im vorliegenden Falle nicht möglich, da das empfangene Signal nur innerhalb eines Teilbereiches der zur Aufzeichnung verwendeten Halbwelle vorhanden ist. Ist z. B. der Hub merklich größer als der Durchlaßbereich, so ergibt sich keine scharfe Kante, von welcher eine Synchronisierung ausgelöst werden kann. Es wird dann zweckmäßig so vorgegangen (Abb. 289), daß im Geber die eine Halbperiode unterdrückt und am Empfänger das Signalgemisch zunächst gleichgerichtet wird. Aus dem demodulierten Signal wird die Grundschwingung der wobbelnden Frequenz abgeleitet, und die Harmonischen werden unterdrückt. Dieses Signal durchläuft einen einstellbaren Phasenschieber, an dessen Ausgang die Horizontalablenkung für den Oszillographen abgenommen wird. Eine genauere Herstellung von Frequenzmarken stößt dann auf Schwierigkeiten, wenn man in die Grenze des Frequenzbereiches kommt. Die übertragene Amplitude ist dann verhältnismäßig klein, die Amplitude der Frequenzmarke wird sehr klein, und eine genaue Ausmessung ist nicht mehr möglich. In diesem Falle ist es zweckmäßig, die empfangenen Signale einem Begrenzer zuzuführen und das diesem entnommene Signalgemisch zur Erzeugung von Frequenzmarken zu verwenden. Durch Frequenzmodulation kann außerdem die Horizontalablenkung gewonnen werden.

b) Frequenzgang der Phase. Die Phasenverzerrungen werden im allgemeinen nur im Bereich der höheren Frequenzen betrachtet. Die Wiedergabe der tiefen Frequenzen wird erleichtert durch die Einfügung von Schwarzsteuerungen, welche die mittlere Helligkeit liefern. Im Bereich

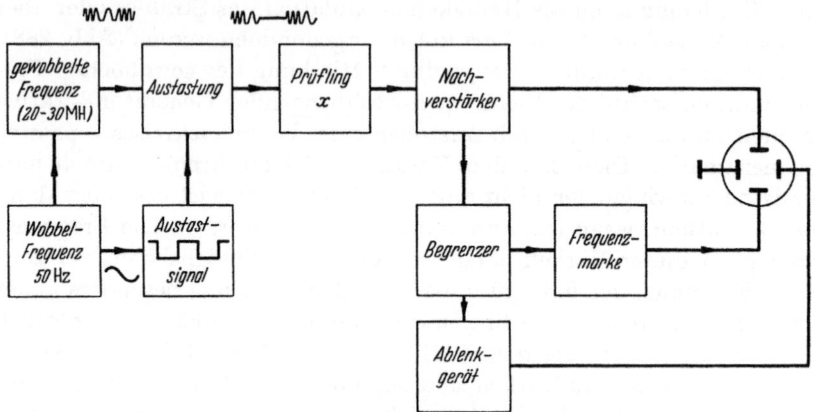

Abb. 289. Wobblung bei großer Entfernung zwischen Geber und Empfänger.

zwischen 200 kHz und 5 MHz werden Schwankungen der Gruppenlaufzeit bis zu einer Höhe von $5 \cdot 10^{-8}$ sek zugelassen. Die Bestimmung der Frequenzabhängigkeit der Gruppenlaufzeit stellt hohe Forderungen an den Aufwand. Da es bei dieser Messung nicht auf die absolute Laufzeit, sondern auf die Laufzeitdifferenz ankommt, wird diese gegenüber einer festen Frequenz gemessen (Abb. 290) [12]. Zwei Generatoren der festen Frequenz $f_0 = 60$ kHz und der zu variierenden Frequenz f_x werden in einem Modulator S_0 gemischt, daß die Amplitude der höheren Frequenz f_x zu ungefähr 30% mit der tieferen Frequenz f_0 moduliert wird. Diesem Signal wird eine Spannung der Frequenz f_0 in derjenigen Phase überlagert, daß

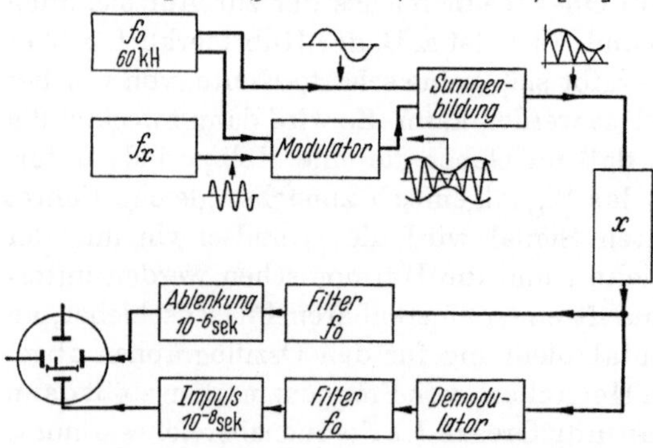

Abb. 290. Laufzeitmessung durch Vergleich mit Bezugsfrequenz.

das Signal von einer Grundlinie aus aufgebaut wird. Dieser Summand wird dem Prüfling zugeführt und das ihn durchlaufende Signal wiederum aufgeteilt. In einem Filter der Frequenz f_0 wird diese Schwingung ausgesiebt und aus ihr eine zeitproportionale Ablenkung des Elektronenstrahles eines Oszillographen für die Dauer von 10^{-6} sek entsprechend den auftretenden höchsten Laufzeitdifferenzen abgeleitet. Sie kann in Bruchteilen von μsek geeicht werden, so daß recht genaue Ergebnisse gewonnen werden können. In einem auf die Frequenz f_x abgestimmten Demodulator wird das Signal demoduliert, in einem Filter f_0 die Modulierende herausgesiebt und aus dieser ein Impuls von 10^{-8} sek Dauer erzeugt. Dieser dient zur vertikalen Ablenkung des Elektronenstrahles. Je nach seiner horizontalen Lage hat die Frequenz f_x auf dem Übertragungsweg eine Laufzeitdifferenz gegenüber der Frequenz f_0 erlitten.

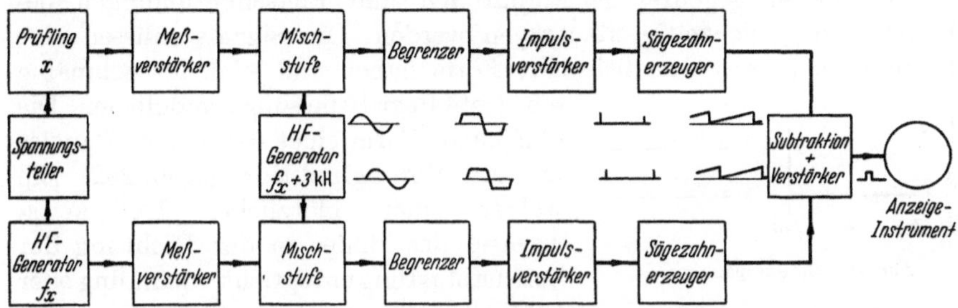

Abb. 291. Laufzeitmessung durch Vergleich der Ein- und Ausgangsspannung am Prüfling.

Zur Messung der Laufzeit in Verstärkern ist ein Verfahren mit direkter Anzeige der Laufzeit entwickelt worden [13]. In einem Hochfrequenzgenerator (Abb. 291) wird eine Schwingung veränderlicher Frequenz f_x erzeugt und über einen ohmschen Spannungsteiler praktisch vernachlässigbarer Laufzeit dem Prüfling zugeführt. Die Phase der dem Prüfling entnommenen Spannung wird mit derjenigen der Eingangsspannung verglichen. Diese beiden Spannungen werden in untereinander gleichen Verstärkern auf einen geeigneten Pegel angehoben und voneinander unabhängig mit einer Schwingung überlagert, deren Frequenz gegenüber f_x um ungefähr 3 kHz verschieden ist. Als Ergebnis dieser Überlagerungen werden zwei Schwingungen von der Differenzfrequenz 3 kHz gewonnen, deren gegenseitige Verschiebung ein Maß für die Laufzeit innerhalb des Verstärkers ist. Diese Verschiebung wird gemessen. In untereinander gleichen Anordnungen werden die Sinusschwingungen in einem Begrenzer zunächst in Rechteckschwingungen verwandelt und dann aus diesen durch Differentiation kurze Impulse erzeugt, deren zeitliche Verschiebung gleich der Laufzeit der Signale der Frequenz f_x im Prüfling ist. Diese Impulse steuern zwei Sägezahngeneratoren gleicher Bauart, und die von ihnen erzeugten Schwingungen werden subtraktiv überlagert. Es entsteht ein Rechteckimpuls, dessen Breite der Laufzeit der Frequenz f_x im Prüfling proportional ist. Der algebraische Mittelwert eines derartigen Impulses konstanter Größe ist ebenfalls der gesuchten Größe proportional und wird mit einem empfindlichen Gleichstrominstrument gemessen.

c) Einschwingvorgang. Übertragungsmaß und Gruppenlaufzeit sind für den Nachrichtentechniker der Telegraphie- und Telephonieübertragung Daten, welche ihm Auskunft über die Auswirkung des Übertragungsweges auf die Signale ergeben. Die Auswertung dieser Überlegungen auf die Fernsehtechnik ist jedoch mit Schwierigkeiten verbunden, da gegenüber den bekannten Techniken die neue Forderung der formgetreuen Übertragung hinzukommt. Die Prüfung dieser Eigenschaft kann nur schwer mit nacheinander übertragenen sinusförmigen Signalen vorgenommen werden. Es muß vielmehr eine große Reihe von Schwingungen, deren gegenseitige Amplituden und Phasenbeziehungen bekannt sind, gleichzeitig übertragen werden. Die Signale müssen eine bestimmte, jederzeit realisierbare Form haben und auch fernsehmäßig

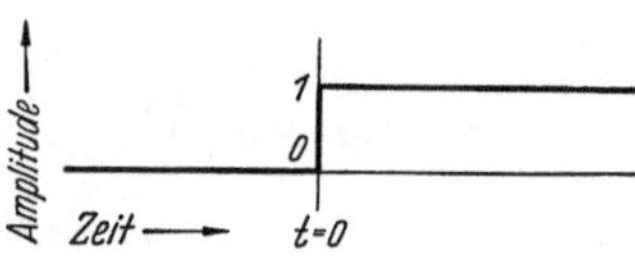

Abb. 292. Sprungspannung.

eine feste Begriffsfassung ermöglichen. Die einfachste Form eines derartigen Signales ist die Sprungfunktion (Abb. 292) [7], welche einem plötzlichen Helligkeitswechsel des Bildes in der Richtung der Zeilenabtastung entspricht. Spannung oder Bildhelligkeit springen zu einem vorgegebenen Zeitpunkt mit unendlicher Geschwindigkeit von einem Anfangs- auf einen Endwert, der dann beibehalten wird. Ein solches Signal enthält Anteile von Schwingungen des gesamten Frequenzbereiches von der Frequenz Null bis zur Frequenz unendlich. Durch frequenzabhängige Eigenschaften der Übertragungselemente treten Signalverformungen auf, die berechenbar sind. Sie dürfen bei einer Fernsehübertragung ein bestimmtes Maß nicht überschreiten. Als Beispiel wird eine einzelne Stufe eines Videoverstärkers betrachtet (Abb. 293). Die Sprungspannung wird einer niederohmigen Spannungsquelle entnommen und über einen Kopplungskondensator C_g dem Steuergitter einer Verstärkerpentode zugeführt, das durch einen hochohmigen Widerstand R_g mit dem negativen Spannungsnullpunkt

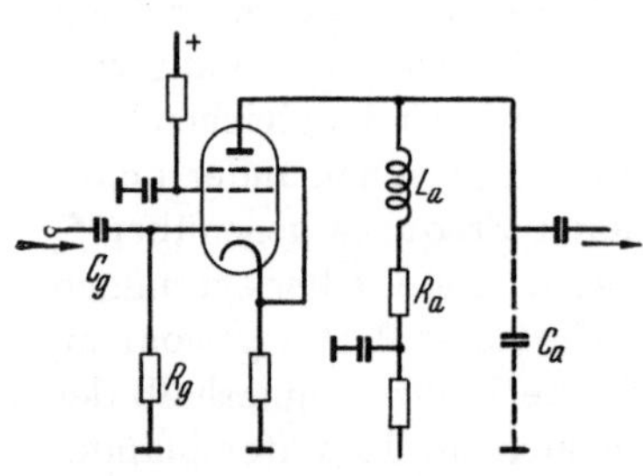

Abb. 293. Stufe eines Videoverstärkers.

verbunden ist. Die Zeitkonstante aus C_g und R_g ist in der Größenordnung von einer Sekunde. Die verstärkte Spannung entsteht an dem wirksamen Außenwiderstand des Anodenkreises. Er setzt sich zusammen aus einem Ohmschen Widerstand R_a und einer zu ihm in Serie liegenden Selbstinduktion L_a sowie der zu dieser Anordnung parallelgeschalteten Kapazität C_a, welche aus den Elektrodenkapazitäten und den Kapazitäten der Schaltelemente gegen Erde resultiert. Die Eigenresonanz dieses

Schwingungskreises liegt in der Größenordnung von einigen MHz. Die durch den Widerstand R_a bestimmte Dämpfung liegt im Bereich des aperiodischen Grenzzustandes. Der Einschwingvorgang dieses Schaltelementes erstreckt sich mithin auf Zeiten in der Größenordnung von einigen 10^{-7} sek. Er geht um Größenordnungen schneller vor sich als der durch die Gitterschaltelemente bestimmte Einschwingvorgang. Infolge dieser sehr großen Unterschiede der beiden Zeitkonstanten können die beiden Vorgänge vollkommen unabhängig voneinander betrachtet werden. Die Front der Sprungfunktion wird durch den Anodenkreis verformt. Der Übergang erfolgt nicht mehr unendlich schnell, sondern mit endlicher Geschwindigkeit und ist gegebenenfalls mit einem Überschwingvorgang verbunden. Nach seinem Ablauf bleibt die Spannung an der Anode zunächst praktisch konstant. Den weiteren Verlauf bestimmt die Gitterzeitkonstante. Die Spannung sinkt nach einer Exponentialfunktion langsam auf den Anfangswert ab. Die Untersuchung derartiger Einschwingvorgänge erfolgt mit Oszillographen. Entsprechend der hohen Anforderungen müssen Spezialgeräte verwendet werden. Die gleichzeitige Aufzeichnung des schnellen und des langsamen Einschwingvorganges ist nicht möglich. Die Zeitablenkung kann nicht gleichzeitig beiden angepaßt werden. Außerdem wäre die Helligkeit der Aufzeichnung des schnellen Anteiles sehr gering, da die Anregungszeit der Leuchtsubstanz des Schirmes der Aufzeichnungsröhre bei diesem Signale um mehrere Größenordnungen kleiner als bei dem langsamen Einschwingvorgang ist. Es muß also die Untersuchung der beiden Anteile getrennt werden. Um die nötige Helligkeit der Schrift und die erforderliche Schärfe zu erreichen, wird zweckmäßig an Stelle eines einmaligen Vorganges ein gleicher sich periodisch wiederholender Vorgang verwendet, eine sogenannte Rechteckwelle [14], deren Grundfrequenz entsprechend dem Untersuchungsbereich der Zeit gewählt wird. Die Ablenkung in der Zeitrichtung erfolgt periodisch zu diesem Signal. Es ergibt sich dann ein stehendes Bild auf dem Schirm der Oszillographenröhre. Zweckmäßig ist es, einen symmetrischen Rechteckimpuls zu verwenden. Seine Eigenfrequenz wird so gewählt, daß der durch die Front der einen Halbwelle hervorgerufene Einschwingvorgang gerade abgeklungen ist, wenn die entgegengesetzte Front der anderen Halbwelle auftrifft. Der untersuchte Vorgang wird dann so weit auseinandergezogen, daß die Auflösung ein Maximum ist. Bei ungleichlangen Halbwellen oder niedrigerer Eigenfrequenz des Signales wird das Signal auf einem Teil des Schirmes zusammengedrängt und die Auswertung damit erschwert. Zur einwandfreien Betrachtung erfolgt die Ablenkung in der Zeitrichtung mit einer Subharmonischen des Rechtecksignales, damit nicht Teile des Einschwingvorganges für die Betrachtung verlorengehen. Bei der Untersuchung von Fernsehkanälen mit Rechteckwellen wird im allgemeinen davon ausgegangen, daß im

Bereich der mittleren Frequenzen keine Übertragungsfehler auftreten, sondern daß sich diese auf die Grenzen des Bereiches beschränken. Für die Prüfung werden daher symmetrische Rechteckimpulse verwendet, deren Impulsdauer 10^{-6} bzw. 10^{-2} sek ist. Die Signale sowie die Aufzeichnungsgeräte müssen der idealen Form so weit entsprechen, daß Verzerrungen nur durch den Prüfling auftreten. Zur Beurteilung des schnellen Einschwingvorganges werden herangezogen '(Abb. 294): 1. die Anstiegzeit zwischen 10 und 90% der Gesamtamplitude, 2. die Größe des Durchschwingens, gemessen in Prozenten der Größe der Rechteckwellen und 3. die Frequenz des Überschwingens. Der zur Prüfung verwendete Rechteckimpuls soll eine Anstiegszeit von ungefähr $4 \cdot 10^{-8}$ sek haben und einschwingungsfrei sein. Für eine Fernsehübertragung werden eine Verlängerung der Anstiegszeit auf 10^{-7} sek und ein Durchschwingen von weniger als 5% bei einer Einschwingung der Grenzfrequenz zugelassen.

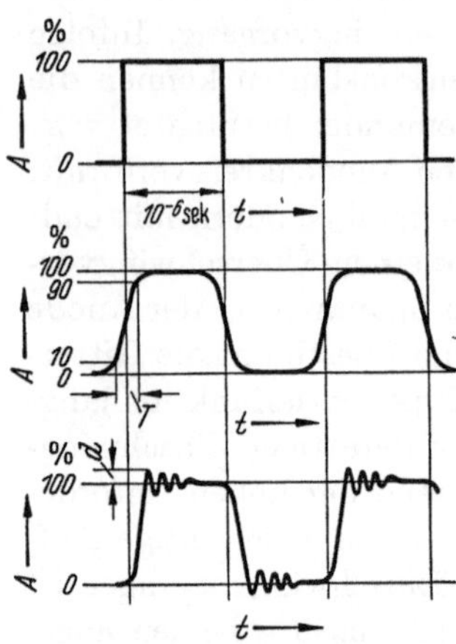

Abb. 294. Wiedergabe einer kurzen Rechteckwelle (Halbschwingungsdauer 10^{-6} sek).

Die Erzeugung derartiger Rechteckwellen mit steilem einschwingfreiem Anstieg kann auf verschiedene Art erfolgen: 1. Sinusförmige Schwingungen der Grundfrequenz der Rechteckwellen werden durch Übersteuerung in Elektronenröhren beschnitten, so daß eine zunächst trapezförmige Welle entsteht. Durch mehrfache Wiederholung dieses Vorganges wird die verlangte Rechteckwelle gewonnen. 2. Mit großem Vorteil werden Multivibratoren verwendet. Zwei Elektronenröhren bilden ein Schwingsystem, dessen Schwingungsvorgang durch die Zeitkonstanten der eingesetzten Schaltelemente und die Eigenschaften der Röhren bestimmt wird. Zur Erzielung hoher Anstiegsgeschwindigkeit und eines flachen Daches der Rechteckwelle werden mit gutem Erfolg Pentoden mit großem Verhältnis der Steilheit zu den Elektrodenkapazitäten $-S/C-$ verwendet, deren Kathoden durch einen Ohmschen Widerstand gegengekoppelt sind (Abb. 295). Durch diese Maßnahme werden Schwankungen der Antriebspannungen, des Röhrenwechsels usw. auf dem Schwingvorgang wenig wirksam. Zur Entkopplung des Schwingungserzeugers vom Prüfling werden die Signale zunächst über Kathodenverstärker geführt. Zur Erzielung hoher Frequenzgenauigkeit der Rechteckwelle können die Multivibratoren durch einen Quarzgenerator fremdgesteuert werden.

Die Signale zur Messung des langsamen Einschwingvorganges werden nicht in ihrer Front, sondern am Dach verformt. Es treten Neigungen und Welligkeiten auf (Abb. 296). Die Welligkeit ist im allgemeinen gering, und es wird für eine Fernsehübertragung eine Neigung bzw. ein Anstieg des Daches während einer Halbwelle eines Rechtecksignales von 10^{-2} sek Dauer zugelassen. Die Neigung des Prüfimpulses muß klein gegen diesen Betrag sein. Die Erzeugung derartiger Rechteckimpulse erfolgt ähnlich wie diejenigen der kurzen Impulse. Zweckmäßig wird die Frequenz gleich derjenigen des zur Stromversorgung verwendeten Stark-

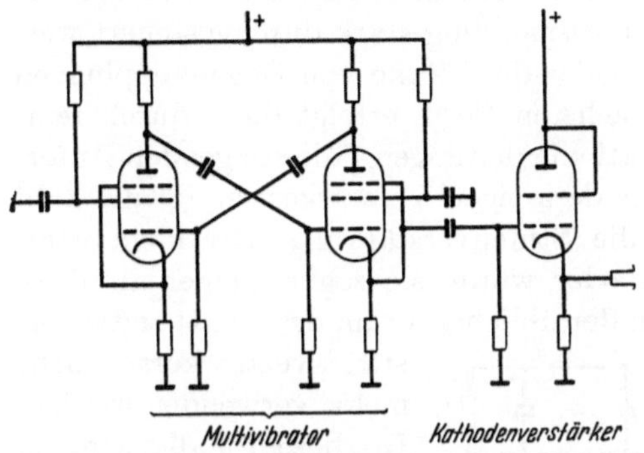

Abb. 295 Multivibrator mit gegengekoppelter Penthoden- und Kathodenstufe.

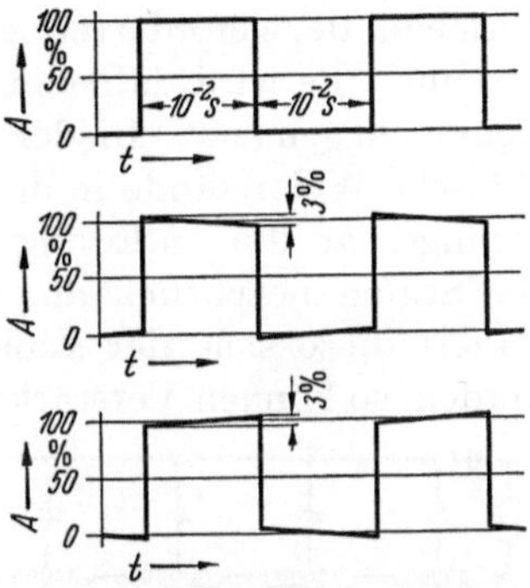

Abb. 296. Wiedergabe einer Rechteck- welle. Halbwellendauer 10^{-2} sek.

stromnetzes gewählt, so daß kleine Störungen vom Netzbrumm, die das Meßergebnis noch nicht fälschen, aber bei Durchlaufen die Betrachtung stören würden, während der Aufzeichnung stillstehen.

Die dem Prüfling entnommenen Signale werden zur Betrachtung auf dem Schirm einer BRAUNschen Röhre bis zu Spannungen von 100 V und mehr verstärkt. Die dafür verwendeten Verstärker müssen die Prüfsignale unverzerrt wiedergeben, oder aber es müssen die am Kurzschlußbetrieb einer derartigen Meßeinrichtung gewonnenen Signale als Ausgangssignal für die weiteren Betrachtungen angesehen werden. Die Verstärker müssen eine Sprungfunktion mit möglichst steiler Front und ohne Einschwingen wiedergeben. Sie müssen also aperiodisch arbeiten. Zur Erreichung hoher Verstärkungsgrade werden zweckmäßig die Schwingkreisanordnungen (Abb. 297), welche den Frequenzgang am oberen Ende ausgleichen sollen, so bemessen, daß sie die Bedingungen des aperodischen Grenzzustandes erfüllen.Das hohe zeit-

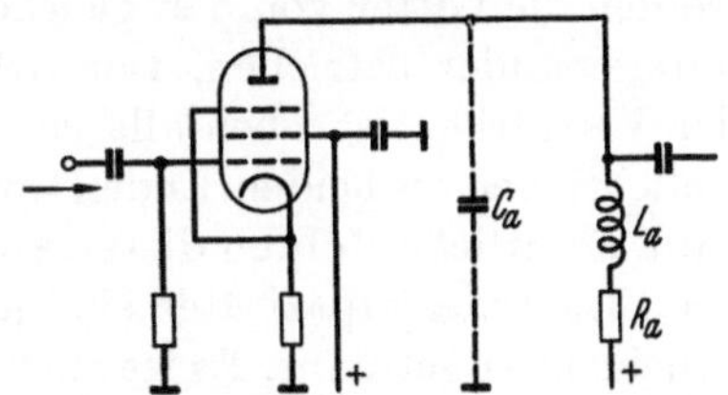

Abb. 297. Stufe eines Videomeßverstärkers.

licheAuflösungsvermögen,das mit derartigen Verstärkern erreicht werden muß – einige 10^{-8} sek Anstiegszeit –,bedingtArbeitswiderstände von einigen

100 Ohm unter Verwendung der besten zur Verfügung stehenden Röhren.
Die Stufenverstärkung ist sehr klein und der Stromverbrauch sehr groß. Besondere Schwierigkeit bereitet hierbei die Wiedergabe der langen Rechteckwellen, da bei den tiefen Schwingungen die Ausgangswiderstände der Netzgeräte und ihrer Siebmittel in der Größenordnung der Arbeitswiderstände liegen. Die Verstärker müssen weiterhin linear innerhalb des ganzen Aussteuerungsbereiches arbeiten. Diese Forderung ist besonders bei den Endstufen sehr schwer zu erfüllen, da der Anodenstrom dieser Stufen zur Erzielung der geforderten Ausgangsspannung stark durchgesteuert werden muß. Es wird daher in weitgehendem Maße von Gegenkopplungen Gebrauch gemacht. In der einfachsten Form erfolgt diese durch reinohmsche Widerstände in den Kathodenleitungen. Mit steigenden Anforderungen an die Auflösung eines derartigen Verstärkers steigt die Zahl der Stufen beachtlich an, da die Stufenverstärkung sehr klein wird. Nähert diese sich der Einheit oder würde sie sogar kleiner als diese werden, so können Verstärker in der üblichen Form des Breitbandwiderstandsverstärkers nicht mehr verwendet werden. In diesem Falle wird zu dem sogenannten Ketten- oder Leitungsverstärker [15] übergegangen (Abb. 298). In jeder Stufe dieses Verstärkers werden mehrere Röhren in besonderer Art parallel betrieben. Die Gittersteuerspannung

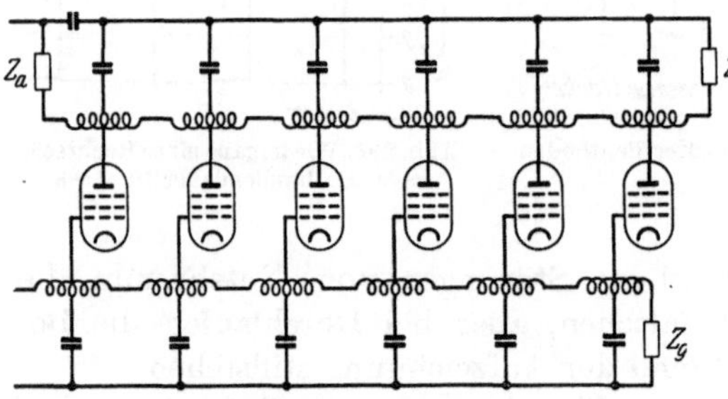

Abb. 298. Ketten- oder Leitungsverstärker.

wird von verschiedenen Abgriffen eines Kettenleiters abgenommen, welcher aus kleinen Selbstinduktionen zwischen den Gittern als Längsglied und den Gittererdkapazitäten als Ableitung besteht. Der Kettenleiter wird an einem Ende mit seinem Wellenwiderstand abgeschlossen. Seine Grenzfrequenz liegt oberhalb des Übertragungsbereiches. Je nach der Lage des Abgriffes werden die Gitter von den gleichen Signalen mit kleinen Verzögerungen untereinander betrieben. Der Arbeitswiderstand in den Anodenkreisen der Verstärker ist ebenfalls ein Kettenleiter, der zur Vermeidung von Reflektionen an beiden Enden mit dem Wellenwiderstand abgeschlossen wird. Sämtliche Röhren dieser Anlage arbeiten mit ihrer vollen Steilheit. Die Elektrodenkapazitäten sind jedoch nicht parallel geschaltet, sondern voneinander getrennt. Es ist auch möglich, einzelne Stufen dieser Bauart hintereinander zu schalten und damit Verstärker beachtlicher Verstärkungsgrade mit einem Auflösungsvermögen unter 10^{-8} sek zu bauen und Bandbreiten bis in die Gegend von 100 MHz zu gewinnen. In derartigen Verstärkern wird im allgemeinen auf die formgetreue Wiedergabe sehr langer Rechteckwellen verzichtet, da der an sich schon hohe Aufwand noch bedeutend vergrößert wird durch die umfangreichen Hiebmittel der Netzanschlußgeräte und keinerlei praktischen Vorteil hat.

Die Aufzeichnung des zeitlichen Verlaufes derartiger Rechteckwellen auf dem Schirm einer BRAUNschen Röhre stellt hohe Anforderungen an die Ausgangsspannung des Verstärkers. Die Ablenkempfindlichkeit der Röhren muß möglichst hoch sein, um die Ausgangsstufen des Verstärkers mit erträglichem Aufwand zu bauen. Außerdem muß die Elektrodenkapazität der Ablenkplatten möglichst klein sein. Bei einer Kapazität von 10 pF und einem Arbeitswiderstand der Ausgangsröhre von 1000 Ohm wird eine ideale Sprungfunktion durch dieses Glied bereits in eine Exponentialfunktion mit einer Zeitkonstanten von 10^{-8} sek verformt. Die Anstiegszeit ist ohne zusätzliche Entzerrung in dieser Stufe dann bereits mehr als doppelt so groß, so daß ein beachtlicher Teil des zugelassenen Fehlers damit bereits in Anspruch genommen ist. Für eine Ablenkspannung von 100 V, wie sie für die besten Röhren erforderlich sind, ist ein linear durchgesteuerter Anodenstrom der Ausgangsröhre von 100 mA erforderlich. Die hohen Anforderungen an die Meßgenauigkeit bedingen einen Leuchtfleck, dessen Durchmesser bei einem nutzbaren Schirmdurchmesser von 7 cm beachtlich kleiner als 1 mm ist. Diese Bedingung muß vor allen Dingen für die Direktbetrachtung berücksichtigt werden. Bei der photographischen Registrierung kann im allgemeinen mit kleinerem Strahlstrom gearbeitet werden, wodurch ein größeres Auflösungsvermögen erreicht wird. Die modernen Oszillographenröhren, welche mit Nachbeschleunigung und einer Betriebsspannung von wenigen kV arbeiten, erfüllen diese Bedingungen. Besonders hohe Anforderungen müssen an die Ablenksysteme gestellt werden, sowie an die elektronenoptischen Linsen. Trapezverzeichnungen und Unschärfen am Rande verringern die Meßgenauigkeit beachtlich. Bei Messung der kleinen Neigungen einer langsamen Rechteckwelle rufen Schiefstellungen der Ablenkplatten bereits beachtliche Fehler hervor. Für die photographische Aufnahme werden, wie bei der Photographie des Fernbildes, zweckmäßig Röhren mit blauem Schirm verwendet. Die Helligkeit ist bei Belichtungszeiten von ungefähr $^1/_{10}$ sek so groß, daß äußerst scharfe Aufnahmen gewonnen werden können (Abb. 299). Ihre Ausmessung wird durch optische Vergrößerung besonders erleichtert. Bildgrößen bis zu einem Meter Kantenlänge können mit üblichen Projektoren bei ausreichender Helligkeit und Schärfe erzielt werden, deren Ausmessung dann sehr einfach ist.

Die Auswertung der Wiedergabe von Rechteckwellen kann auf verschiedene Art erfolgen und setzt demzufolge verschiedene Hilfseinrichtungen voraus. Die visuelle Betrachtung ermöglicht lediglich grobe Fehlerabschätzung. Die Messung der Anstiegszeit einer kurzen Rechteckwelle erfordert die Schaffung einer Zeiteichung neben der in üblicher Weise vorgenommenen Aplitudeneichung. Die Zeitmarke muß unabhängig von der Ablenkung in der Zeitachse sein. Sie kann als Auslenkung in der Richtung aufgezeichneten Amplitude oder als Intensitätsmodulation des Strahles erfolgen (Abb. 300). Sie wird durch Anstoßen eines Schwingungskreises bekannter Frequenz mittels des Ablenk- oder Prüfsignales gewonnen oder durch Synchronisieren einer hochfrequenten

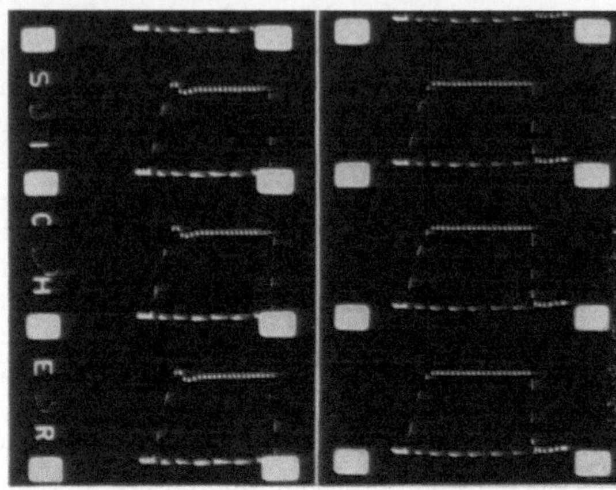

Abb. 299. Schmalfilmaufnahme von Rechteckwellenprüfung (Aufnahme des Verf.).

Schwingung. Der zweite Weg wird bevorzugt verwendet, da dann die Amplituden der Schwingung konstant sind und somit die Eichung genauer zu erfassen ist. Die Verwendung einer derartigen Schwingung als Ablenkspannung bedingt, daß die Eichung nicht gleichzeitig mit der Messung, sondern zu einem anderen Zeitpunkt erfolgt. Die Generatoren können so stabil aufgebaut werden, daß eine besondere Berücksichtigung nicht vorgenommen werden muß. Schwieriger ist die Einbeziehung der Eichmarken in die Messung. Die Spitzen oder die Nulldurchgänge der Eichspannung müssen lotrecht in die Meßkurve übertragen werden. Dieses führt infolge der an den Signalfronten kleinen Schnittwinkel zu großen Fehlern. Diese Nachteile werden durch die Helligkeitsmodulation

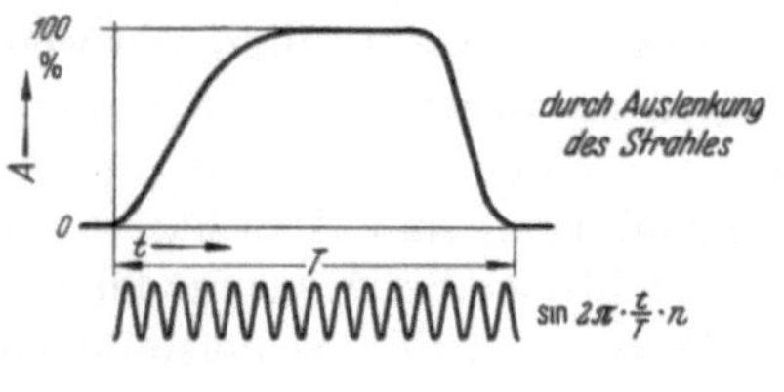
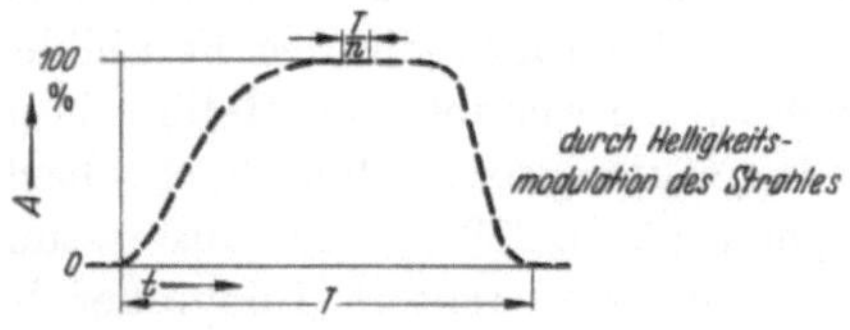

Abb. 300. Zeitmarkengabe bei Rechteckwellenprüfung.

vermieden. Die Zeitmarken stehen fest innerhalb des Kurvenzuges und ermöglichen eine genaue Ausmessung. Die Höhe der Eichfrequenz richtet sich nach der Möglichkeit der Synchronisierung und der Auflösung auf dem Oszillographenschirm. Wird die Eichfrequenz zu niedrig gewählt, so fehlen gerade an den steilsten Stellen, die ausgemessen werden sollen, Zeitmarken. Wird die Frequenz zu hoch gewählt, so werden Gebiete geringerer Schreibgeschwindigkeit nicht mehr perlkettenartig aufgelöst. Eine Vergrößerung der Zeitablenkung ist nicht immer zweckmäßig, da dann die Helligkeit der geschriebenen Oszillogramme schnell sinkt. Bei der Prüfung der für die Fernsehtechnik gewählten Rechteckwellen von 10^{-6} sek Halbwellendauer und der Ablenkung über einer Zeitachse von der vielfachen Dauer wird sauber und stabil mit einer Eichfrequenz von 50 MHz gearbeitet. Der Abstand zwischen Helligkeitsmaximum und -minimum auf der Spur ist dann 10^{-8} sek. Es ergibt sich damit für die vollständige Anordnung das Schema der Abb. 301. Die Rechteckwelle der Frequenz $f = 500$ kHz wird dem Prüfling und von dessen Ausgang dem verzerrungsfreien Meßverstärker und den Meßplatten der Oszillographenröhre zugeführt. Sie synchronisiert drei weitere

Generatoren, eine Sägezahnschwingung der halben Frequenz, ein Austastsignal zur Sperrung des Strahles während des Rücklaufes und die Zeitmarke von der $n = 100$fachen Frequenz. Die auf diese Art gewonnenen Oszillogramme sind so sauber durchgezeichnet, daß eine photographische Registrierung, wie sie bereits beschrieben wurde, ohne weiteres möglich ist. Sie kann auch auf Schmalfilm unter Verwendung

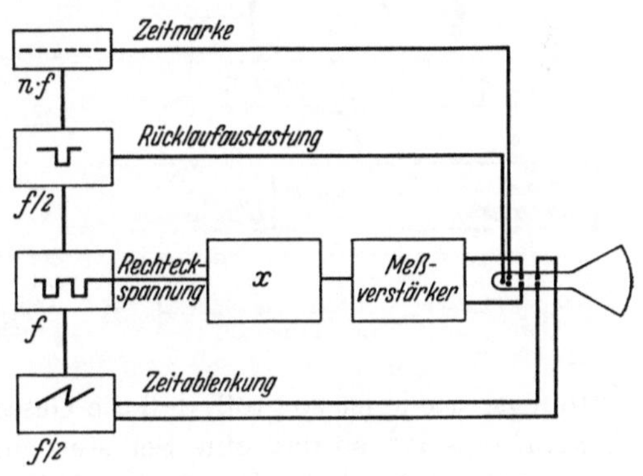

Abb. 301. Anordnung zur Rechteckwellenprüfung.

der üblichen Aufnahmegeschwindigkeit, eines Zeitraffers oder einer Zeitlupe erfolgen. Diese Art der Registrierung ist dann besonders von Vorteil, wenn der Einfluß einer kontinuierlichen Änderung einer Bestimmungsgröße des Übertragungssystems untersucht werden soll.

Die Auswertung der Wiedergabe einer langen Rechteckwelle ist nicht in erster Linie die Frage der Zeitmarkierung, sondern diejenige einer genauen Amplitudenmessung. Die zugelassene Welligkeit von wenigen Prozenten der Amplitude erfordert entweder die Eintastung einer Eichspannung an die Ablenkplatte, z. B. mittels eines Relais oder die Zusammendrängung der Ablenkung in der Zeitachse, so daß schmale, hohe Signale sichtbar werden. An derartigen Signalen ist die Ausmessung der Welligkeit dann leicht möglich.

Bei der Untersuchung der Übertragungseigenschaften eines sehr langen Weges mit vielen gleichartigen Relaisstationen sind hinter diesen einzelnen Punkten zunehmende Verzerrungen zu beobachten. Der Auf-

wand für die Durchmessung einer derartigen Anordnung ist sehr beachtlich, und sie kann vor allen Dingen erst dann erfolgen, wenn die Ketten
in Betrieb sind. Für die Entwicklung ist es von besonderer Bedeutung,
die Eigenschaften einer Reihenanordnung möglichst vor ihrer Fertigstel-
lung an einem einzelnen Gliede zu untersuchen. Zur Lösung dieser Aufgabe
ist ein Verfahren entwickelt worden, nach dem ein Impuls mehrmals
hintereinander den Prüfling durchläuft (Abb. 302) [16]. In einer Kreisan-
ordnung befinden sich der Prüfling, ein Verzögerungsglied, ein Dämpfungsglied und ein getasteter Verstärker. Dieser ist im Ruhezustand gesperrt
und wird für die Messung periodisch geöffnet. Seine Verstärkung in der

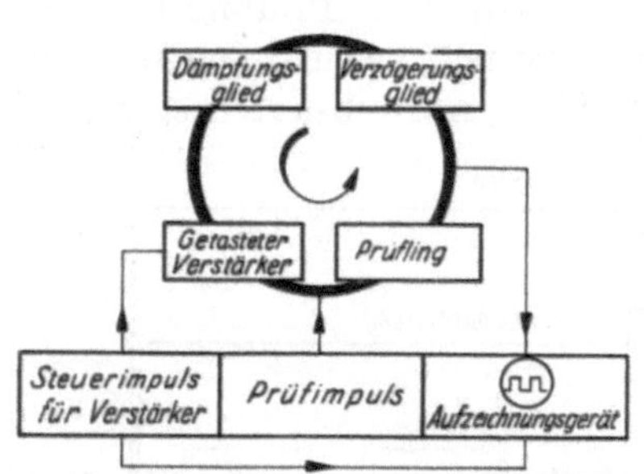

Abb. 302. Prüfung von Relaisanordnungen mit
umlaufendem Impuls.

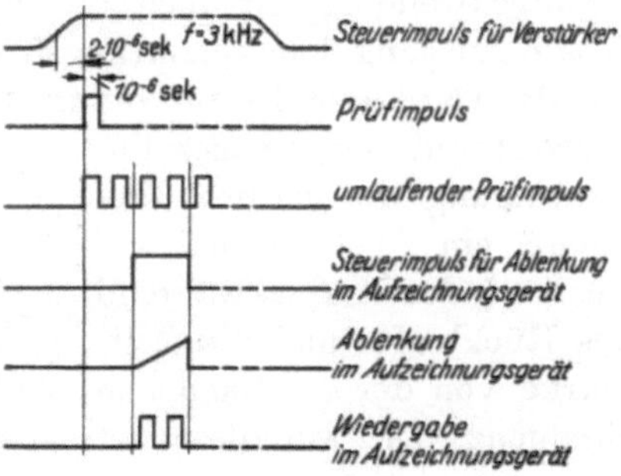

Abb. 303. Impulsfolge bei Prüfung von Relaisanordnungen mit umlaufendem Impuls.

Öffnungsperiode ist so groß, daß die Gesamtverstärkung bei einmaligem
Umlauf eins ist, so daß eine Selbsterregung nicht auftreten kann. Die
Verzerrungen durch das Verzögerungsglied, das Dämpfungsglied und den
getasteten Verstärker sind hierbei gering gegenüber denen des Prüflings.
Die Laufzeit des Signales in dem Verzögerungsglied wird so groß gewählt,
daß das den Kreis durchlaufende Signal am Eingang des Prüflings erst
dann eintrifft, wenn der Prüfimpuls beendet ist. Dieser wird erst dann
wiederholt, wenn das vorhergehende Signal im Kreis eine gewünschte
Zahl von Umläufen durchgeführt hat. In der Praxis wird der Impulsfahr-
plan der Abb. 303 verwendet. Der Prüfimpuls hat eine Dauer von
10^{-6} sek und wird periodisch mit der Frequenz 3000 Hz wiederholt.
Ein am Ausgang des Prüflings angeordneter Oszillograph wird mit einer
Frequenz von ebenfalls 3000 Hz periodisch abgelenkt und die Dauer und
Größe der Ablenkung nach der Zahl der Umläufe des Prüfsignales im
Meßkreise gewählt. Der Elektronenstrahl schreibt dann nacheinander
die Impulse auf, die den Verstärker durchlaufen haben (Abb. 304). Da
die Aufzeichnung eines Impulses immer nur während eines kurzen Zeit-
anteiles der Periodendauer der Ablenkung erfolgt, sind die Signale nicht
so sauber auszuwerten wie eine periodische symmetrische Rechteck-

welle. Das Verfahren gibt gleichzeitig Auskunft über die Zunahme des Störpegels bei mehrfachem Durchlaufen.

d) Linearität. Die Forderung nach formgetreuer Übertragung enthält die Bedingung der Proportionalität zwischen der Aussteuerung am Ein- und Ausgang einer Fernsehübertragung. Nichtlinearitäten lassen sich nicht vollkommen verhindern, da die Kennlinien einzelner Übertragungsglieder nicht vollkommen linear sind. Es sind daher gewisse Zugeständnisse gemacht worden: Im Pegelbereich zwischen 20 bis 80% der vollen Aussteuerung werden Schwankungen von ± 20% der Übertragungssteilheit und im Bereich zwischen 0 und 20% bzw. 80 und 100% solche von doppeltem Betrage zugelassen. Da im allgemeinen die Kennlinie einer Übertragungsanlage im mittleren Bereich am steilsten und an den Enden am flachsten ist, ergibt sich ein zugelassener Verlauf der Aussteuerungskurve wie in Abb. 305 an Stelle des linearen Verlaufes. Die Messung der Aussteuerungskurve kann nach verschiedenen Verfahren erfolgen. Die punktweise Aufnahme erfordert viel Zeit und hohe zeitliche

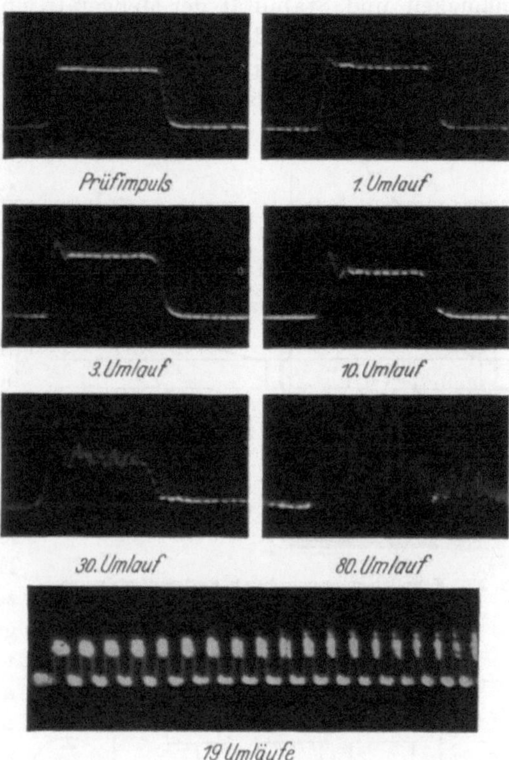

Abb. 304. Schmalfilmaufnahme von Rechteckwellenprüfung.

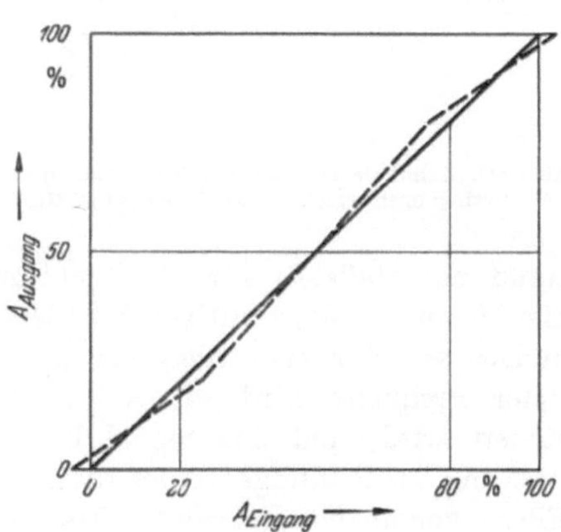

Abb. 305. Ideale und zugelassene Übertragungskennlinie.

Genauigkeit und Stabilität der Meßgeräte und des Prüflings. Es setzt
außerdem voraus, daß der Prüfling in allen Arbeitspunkten anhaltend
betrieben werden kann, eine Bedingung, die z. B. bei Sendern, die während
der Synchronisierlücken auf den Spitzenwert hochgetastet werden, nicht

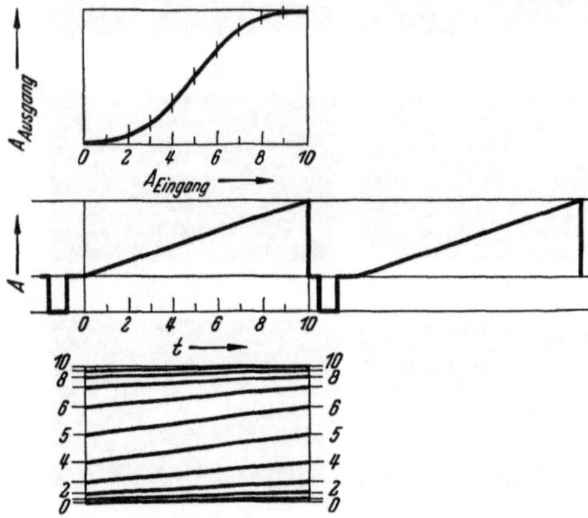

Abb. 306. Kennlinienmessung durch Rasteraufzeichnung.

erfüllt ist. Die Untersuchung
wird daher gern durch die
Aufnahme der Kennlinie
mittels eines Oszillographen
ersetzt. Es wird dem Prüfling eine sägezahnförmige
Spannung aufgedrückt und
die durch ihn wiedergege-
bene Kurve aufgezeichnet.
Die Meßgenauigkeit ist gering, sie kann jedoch da-
durch erhöht werden, daß
am Oszillographen die Differenz zwischen der linearen
Eingangskurve und der ver-
zerrten Ausgangskurve aufgezeichnet wird. In einem
verbesserten Verfahren wird
aus der Sägezahnkurve oder
der durch den Prüfling ver-
zerrten Kurve eine zweite
Sägezahnkurve vom Viel-
fachen der Grundfrequenz
des Prüfsignales gewonnen
und mit dieser der Strahl
der Aufzeichnungsröhre abgelenkt (Abb. 306). Die
Kennlinie wird dann zu
einem Raster auseinander-
gezogen, dessen Zeilenab-

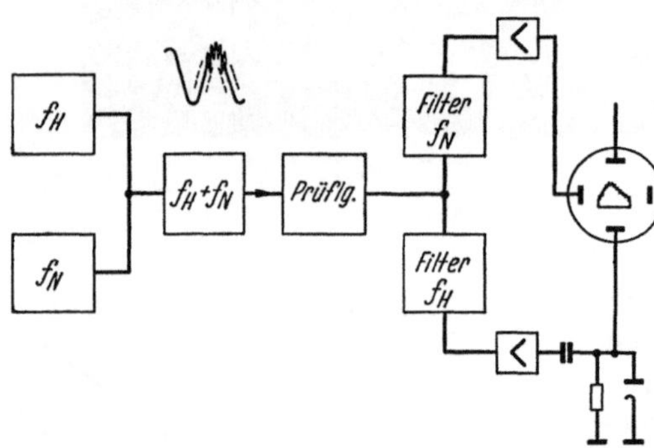

Abb. 307. Kennlinienmessung durch Überlagerung zweier
Schwingungen verschiedener Frequenz und Größe.

stand ein Maßstab für die Nichtlinearität ist. Viel verwendet wird
die Messung mit additiver Überlagerung zweier sinusförmiger Spannungen verschiedener Frequenz und Größe (Abb. 307) [12]. Das Signal
tiefer Frequenz wird so groß gewählt, daß der Kanal voll ausgesteuert wird, und das Signal hoher Frequenz sehr viel kleiner. Am
Ausgang des Prüflings werden die Signale verschiedener Frequenz durch
Filter voneinandergetrennt. Das niederfrequentere Signal lenkt den
Strahl einer Oszillographenröhre in der Horizontalen ab. Das höherfre-
quentere Signal ist entsprechend den Nichtlinearitäten des Übertragungs-

weges mit dem niederfrequenteren Signal moduliert. Das am Empfangsort entstehende Gemisch wird in üblicher Weise demoduliert und lenkt den Strahl der Oszillographenröhre in der vertikalen Richtung ab. Auf dem Schirm der Bildröhre entsteht also nicht das Bild der Übertragungskennlinie, sondern das Differential dieser Kurve. Der Nullwert der Gleichrichtung muß daher mit übertragen werden. Es ist aber auch möglich, auf einem geeigneten Oszillographen die dem Filter entnommene Hochfrequenzamplitude direkt aufzuzeichnen. Die Steilheit der Übertragungskurve ist dann der Breite des aufgezeichneten Bandes proportional. An Stelle des sinusförmigen Signales der tiefen Frequenz kann auch ein sägezahnförmiges Signales verwendet werden. Hierbei ist dann die Trennung der beiden Bänder voneinander schwieriger, da eine beachtliche Zahl von Harmonischen der Sägezahngrundschwingung mit übertragen werden muß.

e) Störanteil. Die Übertragungsgüte einer Fernsehsendung ist weiterhin stark abhängig von dem Anteil der Störungen, also dem Störabstand des empfangenen Bildes. Er wird auf die Amplitude der Bildhelligkeitssignale zwischen Schwarz und Weiß bezogen. Der Rauschspannungsanteil einer Weitverkehrsverbindung soll, bei einem einwandfreien Fernsehbild in 99% der Zeit kleiner als 50 db sein. Für periodische Störungen werden 45 db zugelassen, für synchron zur Abtastung laufende periodische Störungen 55 db. Diese Zahlen sind durch Hinzufügen definierter Rauschanteile zu einem einwandfreien Fernsehbild ermittelt worden. Eine Messung des einem Fernsehbild überlagerten Störpegels in der geforderten Größenordnung ist während der Übertragung praktisch nicht möglich, da auf einem Oszillographen derartig kleine Störungen schwer zu erkennen sind und sie außerdem, vor allen Dingen bei inhaltreichen Bildvorlagen, von den Bildhelligkeitssignalen schwer getrennt werden können. Es ist daher nur möglich, den Störpegel bei Fehlen des Nutzsignales zu messen. Durch die Störung wird der am Ausgang der Übertragungseinrichtung vorhandene Gleichstromwert moduliert und liefert auf dem Schirm der BRAUNschen Röhre eine Strichverdickung. Diese ist sehr gering, wenn der Verstärkungsgrad auf einen solchen Wert eingeregelt wird, daß der Kanal bei vorliegender Modulation voll ausgesteuert wird. Zur Messung des Störanteiles ist es daher erforderlich, die Störungen in einem Breitbandverstärker derart anzuheben, daß meßbare Amplituden z.B. von einigen cm auf dem Schirm der BRAUNschen Röhre erreicht werden. Der Verstärker muß das übertragene Band unverzerrt wiedergeben und darf ihm keinen eigenen Rausch oder andere Störungen — z.B. durch Schwingneigung der sehr hoch verstärkenden Gesamtanordnung — hinzufügen. In einfacher Weise kann dann z.B. mit einem Röhrenvoltmeter der quadratische Mittelwert gemessen werden. Genauer ist der Vergleich mit einer definierten Spannung, zweckmäßig einer Rechteckwelle [*17, 18*] bekannter Amplitude bei zu ihr synchroner Ablenkung des Strahles der BRAUNschen Röhre. Sie wird so eingestellt, daß ein gewisser Anteil der Rauschspitzen die Amplitude des Rechtecksignales gerade überschreitet (Abb. 308)[*18*]. Zwischen dem Effektivwert der Rauschspannung und der Vergleichsrechteckwelle lassen sich feste Beziehungen ermitteln. Es zeigt sich, daß die Rauschspitzen ungefähr sechsmal so groß wie der quadratische

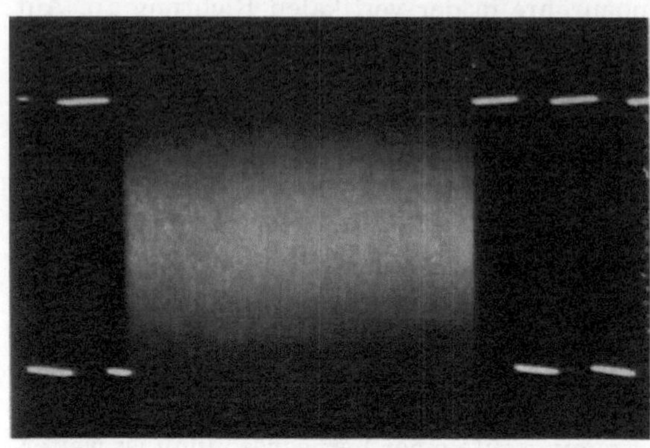

Abb. 308. Vergleich der Rauschspannungen von 0,18 V_{eff} mit Rechteckwellen von 1 V_{ss}. Strahlablenkfrequenz 25 Hz.

Mittelwert sind, also ungefähr doppelt so groß wie der entsprechende Wert einer Sinusschwingung.

f) Messung über Gleichlaufsignalen. Die Durchführung der Meßverfahren für die verschiedenen Grundgrößen der Fernsehübertragung stößt bei einem Fernsehsystem auf Schwierigkeiten, in welchem Mittel zur Pegelhaltung, wie Schwarzsteuerungen, enthalten sind. Sie arbeiten in Teilen ihrer Kennlinie nicht linear, wenn Signale in ihrem Wirkungsbereiche liegen. Dieser Fall tritt bei Übertragungen dann ein, wenn eine Unmodulation unter Zwischenschaltung eines Videosignales erfolgt, wie es bei Wechsel der Übertragungsfrequenz üblich ist. Ein weiterer Nachteil der direkten Verwendung der beschriebenen Verfahren besteht darin, daß die Auswirkung des Kanales auf das Prüfsignal mit einem Bildschreibgerät nicht zu erkennen ist, da kein Synchronismus zwischen den Meß- und Gleichlaufsignalen besteht. Beide Schwierigkeiten können dadurch umgangen werden, daß die Prüfsignale nach Art einer Hellig-

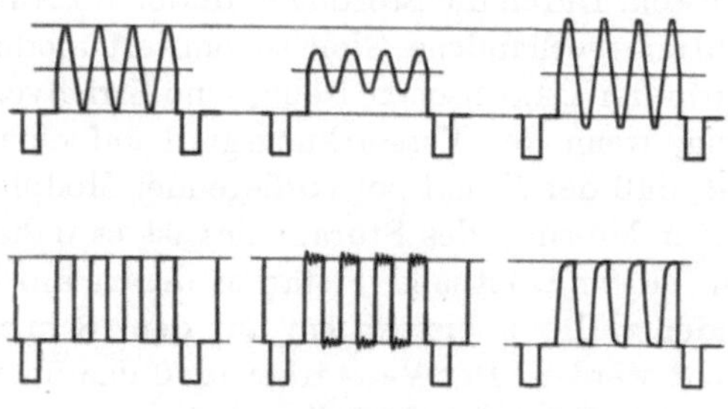

Abb. 309. Messung der Übertragungseigenschaften durch Aufsetzen der Meßsignale auf dem Gleichlaufpegel.

keitsmodulation (Abb. 309) auf die Gleichlaufsignale aufgesetzt werden und die Grundfrequenzen der Prüfsignale harmonisch zur Bild- oder Zeilenfolge gewählt werden. Die Prüfsignale werden daher am Geber aus den Gleichlaufsignalen erzeugt oder umgekehrt die Gleichlaufsignale durch Frequenzteilung aus den Prüfsignalen gewonnen. Unter diesen Voraussetzungen können Bildbetrachtung und Messung sauber durchgeführt werden. Diese Verfahren sind von besonderer Bedeutung für die Betriebsüberwachung. Es ist möglich, die Prüfsignale an Stelle der Bildsignale in Betriebs- und Prüfpausen zu übertragen.

III. Meßgeräte zur Durchführung der Verfahren.

Die verschiedenen Meßverfahren können auf zwei Wegen in der Praxis ausgeführt werden. Es können vorhandene Geräte, wie Oszillographen, Meßsender usw., verwendet und durch geeignete Zusätze ergänzt werden, oder aber es werden Einrichtungen geschaffen, die den besonderen Anforderungen der Fernsehtechnik angepaßt sind. Die große Bedeutung rechtfertigt trotz des zunächst großen Aufwandes den zweiten Weg.

Die Einrichtungen sehen, je nach dem Verwendungszweck, verschieden aus. Es werden im wesentlichen drei Gruppen unterschieden, Geräte für Entwicklung und Fertigung, Geräte für den Fernsehbetrieb und Geräte für den Empfängerservice. Für Entwicklungs- und Prüfeinrichtungen ist ein komplettes Fernsehsystem erforderlich, die Taktgeber, Bildgeräte, Modulatoren usw. enthält. Zweckmäßig werden mit dieser Anlage eine Reihe von Prüfsignalen gekoppelt, wie Rechteckwellengeber, elektrische Graukeile, Schachbrettgeber usw., die allein oder besser in Verbindung mit einem Gleichlaufsignal verwendet werden können. Sie dienen zur zahlenmäßigen Erfassung der Ergebnisse und zur Betrachtung der Fehler in der Bildwiedergabe. Die Größe der Signale sowie die elektrische Bemessung der Anschlußstellen wird zweckmäßig normalisiert, so daß ein Austausch weitgehend möglich ist. Die Verbindung der Signalquellen und Meßgeräte mit den Fernsehgeräten erfolgt im Video- und Zwischenfrequenzgebiet mit koaxialen Breitbandkabeln genormten Wellenwiderstandes — $Z = 75$ Ohm — und im Gebiet der UKW-Wellen mit symmetrischen Kabeln, deren Wellenwiderstand genormt ist. Die Größe der Spannungen richtet sich nach derjenigen der betriebsmäßig auf derartigen Leitungen liegenden Signale. Am Eingang von Video und Trägerfrequenzleitungen sind Spannungen von einigen Volt üblich. Es können Ring- oder Stichleitungen verwendet werden. Den letzteren ist der Vorzug zu geben, da gegenseitige Störungen durch Verbraucher an einer Leitung ausscheiden. Aus Gründen der Betriebssicherheit werden die verschiedenen Stichleitungen über Trennverstärker gespeist, welche als Kathodenverstärker ausgebildet sind.

Ähnliche Einrichtungen sind im Fernsehbetrieb erforderlich. Von besonderer Bedeutung ist in dieser Technik der Aussteueroszillograph (s. S. 340), mit dem die Überwachung sämtlicher Betriebsvorgänge erfolgt. Bei ihm ist besonderer Wert auf die Linearität des Amplitudenganges zu legen, da erfahrungsgemäß Pegelschwankungen, besonders des Schwarzwertes während einer Fernsehübertragung bedeutend unangenehmer als Frequenzbandfehler sind, die außerdem sehr viel weniger auftreten. Diese Kontrollgeräte müssen mit einem System von Videoleitungen und Anpaßgeräten an die UKW- und trägerfrequenten Kanäle schnell auf jeden Punkt einer Fernsehanlage geschaltet werden können, ohne dessen Funktion zu beeinflussen. An allen wichtigen Stellen des Betriebes müssen Trennstufen vorgesehen sein, die Signale genormter Pegel abgeben.

Für die rein zahlenmäßige Erfassung muß der Fernsehbetrieb über ein eigenes Meßnetz verfügen, mittels dessen in jede Einrichtung die für die Durchmessung erforderlichen Signale eingeführt werden können. Ein bewegliches Meßgerät muß die Anschaltung an jeder Stelle ermöglichen. Es wird zweckmäßig sein, ein derartiges Überwachungsgerät zu normalisieren, um an den vielen Stellen eines über einen ganzen Staat oder Kontinent verzweigten Fernsehrundfunknetzes unter gleichen Bedingungen und mit gleichen Meßgeräten zu arbeiten, so daß die derart gewonnenen Ergebnisse brauchbare Diskussionsunterlagen liefern. Der regelmäßige Einsatz der Meßeinrichtungen muß zu einer gleichen Selbstverständlichkeit werden wie das regelmäßige Durchpegeln einer Rundfunkübertragungsanlage. Die Einrichtungen müssen, ähnlich wie die Geräte für die entwickelnde und erzeugende Industrie, von hoher Präsizion und Stabilität sein, sie brauchen aber nicht auf eine Entwicklungsmöglichkeit Rücksicht zu nehmen, wie es in der Forschung erforderlich ist.

Eine grundsätzlich andere Reihe von Geräten erfordert die regelmäßige Betreuung der Fernsehrundfunkempfänger beim Publikum. Sie werden im Reparaturdienst, gegebenenfalls auch beim Kunden eingesetzt und dienen zur Ermittlung von Fehlern und deren Beseitigung. Gegenüber den hochwertigen Geräten der Entwicklungs-, Fertigungs- und Betriebsseite können Zugeständnisse an die technische Vollkommenheit gemacht werden. Empfindlichkeitsmessungen, Antennenmessungen, Frequenzgangmessungen des ZF-Teiles sowie eine Kontrolle der Ablenkgeräte muß möglich sein. Die Ausbildung dieser Geräte wird stark davon abhängen, in welcher Art der gesamte „Fernsehservice" aufgezogen wird. Der Masseneinsatz derartiger Geräte verlangt vor allen Dingen billige Geräte, deren Bedienung auch weniger fachlich geschultem Personal möglich ist.

Literatur.

[1] Standards on Television: Methods of Measurement of Time of Rise, Pulse Width, and Pulse Timing of Video Pulses in Television, 1950. — Proc. Inst. Radio Engrs., N.Y. (1950), S. 1258 bis 1263. — [2] MORRISON, H. L.: Precision device for measurement of pulse width and pulse slope. RCA-Review (1947), S. 276 bis 288. —

PAGE BURR, R.: The pulse cross generator applied to television production test equipment. Tele Tech. (1949), S. 36 bis 39. — [3] Standards on television: Methods of measurement of television signal levels, resolaution, and timing of video switsching systems, 1950. Proc. Inst. Radio Engrs., N.Y. (1950), S. 551 bis 561. — [4] MERTZ, P., u. F. GRAY: A theory of scanning and its relation to the characteristics of the transmitted signal in telephotography and television. Bell Syst. techn. J. (1934), S. 464 bis 515. — [5] Impulszentrale und Monoskopanlage. Radio-Mentor (1951), S. 440 bis 444. — [6] EGIDI, C.: Metodo di rilievo dell curve die selittiva di un ricevitori televiso. Rendiconti Li Tiunione Associatione Elettronica Nr. 140 (1950), S. 243 bis 247. Publicazione Istituto lettrotechnico Nazionale Galilei Ferraris, Nr. 277 (1950), 8 Abb. — [7] WAGNER, K. W.: Operatorenrechnung. J. A. Barth, 1940. — [8] LEGLER, E.: Ein neuartiges Gerät zur Aufnahme ven Frequenzkurven, Hausmitteilungen der Fernseh-GmbH, Bd. 2 (1941), S. 50 bis 54. — [9] WEIS, A.: Das Magnetvariometer. Funk und Ton (1950), S. 508 bis 518 u. S. 559 bis 568. — [10] CORMACK, A.: Wide-range variablefrequency oscillator. Wireless Engr. (1951), S. 266. — [11] BROWN, C. B.: Methods of developing sweep and marker generator signals Radio and television news (1951), S. 48. — [12] CLAYTON, R. J., D. C. EPSLEY, G. W. S. GRIFFITH u. J. M. C. PINKHAM: The London-Birmingham television radio-relay link. Proc. Inst. Electr. Engrs., Teil I (1951), S. 204 bis 223. — [13] DILLENBURGER, W.: Ein neues Meßgerät zur Laufzeitmessung. Frequenz (1950), S. 10 bis 13. — [14] MÜLLER, J.: Die Bestimmung des Amplituden- und Phasenganges von linearen Übertragungssystemen mit Hilfe von Rechteckwellen. FTZ (1951), S. 211 bis 220. — [15] GINZTON, E. L., W. R. HEWLETT, I. H. JASBERG u. I. D. NOE: Distributed Amplification. Proc. Inst. Radio Engrs., N.Y. (1948), S. 956 bis 969. — [16] RING, D. H., u. A. C. BECK: Testing repeaters with circulated pulses. Proc. Inst. Radio Engrs., N.Y. (1947), S. 1226 bis 1230. — [17] CHERRY, C.: Pulses and Transients, London: Chapman & Hall Ltd. (1949). — [18] RASCH, R., Rauschmessungen bei Fernsehübertragungen, FTZ (1952), S. 440 bis 444.

Q. Farbenfernsehen.[1]

Von Dr. R. Urtel, Pforzheim.

Mit 10 Abbildungen.

I. Historie.

Die Idee des Farbenfernsehens wurde bereits sehr frühzeitig von
BAIRD aufgegriffen, dann wurden Demonstrationen im Jahre 1929 von
den Bell-Telephone Laboratories und 1937 auf der Berliner Funkausstellung vom RPZ (PRESSLER) vorgeführt. Zu nachhaltigeren Konsequenzen
haben die Arbeiten der Columbia-Gesellschaft in USA (P. GOLDMARK),
die auf das Jahr 1940 zurückgehen, geführt. In ein akutes Stadium trat
das Problem des Farbenfernsehens unmittelbar nach dem Kriege. Die für
die Fragen der Einführung eines Systems zuständige USA-Behörde, die
FCC (Federal Communications Commission), stand zunächst (1946) dem
Problem völlig negativ gegenüber. Sie formulierte im Jahre 1949 ihre
Forderungen, von denen die nach einer Einhaltung der in USA genormten
Kanalbreite von 6 MHz auch für ein Farbenfernsehsystem die wichtigste
war. Auf Grund der Sachverständigenvernehmungen und der Vorführungen
konkurrierender Systeme kam es 1950 zu der in Fachkreisen einiges Erstau-
nen erregenden Entscheidung der FCC, Versuchssendungen nach dem CBS-
System zu lizenzieren. Diese Entscheidung war verbunden mit bestimmten
Auflagen für die empfängerbauende Industrie, was der RCA die Möglichkeit gab, zwar nicht die technische Entscheidung, aber formale Fragen in
einer Klage an den obersten amerikanischen Gerichtshof heranzutragen.

Während das von der CBS vertretene System auf mechanisch rotierenden Farbblenden beruhte und außerdem in seinen Normen völlig von
den Normen des Schwarz-Weiß-Fernsehens verschieden war, verfocht die
RCA den Standpunkt, daß ein rein elektronisches Farbenfernsehen möglich sei, das gleichzeitig die stark in den Vordergrund geschobene Frage
der „compatibility" erfüllen könnte. Man versteht unter dieser „Verträglichkeit", daß die Aussendungen nach einem Farbenfernsehsystem so
beschaffen sind, daß sie von den normalen Schwarz-Weiß-Empfängern
(es handelte sich damals bereits um viele Millionen Empfänger) empfangen werden können. Zum Zeitpunkt der Vergleichsvorführungen bei
der FCC war zweifellos das rein elektronische System noch nicht aus-
gereift. Die Klage der RCA vor dem obersten amerikanischen Gerichts-

---

[1] Die Abbildungen wurden dem Sonderheft „Farben-Fernsehen" der Proc. IRE,
Oktober 1952, entnommen.

hof wurde zwar abgewiesen, aber wertvolle Zeit war gewonnen. Im Juli 1951 startete eine neue große Vorführungsserie der RCA nach einem verbesserten Verfahren, an dessen Durchbildung andere Firmen, insbesondere Hazeltine, maßgeblich beteiligt waren. Diese Vorführungen, denen beizuwohnen der Verfasser Gelegenheit hatte, zeigten bereits einen hohen Stand der Entwicklung und die Durchführbarkeit der Forderung nach der compatibility.

Die RTMA (Radio & Television Manufacturers Association) rief das NTSC (National Television Standards Committee) wieder ins Leben, das bereits außerordentlich gründliche Arbeit bei der Schaffung der amerikanischen Schwarz-Weiß-Fernsehnormen geleistet hatte, und zu Beginn des Jahres 1952 lagen die vorläufigen Normen eines rein elektronischen Farbenfernsehens mit compatibility vor.

Das Vorantreiben der öffentlichen Einführung eines Farbenfernsehdienstes wurde aufgehalten durch das Wiederaufrüstungsprogramm, so daß im Augenblick der Zeitpunkt der Einführung des Farbenfernsehens in USA noch nicht abzusehen ist. Da andererseits die Entwicklung — wenn auch durch Abzug von Entwicklungskräften verlangsamt — weitergeht, so wird wiederum Zeit gewonnen, die der Ausreifung zugute kommt.

Der durch die Vorführungen 1951 geführte Nachweis der Erfüllbarkeit der Compatibilityforderungen stellt die Rechtfertigung einer Entschließung dar, die im März 1951 auf einer vom NWDR veranstalteten Tagung gefaßt wurde, an der Post, Rundfunk und Industrie beteiligt waren:

1. Das Farbenfernsehsystem mit mechanischer Farbenzerlegung durch rotierende Scheiben, über dessen eventuelle Einführung in den USA zur Zeit diskutiert wird, wird von allen Sitzungsteilnehmern als nicht den gegenwärtigen technischen Möglichkeiten angemessen erachtet. Seine Einführung in Deutschland kann deshalb nicht in Betracht gezogen werden.

2. Die verschiedenen anderen Farbenfernsehsysteme, die zur Zeit entwickelt werden, benötigen noch mehrere Jahre zu ihrer Vervollkommnung. Erst nach mehreren Jahren kann übersehen werden, welches der verschiedenen Systeme sich zur allgemeinen Einführung eignet oder ob noch neue, bisher unbekannte Systeme entwickelt werden.

3. Unter den verschiedenen Farbenfernsehsystemen, die sich in der Entwicklung befinden, gibt es solche, die es ermöglichen, vorhandene Schwarz-Weiß-Empfänger weiterzubenutzen, auch wenn in einigen Jahren sendeseitig auf ein Farbenfernsehsystem übergegangen wird.

4. Die Farbenfernsehsysteme, die die Weiterbenutzung vorhandener Schwarz-Weiß-Empfangsgeräte ermöglichen, erscheinen so aussichtsreich, daß ihre Fertigentwicklung abgewartet werden kann, ohne daß für die Empfangsgeräte bei der Einführung eines Schwarz-Weiß-Fernsehens Befürchtungen einer Fehlinvestierung aufkommen können [1].

---

[1] Der Leser sei hingewiesen auf das Sonderheft der Proceedings IRE vom Oktober 1951, das sich ausschließlich mit dem Farbenfernsehproblem beschäftigt und neben vielen Artikeln über technische Detailfragen einen durch seine Objektivität und Vollständigkeit sich auszeichnenden Gesamtüberblick von D. G. FINK und eine breite Darstellung der Grundfragen der Kolorimetrie durch WINTRINGHAM enthält.

II. Grundprobleme.

Die Aufgabe des Farbenfernsehens wirft eine verwirrende Fülle von Fragen auf allen beteiligten Gebieten der Physik, der Elektrotechnik, der Optik, der Physiologie auf, so daß es auf den Standpunkt des Betrachters ankommen wird, welche dieser Fragen besonders wesentlich sind. Da es sich um ein nachrichtentechnisches Problem handelt, so dürfte es einleuchten, wenn wir das Problem der notwendigen Breite des Nachrichtenkanals in den Vordergrund stellen. Auf der anderen Seite ist auffallend, daß das zweite Kernproblem, das wir unserer Darstellung zugrunde legen wollen, nämlich das der richtigen Registrierung (Farbdeckung), verhältnismäßig selten Erwähnung findet, trotzdem sich an ihm die Meriten der verschiedenen Verfahren sehr gut abschätzen lassen.

In dem zur Verfügung stehenden Rahmen lassen sich die vorhandenen Probleme nur andeuten, jedoch ist zu hoffen, daß durch die getroffene Auswahl ein Zugang zu dem Gesamtkomplex gefunden ist (vgl. a. S. 401 u. 416).

1. Übertragungskanal.

Nach dem derzeitigen Stand der Technik kann man davon ausgehen, daß die Farbe gewonnen wird durch die additive Mischung von drei geeignet gewählten Primärfarben, die wir kurz als Blau-, Grün- und Rotkomponente bezeichnen wollen, wobei es sich bei dem Grün besser um ein Gelbgrün in der Nähe der maximalen Augenempfindlichkeit handelt. Wir sind also gezwungen, die drei Farbauszüge eines Farbenbildes getrennt zu übertragen, was uns zunächst bei gleichbleibender Zahl vollständige Bilder auf die dreifache Bandbreite für den Übertragungskanal, verglichen mit dem Schwarz-Weiß-Problem, führen würde.

Sollen mehrere Nachrichten über einen Kanal übertragen werden, so gibt es dafür bekanntlich zwei Wege, nämlich die Belegung mehrerer frequenzmäßig benachbarter Kanäle (Frequenzmultiplex), wie wir sie von der Trägertelephonie her kennen, oder die Schachtelung der Nachrichten in der Zeit (Zeitmultiplex), wie sie bei den modernen Impulsvielkanalmethoden benutzt wird. In der Fernsehsprache wird das erste Verfahren als Simultanverfahren (Simultaneous system), das zweite als Zeitfolgeverfahren (Sequential system) bezeichnet. Von den in Abb. 310 aufgeführten Möglichkeiten könnten z.B. a, b und c nach dem Simultanverfahren, d bis h nach dem Zeitfolgeverfahren arbeiten, während im Falle i, wie wir weiter unten sehen werden, beide Möglichkeiten bestehen.

Bei den Zeitfolgeverfahren können wir daran denken, den Farbwechsel jeweils nach einem Teilbild — wir setzen einen normalen 1:2-Zeilensprung voraus — vorzunehmen (field sequential system). Wir können aber auch die Farbe nach jeder Zeile wechseln (line sequential system) oder sogar nach jedem Bildpunkt (dot sequential system). Allen älteren

Verfahren und auch den Vorschlägen der CBS liegt die Teilbildfolge zugrunde. Sie kann leicht verifiziert werden, indem man vor dem Aufnahmeobjektiv wie vor der Wiedergaberöhre synchron Farbfilter rotieren läßt. Man ist gezwungen, jeder Farbe die gleiche Zeit zur Verfügung

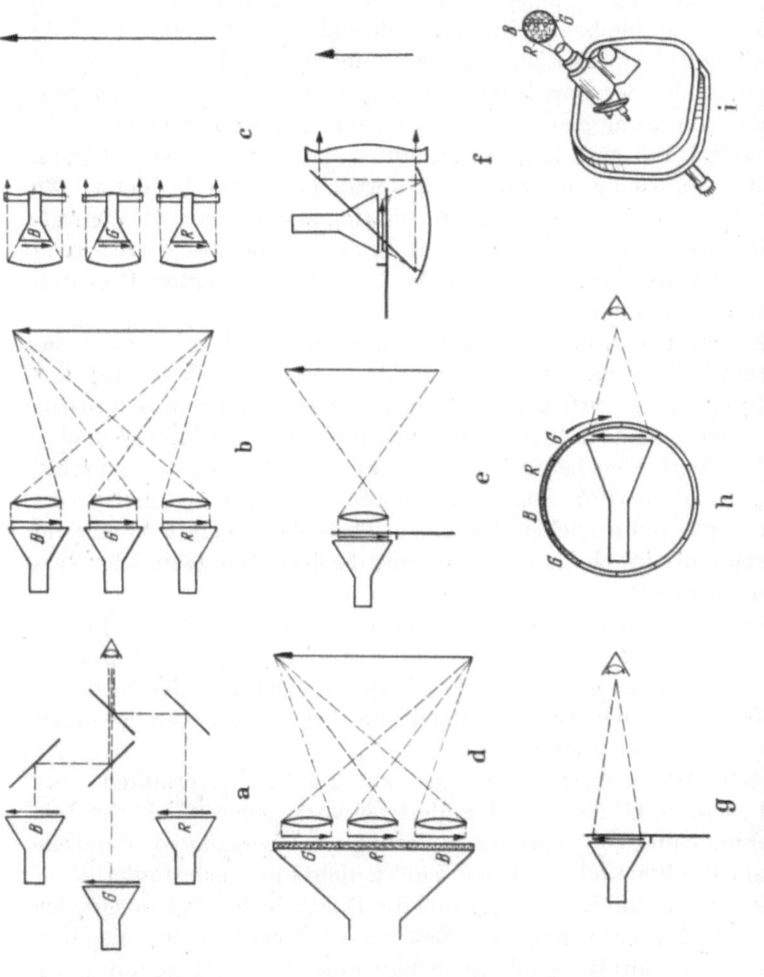

Abb. 310. Wiedergabe von Farbbildern (nach P. C. GOLDMARK). a 3 Röhren – Aufsicht – Farbselektive Spiegel oder halbdurchlässige Spiegel mit Filter; – b 3 Röhren – Projektion – Linsenoptik; – c 3 Röhren – Projektion – SCHMIDT-Optik; – d 1 Röhre mit 3 Rastern – Projektion – Linsenoptik; – e 1 Normalröhre – Projektion – rotierende Farbblende – Linsenoptik; – f 1 Normalröhre – Projektion – rotierende Farbblende – gefaltete SCHMIDT-Optik; – g 1 Normalröhre – Aufsicht – rotierende Farbblende; – h 1 Normalröhre – Aufsicht – rotierende Farbtrommel; – i 1 Dreifarbenröhre – Aufsicht.

zu stellen. Diese Notwendigkeit zwingt dazu, mit der Zahl der Teilbilder pro Sekunde wesentlich gegenüber dem Schwarz-Weiß-Fernsehen heraufzugehen, weil im ungünstigsten Falle der Übertragung einer Primärfarbe nur jedes dritte Raster zur Helligkeit des Bildes beiträgt und bei den notwendigen Helligkeiten dies zu einem unerträglichen Flimmern führen würde. (Das sog. FERRY-PORTER-Gesetz besagt, daß für je 12,5 Hz Teilbildfrequenz die an der Flimmergrenze zulässige Helligkeit sich um den Faktor 10 erhöht.) Das CBS-Verfahren sieht statt der im amerikanischen Schwarz-Weiß-Fernsehen üblichen 60 Teilbilder pro Sekunde 144 Teilbilder vor. Um nun innerhalb der von der FCC geforderten 4 MHz videofrequenten Bandbreite (entsprechend einem Gesamtkanal einschließlich Ton von 6 MHz) zu bleiben, wurde die Zeilenzahl von 625 Zeilen pro Bild auf 441 reduziert. Damit ist zunächst gegenüber dem Schwarz-Weiß-Bild eine Verminderung der Vertikalauflösung gegeben. Das Nachgeben hinsichtlich der Auflösung geht aber noch weiter, weil eine einfache Nachrechnung zeigt, daß eine Begrenzung auf 4 MHz eine Benachteiligung der Horizontalauflösung gegenüber der Vertikalauflösung bedeutet. Die Hoffnung, daß die zusätzliche Farbinformation einen Ersatz für die Auflösung darstellen würde, hat sich nicht bestätigt, außerdem tritt auch noch bei 144 Teilbildern pro Sekunde bei schnellbewegten Objekten offenbar eine Farbaufspaltung ein[1].

Berücksichtigt man nun noch die Verwendung mechanisch angetriebener Filterscheiben oder -trommeln und die fehlende Erfüllung der „compatibility", so wird der Widerstand gegen einen Farbfernsehrundfunk nach dem CBS-Verfahren verständlich. Dies hindert nicht, daß das CBS-Verfahren bei nicht rundfunkmäßigen Anwendungen seine Bedeutung behalten wird. Solche Anwendungen finden sich in USA in steigendem Maße (industrielles Fernsehen, Theaterfernsehen), da hier die Forderungen hinsichtlich der Beschränkung der Kanalbreite und der Verträglichkeit in Fortfall kommen.

Verfahren, bei denen der Farbwechsel je Zeile erfolgt, sind mehrfach vorgeschlagen worden, sie wären frei von dem obengenannten Flimmerproblem, bringen aber große Schwierigkeiten hinsichtlich des Registerproblems (s. u.) mit sich. Da sie bisher keine Bedeutung haben gewinnen können, wollen wir sie übergehen.

Als letzte Möglichkeit bleibt nun ein Punktfolgeverfahren (dot sequential system). Grundsätzlich ändert bei vorgegebener Zahl der Bilder pro Sekunde und vorgegebener Auflösung der Übergang von der Teilbildfolge auf die Zeile oder auf den Punkt nichts an der erforderlichen Kanalbreite, da nur die Reihenfolge und die Dauer der zeitlich ineinander geschachtelten Elemente anders ist. Erst weitere Umstände wie die oben anläßlich des Teilbildfolgeverfahrens behandelte Flimmerfrage führen zu unterschiedlichen Eigenschaften. Bei einem Punktfolgeverfahren sind wir nicht mehr zu einer Erhöhung der Zahl der Teilbilder pro Sekunde

---

[1] Dieser bei amerikanischen Vorführungen störende Effekt wurde vom Verfasser bei Vorführungen eines analogen Verfahrens durch die EMI in England nicht beobachtet; möglicherweise sind dafür die sehr unterschiedlichen Eigenschaften der verwendeten Aufnahmeröhren (Dauer der Speicherung, Gradation) verantwortlich.

gezwungen, da auch bei gesättigten Farben diese Zahl erhalten bleibt. Die Notwendigkeit der Verdreifachung der Kanalbreite gegenüber dem Schwarz-Weiß-Bild gleicher Auflösung bliebe aber erhalten.

Hier kommen nun zwei neue Faktoren ins Spiel, von denen der eine physiologischer, der andere nachrichtentechnischer Natur ist. Es handelt sich um das unterschiedliche Auflösungsvermögen des Auges bei verschiedenen Farben einerseits und um die Tatsache, daß der fernsehmäßige Abtastvorgang dazu führt, daß das Spektrum der Übertragung freie Intervalle aufweist, die zur Übertragung zusätzlicher Informationen herangezogen werden können.

Abb. 311 zeigt, daß die Sehschärfe für das grüne Bild praktisch gleich ist mit der für ein Schwarz-Weiß-Bild, daß sie dagegen im Rot auf ein Drittel und im Blau noch weiter zurückgeht. Dies bedeutet, daß die volle Bandbreite nur aufgewendet werden muß für das Schwarz-Weiß- bzw. Grünbild und daß das Rot- und Blaubild mit erheblich schmaleren

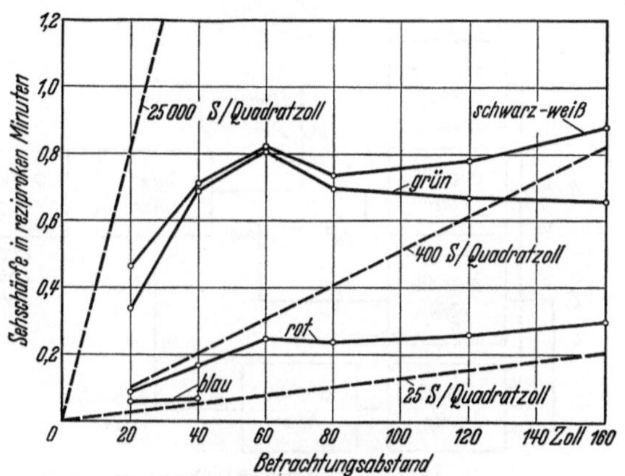

Abb. 311. Sehschärfe für Farbkomponenten [nach M. W. BALDWIN (Bell.)]

Kanälen übertragen werden könnte. Es wäre demnach z. B. denkbar, mit einem Simultanverfahren zu arbeiten und durch Aufmodulation des Rot- und Blaubildes auf geeignete Träger diese in einem Band oberhalb der höchsten Frequenzen des Schwarz-Weiß-Bildes, das man im Farbenfalle als Grünbild verwenden würde, zu übertragen und so statt zu einer Verdreifachung zu weniger als einer Verdoppelung des benötigten Kanals bei unverminderter Schärfe des Gesamtbildes zu kommen.

Von diesem Standpunkt aus gesehen ist es ein grundsätzlicher Nachteil der Teilbildfolgeverfahren, daß sie den drei Farben gleiche Zeitdauern für die Übertragung zur Verfügung stellen müssen.

Im Jahre 1934 wurde theoretisch und experimentell von MERTZ und GRAY gezeigt, daß das Spektrum einer Bildübertragung aus den Vielfachen der Zeilenfrequenz besteht und daß jede dieser Hauptlinien ihrerseits amplitudenmoduliert ist mit den Vielfachen der Bildfrequenz, d. h. also, daß sich nach oben und unten Spektrallinien im Abstand der Bildfrequenz um jede Hauptlinie gruppieren. Hauptlinien wie Nebenlinien nehmen bei hohen Ordnungszahlen in Abhängigkeit von der Fläche der

Abtastblende schnell ab, so daß bei Normalabtastung (ohne Zeilensprung)
in der Mitte zwischen zwei Hauptlinien im Spektrum Gebiete entstehen,
die frei vom Nachrichteninhalt sind. Eine Anwendung der Mertz- und
Grayschen Methoden auf das Verfahren des Zeilensprungs durch
H. Koellner im Jahre 1938 zeigte, daß zumindest für die untere Hälfte
des Spektrums solche leeren Spektralräume nicht mehr auftreten (auf
Einzelheiten wollen wir hier nicht eingehen), daß diese aber nach wie vor
bei höheren Ordnungszahlen der Hauptlinien anzutreffen sind[1]. Man
kann nun eine Nachricht, deren Spektrum ebenfalls aus Vielfachen der
Zeilenfrequenz mit einigen Nebenlinien im Abstand der Bildfrequenz
besteht, in das normale Bildspektrum hineinschachteln dadurch, daß man
sie einem Träger aufmoduliert, der sich gerade in der Mitte zwischen
zwei Vielfachen der Zeilenfrequenz befindet.

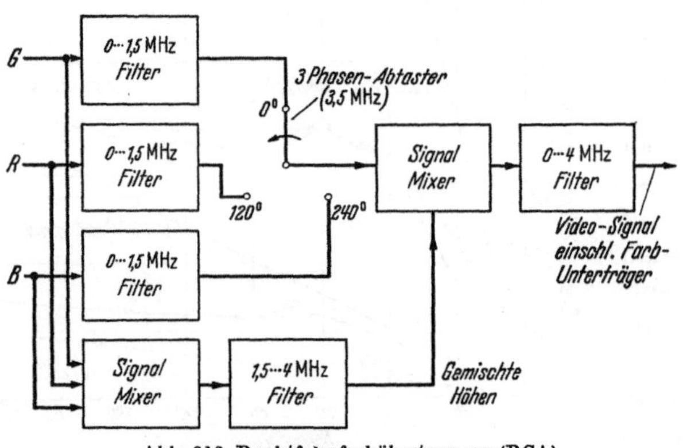

Abb. 312. Punktfolgefarbübertragung (RCA).

Die gleichzeitige Anwendung der beiden geschilderten Effekte, also die Details monochromatisch zu übertragen
einerseits und die Möglichkeit der Bandbreitenersparnis durch Frequenzschachtelung zweier verschiedener Nachrichten andererseits, liegt dem
von der RCA zunächst propagierten Punktfolgeverfahren mit „gemischten Höhen" (mixed highs) zugrunde.

In Abb. 312 ist angenommen, daß drei getrennte Aufnahmeorgane zu
gleicher Zeit das Grün-, Rot- und Blaubild liefern mit der nach der amerikanischen Norm üblichen Bandbreite von 4 MHz. Entsprechend der für
die Farbkomponenten erforderlichen kleineren Bandbreite wird das Frequenzgebiet 0 bis 1,5 MHz jeden Kanals durch einen Tiefpaß ausgefiltert
und nun zwischen den drei Kanälen mit einer Frequenz von rund
3,5 MHz umgeschaltet. Es entstehen also kurze Impulse, deren Amplituden nacheinander dem Grün-, Rot- und Blaukanal entsprechen. Infolge
der Beschränkung des nachfolgenden Übertragungskanals auf 4 MHz
werden die in den Impulsen enthaltenen Oberwellen der 3,5 MHz nicht

---

[1] Trotzdem in einer späteren Arbeit von Mertz die Koellnerschen Ergebnisse
auch in USA publiziert wurden, hat ihre Nichtbeachtung in einigen Fällen zu Farbfernsehvorschlägen geführt, die sich als undurchführbar erwiesen.

übertragen. Soweit würde es sich um ein Punktfolgeverfahren handeln mit einer der Bandbegrenzung von 1,5 MHz entsprechenden Auflösung. Für die Übertragung der Details werden nun die drei Farbauszüge addiert und ergeben in ihrer Summe natürlich ein normales Schwarz-Weiß-Bild mit dem Spektrum 0 bis 4 MHz. Der den feinen Strukturen im Bild entsprechende Energieinhalt im oberen Teil des Bandes (1,5 bis 4 MHz) wird nun durch einen Bandpaß dem Schwarz-Weiß-Bild entnommen und dem Ausgangssignal zugemischt. Damit nun die gemischten Höhen und das Punktfolgeverfahren gleichzeitig übertragen werden können, sind sie frequenzmäßig ineinander geschachtelt dadurch, daß die Punktfolgefrequenz zu einem ungeraden Vielfachen der halben Zeilenfrequenz gewählt ist. Das Ergebnis dieser verschiedenen Manipulationen ist das in Abb. 313 dargestellte Spektrum.

Der geschilderte Gedankengang folgt der historischen Entwicklung. Es hat sich nun auf Grund von Überlegungen, die wohl im wesentlichen auf B. D. LOUGHLIN (Hazeltine) zurückgehen, gezeigt, daß man zu dem gleichen Ergebnis auf Grund einer ganz anderen Überlegung kommen kann und daß daraus für die Empfangsseite merkliche Vereinfachungen

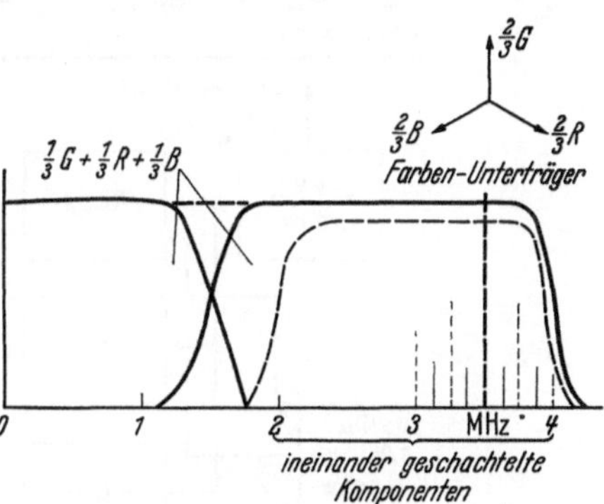

Abb. 313.
Spektrum der Punktfolgefarbübertragung (RCA).

folgen. Es kommt doch offenbar darauf an, ein Schwarz-Weiß-Bild hoher Auflösung zu übertragen und mit Hilfe eines zweiten Nachrichtenkanals das Schwarz-Weiß-Bild zu kolorieren. Wegen der geringeren erforderlichen Auflösung für die Kolorierung kann dieser zweite Kanal erheblich kleinere Bandbreiten haben. Es sei vorweggenommen, daß bei einem 4-MHz-Schwarz-Weiß-Bild ein Farbenkanal von nicht mehr als 100 kHz noch zu sehr guten Ergebnissen führte. Es besteht also das Problem, die drei Farbauszüge mit kleiner Bandbreite einem Träger aufzumodulieren. Dies kann nun in der Weise geschehen, daß eine Dreiphasenmodulation angewendet wird; d. h., drei Modulationseinrichtungen, denen der Träger um je 120° versetzt zugeführt wird, modulieren je eine der drei Phasen mit dem aus dem Farbauszug ausgefilterten Frequenzband von 0 bis z. B. 1,5 MHz. Die vektorielle Addition der drei Träger gleicher Frequenz verschiedener Phase liefert einen Träger, der sowohl amplituden- wie phasenmoduliert ist. Dieser Träger, von dem wir uns zunächst der Einfachheit halber vorstellen wollen, daß er genügend hoch über den höchsten Frequenzen des Schwarz-Weiß-Kanals liege, kann übertragen werden, und auf der Empfängerseite können die niederfrequenten Komponenten der drei Farbauszüge daraus durch einen Dreiphasendemodulator wiedergewonnen werden. Der Schwarz-Weiß-Kanal entsteht einfach durch Addition der drei Farbauszüge. Wir haben es also mit der gleichzeitigen Übertragung von zwei Kanälen zu tun, von denen der eine als reines Schwarz-Weiß-Bild die Helligkeitsinformation enthält (brightness channel) und der andere die Farbinformation (chromaticity channel).

Zur weiteren Frequenzbandersparnis wird nun der Farbenträger wiederum zu einem ungeraden Vielfachen der halben Zeilenfrequenz gewählt und auf diese Weise die beiden Kanäle frequenzmäßig ineinander-

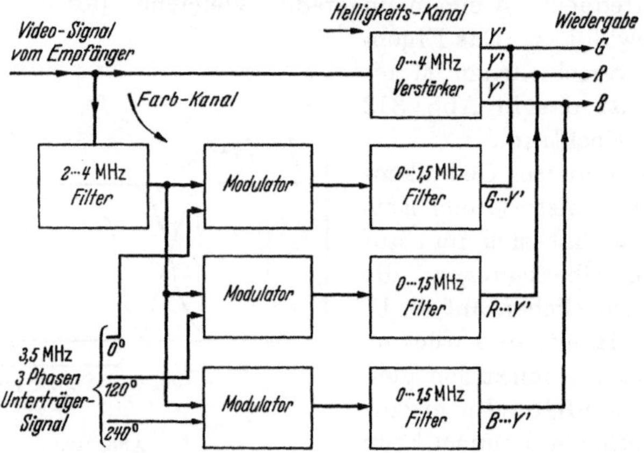

Abb. 314. Empfänger mit dreiphasenmoduliertem Hilfsträger (Hazeltine).

andergeschachtelt. Das Ergebnis des gesamten Prozesses ist, wie man leicht zeigen kann, identisch mit dem des ursprünglichen RCA-Verfahrens, wobei in beiden der Farbenkanal nach dem Restseitenbandverfahren (vestigial sideband) übertragen wird.

Für die Empfängerseite ergibt sich damit grundsätzlich eine Schaltung nach Abb. 314, indem der Einfachheit halber angenommen ist, daß für jede Farbe ein unabhängiges Wiedergabeorgan zur Verfügung steht (z. B. 3 Bildröhren mit optischer Überlagerung der 3 Farbbilder). Im Frequenzband von 2 bis 4 MHz, das durch einen Bandpaß ausgefiltert wird, ist der Farbenkanal mit seinem 3,5-MHz-Träger enthalten. Dieser Kanal wird einem Dreiphasenmodulator zugeführt, und die drei entstehenden 0 bis 1,5-MHz-Kanäle beeinflussen jeweils nur die ihnen zugeordneten Wiedergaberöhren. Die gewünschte Farbe kommt also dadurch zustande, daß bei gleichzeitiger Steuerung der 3 Farbröhren, die zu einem Schwarz-Weiß-Bild führen würde, durch den Farbkanal die Gewichtsverteilung der drei Farbbeiträge gesteuert wird.

Es entsteht nun die Frage, warum auf dem Wege über den Helligkeitskanal die doch im Spektrum enthaltenen Beiträge des Farbkanals nicht stören und umgekehrt. Es wäre nämlich sehr schwierig, die beiden frequenzmäßig verschachtelten Kanäle durch eine Vielzahl gegeneinander um halbe Zeilenfrequenz versetzte Bandpässe zu trennen. Hier wird wiederum von einem physiologischen Effekt Gebrauch gemacht. Wenn wir uns vorstellen, daß wir auf ein normales Fernsehraster eine Helligkeitssteuerung geben mit einer Frequenz, die gerade ein ungerades Vielfaches der halben Zeilenfrequenz ist, so fällt in zwei aufeinanderfolgenden Bildern gerade Berg auf Tal, so daß durch die Augenträgheit nur eine sehr geringe Helligkeitsmodulation zustande kommt. Man spricht von Komponenten geringer Sichtbarkeit. Nun sind alle Beiträge des Farbkanals bei direkter Steuerung der BRAUNschen Röhren solche Komponenten geringer Sichtbarkeit, und umgekehrt sind die Beiträge des Helligkeitskanals durch die Demodulation mit dem Farbenträger frequenzmäßig so versetzt, daß sie für die Farbsteuerung Komponenten geringer Sichtbarkeit darstellen. Wir sehen davon ab, eine Reihe von weiteren Verfeinerungen des Verfahrens (constant luminance system, alternating color sequence) darzustellen. Diese haben bereits Aufnahme gefunden in den vom NTSC im Februar 1952 veröffentlichten Vorschlägen für die endgültige Farbfernsehnorm in USA.

Die geschilderten Entwicklungen haben dazu geführt, daß

1. es ermöglicht wurde, bei unveränderter Auflösung in dem normalen Schwarz-Weiß-Kanal die zusätzliche Information der Farbe noch hineinzupressen und

2. daß die Farbübertragung so beschaffen ist, daß ohne Ausnutzung des Farbkanals ein normaler Schwarz-Weiß-Empfänger die Aussendungen des Farbensenders als Schwarz-Weiß-Bild empfangen kann.

Außerdem ist wichtig, darauf hinzuweisen, daß es sich gar nicht mehr um eine Zeitschachtelung handelt, sondern daß ein echtes Simultanverfahren vorliegt. Da nämlich der Farbenträger groß ist gegen die Bandbreite des Farbkanals, so sind die drei Farbinformationen als gleichzeitig vorhandene Nachrichten anzusprechen.

2. Das Deckungsproblem.

Wir sind bei den Betrachtungen über den Übertragungskanal stets davon ausgegangen, daß elektrisch getrennt die drei Farbauszüge zur Verfügung stehen bzw. auf der Empfangsseite drei getrennte Bilder der Primärfarben gesteuert werden. Nun ist, wie wir von der Betrachtung schlechter Farbreproduktionen wissen, ein Farbenbild sehr empfindlich dagegen, daß die drei Farbauszüge auch in richtiger Deckung sind (Farbsäume!). Das Deckungsproblem bereitet bei den Teilbildfolgeverfahren keine Schwierigkeit, da die Abtast- oder Wiedergaberaster mittels des gleichen Ablenksystems am gleichen Ort geschrieben werden und der Farbwechsel nur durch die Auswechslung des Farbfilters auf der Sender- und Empfängerseite erfolgt. Im Augenblick, wo wir auf der Empfänger- seite zu drei getrennten Wiedergabeorganen übergehen, entstehen nun erhebliche Schwierigkeiten bezüglich der Farbdeckung, denn es müssen die drei Farbbilder nicht nur optisch aufeinander gebracht werden, soweit es sich um die Bildflächen als Ganzes handelt, sondern es müssen die drei

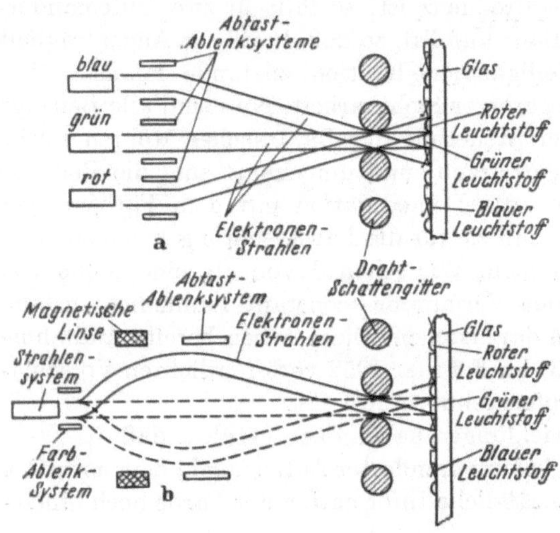

Abb. 315. Dreifarbenröhre nach FLECHSIG (1938).

Bildfelder in ihrer inne- ren geometrischen Struk- tur auf weniger als Bild- punktgenauigkeit über- einstimmen. Bei der praktischen Unmöglich- keit der Herstellung völ- lig zeitlinearer Ablen- kungen verlangt man also eine völlige Überein- stimmung auch der Feh- lerverteilung.

Die Nichtbeachtung dieser Schwierigkeiten ist die Ursache für das Scheitern einer Unzahl von Erfindungen auf diesem Gebiet.

Es überschreitet den zur Verfügung stehenden Raum, auf die ver- schiedenen Wege zur Bekämpfung der angedeuteten Schwierigkeiten ein- zugehen. Wir beschränken uns auf die Darstellung des Weges, der zur Zeit bei den rein elektronisch arbeitenden Systemen benutzt wird, wobei gleich bemerkt sei, daß es durchaus offen ist, ob dies der einzig mögliche Weg ist. Das 1938 von FLECHSIG (Fernseh-GmbH) angegebene Maskie- rungsverfahren hat die Eigenschaft, daß es grundsätzlich das Deckungs- problem auf der Empfängerseite überhaupt eliminiert bzw. auf ein rein technologisches Problem der Röhrenfabrikation reduziert.

In Abb. 315 oben ist ein Leuchtschirm angenommen, der eine Zeilen- struktur aus den Leuchtstoffen der drei Farben aufweist. Vor dem Bild- schirm (von der Seite der Strahlsysteme gesehen) befindet sich ein Draht- gitter aus parallelen Drähten, die untereinander den Abstand dreier zusammengehöriger Farbzeilen haben. Man kann nun durch geeignete Vorablenkung oder Orientierung der drei den einzelnen Farben zugeord- neten Strahlsysteme erreichen, daß z. B. der von dem „Rot"-System ausgehende Strahl nur die rote Farbzeile „sieht". Der Überkreuzungs-

punkt der drei Strahlen liegt in der Ebene des Drahtgitters, so daß die
Zuordnung auch bei Ablenkung des ganzen Strahlenbündels erhalten
bleibt. Die Dreifarbenröhre der RCA, deren Prinzip Abb. 316 zeigt,
benutzt das Maskierungsverfahren nicht nur in einer, sondern in zwei

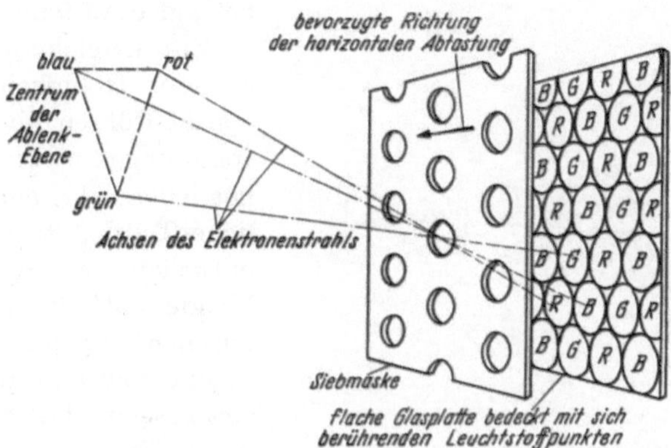

Dimensionen; drei auf einem Dreieck angeordnete Strahlsysteme, deren
drei Strahlen sich in der Ebene einer Lochblende überschneiden, „sehen"
jeweils nur die ihnen zugeordneten Leuchtstoffpunkte des Bildschirms.
Auch hier ändert sich bei Ablenkung des Strahlenbündels an der Zuord-

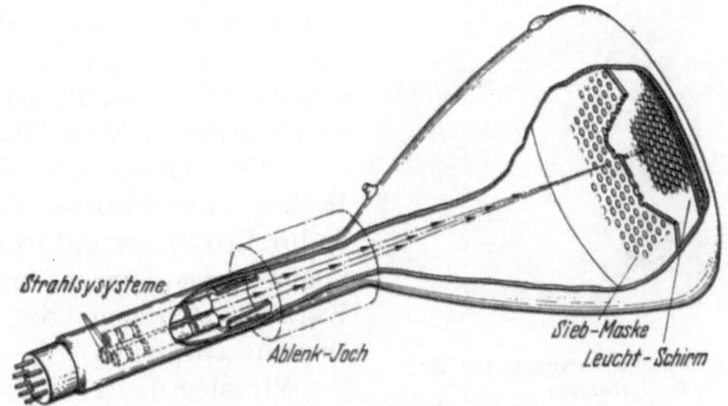

Abb. 317. Dreifarbenröhre der RCA mit 3-Strahlsystemen.

nung nichts, wenn — das ist die große technologische Leistung dieser Entwicklung — Lochblende und Leuchtschirm mechanisch richtig einander
zugeordnet sind.

Die schematische Ansicht einer solchen Röhre zeigt Abb. 317, die
äußere Ansicht Abb. 318 und die wichtigsten Bauteile des Schirmes

Abb. 319. Solche Röhren werden heute als 16- bzw. 20-Zollröhren gebaut mit nicht weniger als 195 000 Blendenlöchern, entsprechend 585 000 Farbpunkten. Die Blendenlöcher haben dabei einen Durchmesser von 0,2 mm, ihr gegenseitiger Abstand liegt bei 0,5 mm, und der Abstand der Lochblende zum Leuchtschirm beträgt etwa 9 mm.

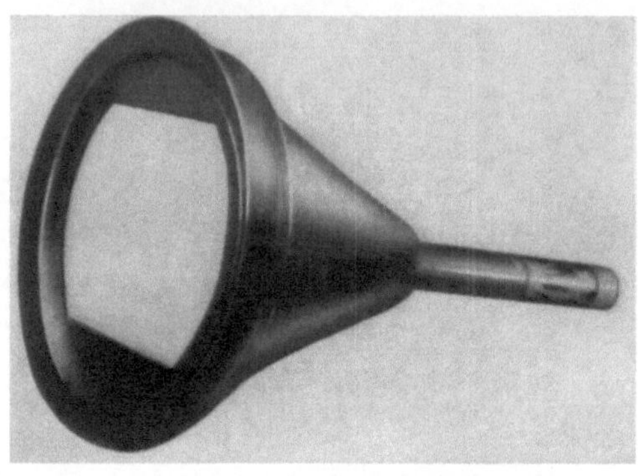

Abb. 318. Ansicht der RCA-Dreifarbenröhre.

Zur Erreichung ausreichender Helligkeiten werden die Röhren mit Anodenspannungen von 20 kV betrieben, da ein erheblicher Teil des Strahlstromes natürlich auf die Lochblende entfällt. Der elektrischen Belastung der Lochblende sind dadurch Grenzen gesetzt, daß durch die lokale Erwärmung die Gefahr des Verziehens und damit eine Störung der Farbdeckung besteht. Durch besondere schaltungstechnische Maßnahmen wird sichergestellt, daß bei Ablenkung des Strahlenbündels die Lage des Überkreuzungspunktes in der Lochblende erhalten bleibt.

Bei der Verwendung einer solchen Dreistrahlröhre in Verbindung mit einem Empfänger nach Abb. 314 steuert man die drei Gitter der Strahlsysteme gemeinsam mit dem Helligkeitskanal; man würde so ein Schwarz-Weiß-Bild erhalten. Man erteilt nun den drei Farben verschiedene Gewichte dadurch, daß man mit jeder Komponente des Farbenkanals eine Kathodensteuerung der Strahlsysteme vornimmt.

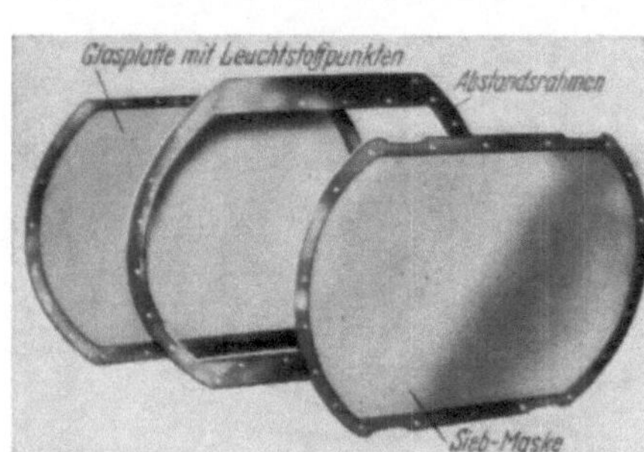

Abb. 319. Die wichtigsten Bauelemente der RCA-Dreifarbenröhre.

Wir sehen davon ab, die grundsätzliche Möglichkeit einer Einstrahlröhre zu schildern (ausgehend von Abb. 315 unten), die naturgemäß kein Simultanverfahren, sondern nur ein Punktfolgeverfahren gestattet. Es sei nur angedeutet, daß der normalen Ablenkung eine Vorablenkung des Strahles überlagert wird, die dafür sorgt, daß er nacheinander die Lage der drei Strahlen der Dreistrahlröhre annimmt.

Wir haben uns bemüht, die wesentlichen Gesichtspunkte herauszuschälen, die der Entwicklung der modernen Farbfernsehverfahren zugrunde liegen, möchten aber nicht verfehlen, nochmals darauf hinzuweisen, daß ganze Problemkreise nicht zur Sprache gekommen sind. Hierzu gehört u. a. das sehr bedeutende Kapitel der Gradation der Abtaster, denn es leuchtet unmittelbar ein, daß Gradationsfehler zu Farbverfälschungen führen, und es ist auch nichts darüber gesagt, welche Möglichkeiten bestehen, mit dem Deckungsproblem auf der Abtasterseite fertig zu werden. Es ist zweifellos so, daß der ganze Entwicklungsdruck auf der Lösung des Empfängerproblems gelegen hat, und man kann wohl sagen, daß das derzeitig geübte Verfahren, für die drei Farbauszüge getrennte Abtaströhren bei optischer Aufspaltung in die drei Farbkomponenten unter Inkaufnahme der Deckungsschwierigkeit zu benutzen, noch nicht als Lösung bezeichnet werden kann. Ebenso sind die zusätzlichen Maßnahmen, die erforderlich sind, um den Farbenträger auf der Empfängerseite mit dem Farbenträger auf der Geberseite in Tritt zu halten, nicht erörtert.

R. Fernsehen in Amerika.

Von C. G. Mayer, London.

Mit 21 Abbildungen.

Wachstum des Fernsehens. Im Laufe der vergangenen fünf Jahre ist die Welt Zeuge geworden von dem Wachstum einer Industrie, die mit vitaler Kraft dem sozialen und wirtschaftlichen Leben der amerikanischen Nation einen ungeheuren Impuls gegeben hat, wie es nie zuvor ein anderes Handelsunternehmen vermocht hat. So gibt es heute 109 Fernsehstationen mit täglich regelmäßiger Sendezeit, in einigen Fällen mit mehr als 100 Stunden in der Woche festgesetztem Programm für etwa 15 Millionen Haushalte. Diese Stationen versorgen etwa 60% der Familien in Amerika, das ist eine Zuschauerschaft von ungefähr 90 Millionen. Die meisten Zuschauer können zwischen zwei Programmen wählen, während einige Hauptstädte bis zu 7 Kanäle zur Verfügung haben. Hinzuzufügen ist noch, daß etwa 70 Theater für Großprojektion ausgerüstet sind. Das Fernsehnetz ist von Küste zu Küste — von New York nach San Franzisko und Hollywood — fertiggestellt, wodurch eine Verbindung für die Teilnahme über Land geschaffen ist, die das gleiche Programm sowohl von den Ufern des Atlantik wie auch des Pazifik sichtbar macht. Das Übertragungsnetz soll weiter ausgedehnt werden, um auch die Staaten außerhalb des Bereichs eines Senders zu versorgen.

In Amerika geht der jährliche Umsatz jetzt schon über mehr als eine Milliarde Dollar für Fernsehausrüstung hinaus, und man braucht nur in die Statistiken der Handelsjournale zu sehen, um die ungeheure Fertigungsskala der Radioindustrie für Verteidigungszwecke wie auch den zivilen Sektor zu erkennen. Weiter weist der Betrieb von Stationen und Anlagen jetzt schon einen Nutzen auf, wobei das Einkommen aus Reklame etwa 300 Millionen Dollar im Jahre 1951 betrug. Alles dies ist durch die frühzeitige Festsetzung von Normen möglich geworden, was der Industrie ermöglichte, ein hochwertiges Fernsehen schnell in die Praxis zu bringen zu einem Preis, den das Publikum sich leisten kann, ohne fürchten zu müssen, daß die Empfänger rasch veralten.

Die RCA hat mehr als 50 Millionen Dollar für Fernsehforschung und Entwicklung eingesetzt, und dank eines freizügigen Gebarens und weitmöglichstem Gebrauch der Ingenieurentwicklung durch die Konzernpolitik wurde die Fernsehindustrie geboren. Patente und Erfindungen wurden auf dem Wege von Lizenzen zu mäßigen Sätzen an Konkurrenzfirmen vergeben und die technischen Vorgänge der Empfängerherstellung vorgeführt.

Angaben für die Herstellung von Typen wurden mit technischen Daten durch die RCA Industry Service Laboratories herausgegeben. Es gibt jetzt ungefähr hundert Firmen für die Herstellung von Fernsehempfängern und eine radio-elektronische Industrie mit einer Beschäftigtenzahl von über einer halben Million.

US-Normen. Die Hauptpunkte der amerikanischen Norm sind in Abb. 320 angegeben. Sie wurden durch das National Television Systems Committee vorgeschlagen und durch FCC im Jahre 1941 angenommen. Alle Zweige der Industrie einschließlich Herstellerfirmen, Rundfunkgesellschaften und sachverständigen Ingenieuren wurden durch das NTSC vertreten. 1945 wurden die Normen nach einer sorgfältigen Überprüfung nochmals bestätigt, und es ist anzuerkennen, daß die Programme, die auf Grund dieser Normen aufgebaut wurden, weitgehende und freudige Aufnahme durch das amerikanische Publikum gefunden haben.

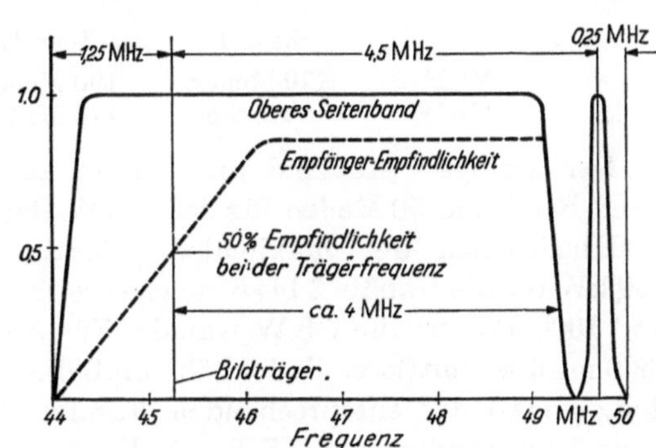

Abb. 320. Amerikanische Fernsehnorm.

Frequenzzuteilung. Viele Jahre vor der Einführung des Fernsehens wurde die Notwendigkeit erkannt, eine Wellenverteilung zur Vermeidung von Störungen vorzunehmen. Dies führte zur Gründung der Federal Radio Commission, die später die Federal Communications Commission wurde. Der „Communications Act" von 1934 verlangt, daß die Antragsteller für Sendelizenzen gesetzlich, technisch und finanziell ihre Befähigung nachweisen müssen und ihre Betätigung dem öffentlichen Interesse dient. Die Anforderung nach Fernsehkanälen wuchs so schnell an, daß die Kommission sich schwierigen Zuteilungsproblemen bei der Lizenzierung von Stationen gegenüber sah.

1937 wurden für das Fernsehen dreizehn Kanäle vorgesehen, jeder mit einer Bandbreite von 6 MHz in zwei Frequenzbändern zwischen 44 bis 216 MHz. Später wurde der unterste Kanal für andere Zwecke vorgesehen, so daß augenblicklich zwölf Kanäle für den Fernsehrundfunk zur Verfügung stehen.

Der „Eingefrorene Zustand". Bis zum September 1948 wurden diese Kanäle auf der Basis einer geographischen Trennung von etwa 150 Meilen zwischen Stationen verteilt, die auf der gleichen Frequenz mit der höchst-zulässigen Leistung senden. Die Praxis zeigte aber bald, daß die Einwir-kung der troposphärischen Ausbreitung vornehmlich während gewisser Zeiten im Jahr oftmals zu Störungen im Empfangsbild führten, wodurch der Wirkungsradius des Senders eingeschränkt wurde. Diese Verhältnisse führten zu einer Einstellung weiterer Lizenzerteilung an Stationen, bis die Situation genügend erforscht sein würde. Damit folgte eine Etappe, die als „freeze" — „Eingefrorener Zustand" — angesehen wurde.

Inzwischen hat die FCC das Ende des „Eingefrorenen Zustandes" erklärt und am 14. April 1952 den „Final Allocations Report" heraus-gegeben. Geringster Abstand für gleiche Kanäle wurde auf einer Basis von drei geographischen Zonen wie folgt festgesetzt.

	Zone I	*Zone II*	*Zone III*
VHF	170 Meilen	190 Meilen	220 Meilen
UKW	155 Meilen	175 Meilen	205 Meilen

Der geringste Abstand anliegender Kanäle ist 60 Meilen für das VHF-Band und 50 Meilen für das UKW-Band in allen Zonen.

Hinsichtlich der maximalen effektiven Strahlungsleistung sind 100 kW für die Kanäle 2 bis 6 zugelassen, 316 kW für die Kanäle 7 bis 13 und 1000 kW für alle UKW-Kanäle. Für Antennen mit mehr als 2000 ft (660 m) über mittlerer Bodenhöhe muß die Sendestärke verkleinert wer-den, gemäß der entsprechenden Formel. Eine Ausnahme besteht in Zone I für Sender im VHF-Band, die ihre Sendestärke unter das Maxi-mum herabsetzen müssen, wenn ihre Antennenhöhe 1000 ft (330 m) überschreitet.

Bei „Off-set"-Trägereinsatz ist ein „Offset" von 10 KHz Vorschrift.

Abb. 321. Störstreifen, hervorgerufen durch Interferenz zwischen nicht synchron arbeitenden Sendern.

„Offset"-Träger. Mehrere Methoden wurden vorgeschla-gen, um den Sicht-effekt von Störun-gen auf dem gleichen Kanal zu vermin-dern. So entwickelte sich die Technik des „Offset"-Trägers, die zuerst von der RCA 1949 vorge-führt wurde. Unter-suchungen zeigten, daß die [Streifen („venetian blind",

Abb. 321), hervorgerufen durch Interferenz zwischen nicht synchron arbeitenden Sendern, auf dem gleichen Kanal weniger bemerkt wurden, je mehr die Zahl der Streifen erhöht wurde. Es wird daraus geschlossen, daß bei Wahl der Differenzfrequenz zwischen den zwei Trägern von genau der halben Zeilenfrequenz die Schwebungsfiguren bei normalem Betrachtungsabstand nicht zu sehen sind. In der Verfolgung dieser Ansicht wurden ausgedehnte Versuchsreihen angestellt und subjektive Versuche mit einer großen Anzahl von Beobachtern durchgeführt.

Ergebnisse zeigen an Hand von Abb. 322, daß mit zunehmender Differenzfrequenz zwischen den Trägern die Verbesserung bei der Hälfte der Zeilenfrequenz ein Maximum erreicht, bei der Zeilenfrequenz kleiner ist und bei der $1^1/_2$fachen Zeilenfrequenz wieder einen günstigen Wert annimmt.

Aus dieser Überlegung wird ersichtlich, daß in einer Situation, in der drei Stationen beteiligt sind, die eine auf der Sollfrequenz steht, die andere einen Abstand von der halben Zeilen-

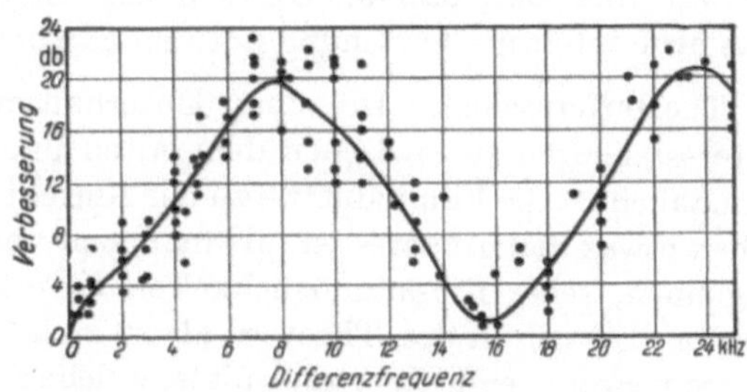

Abb. 322. Abhängigkeit der Störung nach Abb. 321 von der Differenzfrequenz der Träger interferierender Sender.

frequenz darüber, die dritte eine Abweichung von $^1/_2$ nach unten haben kann. Eine solche Verteilung würde aber keine Verbesserung für die Interferenz zwischen den Stationen 2 und 3 bedeuten, weil sie einen Trägerunterschied von der Größe einer Zeilenfrequenz haben würden. Diese Schwierigkeiten können aber überwunden werden, wenn man ein „Off-set“ von $^2/_3$ annimmt, was einer Frequenzverschiebung von 10,5 kHz entspricht. Nach der Kurve ergibt dies eine Verbesserung von etwa 15 db. Die Frequenzdifferenz zwischen den Stationen 2 und 3 ist jetzt 21 kHz mit einer Empfangsverbesserung von wiederum 15 db. Es mag bemerkt werden, daß die Frequenzverschiebung so gering ist, im Vergleich zur gesamten ausgestrahlten Bandbreite, daß die Empfängerabstimmung davon nicht berührt wird.

Eine Anzahl von Stationen auf gleichem Kanal arbeiten jetzt nach dieser Methode erfolgreich im östlichen Teil der USA. Diese Technik erweist sich auch als wertvoll für die regionale Wellenverteilung von Westeuropa, wo eine große Anzahl wichtiger Städte eng zusammen gruppiert ist.

Ultrahohe Frequenzen. Trotz des so erreichten Vorteils wurde es bald klar, daß wegen des vermehrten Bedarfs nach Programm die Zahl der

ursprünglich geplanten Stationen vielmals erhöht werden mußte. Im
März 1952 existierten ungefähr 480 neue Lizenzanträge an die FCC. Das
angrenzende Frequenzgebiet war bereits für andere Dienste vorgesehen,
und das nächste für Fernsehfunk zur Verfügung stehende lag im UKW-
Gebiet von 475 bis 940 MHz — in Übereinstimmung mit der „Atlantic-
City-Konferenz" 1947. Mit der Hinzunahme eines Teiles dieses Bandes
IV wird eine Gesamtsumme von etwa 83 Kanälen für das Fernsehen
verfügbar sein, wobei etwa 2000 Stationen vorgesehen sind. Jedoch wurde
es notwendig, zahlreiche Probleme der Lösung näherzubringen, bevor
Kanäle in diesem Frequenzband eingesetzt werden können, so z.B. die
Entwicklung von Spezialröhren für dieses Frequenzgebiet und das Stu-
dium der Ausbreitungscharakteristik über verschiedenen Bodenarten.
Es war aber klar, daß das UHF-Gebiet aufgeschlossen werden mußte,
was neue intensive Forschung notwendig machte.

Theaterfernsehen. Auf dem Unterhaltungsgebiet ist ein ernster
Interessengegensatz zwischen dem Alten und Neuen aufgetreten, aber
allmählich ist die Filmindustrie zu der Ansicht gekommen, daß das Fernsehen etwas viel größeres ist, als man sich vorstellte, und man hat nun
begonnen, seine Einsatzmöglichkeiten zu erforschen. Fernsehgroßprojektion hat sich in den Theatern als so anziehend erwiesen, daß bereits
einige vorkommende Sportereignisse, welche normalerweise für die breite
Masse frei gesendet wurden, besonders für die Theatersendung gegen
Bezahlung zurückgehalten wurden. Es wird lediglich eine Sache der Zeit
sein, bis ausgearbeitete Programme lediglich für Theaterunternehmer
hergestellt werden. Das Theaterfernsehen hat sich ebenfalls als deutlicher
Erfolg für Massenunterweisung, Belehrung und Erziehung der Freiwilli-
gen der zivilen Verteidigung erwiesen. Ob die Programme zu den Theatern durch Koaxialkabel übertragen werden, durch Richtstrahlrelais oder
durch Anwendung eines Films, wird von den jeweiligen Umständen
abhängen. Angaben des FCC über das allgemeine Gebiet des Theaterfern-
sehens werden für die nahe Zukunft erwartet.

Schulfernsehen. Fernsehen wird ebenfalls führend auf anderen Gebieten. Lehrer und Erzieher suchen nach Zuweisung freier Frequenzen lediglich für Unterrichtszwecke, und in einigen Teilen des Landes gibt es
Stationen, welche in Gemeinschaftsarbeit mit den örtlichen Schulauf-
sichtsstellen besondere Programme senden, die mit dem Arbeitsstoff der
Schule in Einklang gebracht worden sind. Wie auch die Entwicklung
wird, so ist es sicher, daß das Fernsehen eine unersetzliche Hilfe im
Klassenunterricht abgeben wird auf Grund des bewährten Wertes einer
gutgeplanten visuellen Unterweisung.

Industrielles Fernsehen. Auf dem industriellen Gebiet wurde das
Fernsehen eingesetzt, um vorhandene Bereichsanlagen zu vervollkomm-

nen. Diese Anwendung wurde durch die erfolgreiche Entwicklung der kleinen „Vidicon“-Kameraröhre (RCA) ermöglicht. Nur wenig größer als eine gute Zigarre besitzt die Röhre hohe Empfindlichkeit, geringes Gewicht und hohe Auflösung (s. S. 68), was sie für manche industrielle, medizinische und militärische Anwendungen geeignet macht. Sie wurde eingesetzt zur Überwachung chemischer Vorgänge, die lebensgefährlich sind, als ein Mittel der Produktion, durch Übertragung von Vorgängen fabrikatorischer Art zu einem zentralen Beobachtungspunkt sowie zur Fernkontrolle von Meßinstrumenten und Indikatoren und andere Zwecke. Wo es möglich ist, geschlossene Stromkreise mit Koaxialkabeln für die Übertragungen zu verwenden, ist keine Lizenz notwendig.

Die industrielle Ausrüstung (Abb. 323) benutzt eine kleine Kamera von etwa 3,6 kg Gewicht, die mit einem ungefähr 150 m langem Kabel an ein Fernsteuergerät von etwa 26 kg Gewicht angeschlossen wird, von wo aus sowohl die Brennweite als auch die elektrische Justierung der Kamera gesteuert

Abb. 323. Kamera mit Vidiconröhre.

werden kann. Das übertragene Bild besteht aus normal 525 Zeilen mit 30 Bildwechseln im Zwischenzeilenverfahren, so daß zusätzlich mit dem Taktgeber einige gewöhnliche Heimempfänger für die Betrachtung benutzt werden können. Diese Ausrüstung ist ebenso mit Erfolg für den Unterricht und die Vorführungen von chirurgischen Operationen eingesetzt worden und gestattet, daß Gruppen von Studenten gleichzeitig das Okularbild eines Mikroskops sehen können. So ist es möglich geworden, die menschliche Sicht über die normale Beobachtungssphäre zu erweitern, durch die Benutzung von Röhren, die im ultravioletten und im infraroten Spektrum empfindlich sind. Die elektrische Schaltung erlaubt es, den Kontrastbereich für das Prüfobjekt zu erweitern, so daß es möglich wird, dieses deutlicher auf dem Schirm zu beobachten als normalerweise mit einem Lichtmikroskop.

Dieses Beispiel zeigt, daß das Fernsehen nicht bloß eine Erweiterung des Rundfunks ist. Es setzt uns mit seinen Mitteln in die Lage, die physiologischen Grenzen des Auges zu erweitern und die Sicht über unseren engen Horizont hinaus auszudehnen. Fernsehen in Verbindung mit elektronischen Zählern unterstützt auch die medizinische Wissenschaft beim Zählen von Zellen, wie Krebszellen und roten Blutkörperchen. Diese und andere Arbeiten der Technik sind für das Wohlergehen der Menschheit entwickelt worden.

Geringes Volumen und Einfachheit macht das Vidicon auch für die Anwendung in der Farbkamera und in Flugausrüstungen geeignet. Das industrielle Fernsehen wird im Lebensablauf eines Landes von ebenso großem Wert sein wie der Fernsehrundfunk an sich.

Der Heimempfänger. Wie bekannt, ist in den USA keine Lizenz für den Ankauf oder die Benutzung solcher Geräte notwendig, und in manchen Gegenden hat der Fernsehteilnehmer sogar die Auswahl von mehreren Programmen. Daher ist für alle zwölf Fernsehkanäle Abstimmöglichkeit vorgesehen. Ein moderner Empfänger verwendet 23 Röhren mit Einschluß von drei Gleichrichtern, im Vergleich zu 30 Röhren im Empfänger von 1946. Technischer Fortschritt, bedingt durch Konkurrenz, hat rasch beim Publikum den Wunsch nach größeren Bildern geweckt, und während der letzten 5 Jahre ist das Schirmbild von bescheidenen 56 Quadratzoll oder 10 Zoll (25 cm) Bildröhre auf 17 Zoll Durchmesser angestiegen, wobei Bilder von mehr als dem dreifachen Flächenwert entstehen. Noch größere Bildröhren von 19, 21, 24 und etwa 30 Zoll Durchmesser stehen zur Verfügung. Heimempfänger der Projektionstype sind nicht populär geworden — nur wenige Hundert wurden gekauft (s. a. S. 259).

Abb. 324. Schirmbildröhre mit Metallgehäuse.

Bildröhre mit Metallgehäuse. Eine noch laufende Entwicklung erstrebt den Übergang von der Glaskonstruktion auf Metallgehäuse. Die Metallkonstruktion hat beträchtliche Vorteile in geringeren Kosten, Fortschritten in der Herstellungszeit und im Gewicht. Zu beachten ist auch (Abb. 324) die bessere Bauart der Elektronenquelle, die Verbesserung der Ablenkungskreise und der Leuchtstoffe. Eine nutzbare Helligkeit von 250 bis 500 Apostilb ist normal und liefert flimmerfreie, gute Kontrastbilder bei durchschnittlichen Beleuchtungsverhältnissen der Umgebung. 1951 wurden mehr als $5^1/_2$ Millionen Schirmbildröhren aller Art durch die amerikanischen Röhrenhersteller gefertigt. Ein weiterer Vorteil dieser Bildröhren ist der erhöhte Ablenkungswinkel (nahezu 70 Grad), der aus einer erheblich kürzeren Gesamtlänge resultiert. Die rechtwinklige Form mit einer Frontplatte aus neutralem Filterglas von zylindrischer Form und die einfache Ionenfalle werden hier benutzt, die nur ein einziges äußeres Magnetfeld benötigt.

Einige der neuesten Bildröhren haben elektrostatische Fokussierung mit niederer Spannung und magnetische Ablenkung, um damit knappe Materialien durch Ausschaltung der Fokussierungsspule bzw. -magneten einzusparen. Bei dieser Anordnung kann die Spannung für die Fokussierelektrode durch einen Abgriff von der Gleichstromniederspannungsquelle des Empfängers abgenommen werden, wodurch die Brennweite automatisch erhalten bleibt, unabhängig von Spannungsschwankungen und der Justierung der Bildhelligkeitsänderung.

Verbesserungen der Empfängerschalttechnik. Vieles ist weiterhin unternommen worden, um die Leistung der Empfänger zu verbessern. Die letzten Serien der RCA verwenden Kreise mit Gitterbasis-Schaltung, bisweilen „Cascode" genannt, mit dem Zweck, die Vorteile neu entwickelter Röhren, wie z. B. der Doppeltriode der Type 6 BQ 7, mit geringen Rauschwerten auszunutzen. Dieser Vorteil in Verbindung mit der Benutzung von Ferritkernen in abgestimmten Kreisen gibt eine wesentliche Steigerung der Gesamtempfindlichkeit und führt zu einer Verbesserung von etwa 6 db im Signal-Rausch-Verhältnis. Die besseren Empfänger ermöglichen Empfang von guter Qualität sogar in Randgebieten und schwierigen Gebieten, die man früher für nicht erfaßbar hielt.

Hochspannungsquelle. Die amerikanischen Empfänger verwenden allgemein den horizontalen Rücklauf (*kick back*) des Kathodenstrahls, um die Hochspannung zu erzeugen, die für die Bildröhre nötig ist (s. S. 267). Die Benutzung von magnetischen Ferriten gestattet es, wirksame Ablenkspulen und Transformatoren zu bauen, die vernachlässigbare Verluste besitzen, und ermöglicht die Verwendung von billigen Röhren zur Steuerung der großen Ablenkenergie, die von den neuzeitlichen Bildröhren gefordert wird. Abgesehen von den wirtschaftlichen Vorteilen dieser Methode hat sie außerdem den Vorteil, eine ausreichende Filterung bereits mit kleinen Filterkondensatoren zu ermöglichen, wobei Zufälligkeiten, wie gelegentliche Spannungsstörungen, reduziert werden.

Negative Modulation. Wie bekannt, benutzt sowohl die amerikanische wie auch die europäische Norm negative Modulation für das Bild und Frequenzmodulation für den Tonkanal. Bei negativer Modulation fällt der Träger niemals auf Null ab; da außerdem die Synchronisierungssignale durch den Spitzenwert der Trägeramplitude hergestellt werden, enthält das Empfangssignal immer einen Bezugspegel, der in einfacher Weise ermöglicht, automatischen Schwundausgleich einzubauen. Bei Positivmodulation ist kein Bezugspegel für den Träger vorhanden, was den Empfänger umständlicher gestaltet, da er solch einen Pegel durch Messung des Schwarzwertes in einem Augenblick bestimmen muß, wenn weder das Synchronisier- noch das Bildsignal vorhanden ist.

Außerdem treiben bei Negativmodulation Störspannungen das Gitter der Bildröhre zum Nullwert, was sich als schwarze Stellen im Bild äußert. Bei Positivmodulation wird das Gitter auf den Nullwert der Vorspannung getrieben, was sich in verbreiterten hellen Flecken äußert. Die Erfahrung hat gezeigt, daß diese weißen Flecken, selbst bei Empfängern, die mit Begrenzerdioden ausgerüstet sind, um die Einflüsse der Defokussierung zu verkleinern, beim Auftreten von Störungen unerträglich sind, während schwarze Flecken, die bei der Negativmodulation auftreten, kaum unangenehm bemerkt werden.

Automatische Spannungsreglung. Automatische Spannungsreglung ist bei einem Empfänger wichtig, wenn verschiedene Programme von einer Anzahl von Sendern zur Verfügung stehen, deren Signalstärke erheblich schwankt. Verbesserungen in der Beschaltung haben den Einfluß von „Flugzeugflattern" zum Verschwinden gebracht, das durch Überfliegen der Umgebung eines Empfängers hervorgerufen wurde. Man konnte dies erreichen durch Erniedrigung der Zeitkonstante des Stromkreises auf einen Wert, der einen fast gleichmäßigen Signalpegel am Videodetektor des Empfängers aufrechterhält, unabhängig von den Schwankungen des Signaleingangswertes, bedingt durch gelegentliche Reflektionen an vorüberziehenden Flugzeugen. Bei solchem Vorgehen wird eine positive Synchronisation des Bildes in keiner Weise beeinflußt.

„Intercarrier"-Ton. Die Annahme von negativer Bildmodulation mit FM-Ton führt weiter zu anderen Vorteilen, nämlich der Entwicklung des Systems, das als „Intercarrier"-Ton bekannt ist, bei dem der übliche

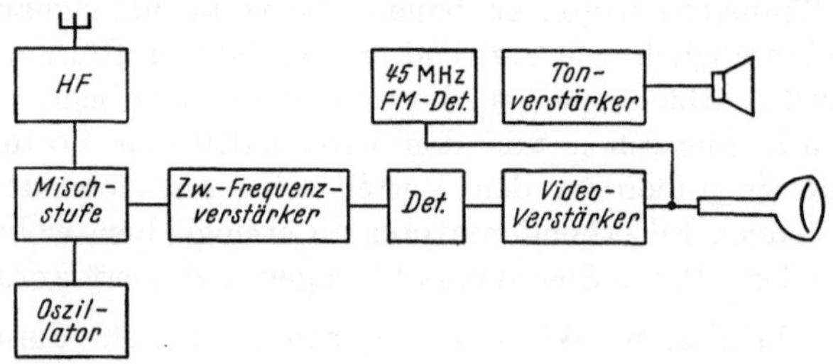

Abb. 325. Fernsehempfänger mit Intercarrier-Schaltung.

Zwischenfrequenzverstärker für den Tonkanal entbehrt werden kann (Abb. 325). Der Bild- und Tonträger werden in einem gemeinsamen Zwischenfrequenzverstärker im Empfänger verstärkt, worauf sie dann durch den Bilddetektor demoduliert werden. Die beiden Träger interferieren miteinander, wobei sie im Falle der amerikanischen Norm ein Signal von der Frequenz 4,5 MHz erzeugen, das als Differenz der Bild- und Tonträgerfrequenzen entsteht. Dies wird auf dem ursprünglichen Tonträger frequenzmoduliert. Nach einer weiteren Verstärkung wird das Bildsignal von dem frequenzmodulierten Zwischenträger abgetrennt; es gelangt dann zur Bildröhre, während die Schwebungsfrequenz wie ein übliches FM-Signal behandelt wird, das dann zum Lautsprecher gelangt.

Die Mehrzahl der Empfänger, welche heute in den USA hergestellt werden, benutzt diese Methode wegen der geringen Herstellungskosten und weil sie gestattet, Mängel bei älteren Empfängern in bezug auf Stabilität, Brumm-Modulation und Mikrophoneffekt des eingebauten Oszillators auszuschalten. Ein hochstabilisierter Oszillator wird nicht weiter benötigt, da die Differenzfrequenz von 4,5 MHz mit hinreichender Genauigkeit am Sender aufrechterhalten wird. Da beide Träger die gleichen Schwankungen besitzen, wird die Zwischenträgerfrequenz am Empfänger nicht durch irgendeine Abweichung der eigenen Oszillatorfrequenz beeinflußt; und daher ist in einigen Empfängern dieser Art keine Vorrichtung zur Feinabstimmung vorgesehen.

Die hauptsächlichen Entwicklungsaufgaben des Empfängerbaus beziehen sich in erster Linie auf Ausgleich der Tonverzerrungen, die durch Amplitudenvariation der Schwebungsfrequenz am zweiten Detektor entstehen und auch durch das gelegentliche Auftreten eines 60-Periodentons im Tonausgang. Diese Schwierigkeiten können durch sauberen Aufbau des FM-Tonkreises gemindert werden, und dadurch, daß man das 4,5-MHz-Tonsignal direkt vom zweiten Detektor nimmt, um eine Übersteuerung des Bildverstärkers zu vermeiden.

Saubere Senderüberwachung ist ebenfalls notwendig, um ein Abreißen des Bildträgers auf „Weiß" zu vermeiden. Man glaubte, daß der Einfluß von Phasen- oder Frequenzmodulation des Bildträgers erheblich wäre, jedoch hat sich durch Versuche gezeigt, daß Sender, die etwa 10 Grad Phasenveränderung haben, in hochwertigen Empfängern eine sehr gute Tonqualität liefern. Ebenfalls konnte gezeigt werden, daß Empfänger mit „Intercarrier" bessere Leistungen ergeben beim Auftreten von Störungen auf benachbarten Kanälen, weil sie Amplitudenmodulation leichter unterdrücken.

Frequenzmodulation im Tonkanal liefert die gleichen Vorteile zur Verkleinerung der Störeffekte und zur Herstellung einer besseren Gebietsversorgung bei einer gegebenen Senderstärke, wie es sich für hochfrequente Tonsendung bewährt hat.

Nichtsynchrone Arbeitsweise. Es wurde mit der Zeit immer dringlicher, das Fernsehen unabhängig von der Netzfrequenz zu machen. Es gibt Situationen in Überlandzentralen, die sich über Staaten oder Länder ausdehnen, wo nichtsynchrone Energiequellen an verschiedenen Punkten des Systems zum Einsatz kommen. Außerdem werden tragbare gasgetriebene Generatoren für Empfangszwecke eingesetzt, die im allgemeinen nicht mit den verschiedenen Energiequellen synchronisiert sein können, welche Sender und Empfänger speisen. Da die mögliche Störung in der Kamera, im Bildverstärker, im Sender oder in Richt- oder Kabelrelaisstationen entstehen kann, wurde es notwendig, die Störung bis zu einem Grade herabzudrücken, bei dem das System unabhängig betrieben werden kann, damit ein vollbefriedigender Dienst unter allen Umständen gewährleistet wird.

Die Einbeziehung nichtsynchroner Arbeitsweise in die Planung bringt keine merklichen Störungen, und auch die Kosten der Anordnung werden dadurch kaum beeinflußt. Die hauptsächlichsten Maßnahmen bestehen darin, in allen Kreisen ausreichende Filterung vorzusehen und in wirksamer Weise die Bildröhre und Bauteile des Empfängers gegen das magnetische Feld des Netztransformators abzuschirmen. Diese Arbeitsmethode führt auch zu der Möglichkeit, die Bildfrequenz gegen die Zeilenfrequenz zu verriegeln.

Heute arbeiten nichtsynchronisierte Empfänger befriedigend bei der US-Norm von 60 Bildern in Gebieten wie Kalifornien, Kanada und Brasilien, in denen die Frequenz der energieliefernden Zentrale vollkommen verschieden ist von dem Wert der Fernsehbildwechselzahl.

Mit einer Bildwechselfrequenz von 60 Hz und unter Einsatz von Bildröhren mit brauchbaren Leuchteigenschaften kann eine Helligkeit bis zu 1000 Apostilb ohne beträchtliches Flimmern erreicht werden. Auf diese Weise erhält man Bilder mit gutem Kontrast, die auch in Räumen mit normaler Beleuchtung gut empfangen werden, während bei einem Bildwechsel von 50 Hz das auftretende Flimmern erforderlich macht, die Helligkeit unter dem Wert von 200 Apostilb zu halten.

Die Verwendung von Bildröhren mit Phosphoren mit längerer Nachleuchtdauer soll diesen Übelstand ausgleichen. Diese Zeitspanne darf aber nicht zu lang sein, da andernfalls ein Verwischen des Bildes bei bewegten Bildern und Gegenständen eintreten kann. Wenn die Bildfrequenz gering ist, treten noch andere Effekte auf, besonders bei größerer Bildhelligkeit. Zwischenzeilenfehler bemerkt man bei vertikaler oder diagonaler Bewegung im Fernsehbild, beispielsweise, wenn die Bildkamera nach oben oder unten mit bestimmter Geschwindigkeit geschwenkt wird. Dieser Fehler ist nicht durch das elektrische System bedingt, sondern hat seinen Grund in optischen und geometrischen Effekten, die aus der Zeitdifferenz der Teilraster in einem Zwischenzeilensystem entstehen. Bei dem gegenwärtigen Stand, nichtsynchron zu arbeiten, sind diese Begrenzungen hinfort weder eine technische noch ökonomische Notwendigkeit.

Fernsehnormen. Es ist jetzt nicht an der Zeit, über die notwendige Frage einer Fernsehnormung für die ganze Welt zu diskutieren. Es sollte der Verantwortlichkeit der Ingenieure überlassen bleiben, den besten Kompromiß zu finden. Dabei aber sollten nicht den Beteiligten Grenzen gesetzt und künftige Entwicklungsmöglichkeiten nicht unterbunden werden. Unsere Entwicklungsarbeiten, auf beträchtliche Erfahrungen gestützt, lassen außer Zweifel, daß die amerikanische Norm die optimale Wahl für einen Fernsehrundfunk in der Welt darstellt.

Übergang von Norm zu Norm. Der Umstand, daß mehr als ein Normsystem vorhanden ist, bringt die Notwendigkeit mit sich, Bildsignale von einem Normsystem auf ein anderes zu übertragen, das eine unterschiedliche Zeilen- und Bildzahl hat.

Eine Methode besteht im Aufzeichnen des Programms mit darauffolgender Neusendung. Die Technik dafür ist gut bekannt, und obwohl sie umständlich ist, kann sie vernünftige Ergebnisse bei Einsatz der Filmtechnik erzielen. Zeilenstörmuster kann man durch ein Verfahren vermeiden, das man „Zeilenverbreiterung" nennt. Eine Methode, um dies ohne größeren Verlust in der Bildauflösung zu erreichen, besteht darin, daß man dem Aufzeichnungsstrahl der Bildröhre ein geringes HF-Vertikalfleckwobbeln aufdrückt.

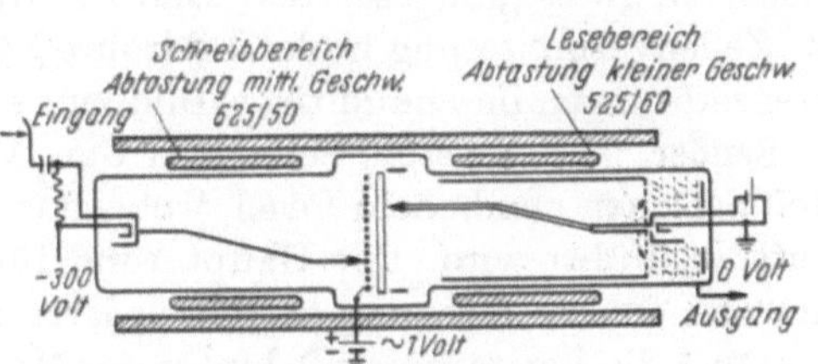

Abb. 326. Graphechonröhre als Bildwandler zwischen verschiedenen Fernsehnormen. Lesebereich nach dem Image-Orthicon-Prinzip.

Der Einsatz von Film verlangt jedoch große Sorgfalt, um Verzerrungen zu vermeiden, und die Erfahrung hat gezeigt, daß bei der Art der Filme, die heutzutage zur Verfügung stehen, eine geringe Verschlechterung im endgültigen Bild bereits dem photographischen Prozeß zuzuschreiben ist.

Die Entwicklung von Einrichtungen zur elektrischen Speicherung hat zur Entwicklung von Wandlermethoden geführt, bei denen eine optische Bilderzeugung vermieden werden kann. Die Graphechonröhre der RCA ist eine Anordnung, die diesem Zweck dient (Abb. 326). Ein „Ladungsbild" wird auf einen Schirm durch einen vom Bildsignal gesteuerten „Schreibstrahl" geschrieben, dieses wiederum kann durch einen „Lesestrahl" abgelesen werden, um damit Bildsignale nach der neuen Norm zu erzeugen. Wenn aber die Normen sich auch noch in der Bildfrequenz unterscheiden, tritt eine dauernde Änderung in der relativen Phase der aufgezeichneten und wieder abgetasteten Bildpunkte auf, was zu unerwünschten niederfrequenten Flimmererscheinungen führt. Es sind auch andere Methoden vorgeschlagen worden, die das Prinzip der Speicherbildröhre zur Grundlage haben und lange nachleuchtende Phosphore zum Beseitigen des Flimmerns benutzen, jedoch sind heute noch nicht hinreichend befriedigende Lösungen zur momentanen Umsetzung der Norm für praktischen Einsatz gefunden worden.

Wenn die optische Zwischenabbildung nicht umgangen werden kann, weil etwa keine geeigneten Röhren zur Verfügung stehen, besteht die einfachste direkte Methode der Umwandlung von einer Norm in die andere mit verschiedener Zeilenzahl, aber mit der gleichen Bildzahl, daß man eine Bildröhre und eine Fernsehkamera verwendet. Eine Bildröhre mit einer langen Nachleuchtdauer wird in der Regel eine Kameraröhre mit genügender Speicherfähigkeit und maximaler Empfindlichkeit erfordern. Das Verhältnis Signal : Störspannung hängt von der Helligkeit der Bildröhre und der Empfindlichkeit der Kameraröhre ab, und es ist nicht leicht, ein gutes „umgesetztes“ Bild zu erhalten, das frei von Störungen ist. Zeilenverbreiterung in der Bildröhre kann man anwenden, um Interferenzstörungen im endgültigen Bild zu vermeiden.

Sender. Die meisten Sender in den Vereinigten Staaten benutzen Modulationen von hohem Pegel, wobei das Bildsignal der Endverstärkerstufe zugeführt wird. Der Hauptgrund für diese Wahl liegt darin, daß man nur die Hochfrequenzkreise der letzten Stufe breitbandig ausbilden muß und die Verstärkerstufe hinter der Modulation ein B-Verstärker sein kann. Außerdem können die vorhandenen Röhrentypen mit größerem Wirkungsgrad eingesetzt werden, und der Grad der Phasenverschiebung im Bildsignal ist geringer, wenn das Signal weniger Stufen nach der Modulation zu passieren hat. Bei einer Modulation mit geringem Pegel hat man es für nötig gefunden, Gegenkopplung anzuwenden, um die Phasenverschiebung in zulässigen Grenzen zu halten.

Weiter ist wichtig auf der Sendeseite, besonders bei nichtsynchroner Arbeitsweise, daß der Pegel der Brummspannung klein gehalten wird. In dieser Hinsicht sollten alle Sender so ausgelegt werden, daß sie eine Brummspannung haben, die besser ist als minus 45 db.

Je mehr Empfänger in den „Rand“-Gebieten eingesetzt werden, desto mehr tritt die Forderung auf, die Senderleistung zu erhöhen. Die Stationen arbeiten unter starken von der FCC auferlegten Beschränkungen, die zur Zeit die effektiv ausgestrahlte Senderleistung von einer Antenne mit einer Höhe von 500 Fuß (166 m) über mittlerem Gelände auf 100 kW (Kanäle im Band I) und auf 200 kW im Band III begrenzt. Es ist wahrscheinlich, daß im Band IV die effektive Strahlungsleistung bis auf einige 100 kW zugelassen wird. Kombinationen von Sendern, die verschiedene Ausgangsleistungen haben und mit verschiedener Antennen-

anordnung unterschiedlicher Wirksamkeit arbeiten, ermöglichen die beste
Auswahl in der Planung eines Fernsehrundfunks für eine beabsichtigte
Gebietsüberdeckung.

Antennen. Auf der Spitze des 425 m hohen Empire-State-Building
in der City von New York ist eine Antennenanlage errichtet. Fünf unabhängige Fernsehdienste, dazu eine Anzahl von frequenzmodulierten und
anderen Sendungen werden von dieser einzigen Stelle ausgestrahlt, und
zusätzlich zu sehr vielen anderen Vorteilen kommt nicht zuletzt der-
jenige, daß alle Empfangsantennen im Versorgungsgebiet nach einer
Richtung ausgerichtet werden können.

Der Hauptantennentyp, der für diese Installation gewählt wurde, ist
die sogenannte „Supergainantenne" (Abb. 116). Sie besteht in der
Hauptsache aus einem Dipol, der sich vor einem Schirm in der Breite
einer Wellenlänge befindet. Der Schirm kann an den vier Seiten der
Turmkonstruktion befestigt werden, um eine allseitige Feldverteilung
zu bekommen. Mit Strahlern, welche vertikal mit einem Nennabstand
von 0,9 Wellenlänge eingebaut sind, wird ein Energiegewinn von 11,5
mit vierzehn gestaffelten Schichten erzielt. Die Gesamt-
abmessungen sind natürlich durch die Betriebsfrequenz
bestimmt. Die Richtcharakteristik kann ferner in einem
großen Bereich gesteuert werden, indem man die Dipole
mit Strömen von angepaßter Phase und Amplitude speist.
Diese Bequemlichkeit, eine bestimmte Anzahl solcher
Antennen für verschiedene Kanäle zu schichten, ein
Ende auf das andere gesetzt, ist eine wichtige Eigenschaft der „Supergainantenne".

Der Empire-State-Turm ist ausgelegt für einen Rich-
tungsgewinn von 4 für die Kanäle des unteren Bandes
und von 5 für das obere für eine kreisförmige Feldstärke
von ± 2 db und einen Entkopplungsfaktor zwischen den
Antennen von 26 db. Sicherheitsrücksichten haben die
Turmhöhe auf 72 m begrenzt, was den Öffnungswinkel
für jede Antenne und damit den Gewinn begrenzt.

Im Zusammenhang hiermit soll auch die Spaltantenne,
die für UKW entwickelt wurde, erwähnt werden (Abb.
327). Sie wurde auf der NBC-Station in der Nähe von
Bridgeport erbaut, wo Versuchssendungen während der
letzten drei Jahre liefen. Bei 530 MHz beträgt der Gewinn ungefähr 20 bei einer Zylinderhöhe von 13 m und
einem Durchmesser von 28 cm. Ein gutes horizontales
Runddiagramm wird erhalten, aber die Verteilungs-
charakteristik kann durch Handhabung der Schlitz-
erregung gerichtet eingestellt werden.

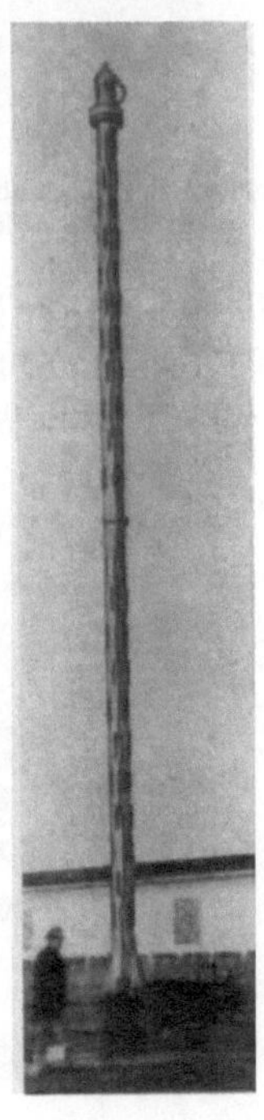

Abb. 327.
Spaltantenne
für UKW.

Röhren für hohe Leistung. Die Senderenergie ist in weitem Maße eine Sache der Röhrenauslegung. In früherer Zeit war die bekannte wassergekühlte Tetrode 8 D 21 mit einer Ausgangsleistung von 5 kW die Stan-

Abb. 328. Luftgekühlte Tetrode
RCA 6166.

Abb. 329. Typ 5762 für Endstufenschaltung
eines 20-kW-Senders.

dardröhre für Sender auf allen zugeteilten Kanälen. Die Triode der Type 5762 mit geringerer Leistung und Luftkühlung ist ebenfalls oft verwendet worden und hat ihre Brauchbarkeit bewiesen. Eine neue luftgekühlte Tetrode RCA 6166 (Abb. 328) wurde neu entwickelt mit einer Nennvideospitzenleistung von 10 kW am Ausgang des Seitenbandfilters. Weiter wurde ein Sender für 20 kW mit Luftkühlung entwickelt unter Verwendung der Gitterbasis-Schaltung und einer Zusammenschaltung von 7 Trioden der Type 5762 in der Endstufe (Abb. 329). Auch ein Sender von 50 kW ist fertig. Alle diese Sender sind für das Fernsehband bis zu 220 MHz gedacht.

Abb. 330. Leistungsröhre Typ
A 2500, wassergekühlte Tetrode.

Es sind Pläne fertiggestellt, eine Anzahl von Ultrakurzwellensendern aufzustellen, für die geeignete Leistungsröhren gebaut wurden.

Eine von diesen ist die RCA-Type A 2500 (Abb. 330), eine wassergekühlte Tetrode mit einem Ausgangsnennwert für Fernsehen von 10 kW und für

Frequenzen bis hinauf zu 900 MHz. Eine weitere Type ist die luftgekühlte Tetrode der Type A 2504 (Abb. 331), die eine Ausgangsleistung von 1 kW Spitzenwert für das Bildsignal hat. Diese Röhre besitzt metallkeramische Einschmelzungen und einen gedrungenen Aufbau mit wirksamer Abschirmung zwischen Kathode und Anode. Diese beiden Röhren sind Koaxialtypen. Aus diesem Grunde sind die Schwingungskreise einfach abzustimmen, und Verlustströme in der Senderabschirmung bilden kein Problem mehr.

Abb. 331.
Luftgekühlte Tetrode A 2504.

Weiterhin wurde bei der RCA untersucht, Magnetronröhren bei den ultrahohen Frequenzen zu verwenden. Die Möglichkeit, mit dieser Röhre als Quelle für eine Normalfrequenz zu arbeiten, ist gegeben für Leistungen hinauf bis zu 50 kW und mit einem Anodenwirkungsgrad von über 50%. Stabilisierung von Frequenz und Phase gelingt, während die Röhre außerdem weit genug amplitudenmoduliert werden kann, um die Fernsehnorm zu erfüllen. Eine Laborausführung des Magnetrons ist in Abb. 332 dargestellt. Diese Röhre besitzt Einrichtungen zu mechanischer Abstimmung über einen Bereich von 50 MHz und schnelle elektronische Abstimmung über 6 MHz.

Entwicklung der Verbindungsnetze. Die schnelle Ausdehnung der Verbindungsnetze für Fernsehen ist in Abb. 133 dargestellt. 1947 waren nur zwei Kanäle vorhanden, die New York und Wa

Abb. 332.
Magnetron für ultrahohe Frequenzen in Laborausführung.

shington — eine Entfernung von etwa 250 Meilen — miteinander verbanden. Jetzt gibt es bereits viele tausend Meilen Fernsehverbindung für einen vorgesehenen Dienst von 94 Stationen in 54 Städten. Zusätzlich zu diesen regelmäßigen Verbindungen sind ein weiteres Netz von der A. T. & T. und einige Radiorelaisverbindungen zum Dienstgebrauch der Sender geschaffen worden.

Die noch fehlende Langstreckenverbindung wurde September 1951 mit der 3000 Meilen langen transkontinentalen Relaisstrecke eröffnet. Die Übertragung erfolgt teilweise durch Koaxialkabel und teilweise durch Hochfrequenzrelaisverbindungen über 117 Stationen, wobei eine beträchtliche Bildgüte erreicht wurde. Das Td-2-System arbeitet in dem Band von 3700 bis 4200 MHz mit Relaisstationen ohne Wartung, die im Abstand von 25 Meilen aufgebaut sind, unter Benutzung von Hornrichtantennen, welche an geeigneten Türmen befestigt sind. Die Entwicklung einer besonderen Triode, mit geringer Rauschspannung und Batterie betrieben (Type 416 A), macht die Benutzung von Klystrons mit hoher Spannung entbehrlich, die in früheren Übertragungssystemen notwendig waren. Zwölf Breitbandkanäle sind vorgesehen, sechs in jeder Richtung mit einem Abstand von 40 MHz für die 4-MHz-Videobandbreite. Die Übertragungskennlinie über alles ist innerhalb 0,2 db geradlinig für ein Band von 20 MHz, wenn ein Ausgleich für Amplituden- und Laufzeitverzerrung vorgesehen ist.

Röhren für die Kamera. Nahezu die einzige Kameraröhre im amerikanischen Fernsehen ist das „Image-Orthicon", das sich in mehreren tausend Stück im Studio und in Außenaufnahmen bewährt hat. Es vermag die Bildsignale mit der erforderlichen Bandbreite zu verarbeiten und bewältigt auch die Schwierigkeiten der Beleuchtung im Fernsehprogramm. Es ist frei von Schattenbildung und Störsignalen und stabil bei allen Lichtintensitäten, außerdem besitzt es eine zehnfach größere Empfindlichkeit als das Superikonoskop (s. S. 66).

Das Image-Orthicon hat das Fernsehen vom Studio unabhängig gemacht und ermöglicht es, beliebige Ereignisse aufzunehmen, wo immer das Auge ein Zeuge sein kann.

„**Image-Orthicon**". Es wurde gezeigt, daß die Eigenschaften einer Aufnahmeanordnung bestimmt werden durch Angabe der Helligkeit, des Kontrastes, der Speicherwirkung und des Auflösungsvermögens mit einer Linse von gegebener Apertur. Abb. 333 zeigt Leistungskurven, aufgetragen als Funktion der Beleuchtungsstärke für das menschliche Auge, für Kino-

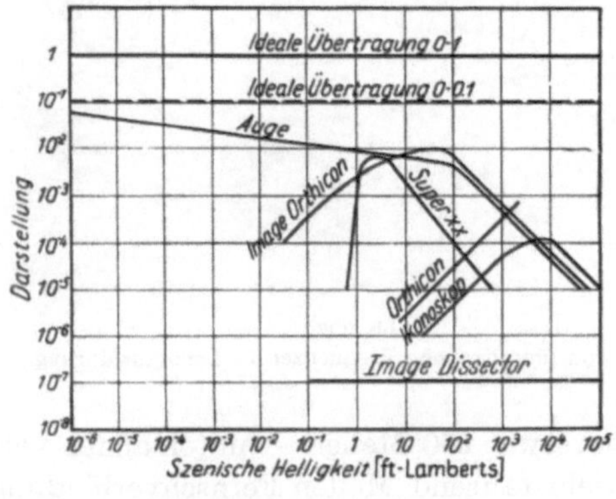

Abb 333. Leistungskurven für Kameraröhren, Kinofilm und menschliches Auge.

film und einige Kameraröhren. Es geht daraus hervor, daß das Image-Orthicon sehr nahe an das Gebiet der Leistung des Auges heranreicht — mit Ausnahme bei sehr kleinen Lichtwerten — und anderen technischen Anordnungen wesentlich überlegen ist.

Die RCA-Röhren 5820 und 5826 besitzen eine Photokathode mit einer Silberwismutoxydlegierung mit Cäsium, deren spektrale Empfindlichkeit bei Beleuchtung mit Wolframlampen der Empfindlichkeitskurve des Auges entspricht. Für Fluoreszenzbeleuchtung ist die Benutzung eines Filters wünschenswert. Sie wirkt sich in einem Empfindlichkeitsverlust von einer Stufe in der Objektivblende aus. Die Auflösung im mittleren Gebiet ist unter normalen Arbeitsbedingungen besser als 500 Zeilen. Hinsichtlich der Szenenbeleuchtung beträgt der Geringstwert der Beleuchtungsstärke bei Benutzung eines Objektivs von $f/2{,}8$ Apertur 50 bis 100 Apostilb für die Röhre 5820 und 100 bis 200 Apostilb für die Röhre 5826. Diese Werte sind unabhängig von der Art der Lichtquelle. Bei einer Studiobeleuchtungsstärke von 500 bis 1000 Lux wird es möglich, mit einer Objektivblende von $f/6{,}3$ bis $f/8$ zu arbeiten, was praktisch ausreichende Tiefenschärfe für normale Szenen gibt.

Für Szenen im Freien, die mit der Röhre 5820 ferngesehen werden sollen, sind Öffnungen von $f/8$ bis $f/22$ als normal anzusehen. Diese Type unterscheidet sich von der Type 5826 darin, daß sie einen größeren inneren Zwischenraum zwischen der Signalglasplatte und dem Schirm hat und daher eine kleinere Kapazität besitzt, so daß ein kleinerer Strahlstrom ausreicht, um die stärker beleuchteten Elemente zu entladen. Dies wirkt sich in einem geringeren Rauschwert des Strahles aus und daher in höherer Empfindlichkeit bei sehr niedrigem Lichtpegel. Bei der Röhre 5826 mit ihrem „geringen Abstand“ und der höheren Kapazität ist die Gesamtladung, die man speichern kann, größer, so daß das Verhältnis Signal: Rauschen bei höheren Lichtpegeln verbessert wird. Im allgemeinen kann man eine Röhre mit geringem Abstand der Glasplatte für den Studiogebrauch vorziehen, da man hier die Beleuchtungsstärke regulieren kann, während die sehr hohe Empfindlichkeit der Röhre 5820 mit weitem Abstand vorteilhaft für Außenaufnahmen eingesetzt wird.

Vidicon. Die Suche nach der idealen Kameraröhre geht weiter und hat zu Entwicklungen geführt, die eher eine Vereinfachung betonen als eine Spitzenleistung. Das „Vidicon“ ist ein Beispiel dieser Entwicklung, und obwohl es die Abtastung wie beim Orthicon verwendet, unterscheidet es sich wesentlich von dessen Arbeitsweise. Die Abtastplatte (Abb. 334) besteht aus einer Lage von photoelektrisch leitendem Material, wie beispielsweise Selen, das auf einem leitenden durchsichtigen Film aufgebracht ist, der seinerseits als Signalplatte arbeitet. Diese Anordnung wird ungefähr 10 bis 30 Volt positiver gegenüber der Elektronenquelle gehalten. Im Dunkeln wirkt die leitende Photoschicht wie ein Isolator, und die Oberfläche, die dem Abtaststrahl ausgesetzt wird, nimmt ein Gleichgewichtspotential an, das ein wenig unter dem Kathodenpotential liegt. Wenn an einer Stelle die Schicht beleuchtet wird, tritt ein Leitungsstrom proportional der Beleuchtungs- und der angewandten Feldstärke auf, so daß die abgetastete Oberfläche positiv zwischen den Abtastungen wird.

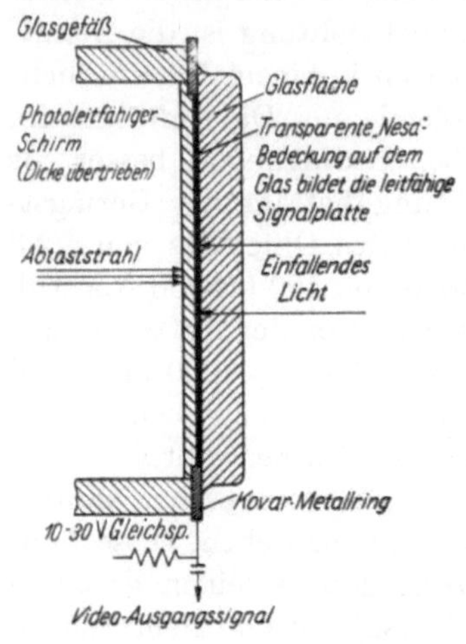

Abb. 334. Abtastplatte des Vidicons.

Wie beim Orthicon dient der Strahl dazu, die übertragene Ladung zwischen den Abtastungen zu kompensieren. Er erzeugt auf diese Weise das Bildsignal. Außerdem ist das Vidicon bei jeder Lichtstärke stabil, da seine Oberfläche höchstens bis zum Potential der Signalplatte sich aufladen kann. Bei allzu hohen Lichtwerten werden die Kontraste einfach ausgelöscht, da der Verteilungsvorgang, der den Nutzbereich des Lichtes beim Image-Orthicon fast unbeschränkt erweitert, ausfällt.

Obwohl die Empfindlichkeit des Vidicons mit Zunahme der Signalspannung anwächst, ist doch durch den Dunkelstrom ein Grenzwert gegeben, der mit einer höheren Potenz der Signalspannung ansteigt als der Signalwert. Die Nutzgrenze ist durch den Betrag der Ungleichförmigkeit unter den jeweiligen Betriebsbedingungen im Grundwert des Dunkelstroms gegeben.

Ein weiteres Röhrenproblem besteht darin, ein geeignetes Material zu finden, das die wünschenswerten Eigenschaften mit einer guten Lebensdauer verbindet und Unveränderlichkeit sowie hinreichend ausgeprägte Empfindlichkeit für den Fernsehbetrieb besitzt. Im allgemeinen wird die Abklingzeit von photoleitenden Stoffen kürzer, wenn sie höheren Beleuchtungswerten ausgesetzt werden. Die neueste Type des Vidicons ist in dieser Hinsicht zufriedenstellend, wenn sich der Gegenstand nicht sehr schnell durch das Gesichtsfeld der Kameralinse bewegt.

In der Empfindlichkeit und der Spektralwiedergabe kann das Vidicon dem Image-Orthicon fast gleichgemacht werden. Das ist die Folge der sehr hohen Empfindlichkeit der Photoleitschicht, welche einige hundert Mikroampere pro Lumen betragen kann und daher den Zusatz eines Signalvervielfachers unnötig macht. Abb. 335 zeigt ein Vidicon und ein Image-Orthicon nebeneinander. Der Durchmesser des ersteren beträgt nur einen Zoll, und seine Bildfläche entspricht dem Flächeninhalt eines Bildes von einem 16-mm-Kinofilm. Es besitzt eine Auflösung von etwas weniger als 400 Zeilen und ist infolgedessen noch nicht geeignet für den

Fernsehrundfunk. Dennoch ist seine gedrungene Form und die Einfachheit seiner technischen Ausrüstung ideal zu nennen für ein industrielles Fernsehen.

Neuerdings ist die Entwicklung eines Vidicons gelungen, bei dem die Ausgangsspannung nicht proportional der angewandten Beleuchtungsstärke ist. Dieser Röhrentyp mit geringem Gammawert macht die Kompression des elektrischen Signalbereiches möglich, was für Verstärkung und Übertragung wünschenswert ist und außerdem dazu dienen kann, den hohen Gammawert der normalen Bildröhren zu kompensieren.

Großschirmprojektion. Die Berliner Bevölkerung hatte 1951 Gelegenheit, die Großprojektion der RCA vorgeführt zu bekommen. Der Projektor benutzt ein System mit SCHMIDT-Optik (Abb. 336) mit einem Spiegel von 65 cm Durchmesser und einer Korrekturplatte von 55 cm Durchmesser: Das Bild wird auf einer Fernsehröhre von 18 cm Durchmesser entworfen, die mit 80 kV arbeitet und auf eine Größe von 38 · 50 cm projiziert. Die Anordnung liefert eine Schirmhelligkeit von ungefähr 50 bis 80 Apostilb bei einem Projektionsweg von etwa 20 m.

Bei einer typischen Theaterinstallation wird der Projektor bei einem Gewicht von ungefähr 180 kg an der Rampe des I. Ranges aufgehängt. Die Steuergeräte sind in der Vorführerkabine untergebracht, während die Hochspannungseinrichtung in einem abgetrennten Raum installiert ist. Es mag nahezu hundert genormte Anlagen in verschiedenen Teilen der USA geben.

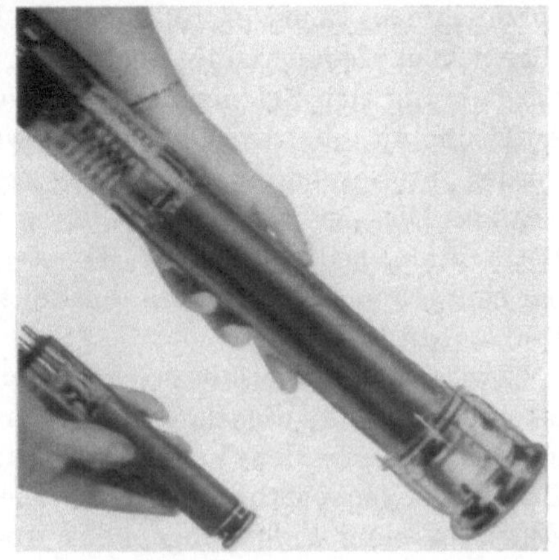

Abb. 335.
Vidicon und Image-Orthicon im Vergleich.

Abb. 336. Großprojektion mit Kathodenstrahlröhre und SCHMIDT-Optik.

Normen für Theaterfernsehen. Eine endgültige Norm für das Theaterfernsehen ist noch nicht festgesetzt. Die Absicht geht dahin, eine Angleichung an die Industrienormen für die Projektion des 35-mm-Films vorzunehmen. Eine Vergrößerung der Bandbreite des Bildkanals wird im allgemeinen als notwendig angesehen. Das mag zu einer entsprechenden Vermehrung der Zeilenzahl führen, um eine annähernd gleichmäßige Auflösung zu erhalten. Gleichzeitig würde die Zeilenstruktur verringert werden für Betrachter, die näher sitzen als das Vierfache der Bildhöhe beträgt. Dies ist vielleicht nicht so wichtig, da die Zeilen unter den Betrachtungsbedingungen des Theaters aus der Nähe doch noch bemerkbar sind. Eine Verbreiterung der Zeilen würde wohl dazu beitragen, das Problem zu lösen.

Zwischenpunktverfahren. Das horizontale Zwischenpunktverfahren ist eine Technik, die Bandbreite einspart. Prinzipiell ist dies ähnlich einer Erhöhung der Vertikalauflösung, die man bei dem normalen Zwischenzeilenverfahren erhält, wobei alternierende Bildelemente oder Zeilen in einer Folge abgebildet werden und die Abbildung der zwischenliegenden Elemente eine Zeitverschiebung erleidet. Die Hinzunahme des horizontalen Zwischenpunktverfahrens trennt die Zeilen auf in eine Punktreihe mit Zwischenräumen, die erst in den folgenden zwei Bildwechseln aufgefüllt werden, wobei demnach ein ganzes Bild auf diese Weise vier Bildwechsel verlangt (s. a. S. 370). Die Bildfrequenz wird infolgedessen wiederum halbiert. Die erwähnten Einflüsse von Flimmern und Fehlern bei der Zwischenabbildung treten jetzt auch in der Horizontalrichtung auf. Sie fallen wegen der geringeren Bildwechselzahl mehr auf, andererseits auch, weil die menschlichen Verrichtungen sich mehr in der horizontalen Richtung vollziehen.

Die Anwendung des horizontalen Zwischenpunktverfahrens für Schwarz-Weiß-Bildübertragung ist verschieden von der Anwendung im Farbfernsehen, weil im Farbsystem keine Punkte ausgelassen werden, um blanke Zwischenräume beim Zeilenabtasten übrigzulassen. Vielmehr werden dabei die Farbkomponenten des Bildes in einer entsprechenden Folge gewechselt.

Das Zwischenpunktverfahren erweist sich auch als eine wertvolle Technik für das Schwarz-Weiß-Fernsehen über Koaxialkabel, da hierdurch das zu übertragende Bilddetail mit ungefähr der halben Bandbreite gesendet werden kann. Das ist besonders wichtig, wenn man gezwungen ist, bestehende Haus- und internationale Fernkabel zu verwenden, deren Mehrzahl für den Durchlaß von Frequenzen bis höchstens 2,8 MHz begrenzt ist. Es wird auch darum gern benutzt, weil der ganze Aufbau und die Kosten mit der Endausrüstung der Leitung verknüpft sind und außerdem keine Veränderungen in dem Heimempfänger vorgenommen werden müssen.

Farbfernsehen. Ein Bericht über amerikanisches Fernsehen würde sehr unvollkommen sein, wenn er nicht auf den Stand des Farbfernsehens einginge. Wie man weiß, wurde im Jahre 1950 durch die FCC ein Bildsequenzsystem — anwendbar auch für den Schwarz-Weiß-Empfänger („compatible") — angenommen und Einzelheiten der Normung herausgegeben. Die Bestimmungen des National Television Systems Committee wurden veröffentlicht, und andere Gesellschaften nehmen bei den Bildversuchen teil. Es herrscht kein Zweifel darüber, daß die große Mehrheit der Ingenieure in USA an die Notwendigkeit eines Farbsystems glaubt, das auf den Schwarz-Weiß-Empfänger anwendbar ist. Ein kurzer Überblick über die grundsätzlichen Forderungen an ein derartiges System möge die vorgeschlagene Technik verständlich machen:

1. Das Signal von einem Farbsender muß an jedem vorhandenen Heimempfänger ein Schwarz-Weiß-Bild ohne eine Verschlechterung der Auflösung erzeugen.

2. Das Signal soll in dem 6-MHz-Kanal der Schwarz-Weiß-Norm übertragen werden. Das bedeutet eine Videobandbreite von 4 MHz.

3. Die Farbtreue soll der eines guten Dreifarbenadditionsystems entsprechen.

4. Flimmern darf nicht erheblich sein.

5. Der Einfluß von gelegentlichen Störungen und Geräuschen darf nicht schlechter sein als beim Schwarz-Weiß-System.

Farbauswertung durch „mixed highs". Es trifft sich gut, daß das Auge zwei für unsere Zwecke günstige charakteristische Eigenschaften hat. Erstens besitzt es eine Trägheit, ohne die ein Fernsehen nach gegenwärtigen Methoden nicht möglich sein würde; zweitens wird es in fortschreitendem Maße farbunempfindlich, je kleinere Einzelheiten beobachtet werden. Für einen extrem kleinen Gegenstand ist es gleichgültig, welche Farbe er hat, die Sichtempfindlichkeit ist lediglich durch die Helligkeit bedingt. Man glaubte bisher, daß für einen Dreifarbenvorgang die dreifache Information eines Schwarz-Weiß-Bildes notwendig ist, um das gleiche Bild mit voller Farbe wiederzugeben. In Wirklichkeit läßt aber die Tatsache, daß die Empfindlichkeit des Auges im Rot ein wenig geringer als für Grün ist und für Blau sehr viel geringer als für die beiden anderen Farbwerte, die Möglichkeit zu, die Übertragung des roten und besonders auch des blauen Teilbildes mit verkleinerter Bandbreite vorzunehmen. Dieser Grundsatz der „mixed highs" (s. S. 372) ist ein wirksamer Weg, um Bandbreite einzusparen, und ermöglicht die erforderliche Information für ein zu übertragendes Farbbild lediglich mit der doppelten Bandbreite des gleichwertigen Schwarz-Weiß-Bildes. Wenn man dann noch die Technik des horizontalen Zwischenpunktverfahrens hinzunimmt, wird der Bildwert halbiert, und das notwendige Frequenzband wird von der gleichen Größe wie beim Schwarz-Weiß-Verfahren.

Multiplexsystem. Einbeziehung des Zwischenpunktverfahrens zur Erzielung der „compatibility" wird durch die Multiplextechnik verwirklicht.

Das Multiplexsystem benutzt einen modulierten Unterträger mit 3,898125 MHz zusätzlich zu dem Normvideosignal. Durch verschiedene Mittel können zwei unabhängige Kanäle auf einen Unterträger aufgebracht werden. Zum Beispiel können Phasen- und Amplitudenmodulation zur Anwendung kommen. Ein System hat sich bewährt, bei dem die Amplitude des Unterträgers der Sättigung oder dem Chroma der Farbe entspricht, d. h. unabhängig von einer Verdünnung mit Weiß ist, während die Phase dem Farbwert entspricht, d. h. dem Rot-, Grün-, Blauwert usw., wobei die Helligkeitsinformation auf dem üblichen Bildkanal übertragen wird. Diese Verwendung des Videospektrums ist in Abb. 337 dargestellt.

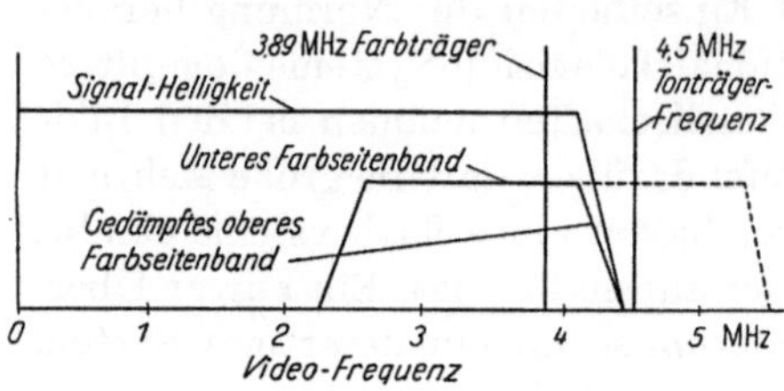

Abb. 337. Schema des Videospektrums unter Anwendung des Multiplexsystems.

Farbsender. In einem Komplex des Senders werden die Signale, die den roten, blauen, grünen Komponenten entsprechen, addiert und an den Modulator des Senders geschaltet (Abb. 338). Zu gleicher Zeit werden nach dem Durchgang durch Filter mit einem Abschneiden bei 2 MHz die Signale aus den drei Komponenten dazu verwendet, die Unterträgerausgangswerte zu modulieren, die um 120 Grad gegeneinander verschoben sind. Nach weiterem Durchgang durch Filter mit dem Durchlaßbereich von 2 bis 4 MHz werden die Signale mit denjenigen gemischt, die von dem Addieraggregat kommen, und auf den Modulator des Senders gegeben. Ein Teil des Ausgangs des Unterträgersignals wird dem Impuls der horizontalen Synchronisierung überlagert, der das Signal in der Empfängerdemodulation synchronisiert.

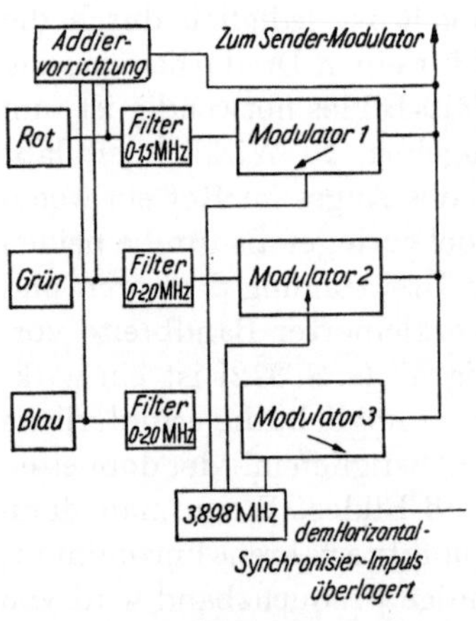

Abb. 338. Sendeschema für Farbbilder.

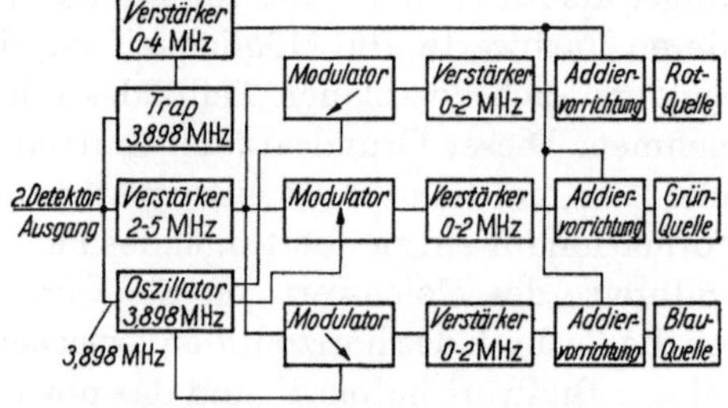

Abb. 339. Schema für Farbempfang.

Farbempfänger. Das Schema für den Farbempfang von solchen Sendern zeigt Abb. 339. Der Empfänger ist ähnlich gebaut wie ein Schwarz-

Weiß-Empfänger bis zum zweiten Detektor, dessen Ausgang in Parallelschaltung die Dreifarbenerzeuger in der Farbfernsehröhre speist. Ebenfalls in Parallelschaltung liegt ein Filter mit einem Durchlaß von 2 bis
5 MHz, das die drei Demodulatoren speist, die ebenfalls mit der Frequenz
des Unterträgers derselben relativen Phase beaufschlagt werden, wie er
in den entsprechenden Modulatoren im Sender zur Verwendung kommt.
Nach der Demodulation und dem Durchgang durch Filter, die bis zu
2 MHz durchlassen, werden die Signale entsprechend ihrer eigenen
Unterträgerphase zu den farbsteuernden Gittern der Fernsehröhre hinzu-
addiert. Signale für Bild- und Zeilensynchronisation sind die gleichen wie
für das Schwarz-Weiß-Verfahren.

Man kann nun angeben, was eintritt, wenn das zusammengesetzte
Farbsignal zu einem derartigen Farbfernsehempfänger gelangt und andererseits auf einen Schwarz-Weiß-Empfänger. Die Wahl der Frequenz des
Unterträgers ist von äußerster Wichtigkeit bei der Bestimmung der
Arbeitsweise. Sie muß eine ungerade Harmonische der halben Zeilenfrequenz sein. Dadurch wird der Unterträger in der Phase umgekehrt
beim Übergang von Bild 1 auf 3 und von 2 auf 4. Dadurch ist umgekehrt
das nächste Mal die gleiche Zeile ausgelöscht. Wenn das zusammengesetzte Signal auf einen Schwarz-Weiß-Empfänger gegeben wird, addiert
oder subtrahiert sich das Signal des Unterträgers abwechselnd in kleinen
Segmenten aus dem Videosignal. Der so bewirkte Sichteffekt wird von
dem Auge in normaler Weise integriert, und es wird nicht bemerkt, wenn
der Sichtabstand ausreichend groß ist, um die Zeilenstruktur verschwinden zu lassen.

Wenn der Farbempfänger benutzt wird, hat das Signal auf dem
nebenliegenden Kanal genau die gleichen Eigenschaften wie das, welches
auf den Schwarz-Weiß-Empfänger gerät, mit der Ausnahme, daß nun
eine Falle eingesetzt wird, um die Unterträgerfrequenz und den Rest
des Zwischenpunkteffektes zu beseitigen. Das Signal, das zu den Demodulatoren gelangt, ist ein zusammengesetztes Signal, bestehend aus dem
Videosignal und dem modulierten Unterträger. In diesem Fall ist es die
Wiederherstellung der Modulation des Unterträgers. Indessen sind zusätzliche Signale vorhanden, hervorgerufen durch das benachbarte Bildsignal, welches mit einer Frequenz von 3,89 MHz am Demodulator inter-
feriert. Da die Phase des 3,89-MHz-Signals für jeden nachfolgenden
Durchgang der gleichen Zeile umgekehrt wird, ist der Anteil des demodulierten Signals, der dem benachbarten Bildsignal entspricht, durch eine
Phasenumkehrung für jeden Durchgang der Zeile gekennzeichnet. Ein
Auslöschen kann infolgedessen durch Integration im Auge eintreten.
Andererseits ist das Signal des Unterträgers von der gleichen Frequenz
wie das Interferenzsignal am Demodulator. Die Modulation, die wiedergewonnen wird, erleidet keine Phasenumkehr und steuert daher die

Gitter der Farbempfängerröhre. Etwas von jedem Farbsignal tritt daher im Ausgang jedes Demodulators auf, bedingt durch die 120-Grad-Phasentrennung zwischen den Farbkanälen (Abb. 340). Der Demodulator kann als ein Mittel angesehen werden, um die Modulation auf der Komponente des Unterträgers wieder zu erhalten, welche in Phase mit dem angelegten Überlagerungssignal ist. Der Demodulator für Grün z. B. liefert eine Ausgangsspannung, die dem Grünsignal der Kamera entspricht, vermehrt um ein Signal halber Amplitude mit negativer Polarität, entsprechend den blauen und roten Kamerasignalen. Indem man die relative Amplitude des nebenlaufenden Signals sauber abgleicht, werden die blauen und roten Kamerawerte vollkommen ausgelöscht, und ein grünes Signal bleibt allein übrig, welches 1,5mal dem Ausgangswert des grünen Demodu-'ators entspricht, und dieses wird dem Grünwertgeber zugeleitet. Die gleiche Justierung sichert, daß die blauen und roten Farbgeber lediglich das Signal übertragen, das den Blau- und Rotwerten der Aufnahmekamera entspricht.

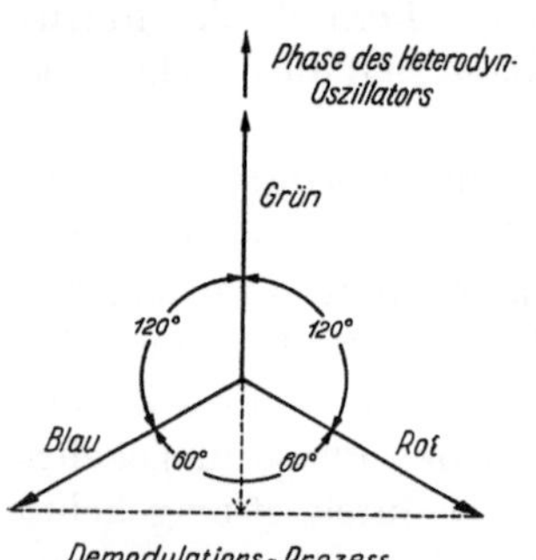

Abb. 340. Demodulationsprozeß beim Farbempfang.

Übersprechen. Es ist hier nicht der Platz, um Einzelheiten von Übersprechfehlern und Auslöschungen zu behandeln, die sich auf die Wiederherstellung des Seitenbandes beziehen. Beim Austausch der Trägerphasen, entsprechend zwei der benutzten Farben, wird das obere Seitenband in wirksamer Weise auf die untere Seite im Bildwechsel verlegt. Die algebraische Addition, die normalerweise durch die elektrischen Kreise bewirkt wird, nimmt das Auge vor, indem dieses die Farben auf aneinanderliegenden Zeilen integriert. Unter Ausnutzung der Seitenbänder in abwechselnder Folge und in Abhängigkeit vom Auge hinsichtlich der Integration, sind wiederum drei Informationskanäle verfügbar. Jedoch entspricht die vertikale Auflösung für Farbe nunmehr zwei Zeilenbreiten. Das ist die gleiche Auflösung, die im 2-MHz-Band in der horizontalen Richtung vorhanden ist, und entspricht auch dem unteren Farbauflösungsvermögen des Auges.

Die Zukunft. Ein direkter Programmaustausch zwischen der Alten und Neuen Welt wird in nicht zu ferner Zeit sicher kommen. Zwei Methoden sind vorgeschlagen worden: Die eine besteht im Flugzeugrelais mit einem Fortschreiten von räumlich getrennten Flugzeugen, die als Mikrowellenrelais dienen.

Das ist nicht so utopisch wie man annimmt, zumal die Reisedichte der normalen Zivilflugzeuge über den Atlantik schnell dem Zeitpunkt näherkommt, bei dem eine hinreichende Anzahl sich dauernd in der Luft befindet, um einen solchen Plan zu verwirklichen. Ein anderer Vorschlag ist die Benutzung eines Breitbandkoaxialkabels mit Unterwasserverstärkern.

Fernsehprogramme würden natürlich nur einen Teil der vielen Gründe für den Aufbau eines Breitbandkanals bedeuten, der zusätzlich Verbesserungen für Telephon- und Telegraphieverbindungen und für Bildtelegraphie bedeuten würde.

Auch die Schiffahrt wird an der Ausweitung des Fernsehens teilhaben, weil man Ozeandampfer dauernd von jeder Küste des Atlantik im Blickfeld halten kann. Die Passagiere können so unterhalten werden und die Schiffe Schutz erhalten, und das „Fernsehen wird so seinen Platz neben dem Radio in modernen Erzählungen von der See einnehmen".

S. Zusammenfassung und Ausblick.

Von Professor Dr. **F. Schröter**, Madrid.

Mit 6 Abbildungen.

I. Einleitung.

In recht glücklicher Weise haben die vom Außeninstitut der TU Berlin veranstalteten Fernsehvorträge die verschiedenen Teilgebiete dieser Technik und ihre zivilisatorische Bedeutung den interessierten Kreisen nähergebracht. Naturgemäß war bei der Vielseitigkeit des Gesamtkomplexes eine Auswahl unumgänglich; nicht jede an sich wichtige Einzelheit konnte behandelt werden. Was aber vorgetragen wurde, hat wohl genügt, den heutigen Stand des deutschen Fernsehens und die Hoffnungen, die man für seine Weiterentwicklung hegen darf, deutlich zu beschreiben.

In dieser abschließenden Zusammenfassung und Bewertung ist es nicht möglich, technische Begründungen oder physikalische Beweise zu bringen, die allzusehr ins Detail gehen würden. *Ganz ohne Technik* läßt sich das Thema selbstverständlich *nicht* behandeln; aber dies kann dem Verfasser am Forum einer Technischen Universität kaum verübelt werden.

II. Zusammenfassung.

Es kommt hier nicht darauf an, offengelassene Fragen zu entscheiden, Meinungsverschiedenheiten auszugleichen, Partei zu nehmen. Nach dem, was an mitgeteilten Ergebnissen durch die augenfällige *Tatsache* des guten Funktionierens der Fernsehübertragung und der Fernsehgeräte im Rahmen der neuen Normung praktisch bewiesen wird, soll sich unser Bild vom Stande der Dinge formen. Dazu ist nun im einzelnen folgendes zu sagen:

1. Die Normung.

Es überwiegt die Ansicht, daß 625 Zeilen ein vernünftiges Kompromiß darstellen zwischen der mittleren Sehschärfe des menschlichen Auges (etwa 1,5′) und dem derzeitigen Können der drahtlosen Fernübertragungstechnik. Dieses Kompromiß ist gerechtfertigt nicht nur für den Empfang mit direkter Betrachtung des Schirmes einer BRAUNschen Röhre, wenn man dabei die Grenze der technisch und wirtschaftlich noch tragbaren Vergrößerung des Röhrenkolbens in Metallausführung, und demnach des Bildes, sowie die normalen räumlichen Verhältnisse vor dem Empfangsgerät — Wahl eines zweckmäßigen Abstandes, Personenzahl — berücksichtigt. Setzt man einen mittleren Wert des maßgebenden Verhältnisses der Betrachtungsentfernung r zur Bildhöhe h von 5 und ferner einen Röhrenkolben voraus, der $h = 35$ cm vertikale Ausdehnung des Bildfeldes zuläßt, so nimmt die einzelne Zeile den Gesichtswinkel α ein, gegeben durch die Beziehung

$$\operatorname{tg}\alpha \simeq \frac{h}{625\,r}, \qquad \text{demnach} \qquad \alpha \simeq 1{,}1'.$$

Die Sehschärfeanforderung ist daher reichlich befriedigt. Auch für vergrößerte Projektion des Fernsehbildes erscheinen 625 Zeilen, mindestens was die Sichtbarkeit des Rasters betrifft, ausreichend. Der Siemens-Berthon-Farbfilm wies in der Vertikaldimension bei 27 eingepreßten Zylinderlinsen pro mm $18 \cdot 27 = 486$ Rasterelemente, entsprechend der gleichen Zeilenzahl, auf und zeigte dabei subjektiv voll befriedigende Strukturlosigkeit. Um freilich unter Berücksichtigung des Abtast- und Zerlegungsvorganges im Fernsehbild gleiche *Vertikalschärfe* zu erzielen, müßten wir auf etwa 680 Zeilen hinaufgehen, einen Wert, dem 625 noch genügend nahekommt.

Ohne hier auf eine Reihe anderer wichtiger Normungsfragen, wie z. B. die Entscheidung zwischen positiver und negativer Antennenstrommodulation oder die Berücksichtigung des Intercarrier-Tonübertragungsverfahrens, einzugehen, sei nur auf den Fortschritt hingewiesen, der in der Festlegung der Zeilenfrequenz, d. h. in der Preisgabe ihrer numerischen Bindung an die Periodenzahl des Starkstromanschlusses, besteht. Die künftige Verbreitung des Fernsehens hängt davon ab, daß wir von der Voraussetzung der Vermaschung, also der Frequenzgleichheit, der Versorgungsnetze ungeachtet aller diese Vermaschung fördernden Tendenzen loskommen. Denn nur so wird ein einwandfreier internationaler Programmaustausch geschaffen und eine genügende Absatzbasis für Fernsehempfänger ermöglicht. Den nicht sehr erheblichen Mehraufwand für die weitgehend verbesserte Entbrummung des Empfängers — die Unterdrückung der wandernden Brummstreifen und Torsionen im Fernbilde — müssen und können wir in Kauf nehmen.

2. Ablenkung und Synchronisierung.

Für diese beiden Funktionen ist der Aufwand im Fernsehempfänger bekanntermaßen recht beträchtlich, sowohl hinsichtlich der Schaltelemente als auch der verbrauchten Leistung. Er hängt überdies davon ab, inwieweit Ungleichmäßigkeiten der Abtastgeschwindigkeit längs der Bildzeile, d. h. Geometriefehler, ausgeglichen werden sollen. Man kann wohl sagen, daß neben der Dimensionierung des *Bildverstärkers*, hinsicht-

lich Amplituden- und Laufzeitkonstanz, die exakte Gleichlaufsteuerung
der Zeilen- und Bildeinsätze beim Zeilensprungverfahren sowie die hinreichend lineare Zeitablenkung des bildschreibenden Kathodenstrahles
das härteste Problem für den Schaltungsfachmann darstellen, zumal er
sich für die letztgenannte Aufgabe mit dem Elektronenoptiker der Bild-
röhrenentwicklung verständigen muß. Daß man hier durch Einführung
des frequenz- und phasenkontrollierten Oszillators (Schwungradkreises)
im Empfangsgerät die Verwerfung der Zeilenanfänge durch das Rauschen
eliminiert hat, ist ein ebenso wichtiger Fortschritt im Interesse der Bildschärfe, wie es für die Vervollkommnung der Ablenksteuerung mit
Zeilentransformator und mit Ausnutzung der Zeilenrücklaufspannung
zur Anodenspeisung der Bildschreibröhre die heutigen schaltungsmäßigen
Lösungen sind, die dem denkbaren Minimum des Aufwandes bereits sehr
nahekommen, ohne hinsichtlich der Bildgeometrie Zugeständnisse
machen zu müssen. Es wurde hier erwähnt, daß man in den USA manches
neu zu entdecken begonnen hat, was die deutsche Fernsehtechnik vor
dem Kriege besaß, z. B. die bewährte Impulsrückflanken-Synchronisie-
rung.

In diesem Zusammenhange sei, ohne die Durchführbarkeit der heutigen Technik, soweit sie sich auf das Synchronisierschema stützt, anzu-
zweifeln, einem Wunsche Ausdruck gegeben. Dieser Wunsch hat Geltung
auch für den Fall, daß die Zeilensprungabtastung durch die Methode der
Bildpunktverflechtung ersetzt wird, über deren Grundidee Verf. der amerikanischen FIAT-Kommission schon 1946 Unterlagen gegeben hat und
die nunmehr seit einigen Jahren beim Farbfernsehen als „Dot-interlaced“, wenn auch in veränderter Form, Verwendung findet. Die exakte
Ineinanderstellung der Teilraster bedingt, wie dies der Vortrag von Prof.
Kirschstein gezeigt hat, ein ziemlich kompliziertes Synchronisierschema mit seinen Vor-, Haupt- und Nachimpulsen von vorgeschriebener
Dauer, Zahl, Phase und Flankensteilheit. Abgesehen davon, daß man
dabei Rücksicht auf die amerikanischen Normen genommen hat, um den
Betrieb amerikanischer Empfangsgeräte in Europa zu ermöglichen, ist,
absolut gewertet, das vorgeschlagene Schema zwar im Augenblick unver-
meidbar und auch wohl wirksam durchführbar, aber doch für den Be-
triebstechniker sicher etwas unbehaglich. Es erfordert eine umfangreiche
Impulszentrale beim Fernsehsender, deren Arbeitsweise sauber über-
wacht werden muß. Man kann einwenden, daß es sich hier um ein
geschultes Bedienungspersonal handelt und der Aufwand getrieben wird,
um die Funktionen des Empfangsapparates sicherzustellen, ohne ihn zu
verteuern. Dieses Argument wäre stichhaltig, wenn das derzeitige Verfahren der Zeilensprungsteuerung wirklich das denkbar beste und einfachste wäre. Aber das läßt sich bezweifeln. Wir kommen später auf
eine einfachere Lösung zurück.

3. Fernsehkanäle.

Bei 7 MHz Bandbreite des einzelnen Trägerfrequenzkanals mit partiell unterdrücktem einen Seitenband können in dem für das deutsche Fernsehen vorbehaltenen Bereich 174 bis 216 MHz 6 Fernsehkanäle untergebracht werden. Es wurde nachgewiesen, daß wegen der bestehenden Interferenzmöglichkeiten diese Zahl nicht ausreicht und durch internationale Abmachungen weiterer Frequenzraum erobert werden muß. Aber selbst dann würden gelegentliche Überreichweiten der netzartig verteilten Sender und störende Auswirkungen im Empfangsbild nicht ganz ausgeschlossen sein, sondern nur sehr viel seltener auftreten können, da sich ein günstigerer Verteilungsplan der Ausstrahlungszentren nach Ort und Frequenz aufstellen ließe. In den USA, wo diese Frage sehr akut geworden ist, zumal sich dort anomale troposphärische Zustände leicht ausbilden, hat man Methoden erprobt, um durch passende, festgeregelte Frequenzversetzung der Träger die störenden Muster, die der interferierende Sender im Empfangsbild hervorruft, weitgehend zu unterdrücken. Der ideale Frequenzabstand wäre die halbe Zeilenfrequenz bei zwei Sendern. Liegt die Versetzung um ein Drittel höher als die halbe Zeilenfrequenz, so integrieren sich die störenden Dunkelstreifen aus dem Empfangsbild noch genügend heraus bei drei interferierenden Sendern. Beim Ausbau des deutschen Fernsehnetzes und überhaupt für Europa wird es vielleicht zu ähnlichen Lösungen kommen. Zum Teil ist aber die Ausschaltung von Überreichweiten eine Frage weitestgehender Vertikalbündelung im Strahlungsdiagramm der Sendeantenne, und man kann da vielleicht trotz Bauschwierigkeiten noch einiges tun. Klar zu ersehen ist, welche schier unlösbaren Probleme ein künftiges Farbfernsehen stellen würde, wenn es nicht mit der gleichen Frequenzbandbreite auskäme wie das Schwarz-Weiß-Bild.

Ein Problem, das in diesem Zusammenhang der Erwähnung bedarf, ist die Mitbenutzung des Bildsenders für die Tonübertragung. Dies würde in bezug auf Erweiterung der ausnutzbaren Frequenzbandbreite praktisch nicht sehr viel bringen, wohl aber den Aufwand auf der Senderseite beträchtlich reduzieren. Versuche, die Zeilenimpulse des Bildes mit Hilfe besonderer, den Gleichlauf nicht störender tonfrequenter Modulation der Impulslänge oder -form für den gedachten Zweck zu verwenden, sind bisher nicht erfolgreich gewesen. Es ist zu vermuten, daß dies auch in Zukunft so sein wird, weil ein solches Verfahren eine neue, unerwünschte Komplikation des Synchronisierschemas und folglich der Schaltung im Fernsehempfänger zur Folge haben müßte. Zur Diskussion steht der Vorschlag, den Bildträger für die Tonübertragung zusätzlich in seiner Frequenz zu modulieren (KIRSCHSTEIN). Bedenken, die bei der Restseitenbandmethode aus störenden Frequenzverwerfungen beim Einschwingvorgang des Bildträgers herrühren, scheint der praktische Erfolg des Intercarrierverfahrens zu widerlegen; doch müßte man noch prüfen, ob sich weitere Voraussetzungen dieses Verfahrens erfüllen lassen und wie sich die Kosten des Empfängers im Vergleich zu heute stellen würden. Mit den beschlossenen Normen (10% Restamplitude des Trägers) wäre der Vorschlag verträglich. Außerdem gestattet er für den Ton beliebigen Frequenzumfang, während man bei Ausnutzung der Zeilenimpulse als Tonträger jetzt nur bis zu etwa 7000 Hz gehen könnte, was viele Akustiker als schlechte Qualität ansehen.

Falsch wäre es, vom Standpunkt des Kanalbedarfs aus die Augen vor den Fortschritten der *Breitbandkabel* zu verschließen. Aber hierbei werden die Kosten längerer Strecken wohl noch auf geraume Zeit prohibitiv wirken, mindestens unter den wirtschaftlichen Aspekten Deutschlands. Man geht indessen wohl nicht fehl in der Erwartung, daß für eine relaisartige Verteilung in Häuserblocks, die von einer zentralen Antenne und einem gemeinsamen Vorverstärker ausgeht, die neuen Baustoffe und Bauarten von Breitbandkabeln, über die die heutige Technik verfügt, bald zur Anwendung kommen werden. Denn da handelt es sich nicht um große Leitungslängen. Natürlich müßten diese Kabel imstande sein, mindestens zwei Fernsehprogramme zur Auswahl gleichzeitig zuzuführen. Die Aufgaben eines solchen Blockempfangssystems, vor allem die rückwirkungsfreie An- und Abschaltung des einzelnen Teilnehmergerätes, waren bei Telefunken schon 1938 im Prinzip gelöst und damit Aufwand und Preis für das Heimfernsehgerät ganz beträchtlich reduziert. Es fehlte damals unter anderem ein wirtschaftlich tragbarer Leitungstyp, der mehr als ein Programm oder Band verteilen konnte. Die seither erzielten Fortschritte der Breitbandkabel lassen es als möglich erscheinen, daß die Idee des Blocksystems wieder auflebt.

Wenn man dieses System weiter durchdenkt, kommt man zu einem verbilligten, für breitere Schichten erschwinglichen Fernsehempfangsgerät, das außerdem in den Pausen der Bildsendung, dank einfacher Vorkehrungen, nach dem Prinzip der Multiplexzeitaufteilung die Auswahl einer Mehrzahl von Hörprogrammen böte. Aber das Verfahren setzt außer großen organisatorischen Vorbereitungen und manchen Opfern zuviel Kampf gegen Unglauben, widerstrebende Interessen und Mangel an Gemeinschaftsgeist voraus, um als Nahziel realisierbar zu erscheinen. Das ist um so bedauerlicher, als die sozialen und wirtschaftlichen Verhältnisse der augenblicklichen Epoche des Wiederaufbaus deutscher Städte und deutschen Wohnwesens für die Anwendung der gedachten Technik recht günstig wären.

Doch zurück zur Gegenwart! In dieser Zusammenfassung würde es viel zu weit führen, die Grundelemente des komplexen Gebildes der Fernsehtechnik, die Einzeltechniken, getrennt zu behandeln. Rein phänomenologisch, durch die Güte und den Unterhaltungswert der übertragenen Bilder, durch die Stabilität und Regelmäßigkeit der Sendung, erweist sich stets am sichersten, ob Programm-, Studio- und Sendertechnik richtig aufeinander abgestimmt sind und optimal zusammenwirken. Und um für das Verhältnis von *Preis zu Leistung* eines *Fernsehempfängers* einen Leitwert aufzustellen oder, angesichts der vielen mitbestimmenden Parameter besser gesagt, ein *Bewertungsschema*, ist es hierzulande zu früh, weil die deutsche Nachkriegsfernsehindustrie sich noch zu sehr im Anlauf befindet. Was Geräte ausländischer Herkunft an guten Vorbildern für einzelne Elemente und Bestandteile geboten haben, war in wesentlichem Ausmaß auch schon bei uns geplant oder gar erprobt, jedenfalls geistiger technischer Besitz. Man muß es als glücklichen Umstand preisen, daß für die Entwicklung der Fernsehbildröhren und -kamerazüge, der Fernsehsender, der Fernsehantennen, ja auch der nach Methodik und Ausführung gleich wichtigen Fernsehmeßgeräte, ebenso wie für die Fernsehempfängertechnik, ein bewährter Stamm von hochwertigen Fachleuten in den Nachkriegseinsatz hinübergerettet werden konnte. Gleichfalls erfreulich ist, daß ihnen ein hoffnungsvoller, ernst zu nehmender Nachwuchs zur Seite steht und daß die Zielsetzung in der Weiterentwicklung von den Erfahrungsträgern des Rundfunks — ohne Zweifel wirklichkeitsnäher als dereinst — vorgezeichnet wird. Die Entfaltung der UKW-Sendung in Deutschland wäre wohl kaum so schnell und mit so großem Erfolge vor sich gegangen, wenn nicht ein neuer technischer Geist den Rundfunk beseelte.

Darum scheinen, sofern die Gerätebauer halten, was der Ruf der deutschen Industrie von ihnen erwarten läßt, alle Garantien dafür zu bestehen, daß der neue Start ins Fernsehen hinein gut verlaufen wird. Letzter Richter ist der Teilnehmer, für den es nur die Kriterien ,,Qualität'' und ,,Preis'' geben kann. Ihn zu befriedigen, braucht es nicht allein anziehende Programme und eine sauber funktionierende Übertragungstechnik, sondern auch, besonders in den ersten Jahren, einen schlagfertigen, weit ausgebauten *Service*. Und dies wird eines der schwierigsten Kapitel sein. Die Schulungs- und Einsatzmethoden eines Fernsehservice konnten vor dem Kriege in Deutschland nicht mehr entwickelt werden. Sehr zu begrüßen sind als Vermittler technischer Erfahrung an breitere Kreise geeignete *Arbeitsgemeinschaften*, die auch tüchtigen industriellen Nachwuchs stellen und der Popularisierung des Fernsehens in vielerlei Weise dienen können.

4. Empfänger.

Wir dürfen uns nicht der Illusion hingeben, als könnte der heutige *normale* Empfangsapparat noch durch beträchtliche *technische* Vereinfachung radikal verbilligt werden. Die Verbilligung kann, solange nicht etwa ganz Neues erfunden wird, nur aus der Steigerung der Serienproduktion nach modernsten Methoden, aus der Normierung von Einzelteilen, aus der räumlichen Ausweitung der Übertragungsbereiche und vor allem aus dem internationalen Zusammenschluß der Fernsehnetze kommen, der die Basis des Apparateverkaufs gewaltig verbreitern wird. Wie der heutige selbständige Fernsehempfänger — es ist hier nicht die Rede von dem vorher erwähnten „Blockempfänger" — schaltungstechnisch aussieht, stellt er ein raffiniert bis auf die letzten Möglichkeiten ausgeklügeltes Aufwands*minimum* dar, mit dem sich die durch die Normung versprochene Bildgüte eben noch erzielen läßt. Gegenüber dem Einheitsempfänger von 1939 ist die Röhrenzahl, trotz inzwischen verbesserter Leistung der Röhreneinheit, über 20 angewachsen. Natürlich hat dazu die größere Frequenzbandbreite des 625-Zeilen-Bildes im Verein mit den gesteigerten Anforderungen für den Gleichlauf, die Trennschärfe, die Bildfeldhelligkeit, die weitwinklige Ablenkung der schnelleren Strahlelektronen, für die Verstärkungsregelung usw. beigetragen. Nehmen wir als Beispiel den ZF-Verstärker als dasjenige Element, das hauptsächlich die Trennschärfe bei gutem Ausgleich der Laufzeit für die verschiedenen Frequenzen des Bildspektrums liefern soll. Um eine saubere Bandfilterwirkung zu erhalten, benötigen wir mindestens drei röhrengekoppelte, passend gegeneinander verstimmte Kreise. Angesichts der sich verschärfenden Selektions- und Laufzeitanforderungen ist eine wesentliche Verringerung dieses Schaltungsaufwandes nicht zu erwarten.

Vermutlich hängt es mit Preis- und Bezugsschwierigkeiten und dadurch bedingtem Erfahrungsmangel zusammen, daß in der deutschen Technik die bewährten Germaniumdioden, soviel dem Verf. bekannt, noch nicht in dem gleichen Ausmaß zur Anwendung gelangt sind, wie in den amerikanischen und englischen Fernsehempfängern. Auf der Londoner Ausstellung 1951 zeigte die Westinghouse Co. neun verschiedene Beispiele für die Benutzung von Germaniumdioden bzw. Selengleichrichterdioden statt Röhren im Bild- und Tonteil des Empfangsgerätes, u. a. für die letzte Gleichrichtung beider geträgerten Signale, als Filter für Störgeräusche im Tonkanal, als Trennmittel für die Bild- und die Gleichlaufimpulse, als Diode für die Schwarzsteuerung und Pegelhaltung („clamping circuit"), als Diode der Zeilenablenkschaltung, als Hochfrequenzgleichrichter u. a. m.

Gewiß, die Röhren werden weiter vervollkommnet, und die Transistoren machen schnelle Fortschritte, seit die empfindliche Form mit Kontaktspitze durch den $p-n$-Schichtaufbau des Kristalls ersetzt worden ist. Dieser wird es auch ermöglichen, die Funktionen von Mehrgitterröhren am Transistormodell nachzubilden, und dann wird der Ersatz mancher Vakuumröhre durch eine äquivalente Transistortype nur eine Preisfrage sein. Germanium ist sehr teuer. Um so besser, daß auch die Röhrenentwicklung nicht stillsteht. So hat z. B. das Bell-Laboratorium Pentoden für Koaxialkabelzwischenverstärker herausgebracht, eine technologische Meisterleistung. Wir finden da Gitterdrahtstärken von $8\,\mu$ ($^8/_{1000}$ mm) und Gitterkathodeabstände von nur 60 bis $70\,\mu$, Werte, die unglaublich klingen, aber durch die Mikrowellentriode 416 A mit ihren noch schärferen Anforderungen als durchführbar erwiesen sind. Diese neuen Röhren 435 A, 436 A, 437 A haben ebene, plattenförmige, beiderseitig ausgenutzte Kathoden und mechanisch vorgespannte, in der Wärme gestreckt bleibende Gitter, einen Aufbau, den Verf. vor über 20 Jahren ohne Erfolg propagiert hat, weil er damals allzu unkonventionell erschien. Spirale des Fortschritts! Die Güte jener neuen Röhren ist, verglichen mit der bekannten 6 AK 5, über zweimal besser; sie folgt aus der Formel:

$$F = G \cdot B = \frac{K \cdot G_m}{2\,\pi\,(C_1 + C_2)}\,;$$

hierin bezeichnen:

G = die Spannungsverstärkung, G_m = die Steilheit,
B = die Frequenzbreite üblicher C_1 = die Eingangs- und
     Definition, C_2 = die Ausgangskapazität.
K = eine Konstante,

Daher kann G bei ungeänderter Bandbreite mehr als verdoppelt werden, und umgekehrt kann man bei gleichbleibendem G mehr als das Zweifache von B erwarten (einfacher ausgedrückt ist also das S/C-Verhältnis entsprechend vergrößert).

Ein neuartiges, scheinbar recht hoffnungsvolles Steuerprinzip für Verstärkerröhren, beruhend auf der Verbindung von Ablenk- und Raumladungswirkung, hat kürzlich WALLMARK angegeben. Ein gittergesteuerter Elektronenstrom, der schräg in ein Bremsfeld hineingeschossen wird, ändert seine durch die rücktreibende Kraft des Feldes entstehende Parabelbahn mit der Dichte der Raumladung. Infolgedessen unterliegt die Stromverteilung zwischen einer Abfangelektrode und der Anode dem Einfluß der momentanen Gitterspannung. Es lassen sich damit unter Zuhilfenahme der Sekundäremission sehr hohe Steilheiten (25 mA/V) bei niedrigeren Ruhestromwerten (3 mA) erzielen.

Die europäische Technik kann aus Materialgründen diesen Beispielen nur zögernd folgen. Überdies darf — das liegt in der Vielheit von zusammenwirkenden Einzelfunktionen des Fernsehempfängers begründet — die Auswirkung solcher Verbesserungen auf den gesamten Röhrenaufwand des Gerätes nicht überschätzt werden. Und schließlich kommt es entscheidend auf den Preis der sicherlich weit schwieriger herstellbaren neuen Röhrentypen an.

Wo hohe Gütezahlen von Spulen verlangt werden, haben die *Ferrite* Bedeutung erlangt, indem sie Materialersparnis an Kupfer und Isolierung ermöglichen. Indessen kommt dieser Fall im Fernsehempfänger nicht an vielen Stellen vor; Joche aus Ferritmasse für das Ablenksystem der Bildröhre sind ein Anwendungsbeispiel.

In der Frage des Röhrenaufwandes zeigt sich die durch das unterschiedliche Produktionsvolumen bedingte Kluft zwischen der europäischen und der amerikanischen Auffassung. Daß ein amerikanischer Luxusfernsehempfänger zwischen 30 und 40 Röhren enthält, stört drüben nicht. Für *Farb*fernsehen wächst die Zahl noch erheblich an. Sie kommt dann allerdings sogar im Land der unbegrenzten Möglichkeiten an eine Grenze, schon im Hinblick auf Ersatz und Service beim Kunden.

5. Fernseh-Weitverkehrsstrecken.

Fernseh-Weitverkehrsstrecken mit Zentimeterwellen und Relais gehen nun auch in Deutschland breiter Verwirklichung entgegen. Für Süddeutschland hatte Verf. 1946 während seines Zwangsaufenthaltes in Heidenheim der amerikanischen Kontrollbehörde einen Fernsehstreckenplan unterbreitet. Das war verfrüht. Die neuerdings bekanntgegebene Linienführung hat mit dem damaligen Entwurf manches Gemeinsame, abgesehen davon, daß durch Röhrenverbesserungen die technischen Möglichkeiten enorm gesteigert worden sind. Während man für $\lambda = 15$ cm noch gut mit der Scheibentriode arbeiten kann (z. B. Type 2 C 39 A), kommt für den besonders interessanten Bereich zwischen etwa 7 und 10 cm künftig mit größter Wahrscheinlichkeit allein die „Travelling-Wave"-Röhre in Betracht, die dort mehrere Watt bei 100 MHz Bandbreite liefert. Zwar beherrscht im Augenblick die „Microwave Triode" 416 A noch restlos die transkontinentale ATT-Strecke (System TD-2) zwischen New York und der Westküste, mit ihren je 6 Kanälen in jeder Richtung (3730 bis 4170 MHz, entspricht etwa 7,2 bis 8 cm Wellenlänge). Aber dies ist vermutlich nur deswegen der Fall, weil der Beginn der Ausführung jenes Riesenprojektes schon weit zurückliegt und daher die Umstellung auf die inzwischen fortgeschrittene Travelling-Wave-Röhre aus praktischen Gründen (höhere Speisespannung u. a.) nicht mehr möglich war.

Es bleibt im Hinblick auf die Notwendigkeit des internationalen Zusammenschlusses der Verteilungssysteme noch zu betonnen, wie sehr an den Stoßstellen der nationalen Netze die glatte Abwicklung der Programmübernahme von der Vereinheitlichung der Technik, der Normen, der Meßmethoden und — last not least — der Fachsprache abhängt. Die Relais beiderseits der Grenze müssen zusammenarbeiten können, ohne daß Modulationsmethode, Modulationsindex, Pegel, Laufzeittoleranzen u. a. m. sich ändern. Grundsätzlich vermeidbare Umformungen, lediglich für die Durchschaltung, sind von Übel. Auch der notwendige Rauschabstand des zu übernehmenden Signals sollte durch Vereinbarung eines Mindestwertes gesichert sein. Unterschiedliche Zerlegungsnormen verurteilen den internationalen Zusammenschluß praktisch zum Scheitern. In Frankreich wurde, weil man dort starr an 819 Bildzeilen festhielt, der Zeilenzahltransformator unter Mitwirkung des Verf. theoretisch und experimentell studiert. Natürlich kann ein elektronischer Zwischenspeicher, sofern er jede sichtbare Interferenz der beiden verschiedenen Bildraster ausschließt, z. B. 819 Zeilen in 625 Zeilen umwandeln. In der Verminderung der optischen Auflösung ist dabei die Qualitätseinbuße durch den Speichervorgang selber pauschal mit enthalten. Aber die umgekehrte Transformation liefert natürlich keine größere Bildschärfe; ganz im Gegenteil, die nutzlose Bandverbreiterung vermehrt nur den Rauschpegel. Man scheint die Einseitigkeit dieser Lösung jetzt auch in Frankreich anzuerkennen und die Konsequenz zu ziehen. Für den Übergang von 25 zu 30 Bildern/sek und umgekehrt, und damit für die Verbindung des amerikanischen Fernsehnetzes mit dem europäischen, ist die Aufgabe besonders schwierig und eine plausible Lösung dafür überhaupt noch nicht abzusehen.

Allgemein ist auf den heutigen Fernsehmikrowellenstrecken Frequenzmodulation (FM) in Anwendung. Sie ist, röhrentechnisch betrachtet, die natürlichste Lösung, gegen Störer relativ unempfindlich, nutzt die Röhren bestens aus und erleichtert das Problem der Verstärkungsregelung. Der Konservativismus der Laboratorien ist in dieser Hinsicht bemerkenswert, aber verständlich. Die Travelling-Wave-Röhre wird ihn eher stärken als schwächen, da sie breiteste Bänder, also höheren Modulationsindex und somit vergrößerten Rauschabstand, gestattet. Wo dafür die Grenzen liegen, hängt von den Möglichkeiten des Laufzeitausgleichs ab, einer der Kernfragen für weite Verbindungen. Um auf der amerikani-

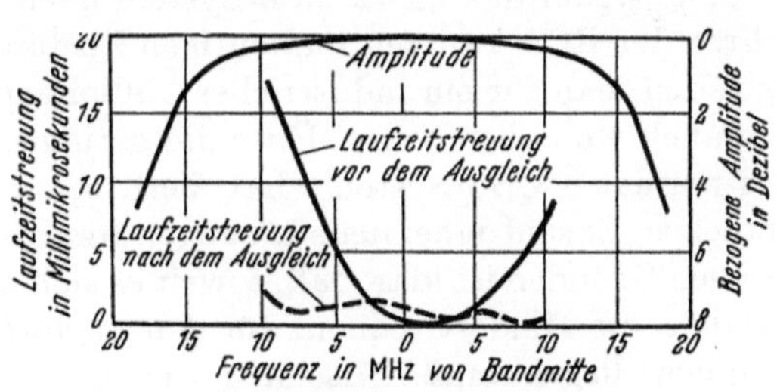

Abb. 341. Laufzeitcharakteristik im Fernsehkanal auf der amerikanischen TD 2-Strecke.

schen TD-2-Strecke mit ihren über 100 Relais die Verschleifung kurzer Bildimpulse genügend zu beschränken, darf bei ± 10 MHz Durchlässigkeit die Laufzeitstreuung in den Bildverstärkern nicht mehr als 2,5 mμsek (Millimikrosekunden) betragen (Abb. 341). Glücklicherweise braucht die deutsche Streckenplanung im eigenen Bereich nicht mit so hohen Zahlen von Relais zu rechnen. Aber es bleibt zu beachten, daß eine internationale Kette, die z. B. von Hamburg durch Deutschland, Schweiz und Italien bis nach Rom führt, doch schon ähnliche Verhältnisse aufweisen würde wie die TD-2-Strecke in den USA. Später mehr über diese Frage.

III. Ausblick.

Nachdem wir in unseren bisherigen Betrachtungen bereits gelegentlich den Blick in die Zukunft gerichtet haben, wollen wir nunmehr noch einige *grundlegende* Fragen der weiteren Entwicklung ins Auge fassen.

1. Farbfernsehen.

Ohne Zweifel wird die Kathodenstrahlröhre als Bildgeber wie als Bildschreiber noch lange Zeit die Fernsehtechnik beherrschen. Dies gilt auch für die farbige Übertragung. Soeben hat Prof. LAWRENCE in den USA ein Konkurrenzmodell von einfacherer Bauweise als das Trichrome-Kineskop der RCA herausgebracht. Vor einem Schirm aus schmalen, vertikalen Leuchtstoffstreifen verschiedener Lumineszenzfarbe regelt ein Raster aus feinen Paralleldrähten, denen zyklisch wechselnde Ablenkspannungen zugeführt werden, pro Bildpunkt das Verhältnis der Anregungen für die drei Grundfarben. Die Röhre hat nur einen, in normaler Weise modulierten und zeilenschreibenden Strahl. Wie es scheint, sind die Schwierigkeiten auf die *Schaltungsseite* verlegt; denn jetzt muß ja zwischen der farbbestimmenden Ablenklage und der Phase des Amplitudensteuerzyklus ein konstantes Verhältnis aufrechterhalten werden, im Gegensatz zu einer Röhre mit drei Strahlen, deren jeder immer nur eine und dieselbe der drei Grundfarben erzeugen kann.

Aber weder das LAWRENCE-System noch das „Dot-Sequential"-Verfahren der RCA besitzen im heutigen Zustand jenen Grad von Einfachheit, den man für ein industrielles Millionenprodukt und für den Laiengebrauch wünschen sollte. Über die geringen kommerziellen Aussichten des normalen CBS-Systems hat Verf. schon im Eröffnungsvortrag gesprochen. Es sind daher neue Lösungen anzustreben. Aus optisch-physiologischen Gründen ist klar, daß, soweit es sich nicht um Simultanverfahren handelt, die Mindestfrequenz für den Farbwechsel weit über der Rasterfrequenz liegen muß. Mischung der Grundfarben mit Zeilenfrequenz würde vollauf genügen, scheint aber mit dem Zwang zur „compatibility" schwer vereinbar zu sein. Daß die RCA, Hazeltine u. a. sogleich zur Mischung mit Bildpunktfrequenz übergegangen sind, ist, so gesehen, logisch. Gäbe es einen trägheitslosen, auf irgendwelchen elektro-optischen Effekten an polarisiertem Licht beruhenden *Farbmodulator*, der mit mehreren MHz Schaltfrequenz *bei niedrigen Spannungen und Leistungen* arbeiten kann und gesättigte Farben liefert, so wäre damit wohl eine gute technisch-industrielle Lösung auf der Basis des Mischens mit Punktfrequenz denkbar. Leider weigert sich da die Natur der festen und flüssigen Stoffe. Man soll die Hoffnung nicht aufgeben, aber wahrscheinlicher ist, daß bei Ausbleiben neuer, bahnbrechender Gedanken die klassische Methode der Lagensteuerung eines Lichtpunktes gegenüber einem festen

Farbpunktraster oder dessen optischem Äquivalent (z. B. Linsenraster) schließlich doch einmal, trotz der Unerläßlichkeit starrer automatischer Kontrolle der Ablenkwerte, eine elegante und schaltungsmäßig genügend einfache Verwirklichung finden wird.

Als bleibende Errungenschaften für diesen mutmaßlichen Entwicklungsgang dürfen wir ansehen: erstens die beim HAZELTINE-Verfahren angebahnte Ausnutzung der Lücken des normalen Abtastspektrums; zweitens die von DOME auf Grund der Gesetze des Detailflimmerns vorgeschlagene bandsparende Frequenztransponierung; drittens den Nachweis der stets geringen Blauintensität, die die Sehschärfe für diese Farbe herabsetzt, also im Blaukanal wirksame Bandverengung zuläßt; viertens die neueren Konsequenzen der Nachrichtenübertragungstheorie nach SHANNON und WIENER. Die schon von HARTLEY erkannte Äquivalenz von Frequenzbandbreite $\varDelta f$ und Logarithmus des Rauschabstandes S/N im Ausdruck für die Übertragungskapazität C eines Systems:

$$C = 2\,\varDelta f \cdot \tau \cdot \log \frac{S}{N}$$

(τ Zeitdauer) ist, das wird immer deutlicher, der Keim interessanter neuer Spekulationen auf verschiedenen Gebieten der Nachrichtentechnik, besonders aber dort, wo der klassische Gedankengang sich an *Bandbreiteforderungen* stößt. Und dieser Fall ist par excellence beim Farbfernsehen gegeben.

Verf. hat an anderer Stelle[1] betont, welche Fortschritte sich im Lichte der SHANNONschen Theorie aus der Quantisierung von Signalen ergeben können. Unter anderem zeigt sich die Möglichkeit, mehrere gleichzeitig vorhandene Amplitudenwerte durch einen einzigen zu übertragen und beim Empfang die Teilamplituden fehlerfrei wieder auszusondern. Wir können also mit einer beschränkten Bandbreite das Mehrfache an Information durchbringen, falls wir imstande sind, durch Steigerung der Sendeleistung den Logarithmus des Rauschabstandes proportional zu erhöhen. Ein naturfarbiger Bildpunkt besitzt nun (objektiv, nicht subjektiv) weit größeren Informationsgehalt, als ein farbloser; denn außer der Helligkeit weist er das Intensitätsverhältnis der drei Grundfarben des Farbendreiecks aus. Denken wir uns, wie bei dem „Mixed-Highs"-Verfahren der RCA, die abgetastete grüne Farbkomponente, überlagert mit den Helligkeits*sprüngen* der roten und der blauen Bestandteile, als Einhüllende einer Modulation, die auch im Schwarz-Weiß-Empfänger ein gut abgetöntes, scharfes Bild liefert — Fall der „compatibility". Dazu fügen wir unter Fortfall des „time multiplex" (S. 368) die tieferen Fre-

---

[1] Vgl. u. a. Telefunkenzeitung, Nr. 92 (1951), S. 184. Vortrag in Zürich, Institut für HF-Technik der E. T. H., Juni 1951, erschienen im Bulletin SEV, 43 (1952), S. 497.

quenzen des roten und des blauen Farbauszuges in Form eines zusammengesetzten Signals, ausgewählt in einer Quantenskala, die eine genügende Zahl von verschiedenen Rot-Blau-Mischungsverhältnissen mit den Grenzen „gesättigtes Rot" und „gesättigtes Blau" enthält. Diese „quantisierten Impulse" bauen wir wie beim HAZELTINE-Verfahren auf dem bekannten „Hilfsträger", der ein ungerades Vielfaches der halben Zeilenfrequenz

beträgt, in die Lücken des Abtastspektrums ein, brauchen also die Gesamtbreite der Sendung nicht zu vergrößern. Einen ungefähren Begriff davon, wie sich das Summensignal von der Abtastamplitude des Rot- und des Blauauszuges der Kamera mittels elektronischer Transformation ableitet, gibt Abb. 342. Es versinnbildlicht, als Hilfsvorrichtung, ein System von Feldern eines Diaphragmas, auf dem sich ein abgelenkter Kathodenstrahllichtfleck in Abhängigkeit von der Rotamplitude — Horizontalablenkung r — und von der Blauamplitude — Vertikalablenkung b — bewegt. Die der Endlage des Strahls

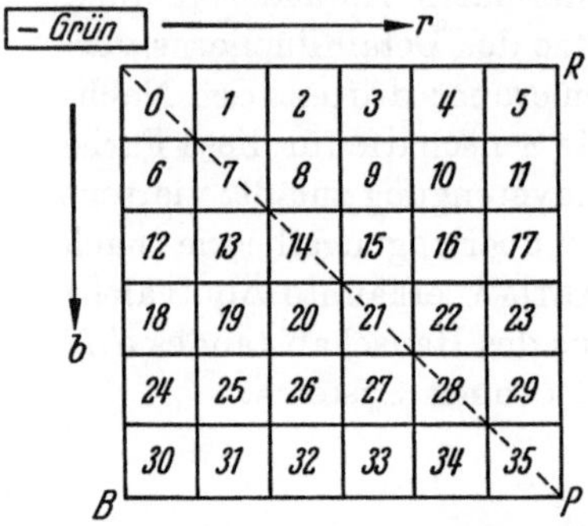

Abb. 342. Quantisierte Simultanübertragung der Rot- und der Blaukomponente bei Farbfernsehen, gesteuert mittels Ablenkung eines Kathodenstrahls durch die getrennten Rot(r)- und Blau(b)-Signale.

entsprechende, ohne Berücksichtigung des Grünwertes übrigbleibende Restfarbe des Originalbildes ist eine eindeutige Funktion von r und b. R bedeutet das gesättigte Rot, B das gesättigte Blau, P den gesättigten Purpur. Gibt man dem Diaphragma eine von Feld zu Feld gleichmäßig veränderliche Transparenz, so entsteht in einer vom durchschei-

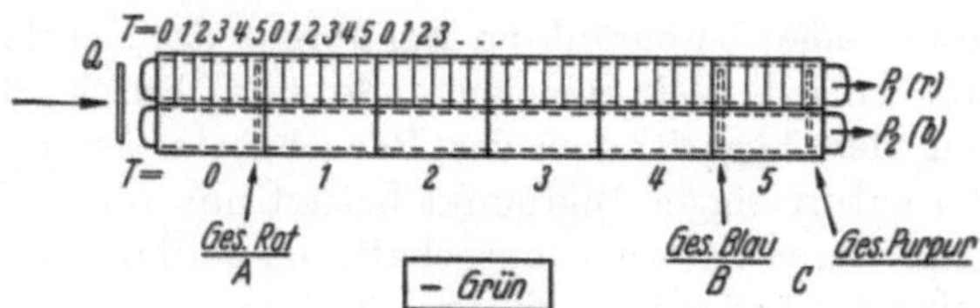

Abb. 343. Trennung des Rot- und Blauanteils im Farbfernsehempfänger durch Ablenkung eines bandförmigen Kathodenstrahls vor einem lichtelektrischen Transparenzdiaphragma passender Unterteilung.

nenden Licht getroffenen Photozelle das quantisierte Sendesignal. Abb. 343 soll andeuten, wie dieses Signal im Empfänger wieder zerlegt wird. Wir stellen uns auch hier einen, zweckmäßig bandförmigen Kathodenstrahl Q vor, der vor einer in Felder verschiedener Transparenz T aufgeteilten Schablone linear abgelenkt wird. Das hindurchgehende Licht des Leuchtstrichs, hälftig geteilt, wirkt auf zwei Photozellen P_1, P_2, die gleichzeitig die beiden quantenhaft gestuften Steuerspannungen für die rote (r) und die blaue (b) Komponente abgeben. Die drei Lagen A, B, C des abgelenkten Elektronenstrahls entsprechen dem gesättigten Rot, Blau und Purpur. Der Grüngehalt wird, wie gesagt, unabhängig davon in normaler Weise übertragen.

Quantisierungsvorrichtungen der gedachten Art können auch ohne den Umweg über den lichtelektrischen Effekt direkt wirkend die gewünschten Signale zusammensetzen oder zerlegen. Wir verfügen heute über Sekundäremissionsschichten, die dauernd 2 A/cm^2 abgeben können, und wir erhalten mit Leichtigkeit, ohne besonders hohe Spannungen, viele mA Kathodenstrahlstromstärke. Dies erlaubt uns, ernsthaft an die Entwicklung derartiger Transformationsorgane heranzugehen.

Das vorstehend beschriebene Prinzip berührt nur die entscheidend wichtige Frequenzbandfrage des Farbfernsehens, d. h. die Mitübertragung von Farbkomponenten ohne Verbreiterung des Schwarz-Weiß-Abtastspektrums. Wie mittels der herausgefilterten Farbamplituden das Fernsehbild wiedergegeben wird, soll hier nicht näher besprochen werden, da die Entwicklung noch zu sehr im Fluß befindlich ist. Man könnte beispielsweise die beiden durch die Entquantisierung wiedergewonnenen Steuerspannungen für die Rot- und die Blaukomponente direkt an die diesen Farben zugeordneten Wehneltelektroden eines Dreifarbenkineskops legen. An der dritten Wehneltelektrode würde dann die getrennt übertragene Grünkomponente wirken.

2. Weitübertragung und Rauschen.

Was die Techniker zunächst einmal in Angriff nehmen sollten, ist die Nutzanwendung jener im Ringen um das Farbfernsehen erschlossenen Möglichkeiten für die *Vervollkommnung des Schwarz-Weiß-Bildes ohne Verbreiterung, ja womöglich unter Verschmälerung* des für das Rauschen maßgebenden *Frequenzbandes*. Die Ausnutzung der spektralen Lücken, das *Dome*-Verfahren, das Dot-Interlaced-Prinzip sind solche Ansatzpunkte. Ferner sollte man die Quantisierungsmethoden studieren, wie es GOODALL vom Bell-Laboratorium bereits begonnen hat, indem er versuchsweise Fernsehbilder mittels Codemodulation übertrug. Bei der Codemodulation werden die verschiedenen Amplituden eines Signals durch mehrstellige Gruppen von Stromstößen oder Stromlücken — Codes — ausgedrückt. Nach den Gesetzen der Kombinationslehre sind mit N variabel besetzten Impulsstellen 2^N verschiedene Amplitudenwerte darstellbar. Liegt die Höhe dieser Impulse genügend über dem Rauschpegel des Empfängers, so ist jedes in die Strecke eingeschaltete Relais imstande, die beiden allein möglichen Fälle, Impuls oder Nichtimpuls, zu unterscheiden, das übertragene Codezeichen sauber zu rekonstruieren und rauschfrei wieder auszusenden. Dieser eminente Vorteil der verhinderten Summierung von Rauschanteilen im Endsignal weist der Codemodulation gegenüber den klassischen Modulationsarten dort, wo die Nachricht über zahlreiche Relais gesandt wird, eine konkurrenzlose Sonderstellung zu. Er wird freilich mit einem luxuriösen Aufwand an Frequenzbandbreite erkauft; Goodall kommt bei dem in den USA genormten 525-Zeilen-Bild auf einen Bedarf von 50 bis 100 MHz!

Das ist untragbar. Verf. hat nun an erwähnter Stelle gezeigt, daß man das gleiche wie bei der Codemodulatien mit einem Drittel bis zwei Fünfteln ihrer Bandbreite erreicht, wenn man in Anpassung an die maximalen Schwankungen der Streckendämpfung den Quantenspielraum in mäßigen Grenzen erweitert, d. h. statt der zwei Stufen 0 und 1 der Codemodulation beispielsweise die Skala 0 bis 5 zuläßt. Man geht so vor, daß von Zeit zu Zeit (etwa als Zeilenimpuls) eine Bezugsamplitude $M > 5$ mit übertragen wird, von der die eigentlichen Bildsignalquanten ganze Bruchteile sind, und ordnet jedem Bildpunkt zwei aufeinanderfolgende Amplituden x, y zu. Wenn also x und y von 0 bis 5 laufen können, resultiert die wahre Intensität des Bildpunktes mit Hilfe der Bezugsgröße $M = 6$ aus der Gleichung:

$$A = M \cdot x + y, \quad \text{wo} \quad \begin{cases} x = 0, 1, 2, 3, 4, 5. \\ y = 0, 1, 2, 3, 4, 5. \end{cases}$$

Dies ermöglicht 35 verschiedene Helligkeitsstufen. Die Bezugsamplitude M wird, wie gesagt, mit Zeilenfrequenz ausgesandt; sie dient damit gleichzeitig der Synchronisierung und der automatischen Regelung des Verstärkungsgrades in den Relaisempfängern. Ausführlicher ist das Verfahren in der Telefunkenzeitung Nr. 92, S. 184, beschrieben. Auf Einzelheiten kann daher an dieser Stelle verzichtet werden. Die Mittel zur Quantisierung und Entquantisierung sind prinzipiell ähnlich den in Abb. 342 und 343 gezeigten. Abb. 343 hat bereits das Prinzip veranschaulicht, nach dem man aus einer, im gedachten Falle direkt von der Bildgeberröhre gelieferten Amplitude ein Doppelsignal, nämlich das x und y obiger Darstellung gewinnt, von denen zuerst x und dann y übertragen wird. Eine Hilfsvorrichtung muß dabei verbotene Strahllagen verhindern, die einen Zwischenwert zwischen zwei benachbarten Quantenstufen erzeugen würden. Sie ist leicht ausführbar. Ferner stellt man sich nach Abb. 342 unschwer vor, wie aus einer x- und einer y-Ablenkung (die dort der r- und der b-Ablenkung entsprächen) gemäß der angegebenen Formel das Endsignal herauskommt. Es fehlt hier nur noch die Erklärung der wie bei der Codemodulatien in den Relais erfolgenden Ausfilterung der statistischen Rauschspannung $\overline{U_r} = \sqrt{4\,k\,T_0\,R\,\Delta f_m}$, $[V]$

(mit $k =$ Boltzmann-Konstante, T_0 absolute Temperatur des Eingangswiderstandes R, Δf_m Frequenzbandbreite).

Abb. 344 zeigt das Prinzip. Die Bezugsamplituden M stellen den bandförmigen Kathodenstrahl in die Mitte des Durchlässigkeitsfeldes 6. Dank der Zeitkonstante des benutzten Regelvorganges pendelt diese Strahllage trotz Rauschen nur sehr wenig im Verhältnis zur Störamplitude $\overline{U}_r \cdot \sqrt{2}$. Da die x- und y-Werte ganze Bruchteile von M sind, bewirken sie eindeutige Ablenkungen auf die Mitten der Felder 0 bis 5. Aber diese Ablenkungen sind infolge des dem Signal überlagerten ungeminderten Rauschens stärkeren Schwankungen unterworfen. Die Strichlänge $\pm \overline{U}_r \sqrt{2}$ gibt die zulässige Grenze derselben nach beiden Seiten. Solange diese Grenze mit der aufgewendeten Sendeleistung bei maximaler Streckendämpfung innegehalten werden kann — und das ist in der

Praxis leicht möglich —, verbleibt der Kathodenstrahl auf einem Felde konstanter Transparenz. Eine hinter dem Diaphragma angeordnete Elektrode empfängt also vom konstanten Strahlstrom den der Breite des Blendenausschnitts entsprechenden Bruchteil und bildet daraus, z. B. mittels Sekundäremission, ein kräftiges quantisiertes Signal für die Wiederaussendung, praktisch frei von Rauschen, wie bei der Codemodulation. Der Frequenzbandaufwand ist jedoch gegenüber einem fünfstelligen Code auf zwei Fünftel, gegenüber einem sechsstelligen Code auf ein Drittel reduziert, weil für jeden Bildpunkt nur zwei Stromstöße statt fünf bzw. sechs erforderlich sind.

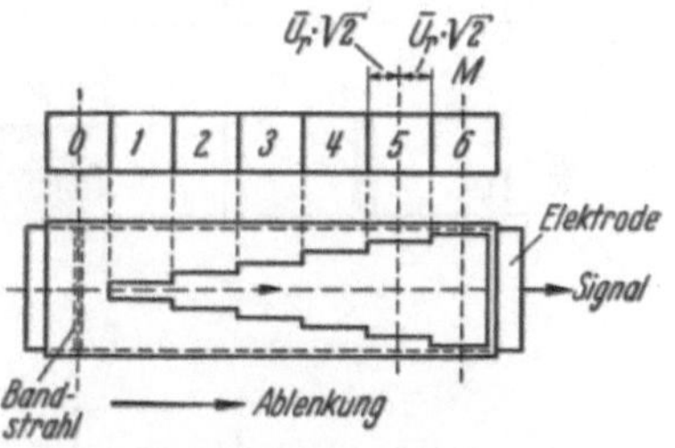

Abb. 344. Ausfilterung der Rauschamplitude in den Relais durch quantenmäßig geregelte mittlere Ablenkung eines Bandstrahls vor einem Stufendiaphragma.

Wohl ist bei diesem Verfahren der Aufwand in den Relais größer als bei der Codemodulation. Er lohnt sich aber aus dem angegebenen Grunde. Außerdem braucht die beschriebene Ausfilterung des Rauschanteils nicht in sämtlichen Relais der Strecke vorgesehen zu werden, sondern vielleicht nur in jedem zweiten oder gar dritten. Die Quantisierung läßt sich nicht allein mit Amplituden, sondern, wie anderwärts gezeigt, ebenso mit Frequenzen oder Phasen nutzbringend durchführen.

Auch für die Schwarz-Weiß-Fernsehtechnik ist das Problem der genügend rauschfreien Funkübertragung auf kontinentalen Streckenlängen mit Relaiszahlen der Größenordnung 100 von ausschlaggebender Bedeutung. GOODALL hat seine Versuche nicht ohne tieferen Grund unternommen. Verf. möchte nicht behaupten, daß sein Verbesserungsvorschlag die wahre Lösung der Aufgabe darstellt. Es mag einfachere und geschicktere Wege geben. Hier sollte nur auf die fundamentale Wichtigkeit der Frage hingewiesen werden.

3. Synchronisierschema und Zeilensprung.

Die für exakte Zeilenverflechtung notwendige Gleichhaltung des Ausgangspegels, dem sich der Rasterimpuls aufsetzt, bedingt das derzeitige, unerwünscht komplizierte Synchronisierschema. Verf. bekennt, daß er im Zeilensprungverfahren anfangs den rettenden Ausweg aus den Flimmernöten des Fernsehbildes erblickt hat, ihn jetzt aber nur noch als ein notwendiges Übel betrachtet, das verschwinden wird, sobald der Empfangsbildspeicher für den Heimapparat einführungsreif ist. Auch das

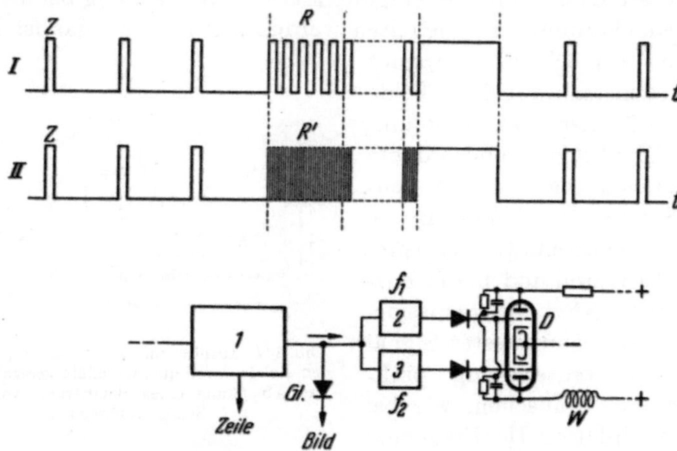

Abb. 345. Neuer Vorschlag zur exakten Steuerung der Zeilenversetzung beim Zeilensprungverfahren und zur Vereinfachung des Synchronisierschemas (gerade Zeilenzahl).

„Dot-Interlaced", die Punktverflechtung, kann auf diesem Wege nicht mehr sein als eine heute noch problematische Zwischenlösung, die den schlimmsten physiologischen Nachteil des derzeitigen Bildes, den Eindruck des Zeilenwanderns, beseitigt, ohne die Ursache von Akkommodationsstörungen grundsätzlich auszuschalten. Nach Lage der Dinge wird die Zeilensprungmethode noch einige Zeit beibehalten werden müssen.

Ein vereinfachender Vorschlag des Verf. geht dahin, die Steuerung des Zeilensprunges gemäß Abb. 345 abzuändern. Dieses erläutert den Gedanken an Hand einer *geraden* Zeilenzahl, er ist aber ebensogut bei ungerader Zeilenzahl ausführbar; der Rasterimpuls setzt dann mittels Laufzeitweiche genau nach je $\left[\dfrac{k-1}{2}+\dfrac{1}{2}\right]=\dfrac{k}{2}$ Zeilen ein, wenn k die normierte Zeilenzahl bedeutet. In Abb. 345 bedeuten Z die Zeilen-, R und R' die Rasterimpulse, I und II gehören den beiden Halbrastern an. Beim Sender erzeugt eine Zusatzstufe zum Zeilenfrequenzgenerator die $n$te und die $2n$te Harmonische der Zeilenfrequenz. Beide werden (sinus-

oder fast rechteckförmig) abwechselnd dem Rasterimpuls während des größten Teiles seiner Dauer so aufmoduliert, daß der Zeilenfrequenzgenerator des Empfängers auch während der Dauer des Rasterimpulses phasenrichtige Anstöße empfängt. Abb. 345 zeigt, daß die im modulierten Teil des Rasterimpulses übertragene Energiemenge für beide Halbraster genau gleich ist. Im Empfangsgerät steht am Ausgang der Trennstufe 1 der Rasterimpuls zur Verfügung. Anschließend werden die Modulationsfrequenzen f_1, f_2 durch einen Hochpaß 2 und einen Tiefpaß 3 voneinander getrennt und nach Gleichrichtung einem Multivibrator D zugeführt, der hier als Doppeltriode dargestellt ist, aber ebensogut später einmal aus zwei Transistoren bestehen kann, jedenfalls keinen nennenswerten Aufwand bedeutet. Vor der Einwirkung auf den Rasterkippteil wird der modulierte Teil des Rasterimpulses durch Gl gleichgerichtet. Im Anodenstromkreis des einen Multivibratorzweiges liegt nun eine kleine Hilfswicklung W der Bildablenkspule, zum Zwecke, bei jedem zweiten Halbraster den Zeilensatz um Zeilenbreite in der Vertikalen zu verschieben. Die Vorrichtung arbeitet so, daß der erste Rasterimpuls den Multivibrator in eine bestimmte Lage umkippen, der folgende ihn zurückkippen läßt usw. Durch die Verschiedenheit der Frequenzen f_1, f_2 ist der Vertikalhub des Zeilenpaketes immer dem gleichen Halbraster zugeordnet.

Das Synchronisierschema wird dadurch ersichtlich einfach und symmetrisch, der Aufwand in der Impulszentrale beträchtlich reduziert und deren Bedienung erleichtert. Die elektrische „Vorgeschichte" ist für beide Halbraster vollkommen gleich. Der Strom in der Hilfswicklung W ist minimal, da er nur eine Zeilenbreite Verschiebung herbeizuführen hat. Die Form der Gleichlaufimpulse mag der heutigen entsprechen; sie sind hier nicht formgetreu, sondern rein schematisch dargestellt.

4. Bildspeicherung im Empfang.

In seinem Eröffnungsvortrag hat Verf. auf die außerordentliche Bedeutung dieser Aufgabenstellung und auf die elektronischen Mittel hingewiesen, die für ihre Lösung bereitstehen oder heranwachsen. Die Fortschritte in Gestalt von Flimmerfreiheit, Helligkeit und Verschmälerung des Frequenzbandes, die das gespeicherte Empfangsbild erwarten läßt, sind in der Fernsehliteratur oft genug hervorgehoben worden. Unnötig, sie hier zu wiederholen. PENSAK von der RCA hat mit Hilfe der durch schnelle Elektronen induzierten Leitfähigkeit dünner Quarz- oder Magnesiumfluoridschichten bereits 300 000 Bildpunkte auf einer Isolatorfläche nach ihren Helligkeitswerten haltbar registrieren und später originalgetreu reproduzieren können. Allerdings geschah dies zu einem anderen Zweck und in einer Form, die sich nicht ohne weiteres für das Aufspeichern eines Steuereffektes in der Art eignet, wie sie für die permanente überblendende Darstellung des Fernsehempfangsbildes erforderlich wäre.

Auf diesem Gebiet erscheint weitere Forschung bitter notwendig, und zwar nicht allein der bereits angeführten Vorteile wegen. Man hört aus Amerika von der Zunahme gewisser Schädigungen der Augen bei Kindern, die vom Fernsehempfänger während der ganzen Sendezeit nicht loskommen. Lassen wir dahingestellt sein, ob dies der wahre Grund ist. Sollte es sich aber erweisen, daß längere Einwirkung des Fernsehbildes Ursache von Augendefekten sein kann, während die ältere Erfahrung beim Kinobild nichts dergleichen bestätigt hat, so wird der Unterschied höchstwahrscheinlich in der Bildsynthese durch den bewegten, äußerst hellen Lichtpunkt und in der begleitenden Akkommodationsfunktion zu suchen sein, für die der heutige Mensch noch nicht geboren ist. Wir wollen aber nicht mit DARWIN abwarten, bis der „homo sapiens" die richtigen „Fernsehaugen" durch jahrhundertelange Anpassung erworben hat. Auch wenn wir als Techniker nicht gern hören, daß ein amerikanischer Augenspezialist offiziell von der „Fernsehkrankheit" spricht, tragen wir doch der Allgemeinheit gegenüber so viel Verantwortung, daß wir der Sache auf den Grund gehen müssen. Das heißt aber nicht nur die Behauptung der Mediziner nachprüfen, sondern im Notfall einen Ausweg bereit haben. Dieser könnte nun z. B. der Empfangsbildspeicher sein, eine Art *Bildwandlerrohr*, wie Verf. sie oftmals als zukünftiges Wiedergabemittel beschrieben hat. Das übertragene Bild steuert im gewohnten Zeilenaufbau nur die permanente Emission einer kleineren Kathodenfläche, deren sämtliche Elemente durch eine Elektronenlinse *gleichzeitig* leuchtend und genügend vergrößert auf den Betrachtungsschirm projiziert werden. Damit nimmt das Fernsehbild, auch hinsichtlich seiner physiologischen Wirkung, nahezu den Charakter des Kinobildes an. Die Vervollkommnung der elektronischen Bildwandler in bezug auf Bildschärfe und Bildgeometrie ist in letzter Zeit außerordentlich vorangetrieben worden. So z. B. leistet die neue MULLARD-Röhre ME 1201 Hervorragendes.

Man kann aber den Bildwandler — Bildspeicher noch von einem ganz anderen, rein technischen Standpunkt aus herbeiwünschen. Verf. erwähnte in seinem Eröffnungsvortrag als grundsätzlichen Nachteil der BRAUNschen Röhre, daß sie keine zeitlich *geschlossene* Zerlegerbewegung ausführt, wie die NIPKOW-Scheibe oder das WEILLER-Spiegelrad. Der Kathodenstrahl muß zum Zeilen- und zum Bildanfang zurücklaufen, und das kostet Zeit — gleichbedeutend mit einer etwa 15%igen Frequenzbanderweiterung — und Aufwand in Gestalt von Ablenkmitteln und Ablenkleistung. Wir sehen heute keinen anderen gangbaren Weg als den der Sägezahnablenkung. Deren *Größe* ist es, die sich entscheidend in den Kosten des Gerätes auswirkt. Die gewünschten Abmessungen des Bildschirmes erfordern bei möglichst kurz gebauter Röhre weite Ablenkwinkel, d. h. starke, elektronenoptisch sorgfältig ausgeklügelte Magnetfelder, also auch kräftige Ablenkströme. Diese bedingen große gespeicherte magnetische Energien, für deren Wiedergewinnung und Verwertung die heutigen Lösungen das günstigste Kompromiß darstellen. Alle diese Forderungen und Rücksichten würden sich erheblich reduzieren, wenn wir imstande wären, die Bildmodulation mit geringen Strahlablenkungen auf einem kleinen Zwischenschirm zu speichern, dessen zum Steuern einer Flächenemission dienende Aufladungsverteilung ein elektronenoptisch, d. h. *statisch* vergrößertes, *sekundäres* Leuchtschirmbild erzeugt. Und so kommen wir auch hier wieder zum Elektronenbildwandler, der ja in der Tat Linearvergrößerungen wie 1:6 und darüber verzerrungsfrei ermöglicht. Zu erfinden bleibt die Speicherkathode; ihre Verwirklichung wird eine Großtat, vielleicht die rettende Tat, in der zukünftigen Fernsehtechnik sein. Verf. hofft, sie noch zu erleben.

So manche andere Entwicklungsfrage der kommenden Ära zu besprechen, würde zu weit führen. Zum Teil liegen die Aufgabenstellungen auf dem rein hochfrequenztechnischen Gebiet der Sender, Empfänger, Antennen, der normalen gittergesteuerten Röhren und vor allem der Laufzeitröhren. Aber auch speziell fernsehtechnische Fragen gibt es noch zu lösen, insbesondere betreffend die Ausnutzung des Empfängers für Mehrfachhörprogrammsendungen auf der Fernsehwelle, solange keine Bildübertragung stattfindet; ein Zweck, für den sich die Zeitmultiplexmethode hoffnungsvoll anbietet. Verf. hat diesen Punkt bei dem Mailänder Fernsehkongreß 1949 behandelt[1].

Nur ein wichtiges Gebiet soll hier unter Hinweis auf den Eröffnungsvortrag des Verf. noch gestreift werden, nämlich das der Bildgeberröhre.

5. Bildgebung.

In seiner Patentanmeldung des Superikonoskops von 1935 hat Verf., freilich nach einem sehr komplizierten Funktionsschema, das Gegenteil von dem postuliert, was man später bei der Verwirklichung dieser Röhre gemacht hat. Das Photoelektronenbild sollte die Speicherschicht nicht durch Sekundärelektronenabgabe in positiver Richtung aufladen, sondern unter dem Einfluß eines Bremsgitters durch verhinderten Elektronenabfluß in *negativer* Richtung. Das war damals technisch nicht lösbar. Heute verfügen wir nach PENSAK über die schon erwähnte induzierte Leitfähigkeit. Diese Tatsache hat das Bild von den verbleibenden Möglichkeiten des Superikonoskops, insbesondere von der Vermeidbarkeit des Störschattens, erfreulich verändert. Überdies vergesse man nicht, daß die Orthicontypen mit ihren langsamen Elektronen nicht nur Vorzüge besitzen, sondern auch Anfälligkeiten zeigen: gegen störende Magnetfelder, ja selbst gegen das Erdfeld, ferner gegen Brumm, gegen

---

[1] Convegno Internazionale di Televisione, Edizioni Radio Italiana, Milano, Settembre 1949, S. 442/43.

Überbelichtung u.a., daß sie zur Reliefbildung bei der Strahlumkehr neigen und in bezug auf die Gammakorrektur größere Ansprüche stellen als das Superikonoskop, das neuerdings in England in sehr vervollkommneter und betriebstüchtiger Form einen großen Teil der Sendung bestreitet. Um so mehr soll hier auf die noch unausgenutzten Steigerungsfähigkeiten des Superikonoskoptypus hingewiesen werden.

Zuvor sei kurz eine andere Entwicklungsrichtung betrachtet als die vorstehend angedeutete. Wir knüpfen an die jüngsten Fortschritte des Röntgenbildwandlers an[1]. Es ist damit bekanntlich möglich geworden, die geringe Flächenhelligkeit eines Durchleuchtungsschirmes fast um drei Größenordnungen zu steigern. Ziehen wir davon ab, was auf Rechnung der elektronischen Verkleinerung des Bildes geht, so bleibt immer noch eine energetische Verstärkung von etwa 30 übrig. In der Tat scheint dieser Gewinn mit einem einzigen Abbildungsgang erreichbar zu sein, wenn man für die Bildwandlerphotokathode eine Empfindlichkeit von $40\,\mu\text{A/Hlm}$, für die Beschleunigungsspannung 15 kV und für den (oberflächlich aluminisierten) Leuchtschirm einen Nutzeffekt von 6 HK/W annimmt. Befindet sich auf der Rückseite des äußerst dünnen, durchsichtigen Leuchtschirmträgers eine sekundäre Photokathode mit hohem Wirkungsgrad (Antimon—Cäsium), in innigem optischem Kontakt stehend mit der punktförmigen Ausstrahlung der Leuchtschirmelemente, so kann die Emission dieser Photoschicht, wie beim klassischen Superikonoskop, dazu benutzt werden, auf einem Speicherschirm durch Sekundärelektronenabgabe ein in üblicher Weise abzutastendes Ladungsbild zu akkumulieren. Es handelt sich dann gewissermaßen um ein Superikonoskop, das mit großer optischer Vorverstärkung und demnach mit wesentlich schwächerer Objektbeleuchtung (bzw. mit größerer Tiefenschärfe) zu arbeiten erlaubt als die bisherigen Ausführungsformen. Eine derartige Röhre wäre allerdings etwas kompliziert und nicht leicht herzustellen. Auf das CPS-Orthicon angewendet, könnte aber die optische Vorverstärkung zu einer weniger verwickelten Anordnung führen, indem man den Verstärkungsleuchtschirm auf der Rückseite des sehr dünnen, durchsichtigen Speichermosaikträgers anbrächte. Diese Möglichkeiten sollen hier jedoch nur angedeutet werden. Die Ausnutzung des PENSAK-Effektes, zu dem wir jetzt zurückkehren, stellt eine wesentlich einfachere Röhrenkonstruktion in Aussicht. Von deren Art soll das schematische Bild 346 einen Begriff geben. Auf die Grundidee hat die Compagnie des Compteurs, bei der Verf. das Problem bearbeitet hat, Patentschutz angemeldet. Sie ist aber im Augenblick leider nicht in der Lage, ihre einem anderen Zwecke dienenden Untersuchungen über den PENSAK-Effekt (auch ,,Graphechon''-Effekt genannt) auf die Verwirklichung einer Bild-

---

[1] Prinzip im Deutschen Telefunken-Patent Nr. 688385 des Verfassers 1935 beschrieben.

geberröhre zu erstrecken. Der Stand der Forschung rechtfertigt jedoch optimistische Voraussagen und daher den Wunsch, eine — übrigens auch für die Entwicklung des Empfangsbildspeichers sehr interessante — neue Möglichkeit hier aufzuzeigen.

Die ungefähren Maße eines derartigen Superikonoskops sind in Abb. 346 eingetragen. Das Blickfeld der Kamera wird durch Objektiv *1* auf die ebene durchsichtige Photokathode *2* des Bildwandlerteiles projiziert und löst dort ein Elektronenbild aus. Unter dem Einfluß der

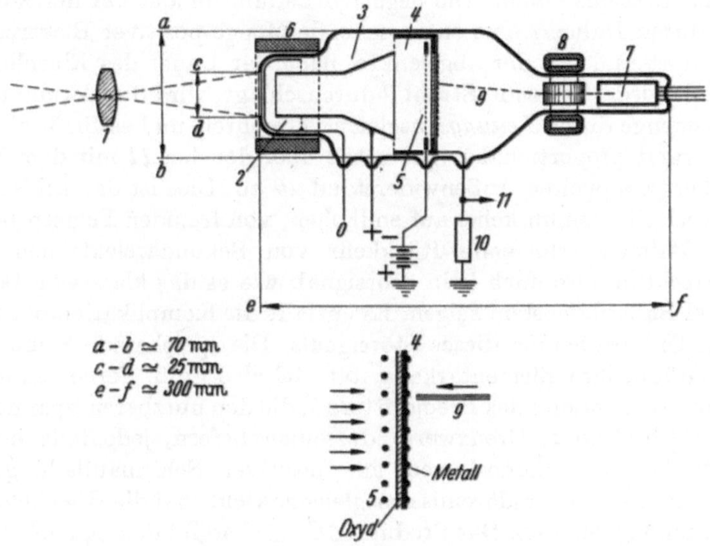

Abb. 346. Vorschlag zur Weiterentwicklung des Superikonoskops unter Ausnutzung des Graphechoneffekts, mit Unterdrückung des Störsignals.

Magnetlinse *6*, des Gitters *3* und der Anode *4* wird bei einigen 1000 V Beschleunigungsspannung auf dem Speicherschirm (im unteren Teile ausschnittweise stark vergrößert gezeichnet) ein sekundäres Ladungsbild erzeugt. Die Speicherschicht besteht aus einer dünnen, den Photoelektronen ausgesetzten Oxydhaut, aufgetragen auf einer durch ein feines Versteifungsnetz gestützten Berylliumfolie, die mit der Anode 4 leitend verbunden ist. Größenordnung der Dicke von Oxyd- und Metallschicht je 1 bis 3 μ. Auf der Rückseite des Speicherschirmes befindet sich der Abtastraum mit dem Elektronenstrahlgeber *7* und dem Ablenksystem *8*. Der feine Kathodenstrahl *9* dringt bei etwa 5000 bis 10000 V Elektronengeschwindigkeit nahezu ungeschwächt durch die Leichtmetallfolie hindurch und in das Oxyd hinein und induziert in diesem punktweise und momentan eine nach Aufhören des Strahleinflusses in der Bildperiode wie-

der abklingende Leitfähigkeit. Das ganz dicht, in etwa 0,15 mm Abstand,
vor der Oxydfläche angebrachte, äußerst feinmaschige Gitter *5*, wie es auch
beim Image-Orthicon verwendet wird, liegt auf gegen die Berylliumfolie
beträchtlich negativem Potential und wirkt daher als Bremselektrode, so
daß die Sekundärelektronen nicht entweichen können bzw. schon nach
mikroskopisch kurzen Wegen wieder auf die Austrittstelle zurückfallen
und somit die Oxydoberfläche sich überall dort, wo Photoelektronen des
Ladungsbildes auftreffen, entsprechend der Bildhelligkeit mehr oder
weniger aufladen muß. Der Ladungsausgleich parallel zur Speicherfläche
ist vernachlässigbar klein. Die negative Ladung bindet auf der Metallschicht durch Influenz eine entsprechende Menge positiver Elektrizität.
Überall dort nun, wo der abgelenkte, nach der Dauer des Einzelbildes
periodisch wiederkehrende Strahl *9* durchschlägt, wird die akkumulierte
Ladungsmenge durch *Leitungs*ausgleich vernichtet, und es fließt ein der
Bildhelligkeit proportionaler Stromstoß über den bei *11* mit dem Bildverstärker gekoppelten Außenwiderstand *10* ab. Dies ist das Bildsignal.

Hierbei gibt es nun keine auf endlichen, von fremden Feldern beein-
flußten Bahnen erfolgende Rückkehr von Sekundärelektronen zum
Speicherschirm, also auch kein Störsignal, wie es das klassische Ikonoskop und Superikonoskop zeigen. Es entfällt die Komplikation der elektrischen Unterdrückung dieses Störsignals. Die speichernde Schicht ist
äußerst dünn, ihre Elementarkapazität ΔC also groß. Ferner kann die
negative Vorspannung des Bremsgitters *5*, die den nutzbaren Spannungs-
hub $|\Delta U|$ bestimmt, Grenzwerte desselben liefern, jedenfalls höhere
ΔU als bei den Ikonoskopen mit positiver Schirmaufladung, wo
$\Delta U|$ durch das Sekundäremissionsgleichgewicht und die Rückkehr von
Elektronen begrenzt ist. Das Produkt $\Delta C \cdot \Delta U$ ergibt den Signalhub, der
daher im Prinzip beträchtlich groß sein und die Empfindlichkeit der Röhre
gegenüber dem heutigen Superikonoskop wesentlich steigern kann.

Die Röhre nach Abb. 346 ist geradlinig gestaltet, der Strahl *9* fällt
also in axialer Lage von rückwärts ein, während er bei den klassischen
Vorgängern schräg von vorn auf die Speicherfläche gerichtet sein muß.
Somit erübrigt sich die lästige, die Sendeapparatur komplizierende elektrische Trapezentzerrung. Das ist ein weiterer Vorteil.

Da auch in technologischer Hinsicht keine besonderen Schwierigkeiten zu gewärtigen sind und die Erfahrung der Kameraleute immer
wieder zeigt, daß der Superikonoskoptypus trotz seiner bisherigen — hier
überwundenen Mängel — betriebsmäßig leicht zu handhaben ist, scheint
es, als könne die Verwirklichung des beschriebenen Modells ihm eine
erhebliche Rolle in der künftigen Kameratechnik sichern. Es steht auch
nichts dem Gedanken im Wege, das Prinzip der optischen Vorverstärkung mit der Ausnutzung des PENSAK-Effektes im Sinne von Abb. 346
zu kombinieren und so weitere Empfindlichkeitssteigerungen anzubahnen.

Sachverzeichnis.

Berechnung magnetischer Felder. Von Franz Ollendorff, Dr.-Ing. Dipl.-Ing. Professor der Elektrotechnik und Vorstand des Elektrotechnischen Laboratoriums der Hebräischen Technischen Hochschule Haifa, Mitglied des wissenschaftlichen Forschungsrates für Israel. (Technische Elektrodynamik. Band I) Mit 287 Textabbildungen. X, 432 Seiten. 1952. Ganzleinen DM 66,—

Laufzeittheorie der Elektronenröhren. Von Dr. phil. Herbert W. König, Wien.
Erster Teil: **Ein- und Mehrkreissysteme.** Mit 72 Textabbildungen. XII, Seiten 1-210. 1948.
Zweiter Teil: **Kathodeneigenschaften, Vierpole.** Mit 47 Textabbildungen. IV, Seiten 211-354. 1948. Beide Teile werden nur zusammen abgegeben. DM 48,—

Niederdruck-Stromrichterventile. Versuch einer Darstellung von Wirkungsweise und Betriebseigenschaften als Folge der konstruktiven Ausführung. Von Dr.-Ing. Hans v. Bertele, Purley, Surey, England, Privatdozent an der Techn. Hochschule Wien. Mit 149 Textabbildungen. XII, 239 Seiten. 1952. Ganzleinen DM 39,—

Einführung in die Funktechnik. Verstärkung, Empfang, Sendung. Von Prof. Dipl.-Ing. Dr. techn. Friedrich Benz, Innsbruck. Vierte, stark vermehrte Auflage. Mit 705 Textabbildungen. XX, 736 Seiten. 1950. Steif geheftet DM 42,—; Halbleinen DM 45,60

Meßtechnik für Funkingenieure. Von Prof. Dipl.-Ing. Dr. techn. Friedrich Benz, Graz. Mit 399 Textabbildungen und 13 Zahlentafeln. XVI, 513 Seiten. 1952. Ganzleinen DM 49,50

Das Trockengleichrichter-Vielfachmeßgerät. Von Dipl.-Ing. Dr. techn. Theodor Walcher, Wien. Mit 97 Textabbildungen. X, 144 Seiten. 1950. Steif geheftet DM 13,40; Halbleinen DM 16,—

Kurzes Lehrbuch der Elektrotechnik. Von Dipl.-Ing. Dr. techn. Günther Oberdorfer, o. Professor der Technischen Hochschule Graz. Mit 231 Textabbildungen. VII, 199 Seiten. 1952. DM 14,40; Ganzleinen DM 16,80

Lexikon der Elektrotechnik. Von Dipl.-Ing. Dr. techn. Günther Oberdorfer, o. Professor der Technischen Hochschule Graz. Mit 371 Textabbildungen. VII, 488 Seiten. 1951. Ganzleinen DM 20,—

Zu beziehen durch jede Buchhandlung